供水设备与排水设备
常用标准汇编

中国标准出版社　编

中国标准出版社

北　京

图书在版编目(CIP)数据

供水设备与排水设备常用标准汇编/中国标准出版社
编. —北京:中国标准出版社,2020.5
ISBN 978-7-5066-9672-2

Ⅰ.①供… Ⅱ.①中… Ⅲ.①房屋建筑设备—给水
设备—标准—汇编—中国②房屋建筑设备—排水设备—
标准—汇编—中国 Ⅳ.①TU821-65②TU823-65

中国版本图书馆 CIP 数据核字(2020)第 057668 号

中国标准出版社出版发行
北京市朝阳区和平里西街甲 2 号(100029)
北京市西城区三里河北街 16 号(100045)
网址 www.spc.net.cn
总编室:(010)68533533 发行中心:(010)51780238
读者服务部:(010)68523946
中国标准出版社秦皇岛印刷厂印刷
各地新华书店经销

*

开本 880×1230 1/16 印张 57.25 字数 1 726 千字
2020 年 5 月第一版 2020 年 5 月第一次印刷

*

定价 295.00 元

如有印装差错 由本社发行中心调换
版权专有 侵权必究
举报电话:(010)68510107

前　言

　　随着我国建筑事业的发展，给水排水产品标准化工作取得了很大成绩。标准的技术水平不断提高，标准的数量不断增多。从事给水排水工程勘察、设计、施工、教学、科研等广大技术人员，迫切希望了解给水排水产品标准的全面情况，并掌握各标准的内容，以便应用这些标准解决产品生产、开发和工程建设等有关问题。为了满足这种需求，我们组织出版《供水设备与排水设备常用标准汇编》。

　　本汇编包含4部分给水排水产品设备标准：水处理元件与设备、给水排水设备、阀门、测量器具。

　　本汇编收录了截至2020年2月底国家相关部门批准发布的给水排水产品设备方面国家标准和行业标准。本汇编所收录的国家标准和行业标准的属性已经在目录上标明，鉴于部分国家标准和行业标准是在标准清理整顿前出版的，故正文部分仍保留原样，读者在使用这些标准时，其属性以目录上标明的为准（标准正文"引用标准"中的标准属性请读者注意查对）。由于出版年代的不同，其格式、计量单位乃至技术术语不尽相同。这次汇编时只对原标准中技术内容上的错误以及其他明显不妥之处做了更正。

编　者

2020 年 2 月

目　　录

一、水处理元件与设备

二、给水排水设备

三、阀　　门

四、测量器具

一、水处理元件与设备

ICS 91.140.60
P 41

中华人民共和国国家标准

GB/T 19249—2017
代替 GB/T 19249—2003

反渗透水处理设备

Reverse osmosis water treatment equipment

2017-12-29 发布

2018-11-01 实施

中华人民共和国国家质量监督检验检疫总局
中国国家标准化管理委员会 发布

前　言

本标准按照 GB/T 1.1—2009 给出的规则起草。

本标准代替 GB/T 19249—2003《反渗透水处理设备》。与 GB/T 19249—2003 相比,主要技术内容变化如下:

——增加了部分术语和定义,如通量等;

——修改了设备的一般要求和技术要求条款;

——修改了设备的试验方法;

——修改了设备的检验规则。

本标准由中华人民共和国住房和城乡建设部提出。

本标准由全国城镇给水排水标准化技术委员会(TC 434)归口。

本标准起草单位:蓝星环境工程有限公司。

本标准参加起草单位:杭州水处理技术研究开发中心有限公司、北京碧水源膜科技有限公司、湖南沁森环保高科技有限公司、贵阳时代沃顿科技有限公司、山东招金膜天股份有限公司。

本标准主要起草人:吉春红、杨晓伟、郑燕飞、杨波、郑宏林、李锁定、彭文娟、龙昌宇、李弘强、金焱、王思亮、王乐译、王兵厚。

本标准所代替标准的历次版本发布情况为:

——GB/T 19249—2003。

反渗透水处理设备

1 范围

本标准规定了反渗透水处理设备(以下简称设备)的术语和定义、分类与型号、要求、试验方法、检验规则、标志、包装、运输与储存。

本标准适用于采用反渗透膜(卷式、碟管式)技术对水进行除盐、净化、分离处理的设备。

2 规范性引用文件

下列文件对于本文件的应用是必不可少的。凡是注日期的引用文件,仅注日期的版本适用于本文件,凡是不注日期的引用文件,其最新版本(包括所有的修改单)适用于本文件。

GB/T 150(所有部分) 压力容器

GB/T 191 包装储运图示标志

GB/T 5750(所有部分) 生活饮用水标准检验方法

GB/T 9969 工业产品使用说明书 总则

GB/T 13384 机电产品包装通用技术条件

GB/T 13922 水处理设备性能试验

GB/T 17219 生活饮用水输配水设备及防护材料的安全性评价标准

GB/T 20103 膜分离技术 术语

GB 50205 钢结构工程施工质量验收规范

3 术语和定义

GB/T 20103 界定的以及下列术语和定义适用于本文件,为了便于使用,以下重复列出了 GB/T 20103 中的某些术语和定义。

3.1

反渗透 reverse osmosis;RO

在高于渗透压差的压力作用下,溶剂(如水)通过半透膜进入膜的低压侧,而溶液中的其他组分(如盐)被阻挡在膜的高压侧并随浓溶液排出,从而达到有效分离的过程。

[GB/T 20103—2006,定义 4.2.2]

3.2

反渗透膜 reverse osmosis membrane

用于反渗透过程使溶剂与溶质分离的半透膜。

[GB/T 20103—2006,定义 4.1.1]

3.3

卷式反渗透膜元件 spiral wound reverse osmosis membrane element

反渗透膜和多孔网状分隔层按照一定的技术要求围绕轴心及产水收集管卷绕而成的组合构件。

3.4

碟管式反渗透膜组件 disk tube reverse osmosis membrane module

将膜片和导流盘叠放在一起,用中心拉杆和端盖法兰进行固定,然后置入耐压外壳中所形成的碟管式膜组件。主要由反渗透膜片、导流盘、中心拉杆、外壳、两端法兰各种密封件及联接螺栓等部件组成。

3.5

脱盐率　salt rejection

表明设备除盐效率的数值。

3.6

产水　permeate

经过反渗透装置处理后所得的产品水。

3.7

产水量　productivity

在规定的运行条件下,膜元件、组件或装置单位时间内所生产的产品水的量。

[GB/T 20103—2006,定义 2.2.10]

3.8

水回收率　water recovery

产水量与给水总量之百分比。

[GB/T 20103—2006,定义 2.2.12]

3.9

浓水　concentrate

经过反渗透装置处理后产生的含盐量增加而被浓缩的水。

3.10

保安过滤器　cartridge filter

由过滤精度小于或等于 5 μm 的微滤滤芯构成的装在反渗透膜前的过滤器。

3.11

通量　flux

单位时间单位膜面积透过组分的量。

[GB/T 20103—2006,定义 2.1.33]

3.12

段　stage

膜装置流程中膜组件的配置方法,规定给料液(给水)每流经一组膜组件为一段。

[GB/T 20103—2006,定义 4.2.10]

3.13

级　pass

给水(或产水)每流经由增压泵和膜组件等组成的一个系统为一级。

[GB/T 20103—2006,定义 4.2.11]

3.14

段间压差　stage pressure

某段的进水压力与出水(浓水)压力之间的差值。

3.15

化学清洗　chemical cleaning

利用化学药品去除膜污染物的过程。

[GB/T 20103—2006,定义 7.2.8]

4　分类与型号

4.1　设备按单台/套的产水量(m^3/h)分为以下三类:

小型设备：产水量不大于 50 m³/h；

中型设备：产水量大于 50 m³/h，不大于 200 m³/h；

大型设备：产水量大于 200 m³/h。

4.2 设备型号

4.2.1 反渗透膜的型式代号（用汉语拼音字头表示）：

J—卷式膜；D—碟管式膜。

4.2.2 反渗透的级数/段数代号（以阿拉伯数字表示）：

1——一级反渗透；2—二级反渗透；3—三级反渗透。

1——一段；2—二段；3—三段。

4.2.3 设备型号由反渗透水处理设备代号（RO）和膜的型式代号、设备产水量、反渗透的级数四部分构成，各部分之间以连字符"—"连接，按下列规则排列。

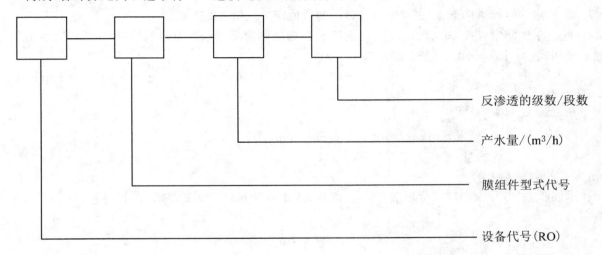

4.2.4 型号示例：

型式为卷式膜，产水量为 10 m³/h，级数为一级，段数为二段的反渗透水处理设备型号表示为：RO-J-X10-1/2。

5 要求

5.1 反渗透水处理设备主体设备应包括：机架、膜组件或膜元件和分离膜外壳、保安过滤器、水泵、仪表、管道、阀门、控制系统等。

5.2 反渗透水处理设备辅助设备应包括：加药系统、化学清洗系统、冲洗系统等；中型以上的卷式膜组件反渗透水设备应配置离线化学清洗系统，处理能力至少应能满足一个膜组件的清洗要求。

5.3 浓水压力大于 2.0 MPa 的反渗透水处理设备宜配置能量回收装置。

5.4 设备制造应符合 GB 50205 的规定。

5.5 设备安装场所、设备的周边空间等条件应同时满足膜组件更换、检修的要求。

5.6 设备的保护系统应安全可靠，必要时应有防止水锤冲击的保护措施；设备关机时，应采用冲洗系统将膜内的浓水冲洗干净。

5.7 防腐性能应符合使用介质的防腐要求。

5.8 当设备用于生活饮用水处理时，设备与水接触的材料应符合 GB/T 17219 的规定。

5.9 设备耐压性能应符合设计使用要求。

5.10 设备电(气)动执行机构应转动灵活、平稳、无卡阻。自控系统应控制可靠,并具有安全保护功能。

5.11 设备的产水量应达到设计要求。

5.12 卷式膜组件反渗透水处理设备的脱盐率应不低于95%(用户有特殊要求的除外);碟管式膜组件反渗透水处理设备的脱盐率应不低于90%(用户有特殊要求的除外)。

5.13 设备水回收率应达到设计要求。

5.14 设备应在规定压力下试压,不应渗漏。

6 试验方法

6.1 反渗透水处理设备的耐压性能试验方法按 GB/T 13922 的规定执行。

6.2 用手动的方法检验设备电(气)动按钮、阀门等转动是否灵活、平稳,通电状态下检验电控系统控制是否灵敏,操作执行是否可靠。

6.3 在规定的运行条件下,产水侧流量计显示的数值即为该设备的产水量。

6.4 脱盐率的测定应按 GB/T 5750 规定的溶解性总固体检测方法测量给料液(给水)和产水含盐量,然后采用式(1)计算,保留三位有效数字:

$$R = (1 - C_p/C_f) \times 100 \qquad \cdots\cdots\cdots\cdots\cdots\cdots (1)$$

式中:

R ——脱盐率,%;

C_f ——给料液(给水)含盐量,单位为毫克每升(mg/L);

C_p ——产水含盐量,单位为毫克每升(mg/L)。

6.5 水回收率的测定

水回收率可用产水流量、给料液(给水)流量、浓水流量按式(2)或式(3)进行计算,保留三位有效数字:

$$Y = Q_p/Q_f \times 100 \qquad \cdots\cdots\cdots\cdots\cdots\cdots (2)$$

或

$$Y = Q_p/(Q_p + Q_r) \times 100 \qquad \cdots\cdots\cdots\cdots\cdots\cdots (3)$$

式中:

Y ——水回收率,%;

Q_p ——产水流量,单位为立方米每小时(m³/h);

Q_f ——给料液(给水)流量,单位为立方米每小时(m³/h);

Q_r ——浓水流量,单位为立方米每小时(m³/h)。

6.6 水压试验

在未装填膜元件情况下,按 GB 150 的规定使系统试验压力为设计压力的1.25倍,保压30 min,检验系统焊缝及各连接处有无渗漏和异常变形。

7 检验规则

7.1 出厂检验、型式检验

7.1.1 每台设备均应经厂质量检验部门检验合格并签发合格证后方可出厂。

7.1.2 出厂检验、型式检验按表1的规定进行检验。

表 1　检验项目

序号	检验项目	要求	试验方法	出厂检验	型式检验	检验方式
1	耐压性能	5.10	6.1	√	√	
2	电控系统	5.11	6.2	√	√	
3	产水量	5.12	6.3	—	√	逐台检验
4	脱盐率	5.13	6.4	—	√	
5	回收率	5.14	6.5	—	√	
6	密封性能	5.15	6.6	√	√	

注1：根据实际使用需要选择检验项目。
注2：表中"√"表示检验项目；"—"表示不需要检验的项目。

7.2　判定规则

7.2.1　出厂检验符合5.10、5.11、5.14的要求，型式检验符合本标准的全部规定，判为合格。

7.2.2　任何检验项目不符合规定判为不合格。型式检验不合格时，制造厂应找出产生不合格的原因，并加以改进，改进后应再次进行型式检验。型式检验合格后方能生产。

8　标志、包装、运输与储存

8.1　标志

8.1.1　在设备的明显位置应有产品标志牌。

8.1.2　标志牌应有下列内容：
——产品型号；
——生产厂名及厂址；
——主体设备尺寸（长×宽×高，单位 mm）和重量（单位 kg）；
——设备的主要技术参数，包括工作压力、最大操作压力、装机功率等；
——生产日期和编号。

8.1.3　设备包装储运图示标志应符合GB/T 191规定。

8.2　包装

8.2.1　反渗透水处理设备的包装应符合GB/T 13384的规定，接头、管口部位及仪器仪表等处应采取保护措施。

8.2.2　反渗透水处理设备随机文件包括：
——装箱单；
——设备检验合格证；
——使用说明书。使用说明书的编写应符合GB/T 9969的规定。

8.3　运输

反渗透水处理设备运输方式应符合合同规定，并应轻装、轻卸，防止碰撞和剧烈颠簸。

8.4 储存

8.4.1 反渗透水处理设备应储存在阴凉、干燥、通风的库房内,不得露天堆放、日晒、雨淋或靠近热源,注意防火。

8.4.2 反渗透水处理设备不得与有毒、腐蚀性、易挥发或有异味的物品同库储存。

8.4.3 反渗透水处理设备应放在木质垫板上(钢砼基础或者其他防腐蚀、坚固平整的平台上),离地面、墙面的距离不应小于 10 cm。

8.4.4 反渗透水处理设备中已装入湿态膜的,应注满保护液贮存于干燥防冻的仓库内,并定期更换保护液,避免日晒和雨淋。

8.4.5 反渗透膜、泵等主要零部件应贮存在清洁干燥的仓库内,防止受潮变质,环境温度低于 4 ℃时,应采取防冻措施。

ICS 07.060；23.100.60
J 77

中华人民共和国国家标准

GB/T 34241—2017

卷式聚酰胺复合反渗透膜元件

Spiral wound composite polyamide reverse osmosis membrane element

2017-09-07 发布

2018-04-01 实施

中华人民共和国国家质量监督检验检疫总局
中国国家标准化管理委员会 发布

前　言

本标准按照 GB/T 1.1—2009 给出的规则起草。

本标准由全国分离膜标准化技术委员会(SAC/TC 382)提出并归口。

本标准起草单位:贵阳时代沃顿科技有限公司、江苏久吾高科技股份有限公司、山东招金膜天股份有限公司、北京碧水源膜科技有限公司、国家海洋局天津海水淡化与综合利用研究所、新疆德蓝股份有限公司、天津膜天膜工程技术有限公司、天津工业大学。

本标准主要起草人:金焱、王思亮、祝敏、彭文博、王乐译、夏建中、潘献辉、曾凡付、王捷、范云双、赵莹。

卷式聚酰胺复合反渗透膜元件

1 范围

本标准规定了卷式聚酰胺复合反渗透膜元件(以下简称反渗透膜元件)的分类与型号、要求、试验方法、检验规则、标志、包装、运输和贮存。

本标准适用于卷式聚酰胺复合反渗透膜元件的生产、科研、使用和管理等,其他型式的反渗透膜元件可参考执行。

2 规范性引用文件

下列文件对于本文件的应用是必不可少的。凡是注日期的引用文件,仅注日期的版本适用于本文件。凡是不注日期的引用文件,其最新版本(包括所有的修改单)适用于本文件。

GB/T 191 包装储运图示标志

GB/T 2828.1 计数抽样检验程序 第1部分:按接收质量限(AQL)检索的逐批检验抽样计划

GB/T 6908 锅炉用水和冷却水分析方法 电导率的测定

GB/T 9174 一般货物运输包装通用技术条件

GB/T 15453 工业循环冷却水和锅炉用水中氯离子的测定

GB/T 20103—2006 膜分离技术 术语

生活饮用水输配水设备及防护材料卫生安全评价规范(卫法监发〔2001〕161号)

3 术语和定义

GB/T 20103—2006 界定的以及下列术语和定义适用于本文件。为了便于使用,以下重复列出了GB/T 20103—2006 中的相关术语和定义。

3.1

复合膜 composite membrane

用两种不同的膜材料,分别制成具有分离功能的表面活性层(致密层)和起支撑作用的多孔层组成的膜。

[GB/T 20103—2006,定义2.1.21]

3.2

反渗透膜 reverse osmosis membrane

用于反渗透过程使溶剂与溶质分离的半透膜。

[GB/T 20103—2006,定义4.1.1]

3.3

聚酰胺复合反渗透膜 composite polyamide reverse osmosis membrane

以聚酰胺材料为表面活性层的复合反渗透膜。

3.4

进水格网 feed water channel spacer

卷式膜元件中衬于进水一侧的具有网状结构、起导流和扰动作用的聚合物网。

3.5

产水格网　permeate channel spacer

卷式膜元件中衬于产水一侧的具有网状结构、起支撑及导流作用的聚合物网。

3.6

产水中心管　permeate collection tube

位于卷式膜元件中心,用于收集及流通产水的多孔管。

3.7

端盖　end cap

固定在卷式膜元件两端起支撑及导流作用的器件。

3.8

卷式聚酰胺复合反渗透膜元件　spiral wound composite polyamide reverse osmosis membrane element

由聚酰胺复合反渗透膜、进水格网、产水格网围绕产水中心管卷制,并与端盖、外壳封装而成的膜分离单元。

　　注:部分规格的卷式聚酰胺复合反渗透膜元件不含端盖。

3.9

产水量　productivity

在规定的运行条件下,膜元件、组件或装置单位时间内所生产的产品水的量。

［GB/T 20103—2006,定义 2.2.10］

3.10

脱盐率　salt rejection

表示脱除给料液盐量的能力。

［GB/T 20103—2006,定义 2.2.11］

3.11

水回收率　water recovery

产水量与给水总量之百分比。

［GB/T 20103—2006,定义 2.2.12］

4　分类与型号

4.1　分类

卷式聚酰胺复合反渗透膜元件根据操作压力及应用水源分类,具体分类见表1。

表 1　反渗透膜元件分类

种类	分类代码
家用反渗透膜元件	TWL
超低压反渗透膜元件	TW
低压苦咸水反渗透膜元件	BWL
苦咸水反渗透膜元件	BW
海水淡化反渗透膜元件	SW

4.2　型号

4.2.1　反渗透膜元件的型号由分类代码、外形尺寸、产水量、脱盐率四部分组成,见图1。分类代码由英文名称大写的缩写字母表示；膜元件外形尺寸、产水量、脱盐率以阿拉伯数字表示。

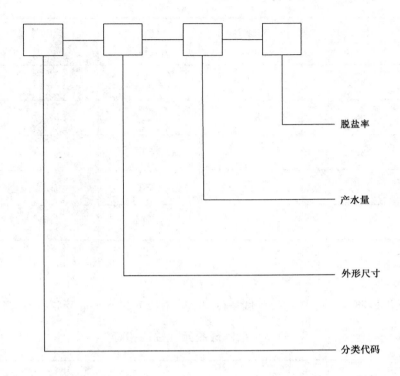

脱盐率

产水量

外形尺寸

分类代码

图 1　反渗透膜元件型号示意图

4.2.2　膜元件外形尺寸以4位数字表示，其中前两位表示外径，其值为以英寸(inch)为单位表示的外径数值的10倍值；后两位表示长度尺寸，其值为以英寸(inch)为单位表示的长度数值(取整数)。

4.2.3　膜元件产水量表示在规定测试条件(见表 A.1)下的产水量，单位为立方米每天，m^3/d。

4.2.4　膜元件脱盐率表示在规定测试条件(见表 A.1)下的脱盐率，以百分数表示。

4.2.5　反渗透膜元件型号示例：

例如：SW-8040-28.1-99.80

"SW"表示海水淡化反渗透膜元件，"8040"表示膜元件外径为 201 mm (8 inches)、长度为 1 016 mm (40 inches)，"28.1"表示膜元件产水量为 28.1 m^3/d，"99.80"表示膜元件脱盐率为 99.80％。

5　要求

5.1　外观

5.1.1　切割面应洁净、均匀、平整。

5.1.2　胶带层应无折皱、无划痕、无污物。

5.1.3　玻璃钢层应无气泡、无玻璃纤维凸起、无裂纹。

5.1.4　产水中心管应光滑、洁净、无裂纹。

5.2　外形尺寸

反渗透膜元件的外形尺寸见表2，尺寸图示见附录B，尺寸偏差应满足表2的要求。

表 2　反渗透膜元件外形尺寸及偏差

尺寸规格	长度 A mm	外径 B mm	尺寸规格	长度 A mm	外径 B mm
1 812	$298^{+0.5}_{-0.5}$	$46^{+1.0}_{-1.5}$	2 521	$533^{+0.5}_{-0.5}$	$61^{+2.0}_{-2.0}$
2 012	$298^{+0.5}_{-0.5}$	$48^{+1.0}_{-1.5}$	4 021	$533^{+0.5}_{-0.5}$	$100^{+2.0}_{-3.0}$
2 812	$298^{+0.5}_{-0.5}$	$70^{+1.0}_{-2.0}$	2 540	$1\,016^{+0.5}_{-0.5}$	$61^{+2.0}_{-2.0}$
3 012	$298^{+0.5}_{-0.5}$	$73^{+1.0}_{-2.0}$	4 040	$1\,016^{+0.5}_{-0.5}$	$100^{+2.0}_{-3.0}$
3 020	$513^{+0.5}_{-0.5}$	$79^{+1.0}_{-2.0}$	8 040	$1\,016^{+0.5}_{-0.5}$	$201^{+2.0}_{-4.0}$

5.3　性能

不同种类的反渗透膜元件在规定的测试条件(见表 A.1)下其产水量及脱盐率应符合表 3 的规定。

表 3　反渗透膜元件性能指标

反渗透膜元件类型	尺寸规格	产水量 m³/d	稳定脱盐率 %
家用反渗透膜元件（TWL）	1 812	≥0.15	≥96.0
	2 012	≥0.28	≥94.0
	2 812	≥0.75	≥92.0
	3 012	≥0.91	≥92.0
	3 020	≥1.60	≥92.0
超低压反渗透膜元件（TW）	2 521	≥1.1	≥98.0
	2 540	≥2.8	≥98.0
	4 021	≥3.2	≥98.0
	4 040	≥7.2	≥98.0
	8 040	≥34.0	≥98.0
低压苦咸水反渗透膜元件（BWL）	2 521	≥1.1	≥99.0
	2 540	≥2.8	≥99.0
	4 021	≥3.2	≥99.0
	4 040	≥7.2	≥99.0
	8 040	≥34.0	≥99.0
苦咸水反渗透膜元件（BW）	2 521	≥1.1	≥99.2
	2 540	≥2.8	≥99.2
	4 021	≥3.2	≥99.2

表 3（续）

反渗透膜元件类型	尺寸规格	产水量 m³/d	稳定脱盐率 %
苦咸水反渗透膜元件 （BW）	4 040	≥7.5	≥99.3
	8 040	≥34.0	≥99.3
海水淡化反渗透膜元件 （SW）	2 521	≥1.0	≥99.5
	2 540	≥2.3	≥99.5
	4 021	≥2.8	≥99.5
	4 040	≥6.0	≥99.5
	8 040	≥22.7	≥99.6

5.4 卫生安全

用于饮用水处理的膜元件及其与水接触的材料和零部件应符合《生活饮用水输配水设备及防护材料卫生安全评价规范》的要求。

6 试验方法

6.1 外观测定

外观质量采用目测，应符合5.1的要求。

6.2 尺寸检测

6.2.1 膜元件长度测定

膜元件长度应使用规范的量尺进行测量，不同位置测量3次，分别计算与膜元件公称长度的偏差，所有偏差应符合5.2的要求。

6.2.2 膜元件外径测定

膜元件外径应使用外径千分尺（分度值0.01 mm）测量，测量方法如下：先在距离膜元件进水端端面约10 mm处选取一个位置，测得第一个数据，将千分尺旋转60°，测得第二个数据，沿同一方向再旋转千分尺60°，测得第三个数据；然后用同样的方法分别测量膜元件长度中心位置及距离出水端端面约10 mm位置的外径；分别计算与膜元件公称外径的偏差，所有偏差均应符合5.2的要求。

6.3 性能测定

反渗透膜元件的产水量和脱盐率按照附录A规定的方法测定，结果应符合5.3的要求。

6.4 卫生安全试验

用于饮用水处理的膜元件及其与水接触材料及零件应按照《生活饮用水输配水设备及防护材料卫生安全评价规范》进行试验。

7 检验规则

7.1 出厂检验

7.1.1 检验要求

每批膜元件均应进行出厂检验,检验合格后方能出厂,出厂检验项目和检验方式应按表4规定进行。

表4 出厂检验

序号	检验项目	要求的章条号	试验方法的章条号	检验方式
1	外观	5.1	6.1	抽检
2	外形尺寸	5.2	6.2	
3	产水量	5.3	6.3	
4	脱盐率	5.3	6.3	

7.1.2 组批规则

同一卷膜片卷制的膜元件为一批。

7.1.3 抽样方法

每批反渗透膜元件应按GB/T 2828.1规定的方法进行抽样检验。

7.1.4 判定规则

外观要求项目,若其不合格项次不超过两次,则判为检验合格;若超过两次,允许加倍数量对不合格项目进行复验,复验合格则判为检验合格。如果仍有一项或一项以上不合格,则该批检验判为不合格。

其余要求项目,若全部合格,则判为检验合格;若有一项或一项以上不合格,允许加倍数量对不合格项目进行复验,复验合格则判为检验合格。如果仍有一项或一项以上不合格,则该批检验判为不合格。

7.2 型式检验

7.2.1 型式检验条件

在下列情况之一时,应进行型式检验:
a) 新产品定型鉴定或老产品转产鉴定时;
b) 结构、材料或工艺有较大改变时;
c) 停产1年以上,恢复生产时;
d) 出厂检验与上次型式检验有较大差异时;
e) 正常生产时每隔3年进行一次;
f) 国家质量技术监督机构提出进行型式检验要求时。

7.2.2 型式检验项目

型式检验项目见表5。

表 5 型式检验

序号	检验项目	要求的章条号	试验方法的章条号	检验方式
1	外观	5.1	6.1	全检
2	外形尺寸	5.2	6.2	
3	产水量	5.3	6.3	
4	脱盐率	5.3	6.3	
5	卫生安全ª	5.4	6.4	抽检
ª "卫生安全"检验项目仅用于饮用水处理膜元件,非用于饮用水处理膜元件不检测。				

7.2.3 组批规则

同一卷膜片卷制的膜元件为一批。

7.2.4 抽样方法

每批反渗透膜元件抽取 3 支样品检验。

7.2.5 判定规则

用于饮用水处理的膜元件和非用于饮用水处理的膜元件产品判定规则如下:

a) 用于饮用水处理的膜元件:抽检样品其"卫生安全"检验结果不合格则判定该批次不合格;若"卫生安全"检验结果合格且全检项目检验结果符合第 5 章要求的产品判定为合格产品。当"外观"和"外形尺寸"一项或两项检测结果不合格时,产品允许修复,修复后复验,其检验结果仍不合格则判定为不合格;当"产水量"或"脱盐率"检验结果不合格时,进行复验,复验结果仍不合格时,产品判定为不合格。

b) 非用于饮用水处理的膜元件:全检项目检验结果全部符合第 5 章要求的产品判定为合格产品。当"外观"和"外形尺寸"一项或两项检测结果不合格时,产品允许修复,修复后复验,其检验结果仍不合格则判定为不合格;当"产水量"或"脱盐率"检验结果不合格时,进行复验,复验结果仍不合格时,产品判定为不合格。

8 标志、包装、运输和贮存

8.1 标志

反渗透膜元件出厂时应有标志,标志内容包括:

a) 产品名称、型号、规格;

b) 商标、产品编号;

c) 生产日期;

d) 生产企业的名称;

e) 产品的执行标准号。

8.2 包装

8.2.1 膜元件的包装应符合 GB/T 9174 的规定,膜元件采用纸箱包装,并采用减震材料在箱中固定。

8.2.2 膜元件内包装为密封包装。

8.2.3 包装箱外表应清晰标明:产品名称、商标、规格型号、生产日期、生产企业的名称、地址。

8.2.4 膜元件的包装储运标志应符合 GB/T 191 的规定。

8.3 运输

8.3.1 运输过程中应固定牢靠,运输、装卸过程中避免碰撞、跌落,防雨防潮,不得重压,不得与有毒有害物品混运。

8.3.2 在运输过程中,湿式膜元件的环境温度应为 5 ℃~40 ℃;干式膜元件的环境温度应不高于45 ℃。

8.4 贮存

8.4.1 反渗透膜元件贮存温度应为:湿式膜元件 4 ℃~45 ℃;干式膜元件不高于 45 ℃。

8.4.2 湿式膜元件贮存时应加入保护液。

8.4.3 膜元件应放置在室内,放置场地应清洁、平整,无腐蚀,无污染,远离冷、热源,避光。

附 录 A

（规范性附录）

反渗透膜元件产水量和脱盐率的测试方法

A.1 测试试剂

测试试剂如下：

——氯化钠：纯度≥99.5%；

——去离子水：电导率≤10 μS/cm；

——盐酸：分析纯；

——氢氧化钠：分析纯。

A.2 测试仪器

测试仪器如下：

——电子天平：精度 0.01 g；

——电导率仪：精度±1%；

——温度计：量程 0 ℃～50 ℃，精度 0.1 ℃；

—— pH 计：精度±1%；

——流量计：精度等级 1.0；

——压力表：精度等级 2.5。

A.3 测试装置

反渗透膜元件检测装置由下列设备按照图 A.1 组装而成。

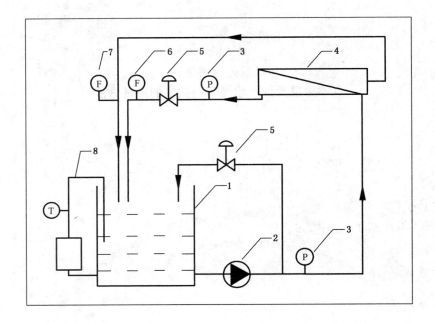

说明：
1——测试液水箱；
2——增压泵；
3——压力表；
4——压力容器；
5——截止阀；
6——浓水流量计；
7——产水流量计；
8——温度控制系统。

图 A.1　反渗透膜元件检测装置流程图

A.4　测试条件

反渗透膜元件产水量和脱盐率的测试条件见表 A.1。

表 A.1　反渗透膜元件产水量和脱盐率测试条件

反渗透膜元件种类	NaCl 测试溶液 mg/L	测试压力 MPa	测试液 pH 值	测试液温度 ℃	回收率 %	尺寸 规格
家用反渗透膜元件（TWL）	250±5	0.41±0.02	7.5±0.5	25±0.5	15±1	1812、2012、2812、3012、3020
超低压反渗透膜元件（TW）	500±10	0.69±0.02	7.5±0.5	25±0.5	8±1	2521、4021
					15±1	8040、4040、2540
低压苦咸水反渗透膜元件（BWL）	1 500±20	1.03±0.02	7.5±0.5	25±0.5	8±1	2521、4021
					15±1	8040、4040、2540
苦咸水反渗透膜元件（BW）	2 000±20	1.55±0.02	7.5±0.5	25±0.5	8±1	2521、4021
					15±1	8040、4040、2540

表 A.1（续）

反渗透膜元件种类	NaCl 测试溶液 mg/L	测试压力 MPa	测试液 pH 值	测试液温度 ℃	回收率 %	尺寸 规格
海水淡化反渗透膜元件（SW）	32 000±1 000	5.52±0.03	7.5±0.5	25±0.5	4±1	2521、4021
					8±1	8040、4040、2540

A.5 测试步骤

反渗透膜元件产水量和脱盐率的测试步骤如下：

a) 将待测反渗透膜元件装入压力容器内，用去离子水将膜元件冲洗干净。

b) 按照膜元件的种类配制对应浓度的氯化钠（NaCl）水溶液作为测试溶液，溶液浓度及 pH 值见表 A.1。

c) 开启增压泵，缓慢调节截止阀，按照膜元件的种类将运行压力调至与表 A.1 对应的测试压力及回收率。

d) 在恒温、恒压下稳定运行 30 min 后，用烧杯分别收集一定量的测试液和产水，水样量不低于 100 mL，记录产水流量 q。

e) 按照 GB/T 6908 的规定分别测量测试液和产水的电导率；或按照 GB/T 15453 的规定分别测定测试液和产水中氯离子的含量。

f) 缓慢调节截止阀，将运行压力降至 0.05 MPa 以下，关闭增压泵。

g) 计算膜元件的产水量（Q）和脱盐率（R）。

A.6 计算

A.6.1 产水量

产水量（Q）按照式（A.1）计算：

$$Q = q \times 1.44 \quad\quad\quad\quad\quad\quad\text{（A.1）}$$

式中：

Q ——产水量，单位为立方米每天（m³/d）；

q ——产水流量，单位为升每分钟（L/min）；

1.44 ——单位换算系数。

A.6.2 脱盐率

脱盐率（R）按照电导率法或氯离子浓度法进行计算，具体如下：

a) 电导率法

按式（A.2）计算：

$$R = \left(1 - \frac{k_p}{k_f}\right) \times 100\% \quad\quad\quad\quad\quad\text{（A.2）}$$

式中：

R ——脱盐率；

k_p ——产水电导率，单位为微西门子每厘米（μS/cm）；

k_f——测试液电导率,单位为微西门子每厘米(μS/cm)。

b) 氯离子浓度法

按式(A.3)计算:

$$R = \left(1 - \frac{C_p}{C_f}\right) \times 100\% \quad\quad\quad\quad\text{(A.3)}$$

式中:

R ——脱盐率;

C_p——产水中氯离子含量,单位为毫克每升(mg/L);

C_f——测试液中氯离子含量,单位为毫克每升(mg/L)。

附 录 B
（规范性附录）
反渗透膜元件外形尺寸图示

反渗透膜元件外形尺寸图示见图 B.1~图 B.3。

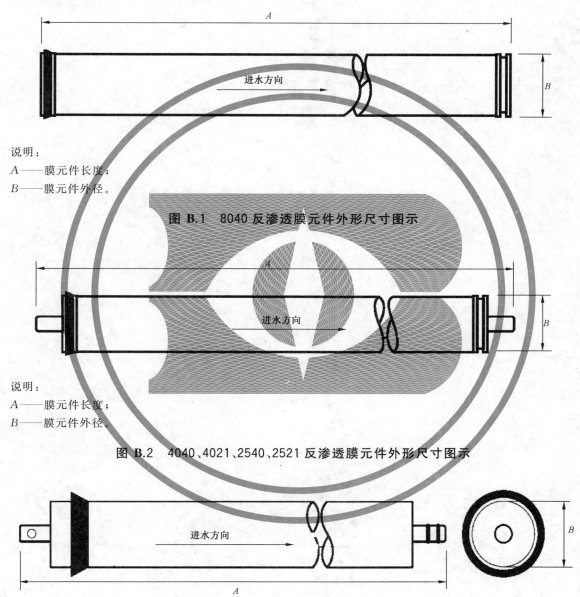

说明：
A——膜元件长度；
B——膜元件外径。

图 B.1 8040 反渗透膜元件外形尺寸图示

说明：
A——膜元件长度；
B——膜元件外径。

图 B.2 4040、4021、2540、2521 反渗透膜元件外形尺寸图示

说明：
A——膜元件长度；
B——膜元件外径。

图 B.3 1812、2012、2812、3012、3020 反渗透膜元件外形尺寸图示

ICS 91.140
P 41

中华人民共和国城镇建设行业标准

CJ/T 169—2018
代替 CJ/T 169—2002

微 滤 水 处 理 设 备

Microfiltration water treatment equipment

2018-03-08 发布

2018-10-01 实施

中华人民共和国住房和城乡建设部　　发　布

CJ/T 169—2018

前　言

本标准按照 GB/T 1.1—2009 给出的规则起草。

本标准代替 CJ/T 169—2002《微滤水处理设备》。与 CJ/T 169—2002 相比,主要技术内容变化如下:

——增加了设备的分类要求;

——修改了部分术语和定义,如反冲洗、气洗等;

——修改了设备的试验方法;

——修改了设备的检验规则。

本标准由住房和城乡建设部标准定额研究所提出。

本标准由住房和城乡建设部市政给水排水标准化技术委员会归口。

本标准起草单位:蓝星环境工程有限公司、北京赛诺膜技术有限公司、北京碧水源膜科技有限公司、杭州水处理技术研究开发中心有限公司。

本标准主要起草人:吉春红、杨晓伟、郑燕飞、赵杰、林亚凯、代攀、刘明轩、杨波、郑宏林。

本标准所代替标准的历次版本发布情况为:

——CJ/T 169—2002。

28

微滤水处理设备

1 范围

本标准规定了微滤水处理设备的术语和定义、分类和型号、要求、试验方法、检验规则、标志、包装、运输和贮存。

本标准适用于水处理中微滤膜过滤设备的生产和检验。

2 规范性引用文件

下列文件对于本文件的应用是必不可少的。凡是注日期的引用文件,仅注日期的版本适用于本文件。凡是不注日期的引用文件,其最新版本(包括所有的修改单)适用于本文件。

GB/T 191　包装储运图示标志

GB/T 5750.4　生活饮用水标准检验方法　感官性状和物理指标

GB/T 6461　金属基体上金属和其他无机覆盖层　经腐蚀试验后的试样和试件的评级

GB/T 9969　工业产品使用说明书　总则

GB/T 13384　机电产品包装通用技术条件

GB/T 13922　水处理设备性能试验

GB/T 17219　生活饮用水输配水设备及防护材料的安全性评价标准

GB/T 17248.3　声学　机器和设备发射的噪声　工作位置和其他指定位置发射声压级的测量现场简易法

GB/T 18593　熔融结合环氧粉末涂料的防腐蚀涂装

GB/T 20103　膜分离技术　术语

GB 50205　钢结构工程施工质量验收规范

GB 50755　钢结构工程施工规范

DL/T 588　水质　污染指数测定

3 术语和定义

下列术语和定义适用于本文件。

3.1

微滤　microfiltration,MF(缩写)

以压力为驱动力,分离 0.1 μm~0.45 μm 的微粒的过程。

3.2

微滤膜组件　microfiltration membrane module

由微滤膜或膜元件、布水间隔体、内连接件、壳体、密封件及布水端板或封头等组成的膜应用基本单元。

3.3

额定产水量　rated productivity

在规定的运行条件下,将水温为 25 ℃下的生活饮用水泵入微滤设备,单位时间内所生产的产品水的量。

3.4

反冲洗　backwashing

用透过液或水质优于透过液的水对膜进行反向冲洗的过程。

3.5

气洗　air scrubbing

利用无油压缩空气与水的混合振荡作用、气泡的擦洗作用,松解并冲走膜表面在过滤过程中形成的污染物的过程。

3.6

化学清洗　chemical cleaning

利用化学药品去除膜污染物的过程。

[GB/T 20103—2006,定义 7.2.8]

3.7

完整性检测　integrity test

检测膜组件是否存在缺陷、破损的试验方法。

3.8

维护性化学清洗　maintenance chemical cleaning

在微滤膜产水侧加入具有一定浓度和特殊效果的化学药剂,通过循环流动、浸泡等方式,对膜表面在过滤过程中形成的污染物进行清洗的方式。

3.9

淤泥密度指数　silt density index,SDI(缩写)

由堵塞 $0.45\ \mu m$ 微孔滤膜的速率所计算得出的、表征水中细微悬浮固体物含量的指数。也称污染指数。

[GB/T 20103—2006,定义 2.3.21]

4　分类和型号

4.1　分类

——小型设备:产水量不大于 $50\ m^3/h$;

——中型设备:产水量大于 $50\ m^3/h$,不大于 $200\ m^3/h$;

——大型设备:产水量大于 $200\ m^3/h$。

4.2　微滤膜种类代号

滤膜种类代号以高分子及高分子合金的英文缩写、金属合金的牌号、金属单质、元素符号或化学式表示,见表1。

表 1　滤膜种类代号

名称	代号
尼龙 6 微滤膜	PA
聚丙烯微滤膜	PP
聚乙烯微滤膜	PE

表 1（续）

名称	代号
聚砜微滤膜	PS
聚醚砜微滤膜	PES
聚偏氟乙烯微滤膜	PVDF
聚四氟乙烯微滤膜	PTFE
二醋酸纤维素微滤膜	CA
三醋酸纤维素微滤膜	CTA
混合纤维素微滤膜	CA-CN
316L 不锈钢微滤膜	SS316L
钛金属微滤膜	Ti
氧化铝陶瓷微滤膜	Al_2O_3
氧化锆陶瓷微滤膜	ZrO_2
注：未列出的滤膜种类代号依此类推。	

4.3 膜孔径代号

微滤膜标称的过滤孔径（单位 μm）乘以 100 的数值。

4.4 膜元件构型代号

膜元件构型代号以英文首字母表示，见表 2。

表 2 膜元件构型代号

构型	代号
管式	T
折叠式	F
中空纤维式（毛细管式）	HF
板式	P
卷式	S

4.5 型号示例

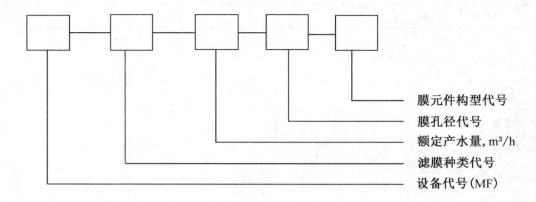

膜元件构型代号
膜孔径代号
额定产水量,m³/h
滤膜种类代号
设备代号(MF)

采用微滤膜材质为尼龙6,额定产水量为5 m³/h,膜孔径为0.22 μm,折叠式膜元件微滤水处理设备型号表示为:MF-PA-5-22-F。

5 要求

5.1 外购设备元器件应符合国家现行标准规定。

5.2 微滤水处理设备主体设备应包括机架、微滤膜组件、水泵、仪表、管道、阀门、控制系统等。

5.3 微滤水处理设备辅助设备应包括反冲洗、化学清洗等、维护性化学清洗等,根据膜组件的要求可包括气洗设备。膜孔径0.2 μm及以下的微滤膜还应有完整性检测装置。

5.4 设备机架应采用钢结构,其制造应符合GB 50755的规定。

5.5 防腐性能应符合使用介质的防腐要求。

5.6 当设备用于生活饮用水处理时,其与水接触的设备与防护材料应符合GB/T 17219的规定。

5.7 设备耐压性能应符合设计使用要求。

5.8 设备电(气)动执行机构应转动灵活、平稳、无卡阻。自控系统控制应可靠,并应具有安全保护功能。

5.9 设备的产水量应达到设计要求的额定产水量。

5.10 微滤膜孔径小于或等于0.2 μm的设备,产水浊度应不大于0.2 NTU,SDI_{15}值应不大于3;微滤膜孔径大于0.2 μm的设备,产水浊度应不大于0.2 NTU。

5.11 设备在其选用的微滤膜组件标称的最大工作压力下不应渗漏。

5.12 设备的运转噪声应不大于80 dB。

5.13 在规定的完整性测试条件下,膜孔径小于或等于0.2 μm膜组件的压力降应不大于0.02 MPa,膜孔径大于0.2 μm膜组件应不出现气泡。

6 试验方法

6.1 检查外购设备元器件的合格证明及检测报告是否符合国家现行标准规定。

6.2 目测检查主体设备和辅助设备的组成是否达到5.2、5.3的规定。

6.3 钢结构设备机架制造质量验收应按GB 50205的规定。

6.4 采用金属和其他无机覆盖层的钢结构设备机架的防腐及外观性能评级应按GB/T 6461的规定执行,采用环氧丙烷粉末喷涂的钢结构设备机架的防腐及外观性能评级应按GB/T 18593的规定检验。

6.5 用于生活饮用水处理的设备,其与水接触的设备与防护材料的安全性应按GB/T 17219的规定进行评价。

6.6 设备的耐压性能试验方法应按 GB/T 13922 的规定执行。

6.7 用手动的方法检验设备电(气)动按钮、阀门等转动是否灵活、平稳,在通电通水的状态下检验自控系统控制是否灵敏,操作执行是否可靠,是否具有安全保护功能。

6.8 在规定的运行条件下,将 25 ℃ 的生活饮用水泵入微滤设备,通过流量计读数,确定 10 min 内所生产的产品水的量。

6.9 产水浊度应按 GB 5750.4 规定的方法采用精度 0.02 NTU 的浊度仪测定,SDI_{15} 值应按 DL/T 588 规定的方法采用污染指数测定仪测定。

6.10 将生活饮用水泵入微滤设备,缓慢升压到工作压力的 50%,进行渗漏检查;然后升压到膜组件标称的最大工作压力,保持 10 min,检查设备各部件及接头是否有渗漏,微滤膜是否完好。

6.11 在距离设备 1 m 处,按 GB/T 17248.3 规定的方法使用声级计测量设备噪声。

6.12 当膜处于润湿(水)状态下,微滤膜孔径小于或等于 0.2 μm 的设备以 0.1 MPa 的气体压力施压微滤膜,静止保压 10 min。压力降不大于 0.02 MPa 时,表明该微滤膜完整无缺陷;压力降大于 0.02 MPa 时,表明该微滤膜有缺陷。微滤膜孔径大于 0.2 μm 的设备以 0.050 MPa 的气体压力施压微滤膜,无气泡时,表明该微滤膜完整无缺陷;出现气泡时,表明该微滤膜有缺陷。

7 检验规则

7.1 检验分类

设备检验分为出厂检验和型式检验。

7.2 出厂检验

7.2.1 每台设备均应经制造厂质量检验部门检验合格,并附有产品合格证再出厂。

7.2.2 出厂检验项目见表3。

表 3 检验项目

序号	检验项目	出厂检验	型式检验	要求	试验方法	检验方式
1	外购元器件	√	√	5.1	6.1	
2	主体、辅助设备	√	√	5.2;5.3	6.2	
3	机架制造	√	√	5.4	6.3	
4	机架防腐性能	—	√	5.5	6.4	
5	卫生性能	√	√	5.6	6.5	
6	耐压性能	√	√	5.7	6.6	
7	电控系统	—	√	5.8	6.7	逐台检验
8	产水量	—	√	5.9	6.8	
9	产水浊度	√	√	5.9	6.9	
10	产水 SDI_{15} 值	√	√	5.10	6.9	
11	密封性能	—	√	5.11	6.10	
12	设备噪声	√	√	5.12	6.11	
13	膜组件完整性	√	√	5.13	6.12	
注:"√"表示检验项目;"—"表示非检验项目。						

7.3 型式检验

7.3.1 当有下列情况之一时应进行型式检验：
——新产品鉴定时；
——设备工艺、材料有较大变化，并有可能影响产品性能时；
——设备正常生产时，每隔三年进行一次；
——停产一年以上恢复生产时；
——国家质量监督部门提出型式检验要求时。

7.3.2 型式检验项目见表3。

7.4 判定规则

7.4.1 出厂检验和型式检验符合本标准的全部规定时，判为合格。

7.4.2 任何检验项目不符合规定判为不合格。型式检验不合格时，制造厂应找出产生不合格的原因并改进，改进后应再次进行型式检验。应在型式检验合格后再生产。

8 标志、包装、运输和贮存

8.1 标志

8.1.1 产品明显位置应有产品标志牌。

8.1.2 标志牌应至少包括下列内容：
——产品型号；
——生产厂名及厂址；
——主体设备尺寸（长×宽×高，单位为毫米）和质量（单位为千克）；
——设备的主要技术参数，包括工作压力、最大操作压力、装机功率等；
——生产日期和编号。

8.1.3 设备包装储运图示标志应符合 GB/T 191 的规定。

8.2 包装

8.2.1 微滤水处理设备的包装应符合 GB/T 13384 的规定，应做好设备接头、管口部位及仪器仪表的保护。

8.2.2 微滤水处理设备随机文件，应至少包括下列文件：
——装箱单；
——设备检验合格证；
——使用说明书。使用说明书的编写应符合 GB/T 9969 的规定。

8.3 运输

8.3.1 设备运输方式应符合合同规定。

8.3.2 设备不应与有毒、腐蚀性、易挥发或有异味的物品混装运输。

8.3.3 搬运时应轻装轻卸，不应抛扔、撞击。

8.3.4 运输过程中不应雨淋、受潮、曝晒。

8.4 贮存

8.4.1 设备应贮存在阴凉、干燥、通风的库房内，不应露天堆放、日晒、雨淋或靠近热源，并应采取防火措施。

8.4.2 设备不应与有毒、腐蚀性、易挥发或有异味的物品同库贮存。

8.4.3 设备应放在木质垫板上(钢砼基础或其他防腐蚀、坚固平整的平台上),离地面、墙面的距离应不小于 10 cm。

8.4.4 微滤膜元件储存时宜注入保护液,宜保存在 5 ℃～45 ℃的通风干燥、无腐蚀、无污染的场所,不应曝晒、雨淋。

ICS 91.140
P 41

中华人民共和国城镇建设行业标准

CJ/T 170—2018
代替 CJ/T 170—2002

超滤水处理设备

Ultrafiltration water treatment equipment

2018-03-08 发布　　　　　　　　　　　　　　　　2018-10-01 实施

中华人民共和国住房和城乡建设部　　发 布

前　言

本标准按照 GB/T 1.1—2009 给出的规则起草。

本标准代替 CJ/T 170—2002《超滤水处理设备》。与 CJ/T 170—2002 相比,主要技术内容变化如下:

——增加了设备的分类要求;

——修改了部分术语和定义,如反冲洗、气洗等;

——修改了设备的试验方法;

——修改了设备的检验规则;

——修改了设备的储存要求。

本标准由住房和城乡建设部标准定额研究所提出。

本标准由住房和城乡建设部市政给水排水标准化技术委员会归口。

本标准起草单位:蓝星环境工程有限公司、北京碧水源膜科技有限公司、杭州水处理技术研究开发中心有限公司、北京赛诺膜技术有限公司。

本标准主要起草人:吉春红、杨晓伟、郑燕飞、刘明轩、李天玉、杨波、郑宏林、赵杰、林亚凯。

本标准所替代标准的历次版本发布情况为:

——CJ/T 170—2002。

超滤水处理设备

1 范围

本标准规定了超滤水处理设备(以下简称设备)的术语和定义、分类和型号、要求、试验方法、检验规则、标志、包装、运输和贮存。

本标准适用于水处理中超滤膜过滤设备的生产和检验。

2 规范性引用文件

下列文件对于本文件的应用是必不可少的。凡是注日期的引用文件,仅注日期的版本适用于本文件。凡是不注日期的引用文件,其最新版本(包括所有的修改单)适用于本文件。

GB/T 191 包装储运图示标志

GB/T 5750.4 生活饮用水标准检验方法 感官性状和物理指标

GB/T 6461 金属基体上金属和其他无机覆盖层 经腐蚀试验后的试样和试件的评级

GB/T 9969 工业产品使用说明书 总则

GB/T 13384 机电产品包装通用技术条件

GB/T 13922 水处理设备性能试验

GB/T 17219 生活饮用水输配水设备及防护材料的安全性评价标准

GB/T 17248.3 声学 机器和设备发射的噪声 工作位置和其他指定位置发射声压级的测量 现场简易法

GB/T 18593 熔融结合环氧粉末涂料的防腐蚀涂装

GB/T 20103 膜分离技术 术语

GB 50205 钢结构工程施工质量验收规范

GB 50755 钢结构工程施工规范

DL/T 588 水质 污染指数测定

3 术语和定义

下列术语和定义适用于本文件。

3.1

超滤 ultrafiltration,UF(缩写)

以压力为驱动力,分离分子量范围为几百至几百万的溶质和微粒的过程。

[GB/T 20103—2006,定义5.2.1]

3.2

超滤膜组件 ultrafiltration membrane module

由超滤膜或膜元件、布水间隔件、内连接件、壳体、密封件以及布水端板或封头、壳体等组成的膜应用基本单元。

3.3

额定产水量 rated productivity

在规定的运行条件下,将水温为25 ℃的生活饮用水泵入超滤设备,单位时间内所生产的产品水的量。

3.4

切割分子量 molecular weight cut off，MWCO（缩写）

超滤膜在规定条件下对某一已知分子量物质的截留率达到90％时，该物质分子量为该膜的切割分子量。

[GB/T 20103—2006，定义5.1.4]

3.5

截留率 retention

表示脱除特定组分的能力。

关系式如下：

$$R = (1 - C_p/C_f) \times 100\%$$

式中：

R ——截留率，％；

C_p ——透过液中特定组分的浓度；

C_f ——进料液中特定组分的浓度。

[GB/T 20103—2006，定义2.1.35]

3.6

淤泥密度指数 silt density index，SDI（缩写）

污染指数 fouling index，FI（缩写）

由堵塞0.45 μm微孔滤膜的速率所计算得出的、表征水中细微悬浮固体物含量的指数。

[GB/T 20103—2006，定义2.3.21]

3.7

反冲洗 backwashing

用产品水或水质优于透过液的水对膜进行反向冲洗的过程。

3.8

气洗 air scrubbing

利用无油压缩空气与产品水的混合振荡作用、气泡的擦洗作用，松解并冲走膜表面在过滤过程中形成的污染物的过程。

3.9

化学清洗 chemical cleaning

利用化学药品去除膜污染物的过程。

[GB/T 20103—2006，定义7.2.8]

3.10

完整性检测 integrity test

检测膜组件是否存在缺陷、破损的试验方法。

3.11

维护性化学清洗 maintenance chemical cleaning

在超滤膜产水侧加入具有一定浓度和特殊效果的化学药剂，通过循环流动、浸泡等方式，对膜表面在过滤过程中形成的污物进行清洗的方式。

4 分类和型号

4.1 设备按单台/套的产水量分为下列三类：

——小型设备:产水量不大于 50 m³/h;

——中型设备:产水量大于 50 m³/h,不大于 200 m³/h;

——大型设备:产水量大于 200 m³/h。

4.2 设备型号如下:

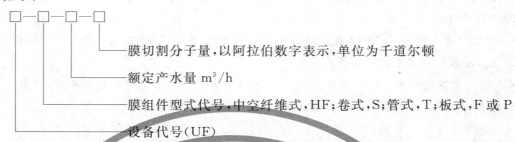

膜切割分子量,以阿拉伯数字表示,单位为千道尔顿

额定产水量 m³/h

膜组件型式代号,中空纤维式,HF;卷式,S;管式,T;板式,F 或 P

设备代号(UF)

4.3 型号示例:采用中空纤维式膜组件、设备额定产水量为 8 m³/h、膜切割分子量为 60 千道尔顿的超滤水处理设备型号表示为:UF-HF-8-60。

5 要求

5.1 外购设备元器件应符合国家现行标准规定。

5.2 超滤水处理设备主体设备应包括机架、超滤膜组件、水泵、仪表、管道、阀门、控制系统等。

5.3 超滤水处理设备辅助设备应包括反冲洗、化学清洗、维护性化学清洗、完整性检测等,根据膜组件的要求可包括气洗设备。

5.4 设备机架应采用钢结构,其制造应符合 GB 50755。

5.5 防腐性能应符合使用介质的防腐要求。

5.6 设备用于生活饮用水处理时,其与水接触的设备与防护材料的安全性应符合 GB/T 17219 的规定。

5.7 设备耐压性能应符合设计使用要求。

5.8 设备电(气)动执行机构应转动灵活、平稳、无卡阻。自控系统控制应可靠,并应具有安全保护功能。

5.9 设备的产水量应达到设计要求的额定产水量。

5.10 设备的产水浊度应不大于 0.1 NTU,SDI_{15} 值应不大于 3。

5.11 设备在其选用的超滤膜组件标称的最大工作压力下不应渗漏。

5.12 设备的运转噪声不应大于 80 dB。

5.13 在规定的完整性测试条件下,膜组件的压力降应不大于 0.02 MPa。

6 试验方法

6.1 检查外购设备元器件的合格证明及检测报告是否符合国家现行标准规定。

6.2 目测检测设备的主体设备和辅助设备的组成是否达到 5.2、5.3 的规定。

6.3 钢结构设备机架制造质量验收应按 GB 50205 的规定。

6.4 采用金属和其他无机覆盖层的钢结构设备机架的防腐及外观性能评级应按 GB/T 6461 的规定执行,采用环氧丙烷粉末喷涂的钢结构设备机架的防腐及外观性能评级应按 GB/T 18593 的规定检验。

6.5 用于生活饮用水处理的设备,其与水接触的设备与防护材料的安全性应按 GB/T 17219 的规定进行评价。

6.6 设备的耐压性能试验方法按 GB/T 13922 的规定执行。

6.7 用手动的方法检验设备电（气）动按钮、阀门等转动是否灵活、平稳，在通电通水状态下检验自控系统控制是否灵敏，操作执行是否可靠，是否具有安全保护功能。

6.8 在规定的运行条件下，将 25 ℃的生活饮用水泵入超滤设备，通过流量计读数，确定 10 min 内所生产的产品水的量。

6.9 产水浊度应按 GB 5750.4 规定的方法采用精度 0.02 NTU 的浊度仪测定，SDI_{15} 值应按 DL/T 588 规定的方法采用污染指数测定仪测定。

6.10 将生活饮用水泵入超滤设备，缓慢升压到工作压力的 50%，进行渗漏检查；然后升压到膜组件标称的最大工作压力，保持 10 min，检查设备各部件及接头是否渗漏。

6.11 在距离设备 1 m 处，按 GB/T 17248.3 规定的方法使用声级计测量设备噪声。

6.12 当膜处于润湿（水）状态下，以 0.15 MPa 气体压力施压超滤膜，静止保压 10 min。压力降不大于 0.02 MPa 时，表明该超滤膜完整无缺陷；压力降大于 0.02 MPa 时，表明该超滤膜有缺陷。

7 检验规则

7.1 检验分类

设备检验分为出厂检验和型式检验。

7.2 出厂检验

7.2.1 每台设备均应经厂质量检验部门检验合格并签发合格证后再出厂。

7.2.2 出厂检验项目见表 1。

表 1 检验项目

序号	检验项目	出厂检验	型式检验	要求	试验方法	检验方式
1	外购元器件	√	√	5.1	6.1	
2	主体、辅助设备	√	√	5.2；5.3	6.2	
3	机架制造	√	√	5.4	6.3	
4	机架防腐性能	—	√	5.5	6.4	
5	卫生性能	√	√	5.6	6.5	
6	耐压性能	√	√	5.7	6.6	
7	电控系统	√	√	5.8	6.7	逐台检验
8	产水量	—	√	5.9	6.8	
9	产水浊度	—	√	5.10	6.9	
10	产水 SDI_{15} 值	—	√	5.10	6.9	
11	密封性能	√	√	5.11	6.10	
12	设备噪音	—	√	5.12	6.11	
13	膜组件完整性	√	√	5.13	6.12	
注："√"表示检验项目；"—"表示非检验项目。						

7.3 型式检验

7.3.1 当有下列情况之一时应进行型式检验:

——新产品鉴定时;

——设备工艺、材料有较大变化,并有可能影响产品性能时;

——设备正常生产时,每隔三年进行一次;

——停产一年以上恢复生产时;

——国家质量监督部门提出型式检验要求时。

7.3.2 型式检验项目见表1。

7.4 判定规则

7.4.1 出厂检验和型式检验符合本标准的全部规定时,判为合格。

7.4.2 任何检验项目不符合规定判为不合格。型式检验不合格时,制造厂应找出产生不合格的原因,并加以改进,改进后应再次进行型式检验。应在型式检验合格后方再能生产。

8 标志、包装、运输和贮存

8.1 标志

8.1.1 在设备的明显位置应有产品标志牌。

8.1.2 标志牌应包括下列内容:

——产品型号;

——生产厂名及厂址;

——主体设备尺寸(长×宽×高,单位为毫米)和质量(单位为千克);

——设备的主要技术参数,包括工作压力、最大操作压力、装机功率等;

——生产日期和编号。

8.1.3 设备包装储运图示标志应符合GB/T 191的规定。

8.2 包装

8.2.1 超滤水处理设备的包装应符合GB/T 13384的规定,应做好设备接头、管口部位及仪器仪表的保护。

8.2.2 超滤水处理设备随机文件,应至少包括下列文件:

——装箱单;

——设备检验合格证;

——使用说明书。使用说明书的编写应符合GB/T 9969的规定。

8.3 运输

超滤水处理设备运输方式应符合合同规定,应轻装、轻卸,不应碰撞和剧烈颠簸。

8.4 贮存

8.4.1 设备应贮存在阴凉、干燥、通风的库房内,不应露天堆放、日晒、雨淋或靠近热源,并应采取防火措施。

8.4.2 设备不应与有毒、腐蚀性、易挥发或有异味的物品同库贮存。

8.4.3 设备应放在木质垫板上(钢砼基础或其他防腐蚀、坚固平整的平台上),离地面、墙面的距离不应小于 10 cm。

8.4.4 超滤膜元件储存时宜注入保护液,宜保存在 5 ℃～45 ℃的通风干燥、无腐蚀、无污染的场所,不应曝晒、雨淋。

———————————

ICS 91.140.60
P 41

中华人民共和国城镇建设行业标准

CJ/T 530—2018

饮用水处理用浸没式
中空纤维超滤膜组件及装置

Submerged hollow fiber ultrafiltration membrane modules and
devices for drinking water treatment

2018-06-12 发布

2018-12-01 实施

中华人民共和国住房和城乡建设部　发布

前　言

本标准按照 GB/T 1.1—2009 给出的规则起草。

本标准由住房和城乡建设部标准定额研究所提出。

本标准由住房和城乡建设部市政给水排水标准化技术委员会归口。

本标准起草单位:住房和城乡建设部科技发展促进中心、海南立昇净水科技实业有限公司、天津膜天膜科技股份有限公司、北京膜华材料科技有限公司、山东招金膜天股份有限公司、北京市市政工程设计研究总院有限公司、北京市自来水集团有限责任公司、城市水资源开发利用(北方)国家工程研究中心、中国科学院生态环境研究中心、东营市自来水公司、佛山市水业集团有限公司。

本标准主要起草人:孔祥娟、任海静、王军、姚左钢、张春雷、梁恒、甘振东、陈翠仙、唐小珊、李娜、陈清、徐娅、李文国、纪洪杰、蔡传义、叶挺进、秦余春、倪晓棠、黎雷、颜合想、纪海霞、于海宽、张晓岚。

饮用水处理用浸没式
中空纤维超滤膜组件及装置

1　范围

本标准规定了饮用水处理用浸没式中空纤维超滤膜组件及装置的型号、材料、要求、检测、检验规则、标志、包装、运输和贮存。

本标准适用于饮用水处理用浸没式中空纤维超滤膜组件及装置。

2　规范性引用文件

下列文件对于本文件的应用是必不可少的。凡是注日期的引用文件,仅注日期的版本适用于本文件。凡是不注日期的引用文件,其最新版本(包括所有的修改单)适用于本文件。

GB/T 191　包装储运图示标志

GB/T 2828.1　计数抽样检验程序　第1部分:按接收质量限(AQL)检索的逐批检验抽样计划

GB/T 6682　分析实验室用水规格和试验方法

GB/T 9174　一般货物运输包装通用技术条件

GB/T 9969　工业产品使用说明书　总则

GB/T 14436　工业产品保证文件　总则

GB/T 17219　生活饮用水输配水设备及防护材料的安全性评价标准

GB/T 32360—2015　超滤膜测试方法

3　术语和定义

下列术语和定义适用于本文件。

3.1

中空纤维超滤膜　hollow fiber ultrafiltration membrane

纤维状空心膜,包括自支撑膜和支撑膜等,其切割分子量范围为 $10^3 \sim 10^6$ 道尔顿。

3.2

自支撑膜　self-supported membrane

本身具有自主支撑性能的中空纤维膜。

3.3

支撑膜　supported membrane

采用增强材料作为内支撑的中空纤维膜。

3.4

切割分子量　molecular weight cut-off

截留分子量

超滤膜在规定条件下对某一已知分子量物质的截留率达到90%时,该物质分子量为该膜的切割分子量。

3.5

浸没式中空纤维超滤膜组件 submerged hollow fiber ultrafiltration membrane module

浸没在待处理水中运行的中空纤维超滤膜组件,包括柱式膜组件和帘式膜组件。

3.6

浸没式超滤膜组装置 submerged hollow fiber ultrafiltration membrane device
膜架
膜箱

由膜组件、支架、集水管和布气管组成的基本过滤单元。

3.7

产水量 productivity

在一定运行条件下,膜组件或膜组装置单位时间内的净产水量。

3.8

有效膜面积 effective membrane area

膜组件中具有分离作用的膜面积。

3.9

纯水通量 pure water flux

在一定压力、一定温度下,单位面积、单位时间透过膜的纯水体积。

3.10

拉伸断裂强力 tensile breaking force

单根中空纤维膜在进行拉伸断裂实验时所能承受的最大强力。

3.11

膜寿命 membrane life

在正常的使用条件下,膜或膜组件维持预定性能的时间。

3.12

跨膜压差 transmembrane pressure difference

超滤膜或膜组件进水侧与产水侧的压力之差。

4 型号

4.1 膜组件型号

4.1.1 型号

膜组件型号由类别代号、型式代号、切割分子量、有效膜面积、膜材质代号、结构型式代号等六个部分构成。各部分以连字符"—"连接。

六个部分表述格式为:

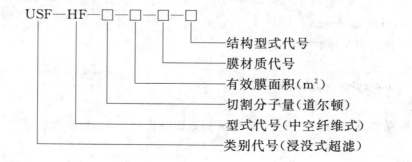

使用聚乙二醇(PEG)测定切割分子量,孔径与切割分子量的关系可用式(1)表示,常见的切割分子量与孔径对应关系见表1:

$$d = 2 \times 16.73 \times 10^{-9} \times M^{0.557} \qquad\cdots\cdots\cdots\cdots\cdots\cdots (1)$$

式中:

d——聚乙二醇当量直径,即相当于孔径,nm;

M——聚乙二醇分子量,道尔顿。

表 1 常见切割分子量与孔径对应关系

切割分子量/道尔顿	1×10^3	1×10^4	5×10^4	1×10^5	3×10^5	5×10^5	1×10^6
孔径/nm	1.6	6	14	20	38	50	74

4.1.2 材质代号

浸没式中空纤维超滤膜组件过滤层材质以字母表示,常用过滤层材质见表2。

表 2 常用过滤层材质代号

过滤层材质	膜材质代号
聚偏氟乙烯	PVDF
聚砜	PS
聚醚砜	PES
聚氯乙烯	PVC
聚丙烯腈	PAN
聚四氟乙烯	PTFE
聚丙烯	PP
聚三氟氯乙烯	PCTFE
上述材质增强型	*P

4.1.3 结构型式代号

膜组件分为柱式和帘式。柱式结构型式代号为C,帘式结构型式代号为F。

4.1.4 型号示例

示例1:

UFS—HF—5×10^5—36—PVDF—C

表示:浸没式超滤,中空纤维膜,切割分子量为5×10^5道尔顿,组件有效膜面积为36 m²,膜材质为PVDF,柱式膜组件。

示例2:

UFS—HF—10^5—35—PVC＊P—F

表示:浸没式超滤,中空纤维膜,切割分子量为10^5道尔顿,组件有效膜面积为35 m²,膜材质为增强型PVC,帘式膜组件。

4.2 装置型号

4.2.1 型号

装置型号由类别代号、膜组件结构型式代号、外形尺寸、产水量四个部分构成。各部分以连字符"—"连接。

四个部分表述格式为：

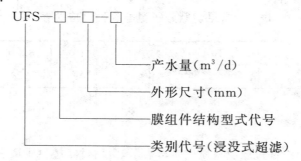

$$UFS-\square-\square-\square$$

产水量(m³/d)

外形尺寸(mm)

膜组件结构型式代号

类别代号(浸没式超滤)

4.2.2 外形尺寸

装置外形尺寸由长度 L、宽度 W 和高度 H 表示，记为 $L \times W \times H$。

4.2.3 型号示例

示例1：

UFS—C—4 010×810×2 600—1000

表示：浸没式超滤，柱式膜组件，装置长为 4 010 mm、宽为 810 mm、高为 2 600 mm，产水量为 1 000 m³/d。

示例2：

UFS—F—2 110×810×2 600—500

表示：浸没式超滤，帘式膜组件，装置长为 2 110 mm、宽为 810 mm、高为 2 600 mm，产水量为 500 m³/d。

5 要求

5.1 材料

膜材质应具有涉水产品生产许可批件。主要材料与部件应有制造厂商的质保书或合格证。膜组件和装置应符合 GB/T 17219。膜产品(膜及其组件)生产过程中不应使用回用料。装置的承重支架和组件的连接管道所采用的金属管道的材料不应低于 SS304 不锈钢，管道连接法兰的压力等级不应低于 PN1.0。

5.2 外观

膜组件及装置应无破损，无裂痕、划伤及变形，中空纤维膜应无折断。

5.3 中空纤维膜理化性能

5.3.1 纯水通量

在相应条件下，自支撑膜纯水通量应不小于 150 L/(m² · h)，支撑膜纯水通量应不小于 40 L/(m² · h)。

5.3.2 切割分子量

产品切割分子量应不大于 10^6 道尔顿。

5.3.3 拉伸断裂强力

自支撑膜的拉伸断裂强力应不小于 1.5 N。

5.3.4 抗脱落性能

支撑膜应进行抗脱落性能检测。中空纤维膜的抗脱落性能应满足 26 000 次反冲洗不脱落。

5.3.5 耐化学腐蚀性能

化学浸泡腐蚀后,中空纤维膜拉伸断裂强力降低应不超过 40%,且纯水通量变化幅度应不超过 30%。

5.4 膜组件

5.4.1 膜组件外形尺寸

5.4.1.1 柱式膜组件

柱式膜组件结构如图 1 所示。

外形尺寸包括外径、长度和接口外径(包括连接方式),柱式膜组件常用规格尺寸可按表 3 确定。

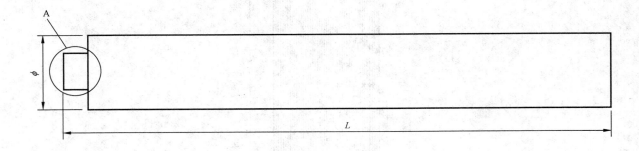

承插连接　　　　　　　螺纹连接

说明:
ϕ ——外径,单位为毫米(mm);
L ——长度,单位为毫米(mm);
$D(G)$——接口外径,单位为毫米(mm),连接形式为螺纹连接或承插连接。

图 1　柱式膜组件结构示意图

表 3 柱式膜组件常用规格尺寸

规格/mm	允许偏差/mm		
$\phi \times L \times D(G)$	ϕ	L	$D(G)$
160×1 800×76	±1.0	±3.0	±0.5
127×2 220×40	±1.0	±3.0	±0.5
127×1 745×40	±1.0	±3.0	±0.5

5.4.1.2 帘式膜组件

帘式膜组件结构如图2所示。

外形尺寸指集水管长度、集水管中心距和集水管接口外径,帘式膜组件常用规格尺寸可按表4确定。

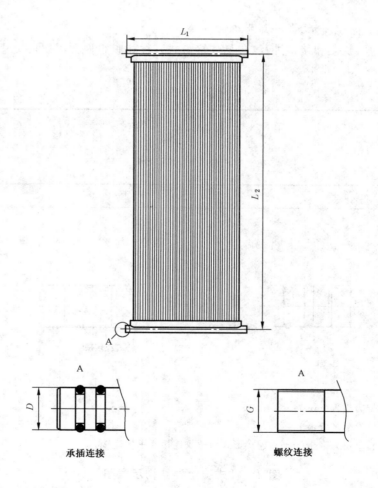

说明:
L_1 ——集水管长度,单位为毫米(mm);
L_2 ——集水管中心距,单位为毫米(mm);
$D(G)$——集水管接口外径,单位为毫米(mm),连接形式为螺纹连接或承插连接。

图 2 帘式膜组件结构示意图

表 4　帘式膜组件常用规格尺寸

规格/mm	允许偏差/mm		
$D \times L_1 \times L_2$	$D(G)$	L_1	L_2
$40 \times 568 \times 2\,000$	±0.5	±1.0	±5.0
$40 \times 534 \times 2\,000$	±0.5	±1.0	±5.0
$40 \times 720 \times 2\,000$	±0.5	±1.0	±5.0

5.4.2　膜组件完整性

膜组件在规定测试压力下,整体试压无渗漏。

5.5　装置

5.5.1　规格

装置外形结构如图 3 所示,装置规格尺寸可按表 5 确定。

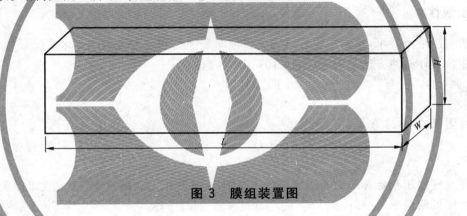

图 3　膜组装置图

表 5　装置规格尺寸

产水量/(m³/d)	长度 L/mm	宽度 W/mm	高度 H/mm
500	2 110+10	810+10	2 600+10
1 000	4 010+10	810+10	2 600+10

6　检测

6.1　材料

超滤膜组装置材料的耐压、耐腐蚀性能检验可根据所购买材料的合格证书确认。

6.2　外观

采用目测法。

6.3 膜组件

6.3.1 纯水通量

在规定测试条件下,测试单位时间、单位膜面积的纯水产水量。检测装置和方法见附录 A 中的 A.1。

6.3.2 切割分子量

检测方法按 GB/T 32360—2015 中 5.2 规定的测试方法操作。

6.3.3 拉伸断裂强力

使用等速伸长测试仪测定单根中空纤维膜拉断时所承受的强力,具体检测方法见附录 A 中的 A.2。

6.3.4 抗脱落性能

在承受一定次数反洗后,检测膜组件完整性,判断中空纤维膜的抗脱落性能。具体检测方法见附录 A 中的 A.3。

6.3.5 耐化学腐蚀性能

在一定的药剂浸泡条件下,检测中空纤维膜的拉伸断裂强力和纯水通量的变化情况,判断膜纤维的耐化学腐蚀性能。具体检测方法见附录 A 中的 A.4。

6.3.6 外形尺寸

检测方法见附录 A 中的 A.5。

6.3.7 完整性

膜组件单侧空气加压至标称最大跨膜压差的 1.5 倍,观察其压力衰减速率,确定膜组件完整性。具体检测装置和方法见附录 A 中的 A.6。

7 检验规则

7.1 检验分类

检验应分为出厂检验和型式检验。

7.2 检验项目

检验项目应符合表 6 的规定。

表 6 膜组件性能检验项目

项 目	检验分类	
	出厂检验	型式检验
外观	√	√
纯水通量	√	√
切割分子量	—	√

表 6（续）

项 目	检验分类	
	出厂检验	型式检验
拉伸断裂强力	—	√
抗脱落性能	—	√
耐化学腐蚀性能	—	√
外形尺寸	√	√
完整性	√	√
注："√"为检验项目；"—"为不检验项目。		

7.3 出厂检验

每批产品应由生产企业的质量检验部门检验合格并签发合格证方可出厂。

7.4 型式检验

7.4.1 在下列任一种情况下应进行型式检验：

    a) 新产品定型鉴定或老产品转产鉴定时；

    b) 结构、材料或工艺有较大改变时；

    c) 停产两年以上，恢复生产时；

    d) 出厂检验结果与上次型式检验有较大差异时；

    e) 正常生产时，每隔一年进行一次。

7.4.2 型式检验的样品应为出厂检验合格的产品。型式检验的抽样方式按 GB/T 2828.1 的规定执行。

7.5 判定规则

7.5.1 合格产品

检验项目结果全部符合本标准要求时，判定该产品为合格品。

7.5.2 不合格产品

检验项目结果有不合格项，应从原批产品中加倍抽取样品，并对不合格项目进行复检。如仍有不合格项时，判定该批产品不合格。

8 标志、包装、运输和贮存

8.1 标志

产品出厂时应有标志，标志的字迹应清晰牢固。标志内容应包括商标、产品名称、型号、年号、流水号、生产企业的名称和地址、产品执行标准号、运输和贮存要求。

8.2 包装

8.2.1 内包装

每个膜组件包装前宜注入保护液（1%食品级亚硫酸氢钠水溶液或甘油），气温低于零度时宜注入防冻液(1%食品级亚硫酸氢钠甘油溶液,甘油溶液浓度不小于 17%),并用塑料薄膜封装。

8.2.2 外包装

膜组件的外包装应符合 GB/T 9174 的规定;外包装上的储运标志应符合 GB/T 191 的规定。

8.2.3 包装箱

包装箱内应附有装箱单、产品合格证、使用说明书等文件。合格证应符合 GB/T 14436 的规定。产品使用说明书宜按 GB/T 9969 编写,其主要内容应包括产品名称、规格、型号、主要参数、产品使用、停用、清洗方法。

8.3 运输

膜组件和膜组装置运输、装卸过程中,不应受到剧烈撞击、颠簸、抛掷及重压。

8.4 贮存

膜组件和膜组装置应放置于清洁、无腐蚀、无污染、远离冷、热源的场所。未加防冻液的膜组件应放置于室内,温度范围宜为 5 ℃～40 ℃。

附　录　A
（规范性附录）
中空纤维膜及膜组件性能检测方法

A.1　纯水通量检测

A.1.1　检测装置

检测前应确保检测装置所需的压力表、安全装置、阀门等附件配置齐全，且检验合格。压力表的精度等级应不小于 1.6 级，流量计的准确度等级应不小于 2.5 级，且均应在检定周期内。纯水通量检测装置如图 A.1 所示。

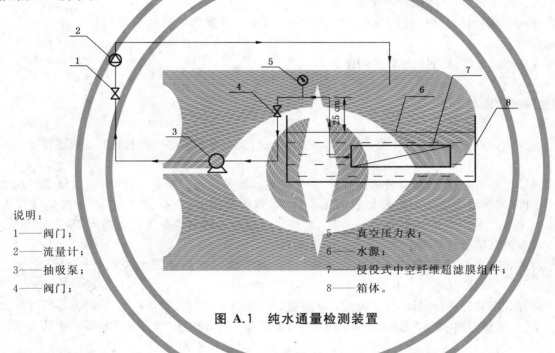

说明：
1——阀门；
2——流量计；
3——抽吸泵；
4——阀门；
5——真空压力表；
6——水源；
7——浸没式中空纤维超滤膜组件；
8——箱体。

图 A.1　纯水通量检测装置

A.1.2　检测条件

测试水温应控制在 25 ℃±0.5 ℃。自支撑膜测试压力应为 0.05 MPa，支撑膜测试压力应为 0.02 MPa。

A.1.3　检测方法

纯水通量检测步骤如下：
a)　将待测膜制成相同规格的 3 个测试膜组件，用纯水（符合 GB/T 6682 中三级及以上纯度要求）洗净待用；
b)　按图 A.1 所示，将膜组件与设备连接，注入纯水，水面没过膜组件 50 mm 以上，浸没时间应大于 2 h；
c)　缓慢调节阀门，使膜组件处于规定测试压力下；
d)　检测系统稳定运行 30 min 且流量计读数稳定后，其读数即为膜组件产水量（Q）；
e)　计算膜组件的纯水通量。计算公式如式（A.1）：

$$F = \frac{Q}{S} \quad \cdots\cdots\cdots\cdots\cdots\cdots\cdots\cdots\cdots\cdots (A.1)$$

式中：

F ——纯水通量，$L/(m^2 \cdot h)$；

Q ——膜组件产水量，L/h；

S ——测试组件有效面积，m^2；

f) 重复测试 3 组，检测结果取平均值。

A.2 拉伸断裂强力检测

采用等速伸长测试仪测定拉伸断裂强力，测试环境温度为 25 ℃±2 ℃，样品长度 350 mm，设定夹持长度为 250 mm，拉伸速率为 250 mm/min，检测步骤如下：

a) 取 3 根待测中空纤维膜，用纯水洗净待用；

b) 使用等速伸长测试仪拉伸单根中空纤维膜，中空纤维膜断裂时所承受的强力即为拉伸断裂强力；

c) 重复测试 3 组，检测结果取平均值。

A.3 抗脱落性能检测

抗脱落性能针对支撑膜进行检测。通过检测反冲洗后膜组件的完整性判断膜的抗脱落性能。测试步骤如下：

a) 测试组件预处理：因新膜通透性较好，需先将测试组件快速污染到一定状态，以便于实现测试条件（可将组件过滤一些易堵膜的污染物，如聚丙烯酰胺、铁盐絮凝剂等，聚丙烯酰胺可用 10 mg/L，铁盐絮凝剂可用 20 mg/L），将组件污染状态控制在反洗压力为大于 0.08 MPa 时，对应膜反洗通量不大于 200 $L/(m^2 \cdot h)$ 即可。

b) 将测试膜组件平行安装于打压设备中，通过调节流量将测试压力控制在标称反洗压力的 1.5 倍，控制曝气强度为 0.2 $m^3/(m^2 \cdot h)$（以膜面积计）。

c) 设置 3 组装置平行测试，每个测试装置通过"开-停-开-停"方式循环打压，"开"表示膜纤维反向承压，承压时间 60 s，"停"表示反洗停歇，停歇时间为卸压时间。"开-停"循环一次计为承压反洗 1 次。

d) 若中空纤维膜累计反洗测试次数超过 26 000 次（按照 6 年使用寿命统计设计反洗次数），且通过完整性检测时，认为中空纤维膜抗脱落性能满设计使用要求。

A.4 耐化学腐蚀性能检测

A.4.1 检测药剂

次氯酸钠溶液，浓度为 5‰、2‰；柠檬酸溶液，盐酸溶液和氢氧化钠溶液，浓度为 5‰。

A.4.2 检测方法

通过检测药剂浸泡后中空纤维膜的拉伸断裂强力和纯水通量判断膜的耐化学腐蚀性能。

表 A.1 耐化学腐蚀性能检测参数

检测项目	浸泡药剂及浓度	浸泡时间/h	当量浓度[(mg/L)·h]
空白对照组	纯水	30	0
耐氧化腐蚀性能	5‰次氯酸钠	30	144 000
耐酸腐蚀性能	5‰柠檬酸＋5‰盐酸	30	144 000＋144 000
耐碱腐蚀性能	2‰次氯酸钠＋5‰次氢氧化钠	30	57 600＋144 000
综合耐腐蚀性能	（5‰柠檬酸＋5‰盐酸）＋ （2‰次氯酸钠＋5‰次氢氧化钠）	30＋30	（144 000＋144 000）＋ （57 600＋144 000）

测试步骤如下：

a) 取 15 组待测中空纤维膜,每组多根中空纤维膜,用纯水洗净待用;

b) 取其中 3 组中空纤维膜用纯水浸泡 30 h 后,测试 3 组中空纤维膜的拉伸断裂强力和纯水通量,每组中空纤维膜测试 3 次,每次取不同中空纤维膜检测,结果取平均值,作为空白对照组结果。

c) 取其中 3 组中空纤维膜,检测膜纤维耐氧化腐蚀性能,将中空纤维膜放入氧化腐蚀药液浸泡,浸泡液浓度和浸泡时间如表 A.1 所示(按照 6 年使用寿命计算当量浓度);

d) 浸泡结束后检测每组中空纤维膜的拉伸断裂强力和纯水通量,每组中空纤维膜重复测试 3 次,每次取不同中空纤维膜检测,结果取平均值,所得结果与空白对照组比较,当中空纤维膜拉伸断裂强力降低不超过 40％,且纯水通量变化幅度不超过 30％,认为该中空纤维膜通过耐氧化腐蚀性能检测;

e) 按上述方法,依次进行中空纤维膜耐酸腐蚀性能、耐碱腐蚀性能和综合耐腐蚀性能检测;

f) 若中空纤维膜通过所用耐化学腐蚀性能测试项目,即认为膜的耐化学腐蚀性能满足设计使用要求。

A.5 外形尺寸检测

A.5.1 柱式膜组件外型尺寸的测量方法:

a) 外径:将膜组件放在平台上,把外壳一端的外周长平分为六等分,用游标卡尺测量六等分点形成的三条外径的长度,取其平均值作为该端的外径值(ϕ),单位为毫米(mm),按同样操作方法测量另一端的外径值;

b) 总长:将膜组件放在平台上,用卷尺测量从左端口至右端口的距离,不同位置测量 3 次,取其平均值作为组件的总长(L),单位为毫米(mm)。

A.5.2 帘式膜组件外型尺寸的测量方法:

a) 集水管外径:将膜组件放在平台上,把集水管一端的外周长平分为六等分,用游标卡尺测量六等分点形成的三条外径的长度,取其平均值作为该端集水管的外径值(D),单位为毫米(mm),按同样方法测量另一端集水管的外径值。

b) 集水管长度将膜组件放在平台上,用卷尺测量集水管从左端口至右端口的距离,不同位置测量 3 次取平均值作为该集水管的长度(L_1),单位为毫米(mm)。按同样方法测量另一支集水管的长度值。

c) 集水管中心距:将膜组件吊挂在固定的支架上,使其保持自然下垂状态,用卷尺测量一侧上端集水管下边与下端集水管下边的距离,测量 3 次取平均值作为该侧集水管的两端中心距

（L_2），单位为毫米（mm）。按同样方法测量另一侧的中心距。

A.5.3 装置的外形尺寸的测量方法：

    a) 长度：将膜组装置放在平整地面上，用卷尺测量装置较长一边的左边框与右边框的距离，测量3次取平均值作为该装置的长度（L），单位为毫米（mm）；

    b) 宽度：将膜组装置放在平整地面上，用卷尺测量装置较短一边的左边框与右边框的距离，测量3次取平均值作为该装置的宽度（W），单位为毫米（mm）；

    c) 高度：将膜组装置放在平整地面上，用卷尺测量装置上边框与下边框的距离，测量3次取平均值作为该装置的高度（H），单位为毫米（mm）。

A.6 完整性检测

A.6.1 检测装置

检测前应确保检验设备所需的压力表、阀门等附件配置齐全，且检验合格。压力表的精确度不小于1.6级，且应在检定周期内。完整性检测装置如图 A.2 所示。

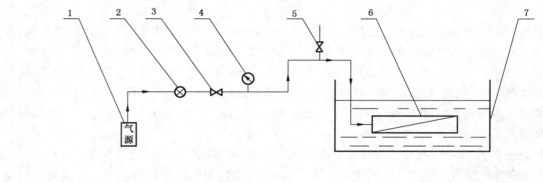

说明：
1——气源；　　　　　　　　　　　　　　5——排气阀；
2——减压阀；　　　　　　　　　　　　　6——膜组件；
3——进气阀；　　　　　　　　　　　　　7——水槽。
4——压力表；

图 A.2　完整性检测装置

A.6.2 检测方法

调整完整性检测装置的气源输出压力至其标称最大跨膜压差1.5倍的压力，保持膜组件完全浸没于检测水池的液位以下，从膜组件产水出口进气，当膜组件内气体压力达到设定的检测压力时，关闭进气阀，开始保压计时1 min，此过程中观察组件表面是否有气泡产生，有气泡产生时，完整性检测不通过。同时，记录保压开始时的检测压力（P_0）和保压结束时的检测压力（P_e），计算压力衰减速率，如压力在1 min内衰减小于0.01 MPa，且组件没有气泡产生时，判定中空纤维膜无渗漏。检测结束后打开排气阀，排空膜组件内气压。

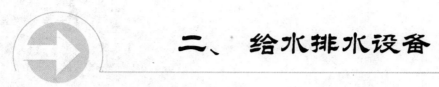

二、给水排水设备

ICS 23.080
J 71

中华人民共和国国家标准

GB/T 13006—2013
代替 GB/T 13006—1991

离心泵、混流泵和轴流泵　汽蚀余量

NPSH for centrifugal，mixed flow and axial flow pumps

2013-12-17 发布

2014-10-01 实施

中华人民共和国国家质量监督检验检疫总局
中国国家标准化管理委员会　发布

前　言

本标准按照 GB/T 1.1—2009 给出的规则起草。

本标准代替 GB/T 13006—1991《离心泵、混流泵和轴流泵　汽蚀余量》，与 GB/T 13006—1991 相比，除编辑性修改外主要技术差异如下：

——修改了第 3 章（见 3,1991 年版的 3）；

——增加了附录 A。

本标准由中国机械工业联合会提出。

本标准由全国泵标准化技术委员会（SAC/TC 211）归口。

本标准起草单位：沈阳鼓风机集团股份有限公司、沈阳耐蚀合金泵股份有限公司、上海连成（集团）有限公司、博山精工泵业有限公司、上海电力修造总厂有限公司、上海凯泉泵业（集团）有限公司、上海凯士比泵有限公司、嘉利特荏原泵业有限公司、湖南湘电长沙水泵有限公司、合肥新沪屏蔽泵股份有限公司、江苏武新泵业制造有限公司、浙江同泰泵业有限公司、山东颜山泵业有限公司、山东博泵科技股份有限公司、浙江华泵科技有限公司、沈阳水泵研究所。

本标准主要起草人：于百芳、齐兴珮、宋青松、李娟、郑昱、卢熙宁、潘再兵、曲景田、李茜、汪细权、刘金坤、盖雪晶、韩锋杰、翟鲁涛、陈潜、乔钝。

本标准所代替标准的历次版本发布情况为：

——GB/T 13006—1991。

离心泵、混流泵和轴流泵 汽蚀余量

1 范围

本标准规定了离心泵、混流泵和轴流泵(以下简称泵)的汽蚀余量 NPSH3 指标。
本标准适用于输送单相液体的泵。

2 规范性引用文件

下列文件对于本文件的应用是必不可少的。凡是注日期的引用文件,仅注日期的版本适用于本文件。凡是不注日期的引用文件,其最新版本(包括所有的修改单)适用于本文件。
GB/T 7021 离心泵名词术语

3 术语和定义

GB/T 7021 界定的以及下列术语和定义适用于本文件。

3.1

NPSH3
泵第一级扬程下降 3% 时的汽蚀余量,作为标准基准用于表示性能曲线。

4 汽蚀余量 NPSH3

4.1 本标准规定的 NPSH3 是以清洁冷水试验为基准规定点的数值,泵的适用范围为:
a) 一般离心泵:比转速 $n_s=50\sim300$(或型式数 $K=0.26\sim1.55$),单级扬程 $H=6\ m\sim180\ m$;
b) 冷凝泵:单吸流量 $Q=20\ m^3/h\sim1\ 800\ m^3/h$(或双吸流量 $Q=40\ m^3/h\sim3\ 600\ m^3/h$),转速 $n=500\ r/min\sim3\ 500\ r/min$;
c) 混流泵和轴流泵:比转速 $n_s=250\sim1\ 400$(或型式数 $K=1.29\sim7.25$),扬程 $H=1.2\ m\sim30\ m$。
4.2 NPSH3 值应根据泵的结构,按下列规定确定:
a) 单吸悬臂泵的 NPSH3 值见图 1 或图 2;
b) 轴通过叶轮吸入口的单吸泵的 NPSH3 值见图 3 或图 4;
c) 双吸泵的 NPSH3 值见图 5 或图 6;
d) 三级以下轴通过叶轮吸入口的冷凝泵 NPSH3 值见图 7。对于单吸悬臂叶轮使用图 7 时,当流量小于或等于 $90\ m^3/h$ 时,应将流量除以 1.2;当流量大于 $90\ m^3/h$ 时,应将流量除以 1.15;
e) 单吸混流泵和轴流泵的 NPSH3 值见图 8 或图 9。
4.3 当按图 1、图 3、图 5 和图 8 查的 NPSH3 值小于 2 m 时,其 NPSH3 值应不大于 2 m。
4.4 当按图 1、图 3 和图 5 查 $n_s<50$(或 $K<0.26$)的 NPSH3 值时,其 NPSH3 值应不大于 $n_s=50$(或 $K=0.26$)的值。
4.5 查得的 NPSH3 值应精确到小数点后第一位。
4.6 确定的 NPSH3 值应小于或等于规定的必需汽蚀余量 NPSHR。

5 应用方法

5.1 图 1、图 3、图 5 和图 8 是根据已知的扬程和比转速(或型式数),作出扬程的垂直线与比转速(或型式数)的水平线的交点,该点落在 NPSH3 的斜线上或两斜线之间。泵的 NPSH3 应不大于此值。

5.2 图2、图4、图6和图9是根据已知的流量、转速和比转速(或型式数),作出流量的水平线与转速、比转速(或型式数)的斜线的交点,再由该点向下作垂直线交于 NPSH3 的坐标线上。泵的 NPSH3 应不大于此值。

5.3 图7是根据已知的流量和转速,作出流量的水平线与转速的斜线的交点,再由该点向下作垂直线交于 NPSH3 的坐标线上。泵的 NPSH3 应不大于此值。

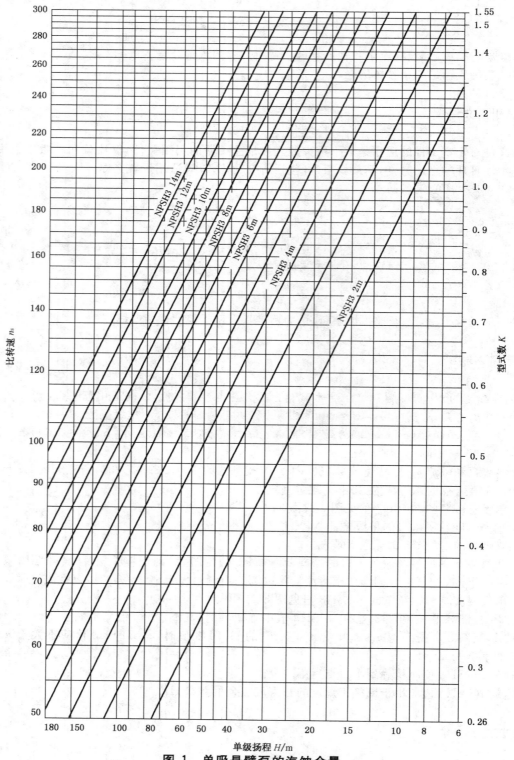

图 1 单吸悬臂泵的汽蚀余量

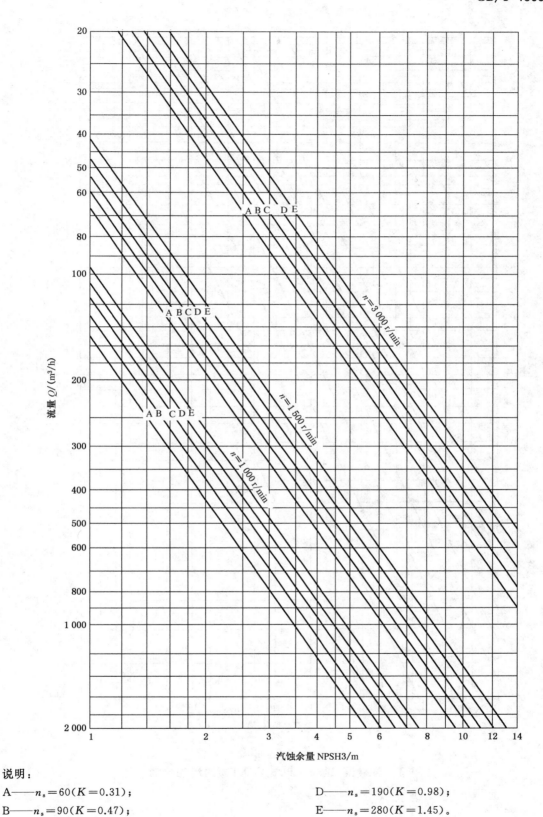

说明:
A——$n_s = 60(K = 0.31)$;
B——$n_s = 90(K = 0.47)$;
C——$n_s = 130(K = 0.67)$;

D——$n_s = 190(K = 0.98)$;
E——$n_s = 280(K = 1.45)$。

图 2 单吸悬臂泵的汽蚀余量

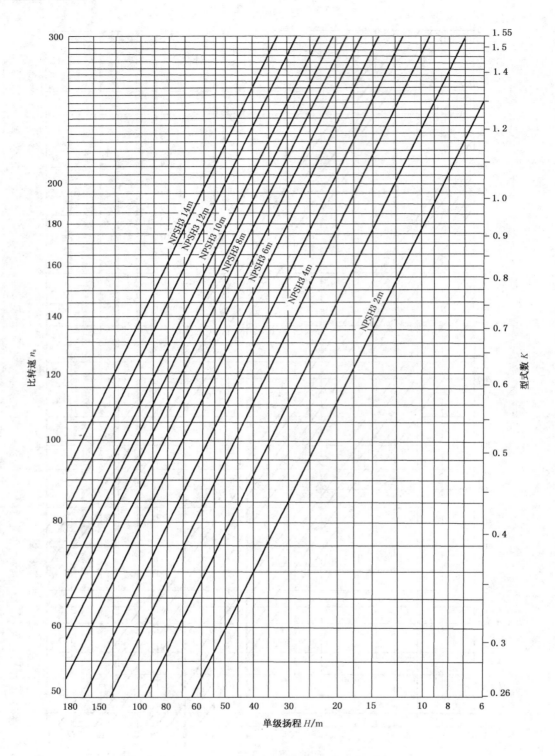

图 3　单吸泵（轴通过叶轮吸入口）的汽蚀余量

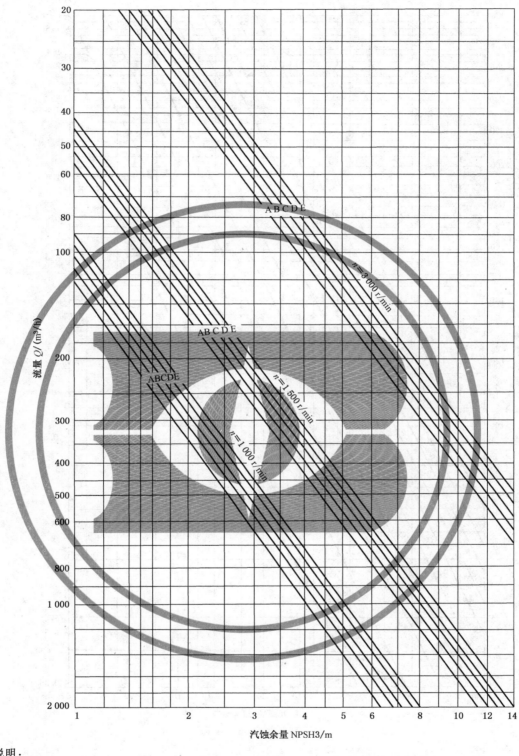

说明：

A——$n_s=60(K=0.31)$；

B——$n_s=90(K=0.47)$；

C——$n_s=130(K=0.67)$；

D——$n_s=190(K=0.98)$；

E——$n_s=280(K=1.45)$。

图 4 单吸泵（轴通过叶轮吸入口）的汽蚀余量

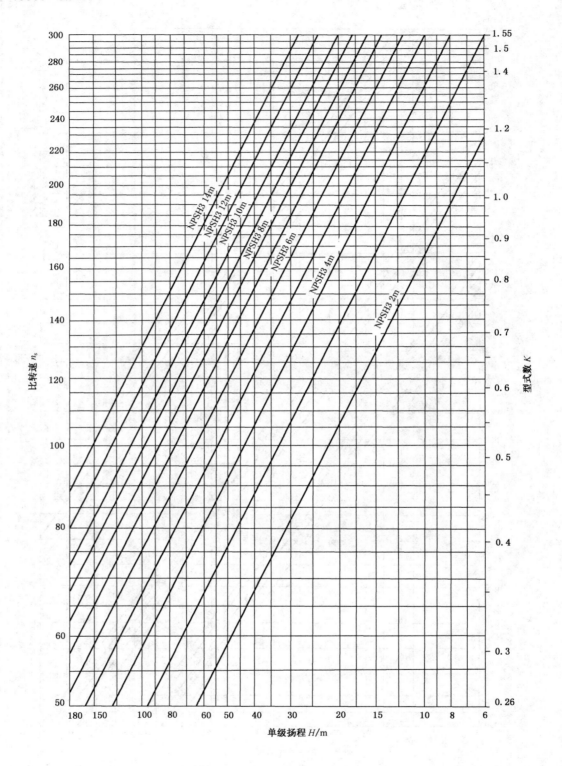

图 5 双吸泵的汽蚀余量

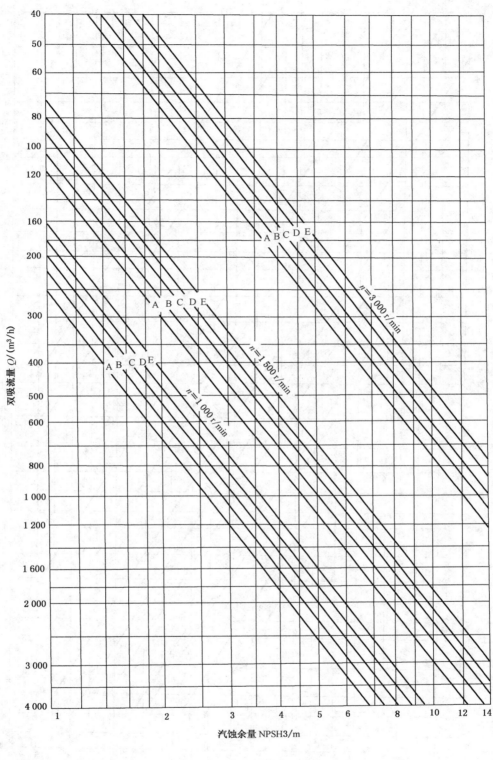

说明：

A——$n_s=60(K=0.31)$；

B——$n_s=90(K=0.47)$；

C——$n_s=130(K=0.67)$；

D——$n_s=190(K=0.98)$；

E——$n_s=280(K=1.45)$。

图 6　双吸泵的汽蚀余量

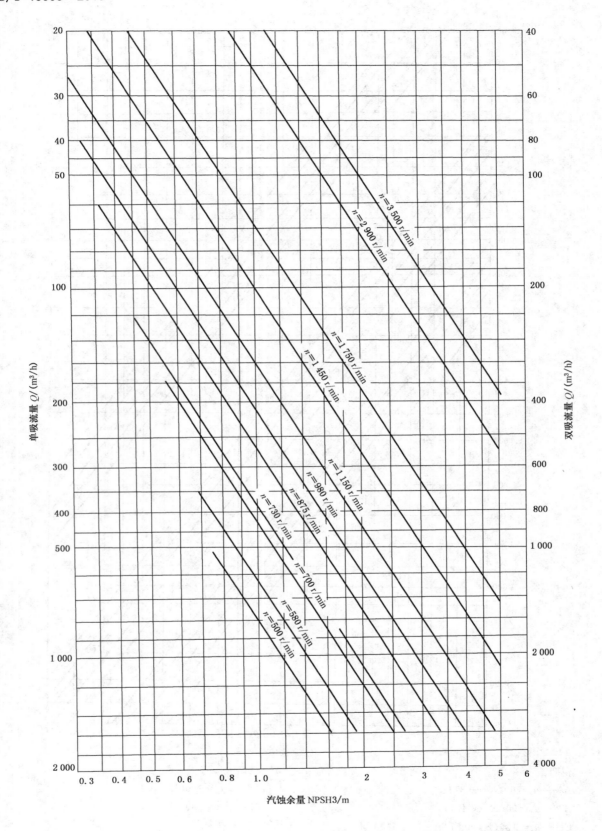

图 7　冷凝泵(轴通过叶轮吸入口)的汽蚀余量

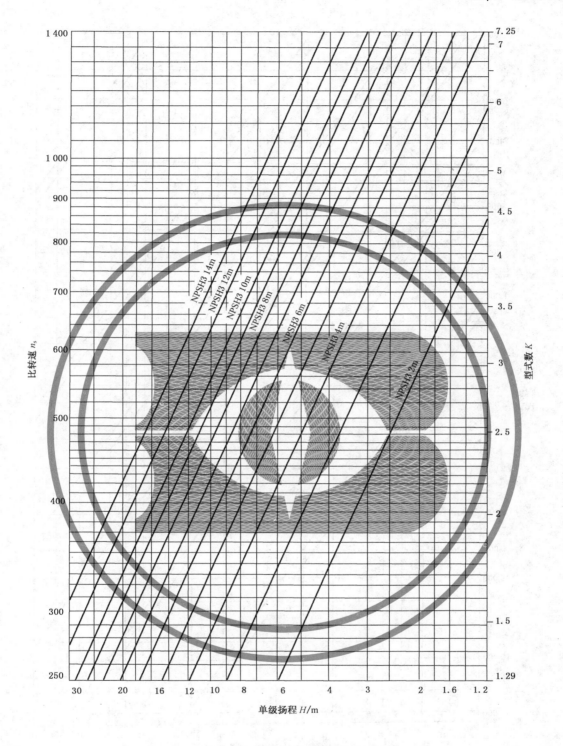

图 8　单吸混流泵和轴流泵的汽蚀余量

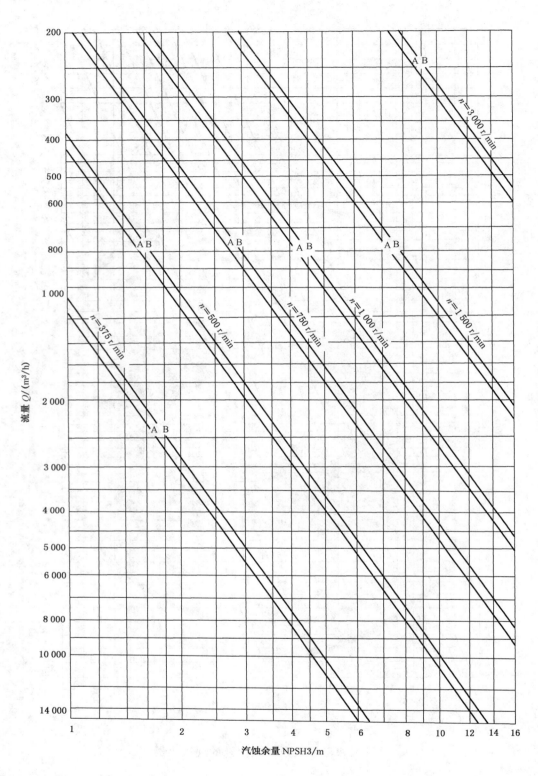

说明：

A——$n_s = 300 (K = 1.55)$；

B——$n_s = 1\,000 (K = 5.17)$。

图 9 单吸混流泵和轴流泵的汽蚀余量

附　录　A

（资料性附录）

允许吸上真空度和灌注头

由于习惯上常用允许吸上真空度和灌注头,故将它们与临界汽蚀余量的关系说明如下:

允许吸上真空度是将试验得出的临界吸上真空度换算到大气压为 0.101 325 MPa 和水温为 20 ℃ 的标准状况下,减去 0.3 m 的安全裕量后的数值。

临界汽蚀余量与允许吸上真空度之间的关系按下式计算。

$$\mathrm{NPSH_c} = \frac{(p_b - p_v) \times 10^6}{\rho g} + \frac{v_1^2}{2g} - H_{sc}$$
$$= \frac{(p_b - p_v) \times 10^6}{\rho g} + \frac{v_1^2}{2g} - (H_{sa} + 0.3) \qquad \cdots\cdots\cdots\cdots\cdots\cdots\cdots (A.1)$$

式中:

$\mathrm{NPSH_c}$ ——临界汽蚀余量,单位为米(m);

p_b ——大气压力(绝对),单位为兆帕(MPa);

p_v ——汽化压力(绝对),单位为兆帕(MPa);

ρ ——被输送液体的密度,单位为千克每立方米(kg/m³);

g ——自由落体加速度,单位为米每二方秒(m/s²)(取 9.81);

v_1 ——进口断面处平均速度,单位为米每秒(m/s);

H_{sc} ——临界吸上真空度,单位为米(m);

H_{sa} ——允许吸上真空度,单位为米(m)。

灌注头(或称倒灌高度)是用来表示一台泵的安装位置低于自由空气表面的液位关系的一个用语, 不能与汽蚀余量混淆。

ICS 23.080
J 71

中华人民共和国国家标准

GB/T 13007—2011
代替 GB/T 13007—1991

离心泵 效率

Centrifugal pump—Effeciency

2011-12-30 发布

2012-10-01 实施

中华人民共和国国家质量监督检验检疫总局
中国国家标准化管理委员会 发布

前　言

本标准按照 GB/T 1.1—2009 给出的规则起草。

本标准代替 GB/T 13007—1991《离心泵　效率》。

本标准与 GB/T 13007—1991 相比，主要技术变化如下：

——增加了"规范性引用文件"（见第 2 章）；

——增加了"术语和定义"（见第 3 章）；

——修改了试验介质的规定内容（见 4.1，1991 版的 2.1）；

——删除了多项条款中使用的"规定点"一词（见 4.2、4.3、示例 1、示例 2，1991 版的 2.2、2.3、示例 1、示例 2）；

——B 线修改为泵容许工作范围内最低点的效率（见 4.3，1991 版的 2.3）；

——增加了 $n_s = 210 \sim 300$ 范围内泵效率的计算示例（见示例 3）；

——"离心油泵和离心耐腐蚀泵"修改为"石油化工离心泵"（见第 1 章、第 4 章、第 5 章、图 3、表 3，1991 版的第 1 章、第 2 章、第 3 章、图 3、表 3）。

本标准由中国机械工业联合会提出。

本标准由全国泵标准化技术委员会（SAC/TC 211）归口。

本标准起草单位：沈阳水泵研究所、上海东方泵业（集团）有限公司、广东省佛山水泵厂有限公司、上海凯士比泵有限公司、沈阳耐蚀合金泵股份有限公司、浙江新界泵业股份有限公司、上海凯泉泵业（集团）有限公司、合肥大元泵业股份有限公司、杭州碱泵有限公司、哈尔滨庆功林泵业有限公司、广州市白云泵业集团有限公司。

本标准主要起草人：韩忠宝、刘卫伟、莫宇石、潘再兵、韩杰、许敏田、肖功槐、韩元平、陈建民、赵惠彬、周显明、刘广棋。

本标准所代替标准的历次版本发布情况为：

——GB/T 13007—1991。

离心泵 效率

1 范围

本标准规定了单级离心水泵、多级离心水泵、石油化工离心泵的效率。

本标准适用于：

a) 单级离心水泵：流量 $Q \geqslant 5$ m³/h，比转速 $n_s = 20 \sim 300$（或型式数 $K = 0.103 \sim 1.55$）；

b) 多级离心水泵：流量 $Q \geqslant 5$ m³/h～3 000 m³/h，比转速 $n_s = 20 \sim 300$（或型式数 $K = 0.103 \sim 1.55$）；

c) 石油化工离心泵：流量 $Q \geqslant 5$ m³/h～3 000 m³/h，比转速 $n_s = 20 \sim 300$（或型式数 $K = 0.103 \sim 1.55$）。

2 规范性引用文件

下列文件对于本文件的应用是必不可少的。凡是注日期的引用文件，仅注日期的版本适用于本文件。凡是不注日期的引用文件，其最新版本（包括所有的修改单）适用于本文件。

GB/T 3216 回转动力泵 水力性能验收试验 1级和2级（ISO 9906）

GB/T 7021 离心泵名词术语

3 术语和定义

GB/T 7021 界定的术语和定义适用于本文件。

4 效率

4.1 本标准规定的效率值是以清水（0 ℃～40 ℃）为试验介质的离心泵效率值，试验应符合 GB/T 3216 的规定。

4.2 最高效率点效率应按下列规定：

a) 单级单吸和单级双吸离心水泵流量为 5 m³/h～10 000 m³/h 时，不低于图1中曲线 A 或表1 中 A 栏的规定，流量大于 10 000 m³/h 时，不低于 90%；

b) 多级离心水泵不低于图2中曲线 A 或表2中 A 栏的规定；

c) 石油化工离心泵不低于图3中曲线 A 或表3中 A 栏的规定。

4.3 在泵的容许工作范围内最低效率点应按下列规定：

a) 单级单吸和单级双吸离心水泵流量为 5 m³/h～10 000 m³/h 时，不低于图1中曲线 B 或表1 中 B 栏的规定，流量大于 10 000 m³/h 时，不低于 80%；

b) 多级离心水泵不低于图2中曲线 B 或表2中 B 栏的规定；

c) 石油化工离心泵不低于图3中曲线 B 或表3中 B 栏的规定。

4.4 比转速不在 120～210（或型式数不在 0.621～1.086）范围内的效率值应按下列规定：

a) 比转速在 20～120（或型式数在 0.103～0.621）范围内的效率值应按图4的曲线或表4的规定进行修正；

b) 比转速在 210～300（或型式数在 1.086～1.55）范围内的效率值应按图5的曲线或表5的规定进行修正。

5 应用方法示例

示例 1：某一单级单吸离心水泵最高效率点的流量 $Q=120 \ \mathrm{m^3/h}$，$n_s=90$，求其效率值 η。

从图 1 中曲线 A 或表 1 中 A 栏查得 $Q=120 \ \mathrm{m^3/h}$ 的 $\eta_1=78.8\%$，从图 4 中曲线或表 4 中查得 $n_s=90$ 的 $\Delta\eta=2.0\%$。

于是：$\eta=\eta_1-\Delta\eta=78.8\%-2.0\%=76.8\%$。

示例 2：某一单级单吸离心水泵最高效率点的流量同示例 1。求其容许工作范围内最低点 $Q=70 \ \mathrm{m^3/h}$，$n_s=70$ 时的效率值 η。

从图 1 中曲线 B 或表 1 中 B 栏查得 $Q=70 \ \mathrm{m^3/h}$ 时的 $\eta_1=68.5\%$，从图 4 中曲线或表 4 中查得 $n_s=70$ 的 $\Delta\eta=5.0\%$。

于是：$\eta=\eta_1-\Delta\eta=68.5\%-5.0\%=63.5\%$。

示例 3：某一单级单吸离心水泵最高效率点的流量同示例 1。求其容许工作范围内最低点 $Q=145 \ \mathrm{m^3/h}$，$n_s=240$ 时的效率值 η。

从图 1 中曲线 B 查得 $Q=145 \ \mathrm{m^3/h}$ 时，$\eta_1=71.0\%$，从图 5 中曲线或表 5 中查得 $n_s=240$ 的 $\Delta\eta=1.0\%$。

于是：$\eta=\eta_1-\Delta\eta=71.0\%-1.0\%=70.0\%$。

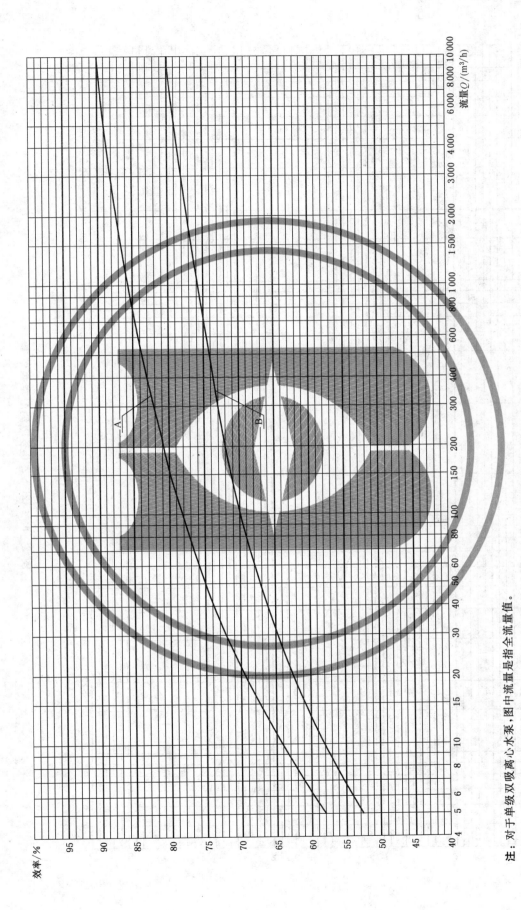

图1 n_s＝120～210 单级离心水泵效率

注：对于单级双吸离心水泵，图中流量是指全流量值。

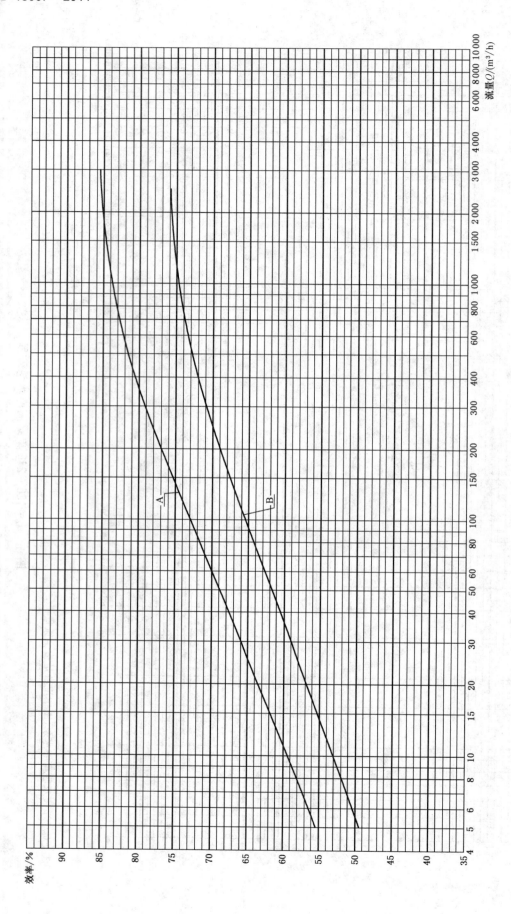

图 2 $n_s = 120\sim210$ 多级离心水泵效率

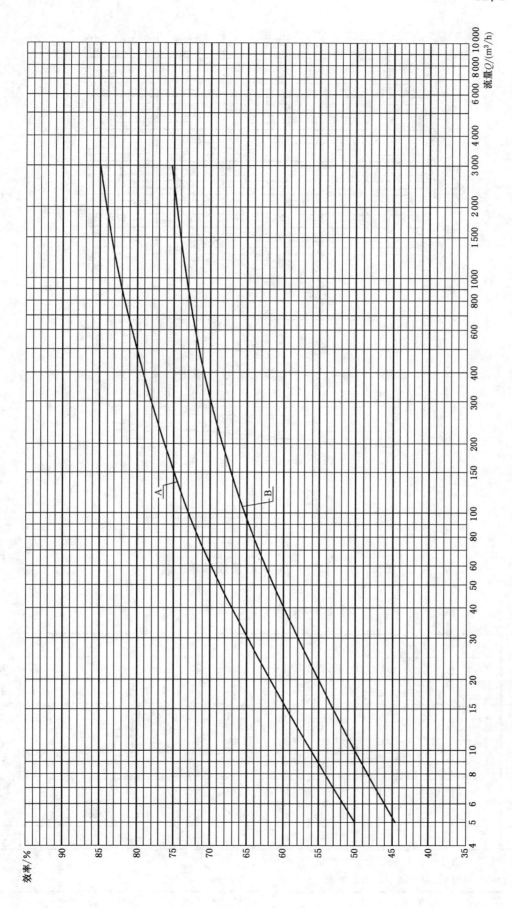

图 3　$n_s = 120 \sim 210$ 石油化工离心泵效率

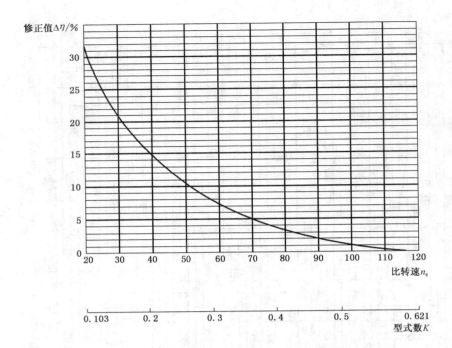

图 4 n_s＝20～120 离心泵效率修正值

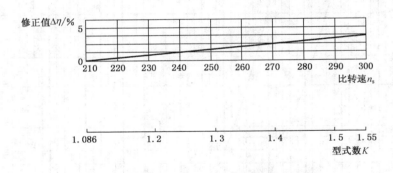

图 5 n_s＝210～300 离心泵效率修正值

表 1 单级离心水泵效率

Q/(m³/h)		5	10	15	20	25	30	40	50	60	70	80
η_1/%	A	58.0	64.0	67.2	69.4	70.9	72.0	73.8	74.9	75.8	76.5	77.0
	B	52.5	58.0	60.8	62.5	63.8	64.8	66.0	67.0	67.8	68.5	69.0
Q/(m³/h)		90	100	150	200	300	400	500	600	700	800	900
η_1/%	A	77.6	78.0	79.8	80.8	82.0	83.0	83.7	84.2	84.7	85.0	85.3
	B	69.5	69.9	71.2	72.0	73.0	73.7	74.2	74.5	74.9	75.1	75.5
Q/(m³/h)		1 000	1 500	2 000	3 000	4 000	5 000	6 000	7 000	8 000	9 000	10 000
η_1/%	A	85.7	86.6	87.2	88.0	88.6	89.0	89.2	89.5	89.7	89.8	90.0
	B	75.7	76.6	77.2	78.0	78.6	78.9	79.2	79.4	79.6	79.8	80.0

注 1：表中的效率值是 n_s＝120～210 时的数值。

注 2：对于单级双吸泵，表中流量是指泵的全流量。

表 2　多级离心水泵效率

Q/(m³/h)		5	10	15	20	25	30	40	50	60	70	80
η_1/ %	A	55.4	59.4	61.8	63.5	64.8	65.9	67.5	68.9	69.9	70.9	71.5
	B	49.4	53.1	55.3	56.8	58.0	58.9	60.5	61.8	62.6	63.5	64.1
Q/(m³/h)		90	100	150	200	300	400	500	600	700	800	900
η_1/ %	A	72.3	72.9	75.3	76.9	79.2	80.6	81.5	82.2	82.8	83.1	83.5
	B	64.9	65.3	67.5	69.0	70.9	72.0	72.9	73.3	73.9	74.2	74.5
Q/(m³/h)		1 000	1 500	2 000	3 000	—	—	—	—	—	—	—
η_1/ %	A	83.9	84.8	85.1	85.5	—	—	—	—	—	—	—
	B	74.8	75.4	75.8	76.0	—	—	—	—	—	—	—

注：表中的效率值是 n_s＝120～210 时的数值。

表 3　石油化工离心泵效率

Q/(m³/h)		5	10	15	20	25	30	40	50	60	70	80
η_1/ %	A	50.0	56.1	59.5	61.9	63.8	65.0	67.1	68.8	70.0	71.0	71.8
	B	44.5	50.1	53.1	55.1	56.8	58.0	59.9	61.2	62.5	63.3	64.2
Q/(m³/h)		90	100	150	200	300	400	500	600	700	800	900
η_1/ %	A	72.5	73.0	75.0	76.4	78.2	79.4	80.2	80.9	81.4	81.9	82.2
	B	64.9	65.3	67.2	68.4	70.0	71.0	71.8	72.2	72.6	72.9	73.1
Q/(m³/h)		1 000	1 500	2 000	3 000	—	—	—	—	—	—	—
η_1/ %	A	82.5	83.6	84.2	85.0	—	—	—	—	—	—	—
	B	73.3	74.1	74.8	75.5	—	—	—	—	—	—	—

注：表中的效率值是 n_s＝120～210 时的数值。

表 4　n_s＝20～120 效率修正值

n_s	20	25	30	35	40	45	50	55	60	65	70
$\Delta\eta$/%	32	25.5	20.6	17.3	14.7	12.5	10.5	9.0	7.5	6.0	5.0
n_s	75	80	85	90	95	100	110	120	150	180	200
$\Delta\eta$/%	4.0	3.2	2.5	2.0	1.5	1.0	0.5	0	0	0	0

表 5　n_s＝210～300 效率修正值

n_s	210	220	230	240	250	260	270	280	290	300
$\Delta\eta$/%	0	0.3	0.7	1.0	1.3	1.7	1.9	2.2	2.7	3.0

ICS 23.080
J 71

中华人民共和国国家标准

GB/T 16907—2014
代替 GB/T 16907—1997

离心泵技术条件（Ⅰ类）

Technical specifications for centrifugal pumps(Class Ⅰ)

2014-05-06 发布

2014-12-01 实施

中华人民共和国国家质量监督检验检疫总局
中国国家标准化管理委员会　发布

前　言

本标准按照 GB/T 1.1—2009 给出的规则起草。

本标准代替 GB/T 16907—1997《离心泵技术条件（Ⅰ类）》，与 GB/T 16907—1997 相比，除编辑性修改外主要技术变化如下：

——删除了前言（见 1997 年版的 ISO 前言）；

——删除了引言（见 1997 年版的引言）；

——修改了本标准的适用范围（见第 1 章,1997 年版的第 1 章）；

——修改了标准的规范性引用文件（见第 2 章,1997 年版的第 2 章）；

——修改了对 NPSHR 试验使用的液体的要求（见 4.1.3,1997 年版的 4.1.2）；

——删除了参考文献 ISO 427:1983 及其在标准中的引用（见 1997 年版的附录 J 和附录 L）。

本标准由中国机械工业联合会提出。

本标准由全国泵标准化技术委员会（SAC/TC 211）归口。

本标准起草单位：上海凯士比泵有限公司、上海电力修造总厂有限公司、上海凯泉泵业（集团）有限公司、南京蓝深制泵集团股份有限公司、山东博泵科技股份有限公司、新界泵业集团股份有限公司、合肥新沪屏蔽泵股份有限公司、湖南湘电长沙水泵有限公司、山东双轮股份有限公司、山东颜山泵业有限公司、浙江华泵科技有限公司、沈阳水泵研究所。

本标准主要起草人：潘再兵、潘国民、卢熙宁、陈斌、翟鲁涛、许敏田、汪细权、李茜、王家斌、韩锋杰、陈潜、胡樊昌。

本标准所代替标准的历次版本发布情况为：

——GB/T 16907—1997。

离心泵技术条件（Ⅰ类）

1 范围

本标准规定了离心泵（以下简称泵）的术语和定义、设计、材料、工厂检查和试验、发运准备、责任。

本标准适用于较高要求条件下的工业用泵。

本标准不适用于蓄能泵，石油、重化学和天然气工业用泵。

2 规范性引用文件

下列文件对于本文件的应用是必不可少的。凡是注日期的引用文件，仅注日期的版本适用于本文件。凡是不注日期的引用文件，其最新版本（包括所有的修改单）适用于本文件。

GB/T 3216 回转动力泵 水力性能验收试验 1级和2级

GB/T 3767 声学 声压法测定噪声源声功率级 反射面上方近似自由场的工程法

GB/T 4662 滚动轴承 额定静载荷

GB/T 5661 轴向吸入离心泵 机械密封和软填料用空腔尺寸

GB/T 6062 产品几何技术规范（GPS）表面结构 轮廓法 接触（触针）式仪器的标称特性

GB/T 6391 滚动轴承 额定动载荷和额定寿命

GB/T 7021 离心泵名词术语

GB/T 7306.1 55°密封管螺纹 第1部分：圆柱内螺纹与圆锥外螺纹

GB/T 7307 55°非密封管螺纹

GB/T 9113 整体钢制管法兰

GB/T 9115 对焊钢制管法兰

GB/T 9239.1 机械振动 恒态（刚性）转子平衡品质要求 第1部分：规范与平衡允差的检验

GB/T 15530（所有部分） 铜合金法兰

GB/T 17241（所有部分） 铸铁管法兰

JB/T 8097 泵的振动测量与评价方法

JB/T 8098 泵的噪声测量与评价方法

ISO 4863 弹性联轴器 用户和制造者提供的数据资料（Resilient shaft couplings—Information to be supplied by users and manufacturing）

3 术语和定义

GB/T 7021 界定的以及下列术语和定义适用于本文件。

3.1

正常条件 normal conditions

预计的通常工作条件。

3.2

额定条件 rated conditions

规定的保证点工作条件，包括流量、扬程、功率、效率、汽蚀余量、吸入压力、温度、密度、黏度和转速。

3.3

工作条件　operating conditions

由给定的用途和输送液体决定的各种工作参数(如温度、压力)。

注：这些参数将影响泵的结构型式和结构材料。

3.4

允许工作范围　allowable operating range

制造商/供货商确定的在规定工作条件下所提供的泵的流量范围。它受到汽蚀、发热、振动、噪声、轴的挠度和其他类似条件的限制,范围的上限和下限分别用最大和最小连续流量表示。

3.5

泵壳最大允许工作压力　maximum allowable casing working pressure

在规定工作温度下泵壳适用的最高出口压力。

3.6

基本设计压力　basic design pressure

由承压零件所用材料在 20 ℃时的许用应力导出的压力。

3.7

最大出口工作压力　maximum outlet working pressure

最大入口压力加上额定条件下所用叶轮的最大差压的和。

3.8

额定出口压力　rated outlet pressure

在保证点额定流量、额定转速、额定入口压力和密度下的泵出口压力。

3.9

最大入口压力　maximum inlet pressure

泵在工作时所受到的最大入口压力。

3.10

额定入口压力　rated inlet pressure

在保证点工作条件下的入口压力。

3.11

最高允许温度　maximum　allowable temperature

在规定的工作压力下输送规定的工作流体时适合于设备(或术语所指的任何零件)的最高允许持续温度。

3.12

额定输入功率　rated power input

额定条件下泵需要的功率。

3.13

最大动密封压力　maximum dynamic sealing pressure

在任一规定运行状况下以及在启动和停机过程中轴封处预计的最高压力。

注：确定此压力时应考虑最大入口压力、循环或注入(冲洗)液体的压力以及内部间隙改变产生的影响。

3.14

最小允许流量　minimum permitted flow

按稳定流动和热流体流动分别定义如下：

a)　对稳定流动:是指泵可以工作而不会发生超过本标准强制性规定限度的噪声和振动时的最小流量。

b)　对热流体流动:是指在泵能工作且输送液体温度仍保持低于装置汽蚀余量与必需汽蚀余量相

等时的温度的情况下的最小流量。

3.15

腐蚀余量　corrosion allowance

被所输送液体浸蚀的零件,其壁厚超过理论壁厚的量。理论壁厚是指为经受住 4.4.2.2 和 4.4.2.4 给出的极限压力所需要的壁厚。

3.16

最高允许连续转速　maximum allowable continuous speed

制造商允许泵连续运行的最高转速。

3.17

额定转速　rated speed

满足额定条件所需要的泵的单位时间转数。

注:感应电动机运转时,其转速是其所承受的负载的函数。

3.18

自停转速　trip speed

独立的紧急超速装置关闭原动机动作时的转速。

3.19

第一临界转速　first critical speed

旋转零部件的最低横向自然振动频率与旋转频率相一致的转速。

3.20

设计径向负荷　design radial load

在设计液体密度(通常 1 000 kg/m³)条件下泵使用最大叶轮(直径和宽度)在最高转速性能曲线的制造商规定范围内工作时所受到的最大水力径向力。

3.21

最大径向负荷　maximum radial load

在最大液体密度条件下泵使用最大叶轮(直径和宽度)在最高转速性能曲线的任一点工作时所受到的最大水力径向力。

3.22

轴的径向跳动　shaft runout

在轴处于水平位置的情况下用手转动由轴承支承的轴时,由测量轴相对轴承箱位置的装置所指示的总径向偏移量。

3.23

端面跳动　face runout

用手转动处于水平位置由轴承支承的轴时,由附于轴上并随轴一起旋转的装置所指示的在填料函外径向端面处的总轴向偏移量。

径向端面是指决定密封部件对中性的平面。

3.24

轴的挠度　shaft deflection

轴因响应作用在叶轮上的水力径向力而偏离其几何中心的位移。

注:轴的挠度不包括轴在轴承间隙范围内倾斜所引起的轴位移和由叶轮不平衡或轴的径向跳动所引起的轴弯曲。

3.25

循环(冲洗)　circulation(flush)

输送液体经外部管路或内部通道从高压区至密封腔的回流。回流液体用来带走密封处所产生的热量或使密封腔保持正压,或者经处理以改善密封工作环境。

注:在某些情况下,从密封腔至低压区(例如入口)的循环方式或许是最理想的。

3.26

注入(冲洗) injection(flush)

从外部液源引来合适的(清洁的、相容的等)液体注入密封腔中然后进入输送液体中。

3.27

遏止 quenching

在主轴封处的大气侧连续地或间断地引入合适的(清洁的、相容的等)液体用以排除空气或湿气,清除沉淀物(包括结冰)或阻止其生成,润滑辅助密封,熄灭火花,稀释、加热或冷却泄漏液。

3.28

隔离液(缓冲液) barrier liquid(buffer)

在两个密封(机械密封和/或软填料)之间引入的一种合适的(清洁的、相容的等)液体。

注:隔离液的压力取决于密封配置情况。隔离液可以用来阻止空气进入泵里。通常,隔离液较输送液体易于密封,
   并且一旦发生泄漏,产生的危害性也较小。

3.29

节流衬套(安全衬套) throttle bush(safety bush)

设在密封外端的围绕轴(或轴套)间隙很小的限流衬套,旨在降低密封失效时的泄漏。

3.30

喉部衬套 throat bush

设在密封(或填料)和叶轮之间的围绕轴(或轴套)间隙很小的限流衬套。

3.31

压力壳 pressure casing

机组的所有静止承压零件的总称,包括所有的短管和其他连接件。

3.32

双层壳体 double casing

一种结构型式,在这种结构中压力壳与装在它里面的泵水力元件是相互分开的两个不同的壳体。

3.33

筒形壳体 barrel casing

适用于双层壳体泵。

3.34

立式屏蔽泵 vertical canned pump

插入在一个外壳(密封壳或沉箱)中的立式泵,从环形空间中吸入液体。

3.35

立式屏蔽电机-泵 vertical canned motor pump

一种无轴封泵机组,在这种机组中,采用屏蔽套将电动机定子与转子隔离,实现定子密封,转子在循环的输送液体或其他液体中旋转。

3.36

水力回收水轮机 hydraulic power recovery turbine

以反向液流驱动,在联轴器端输出机械能的泵。能量的获得来自流体压力降低所释放的能量的回收(以及有时来自流体蒸发气体或蒸汽所释放的附加能量)。

注:对水功率回收涡轮短管,本标准提到的所有吸入口和排出口分别适用于它的出口和入口。

3.37

径向剖分　radial split

泵壳接合面垂直于泵轴中心线。

3.38

轴向剖分　axial split

泵壳接合面平行于泵轴中心线。

3.39

汽蚀余量　net positive suction head；NPSH

相对 NPSH 基准面而言的入口绝对总水头超出汽化压力水头的量。

注：NPSH 与基准面有关而入口总水头与参考面有关。NPSH 基准面是通过由叶轮叶片进口边最外点所描绘的圆
　　中心的水平面。对立轴或斜轴双吸泵，该基准面是通过较高中心的水平面。制造商/供货商应根据泵上准确的
　　参考点标示此平面的位置。

3.40

有效汽蚀余量　net positive suction head available；NPSHA

对于规定的液体、温度和流量，由安装条件确定的 NPSH。

3.41

必需汽蚀余量　net positive suction head required；NPSHR

在规定流量和转速下达到规定性能泵的最小 NPSH（此时发生可见汽蚀，汽蚀噪声增大，出现扬程
或效率下降，扬程或效率下降至某一给定的量等）。

3.42

吸入比转速　suction specific speed

表示转速、流量和 NPSHR 三者关系的参数，按最佳效率点确定。

3.43

流体动力轴承　hydrodynamic bearing

一种轴承，其表面相对另一表面而调位使相对运动形成的一个油楔来支承负荷避免金属对金属的
接触。

3.44

流体动力径向轴承　hydrodynamic radial bearing

具有轴套-轴颈型或倾斜式轴瓦结构的轴承。

3.45

流体动力止推轴承　hydrodynamic thrust bearing

具有多片轴瓦或倾斜式轴瓦结构的轴承。

3.46

设计值　design values

设计泵时为了确定性能、允许最小壁厚以及泵的各种零件的机械特性所使用的值。

注：在采购商规范书中无论如何均应避免使用设计这个词（诸如设计压力、设计功率、设计温度或设计转速）。该术
　　语应当只供设备设计者和制造商/供货商使用。

3.47

联轴器使用系数　coupling service factor

系数 K，用该系数乘以驱动机的标称转矩 T_N 得到额定转矩 $T_K = KT_N$。它适当考虑了来自泵和/
或其驱动机的周期性转矩波动，从而保证联轴器有满意的寿命。

4 设计

4.1 总则

4.1.1 文件的适用性

4.1.1.1 当多个文件中含有相互抵触的技术要求时,应按下列次序决定它们的适用性:

a) 购货订单或询价单(如果没有订单)(参见附录 A 和附录 B);

b) 数据表(见附录 C);

c) 本标准;

d) 订单或询价单(如果没有订单)中作为参考的其他标准。

任何国家的和地方的规范、条例、法令、规则的可适用性应由采购商和制造商/供货商共同商定。

4.1.1.2 在已经要求应用本标准的情况下,又要求有特殊的设计特点,可以提出替代的设计,但同时应说明这些设计满足本标准的意图,并详细解释这些设计;可以提出并不完全符合本标准要求的泵供考虑,但应对所有不符合之点均予以说明。

4.1.2 特性曲线

4.1.2.1 所供叶轮的特性曲线应显示扬程、效率、NPSHR 和轴功率与流量的关系,并标出泵的允许工作范围。对单级泵,应绘出最大叶轮直径和最小叶轮直径的扬程-流量曲线(根据计算或试验);对多级泵,如有要求,也应绘出这样的曲线。

4.1.2.2 对于大多数应用场合,泵最好具有稳定的扬程-流量曲线,即曲线呈连续上升趋势直至阀关死点,而当采购商有并联运行规定时,则应该具有稳定的扬程-流量曲线。如果应用场合合适并且明示了曲线形状偏差,也可以提供不稳定或陡降扬程-流量曲线(例如旋浆式泵曲线)。一些使用条件下从技术上不可能获得稳定曲线时,必须采用可保证要求流量的其他方法。如有并联运行的规定,额定流量点的扬程应有足够的上升斜率以避免流量失稳。

4.1.2.3 所供叶轮的最佳效率点最好应位于额定工况点和正常工况点之间(见 3.1)。

4.1.2.4 如果泵的设计只允许配一种定速驱动机,泵应能够通过换装一个或一组新的直径较大的叶轮使额定条件下的扬程增加约 5%。

4.1.2.5 输送黏性较水大的牛顿液体的泵,其性能应按采购商和制造商/供货商商定的性能换算系数加以修正。对非牛顿液体,须作专门考虑。

4.1.3 汽蚀余量(NPSH)

除非另有商定,NPSHR 应按 GB/T 3216 以清洁冷水试验确定。

应提供水的 NPSHR 与流量关系曲线。

NPSHA 应有比 NPSHR 大 10% 的裕量,且该裕量不得小于 0.5 m。性能曲线使用的 NPSH 是对应泵的第一级扬程下降 3% 时的 NPSH 即 NPSH3。

如果泵制造商/供货商认为由于结构材料和输送液体的原因需要更大的 NPSH,宜在投标书中说明此点并提供合适的曲线。

制造商/供货商应在数据表中规定泵在额定转速和额定流量下输送水时的必需汽蚀余量(NPSHR)。

不应对烃类液体进行 NPSH 值的修正或降低该值。

关于 NPSH 试验,见 6.3.5。

4.1.4 泵的设计

4.1.4.1 泵可以设计成单级或多级。额定入口表压为正值或者差压超过 0.35 MPa 时,除非轴向推力平衡要求另有规定,否则泵的设计应使轴封处的压力降至最小。在单级悬臂泵设计中,可以采用在叶轮背面设置密封环或副叶片的方法。对多级泵,要么采用背靠背叶轮布置结合使用小间隙节流衬套,或是叶轮顺列同时使用平衡鼓或平衡盘来减少轴向压力。

经采购商和制造商/供货商双方商定也可使用其他方法。

4.1.4.2 对大功率泵(级扬程超过 200 m 和级功率大于 225 kW)需要特殊考虑以保证涡壳(包括双涡壳泵体)隔舌或导叶叶片与叶轮外周之间的径向距离确定得合适,从而避免过分的振动和噪声(叶片扫过的频率和流量减少时的低频率)。

4.1.4.3 采用螺纹联轴器连接传动轴的立式泵,由于反转可能会使联轴节螺纹松脱而遭损坏,应装设防止反转的棘轮或采取其他经过检验的有效措施。

4.1.4.4 所有设备均应设计得可以快速经济地进行维修。如壳体部件和轴承箱这些主要零部件,设计上应考虑(设凸肩或定位销)保证重新装配时能精确对中。

4.1.4.5 采购商和制造商/供货商应共同努力控制所有供应设备的噪声级。除非另有规定,制造商/供货商供应的设备应符合当地法规的要求,并且不超过采购商规定的最大允许噪声级。

注:虽然驱动机不在本标准的适用范围内,但它对噪声级的影响仍应予以考虑。

4.1.5 室外安装

采购商应规定是室内安装(是否供暖)还是室外安装(有无遮蔽)以及设备工作地点的环境条件(包括最高和最低温度、异常湿度、空气腐蚀性或尘粒问题)。机组及其附属设备均应适合在这些规定的条件下工作。作为采购商的指导,制造商/供货商应在投标书中列举任何要求采购商提供的特别防护措施。

4.2 驱动机

4.2.1 总则

4.2.1.1 确定额定驱动性能的要求

确定额定驱动性能时应考虑下列因素:

a) 泵的应用和工作方式。例如对并联工作的泵,应当结合系统特性曲线来考虑只有一台泵工作时其可能的性能范围;

b) 泵特性曲线上工作点的位置;

c) 轴封摩擦损失;

d) 机械密封的循环液体流量(特别是对小流量泵);

e) 泵输送介质的性质(黏度、固体物含量、密度);

f) 传动装置的功率损失和滑差;

g) 泵现场的大气条件。

任何本标准适用范围内的泵用驱动机的额定输出功率与泵的轴功率之比至少应等于图 1 所给的百分比,但不得小于 1 kW。如果这会使驱动机功率裕度显得不必要的大,则应提出另外的配用建议交采购商核准。

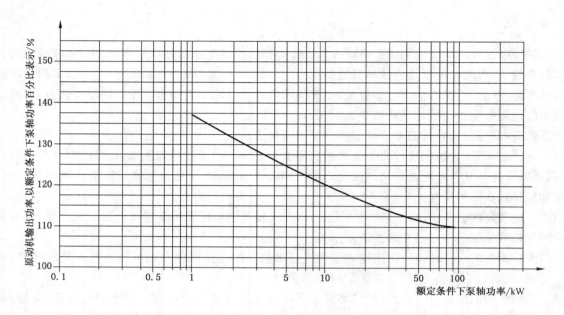

图 1　以额定泵轴功率（1 kW～100 kW）百分比表示的驱动机输出功率

4.2.1.2　轴向推力负荷

如果止推轴承不是泵的组成部分，并且无采购商认可的其他规定，立式泵（包括立式管道泵）的电动机、汽轮机或齿轮传动装置应设计成可以承受泵在启动、停机或任一流量点工作时可能产生的最大轴向推力。最大轴向推力负荷应在二倍原始内部间隙条件下确定。如果驱动机不是由制造商/供货商供应，他应将这些要求通知采购商。

4.2.2　汽轮机驱动泵

4.2.2.1　汽轮机

选择的汽轮机应能传输给泵所需要的轴功率：基于保证的泵效率的额定条件下需要的轴功率或者泵在整个工作范围内需要的最大轴功率。汽轮机的额定功率应根据规定的最小进汽条件和最大排汽条件得出。

4.2.2.2　汽轮机驱动泵的转速

汽轮机驱动泵应设计成可以在105%额定转速下连续运行，且在紧急情况下还可以在高达110%额定转速下（此时汽轮机超速自停机构开始动作）作短暂运行。

对汽轮机和往复式发动机，自停转速至少应是110%最高允许连续转速；对燃气轮机，自停转速至少应是105%最高允许连续转速。

4.3　临界转速、平衡和振动

4.3.1　临界转速

4.3.1.1　临界转速对应于转子-轴承支承系统的共振频率。临界转速的基本识别方法是基于系统的自然频率和强迫振动现象的频率。如果一个周期性强迫振动现象的任一谐波分量的频率等于或接近于任一转子振动模的频率，就可能存在共振条件。倘若共振存在于某一限定转速下，此转速即叫临界转速。本标准涉及的是实际临界转速而不是各种计算值，不仅对横向振动，而且对扭转振动均是如此。

4.3.1.2　强迫振动现象频率或激振频率可以小于、等于或大于转子的同步频率。这样的强迫振动频率

可能包含(但不限于)下列现象:

    a)   转子系统内的不平衡;

    b)   油膜效应;

    c)   内摩擦频率;

    d)   叶轮叶片、导叶片、排出短管或导叶体通过频率;

    e)   齿轮啮合和边带频率;

    f)   联轴器不对中频率;

    g)   活动转子系统组件频率;

    h)   滞后现象和摩擦涡流频率;

    i)   边界层(旋涡流出);

    j)   声学或空气动力学效应;

    k)   启动条件,例如,转速阻滞(在惯性阻抗下)或对扭转共振有影响的扭转变形;

    l)   内燃机场合下,汽缸数、汽缸排之间角度以及是双冲程还是四冲程。

4.3.1.3   实际临界转速不得侵入规定的转速范围。

    第一临界转速(弯曲情况下)最好应比最高工作转速至少高出 20%以上,除非是不可能设计成刚性轴泵,并且还要取得采购商的同意。

    对立轴泵,这一点也适用,特别是在输送液体中含有相当大比例固体颗粒的情况下。

    如不可能设计成刚性轴泵并且又取得采购商的同意,则:

    ——第一临界转速 N_{c1} 应不超过 0.37(=1/2.7)倍最低工作转速 N_{min}。

    ——第二临界转速 N_{c2} 应不小于 1.2 倍最高连续转速 N_{max}。

    上述条件可用如图 2 所示的例图说明。

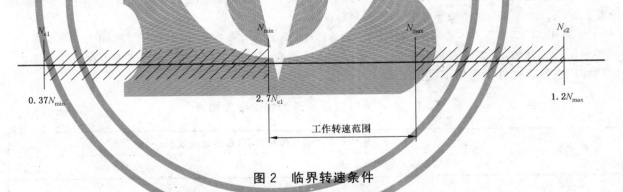

图 2 临界转速条件

4.3.1.4   对所有各种横向振动模式(包括刚性的和弯曲的),临界转速避免侵入的间隔裕度至少应是:

    a)   刚性轴转子系统,高出最高连续转速 20%;

    b)   柔性轴转子系统,比任何工作转速低 15%,同时高出最高连续转速 20%。

    对整机扭转振动模式,应至少比任何工作转速低 10%,或至少高出自停转速 10%。

    规定的间隔裕度用来防止临界响应包络与工作转速范围发生重叠。

4.3.1.5   旋转设备在其低速运行、启动、停机过程中不应由于通过临界转速而引起损坏。

4.3.1.6   在规定的工作转速范围内或规定的间隔裕度内,驱动机和被驱动设备的支承座和轴承箱不得发生共振。

4.3.1.7   如采购商有规定,临界转速应用试验台数据加以证实。如临界转速高于试验转速,用以证实的数据应为:

    a)   计算的衰减值,或者

    b)   由外加的转子激振所确定的值。

4.3.1.8 如采购商有规定,下述 a)和 b)详列的计算应由制造商/供货商提供。如果是采购商提供驱动设备,则采购商应负责提供这些计算数据:

 a) 横向临界转速分析以确定驱动机的临界转速与泵的临界转速是相容的,并且两者组合也是适合于规定的工作转速范围;

 b) 泵-驱动机系统扭转振动分析和同步电动机-被驱动系统的瞬态扭转振动分析。制造商/供货商应对系统的性能满意性负责。

在内燃机驱动情况下,应由内燃机制造商/供货商负责进行上述分析。

4.3.2 平衡和振动

4.3.2.1 总则

4.3.2.1.1 所有的主要旋转构件均应作平衡。如采购商有规定,组装好的转子亦应作平衡。

4.3.2.1.2 如采购商有规定,制造商/供货商应证实泵可以在给定的最小连续稳定流量下工作而不会超过 4.3.2.2 所给出的振动限值。

4.3.2.1.3 泵应在其整个转速范围内平稳地运行直至达到额定转速,对汽轮机驱动机组,还包括至超速极限。

4.3.2.1.4 泵(及其驱动机)安装后的平稳运行应由制造商/供货商与采购商共同负责。安装在永久性基础上的泵应如安装在制造商/供货商的试验台上一样运行良好。

4.3.2.2 卧式泵

在制造商/供货商的试验装置上测得的未过滤振动值不得超过表 1 所给的振动烈度极限,振幅、频率和振动速度之间的关系参见附录 D。这些数值是在泵无汽蚀运行状态下对额定转速(±5%)和额定流量(±5%)单个工作点在轴承箱处沿径向测得的。

注:按 GB/T 9239.1—2006 的 G6.3 级作平衡即能达到表 1 要求(其他要求参见 GB/T 6557 和 GB/T 16908)。

采用特殊叶轮,例如单流道叶轮的泵,其振动值可能会超过表 1 给出的极限,这种情况下泵制造商/供货商应在投标文件中指出该类情况。

表 1 多叶片叶轮卧式泵的振动烈度极限[a]

转速 n/(r/min)	轴中心高为 h_1 时最大均方根振动速度值/(mm/s)	
	$h_1 \leqslant 225$ mm	$h_1 > 225$ mm
$n \leqslant 1\ 800$	2.8	4.5
$1\ 800 < n \leqslant 4\ 500$	4.5	7.1
注:对底脚支撑卧式泵,h_1 是与泵脚(包括支架)相接触的底座表面和泵轴中心线间的距离。		
[a] 基于 JB/T 8097。		

4.3.2.3 立式泵

4.3.2.3.1 对刚性联轴器连接的立式泵,应在驱动机座的上法兰处取振动读数,而对弹性联轴器连接的立式泵应在靠近泵上轴承处进行测量。

4.3.2.3.2 工厂试验时在额定转速(±5%)和额定流量(±5%)点无汽蚀运行状态下滚动轴承泵和滑动轴承泵的振动速度极限均不得超过 7.1 mm/s。

4.4 承压零件(另见 5.1)

4.4.1 压力-温度额定值

制造商/供货商必须明确地规定在最恶劣的工作条件下泵的最大允许工作压力。任何情况下泵(泵体和泵盖,包括轴封箱和填料压盖/端盖在内)的最大允许工作压力不得超过泵法兰的最大允许工作压力。

4.4.2 泵壳

4.4.2.1 如果指定在以下工作条件之一下运行,则应该采用径向剖分壳体泵:

a) 输送液体温度 200 ℃或更高(如有可能发生温度急增,应考虑将温度限制降低一些);

b) 输送有毒液体或在规定的输送介质温度下密度小于 0.7 kg/dm³ 的易燃液体;

c) 输送额定排出表压超过 7 MPa 的易燃液体。

注:经采购商明确同意,可以提供轴向剖分壳体泵用于上述规定条件(建议采购商在同意轴向剖分壳体泵用于这些条件之前应先考虑设计详细情况和以前的制造商/供货商在这方面的使用经验。此外最大水压试验压力、水平接合面密封技术、泵的场所以及现场维护人员的技术水平也是决定时应考虑的因素)。

4.4.2.2 压力壳的厚度应适合最大出口工作压力以及考虑输送液体温度下扬程和转速增加的压力修正量,同时还应适合室温下的水压试验压力。

泵壳最大允许工作压力应等于或大于最大出口压力。

双层壳体泵、卧式多级泵(3 级或 3 级以上)以及轴向剖分壳体泵中通常只承受入口压力的那些部分可不必按排出压力来设计(采购商宜考虑在这种装置的吸入侧安装减压阀)。采购商应规定立式屏蔽泵入口密封壳是否要适合于最大排出压力(当二台或二台以上泵与一共同排出系统相连接时,这样做是可取的)。设计中使用的、任何给定材料的应力值不得超过规定的材料标准中所给出的值。承压零件的计算方法和所选择材料的安全系数应符合国家相关规定。

承压零件应有 3 mm 的腐蚀余量,除非可以接受比这更小的余量(例如对钛材料)。

4.4.2.3 最大排出压力应适用于压力壳定义(见 3.31)中提到所有零件,但双层壳体泵、卧式多级泵(3 级或 3 级以上)和轴向剖分壳体泵除外。

4.4.2.4 双层壳体泵的内层壳应设计成能经受住最大内部差压或 0.35 MPa(两者中取较大值)。

4.4.2.5 如果存在因温度差或任何其他原因引起泵和驱动机不对中的风险,应采取预防措施使风险减至最小,例如沿中心线支承、带冷却的轴承座和进行预对中等。

4.4.3 材料

承压零件使用的材料应根据输送液体、泵的结构和泵的使用条件确定(见第 5 章)。

4.4.4 机械特性

4.4.4.1 拆卸

除立式传动轴泵和分段式多级泵外,其他的泵均应设计成无需拆卸入口和出口法兰连接即可移出叶轮、轴、轴封和轴承部件。对轴向剖分泵,它的吊耳或吊环螺栓只供起吊上半泵壳之用,起吊装配好的泵的方法应由制造商/供货商另行规定。

4.4.4.2 起顶螺钉和壳体对中定位销

为便于拆卸和再装配,泵应设置起顶螺钉和壳体对中定位销。如使用起顶螺钉来分开两个接触面,接触面之一应作处理(平底锪孔或凹陷),以避免因划伤而引起接合面泄漏或配合不良。

4.4.4.3 夹套

加热或冷却泵壳和/或轴封体的夹套是可选择的。在温度170 ℃,工作压力至少为0.6 MPa的场合下应设计夹套。

夹套冷却系统应设计得能确保输送液体不会泄漏至冷却水中。冷却水通道不得通向泵壳的密封接合面处。

4.4.4.4 泵壳垫片

泵壳垫片的设计应适合于工作条件和室温下的水压试验条件。

对径向剖分壳体,体-盖垫片在大气侧应有侧向限制以防止垫片突然冒出。

径向剖分各段壳体(包括机械密封端盖垫片)应采用有受侧向限制的可调整压缩垫片的金属对金属配合。

4.4.4.5 外部螺栓连接

4.4.4.5.1 连接包括轴封体在内的压力壳各个部分的螺栓或螺柱的直径至少应为12 mm。

如果由于空间限制需要使用直径小于12 mm的螺栓或螺柱,采购商和制造商/供货商应取得一致意见。如果是这样,制造商/供货商应规定螺栓连接扭矩。

4.4.4.5.2 选用的连接螺栓应适合最大允许工作压力和温度及通常的拧紧方法,螺栓的性能等级参见附录E。如果在某些部位必须使用一种特殊等级的紧固件,其他连接部位用的可互换紧固件也应是同样的特殊等级。

4.4.4.5.3 压力零件中的螺孔应尽量少设。泵壳压力区内的钻孔和螺孔的底部以下和周围应有足够的金属厚度,除了腐蚀余量,还要考虑防止泄漏。

4.4.4.5.4 为便于拆卸,立式泵内部连接螺栓应采用足以耐输送流体腐蚀的材料。

4.4.4.5.5 用螺柱连接的接头应装有拧入的螺柱。盲螺柱孔的攻丝深度只要达到1.5倍螺柱直径即可。

4.4.4.5.6 螺柱比有头螺钉优先选用。

4.4.4.5.7 在螺栓连接位置上应留出一定的间距以便可以使用套筒扳手。制造商/供货商应供应必需的专用工具和安装用具。

4.5 短管(管口)和其他管接头

4.5.1 总则

对本标准而言,术语短管和管口是同义的。

本条是有关与泵连接的各种流体管接头的规定,不论它们是供运行使用还是供维护使用。

4.5.2 放气、压力表和放液接头

4.5.2.1 所有泵均应设置放气接头,除非泵通过短管的配置做成自动放气的。

4.5.2.2 不宜在泵的入口或出口流道上或其他高流速区域内攻螺孔。如果需要有放液、放气或压力表的接头,应由采购商在询价单和订单中对它们作出规定。

4.5.3 封堵件

封堵件(螺塞、盲法兰等)的材料应适合输送液体。还应注意材料组合的相宜性,以能耐腐蚀并使螺纹咬粘和卡死的风险减至最小。

与输送液体接触的承压件上的孔口,包括轴封处的孔口均应装上足以承受压力的可以拆卸的封

堵件。

4.5.4 辅助管路接头

4.5.4.1 所有辅助管路接头均应有能满足预定功能要求的材料、大小和厚度(另见 4.14)。

4.5.4.2 对出口直径为 50 mm 和 50 mm 以下的泵,管接头的外径至少应为 15 mm。对出口直径为 80 mm 和 80 mm 以上的泵,管接头的外径至少应为 20 mm;只有密封冲洗管路和填料环的管接头例外,外径可以是 15 mm,与泵的大小无关。如果由于空间限制必须使用更小管接头,应采取一切措施防止它们损坏并保证其使用可靠。

4.5.5 管接头标识

所有管接头均应按照它们的作用和功能在安装图上加以标识。如有可能,应将这种标识应用在泵上,特别是对机械密封和轴承润滑、冷却系统的管接头(参见附录 F)。

4.6 作用在短管(入口和出口)上的外力和外力矩

对于使用弹性联轴器的泵应采用附录 G 给出的方法,除非采购商和制造商/供货商都同意采用另外的方法。

采购商应计算管路系统作用在泵上的力和力矩。

制造商/供货商应核实考虑中的泵是否可以承受这些负荷。如果此负荷高于附录 G 中给出的值,则采购商和制造商/供货商应商定解决问题的方法。

4.7 入口和出口法兰及其端面加工

4.7.1 除下述 a)~c)中的规定外,法兰应符合 GB/T 9113、GB/T 9115、GB/T 17241 和 GB/T 15530。

    a) 铸铁法兰应是平面法兰;

    b) 非铸铁材料泵壳的平面法兰只有具有全凸面法兰厚度的才可采用;

    c) 允许采用比规定标准要求厚的或外径更大的法兰,但表面加工和钻孔须按标准规定。

4.7.2 应保证在铸造法兰背面的螺栓头和/或螺母安装良好,必要时应对背面进行加工。

螺栓孔应跨法兰中心线布置。

4.8 叶轮

4.8.1 叶轮设计

4.8.1.1 根据应用需要可以选择闭式、半开式或开式设计的叶轮。

4.8.1.2 除密封环外,叶轮应是整体式的(例如铸造或焊接制造)。

在特殊情况下,即叶轮出口宽度很小或叶轮材料特殊,允许用其他方法制造叶轮,但需要取得采购商的同意。

4.8.1.3 叶轮轮毂最好应是实心的。

4.8.1.4 如果泵轴是受输送流体浸湿的,致使如果流体被封闭在一个狭小的空间内会发生危险或可能使产品受污染时,则叶轮的设计及固定方法应是叶轮装配到轴上后,任何封闭空间均可以经横截面积不小于 10 mm² 的通道自由排出液体。

4.8.2 叶轮的固定

4.8.2.1 叶轮应被可靠地固定,以防止按规定方向旋转时发生圆周方向和轴向移动。不能用销固紧叶轮。

4.8.2.2 应使用不会露出轴上螺纹的有头螺钉或有帽螺母将悬臂叶轮固定在轴上。不论哪一种固定装置，其螺纹旋向均应是在正常旋转下藉液体阻力使它们拧得更紧，并且还需要有可靠的机械锁紧方法（例如加装的耐腐蚀止动螺钉或舌形垫圈）。有头螺钉应有圆角和直径渐缩的螺钉体以减少应力集中。

4.8.3 轴向调整

如果需要在现场调整叶轮轴向间隙，应设外部调整装置。如果通过转子的轴向移动实现调整，必须注意对机械密封可能产生危险的影响（见4.11.6）。

4.9 密封环

4.9.1 如果适合，宜装设密封环。装上的密封环应是可更换的并且被牢固地锁定以防止转动。

4.9.2 可硬化材料相配合的两个耐磨表面的布氏硬度值至少应相差50，除非静止的和旋转的两个耐磨表面的布氏硬度值都不低于400，或者使用规定的材料不可能获得这样的硬度差。

4.9.3 可更换的密封环应采用过盈配合加锁定销或螺钉（轴向或径向）或采用法兰和螺钉方法固定就位。其他方法，包括三点或三点以上点焊，需经采购商同意。

4.10 运转间隙

4.10.1 确定密封环之间以及其他相对运动零件之间的运转间隙时，应考虑输送流体的温度、吸入条件、输送流体的特性，材料的膨胀和咬合特性及水力效率。

间隙应足够大，以保证工作可靠性和避免在正常工作条件下卡死。

4.10.2 对铸铁、青铜、11%～13%淬硬铬钢及类似的具有低咬合倾向的材料应使用表2给出的最小间隙值。对150 mm以上的直径，最小直径间隙应为0.43 mm加间隙增量，间隙增量按直径每增加25 mm直径间隙增加0.025 mm计算（包括其分数部分的间隙增量）。对咬合倾向较大的材料和/或工作温度高于260 ℃时，上述直径间隙应再加0.125 mm。

如果使用铸铁和/或青铜这类材料、输送例如温度在50 ℃以下的水这样的清洁冷流体时，制造商/供货商可以采用比表2的值小的间隙。

表2 最小运转间隙　　　　　　　　　　单位为毫米

间隙处旋转部分直径	最小直径间隙	间隙处旋转部分直径	最小直径间隙
50	0.25	90～99.99	0.40
50～64.99	0.28	100～114.99	0.40
65～79.99	0.30	115～124.99	0.40
80～89.99	0.35	125～149.99	0.43

4.10.3 在投标书中规定了间隙值情况下，多级泵的级间衬套的间隙可按制造商/供货商的标准确定。

4.10.4 对立式泵，如果使用的是咬合倾向小的材料，4.10.2规定的运转间隙不适用于固定轴承或级间衬套。投标书中应规定使用的间隙值。

4.11 轴和轴套

4.11.1 总则

4.11.1.1 轴应有足够的尺寸和刚性以便：

a) 传递原动机额定功率；

b) 保证填料或密封有满意的性能；

c) 使磨损和卡死的风险降到最低；

d) 充分考虑启动方法和有关的惯性负荷；

e) 充分考虑静态和动态径向力。

4.11.1.2 除非采购商另有批准（由于轴的总长或运输限制），否则立式泵的泵轴应为整体结构。

4.11.2 表面粗糙度

除非对密封另有要求，否则填料函、机械密封和油封（如设有）处的轴和轴套表面的粗糙度应不大于 0.8 μm。粗糙度的测量应按 GB/T 6062 执行（另见 4.11.7.1）。

4.11.3 轴的挠度

为使填料或密封有满意的性能，避免轴损坏和防止内部磨损或卡死，对应于最大叶轮直径、规定的转速和流体，在整个扬程-流量曲线范围内最恶劣的动力条件下，单级和两级卧式泵及立式管道泵轴在填料函端面处（或内装式密封泵的机械密封端面处）的最大总挠度应限制在 50 μm 以下并且小于所有密封环和衬套处的最小直径间隙的一半。对管道泵，计算中应包括整个轴系（包括联轴器和电机）的刚度。

可以通过对轴的直径、轴的跨距或悬臂大小以及泵壳设计（包括采用双涡壳或导叶）的综合考虑获得需要的轴刚度。确定轴的挠度时不应考虑普通填料的支承作用。

4.11.4 直径

轴端尺寸应参照 GB/T 1569、GB/T 1570 确定，轴端键的尺寸应参照 GB/T 1095 和 GB/T 1096 确定。

4.11.5 轴的径向跳动

4.11.5.1 轴应全部长度进行机械加工和适当的精加工。

4.11.5.2 轴和轴套（如安装）的制造和装配，宜保证通过填料函外端面的径向平面处的径向跳动（见 3.23）：在公称直径小于 50 mm 时不大于 50 μm；在公称直径为 50 mm～100 mm 时不大于 80 μm；在公称直径大于 100 mm 时不大于 100 μm。

4.11.6 轴向位移

轴承允许的转子轴向位移不应对机械密封的性能产生有害的影响。

4.11.7 轴套

4.11.7.1 如安装轴套，应将其在轴上锁紧或夹紧。轴套的材料应耐磨损，必要时还应耐腐蚀和冲蚀。轴套的外表面应适合实际应用场合（另见 4.11.2）。

4.11.7.2 如果垫片通过螺纹的轴，螺纹应至少比垫片内径小 1.5 mm，并且直径过渡处有 15°～20° 的倒角，以免损坏垫片。

4.11.7.3 对管道泵和小型卧式泵，只要投标书中作了规定并且轴是采用与轴套具有同等耐磨损和耐腐蚀性能的材料制造、经过同等的精加工，则经采购商批准，可以省去轴套。

如不提供轴套，轴或短轴应留有中心孔以便可以重新整修其表面。

4.11.7.4 对安装填料的泵，如果装有轴套，则轴套的端部应伸至填料压盖的外端面以外。对安装机械密封的泵，轴套应伸至密封端盖以外。对使用辅助密封或节流衬套的泵，轴套应伸至密封端盖以外。这样，轴和轴套间的泄漏就不会与经填料或机械密封端面的泄漏相混淆。

4.11.7.5 对卧式泵，应在所有级间位置上设置可拆卸的泵壳衬套和级间轴套或其等效零件。

4.11.7.6 对立式泵，应在所有级间和固定轴承位置上设置可更换的衬套。不过，输送液体的性质（例如不清洁或非润滑性）会影响对相应的轴套的要求。

4.12 轴承、轴承箱和润滑

4.12.1 轴承、轴承箱

4.12.1.1 除非采购商另有规定，径向轴承应选用标准轴承（球轴承、滚柱轴承、滑动轴承或可倾瓦轴承）。止推轴承根据需要应为滚动轴承或流体动力轴承。

4.12.1.2 滚动轴承应按 GB/T 4662 和 GB/T 6391 进行选择和计算额定值。在泵的额定条件下连续工作时轴承最低基本额定寿命 L10 应是 3 年（25 000 h），而在最大轴向和径向负荷及额定转速下，允许工作范围内连续工作时寿命应不低于 16 000 h。

4.12.1.3 应按照轴承制造商/供货商的使用说明书所述将滚动轴承装到轴上并装入到轴承箱中。直接与轴承相接触的卡环不得用来将轴向推力从轴传递到止推轴承的内表面。最好使用锁紧螺母和防松垫圈。

4.12.1.4 下列情况下应该使用流体动力径向和/或止推轴承：

a) DN 系数等于或大于 300 000[DN 系数是轴承尺寸（孔径，mm）与额定转速（r/min）的乘积]。

b) 泵的额定轴功率（kW）和额定转速（r/min）的乘积等于或大于 2×10^6。

c) 标准滚动轴承满足不了 4.12.1.2 给出的基本额定寿命 L10。

4.12.1.5 如泵的设计许可且证明工作条件是合适的，流体动力径向轴承宜为剖分结构以易于装配，并应是带有可更换的巴氏合金衬层、衬瓦或衬垫的、精密镗孔的套筒式或油垫式轴承。轴承应装设防转销并在轴向方向可靠地固定。轴承的设计应能消除流体动力不稳定性和提供充分的减振作用，使泵在规定的工作转速下带负荷或不带负荷运行时，包括在任一临界频率下运行时，它的振动能限制在规定最大振幅以内（见 4.3.2.2 和 4.3.2.3）。衬层、衬垫或衬瓦应衬在轴向剖分的箱体内并应可以更换。在更换这些零件时，应不需要移去轴向剖分泵的泵盖或径向剖分泵的泵头。轴承的设计还应无须拆下联轴器体即可更换轴承衬层、衬垫或衬瓦。

4.12.1.6 止推轴承应按在所有规定条件下（包括在诸如最大内部差压这样的条件下）连续工作的要求确定其规格尺寸。所有负荷均应按设计的内部间隙确定。作为一个指导准则，流体动力止推轴承宜按不大于轴承制造商/供货商的额定值的 50% 进行选择，并应满足泵的设计和应用需要。

除了在最极端允许条件下转子和任何内部齿轮的轴向推力外，通过弹性联轴器传递的轴向力也应视为任何止推轴承负荷的组成部分。

如果泵的正常转向反了，止推轴承必须保持满负荷容量。此外还应考虑驱动机类型、联轴器以及可能的不对中性。

4.12.1.7 流体动力止推轴承应设计成在两个方向上有同等的止推能力并布置向两侧提供连续压力油润滑。如采购商有规定，止推环应可更换并应可靠地锁紧在轴上，以防止微振磨损。如所供为整体止推环，则应有最小 3 mm 的附加余量，以备止推环损坏时重新整修之用。止推环的两个端面的表面粗糙度 Ra 应不超过 0.4 μm，并且任一端面的轴向全跳动均不得超过 13 μm。

4.12.1.8 非压力给油的油润滑轴承的轴承箱应设置注油孔和放油孔，油孔应攻出直径至少为 15 mm 的螺纹并塞上螺塞。轴承箱还应装备与透明容器（不致发生因阳光或受热引起油变混或变质情况）连在一起的恒位可视给油杯。油杯应安装在轴承箱的一个合适位置上并应可靠地固紧在该工作位置上。如有规定，油杯应满足采购商要求。应当准确地定出适宜油位的永久性指示线并用永久性的金属标记、刻在铸件上的标记或用其他耐久方法清楚地标示在轴承箱的外壁上，同时应说明该油位是静态下的还是动态下的。

4.12.1.9 采用压力油润滑的流体动力轴承的轴承箱设计应使扰起泡沫的程度降至最低。放油系统应能使油和泡沫位置保持在低于轴端密封的水平上。在规定的最不利工作条件下，入口油温为 40 ℃ 时，经过轴承和轴承箱后的油的温升不得超过 30 ℃。如入口油温高于 50 ℃，在轴承设计、油流量和允许温升方面须作特殊考虑。止推轴承的油出口应与甩油环或止推轴承套筒(如未使用甩油环)成切向位置。

4.12.1.10 为防止漏油或受污染，不应使用垫片或螺纹连接来隔离润滑油与冷却液或加热液。

4.12.1.11 轴承箱上的所有孔口，特别是轴承箱和轴之间的密封应设计成在正常工作条件下能防止污物侵入和润滑剂漏失。

4.12.1.12 在危险区域，任何用于密封轴承箱的装置均应设计得不会成为起火的火源。

4.12.1.13 油环润滑轴承的轴承箱宜提供可以在泵运行时目视检查油环情况的方法。

4.12.1.14 如采购商有规定，当环境温度或工作温度决定了需要有油加热器时，制造商/供货商应予供应。

4.12.1.15 轴承箱应妥当布置以保证无需拆卸泵的驱动装置或安装座即可更换轴承。

4.12.1.16 应提供充分的冷却，包括考虑有积垢存在的影响，在规定的工作条件和环境温度为 40 ℃ 的前提下，使油温保持在 70 ℃ 以下(在油被排放至压力油润滑系统情况下)或 80 ℃ 以下(在油环或溅油润滑系统情况下)。如采用冷却盘管冷却，盘管(包括配件)应采用有色材料制作，并且没有任何内部压力接头或连接配件。盘管壁厚最小应为 1 mm，管子外径最小应为 12 mm。

4.12.2 立式传动轴泵的导轴套和轴承

4.12.2.1 除了悬臂式泵外，轴的各个导轴套之间的最大间距应按图3确定。如果导轴套是用输送介质本身润滑，它们必须有与规定介质及其温度相宜的耐腐蚀和耐磨蚀性能。

4.12.2.2 与驱动机合在一起的止推轴承在 4.2.1.2 中已作了规定。对于与立式传动轴泵合在一起的止推轴承，应实施 4.12.1 各段有关止推轴承和轴承箱的规定。

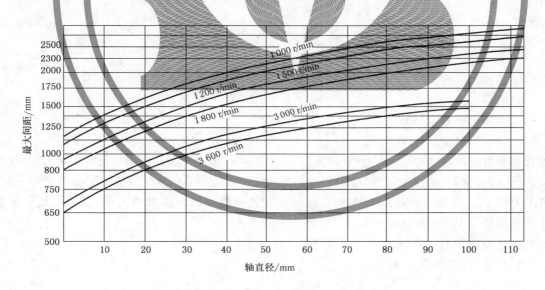

图 3 立式传动轴泵导轴套之间的最大间距

4.12.3 润滑

4.12.3.1 除非另有规定，轴承和轴承箱应采用烃类油或润滑脂润滑方式。

4.12.3.2 如采购商有规定，或由制造商/供货商建议并经采购商同意，应供应压力油润滑系统或油雾润滑系统。应通过内部系统布置保证油润滑是在恒定油位条件下进行。

4.12.3.3 如果需要使用外部压力油润滑系统，则系统最少应由以下几部分组成：配有吸入滤网和/或过滤器的油泵、给油和回油系统、油冷却器(需要时)、油箱、全流量过滤器和泵机组启动前的润滑设备以及所有必需的控制装置和仪表,包括低油压报警和停机装置(参见 I.5)。

4.12.3.4 如采购商有规定,应提供在油箱外面加热的可移式蒸汽加热器或浸没式恒温可控电热器用于在寒冷气候条件下在启动之前对油箱内装载的油进行加热。加热设备的容量应足够大,以便在 4 h 内将油箱中的油从规定的现场最低环境温度加热至制造商/供货商所要求的启动温度,然后运行润滑油系统。

4.12.3.5 供应的油箱应具备下述 a)～f)规定的特性:

    a)   能达到最少为 3 min 的润滑油保持时间以避免频繁充油,并能在系统排油时为系统回油留出足够的容积裕量;

    b)   有除气和将外来杂质向油泵入口的漂浮减少至最低限度的装置;

    c)   充油接头、油位指示器和通气孔适合于户外使用;

    d)   有坡度的箱底及全排空用放油管接头;

    e)   大小可行的清洁孔;

    f)   除非另有规定,油箱内部按制造商/供货商的标准工艺方法作了除锈、防锈处理和涂上耐久表面涂层。

4.12.3.6 抛油环或油环应有部分浸没,油面应高过抛油环下缘或高过油环孔下缘。抛油环应有安装毂以保持同心并应可靠地固定在轴上。

4.12.3.7 制造商/供货商应在使用说明书中规定要求的润滑油量及油的规格,规定时要考虑环境和使用条件。

4.12.3.8 润滑油管路系统的要求参见 4.14.3。

4.12.3.9 如果使用可重新加润滑脂的轴承应有泄放润滑脂的装置。

4.13 轴封

4.13.1 总则

当泵轴必须加以密封时,泵的设计应允许使用下列一种或多种密封选择(参见附录 H):

    ——软填料(P);

    ——单端面机械密封(S);

    ——多端面机械密封(D)。

如有必要替换使用这种或另一种密封选择,应由采购商作出规定。使用其他方式密封装置(例如迷宫密封,流体动力密封,磁性联轴器)应由各方共同商定。遏止装置(Q)在某些情况下会是必需的,相关信息参见附录 H。应当设置限制、收集和排出从密封区域泄漏的全部液体的装置,特别是在机械密封控制住了泄漏的情况下。

下列信息应在数据表中给出(参见附录 C):

    ——轴封装置(参见附录 H);

    ——对机械密封:

        型式:平衡型(B);

                不平衡型(U);

                波纹管型(Z);

        尺寸:轴或轴套公称直径,mm,以通过静环的轴径为基准(见 GB/T 5661);

    ——对填料密封:

        尺寸:按 GB/T 5661 规定的密封空腔直径。

4.13.2 密封选择的工作准则

选择机械密封和软填料的主要工作准则是：

——输送液体的化学和物理性质及种类；

——预计的最小和最大密封压力；

——密封处液体温度；

——特殊工作条件（包括启动、停机、热冲击和机械冲击等）；

——轴径和转速。

对机械密封还有一个补充准则：

——泵的旋转方向。

4.13.3 机械密封

4.13.3.1 型式和装置

机械密封应是平衡型的。不平衡型密封应仅在采购商有规定时或经采购商同意后才提供。

本标准不涉及机械密封元件的设计，但是这些元件应适于经受数据表（参见附录C）中规定的工作条件。

机械密封的设计应考虑在泵正常工作过程中轴的轴向调整和轴的位移。

各方应商定机械密封密封配置型式（例如单端面或多端面机械密封）（参见附录H）。

如果泵输送温度接近沸点的液体，机械密封室中的压力应足够高于入口压力，或者紧靠密封附近的温度应显著低于汽化温度，以防止密封面处液体发生汽化。

如果使用背对背配置的多端面机械密封，各个密封之间的阻隔液必须与流程液体相容且其压力要高于密封压力。

如果安装背对背配置的多端面机械密封，叶轮一侧的静环应固定使它不会由于阻隔液的压力降而发生移动。

对在温度低于0℃下工作的泵可以设置遏止装置防止结冰。

4.13.3.2 冷却或加热要求

如果工作需要，泵密封室应设置夹套。采购商、泵制造商/供货商和密封制造商/供货商应共同商定装有机械密封的泵的冷却（或加热）要求。作为指导准则，通常在下述a)~e)所规定的条件和使用场合下需要用夹套：

a) 流体温度高于150℃，除非使用金属波纹管型机械密封可以不用夹套；

b) 流体温度高于315℃；

c) 一端闭塞的密封装置；

d) 低燃点流体；

e) 高熔点流体（加热夹套）。

4.13.3.3 材料

应选择合适的密封元件材料，使其能经受住腐蚀、冲蚀、温度、热应力和机械应力等。对机械密封，受输送液体浸湿的金属零件材料在机械性能和耐腐蚀性方面至少应具有与泵壳材料（见第5章）同样的品质。

表E.2（参见附录E）中的机械密封元件材料代码可用于数据表（参见附录C）中的材料标识。

4.13.3.4 结构特性

4.13.3.4.1 应设法使密封端盖与密封室孔保持同心。采用内径或外径定位配合是达到此要求的一种可以接受的方法。

4.13.3.4.2 密封端盖应有足够的刚性避免发生变形。密封壳体和端盖,包括紧固螺栓(见 4.4.4.5)应按照工作温度下的允许工作压力和必需的最小预紧压力负荷进行设计。

4.13.3.4.3 密封壳体与静密封环(座环和/或弹顶环)或与密封端盖之间的垫片应是外部有侧向限制的或有与此等效的设计以防止垫片突然冒出。

4.13.3.4.4 所有静止密封元件,包括密封端盖,均应防止转动和与轴或轴套发生意外接触。假如某一静止密封元件(座环和/或弹顶环)要接触轴或轴套,则与密封相接触的表面应足够硬和耐腐蚀。同时应有导入端并除去锐缘,以免装配时损坏密封。

4.13.3.4.5 密封室和密封端盖的机械加工公差必须保证机械密封静密封环(座环和/或弹顶环)处的端面跳动不大于密封制造商/供货商给出的最大允许值。

4.13.3.4.6 如果端盖中设有节流衬套使密封完全失效时的泄漏减至最小或控制液体的进入量,节流衬套与轴之间的直径间隙,宜取可行的最小值,且不得大于式(1)的计算值。

$$\frac{D}{150} + 0.65 \qquad\qquad \cdots\cdots\cdots\cdots\cdots\cdots\cdots\cdots\cdots (1)$$

式中:

D——轴直径,单位为毫米(mm)。

4.13.3.4.7 如采购商有规定或制造商/供货商建议,应设置喉部衬套。喉部衬套用来增加密封箱压力、隔离流体或降低流入或流出密封室的流量。

4.13.3.4.8 如果必须避免向外泄漏,则有必要加设一个辅助密封(例如多重密封)(参见附录 H)。

4.13.3.4.9 如果可行,密封室的设计应防止蒸汽积聚其中(见 4.5.2.1)。如做不到这点,密封室应可以由操作者放气。使用手册中应给出放气的方法。

4.13.3.4.10 液体进入密封室和必要时从密封室流出的通道应尽可能地靠近密封面,最好是设在旋转环(弹顶环和/或座环)一侧。

4.13.3.4.11 除非另有商定,接头孔应钻出并攻出螺纹(见 4.5.2 和 4.5.4)。

4.13.3.5 装配和试验

关于供发货的装配见 7.1。

机械密封不得承受超过密封压力极限的水压试验压力。在进行所有各种运转试验或性能试验(见 6.3.3.4 和 6.3.4.4)时可以使用机械密封。对需要在现场进行最终调整的泵,制造商/供货商应附上一个警告有这种要求的金属标签。

4.13.4 填料函

4.13.4.1 总则

4.13.4.1.1 如果功能需要或采购商有要求,软填料函中应设置填料环,用来直接向填料引入冷却流体。装填料环处应设有入口和出口管接头。

4.13.4.1.2 应有足够的空间使得无需移去或拆下除压盖部件和防护装置外的任何其他零件即可换装填料。即使在填料失去压紧力的情况下,压盖部件也应可靠地保持不动。

4.13.4.1.3 如采用剖分填料压盖,两半压盖应用螺栓连接成一体。使用环首螺栓作为压盖紧固件不可取,最好是采用拧入泵壳中的螺柱。

4.13.4.1.4 对立式泵,应设置放泄孔,防止液体积聚在驱动机的支承部件中。

4.13.4.1.5 对工作温度在 90 ℃以上，或输送液体在其温度下绝对汽化压力大于 0.1 MPa 的使用场合，填料压盖应为水闷剖分型。对高温使用场合，可以用蒸汽代替水。当冷却水管路是由制造商/供货商提供时，通至遏止压盖的软管或挠性导管的内径最小应为 6 mm。

4.13.4.1.6 当规定有下列工作条件中之一时，填料密封泵的填料函应设置冷却夹套：

a) 流体温度高于 150 ℃；

b) 输送温度下绝对汽化压力大于 0.07 MPa。

4.14 管路和附件

4.14.1 总则

如采购商有规定，制造商/供货商应供应包括诸如仪表和阀等全部附件在内的冷却水、润滑油和辅助产品管路系统。对卧式泵，这些管路系统应完全装配并安装到泵上；如果可行，对立式泵亦应如此。

4.14.1.1 管路系统设计

管路系统的设计应提供下述 a)～d)中规定的条件：

a) 可以在维修时移去管路，除非规定的是焊接管路；

b) 有适当的支承，可防止在泵运行时和采用广泛接受的做法进行维修时因振动而损坏管路；

c) 有适当的柔性和正常的可接近性以便操作、维护和彻底清洁；

d) 整套系统布置整齐有序，与泵机组的外形相称并且不妨碍接近孔口。

4.14.1.2 管路报价单

除了特定管路布置方案和数据表中指明的项目所需要的所有集成管路外（参见附录 I），制造商/供货商的报价单中还应包括其认为是泵的成功运行所必需的所有集成管路。

4.14.1.3 结构特性

4.14.1.3.1 管螺纹应按 GB/T 7306.1 和 GB/T 7307 执行。法兰应按 GB/T 17241 和 GB/T 15530 执行。经采购商特别批准，允许采用活动法兰。

4.14.1.3.2 4.4.4.5 的螺栓连接要求适用于辅助管路。

4.14.1.3.3 输送不可燃或无毒流体时，包括润滑油的管路接头和连接件可以按制造商/供货商的标准或采购商在数据表中规定的标准。

4.14.2 冷却水管路

4.14.2.1 冷却水管路的管子公称通径最小应是 1/2 寸。如果空间不允许，可以使用公称通径 1/4 寸的管子。

4.14.2.2 冷却水管路的材料应在数据表中作出规定。如果未作规定，应采用配 1/2 寸黄铜管路附件的退火软紫铜管。如采购商同意，可以用 CrNi 或 CrNiMo 类不锈钢管代替。如采购商同意，也可以用配 PN20 镀锌可锻铸铁螺纹连接管附件的镀锌管代替。

4.14.2.3 如采购商有规定，每条出水管线均应按规定提供开式或闭式可视流量指示仪表。

4.14.2.4 应在所有低位点设置放液孔以便可以将管路和夹套完全放空。管路应设计成能避免在冷却夹套中形成气袋。

4.14.3 润滑油管路

4.14.3.1 润滑油管路的管子公称通径最小应是 1/2 寸，如果空间不允许，可以使用公称通径 1/4 寸的管子。

4.14.3.2 回油管线的尺寸应根据回油不超过满管的一半而定,并应布置得能保证良好排放(识别起泡条件的可能性)。水平布置的管线应以每米20mm的连续坡度通向油箱。

4.14.3.3 每条回油管线均应提供可视流量指示仪表。

4.14.3.4 所有润滑油管路均应采用适合管路材料的方法彻底清洗后再装配到泵上。如管路是单独发运的,开口端应塞住。润滑油管路不得使用镀锌管。

4.14.4 其他辅助管路

4.14.4.1 其他辅助管路包括放气管和放水管、平衡管路和流程流体管路。软填料密封和机械密封用的辅助管路见4.14.5。

4.14.4.2 辅助流程管路的管子公称通径最小应是1/2寸。如果空间不允许,可以使用公称通径1/4寸的管子。

4.14.4.3 承受流程流体作用的辅助管路管件应具有至少等于泵壳最大排出压力和温度的压力-温度额定值。

4.14.4.4 如泵壳材料是合金,所有承受流程流体作用的管件的材料在耐腐蚀和耐冲刷性能方面应等于或优于泵壳材料。

4.14.4.5 如装有节流孔板,其开口直径应不小于3 mm。使用可调孔板时应保证有最小连续流量。

4.14.4.6 如装有加热和冷却管路,换热器的各个部件应适合于其所接触的输送液体和/或冷却液并应按各自的循环流量确定尺寸。

4.14.4.7 除非规定设置阀门,泵壳的放气和放液螺纹连接接头要用实心螺塞塞住。铸铁泵壳应配用碳钢螺塞。

4.14.5 填料函和机械密封的辅助管路

4.14.5.1 泵的设计应包括在规定条件下轴封可能需要的各类辅助管路。

4.14.5.2 下列使用场合可能需要辅助管路:
    a) a类,涉及流程液体或可以进入流程的液体:
        1) 循环(如不是经由内部通道循环);
        2) 注入(冲洗);
        3) 隔离(缓冲);
        4) 增压密封。
    b) b类,涉及不进入流程的液体:
        1) 加热;
        2) 冷却;
        3) 遏止。

在每个项目中供泵外部使用的管路接头的供货范围和细节须由采购商和制造商/供货商共同商定。辅助管路应参照附录I或商定的替代方案进行布置。

4.14.5.3 机械密封和填料函的a类管路应使用适合于流程液体的材料。管路附件可以按制造商/供货商的标准。

4.14.5.4 辅助管路应具有下列结构特性:
    a) 使用流程液体(见4.14.4.3和4.14.5.2)的辅助管路的温度和压力额定值不得小于泵壳的温度和压力额定值(见6.3)。管路材料应耐输送液体和环境条件引起的腐蚀。
    b) 应在所有低位点设置放液孔和泄漏液放出孔,以便可以将管路完全放空。管路应设计成能避免气袋形成。

c) 供蒸汽的管路应是"顶入,底出"。其他供液管路一般应是"底入或侧入,顶出"。

d) 如装有节流孔板,其开口直径应不小于 3 mm。

e) 使用可调孔板时,应保证有最小连续流量。

4.15 标志

4.15.1 旋转方向

旋转方向应用一个设在显著位置上的结构耐久的箭头指示。

4.15.2 铭牌

铭牌应用适合当地环境条件的耐腐蚀的材料制造并应牢固地附着在泵上。

铭牌上的信息至少应包括制造商/供货商名称(商标)和地址,泵的识别号(例如系列号或产品编号),型号和尺寸。

其余空处可用来给出其他附加信息:流量、泵扬程、泵转速、叶轮直径(最大叶轮直径和已装入的叶轮直径)、泵的允许工作压力和额定温度。

泵的系列号,除了在铭牌上出现外,还应将其清楚地打印在泵壳上(例如泵出口法兰外径处)。

4.16 联轴器

4.16.1 总则

4.16.1.1 泵通常用弹性联轴器与驱动装置连接。如果合适,也可使用其他型式的联轴器,如刚性、半弹性联轴器或万向联轴器。应当根据应用条件(驱动装置类型、水力冲击可能性、转速变化、水力轴向推力变化等)选择联轴器,使其能传递预定驱动机的最大转矩和轴向力,最大转矩和轴向力应按 ISO 4863 取适当的安全系数。联轴器的速度限值应与预定的泵驱动机的所有可能转速相符。

4.16.1.2 泵应装设加长联轴器使得无需移动驱动机即可拆下泵转子或更换包括轴套在内的密封组装件。联轴器的加长段长度视拆泵所需要的两轴端之间的距离而定。如有可能,轴端间距参见 GB/T 5662。

4.16.1.3 对使用弹性组件的联轴器,其设计应保证即使弹性组件损坏,联轴器的加长段和/或弹性组件也不致逃逸。如果联轴器毂在轴上的轴向位移会使加长段或组件有逃逸的可能,则应绝对防止这样的移动。

4.16.1.4 如果驱动机没有任何止推轴承,对于卧式泵,就需要使用端部有限浮动联轴器(见表3)。

表 3 联轴器最大端部浮动 单位为毫米

电动机转子最小端部浮动	联轴器最大端部浮动
6	2
12	5

4.16.1.5 两半联轴器应加以有效的紧固,防止发生相对轴的沿圆周方向和轴向的运动。

4.16.1.6 如采购商有规定或制造商/供货商建议,联轴器应按 GB/T 9239.1 做动平衡。平衡等级应由采购商和制造商/供货商共同商定。

4.16.1.7 如果联轴器的各个组成部分是一起做平衡的,应当用永久性的醒目标记指示正确的装配位置。

4.16.1.8 允许的径向、轴向和角不对中偏差不得超过联轴器制造商/供货商给出的限值。联轴器选择时应考虑到诸如温度、扭矩变化、启动次数、管路负荷等工作条件以及泵和底座或驱动机支座的刚性。

4.16.1.9 对弹性组件联轴器应有至少为1.5的使用系数 K（另见3.47）。

4.16.1.10 联轴器应有适合的防护罩。防护罩的设计应符合国家安全规程的有关规定。

4.16.1.11 如果泵不带驱动机交货，泵制造商/供货商和采购商宜对下列各项达成一致意见：

    a) 驱动系统：型号、功率、尺寸、质量、安装方法；

    b) 联轴器：型号、制造商/供货商、尺寸、加工要求（孔和键槽）、防护罩；

    c) 转速范围和输入功率。

4.16.2 立式传动轴泵的联轴器

如果无整体止推轴承的立式传动轴泵使用实心轴驱动机，应采用钢制的刚性可调节型联轴器。在采用螺纹联轴节连接传动轴的情况下，要用适当方法锁紧联轴节。

4.17 底座

4.17.1 总则

在现场安装的底座以及泵的支座应设计成能够承受住4.6给出的泵短管上的外力而不会发生超过联轴器制造商/供货商规定的轴不对中性，并能将其他机械力（例如不均匀热膨胀和管路水力推力）引起的不对中性减至最小。底座可以用各种材料制造。

4.17.2 卧式泵的底座

4.17.2.1 如有必要，底座应能汇集和排放泄漏液。当规定采用四周带泄液边缘的底座时，应在泵附近的隆起唇缘上攻出泄液孔接头（螺纹直径最小25 mm），并应设置得能使液体有效泄尽。底座槽面或底座的上表面应以每米8.5 mm（最小）的坡度向泄液一端倾斜。

4.17.2.2 除非另有商定，底座应在泵和驱动机的下面伸出。

4.17.2.3 所有供固定泵和电动机使用的安装垫应完全加工平直和两面平行以利设备安放。与垫对应的表面经机械加工后应在同一平面内，偏差在每1 m（垫尺寸）不大于0.2 mm。

底座上的所有驱动机组垫均应进行机械加工以便可以在驱动机组垫下面装入最小厚度1.5 mm的填隙片（组）。如系泵制造商/供货商提供驱动机，应包括一套最小厚度3 mm的不锈钢填隙片束。如果不是泵制造商/供货商安装驱动机，仍须将驱动机的垫加工好，但不钻出孔，也不提供填隙片束。所有填隙片均应叉在拧紧的螺栓上。

4.17.2.4 焊接底座的底面在泵和驱动机支座下方处应焊上若干横梁补强，横梁形状应做成使梁能牢靠地卡住在灰浆之中以防止底座向上串动。

4.17.2.5 如有可能，单级悬臂、IEC机座电动机驱动的泵最好应有标准化尺寸。对轴向吸入单级底脚安装的泵，底座尺寸参见GB/T 5660。底座可以按灌浆设计也可以按不灌浆设计。

4.17.2.6 如底座须灌浆，在底座的每个灌浆分隔区内应至少设置一个有效面积不小于0.01 m² 且各向尺寸均应不小于80 mm的灌浆孔，这些灌浆孔应设在可使灰浆灌满底座下面的整个空腔而又不会形成气袋的位置上。每一分隔区还应设置最小直径为13 mm的放气孔。对中间凹下灰浆槽底座，灌浆孔口应在靠近槽的高位处。如果可行，孔口应是便于进行灌浆，即使是在安装了泵和电动机的情况下。在接液盘区域内的灌浆孔四周应有隆起的唇缘。此外，如灌浆孔是在液体可能撞击的区域内，还应加上金属灌浆孔盖。

4.17.2.7 不灌浆底座应有足够的刚性经受住4.6所述的负荷（指在独立式安装或不灌浆而用地脚螺栓紧固在基础上的安装条件下的负荷）。

4.17.2.8 如采购商或制造商/供货商有规定，输送热流体的沿中心线支承泵的支座应设计成带补充冷却以保持对中。

4.17.2.9　对功率在 150 kW 以上的驱动机组,每个驱动单元都应设置对中用定位螺钉以便于进行纵向和横向水平调整。安装这些定位螺钉的支耳应附在底座上,并使它们不妨碍驱动单元的安装或拆卸。

4.17.2.10　如采购商有规定,应在底座的外周边间隔排列地设置垂直调平螺钉使底座稳固。螺钉的数量应足够多,以支撑底座、泵和驱动机的重量而不会产生过度变形;并且在任何情况下,设置的螺钉数应不少于 6 个。

4.17.2.11　应尽量降低底座上面的泵轴中心线高度。

4.17.2.12　如采购商有规定,在驱动装置(驱动机和齿轮传动装置)每一端的中心线正下方应有最小是 50 mm 的垂直净空,供插入液压千斤顶用。

4.17.2.13　如采购商在数据表上指明要环氧灌浆,制造商/供货商应对安装板的所有灌浆表面先进行预涂处理:用催化环氧树脂底漆涂在除去油污的清洁金属面上。

4.17.2.14　工作温度比环境温度高出 170 ℃的所有双支承泵和多级泵,均应设计成沿中心线安装的结构,并应在泵脚和底座支架之间设置横向和纵向导槽,使在温度瞬变时能保持精确的水平对中。

4.17.3　立式泵的底座

4.17.3.1　双壳体立式泵应采用钢质安装座板直接连接在外壳或筒体上。基础螺栓不应被用来紧固承压的法兰接头。最好但不强制采用单独的基础安装法兰。

4.17.3.2　单壳体立式泵应有制造商的标准安装布置。

4.17.3.3　如采购商有规定,每一驱动装置单元(驱动机和齿轮传动装置)至少应设置 4 个对中定位螺钉以便进行水平位置调整。

4.18　专用工具

　　任何由泵制造商/供货商专门设计的并且只供装配和拆卸泵用的工具必须由泵制造商/供货商提供。

5　材料

5.1　材料的选择

5.1.1　材料通常规定在数据表中。如果材料是由采购商选择的,但泵制造商/供货商认为别的材料更为合适,则应由制造商/供货商根据数据表上所规定的工作条件将这些材料作为替代材料提出。

　　采购商和制造商/供货商应商定用于危险性液体的材料。输送可燃性液体泵的承压零件不应使用无塑性材料。

　　对高温或低温应用场合(亦即高于 175 ℃或低于－10 ℃),泵制造商/供货商还应适当考虑泵的机械设计。有关密封用材料见 4.13.3.3。

5.1.2　投标书中应对材料标出适用的材料标准代号(参见表 E.1)。如无这样的标准代号可用,应将制造商/供货商的材料规范列在投标书中,并给出材料的物理性能、化学成分和试验要求。

5.1.3　制造商/供货商应规定为保证材料满足使用要求所必需的选定试验和检验项目。投标书中应列出这样的试验和检验项目。采购商也应考虑规定附加的试验和检验项目,特别是对关键的使用场合。

5.1.4　泵的材料应按下列 a)～c)加以分类:

　　a)　双壳体泵的外层压力壳零件材料应是碳钢或合金钢;

　　b)　输送可燃或有毒液体泵的压力壳零件材料应为碳钢或合金钢;

　　c)　其他使用场合可用铸铁或其他材料结构。

5.1.5　如奥氏体不锈钢制成的零件要进行焊接组合、表面硬化、堆焊或焊补和承受原动流体或流程流体的作用,或处于会引起晶间腐蚀的环境条件下时,应采用低碳或稳定化的奥氏体不锈钢品种。

5.1.6 材料、铸件检验标准以及每一种焊接质量应符合有关的国家标准。

5.1.7 如采购商有规定,制造商/供货商应提供由供应材料的熔料(热态)取得的压力壳零件的化学和机械性能数据。

5.1.8 采购商应详细说明流程流体中以及环境中存在腐蚀的情况,包括含有可以引起应力腐蚀裂纹的成分。

5.1.9 没有标出材料标号的次要零件(螺母、弹簧、密封垫片、垫圈、键等)应具有与同样环境条件下已有规定的零件相当的耐腐蚀性。填料或机械密封区里的轴和轴套间的垫片或密封材料应由制造商/供货商进行检验证明满足使用条件。

5.1.10 如果使用由 18-8 不锈钢或具有类似咬合倾向的材料制成的配对零件(例如,螺柱和螺母),应先用一种适宜的防卡塞润滑剂将它们润滑后再进行装配。

5.1.11 暴露在湿 H_2S 气体(包括微量的)中使用的结构件如压力壳、驱动轴、平衡活塞、叶轮和连接螺栓应采用屈服强度超过 620 N/mm^2 或洛氏硬度超过 C22 的材料。对焊接组合件如有必要应进行消除内应力处理使焊缝和热灼伤区均能满足屈服强度和硬度要求。采购商应有责任详细说明介质中存在这类腐蚀剂的情况。

5.2 铸件

5.2.1 制造商/供货商应在数据表中规定铸件的材料牌号。

5.2.2 铸件应是优质的,无缩孔、砂眼、裂缝、铁鳞、气孔及类似有害缺陷。铸件表面应经喷砂、喷丸、酸洗或任何其他标准方法进行清洁处理。所有的铸模分箱飞边、浇冒口残留均应切除、锉平或磨平。

5.2.3 铸件中的铸造撑子应尽量少用。撑子应清洁无锈蚀(允许电镀),其成分应与铸件相容。

5.2.4 铁类和有色金属类压力壳铸件不得使用锤击、塞堵、熔融或浸注方法进行修补。如果材料规范准许对铸件进行焊补,则应按照该规范的规定进行补焊。除非另有规定,应当按照检查铸件所使用的相同质量标准检查焊补件的质量。

5.3 焊接

5.3.1 压力壳上的管路接头应按以下 a)～c)的规定进行安装:

a) 吸入和排出短管应采用全焊透焊缝焊接上。不允许进行不同金属的焊装。采购商应规定是否需要对短管焊缝进行磁粉探伤或着色渗透检查。

b) 焊接在合金钢壳体上的辅助管路应采用具有与壳体相同标称性能的材料或低碳奥氏体不锈钢。经采购商核准也可以采用与壳体材料和预定使用要求相容的其他材料。所有焊件均应按照有关材料标准进行热处理。如果做不到这点,则应按照有关材料规范在焊接时采取相宜的预防措施。焊接在壳体上的辅助管路末端应是法兰的,除非采购商规定要在现场对它进行焊接。

c) 如采购商有规定,在焊接之前,应将拟用的接头设计提交采购商核准。图纸上应表示出焊缝设计、尺寸、材料以及焊前和焊后热处理要求。

5.3.2 所有管路和压力壳零件的焊接均应由考核合格的操作人员按合格的工艺程序来完成。焊接资格要求应由各方商定。有关补焊的规定见 5.2.4。

5.4 材料检验

5.4.1 如有必要或如采购商有规定,应按照商定的国家标准进行各项材料试验(焊缝或材料的 X 射线照相、超声波、磁粉探伤或着色渗透检查)。

5.4.2 如采购商有规定,所有热处理和 X 射线照相(全部做出识别标记的)无论是在正常制造过程中所作的还是作为修补程序一部分而作的,其记录均应保存 5 年以备采购商审核。

5.4.3 如需要用 5.4.1 所规定的方法进行检验,采购商和制造商/供货商应商定缺陷的可接受程度。如果缺陷超过商定的限度,应按补焊之前通过附加检验所确定的将缺陷降低以符合商定的质量标准。

5.4.4 对工作温度—30 ℃以下的应用或如采购商规定了需在低环境温度下使用,各种钢在最低规定温度下的冲击强度应足以适合有关的最小韧性标准要求,对有关标准未涉及的材料和厚度,采购商应在数据表上规定要求。

6 工厂检查和试验

6.1 总则

6.1.1 采购商可以要求进行下述任一项或全部项目的检查和试验并且如有这样的要求,应将检查和试验项目规定在数据表中(参见附录 C)。这些检查和试验可以是见证的或书面证实的。见证检查和试验的读数记录表应由检查人员和制造商/供货商代表签字。检查证明书应由制造商/供货商的代表发给。

6.1.2 如规定要进行检查,应准许采购商的检查人员进入制造商/供货商的工厂并给予必要的方便和资料,使其能圆满地完成检查。

制造商/供货商应保存一份完整而详细的,各种最终试验的清单并应备齐必需份数的复制件,清单中应包括被确认是正确无误的试验曲线和数据。制造商/供货商应在采购商检查之前完成所有各项运转试验和机械检查。

6.1.3 对工厂试验的验收,并不代表可以解除保证泵在规定工作条件下的性能方面对制造商/供货商的要求。而检查本身也不会减轻制造商/供货商所负有的任何责任。

6.2 检查

6.2.1 为尽量减轻采购商的检查工作,可规定制造商/供货商有责任向检查人员提供所有规定的材料合格证,以及证实技术条件的要求和合同得到满足的工厂试验数据。

6.2.2 如采购商规定了要进行工厂检查,除非另有商定,所有的承压零件表面均应待检查完成后再进行涂漆。

6.2.3 如采购商规定了要进行工厂检查,可以要求举行采购商和制造商/供货商会议,以协调制造见证点和检查人员的来访。

6.2.4 可以要求进行下列几种检查:

    a) 装配前零部件检查;

    b) 试验运转后内部检查;

    c) 安装尺寸;

    d) 辅助管路和其他附件;

    e) 铭牌信息核实(见 4.15.2)。

6.3 试验

6.3.1 总则

6.3.1.1 采购商应规定他要求参与试验的程度:

    a) "见证试验"即是须在生产计划表中排定一个见证点,并在有采购商参加的情况下进行试验。通常这意味需要作双重试验。

b) "观察试验"即是需要向采购商预先通知试验时间安排的一种试验。然而试验是按计划排定的时间进行的,而且如果采购商未如期到场,制造商/供货商可以继续进行下步作业。因为只安排一次试验,采购商应预计会在工厂停留比见证试验长的时间。

6.3.1.2 通常立式泵应以完整的组装件进行试验。对只装上叶轮和导流壳的泵进行的试验不能予以验收。如果由于泵的长度缘故实现不了整个组装件试验,泵制造商/供货商应随投标书提交变通试验方法。

6.3.1.3 采购商应规定是否需要对泵进行以下 a)~f)规定的任一项试验:

a) 如 6.3.3 所述的水压试验;

b) 如 6.3.4 所述的性能试验;

c) 如 6.3.5 所述的 NPSH 试验;

d) 如 6.2 所述的工厂检查;

e) 如不必满足 6.3.4.7 的要求,在运转试验后拆开、检查和重新装配输液端;

f) 这里未列举或未规定的其他试验,以及在询价单和订单中加以完整叙述的其他类型检查。

此外,采购商还应规定这些试验是见证试验还是观察试验。

6.3.2 材料试验

如采购商要求,可以得到下列几种检验证明书:

a) 化学成分:根据制造商/供货商的标准技术规范或每次熔料的取样化验;

b) 机械性能:根据制造商/供货商的标准技术规范或每次熔料和每次热处理的取样试验;

c) 如适用,晶间腐蚀的敏感性;

d) 无损检验,例如渗漏、超声波、着色渗透、磁粉探伤、X 射线照相、光谱检验。

6.3.3 水压试验

6.3.3.1 每一压力壳(如 3.31 所定义的)均应按照以下 a)~c)规定的标准以环境温度下(对碳钢最低为15 ℃)的清水进行水压试验:

a) 径向和轴向剖分壳体(所有材料)应以至少是最大允许工作压力 1.5 倍的压力进行试验;

b) 双壳体泵、卧式多级泵,以及经采购商核准的其他特殊设计的泵,可以以适当的吸入压力分段进行试验;

c) 辅助设备,包括受到泵输流体作用的管路应以至少是最大允许工作压力 1.5 倍的压力进行试验;

除非是在高温下进行水压试验,否则即使经受试验的零件,是在对应材料强度较室温下的该材料强度低的温度下工作的,水压试验的压力仍应是室温下的最大允许壳体压力的 1.5 倍。数据表应列出实际水压试验的压力。

6.3.3.2 轴承、填料函、支座、油冷却器等的冷却通道和夹套应以它们最大允许工作压力 1.5 倍,但最小为 0.3 MPa 的试验压力进行试验。

6.3.3.3 试验应持续一段足够长的时间以便可以全面地检查受压状态下的零件。如果在最少为30 min的时间内,没有观察到壳体或壳体连接处有任何渗出或泄漏,即可认为水压试验结果满意。对大而重的壳体可以要求更长些试验时间,应由制造商/供货商和采购商共同商定。允许存在经过内部隔板(它是试验分段的壳体及开动试压泵以保持压力所需要的)的泄漏。

6.3.3.4 如果规定了要对装配好的整台泵进行任何水压试验,应避免如填料密封、机械密封等这类辅助附配件发生过度应变。

6.3.4 性能试验

6.3.4.1 除非另有规定,制造商/供货商应在工厂里对泵进行足够长时间的试验运转,以得出包括扬程、流量和功率在内的至少有 5 个性能点的完整试验数据。这 5 个数据点须经采购商和制造商/供货商商议确定,但通常是取零流量、最小连续稳定流量、介于最小流量和额定流量之间的流量、额定流量和 110%额定流量这 5 点。

6.3.4.2 采购商和制造商/供货商应商定非清洁冷水试验液体和特殊工作条件(例如高入口压力)下的性能换算方法。

6.3.4.3 如果存在任何严重超载可能性,则不可以使用采购商的驱动机进行泵的工厂试验。

6.3.4.4 如泵的密封及密封元件与水相容,泵应装上全部密封进行试验。使用双重密封或串联密封的石油用泵,应在它的两个密封之间供入清洁的烃油密封流体或清水。

6.3.4.5 工厂试验时泵的运转应无任何轴承过度发热或其他显示不良运转状态的迹象,例如汽蚀引起的噪声。

6.3.4.6 如果工厂试验后需要拆开泵只是为了车削叶轮以符合扬程容差,则对型式数 $k \leqslant 1.5$(型式数 k 的定义见 GB/T 3216)泵不需要重新试验,除非扬程降低值超过 8%。工厂试验时的叶轮直径连同最终叶轮直径应一起记录在经确认的工厂试验性能曲线图上,该曲线图上画有试验的工作特性曲线和车小叶轮直径后计算的特性曲线。

6.3.4.7 如果是因为要作某些其他修正,例如改善效率、NPSH 或机械运转状况而必须将泵拆开,则最初的试验结果即不能适用,而应在完成这些修正之后再进行最终工厂试验。

6.3.4.8 水力性能试验应按照 GB/T 3216 进行。

6.3.4.9 如果购货订单上有规定,在进行性能试验时还应附加检查振动(见 4.3.2)、轴承温度和密封泄漏的情况。

6.3.4.10 如果要求作噪声试验,应按照 GB/T 3767 和 JB/T 8098 或根据采购商和制造商/供货商间的协议执行。

6.3.5 NPSH 试验

6.3.5.1 一般应取下述 4 个流量点的 NPSHR 数据:最小连续稳定流量、介于最小流量和额定流量之间的流量、额定流量和 110%额定流量。

6.3.5.2 最好是用闭式回路试验 NPSH,如双方同意也可以用吸入阀节流或改变入口液位的方法。

6.3.5.3 NPSH 试验应按 GB/T 3216 进行。

6.4 最终检查

必须进行一次最终检查,按照购货订单查对供货范围是否正确齐全,包括查对零部件标识、涂漆和防锈处理以及文件交付情况。

7 发运准备

7.1 总则

7.1.1 在完成设备的全部试验和检查并通过采购商验收之后即可准备发运。

7.1.2 3 级或 3 级以上的多级泵在工厂运转试验之后应拆开进行检查,所有内部零件如果不是由耐腐蚀材料制成的应涂上合适的防锈剂再进行装配,单级和两级泵在工厂运转试验之后不必再拆开,只要所有内部零件都是涂上合适的防锈剂的并将泵(包括填料函)完全放空和干燥即行。除非尺寸和外形不适合,否则所有的泵均应是完全装配好的进行发运。在这样的情况下,制造商/供货商必须提供足够的装配用资料。

7.1.3 设备应根据规定的运输方式作好相应的准备。发运准备工作应使设备能适合从装运之日起为期 6 个月的室外贮存要求,即在此期限内,设备除了检查轴承和密封外,不需再作任何拆卸即可投入使用。如果采购商打算贮存更长些时间,一定要同制造商/供货商商量有关应遵循的推荐保管方法。

7.2 轴封

如果没有另外的商定,则:

a) 软填料应单独装运,供在现场安装。这种情况下,"填料函未装填料"的警告标签应牢固地附着在泵上。

b) 机械密封和密封端盖应安装在泵里发运,并且应是清洁、有润滑的(如有必要)和作好首次使用准备的。

7.3 运输和贮存的准备

7.3.1 装运之前应将所有用不耐环境腐蚀的材料制成的内部零件中的积液放空,并用去水防锈剂进行防锈处理。

7.3.2 所有受大气腐蚀的外露表面,除了机械加工表面以外,均应涂上一层制造商/供货商的标准油漆或按照规定加面层。对立式泵的看不见的表面,不论是否沉没在液下,其保护方法须由制造商/供货商和采购商共同商定。

7.3.3 所有外露的机械加工表面均应涂以合适的防锈涂料。

7.3.4 轴承和轴承箱应使用与润滑剂相容的防锈油加以保护。"启动之前须向油润滑轴承箱内注油至合适的油位"的警告标签应牢固地附着在泵上。

7.3.5 有关防锈剂及其去除方法的说明应牢固地附着在泵上。

7.3.6 为使设备在到达工作现场后至启动前这段期间内保持贮存准备措施的完好,制造商/供货商应向采购商提供必要的说明。

7.4 运输过程中旋转件的固定

为避免轴承在运输过程中因振动而遭损坏,应根据运输的方式和距离,以及转子的质量和轴承设计,按不同要求对旋转零部件进行固定。此种情况下,应牢固地附上警告标签。

7.5 孔口

所有通向压力室的孔口应装上耐风雨侵蚀的封堵件,封堵件应坚实,足以经受住意外损坏(另见 4.5.3)。夹套封堵件不能起承压作用。

7.6 管路和管路附件

必须采取各种防护措施,保证小管路及管路附件不会在运输和贮存过程中遭受损坏。

7.7 标识

泵和所有随泵供应的散装零部件,应标上规定的识别号,标识应清晰易辨认和耐久。

7.8 安装说明书

应封装一份制造商/供货商的标准安装说明书复制件随泵发运。

8 责任

8.1 设备零部件的制造商/供货商对设计、制造质量和提供无缺陷的材料负责。

8.2 设备制造商/供货商对设备在数据表中所规定的所有各种工作条件下具有满意性能负责。

8.3 采购商对正确规定数据表中的工作条件负责。

8.4 采购商对设备的贮存、安装、运行和维护负责。

注：由采购商决定或需由采购商和制造商/供货商共同商定的内容，参见附录 J。

附　录　A
（资料性附录）
询价单、投标书、购货订单

A.1　询价单

询价单应包括填完标▶技术信息的数据表。

A.2　投标书

投标书应包括下列技术信息：
——填完标"×"信息的数据表；
——初步设计外形图；
——典型装配图；
——特性曲线。

A.3　购货订单

购货订单应包括下列技术信息：
——填完的数据表；
——必需的文件。

附 录 B
（资料性附录）
订货之后的文件提供

B.1 应在商定的时间按商定的份数向采购商提供下列经审查合格的文件复制件。任何特殊形式或类型文件的提供应是协议的内容。

B.2 通常提供的文件应包括：

——数据表；

——标有尺寸的外形图；

——使用说明书，包括有关安装、试运转（为首次启动准备）、运行、停机、维护（检查、保养和维修）方面的说明，包括附有零件明细表、运转间隙等的装配图，以及必要时还有针对特定工作条件的专门说明；

——性能曲线；

——备件明细表。

B.3 提供的文件须清楚地标出以下识别号：

——项目号；

——购货订单号；

——制造商/供货商订货号。

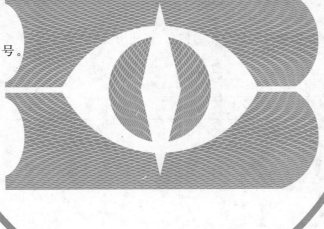

附　录　C
（资料性附录）
离心泵——数据表

如有要求或需要使用数据表,下述离心泵数据表适用于:

——采购商询价、订货和合同处理;

——制造商/供货商投标和制造。

部件的技术要求按照本标准的规定。

设备的各个组成部分的技术规范应依照本标准。

为使书写或打字有较大的空间,数据表可以扩大和分成两页,但在所有情况下行号必须与标准数据表一致。

填写数据表说明:

——需要的信息须在适合的栏内用十字叉(×)标明;

——标有▶记号的行应由采购商询价时填写;

——空白栏可用来简述需求的信息,也可用于填写修改标志表示已插入了信息或已对信息作了修改;

——为便于传递指定的行和栏位中的信息,可利用下列表解。

三栏行

		第1栏		第2栏		第3栏	
29	×		×		×		29
	示例:	第29/2行 栏号 行号					

二栏行

		第1栏		第2栏	
55	×		×		55
	示例:	第55/1行 行号 栏号			

一栏行

7	×		7
	示例:	第7行 行号	

下面对那些被认为不是普遍能理解的专用术语给出较为详细的解释(见表 C.1)。

表 C.1　个别术语的说明

行	术　语	说　明
1/1 2/1	装置	装置类型、安装、运行、建筑或其他方面特点
1/2	使用	工作任务,例如:锅炉给水泵、废水泵、消防水泵、循环水泵、回流泵等
2/2	技术条件类别	例如:GB/T 16907
3/2 4/2	驱动机	如果不是直接驱动,须用"附注"给出有关信息
5/1 6/1	采购商	公司名称
5/2 6/2	制造商/供货商	公司名称
7	现场条件	例如户外或室内安装,其他环境条件
8/1	液体	流体的一种相当准确的名称。当流体是混合物时,应用"附注"给出成分分析
8/3	额定/正常流量时有效 NPSH	规定有效 NPSH 时,可能需要考虑非正常工作条件
9/1	固体物含量	流体中固体物成分连同其颗粒大小、颗粒数量(以液体的质量分数表示)、颗粒形状(球形、立方形、椭圆体形)和固体物密度(kg/dm^3)以及其他特殊性质(如磁性固体物的成团趋向)一起用"附注"加以说明
10/1	腐蚀剂	液体的腐蚀性物质成分
12/2	入口表压	工作时的最高入口压力,例如,由于液位改变、系统压力改变等引起的
13/3	最大泵轴功率	额定叶轮直径、规定的密度、黏度和转速时的泵的最大功率需求
14/3	最大泵轴功率	最大叶轮直径、规定的密度、黏度和转速时的泵的最大轴功率需求
15/3	驱动机额定输出功率	确定此值时须考虑: 　　a)　泵的功能和工作方式; 　　b)　性能曲线上工作点的位置; 　　c)　轴封处摩擦损失; 　　d)　机械密封循环流量; 　　e)　介质性质(固体物含量、密度、黏度)
16/1	危险性	例如:易燃性、有毒、有气味、腐蚀性、放射性
16/2	额定扬程曲线最大值	安装的叶轮直径下最大扬程
20/2	减少推力方法	例如:轴向止推轴承、平衡盘/平衡鼓、平衡孔、对置叶轮
21/2	径向轴承	包括内部间隙大小
22/2	止推轴承	包括内部间隙大小
23/2	润滑/供油方式	润滑剂种类,例如油、压力油、润滑脂等 例如油泵、润滑脂泵、油位调节器、润滑脂杯、带观察孔的量油杆等
24/1	叶轮	叶轮形式,例如闭式、开式、单流道式
24/2	轴封	使用附录 H 的合适标识

表 C.1（续）

行	术　语	说　明
26/2	轴封	对机械密封： ——型式：平衡型(B)；不平衡型(U)；波纹管型(Z)； ——尺寸：以穿过静环的轴直径为基准的轴或轴套公称直径，以 mm 计（例如 GB/T 5661） 对填料函： ——尺寸：按 GB/T 5661 的密封腔直径
26/3	设计压力	是指辅助管路系统（管路、冷却器等）的设计压力
27/3	试验压力	指辅助管路系统（管路、冷却器等）
33/1	泵体支承	例如：轴中心线支承、底脚支承、轴承托架支承
34/1	泵体剖分	相对于轴而言的轴向、径向剖分
35/3～ 36/3	驱动机	对于更多的信息，可用单独的数据表或在"附注"的空白处说明
44/2～ 49/2	机械密封	使用附录 E 的机械密封元件材料代码
46/2～ 47/2	机械密封	例如：O 形圆
50～52	试验	准备进行各种试验的公司或委托机构，例如采购商及依照什么标准(51)和委托目睹证实试验的机构名称(52)

表 C.2 离心泵——数据表

	项目		单位			序号
1	▼	装置		使用		1
2				技术条件类别		2
3	工作	需要数量		驱动机	型号规格	3
4	备用				类别	4
5	采购	询价单号	制造商	制造编号	投标书编号	日期	5
6		订单号		家编号	合同号	日期	6
7	现场条件			制造商/供货商		7
	液体	▼		工作条件	额定/正常流量时 NPSH	可用 m	
						必需 m	
8	▼		m³/h	流量	额定	8
9	▼	固体物含量(质量分数)	%		正常最大 m³/h	泵额定转速 r/min	9
10	▼	腐蚀剂			最小必需/许可	额定叶轮直径下 kW	10
11	▼	磨蚀剂		入口表压	额定 MPa	泵轴功率 额定叶轮直径下 kW	11
12	▼	工作温度(O.T)	℃		最高 MPa	最大泵 最大叶轮直径下 kW	12
13	▼	工作温度下的密度	kg/dm³	出口表压	额定 MPa	轴功率 kW	13
14	▼	工作温度下的运动黏度	mm²/s		最高 MPa	驱动机额定输出功率 kW	14
15	▼	工作温度下的汽化压力(绝压)	MPa	差压/额定	MPa		15
16	▼	危险性		额定扬程曲线最大值	m	自吸 是,否	16
		结构特征		密封环/耐磨板	mm		
17	▼	基本设计压力 泵	MPa	轴瓦	mm	冷却(C),串联(S)	C H	17
18		额定压力 辅助管件	MPa在 ℃	总间		加热(H),并联(P)	S P	18
19			MPa在 ℃	隙	mm	泵体	19

表 C.2（续）

序号	项目	内容	单位
20	试验压力		MPa
21	级数		
22	叶轮 额定直径/安装直径		mm
23	叶轮 最大直径/最小直径		mm
24	型式		
25	转向（从泵驱动端看）	泵 顺时针/逆时针 驱动机 顺时针/逆时针	
26	入口法兰	位置 / 尺寸 / 压力等级和法兰表面加工	
27	出口法兰	位置 / 尺寸	
28	放气孔，加工出螺纹		
29	放液孔，加工出螺纹		
30	泵体支撑		
31	泵体剖分	径向/轴向	
32	含驱动机的总重量（大约）		kg
33	涡壳式/导叶式		
34	单流/双流/多流		

减少推力方法
- 径向轴承
- 推力轴承
- 润滑/供油方式

轴承
- 油冷却器
- 密封室
- 密封循环冷却器
- 密封座

装置型式
- 制造厂家 型号/规格

支座

设计压力 MPa

试验压力 MPa

轴封
- 极限压力 MPa
- 静压力 MPa
- 动压力 MPa
- 温度 ℃

作用流体 L/h ℃
- 外部供给
- 冷却
- 加热

电气 V 相 Hz

密封管路系统
- 配置
- 供货者

入口/出口 MPa

附件

序号	项目	内容	单位
35	联轴器防护罩供货者		
36	联轴器 制造厂家 / 型号、规格 / 供货者		mm
37	辅助管路供货者 加长段长度		mm
38	地脚螺栓供货者 供货者		

驱动机 供

底座 泵/驱动装置、驱动机

类型 独立式、灌浆/不灌浆

表 C.2（续）

材料

序号	名称			名称		
39	泵体			轴套		
40	外部联接螺栓			喉部衬套	密封端盖	
41	泵体垫				节流衬套	
42	叶轮	叶轮		机械密封	旋转环	泵侧
43	密封环	叶轮				大气侧
44	密封环	泵体			静环	
45	耐磨板/衬层				辅助密封	
46	轴				弹簧	
47	壳体衬里				其他金属零件	
48	轴承箱接体			填料函	填料压盖	
49	轴承箱				填料	
					填料环	
				联轴器	联轴器体/加长段	
					弹性元件	
					防护罩	
				底座		
				油漆		

试验

序号	名称	水压	水力性能	NPSH
▶ 50	试验			
▶ 51	引用标准	材料		
52	执行见证试验单位			

文件提供

序号	名称	投标书		安装尺寸		
53	性能曲线号		图纸		管路系统	密封
54	使用说明书	试验				辅助系统
55	备件明细表号				装配	泵
56						轴封
57			检查			最终检查

注1：标有"▶"符号的行由采购商询价时填写；

注2：除汽化压力、差压力，其余所有压力均系表压。

a 如不适用，划掉；
b 从驱动机看泵；
c 从泵看驱动机。

第　张　共　张　审阅日期　　　　图号

附　录　D
（资料性附录）
峰值位移

图 D.1 所示为振幅、频率和振动速度之间的关系。

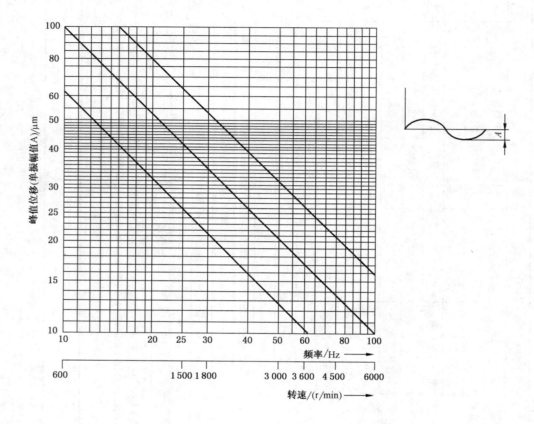

注 1：此图是指导性的，它表面在任一不连续频率下（而振动烈度的测量则覆盖一个频带）振幅与转速的关系。

注 2：均方根 rms 的定义见 GB/T 6075.1。

图 D.1　不同均方根速度下单振幅值 A 与转速的函数关系

附　录　E

（资料性附录）

离心泵零件的材料和材料规范

表 E.1 和表 E.2 分别给出了离心泵零件的材料和材料规范及机械密封元件材料代码。除非采购商有规定，表面硬化材料（钨铬钴合金、铬化硼系化合物、碳化钨等）应由制造商/供货商选用。

表 E.1　离心泵零件材料规范

材料	承压零件	锻件	棒材	螺栓和螺柱
铸铁	GB/T 9439	—	—	—
碳钢	GB/T 11352	ISO 683-1	ISO 683-1	—
铬钼钢	—	—	—	—
5%铬钢	ISO 683-13:1986	ISO 683-13:1986	a	a
12%铬钢	ISO 683-13:1986，钢种 4	ISO 683-13:1986，钢种 4	a	a
18-8 不锈钢	a	ISO 683-13:1986，钢种 11	a	GB/T 3098.6,A2
18-10-2.5 不锈钢	a	ISO 683-13:1986，钢种 20	a	GB/T 3098.6,A4
青铜	—	—	b	GB/T 25775
^a 相应的国际标准目前尚未发布。				
^b 按 ISO 9905:1994/Amd.1:2011 的规定删除。				

采购商也可根据国家标准规定材料。

表 E.2　机械密封元件材料代码

弹顶环端面和座环端面的配合面材料	辅助密封材料[a]	其他元件材料[b]（例如弹簧或波纹管，但密封端盖或轴套不在内）
烧结石墨 A=石墨，金属浸渍 B=石墨，树脂浸渍 C=其他石墨 **金属** D=碳钢 E=铬钢 F=铬镍钢 G=铬镍钼钢 K=硬涂层金属 M=镍基合金 N=青铜 P=铸铁 R=合金铸铁	**弹性体** P=丁腈橡胶 N=氯丁橡胶 B=丁基橡胶 E=乙丙橡胶（E/P 橡胶） S=硅橡胶 V=氟橡胶 K=高氟弹性体 X=其他弹性体 **非弹性体** T=聚四氟乙烯（PTFE） M=聚四氟乙烯/氟化乙丙烯 　　包覆（PTFE/FEP 包覆） A=压制浸渍石棉	 D=碳钢 E=铬钢 F=铬镍钢 G=铬镍钼钢 M=镍基合金 N=青铜 T=其他金属

表 E.2（续）

弹顶环端面和座环 端面的配合面材料	辅助密封材料[a]	其他元件材料[b]（例如弹簧或波纹 管,但密封端盖或轴套不在内）
S＝铬铸钢 T＝其他金属 **碳化物** U＝碳化钨 U_1＝碳化钨与钴粘结剂 U_2＝碳化钨与镍粘结剂 U_3＝碳化钨与镍铬钼粘结剂 Q＝碳化硅 Q_1＝无游离硅的碳化硅 Q_2＝有游离硅的碳化硅 Q_3＝有游离硅的碳化硅石墨复合物 Q_4＝渗硅碳 J＝其他碳化物 **金属氧化物** V＝氧化铝 W＝氧化铬 X＝其他金属氧化物 **合成材料** Y＝增强聚四氟乙烯 Y1＝玻璃纤维增强聚四氟乙烯 Y2＝石墨增强聚四氟乙烯 Z＝其他合成材料	G＝石墨薄片 Y＝其他非弹性体 **特殊情况** U＝异类辅助密封材料	

[a] 辅助密封是指密封轴对轴套的旋转元件或密封壳体对端盖的静止圈,它们也可以是波纹管。

[b] 详细情况可向机械密封制造商/供货商了解。

附　录　F
（资料性附录）
流体管接头标识代码

下列符号可以用于对泵文件（例如，图纸、说明书和类似的小册子）中或泵本身及其附件上的各种流体、管接头的标识。

标识代码由表F.1和表F.2中给出的两个字并排联合组成（例如：II＝注入流体入口）。如在一个文件中出现具有相同符号的几个管接头时，则需在符号后添加一个数字加以区别（例如：PM1＝压力测量1，PM2＝压力测量2）。

表F.1　测量装置管接头标识

代　码	种　类	代　码	种　类
F	流量	L	液位
P	压力	V	振动
T	温度	M	测量

表F.2　辅助装置管接头标识

代　码	种　类	代　码	种　类
F	流体	G	润滑
L	泄漏	E	平衡
B	阻隔（缓冲）	I	入口
I	注入	O	出口
C	循环	F	充注
Q	遏止	D	放液
K	冷却	V	放气
H	加热		

附　录　G

（规范性附录）

作用在短管上的外力和外力矩

G.1　总则

由管路负荷引起的作用在泵法兰上的力和力矩，可以导致泵和驱动机轴的不对中、泵壳的变形和过应力或泵和底座之间的紧固螺栓过应力。

本附录意在给制造商/供货商、安装承包者和泵的用户一种简单的方法，用来校核由泵的管路传递给泵的负荷仍是在允许的极限范围内。管路设计者计算的负荷（力和力矩），与（如本附录对各个泵族给出的）法兰上的最大允许值（是法兰尺寸和安装条件的函数）相比较。

注：此方法是在欧洲泵制造商委员会内进行的并得到管路专家支持的研究和试验结果的一部分。ISO正在制定关于这一题目的更为详细的国际标准 。

G.2　泵族的确定

根据泵的构造型式和最常用的工作条件已确定了一定数量的泵族。

各个泵族的特性见表 G.1（卧式泵）和表 G.2（立式泵）。

如果某些泵不具有表中提到的特性，制造商/供货商将能够把它们看作是类似于他选择的某一泵族，否则采购商和制造商/供货商须对每一特殊情况签订专门协议。

G.3　允许力和力矩值

G.3.1　每一泵族的最大允许力和力矩值是由基本值乘以被认为是最适合于该泵族的适当系数而确定的。

G.3.2　表 G.3 给出的基本值适用于每一种泵法兰，使用时应考虑随所研究的法兰而变的三条轴线的标识。

G.3.3　在最不利的构造型式情况下每一泵族的轴端位移量最大为 0.15mm。

G.3.4　表 G.3 内的基本值用于各有关泵族时应乘以表 G.4 或表 G.5 给出的相应系数。

G.3.5　表 G.3、表 G.4 和表 G.5 所列的值适用于表 G.1 和表 G.2 规定的材料。对其他材料，这些数值须加以修正，即按材料在适宜温度下的弹性模量比成比例地变化（参见 G.4.3）。

G.3.6　表中示值可以以各个方向上同时或分别为正值或负值应用于每个法兰（吸入和排出法兰）。

表 G.1 卧式泵族特性

泵族编号和泵级数	简 图	泵使用技术限制			材 料
		允许最高压力 MPa	允许最高温度 ℃	法兰公称通径 DN$_{max}$	
1 1级和2级		55	430	350	铸钢
2 1级和2级		55	430	350	铸钢
3 1级和2级		55	430	400	铸钢
4A 多级		25	110	150	铸铁
4B 多级		40	175	150	铸钢
5A 1级和2级		20	110	600	铸铁
5B 1级和2级		120	175	450	铸钢

表 G.1（续）

泵族编号 和泵级数	简　图	泵使用技术限制			材　料
		允许最高压力 MPa	允许最高温度 ℃	法兰公称通径 DN$_{max}$	
6 2 级		120	175	450	铸钢
7A 3 级～5 级		150	175	350	铸钢
7B 6 级～10 级					
7C 11 级～15 级					

表 G.2　立式泵族特性

泵族编号	简　图	泵使用技术限制			材　料
		允许最高压力 MPa	允许最高温度 ℃	法兰公称通径 DN	
10A[a,b]		吸入口沉没在液下			铸铁
		20	60	50～600	
10B[a,b]					铸钢
11A[a]					铸铁
		20	60	50～600	
11B[a]					铸钢

表 G.2（续）

泵族编号	简图	泵使用技术限制			材　料
		允许最高压力 MPa	允许最高温度 ℃	法兰公称通径 DN	
12Aª		30	0～100	40～350	铸铁
12Bª	吸入口沉没在液下	55	−45～250		铸钢
13Aª		30	0～100	40～350	铸铁
13Bª		55	−45～250		铸钢
14Aª		30	0～110	40～350	铸铁
14Bª		55	−45～250		铸钢
15Aª		30	0～110	40～350	铸铁
15Bª		55	−45～250		铸钢
16A		30	110	40～150	铸铁
16B			250	40～200	铸钢

表 G.2（续）

泵族编号	简 图	泵使用技术限制			材 料
		允许最高压力 MPa	允许最高温度 ℃	法兰公称通径 DN	
17A	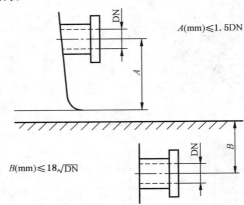	30	110	40～150	铸钢
17B			250	40～200	铸钢

注：对于允许负荷，焊接钢结构件可视同于铸钢件，只要它们具有相同壁厚、刚性结构。

a 表 G.3 和表 G.5 中 10～15 各泵族的允许力和力矩值仅适用于这样的场合，即受负荷作用的法兰的中心线之间的距离是在下面所述的范围内：

$A(\text{mm}) \leqslant 1.5\text{DN}$

$B(\text{mm}) \leqslant 18\sqrt{\text{DN}}$

b 对 10A 和 10B 族，给出的力和力矩值是基于假定排出弯管与驱动机座架（它本身又是整个泵机组的支承座）成一体的结构。如此配件是分开结构（分为两部分或更多部分）时，表 G.5 中所列的值须除以 2。

表 G.3　卧式泵和立式泵的力和力矩基本值

	公称通径[a] DN	力 daN				力矩 daN·m			
		F_Y	F_Z	F_X	$\sum F$	M_Y	M_Z	M_X	$\sum M$
卧式泵 顶短管 Z-轴	40	100	125	110	195	90	105	130	190
	50	135	165	150	260	100	115	140	205
	80	205	250	225	395	115	130	160	235
	100	270	335	300	525	125	145	175	260
	150	405	500	450	785	175	205	250	365
	200	540	670	600	1 045	230	265	325	480
	250	675	835	745	1 305	315	365	445	655
	300	805	1 000	895	1 565	430	495	605	890
	350	940	1 165	1 045	1 825	550	635	775	1 140
	400	1 075	1 330	1 195	2 085	690	795	970	1 430
	450	1 210	1 495	1 345	2 345	850	980	1 195	1 760
	500	1 345	1 660	1 495	2 605	1 025	1 180	1 445	2 130
	550	1 480	1 825	1 645	2 865	1 220	1 405	1 710	2 530
	600	1 615	1 990	1 795	3 125	1 440	1 660	2 020	2 990
卧式泵 侧短管 Y-轴 立式泵 与轴成90°的侧短管 Y-轴	40	125	100	110	195	90	105	130	190
	50	165	135	150	260	100	115	140	205
	80	250	205	225	395	115	130	160	235
	100	335	270	300	525	125	145	175	260
	150	500	405	450	785	175	205	250	365
	200	670	540	600	1 045	230	265	325	480
	250	835	675	745	1 305	315	365	445	655
	300	1 000	805	895	1 565	430	495	605	890
	350	1 165	940	1 045	1 825	550	635	775	1 140
	400	1 330	1 075	1 195	2 085	690	795	970	1 430
	450	1 495	1 210	1 345	2 345	850	980	1 195	1 760
	500	1 660	1 345	1 495	2 605	1 025	1 180	1 445	2 130
	550	1 825	1 480	1 645	2 865	1 220	1 405	1 710	2 530
	600	1 990	1 615	1 795	3 125	1 440	1 660	2 020	2 990
卧式泵 轴向短管 X-轴	40	110	100	125	195	90	105	130	190
	50	150	135	165	260	100	115	140	205
	80	225	205	250	395	115	130	160	235
	100	300	270	335	525	125	145	175	260
	150	450	405	500	785	175	205	250	365
	200	600	540	670	1 045	230	265	325	480
	250	745	675	835	1 305	315	365	445	655
	300	895	805	1 000	1 565	430	495	605	890
	350	1 045	940	1 165	1 825	550	635	775	1 140
	400	1 195	1 075	1 330	2 085	690	795	970	1 430
	450	1 345	1 210	1 495	2 345	850	980	1 195	1 760
	500	1 495	1 345	1 660	2 605	1 025	1 180	1 445	2 130
	550	1 645	1 480	1 825	2 865	1 220	1 405	1 710	2 530
	600	1 795	1 615	1 990	3 125	1 440	1 660	2 020	2 990

[a]　对公称通径 DN 大于 600 的法兰,其力和力矩值须由采购商和制造商/供货商协议确定。

表 G.4 确定卧式泵力和力矩实际值使用的系数

泵族编号	系 数	
	力	力 矩
1	0.85	$M_Y, M_Z, M_X(-500\ \text{N·m})\times 1$
2	0.85	$M_Y, M_Z, M_X(-500\ \text{N·m})\times 1$
3	1	1
4A	0.30	$\sum M(-500\ \text{N·m})\times 0.35$
4B	0.72	$\sum M(-500\ \text{N·m})\times 0.84$
5A	0.40	0.30
5B	1	1
6	1	1
7A	1	1
7B	1	0.75
7C	1	0.50

表 G.5 确定立式泵力和力矩实际值使用的系数

泵族编号	系 数	
	力	力 矩
10A[a]	0.3	0.3
10A[a]	0.6	0.6
11A	0.1	0.1
11B	0.2	0.2
12A	0.375	$M_Y, M_Z, M_X(-500\ \text{N·m})\times 0.5$
12B	0.75	$M_Y, M_Z, M_X(-500\ \text{N·m})\times 1$
13A	0.262	$M_Y, M_Z, M_X(-500\ \text{N·m})\times 0.35$
13B	0.525	$M_Y, M_Z, M_X(-500\ \text{N·m})\times 0.7$
14A	0.375	$M_Y, M_Z, M_X(-500\ \text{N·m})\times 0.5$
14B	0.75	$M_Y, M_Z, M_X(-500\ \text{N·m})\times 1$
15A	0.262	$M_Y, M_Z, M_X(-500\ \text{N·m})\times 0.35$
15B	0.525	$M_Y, M_Z, M_X(-500\ \text{N·m})\times 0.7$
16A	0.5	0.5
16B	1	1
17A	0.375	$M_Y, M_Z, M_X(-500\ \text{N·m})\times 0.5$
17B	0.75	$M_Y, M_Z, M_X(-500\ \text{N·m})\times 1$
[a] 表中系数是按最高工作压力 2 MPa 给出的,对比这低得多的压力(因而可以采用薄钢板焊接结构),系数须与压力成比例降低,直至最低 0.2。这是指极高比转速泵(例如轴流泵)的情况。		

G.4 附加可能因素

G.4.1 总则

基本值是针对标准座架泵和正常使用条件给出的。但如果管路设计原理需要，也有可能为用户提供一个基本值增量以简化管路系统的设计和施工。

G.4.1.1 卧式泵

对卧式泵有两类可能因素需要加以考虑：
a) 补强底座，这是制造商/供货商的责任；
b) 安装调整，这是用户的责任：
  1) 停用的泵作了或未作重新对中；
  2) 预加负荷。

G.4.1.2 立式泵

立式泵中只有 12 B、14 B、15 B、16 B 和 17 B 这几个泵族的泵可以利用这些附加可能因素。但下列可能因素不能利用：
a) 停用的泵作了或未作重新对中；
b) 补强或灌浆底座。
因此适用的附加可能因素为下列几种：
a) 管路预加负荷；
b) 使用加权公式或补偿公式；
c) 上述两种可能因素联合使用。
如果需要利用这些附加可能因素，采购商和制造商/供货商应预先达成协议。

G.4.2 加权公式或补偿公式

如果作用在法兰上的各个（应用）负荷不是全都达到最大允许值，则这些负荷之一可以超过正常限值，只要下列补充条件得到满足：
a) 力或力矩的任一分量须限制在 1.4 倍最大允许值以下；
b) 作用在每一法兰上的实际力和力矩由下式加以控制：

$$\left(\frac{\sum |F|_{计算}}{\sum |F|_{最大允许}}\right)^2 + \left(\frac{\sum |M|_{计算}}{\sum |M|_{最大允许}}\right)^2 \leqslant 2 \qquad \cdots\cdots\cdots\cdots\cdots\cdots (G.1)$$

式中总负荷 $\sum |F|$ 和 $\sum |M|$ 是泵的每个法兰（入口和出口）上负荷值的算术和（入口法兰＋出口法兰），不考虑它们的代数符号，对计算值和最大允许值均如此。

G.4.3 材料和温度的影响

在没有任何相反说明的情况下，所有的力和力矩值均是针对如表 G.1 和表 G.2 所示的泵族基本材料以及最高温度为 100 ℃给出的。
如温度高于此值以及使用其他材料，这些值应根据它们的弹性模量比作如下修正：

$$\frac{E_{t,m}}{E_{20,b}} \qquad \cdots\cdots\cdots\cdots\cdots\cdots\cdots\cdots (G.2)$$

式中：
$E_{20,b}$——基本材料在 20 ℃温度下的弹性模量；
$E_{t,m}$——选用材料在泵输温度下的弹性模量。

G.5 制造商/供货商和采购商的责任

制造商/供货商应向采购商指明所建议的设备属于哪一泵族。

双方应商定所要使用的底座类型(标准的、补强的、混凝土灌注在基础上的)。

采购商(或安装承包方、工程咨询方等)应计算在所有各种条件下(热态、冷态、停用状态、压力下)在视为被紧固的泵法兰位上施加于泵的负荷。

采购商应查明这些负荷值不超过与选择的泵相适合的表中给出的限值。如超过限值,则必须或是修改管路使负荷降低,或是选择能经受住更大负荷的另一种泵型。

G.6 若干实际考虑问题

G.6.1 泵不是管路系统中一个静止组成部分而是一种精密机械,它的内部有以最小间隙高速旋转的运动部件以及如机械密封这种高精度密封元件。因此,只要可能,使负荷保持在本附录认可的最大限值以内是十分重要的。

G.6.2 本附录是由制造商/供货商和用户为了他们的共同最佳利益基于协商一致联合制定的,因此有必要指出下列建议:

a) 必须精心地进行泵——驱动机联轴器的最初对中(千分表指示的不同轴度在 5/100~7/100 范围内),并应按泵或联轴器制造商的使用说明书指示定期进行检查。

b) 使用有两个活节连接点加长段的加长联轴器始终是更为可取,特别是对大的泵机组和/或系统涉及温度超过 250 ℃的流体时。

c) 管路接头在最初安装时必须严格按照现行安装规程和遵照泵制造商/供货商或管路系统设计方提供的说明书指示来进行。建议每当有可能部分或整个拆卸泵机组时即进行一次检查。

d) 根据涉及的泵的型式以及使用时的温度,在某些情况下,联轴器的最初对中必须在比环境温度高的温度下进行。

如果采取这种解决方法,制造商/供货商和用户就必须十分严格地规定装配条件和联轴器对中性。

G.6.3 立式泵,除了整体的"管道"型外,其特点是有长的或相当长的传动轴,在由每隔一定间距设置的多个套筒轴承支承下旋转,轴承常常采用泵输液体润滑。因此整个旋转组装件的运转平稳性将取决于良好的对中性。这只有当施加于泵法兰上的外部负荷不会引起超过制造商/供货商允许的变形时才有可能得到保证。

这就是为什么在考虑了立式泵设计的固有特性和它们对不对中的敏感性之后本标准将立式泵法兰上的力和力矩值限制在小于卧式泵允许值的水平上的原因。

此外,对于立式泵,目视估定联轴器部位的变形也不像卧式泵那么容易,因为立式泵的电机及其机座常常是紧靠泵的上部相连接。事实上这样的变形只有相对空间某一固定点才能加以证实。由于难以进行核查,因此用户最好是严格遵照制造商/供货商提出的建议执行。

法兰上的负荷过大除了影响泵的良好工作和/或可靠性外,通常还引起:

a) 振动幅度大于正常水平;

b) 难以用手盘动停着的泵(工作温度下)的转子,而根据转子的质量本是可以用手盘动的。

附　录　H
（资料性附录）
密封配置示例

下列图中所示是各种密封配置的原理而非它们的结构详图。

H.1　软填料[1]（P）

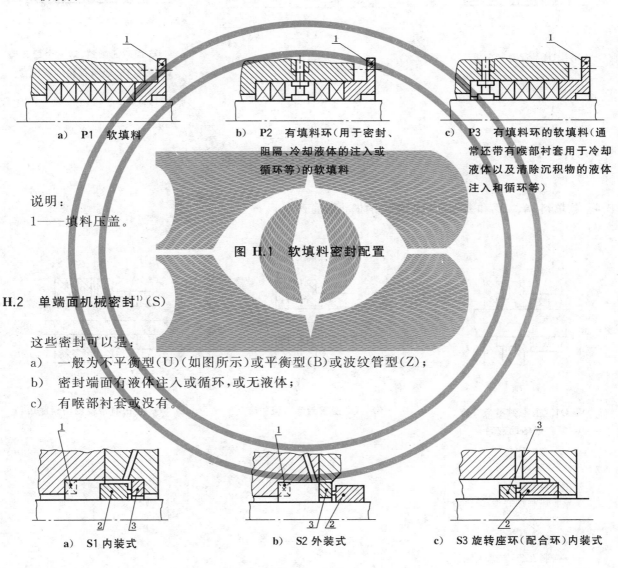

a）　P1　软填料

b）　P2　有填料环（用于密封、
阻隔、冷却液体的注入或
循环等）的软填料

c）　P3　有填料环的软填料（通
常还带有喉部衬套用于冷却
液体以及清除沉积物的液体
注入和循环等）

说明：

1——填料压盖。

图 H.1　软填料密封配置

H.2　单端面机械密封[1]（S）

这些密封可以是：

a）　一般为不平衡型（U）（如图所示）或平衡型（B）或波纹管型（Z）；

b）　密封端面有液体注入或循环，或无液体；

c）　有喉部衬套或没有。

a）　S1　内装式

b）　S2　外装式

c）　S3　旋转座环（配合环）内装式

说明：

1——喉部衬套；

2——弹顶环；

3——座环。

图 H.2　单端面机械密封配置

---

1)　图的左侧表示泵侧,右侧表示大气侧。

H.3 双端面机械密封[1]（D）

这些密封可以是其中任一个或两个都是不平衡型（如图中所示）或平衡型的。

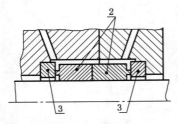

a） D1 背对背配置

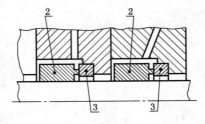

b） D2 串联配置

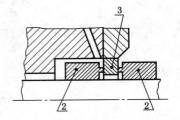

c） D3 面对面配置[对一个旋转座环（配合环）也可采用同样配置]

说明：
2——弹顶环；
3——座环。

图 H.3 双端面机械密封配置

H.4 软填料、单端面和多端面机械密封的遏止装置（Q）

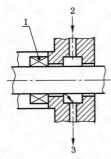

a） Q1 主密封不带节流衬套或辅助密封

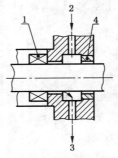

b） Q2 主密封带节流衬套

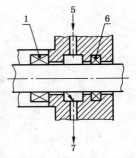

c） Q3 主密封带辅助密封或填料

说明：
1——主密封；
2——非强制性急冷-熄灭流体；
3——泄漏液；
4——节流衬套；
5——强制性急冷-熄灭流体；
6——辅助密封；
7——泄漏液和急冷-熄灭流体。

图 H.4 机械密封的遏止装置

----

[1] 图的左侧表示泵侧，右侧表示大气侧。

附　录　I
（资料性附录）
密封管路系统配置

下列各图中所示是管路系统配置原理图而非它们的结构详图。

I.1　基本管路系统配置形式及适用的密封型式

表 I.1　管路系统配置及密封型式

基本配置			适　用　于			
标识代码	示　图	说　明	软填料 P	单端面机械密封 S	多端面机械密封 D	遏止装置 Q
00	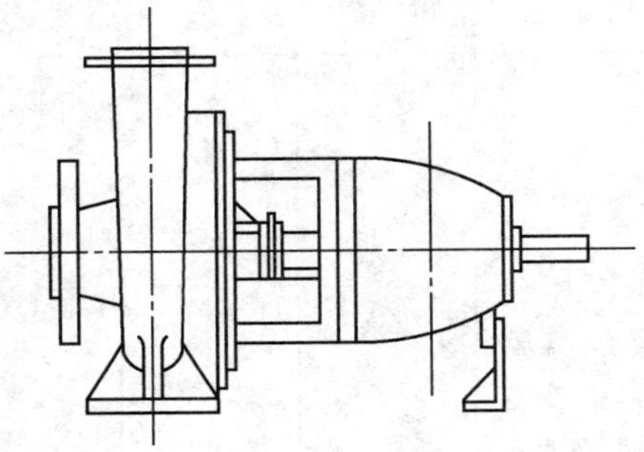	无管路系统，无循环	×	×		
01		无管路系统，内部循环	×	×		
02	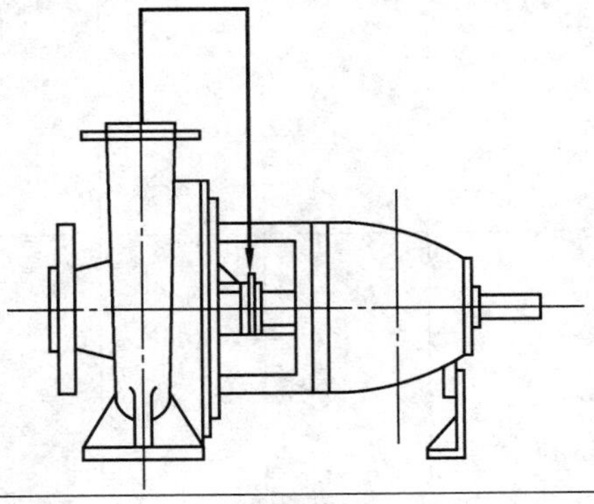	循环流体从泵出口至密封腔（内部返回）	×	×		
03	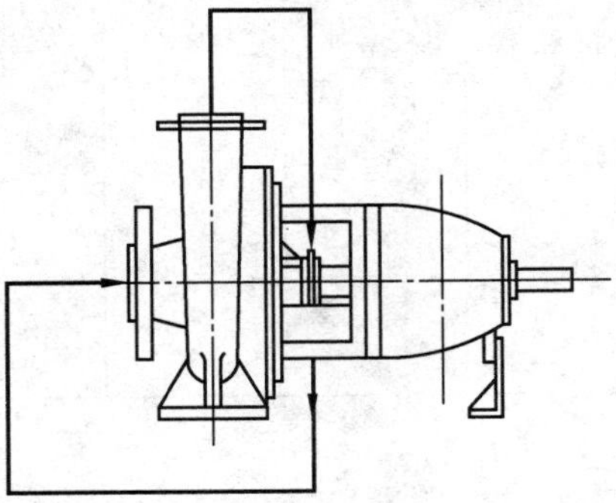	循环流体从泵出口至密封腔再返回泵入口	×	×		

143

表 I.1（续）

基本配置			适 用 于			
标识代码	示　图	说　明	软填料 P	单端面机械密封 S	多端面机械密封 D	遏止装置 Q
04		循环流体经旋液分离器分离（由内部返回），污液管路通至泵入口	×	×		
05		循环流体经旋液分离器分离；污液管路通至下水道	×	×		
06		循环流体藉泵吸装置由密封腔经换热器再返回至密封腔		×		

表 I.1（续）

基本配置			适 用 于			
标识代码	示 图	说 明	软填料 P	单端面机械密封 S	多端面机械密封 D	遏止装置 Q
07		内部循环流体通至密封处后返回至泵入口	×	×		
08		从外部流体源来的流体 a) 通至密封腔并流入泵内; b) 通至遏止装置	×	×	×	×
09		外部流体（如注入流体阻隔液）通至密封腔或遏止装置,流出至外部系统	×	×	×	×

表 I.1（续）

基本配置			适 用 于			
标识代码	示 图	说 明	软填料 P	单端面机械密封 S	多端面机械密封 D	遏止装置 Q
10		由高位贮罐供给阻隔流体或遏止流体藉热虹吸管或泵吸装置实现循环			×	×
11		由压力罐供给阻隔流体或遏止流体藉热虹吸管或泵吸装置实现循环			×	×
12		由压力罐供给阻隔液藉热虹吸管或泵吸装置实现循环；压力罐的增压是利用泵排出液体通过增压装置（例如带隔膜罐）实现			×	

表 I.1（续）

基本配置			适 用 于			
标识代码	示 图	说 明	软填料 P	单端面机械密封 S	多端面机械密封 D	遏止装置 Q
13		由高位贮罐供给阻隔流体或遏止流体	×			×

I.2 密封管路系统配置的标识

密封管路配置的标识由两部分组成,即表示密封配置型式的一个大写字母(P,S,D,Q)和一个数字(1,2,3,参见附录 H)以及表示基本管路配置的标识代码(01,02,03 等,参见 I.1)(它不代表密封腔的位置),中间用句号连接。

如管路系统连接有附件,用它们的数字代码(参见 I.3)表示。代码排列顺序与附件在系统中沿液流方向配置的顺序相一致。

当液流的起点和终点均在密封腔时(闭循环),代码仍按同样顺序排列。

对始于密封腔之前又续于密封腔之后的管路系统配置,密封腔在其中的位置用一破折号代表。

允许将不同的管路配置与不同的密封配置相结合。此时管路配置的标识顺序应与密封配置的标识顺序一致,从泵侧开始(参见标识示例 5 和示例 8)。

当某一种附件是泵或另一种附件的一个组成部分或装在它们的内部时,其代码应用括号括起。

I.3 关于密封管路附件的说明

注:ISO/TC 10 技术制图技术委员会和 ISO/TC 145 图形符号技术委员会对附件符号标准已在考虑之中,有关的参考标准列在"附注"栏中。

表 I.2 密封管路附件图形符号

标识代码	符 号	名 称	附 注
10		阀	
11		截止阀	GB/T 20063.6
12		控制压力或流量的手动调节阀	

表 I.2（续）

标识代码	符 号	名 称	附 注
13		自动调节阀	GB/T 20063.6
14		压力自动调节阀	
15		电磁阀	GB/T 20063.6
16		止回阀	
17		安全阀	
20		孔板	
21		不可调节孔板	
22		控制流量和压力的可调节孔板	
30		精粗过滤器	
31		粗过滤器	
32		过滤器	GB/T 20063.5
40		指示仪表	
41		压力计	
42		温度计	GB/T 786.1

表 I.2（续）

标识代码	符 号	名 称	附 注
43		流量计	GB/T 20063.6
44		液位计	GB/T 20063.6
50		开关	
51	PS	压力开关	
52	LS	液位开关	
53	FS	流量开关	
54	TS	温度开关	
60		器件	
61		旋液分离器	
62		污液管线装有手动调节阀的旋液分离器	
63		换热器	GB/T 16273.2
64		贮液罐	GB/T 20063.6

表 I.2（续）

标识代码	符 号	名 称	附 注
65		带隔膜贮液罐	
66		带增压器贮液罐	
67	注入	带液体注入补给装置的贮液罐	
68		循环泵	GB/T 16273.2
69	M	电动机	
70		冷却盘管	
71		槽式电热器	

I.4 标识示例

表 I.3 密封管路配置标识

序 号	示 图	标 识	说 明

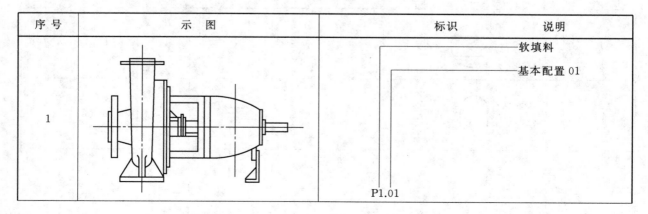

表 I.3（续）

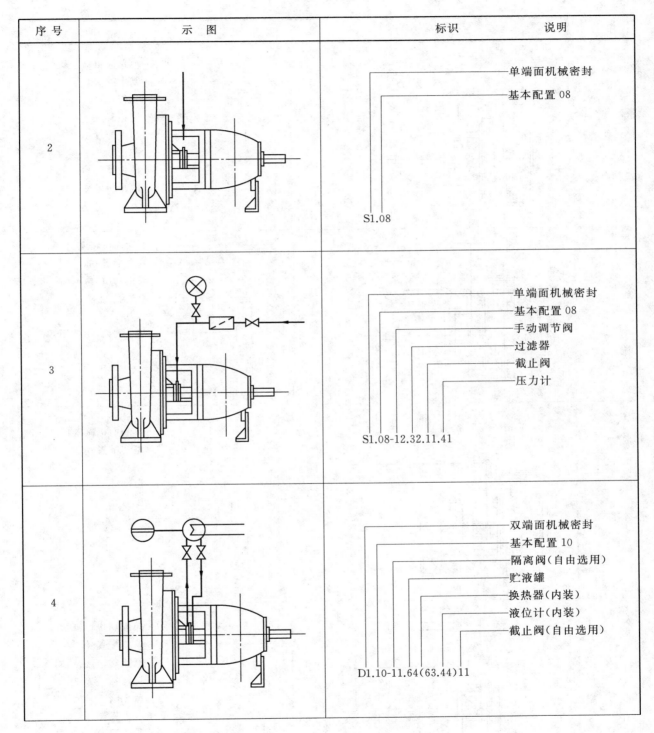

序 号	示　图	标识　　说明
2		单端面机械密封 基本配置 08 S1.08
3		单端面机械密封 基本配置 08 手动调节阀 过滤器 截止阀 压力计 S1.08-12.32.11.41
4		双端面机械密封 基本配置 10 隔离阀（自由选用） 贮液罐 换热器（内装） 液位计（内装） 截止阀（自由选用） D1.10-11.64(63.44)11

表 I.3（续）

序号	示 图	标识 说明
5	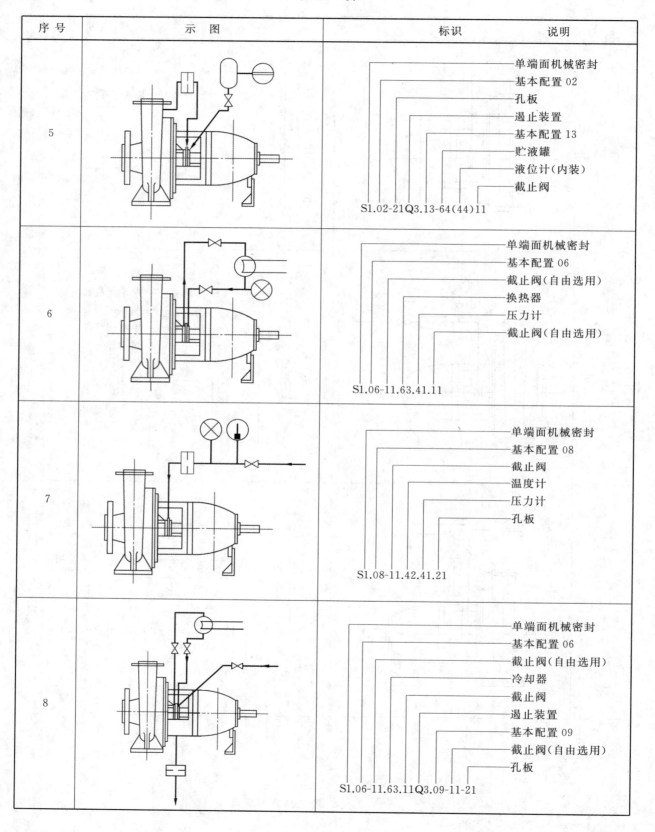	单端面机械密封 基本配置02 孔板 遏止装置 基本配置13 贮液罐 液位计（内装） 截止阀 S1.02-21Q3.13-64(44)11
6		单端面机械密封 基本配置06 截止阀（自由选用） 换热器 压力计 截止阀（自由选用） S1.06-11.63.41.11
7		单端面机械密封 基本配置08 截止阀 温度计 压力计 孔板 S1.08-11.42.41.21
8		单端面机械密封 基本配置06 截止阀（自由选用） 冷却器 截止阀 遏止装置 基本配置09 截止阀（自由选用） 孔板 S1.06-11.63.11Q3.09-11-21

I.5 冷却水管路系统和压力油润滑系统配置

I.5.1 悬臂叶轮泵的冷却水管路系统配置参见图 I.1。

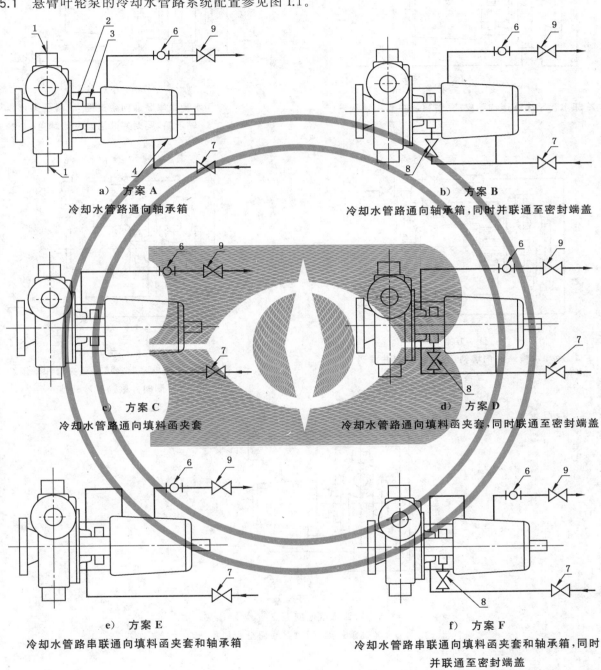

a) 方案 A
冷却水管路通向轴承箱

b) 方案 B
冷却水管路通向轴承箱,同时并联通至密封端盖

c) 方案 C
冷却水管路通向填料函夹套

d) 方案 D
冷却水管路通向填料函夹套,同时联通至密封端盖

e) 方案 E
冷却水管路串联通向填料函夹套和轴承箱

f) 方案 F
冷却水管路串联通向填料函夹套和轴承箱,同时
并联通至密封端盖

图 I.1 悬臂叶轮泵的冷却水管系统配置

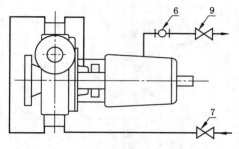

g) 方案 G

冷却水管路串联通向泵支座、填料函夹套和轴承箱

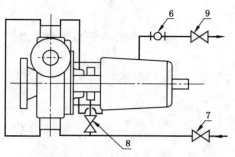

h) 方案 H

冷却水管路串联通向泵支座、填料函夹套和
轴承箱,同时并联通至密封端盖

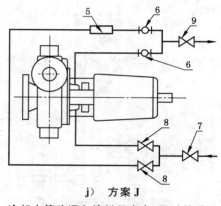

j) 方案 J

冷却水管路通向填料函夹套,同时并联通
至冷却器

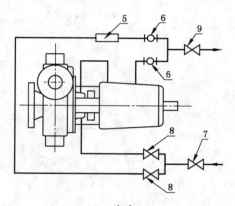

k) 方案 K

冷却水管路串联通向填料函夹套和轴承箱,
同时并联通至冷却器

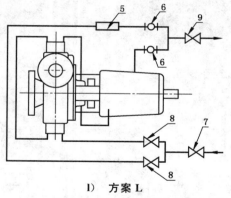

l) 方案 L

冷却水管路串联通向泵支座、填料函夹
套和轴承悬架,同时并联通至冷却器

说明:
1 —— 泵支座;   4 —— 轴承箱;   7 —— 入口截止阀;
2 —— 填料函;   5 —— 冷却器;   8 —— 分管流量调节阀;
3 —— 密封端盖;   6 —— 可视流量计(如有规定);   9 —— 出口截止阀(可选的)。

图 I.1(续)

I.5.2 双支承泵的冷却水管路系统配置参见图I.2。

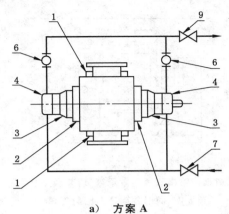

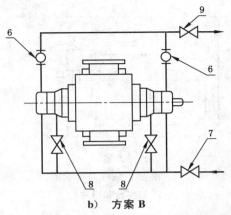

a) 方案A

冷却水管路通向轴承箱

b) 方案B

冷却水管路通向轴承箱,同时并联通至密封端盖

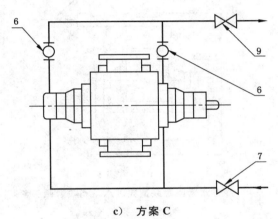

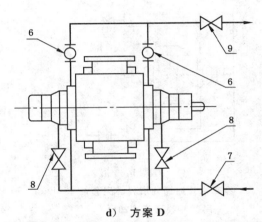

c) 方案C

冷却水管路通向填料函夹套

d) 方案D

冷却水管路通向填料函夹套,同时并联通至密封端盖

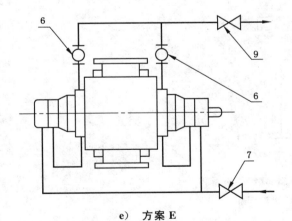

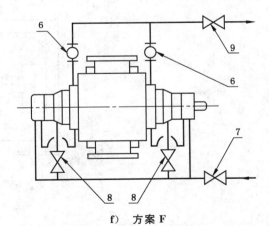

e) 方案E

冷却水管路串联通向轴承箱和填料函夹套

f) 方案F

冷却水管路串联通向轴承箱和填料函夹套,
同时并联通至密封端盖

图 I.2 双支承泵的冷却水管路系统配置

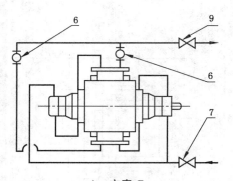

g) 方案 G

冷却水管路串联通向轴承箱、
填料函夹套和泵支座

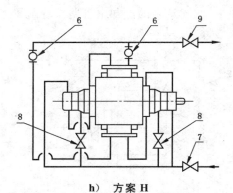

h) 方案 H

冷却水管路串联通向轴承箱、填料函夹套和
泵支座，同时并联通至密封端盖

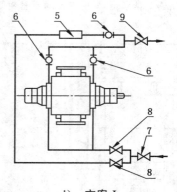

j) 方案 J

冷却水管路通向填料函夹套，
同时并联通至冷却器

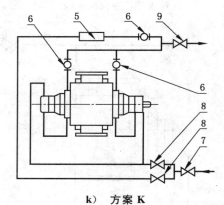

k) 方案 K

冷却水管路串联通向轴承箱和填料函夹套，
同时并联通至冷却器

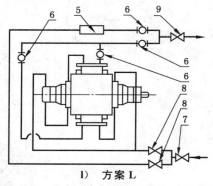

l) 方案 L

冷却水管路串联通向轴承箱、填料函夹套和
泵支座，同时并联通至冷却器

说明：

1——泵支座；   4——轴承箱；   7——入口截止阀；

2——填料函；   5——冷却器；   8——分管流量调节阀；

3——密封端盖；   6——可视流量计（如有规定）；   9——出口截止阀（可选的）。

图 I.2（续）

I.5.3 典型压力油润滑系统

典型压力油润滑系统参见图I.3。

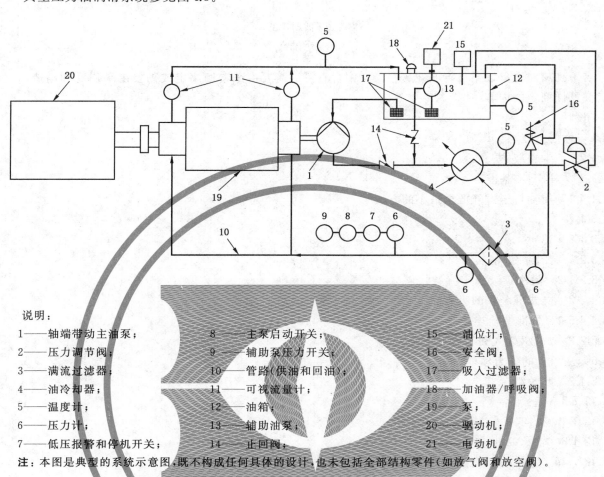

说明：

1——轴端带动主油泵；	8 ——主泵启动开关；	15——油位计；
2——压力调节阀；	9 ——辅助泵压力开关；	16——安全阀；
3——满流过滤器；	10——管路(供油和回油)；	17——吸入过滤器；
4——油冷却器；	11——可视流量计；	18——加油器/呼吸阀；
5——温度计；	12——油箱；	19——泵；
6——压力计；	13——辅助油泵；	20——驱动机；
7——低压报警和停机开关；	14——止回阀；	21——电动机。

注：本图是典型的系统示意图，既不构成任何具体的设计，也未包括全部结构零件(如放气阀和放空阀)。

图 I.3 压力油润滑系统

附　录　J
（资料性附录）
核对清单

　　下列核对清单以条号指明在这些条文中含有可能需要由采购商决定或需要由采购商和制造商/供货商共同商定的内容。

4　设计

4.1　总则

4.1.2.5　牛顿液体

4.1.3　NPSHR 基准

4.1.4.1　使轴封压力降低至最小的方法

4.3.1.7
　　　　　　临界转速
4.3.1.8

4.3.2.1.1　装配好的转子

4.3.2.1.2　最小连续稳定流量

4.4.2.2　立式屏蔽泵的吸入壳

4.4.4.5.1　外部螺栓连接

4.5.2.2　放液、放气和压力表管接头

4.6　法兰上的外力和外力矩

4.8.1.2　叶轮制造

4.11.7.3　轴套

4.12.1.1　径向轴承

4.12.1.8　轴承油杯

4.12.1.14　轴承油加热器

4.12.3.2　润滑系统

4.12.3.2.2　油箱:油加热系统

4.13.1　轴封

4.13.3.1　机械密封装置

4.13.3.2　冷却或加热要求

4.13.3.4.7　喉部衬套

4.14.1.3.1　活动法兰

4.14.2.2　冷却水管材料

4.14.2.3　可视流量指示仪表

4.14.5.2　外部使用辅助管路:供货范围和管接头

4.16.1.6　联轴器:平衡等级

4.16.1.11　联轴器:如泵不带驱动机发运需要信息

4.17.2.2　底座延伸

4.17.2.8　沿中心线支承泵的支座

4.17.2.10　底座调平螺钉

4.17.2.12　底座与驱动装置之间的纵向净空

4.17.2.13　环氧树脂薄胶:底座预涂层

4.17.3.3　立式泵的对中定位螺钉

5　材料

5.1.1　危险液体使用材料

5.1.3　附加材料试验和检查

5.1.7　压力壳零件的化学和机械性能

5.1.11　湿 H_2S 气体用材料

5.3.1　短管焊缝检查

5.4.1　材料的 X 射线照相、超声波、磁粉或着色渗透检查

5.4.2　材料检验记录

5.4.3　缺陷的可接受性

5.4.4　低温使用

6　工厂检查和试验(全部)

7　发货准备

7.3.2　贮存

附录

G.2　泵族的确定

表 G.3　超过 DN600 的法兰

G.4.1　附加可能因素

G.5　底座类型

B.1　文件:复制件份数和特殊类型或特殊形式文件

参 考 文 献

［1］ GB/T 786.1 流体传动系统及元件图形符号和回路图 第 1 部分:用于常规用途和数据处理的图形符号

［2］ GB/T 1095 平键 键槽的剖面尺寸

［3］ GB/T 1096 普通型 平键

［4］ GB/T 1569 圆柱形轴伸

［5］ GB/T 1570 圆锥形轴伸

［6］ GB/T 3098.6 紧固件机械性能 不锈钢螺栓、螺钉和螺柱

［7］ GB/T 5657 离心泵技术条件(Ⅲ类)

［8］ GB/T 5660 轴向吸入离心泵底座尺寸和安装尺寸

［9］ GB/T 5661 轴向吸入离心泵 机械密封和软填料用空腔尺寸

［10］ GB/T 5662 轴向吸入离心泵(16 bar)标记、性能和尺寸

［11］ GB/T 6075.1 机械振动 在非旋转部件上测量评价机器的振动 第 1 部分:总则

［12］ GB/T 6557 挠性转子机械平衡的方法和准则

［13］ GB/T 9439 灰铸铁件

［14］ GB/T 11352 一般工程用铸造碳钢件

［15］ GB/T 16273.2 设备用图形符号 机床通用符号

［16］ GB/T 16908 机械振动 轴与配合件平衡的键准则

［17］ GB/T 20063.5 简图用图形符号 第 5 部分:测量与控制装置

［18］ GB/T 20063.6 简图用图形符号 第 6 部分:测量与控制功能

［19］ GB/T 25775 焊接材料供货技术条件 产品类型、尺寸、公差和标志

［20］ ISO 683-1 Heat-treatable steels, alloy steels and free-cutting steels—Part 1: Direct-hardening unalloyed and low-alloyed wrought steel in form of different black products

［21］ ISO 683-13:1986 Heat-treatable steels, alloy steels and free-cutting steels—Part 13: Wrought stainless steels

ICS 27.010
F 01

中华人民共和国国家标准

GB 19762—2007
代替 GB 19762—2005

清水离心泵能效限定值及节能评价值

The minimum allowable values of energy efficiency and evaluating values of
energy conservation of centrifugal pump for fresh water

2007-11-02 发布

2008-07-01 实施

中华人民共和国国家质量监督检验检疫总局
中国国家标准化管理委员会 发布

前　言

本标准第 6 章、第 7 章是强制性的,其余条款是推荐性的。

本标准代替 GB 19762—2005《清水离心泵能效限定值及节能评价值》。

本标准与 GB 19762—2005 相比主要变化如下:

——增加了泵目标能效限定值,指标提高幅度在 1%～2%;

——增加了表 2、表 3、表 4 的内容;

——修改了 GB 19762—2005 中表 1 的内容;

——修改了 GB 19762—2005 中图 1、图 2 的内容;

——修改了 GB 19762—2005 中 5.1 的内容;

——删除了 GB 19762—2005 中图 5、图 6 的内容;

——删除了 GB 19762—2005 中第 4 章的内容;

——删除了长轴离心深井泵的相关内容。

本标准的附录 A 和附录 B 为资料性附录。

本标准由全国能源基础与管理标准化技术委员会提出。

本标准由全国能源基础与管理标准化技术委员会合理用电分技术委员会归口。

本标准起草单位:中国标准化研究院、浙江工业大学工业泵研究所、沈阳水泵研究所、上海东方泵业(集团)有限公司、上海凯泉泵业(集团)有限公司、上海连成(集团)有限公司、广东佛山水泵厂有限公司、国家排灌及节水设备产品质量监督检验中心、上海人民电机厂有限公司。

本标准主要起草人:张新、牟介刚、赵跃进、刘卫伟、袁宗久、肖功槐、宋青松、陈龙玲、胡涛、刘平。

本标准于 2005 年 5 月 13 日首次发布。

清水离心泵能效限定值及节能评价值

1 范围

本标准规定了清水离心泵(以下简称泵)的基本要求、泵效率、泵能效限定值、泵目标能效限定值、泵节能评价值。

本标准适用于单级单吸清水离心泵、单级双吸清水离心泵、多级清水离心泵。

本标准不适用于其他类型泵。

2 规范性引用文件

下列文件中的条款通过本标准的引用而成为本标准的条款。凡是注日期的引用文件,其随后所有的修改单(不包括勘误的内容)或修订版均不适用于本标准,然而,鼓励根据本标准达成协议的各方研究是否可使用这些文件的最新版本。凡是不注日期的引用文件,其最新版本适用于本标准。

GB/T 3216—2005 回转动力泵 水力性能验收试验 1级和2级(ISO 9906:1999,MOD)

GB/T 5657—1995 离心泵 技术条件(Ⅲ类)(eqv ISO 9908:1993)

GB/T 7021 离心泵名词术语

GB/T 13006 离心泵、混流泵和轴流泵 汽蚀余量

3 术语和定义

GB/T 7021确立的以及下列术语和定义适用于本标准。

3.1

规定点 specified point

性能曲线上由规定流量和规定扬程所确定的点

3.2

泵能效限定值 The minimum allowable values of energy efficiency for pumps

在标准规定测试条件下,允许泵规定点的最低效率。

3.3

泵目标能效限定值 The target minimum allowable values of energy efficiency for pumps

在本标准实施一定年限后,允许泵规定点的最低效率。

3.4

泵节能评价值 The evaluating values of energy conservation for pumps

在标准规定测试条件下,满足节能认证要求应达到的泵规定点最低效率。

4 基本要求

4.1 泵产品的设计、制造和质量应符合GB/T 5657—1995的规定。

4.2 泵产品规定点的必需汽蚀余量(NPSHR)应符合GB/T 13006的规定。

4.3 泵产品的试验方法应符合GB/T 3216—2005中的2级规定要求,泵的性能 Q、H、η、NPSHR允许容差系数应符合GB/T 3216—2005中的2级规定要求。

5 泵效率

5.1 泵效率为泵输出功率与轴功率之比的百分数。按式(1)计算：

$$\eta = \frac{P_u}{P_a} \times 100\% \qquad \cdots\cdots\cdots\cdots\cdots\cdots\cdots (1)$$

式中：

η——泵效率，%；

P_u——泵输出功率(有效功率)，单位为千瓦(kW)；

P_a——泵轴功率(输入功率)，单位为千瓦(kW)。

5.2 泵输出功率按式(2)计算：

$$P_u = \rho g Q H \times 10^{-3} \qquad \cdots\cdots\cdots\cdots\cdots\cdots\cdots (2)$$

式中：

ρ——密度，单位为千克每立方米(kg/m³)；

g——重力加速度，$g = 9.81 \ m/s^2$；

Q——流量，单位为立方米每秒(m³/s)；

H——扬程，单位为米(m)。

6 泵能效限定值

6.1 当流量在 5 m³/h~10 000 m³/h 范围内，泵能效限定值 η_1 按表1确定。计算方法示例见附录A。

6.2 当流量大于 10 000 m³/h，单级单吸清水离心泵能效限定值 η_1 为 87%，单级双吸清水离心泵能效限定值 η_1 为 86%。

7 泵目标能效限定值

7.1 当流量在 5 m³/h~10 000 m³/h、比转速在 20~300 范围内，泵目标能效限定值 η_2 确定如下：单级清水离心泵从图1曲线"目标限定值"中直接读取或按表2"目标限定值"栏查取 η_2，多级清水离心泵从图2曲线"目标限定值"中直接读取或按表3"目标限定值"栏查取 η_2；如果比转速在 20~120、210~300 范围内，其目标能效限定值 η_2 应分别按图3、图4或者表4的规定进行修正。计算方法示例见附录B。

7.2 当流量大于 10 000 m³/h，泵效率的目标能效限定值 η_2 为 88%。

7.3 泵目标能效限定值 η_2 在本标准实施之日 3 年后开始实施，并替代本标准第6章中的泵能效限定值 η_1。

8 泵节能评价值

8.1 当流量在 5 m³/h~10 000 m³/h 范围内，泵节能评价值 η_3 按表1确定。计算方法示例见附录A。

8.2 当流量大于 10 000 m³/h，泵效率的节能评价值 η_3 为 90%。

表 1 泵能效限定值及节能评价值

泵类型	流量 Q/(m³/h)	比转速 n_s	未修正效率值 η/%	效率修正值 Δη/%	泵规定点效率值 $η_0$/%	泵能效限定值 $η_1$/%	泵节能评价值 $η_3$/%
单级单吸清水离心泵	≤300	120~210	按图 1 曲线"基准值"或表 2"基准值"栏查 η	0	$η_0=η$	$η_1=η_0-3$	$η_3=η_0+2$
		<120、>210	按图 1 曲线"基准值"或表 2"基准值"栏查 η	按图 3 或图 4 查表 4 Δη	$η_0=η-Δη$	$η_1=η_0-3$	$η_3=η_0+2$
	>300	120~210	按图 1 曲线"基准值"或表 2"基准值"栏查 η	0	$η_0=η$	$η_1=η_0-3$	$η_3=η_0+1$
		<120、>210	按图 1 曲线"基准值"或表 2"基准值"栏查 η	按图 3 或图 4 查表 4 Δη	$η_0=η-Δη$	$η_1=η_0-3$	$η_3=η_0+1$
单级双吸清水离心泵	≤600	120~210	按图 1 曲线"基准值"或表 2"基准值"栏查 η	0	$η_0=η$	$η_1=η_0-3$	$η_3=η_0+2$
		<120、>210	按图 1 曲线"基准值"或表 2"基准值"栏查 η	按图 3 或图 4 查表 4 Δη	$η_0=η-Δη$	$η_1=η_0-3$	$η_3=η_0+2$
	>600	120~210	按图 1 曲线"基准值"或表 2"基准值"栏查 η	0	$η_0=η$	$η_1=η_0-4$	$η_3=η_0+1$
		<120、>210	按图 1 曲线"基准值"或表 2"基准值"栏查 η	按图 3 或图 4 查表 4 Δη	$η_0=η-Δη$	$η_1=η_0-4$	$η_3=η_0+1$
多级清水离心泵	≤100	120~210	按图 2 曲线"基准值"或表 3"基准值"栏查 η	0	$η_0=η$	$η_1=η_0-3$	$η_3=η_0+2$
		<120、>210	按图 2 曲线"基准值"或表 3"基准值"栏查 η	按图 3 或图 4 查表 4 Δη	$η_0=η-Δη$	$η_1=η_0-3$	$η_3=η_0+2$
	>100	120~210	按图 2 曲线"基准值"或表 3"基准值"栏查 η	0	$η_0=η$	$η_1=η_0-4$	$η_3=η_0+1$
		<120、>210	按图 2 曲线"基准值"或表 3"基准值"栏查 η	按图 3 或图 4 查表 4 Δη	$η_0=η-Δη$	$η_1=η_0-4$	$η_3=η_0+1$

注：基准值是当前泵行业较好产品效率平均值。

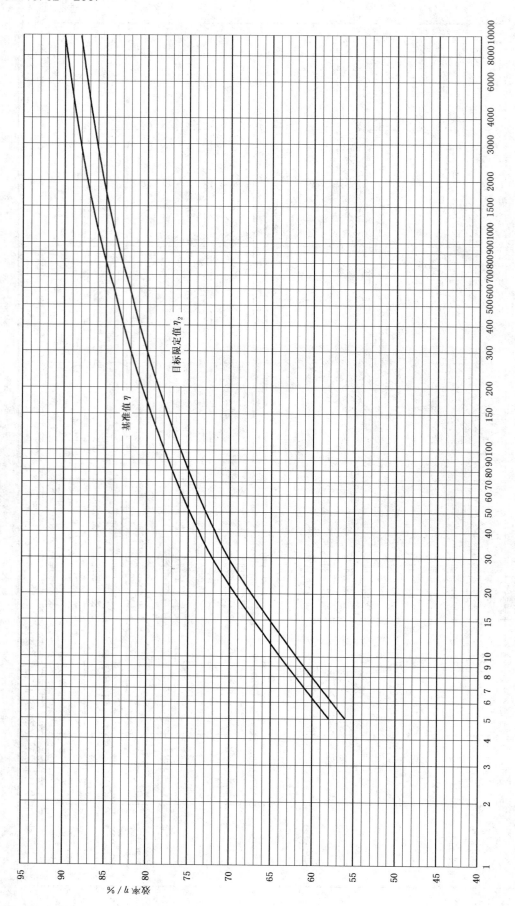

图 1 单级清水离心泵效率

注：对于单级双吸离心水泵，图中流量是指全流量值。

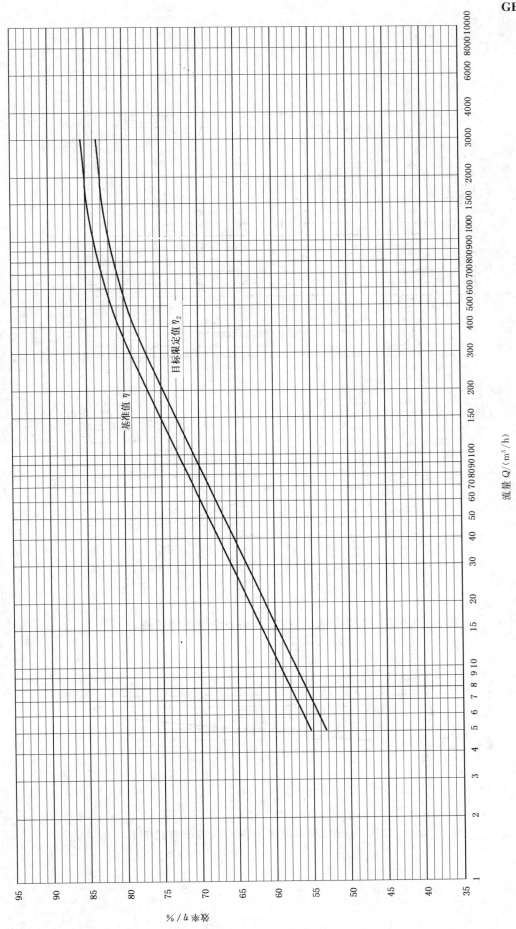

流量 Q/(m³/h)

图 2 多级清水离心泵效率

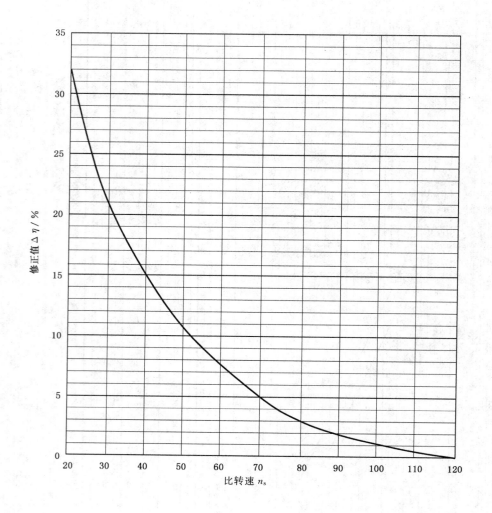

图 3 n_s＝20～120 单级、多级清水离心泵效率修正值

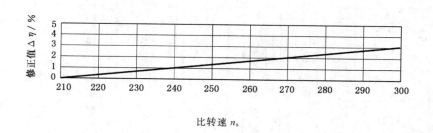

图 4 n_s＝210～300 单级、多级清水离心泵效率修正值

表 2 单级清水离心泵效率

Q/(m³/h)	5	10	15	20	25	30	40	50	60	70	80
基准值 η/%	58.0	64.0	67.2	69.4	70.9	72.0	73.8	74.9	75.8	76.5	77.0
目标限定值 η₂/%	56.0	62.0	65.2	67.4	68.9	70.0	71.8	72.9	73.8	74.5	75.0
Q/(m³/h)	90	100	150	200	300	400	500	600	700	800	900
基准值 η/%	77.6	78.0	79.8	80.8	82.0	83.0	83.7	84.2	84.7	85.0	85.3
目标限定值 η₂/%	75.6	76.0	77.8	78.8	80.0	81.0	81.7	82.2	82.7	83.0	83.3
Q/(m³/h)	1 000	1 500	2 000	3 000	4 000	5 000	6 000	7 000	8 000	9 000	10 000
基准值 η/%	85.7	86.6	87.2	88.0	88.6	89.0	89.2	89.5	89.7	89.9	90.0
目标限定值 η₂/%	83.7	84.6	85.2	86.0	86.6	87.0	87.2	87.5	87.7	87.9	88.0

注：表中单级双吸离心水泵的流量是指全流量值。

表 3 多级清水离心泵效率

Q/(m³/h)	5	10	15	20	25	30	40	50	60	70	80	90	100
基准值 η/%	55.4	59.4	61.8	63.5	64.8	65.9	67.5	68.9	69.9	70.9	71.5	72.3	72.9
目标限定值 η₂/%	53.4	57.4	59.8	61.5	62.8	63.9	65.5	66.9	67.9	68.9	69.5	70.3	70.9
Q/(m³/h)	150	200	300	400	500	600	700	800	900	1 000	1 500	2 000	3 000
基准值 η/%	75.3	76.9	79.2	80.6	81.5	82.2	82.8	83.1	83.5	83.9	84.8	85.1	85.5
目标限定值 η₂/%	73.3	74.9	77.2	78.6	79.5	80.2	80.8	81.1	81.5	81.9	82.8	83.1	83.5

表 4 n_s＝20～300 单级、多级清水离心泵效率修正值

n_s	20	25	30	35	40	45	50	55	60	65
$\Delta\eta$/%	32	25.5	20.6	17.3	14.7	12.5	10.5	9.0	7.5	6.0
n_s	70	75	80	85	90	95	100	110	120	130
$\Delta\eta$/%	5.0	4.0	3.2	2.5	2.0	1.5	1.0	0.5	0	0
n_s	140	150	160	170	180	190	200	210	220	230
$\Delta\eta$/%	0	0	0	0	0	0	0	0	0.3	0.7
n_s	240	250	260	270	280	290	300			
$\Delta\eta$/%	1.0	1.3	1.7	1.9	2.2	2.7	3.0			

附 录 A
（资料性附录）
泵能效限定值及节能评价值计算方法示例

某单级双吸清水离心泵规定点性能：$Q=800$ m³/h，$H=12$ m，$n=1\,470$ r/min，求其能效限定值 η_1 及节能评价值 η_3。

A.1 按式（A.1）计算泵的比转速 n_s

$$n_s = \frac{3.65n\sqrt{Q}}{H^{3/4}} \qquad\qquad\cdots\cdots\cdots\cdots\cdots\cdots\cdots\cdots\cdots（A.1）$$

式中：

Q——流量，单位为立方米每秒（m³/s）（双吸泵计算流量时取 $Q/2$）；

H——扬程，单位为米（m）（多级泵计算取单级扬程）；

n——转速，单位为转每分（r/min）。

数据代入式（A.1）得

$$n_s = \frac{3.65n\sqrt{\dfrac{Q}{2}}}{H^{3/4}} = \frac{3.65\times1\,470\times\sqrt{\dfrac{800}{2\times3\,600}}}{12^{3/4}} = 277.4$$

A.2 查取未修正效率值 η

查图 1 曲线"基准值"或表 2"基准值"栏，当 $Q=800$ m³/h 时，$\eta=85\%$。

A.3 确定效率修正值 $\Delta\eta$

查图 4 或表 4，当 $n_s=277.4$ 时，$\Delta\eta=2.1\%$。

A.4 计算泵规定点效率值 η_0

$\eta_0 = \eta - \Delta\eta = 85\% - 2.1\% = 82.9\%$。

A.5 计算能效限定值 η_1

$\eta_1 = \eta_0 - 4\% = 82.9\% - 4\% = 78.9\%$。

A.6 计算节能评价值 η_3

$\eta_3 = \eta_0 + 1\% = 82.9\% + 1\% = 83.9\%$。

附　录　B
（资料性附录）
泵目标能效限定值计算方法示例

某单级单吸清水离心泵规定点性能：$Q=100\ \text{m}^3/\text{h}$，$H=125\ \text{m}$，$n=2\ 900\ \text{r/min}$，求其目标能效限定值 η_2。

B.1　计算泵的比转速 n_s

数据代入式（A.1）得

$$n_s=\frac{3.65\times 2\ 900\times\sqrt{\dfrac{100}{3\ 600}}}{125^{3/4}}=47.2$$

B.2　查取未修正效率值 η

查图 1 曲线"目标限定值"或表 2"目标限定值"栏，当 $Q=100\ \text{m}^3/\text{h}$ 时，$\eta=76\%$。

B.3　确定效率修正值 $\Delta\eta$

查图 3 或表 4，当 $n_s=47.2$ 时，$\Delta\eta=11.5\%$。

B.4　计算泵目标能效限定值 η_2

$$\eta_2=\eta-\Delta\eta=76\%-11.5\%=64.5\%。$$

ICS 91.140.60
P 41

中华人民共和国国家标准

GB/T 38057—2019

城镇供水泵站一体化综合调控系统

Urban water supply pumping station integration adjustment and control system

2019-10-18 发布

2020-09-01 实施

国家市场监督管理总局
中国国家标准化管理委员会 发布

前　言

本标准按照 GB/T 1.1—2009 给出的规则起草。

本标准由中华人民共和国住房和城乡建设部提出。

本标准由全国城镇给水排水标准化技术委员会(SAC/TC 434)归口。

本标准负责起草单位:杭州杭开环境科技股份有限公司、浙江大学。

本标准参加起草单位:杭州市水务控股集团有限公司、北京市自来水集团有限责任公司、北京市昌平自来水有限责任公司、陕西省水务集团有限公司、天津泰达水业有限公司、海南天涯水业(集团)公司、武汉市水务集团有限公司、中国人民大学。

本标准主要起草人:张于、郑飞飞、张土乔、吴则刚、张清周、刘小宇、王金玉、代荣、刘彦辉、付立凯、廖正伟、张伟林、袁文革、魏萌、宋亚路、俞亭超、邵煜、崔鸣、叶圣炯、柴前、陈德明、李明、叶丽影。

城镇供水泵站一体化综合调控系统

1 范围

本标准规定了城镇供水泵站一体化综合调控系统的术语和定义、一般要求、系统架构及功能、系统配置。

本标准适用于城镇配水管网泵站及中途加压泵站设备调控系统。

2 规范性引用文件

下列文件对于本文件的应用是必不可少的。凡是注日期的引用文件，仅注日期的版本适用于本文件。凡是不注日期的引用文件，其最新版本（包括所有的修改单）适用于本文件。

GB/T 4205 人机界面标志标识的基本和安全规则 操作规则

GB 4715 点型感烟火灾探测器

GB/T 5750.11 生活饮用水标准检验方法 消毒剂指标

GB/T 7251.1 低压成套开关设备和控制设备 第 1 部分：总则

GB/T 7260.3 不间断电源设备（UPS） 第 3 部分：确定性能的方法和试验要求

GB/T 11022 高压开关设备和控制设备标准的共用技术要求

GB/T 12668.2 调速电气传动系统 第 2 部分：一般要求 低压交流变频电气传动系统额定值的规定

GB/T 14048.1 低压开关设备和控制设备 第 1 部分：总则

GB/T 15478 压力传感器性能试验方法

GB/T 15969.2 可编程序控制器 第 2 部分：设备要求和测试

GB/T 17219 生活饮用水输配水设备及防护材料的安全性评价标准

GB/T 17288 液态烃体积测量 容积式流量计计量系统

GB/T 18806 电阻应变式压力传感器总规范

GB/T 18336.1 信息技术 安全技术 信息技术安全性评估准则 第 1 部分：简介和一般模型

GB/T 18578 城市地理信息系统设计规范

GB/T 20273 信息安全技术 数据库管理系统安全技术要求

GB 20815 视频安防监控数字录像设备

GB/T 29765 信息安全技术 数据备份与恢复产品技术要求与测试评价方法

GB/T 31500 信息安全技术 存储介质数据恢复服务要求

GB/T 31846 高压机柜 通用技术规范

GB/T 32063 城镇供水服务

GB 50016 建筑设计防火规范

GB 50057 建筑物防雷设计规范

GB 50062 电力装置的继电保护和自动装置设计规范

GB 50150 电气装置安装工程电气设备交接试验标准

GB 50174 数据中心设计规范

GB 50314 智能建筑设计标准

JJG 880 浊度计

CJJ 58　城镇供水厂运行、维护及安全技术规程

CJJ 207　城镇供水管网运行、维护及安全技术规程

CJ/T　415　城镇供水管网加压泵站无负压供水设备

GA/T 75　安全防范工程程序与要求

GA/T 1177　信息安全技术　第二代防火墙安全技术要求

3　术语和定义

下列术语和定义适用于本文件。

3.1

一体化综合调控系统　integrated adjustment and control system

按全站信息数字化、通信平台网络化、信息共享标准化要求,通过数据采集仪器、数据中心、管网模型,完成城镇供水泵站的在线监测,水务信息的分析与处理,并做出相应的辅助决策建议,实现全站信息的统一接入、统一存储和统一展示,并实现泵站运行监视、操作与控制、综合信息分析与智能告警、运行管理和辅助应用等功能的综合调控系统。

3.2

数据采集　data acquisition

通过压力、流量、水质等传感器,从供水泵站系统和其他待测设备等模拟和数字被测单元中自动采集非电量或电量信号,送到上位机中进行分析、处理。

3.3

数据中心　data center

实现供水泵站数据的分类处理和集中存储,并经由消息总线向监控主机和综合应用服务器等提供数据的查询、更新、事务管理、索引、安全及多用户存取控制等服务的专用场所。

3.4

管网水力模型　network hydraulic model

对供水管网中的流量、压力及水位等水力参数进行状态模拟和分析的计算机仿真系统。

3.5

可视化展示　visualization display

一种信息图形化显示技术。通过可视化建模和渲染技术,将数据和图形相结合,实现供水泵站设备运行状态、设备故障等信息图形化显示功能,为运行监视人员提供直观、形象和逼真的展示。

4　一般要求

4.1　城镇供水泵站应采用信息技术,提高供水泵站运行、维护和管理水平。

4.2　城镇供水泵站一体化综合调控系统安全性评估应符合 GB/T 18336.1 的有关规定。

4.3　城镇供水管网最小服务压力的设定,应符合 CJJ 207 的有关规定。

4.4　供水泵站涉水设备和材料,应符合 GB/T 17219 的有关规定。

5　系统架构及功能

5.1　系统架构

5.1.1　总体架构

总体架构应符合下列要求:

a) 城镇供水泵站一体化综合调控系统应由泵站信息监测子系统、数据分析管理子系统和优化调度控制子系统构成,其逻辑关系如图1所示。

b) 泵站信息监测子系统应实时采集泵站运行相关信息,通过数据接口与数据分析管理子系统连接。泵站信息监测应包括水泵运行状态、泵房监测参数、阀门状态、远程浏览。

c) 数据分析管理子系统应包括泵站信息监测子系统所采集的数据,以及供水管网的数据采集与监视控制系统(SCADA)和地理信息系统(GIS)数据。管网SCADA的建设应符合CJJ 207的有关规定,管网GIS的建设应符合GB/T 18578的有关规定。数据分析与管理应包括数据存储、数据分类辨识、故障分析决策、数据保护。

d) 优化调度控制子系统应基于数据分析管理子系统的对应类别数据进行实时计算,对泵站内各自动化设备进行智能化调控。调度与控制应包括在线调度、离线调度、站内操作、调度控制。

e) 运行管理贯穿整个系统,应包括安全防护、权限管理、信息管理、设备管理、检修管理、电源监控、环境监测、辅助控制。

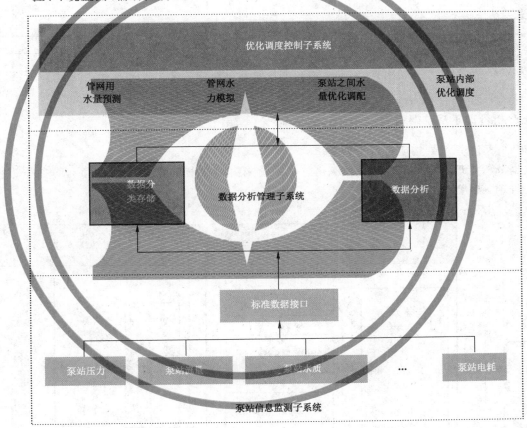

图 1 城镇供水泵站一体化综合调控系统逻辑关系图

5.1.2 泵站信息监测子系统架构

泵站信息监测子系统架构应符合下列要求:

a) 泵站信息监测子系统架构如图2所示,应包括前端设备层、数据采集系统及通讯传输网络,所采集的数据应进入数据分析管理子系统;

b) 数据采集系统应采集前端设备层的数据;

c) 通讯传输系统应将数据传送至数据中心;

d) 在数据处理完并发布后,可通过移动应用客户端或网页访问远程查看信息监测系统的数据。

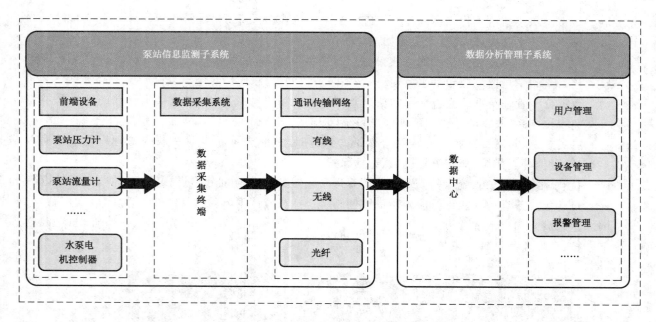

图 2 泵站信息监测子系统架构示意图

5.1.3 数据分析管理子系统架构

数据分析管理子系统架构应符合下列要求：

a) 数据分析管理子系统应对泵站监测信息子系统采集的数据、管网 SCADA 和 GIS 数据进行分析管理，架构如图 3 所示；

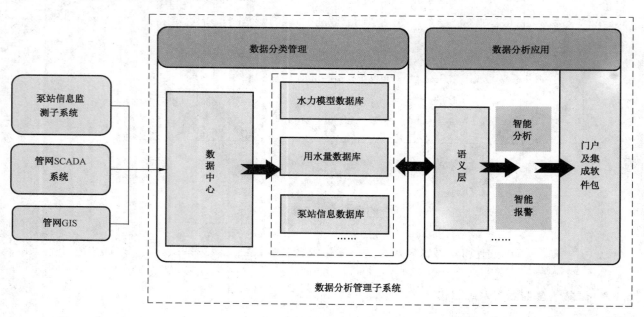

图 3 数据分析管理子系统架构示意图

b) 泵站信息监测数据、管网 SCADA 数据以及 GIS 数据应通过数据接口上传至数据中心，然后根据不同用途将数据进行分类存储；

c) 分类数据应通过语义层与数据分析模块连接，进行数据辨识、故障分析决策，并将报警信息存储于分类数据库；

d) 数据分析管理子系统应通过数据接口与优化调度控制子系统连接,为调度控制提供所需的分类数据,并将调度方案存储于数据库中。

5.1.4 优化调度控制子系统架构

优化调度控制子系统架构应符合下列要求:

a) 泵站优化调度控制子系统架构如图4所示,可分为输入输出接口、调度数据库、调度预案库、调度模型库和决策控制模块。

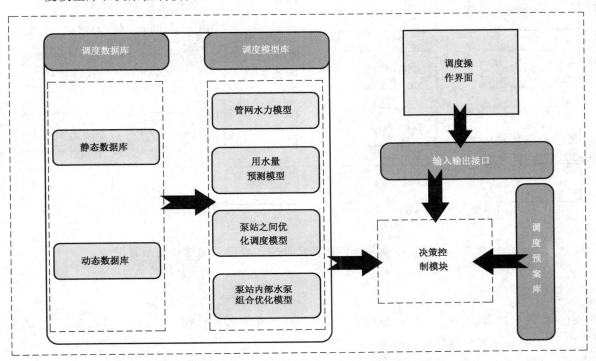

图 4 泵站优化调度控制子系统架构示意图

b) 系统决策数据输入和输出应采用自动或人工方式。

c) 调度数据库建立在数据分析管理子系统的基础上,应包括静态数据库和动态数据库。管网的水力模型物理数据应存储于静态数据库,与调度相关的阀门、水泵等设备信息、日用水量、时用水量数据、监测点数据、水池水位等信息应存入动态数据库。

d) 调度预案库用于存储泵站调度预案,包括日常调度预案、节假日调度预案、突发事件调度预案、规划调度预案等,为调度决策方案提供参考。

e) 调度模型库对调度决策模型统一管理。包括管网水力模型、用水量预测模型、泵站之间优化调度模型以及泵站内部水泵组合优化模型。

f) 决策控制模块负责控制数据库数据的输入和输出,调用模型库中的各种方法,协调其他各模块之间的关系。

5.2 系统功能

5.2.1 功能结构

城镇供水泵站一体化综合调控系统的应用功能结构如图5所示,应包括信息监测、数据分析与管理、调度与控制、运行管理。

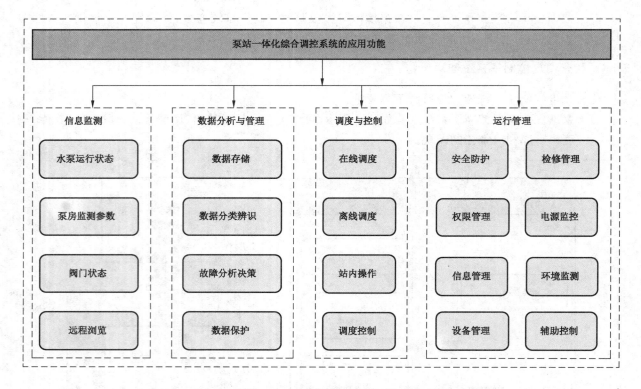

图 5 城镇供水泵站一体化综合调控系统应用功能结构示意图

5.2.2 信息监测

通过可视化技术,实现对泵站运行状态等信息的运行监视和综合展示,包括水泵运行状态、泵房监测参数、阀门状态和远程浏览等。各监测内容应符合下列规定:

    a) 水泵运行状态,应包括电流、电压、电量、开停状态、水泵出口瞬态压力、机泵控制状态(就地、远控)、机泵的运行参数(变频频率,各绕组温度、电机及水泵轴承温度)等;

    b) 泵房监测参数,应包括流量、液位、余氯、pH、浊度、总管运行参数[压力、流量(瞬时、累积)]等;

    c) 阀门状态,应包括节流控制阀的开关或开启度、减压阀的阀后设置、流量控制阀的流量设置等;

    d) 远程浏览,应实现调度中心可远程查看监测系统数据。

5.2.3 数据分析与管理

5.2.3.1 功能结构

通过对信息监测子系统采集的数据进行分类管理和综合分析,提供分类报警、故障分析等结果信息,应包数据存储、数据分类辨识、故障分析决策和数据保护。

5.2.3.2 数据存储

数据存储应采用面向服务的体系结构(SOA),选取私有云或公有云的部署形式,并提供下列服务及功能:

    a) 可快速部署并进行定制化配置的基础设施即服务(IaaS)的平台;

    b) 数据服务器能够提供支持业务所需的存储量和运行环境,具备非结构化数据的存储与分析能力,以满足泵房数据的多样性需求;硬件性能满足设备及用户对响应速度的需求;采用分布式架构,便于系统扩容;

c) 采用弹性网络带宽资源配置,满足设备的数据传输及用户查询、操作的及时性要求;

d) 现场设备与服务器的传输采用统一的通信协议及标准化的数据接入格式;

e) 配置防火墙、堡垒机及反向代理服务器将数据主机与外部隔离,并对接入数据进行 HTTPS/认证;

f) 具备宕机恢复机制。采用群集、冗余及备份技术,发生硬件、系统或网络故障时,系统应能在可接受的时间内恢复正常运行。

5.2.3.3 数据分类辨识

数据分类辨识对信息监测子系统采集的数据进行分类存储,应包含水力模型数据、用水量数据、水泵运行信息数据等;应具备可疑数据监测功能,辨识不良数据,校核实时数据准确性,并对泵站报警信息进行筛选、分类存储。

5.2.3.4 故障分析决策

故障分析决策包括故障分析和智能报警。应符合下列规定:

a) 在泵站事故、保护动作、装置故障、异常报警等情况下,通过分析泵站内的事件顺序记录、运行数据等信息,实现故障类型识别和故障原因分析,并给出处理措施;

b) 建立泵站故障信息的逻辑和推理模型,进行在线实时分析和推理,实现报警信息的分类和过滤,为调度中心提供分类的报警简报,并将报警信息及应对建议实时地发送至相关人员手机或电脑终端;

c) 警报推送采用有应答机制,在收到相关人员确认前,应重复发送。

5.2.3.5 数据保护

数据保护应符合 GB/T 20273、GB/T 29765、GB/T 31500 的有关规定。

5.2.4 调度与控制

5.2.4.1 功能结构

泵站优化调度控制子系统应具备在线调度和离线调度功能,并能对泵站内设备实行现场和远程操作控制等。包含在线调度、离线调度、站内操作和调度控制。

5.2.4.2 在线调度

在线调度主要用于供水泵站实时调度,针对每个时间步长管网中的压力、流量的变化及时作出科学决策,在保证供水能力的情况下,满足泵站耗能最小的目标;时间步长应符合 CJJ 207 的有关规定。在线调度实施过程应与管网在线水力模型、水量预测模型、泵站优化组合模型、调度预案库、信息监测和数据管理系统等模块协同工作,并结合工单模块、用户水表在线数据模块和用户投诉数据模块,根据当前供水工况进行在线优化调度决策,以指导供水调度工作。

5.2.4.3 离线调度

离线调度主要基于管网离线水力模型,结合历史数据,对未来可能发生的工况制定泵站调度方案,对未来时期的调度进行指导。离线调度实施过程应对调度类型进行分类,并结合历史数据对用水量和管网工况进行充分评估,以制定合理的调度预案。选出的方案存入调度预案库。

5.2.4.4 站内操作

站内操作应符合下列要求:

a) 具备对泵站所有断路器、变频设备及控制运行相关的智能设备的控制及参数设定功能;

b) 具备事故紧急控制功能,通过对阀门的控制,实现对故障区域的快速隔离。

5.2.4.5 调度控制

调度控制应符合下列要求

a) 支持调度中心对站内设备调控;

b) 支持调度中心对保护装置远控;

c) 按预定调度顺序自动完成一系列调控功能。

5.2.5 运行管理

5.2.5.1 功能结构

通过人工录入或系统交互等手段,建立完备的供水泵站设备基础信息,实现泵站设备运行、操作、检修工作的规范化。应包括安全防护、权限管理、信息管理、设备管理、检修管理、电源监控、安全防护、环境监测和辅助控制。

5.2.5.2 安全防护

安全防护应符合下列要求:

a) 水锤预防应符合 CJ/T 415 的有关规定;

b) 水质安全、电气安全应符合 CJJ 58 的有关规定;

c) 供水运行安全、应急处置应符合 GB/T 32063 的有关规定;

d) 接收安防等设备运行及告警信息,实现设备的集中监控;

e) 安全措施应遵循同时设计、同时施工、同时投产等原则随系统建设一并实施。

5.2.5.3 权限管理

权限管理应符合下列要求:

a) 设置操作权限,根据系统设置的安全规则或安全策略,操作员可访问且只能访问自己被授权的资源;

b) 自动记录用户名、修改时间、修改内容等信息;

c) 支持数据加密,通过网络访问数据时,保证系统数据和信息不被窃取和破坏;

d) 保证重要数据的不可删除性和不可更改性,宜包括历史图像、历史图片、用户信息、报警信息和操作记录。

5.2.5.4 信息管理

信息管理应符合下列要求:

a) 泵站自动化运行及维护应符合 CJJ 58 等的有关规定;

b) 泵站自动化运行的标准应根据泵站规模来确定,中小型泵站可实行自动化运行,无人值守;大型泵站宜考虑人员值守。

5.2.5.5 设备管理

设备管理应符合下列要求:

a) 应采用条码标签、RFID 标签对设备标识,具有自动跟踪设备精确位置、库存的功能;

b) 应对设备实行电子化文档管理,包括设备型号、采购时间、使用年限、设备保修期、供应商信息、维护人员信息、故障排除过程及故障分析报告。

5.2.5.6 检修管理

检修管理应符合下列要求：
a) 应具有维修提醒功能，通过统计设备的累计运行工况，提醒运维人员对设备维护；
b) 系统应具有专家诊断功能，当设备出现异常时，系统自动给出预设的专家级指导解决方案，提供设备检查、维护、故障处理的规范流程。

5.2.5.7 电源监控

采集泵站电源、不间断电源、通信电源等站内电源设备运行状态数据，实现对电源设备的管理。

5.2.5.8 环境监测

对泵站内的温度、湿度、水位等环境信息进行实时采集、处理和上传。

5.2.5.9 辅助控制

实现与视频、照明的联动。

5.3 应用间数据流向

5.3.1 功能结构

应用间数据流向应包括下列内容：
a) 城镇供水泵站一体化综合调控系统包括四类应用功能：信息监测、数据分析与管理、调度与控制及运行管理和辅助；
b) 各应用功能间数据流包括内部数据流和外部数据流。

5.3.2 内部数据流

5.3.2.1 功能结构

四类应用功能应通过数据总线与接口进行信息交互，并将处理结果写入数据服务器。内部数据流包括信息监测、数据分析与管理、调度与控制和运行管理。

5.3.2.2 信息监测

信息监测应包括下列内容：
a) 流入数据：联动控制指令；
b) 流出数据：实时数据、计量数据等。

5.3.2.3 数据分析与管理

数据分析与管理应包括下列内容：
a) 流入数据：实时/历史数据、状态监测数据、设备基础信息等；
b) 流出数据：实时/历史分类数据、报警简报、故障分析报告等。

5.3.2.4 调度与控制

调度与控制应包括下列内容：
a) 流入数据：当地/远程操作指令、实时数据、辅助信息等；

b) 流出数据:设备控制指令。

5.3.2.5 运行管理

运行管理应包括下列内容:
a) 流入数据:联动控制指令、用户信息、设备操作记录、设备铭牌等;
b) 流出数据:辅助设备运行状态信息、设备台账信息、设备缺陷信息、操作票和检修票等。

5.3.3 外部流数据

四类应用功能应通过数据通信系统与调度控制中心及其他主站系统进行信息交互。外部信息流应包括下列内容:
a) 流入数据:远程浏览与控制指令;
b) 流出数据:实时/历史数据、调度方案、监视画面、设备基础信息、环境信息、报警简报、故障分析报告等。

6 系统配置

6.1 功能结构

系统配置应包括硬件和软件,其中硬件配置中应包含但不限于信息监测系统设备、泵站调度系统设备和辅助应用设备;软件配置应包含但不限于操作系统、数据库软件和应用软件。

6.2 硬件配置

6.2.1 信息监测系统设备

信息监测系统设备应符合下列要求:
a) 流量计应满足 GB/T 17288 的有关规定;
b) 压力计应满足 GB/T 18806 的有关规定;
c) 水位传感器应满足 GB/T 15478 的有关规定;
d) 余氯仪应满足 GB/T 5750.11 的有关规定;
e) 浊度仪应满足 JJG 880 的有关规定。

6.2.2 泵站调度系统设备

泵站调度系统设备应符合下列要求:
a) PLC 应满足 GB/T 15969.2 的有关规定;
b) 变频器应满足 GB/T 12668.2 的有关规定;
c) 断路器应满足 GB/T 14048.1 的有关规定;
d) 不间断电源应满足 GB/T 7260.3 的有关规定;
e) 人机界面应满足 GB/T 4205 的有关规定;
f) 机柜应满足 GB/T 7251.1、GB/T 11022、GB/T 31846 的有关规定。

6.2.3 辅助应用设备

辅助应用设备应符合下列要求:
a) 摄像头应满足 GB 20815 的有关规定;
b) 硬盘录像机应满足 GB 20815 的有关规定;

c) 门禁监控应满足 GB/T 50314、GB 50016、GA/T 75、GB 50150、GB 50062、GB 50174、GB 50057 等的有关规定；

d) 火灾报警器应满足 GB 4715 的有关规定；

e) 网络信息安全设备应满足 GA/T 1177 的有关规定。

6.3 软件配置

主要系统软件包括操作系统、历史/实时数据库软件和应用软件等，配置应符合下列要求：

a) 操作系统应采用 Windows、LINUX 或 UNIX 操作系统；

b) 采用历史数据库软件，提供数据库管理工具和软件开发工具进行维护、更新和扩充操作；

c) 采用实时数据库软件，提供安全、高效的实时数据存取，支持多应用并发访问和实时同步更新；

d) 应用软件采用模块化结构，具有良好的实时响应速度和稳定性、可靠性、可扩充性。

ICS 91.140.60
P 41

中华人民共和国城镇建设行业标准

CJ/T 235—2017
代替 CJ/T 235—2006

立 式 长 轴 泵

Vertical long shaft pump

2017-11-27 发布

2018-05-01 实施

中华人民共和国住房和城乡建设部　　发　布

前　言

本标准按照 GB/T 1.1—2009 给出的规则起草。

本标准代替 CJ/T 235—2006《立式长轴泵》。与 CJ/T 235—2006 相比,主要技术变化如下:

——修改了主要零件材料要求,材料牌号符合 GB/T 20878 的规定(见 6.4,2006 年版的 5.4);

——对试验方法按要求做了修改,泵振动标准,由 JB/T 8097 修改为 GB/T 29531;泵噪声标准,由 JB/T 8098 修改为 GB/T 29529(见第 7 章,2006 年版的第 6 章);

——对检验规则按要求作了修改,增加出厂检验和型式检验项目表(见第 8 章,2006 年版的第 7 章);

——增加消防用立式长轴泵的相关要求。

本标准由住房和城乡建设部标准定额研究所提出。

本标准由住房和城乡建设部建筑给水排水标准化技术委员会归口。

本标准起草单位:湖南耐普泵业股份有限公司、卧龙电气南阳防爆集团股份有限公司、襄阳世阳电机有限公司、辽宁省水利水电勘测设计研究院、中国电建集团中南勘测设计研究院有限公司、福建省东霖建设工程有限公司。

本标准主要起草人:周红、彭智新、龙翔、陈双喜、乔建伟、唐同兵、高仁超、阎秋霞、张强、林振聪。

本标准所代替标准的历次版本发布情况为:

——CJ/T 235—2006。

立式长轴泵

1 范围

本标准规定了立式长轴泵(以下简称泵)的术语和定义、型式与参数、要求、试验方法、检验规则、标志、包装、运输和贮存等。

本标准适用于输送介质温度不高于80 ℃的清水、海水、物理性质类似于清水或含有少量固体颗粒的其他液体的泵和消防泵。

2 规范性引用文件

下列文件对于本文件的应用是必不可少的。凡是注日期的引用文件,仅注日期的版本适用于本文件。凡是不注日期的引用文件,其最新版本(包括所有的修改单)适用于本文件。

GB/T 307(所有部分)　滚动轴承

GB/T 528　硫化橡胶或热塑性橡胶　拉伸应力应变性能的测定

GB/T 531.1　硫化橡胶或热塑性橡胶　压入硬度试验方法　第1部分:邵氏硬度计法(邵尔硬度)

GB/T 699　优质碳素结构钢

GB/T 700　碳素结构钢

GB/T 1348　球墨铸铁件

GB/T 1569　圆柱形轴伸

GB/T 1689　硫化橡胶　耐磨性能的测定(用阿克隆磨耗试验机)

GB/T 2100　一般用途耐蚀钢铸件

GB/T 2828.1—2012　计数抽样检验程序　第1部分:按接收质量限(AQL)检索的逐批检验抽样计划

GB/T 3181—2008　漆膜颜色标准

GB/T 3216—2016　回转动力泵　水力性能验收试验　1级、2级和3级

GB/T 3512　硫化橡胶或热塑性橡胶　热空气加速老化和耐热试验

GB 6245　消防泵

GB/T 9112　钢制管法兰　类型与参数

GB/T 9239.1—2006　机械振动　恒态(刚性)转子平衡品质要求　第1部分:规范与平衡允差的检验

GB/T 9439　灰铸铁件

GB/T 11352　一般工程用铸造碳钢件

GB/T 13006　离心泵、混流泵和轴流泵　汽蚀余量

GB/T 13007　离心泵　效率

GB/T 13008—2010　混流泵、轴流泵　技术条件

GB/T 13306　标牌

GB/T 13384　机电产品包装通用技术条件

GB/T 20878　不锈钢和耐热钢　牌号及化学成分

GB/T 29529—2013　泵的噪声测量与评价方法

GB/T 29531—2013 泵的振动测量与评价方法

JB/T 4297 泵产品涂漆技术条件

JB/T 6879 离心泵铸件过流部位尺寸公差

JB/T 6913 泵产品清洁度

HG/T 2198 硫化橡胶物理试验方法的一般要求

3 术语和定义

下列术语和定义适用于本文件。

3.1

长轴 long shaft

三个及以上支承点的单根轴或多根轴组成的串联轴系。

3.2

立式长轴泵 vertical long shaft pump

立式安装的长轴式空间导叶泵。

3.3

最小淹没深度 minimum submerge depth

从泵吸入口到液面的最小距离。

4 型式、结构与参数

4.1 型式

4.1.1 按拆装型式分为：

   a) 转子部件可抽出式；

   b) 转子部件不可抽出式。

4.1.2 按叶轮结构分为：

   a) 闭式；

   b) 半开式；

   c) 开式。

4.1.3 按叶轮种类分为：

   a) 离心式；

   b) 混流式；

   c) 轴流式。

4.1.4 按叶轮级数分为：

   a) 单级；

   b) 多级。

4.1.5 按叶片调节型式分为：

   a) 固定式；

   b) 半调节式；

   c) 全调节式。

4.1.6 按传动方式分为：

   a) 立式原动机直接传动；

   b) 卧式原动机经转角齿轮箱传动。

4.1.7 按泵出口相对于安装基础位置分为：

    a) 泵出口在安装基础之上；

    b) 泵出口在安装基础之下。

4.1.8 按推力承受方式分为：

    a) 泵承受推力；

    b) 电机承受推力。

4.1.9 按安装基础数分为：

    a) 单基础；

    b) 双基础。

4.2 结构

结构示意图见图1、图2。

4.3 参数

泵参数范围：流量为 $30 \ m^3/h \sim 70\ 000 \ m^3/h$；扬程为 $7 \ m \sim 200 \ m$。

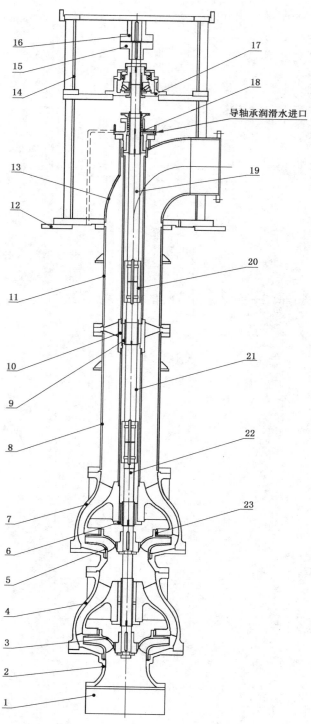

导轴承润滑水进口

说明:

1 ——滤网;
2 ——吸入喇叭口;
3 ——首级叶轮;
4 ——首级导叶体;
5 ——次级叶轮;
6 ——导轴承下;

7 ——次级导叶体;
8 ——外接管下;
9 ——导轴承中;
10 ——轴承支架;
11 ——外接管上;
12 ——安装垫板;

13 ——吐出弯管;
14 ——电机支架;
15 ——泵联轴器;
16 ——电机联轴器;
17 ——推力轴承部件;
18 ——填料函体部件;

19 ——主轴上;
20 ——中间联轴器;
21 ——主轴中;
22 ——主轴下;
23 ——密封环。

注:转子部件不可抽出式、闭式多级离心叶轮、泵出口在安装基础之上、泵承受推力。

图 1 结构示意图

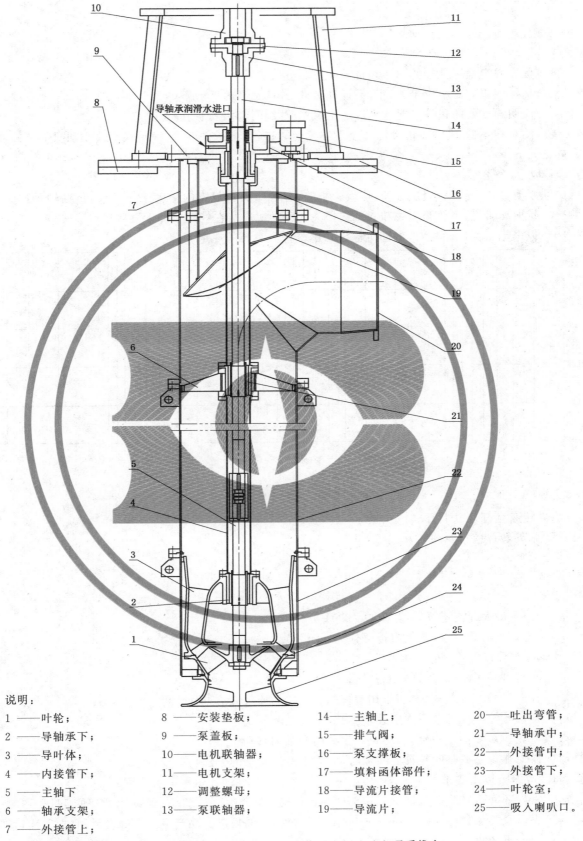

导轴承润滑水进口

说明：

1——叶轮；
2——导轴承下；
3——导叶体；
4——内接管下；
5——主轴下
6——轴承支架；
7——外接管上；

8——安装垫板；
9——泵盖板；
10——电机联轴器；
11——电机支架；
12——调整螺母；
13——泵联轴器；

14——主轴上；
15——排气阀；
16——泵支撑板；
17——填料函体部件；
18——导流片接管；
19——导流片；

20——吐出弯管；
21——导轴承中；
22——外接管中；
23——外接管下；
24——叶轮室；
25——吸入喇叭口。

注：转子部件可抽出式、半开式单级混流叶轮、泵出口在安装基础之下、电机承受推力。

图 2   结构示意图

5 一般规定

5.1 泵应按经规定程序批准的图样和技术文件制造。

5.2 泵应确保使用寿命不少于 20 年,易损件除外,连续运行时间应不少于 1 年。

5.3 买方应明确设备的正常工况点和额定工况点以及任何其他预期的工况点。

5.4 泵应满足在不低于 1.05 倍额定转速下连续运转;在紧急条件下,应满足在高速驱动机的自停转速下运转 2 min。

5.5 原动机应符合以下要求:

    a) 原动机可采用电动机、柴油机、汽轮机等,容量应满足规定的最大工作条件,包括轴承损失、密封损失、外部齿轮箱损失和联轴器损失。原动机应能在规定条件下可靠运行。

    b) 以电动机为原动机时,电动机额定功率应符合图 3 的规定。

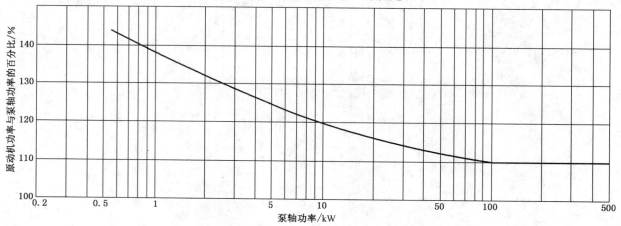

图 3 原动机功率与泵轴功率百分比

5.6 临界转速应符合以下要求:

第一临界转速应符合式(1)的规定:

$$n \leqslant \frac{n_{c1}}{1.4} \qquad \cdots\cdots\cdots\cdots\cdots\cdots\cdots (1)$$

式中:

n ——泵最大允许连续转速,单位为转每分钟(r/min);

n_{c1} ——第一临界转速,单位为转每分钟(r/min)。

5.7 叶轮应符合以下要求:

    a) 叶轮可采用闭式、半开式或开式;

    b) 闭式叶轮宜为整体铸件,采用焊接组合叶轮时应经买方同意;

    c) 开式叶轮叶片可采用固定式、半调节式或全调节式;

    d) 叶轮应可靠固定在轴上,防止产生径向和轴向移动;

    e) 需要在现场调整叶轮轴向间隙时,应采用外部调整的方法。

5.8 间隙应符合以下要求:

    a) 密封环间运转间隙可根据工作条件和材料确定,对于铸铁、青铜、经硬化处理的 11%~13% 铬钢以及类似材料,最小直径运转间隙应符合表 1 的规定。易产生嵌入的材料,宜在上述运转间隙上直径再加 0.13 mm。

表 1　运转间隙　　　　　　　　　　　　　　　　　　　　　单位为毫米

密封环直径	密封间隙	密封环直径	密封间隙
≤75	0.25	>460～520	0.70
>75～110	0.30	>520～580	0.75
>110～140	0.35	>580～640	0.80
>140～180	0.40	>640～780	0.90
>180～220	0.45	>780～900	1.00
>220～280	0.50	>900～1 000	1.10
>280～340	0.55	>1 000～1 200	1.30
>340～400	0.60	>1 200～1 400	1.50
>400～460	0.65	>1 400～1 600	1.70

　b)　开式叶轮外圆与壳体间隙应均匀,直径方向的最大间隙应符合以下规定:

　　1)　叶轮直径小于 1 000 mm 时,为叶轮直径的 1.5/1 000;

　　2)　叶轮直径大于 1 000 mm～2 000 mm 时,为 2 mm;

　　3)　叶轮直径大于 2 000 mm 时,为叶轮直径的 1/1 000;

　　4)　半径方向的最小间隙不小于直径方向最大间隙的 40%。

5.9　轴和轴套应符合以下要求:

　a)　泵轴应有足够的刚度,在轴挠度计算时,不应考虑填料的支承作用;

　b)　轴的总挠度在密封环和衬套处应小于最小直径间隙的 1/2;

　c)　泵运行期间,由径向载荷引起填料函体处轴的挠度不应超过 50 μm;

　d)　泵轴上的螺纹旋向应确保轴旋转时,使螺母处于拧紧状态。轴应保留中心孔;

　e)　轴伸尺寸应符合 GB/T 1569 的规定;

　f)　填料盒处轴套与轴间应密封,防止轴与轴套间泄漏;

　g)　装填料的轴套端部应伸到填料压盖外;

　h)　轴套外表面应经磨削光滑,粗糙度不应低于 1.6。

5.10　轴承应符合以下要求:

　a)　滚动轴承应按 GB/T 307 的规定执行。

　b)　滚动轴承温升不应超过环境温度 35 ℃,且最高温度应不高于 75 ℃。

　c)　承受推力的轴承和轴承室应按烃类润滑油设计。

　d)　润滑油液位高度应位于推力轴承滚珠高度的 1/2 或 2/3 处。

　e)　泵运行时,轴承室内的润滑油不允许形成抛物面,应在轴承室内上下循环对轴承喷淋润滑。

　f)　在轴穿过轴承室处,应装有可靠的非接触式密封,防止漏油及杂物进入轴承室内。

　g)　轴承室应与外界大气相通,保持轴承室内压力和大气压相同及热空气向外界排出。

　h)　轴承室应设有可拆卸的冷却水腔,供输送液体温度较高或环境温度较高时外接冷却水循环冷却。

　i)　轴承室应具备注油、排油、油位检测、温度检测等功能。

　j)　水中导轴承宜采用橡胶或增强树脂塑料水润滑滑动轴承。橡胶导轴承性能应符合表 2 的规定。

　k)　常温下橡胶导轴承直径间隙可按式(2)计算:

$$\delta = 0.2 + \frac{2d}{1\,000} \qquad \cdots\cdots\cdots\cdots\cdots\cdots\cdots\cdots\cdots\cdots\cdots\cdots\cdots (2)$$

式中：

δ ——轴承直径间隙，毫米(mm)；

d ——与轴承配合处轴套外径，毫米(mm)。

l) 无外接润滑水源时，位于水线以上的轴承不应采用橡胶轴承，而应采用具有自润滑性能的材料。

m) 轴承的最大跨度，可根据泵转速、轴颈参见附录 A 查得。

表 2 橡胶导轴承性能

项目	性能指标	检验标准
抗张强度	>11.77 MPa	HG/T 2198 GB/T 528
伸长率	>400%	
永久变形	<40%	
邵氏 A 硬度	65～75	GB/T 531.1
磨损	在磨耗试验机上试验时，小于 700 cm³/(kW·h)	GB/T 1689
老化	温度为 70 ℃时，在 72 h 内，老化系数大于 0.8	GB/T 3512
比压	橡胶轴承比压不大于 0.5 MPa	—

5.11 轴封应符合以下要求：

a) 泵轴封宜采用填料密封。

b) 填料函体应设置向导轴承注入润滑水的孔。

c) 采用填料时，填料函外应有足够空间，便于更换填料。

d) 填料函体内填料圈数，不应小于 4 圈，各圈接口应互相错开。

e) 泵设计时应最大限度减少填料函的压力，可在填料函外设置减压套和泄压管。

f) 填料函体应设置集液盘和排液管路。

g) 填料压盖及双头螺栓、螺母等零件应能防锈。

5.12 联轴器及联轴器罩应符合以下要求：

a) 由原动机承受推力的，泵与原动机联接的联轴器应采用可调节刚性联轴器。

b) 由泵本身承受推力的，泵与原动机联接的联轴器应采用弹性柱销联轴器。

c) 泵主轴之间的连接应采用刚性联轴器，联轴器应适用反转状态，方便拆卸。

d) 联轴器罩应防止旋转零件与外界接触。

5.13 安装垫板应符合以下要求：

安装垫板应有足够刚度，确保机组正常运行。

5.14 滤网应符合以下要求：

a) 根据水质及买方要求，可设置滤网。

b) 滤网进水净面积不应小于吸入管断面面积的 3 倍，最大孔面积不应大于叶轮或导叶体最小流道面积的 75%。

c) 无滤网时，应在进水流道入口处增设拦污栅。

5.15 制造应符合以下要求：

a) 铸件应符合以下要求：

1) 铸件不应有影响力学性能的铸造缺陷。

2) 铸件表面应清理干净,可采用喷砂、喷丸或其他方法,分型面的飞边或浇、冒口的残余均应切除,使铸件表面齐平。

3) 铸造缺陷允许用焊接或其他工艺方法修补时,应符合有关标准的规定。承压铸件的渗透漏和缺陷修补禁止采用塞堵、锤击、涂漆或浸渍等办法。铸件过流部位尺寸偏差应符合 JB/T 6879 或 GB/T 13008—2010 中 5.5.1.4 的规定。

b) 装配应符合以下要求:

1) 泵零件应在检查合格和清洗干净后,方可装配。

2) 泵清洁度应符合 JB/T 6913 的规定。

3) 装配好的转子部件,径向跳动应符合表3的规定。

4) 零部件配合部位应保证互换,泵安装尺寸应与图样一致。

5) 适应于整台运输和现场安装的泵,应整台出厂。不能整台出厂时,应在厂内预装。预装后相关零部件应作出标记。

6) 泵装配完后,转子应转动灵活。

表 3 径向跳动值

单位为毫米

泵型	部位	名义尺寸 ≤50	名义尺寸 >50~120	名义尺寸 >120~260	名义尺寸 >260~500	名义尺寸 >500~800	名义尺寸 >800~1 250	名义尺寸 >1 250
单级泵	叶轮密封环外圆	0.05	0.07	0.08	0.09	0.13	0.16	0.20
	轴套外圆	0.04	0.06	0.07	0.08			
多级泵	叶轮密封环外圆	0.06	0.08	0.09	0.10	0.13	—	—
	轴套外圆	0.04	0.06	0.07				

6 要求

6.1 性能

6.1.1 泵性能参数应符合相应标准或订单的规定。性能偏差应符合 GB/T 3216—2016 中 4.5 适用于泵应用领域的默认试验验收等级的要求。消防泵性能参数应符合 GB 6245 的规定。

6.1.2 制造厂应确定泵允许工作范围,并提供扬程、效率、轴功率、汽蚀余量与流量关系的性能曲线。

6.1.3 叶轮可调式泵应提供叶片各安装角度的扬程、效率、轴功率、汽蚀余量与流量关系性能曲线。

6.1.4 当更换一个较大直径的或不同水力设计的叶轮后,泵在额定转速和额定流量下,扬程至少应当能够提高 5%。

6.1.5 泵效率应符合 GB/T 13007 的规定,比转数超出该范围的应符合协议或合同规定。

6.1.6 汽蚀余量应符合 GB/T 13006 的规定。

6.1.7 泵最小淹没深度与流量关系宜参见附录 B。当消防泵的设计流量不大于 105 L/s 时,第一个水泵叶轮底部应低于消防水池的最低有效水位线。

6.2 平衡

6.2.1 叶轮应进行静(动)平衡试验,平衡件最大外径上的静平衡质量不得大于式(3)的计算值;动平衡质量不得大于式(4)的计算值:

$$\Delta W = \frac{2eW}{D} \qquad \cdots\cdots\cdots\cdots\cdots\cdots\cdots (3)$$

$$\Delta W = \frac{eW}{D} \quad\quad\quad\quad\quad\quad\quad\quad\quad\quad\quad\quad\quad\cdots\cdots\cdots\cdots\cdots\cdots\cdots\cdots (4)$$

式中：

ΔW ——最大外径处平衡质量，单位为克(g)；

e ——许用剩余不平衡度，单位为克毫米每千克(g·mm/kg)(应符合 GB/T 9239.1—2006 中 G6.3 级的规定)；

W ——平衡件质量，单位为千克(kg)；

D ——平衡件最大外径，单位为毫米(mm)。

6.2.2 静平衡最大外径处平衡质量计算值小于 3 g 时，应按 3 g 计。动平衡最大外径处平衡质量计算值小于 1.5 g 时，应按 1.5 g 计。

6.3 承压零件

6.3.1 承受内压的零件，包括导叶体、吐出弯管、外接管等，应能承受规定的工作压力和环境温度下的水压试验压力以及保压持续时间要求。

6.3.2 试验压力应为工作压力的 1.5 倍，但应不低于 0.4 MPa，保压持续时间应不少于 10 min；在试验过程中，零件应无渗漏现象。

6.3.3 消防泵的试验压力：最大工作压力与进口最大允许正压的压力之和的 2 倍或者 2.0 MPa，两者取大值，在此压力下持续 1 min±0.2 min。试验过程中零件不应有影响性能的变形和裂纹等缺陷。

6.3.4 泵对外的连接法兰应符合 GB/T 9112 的规定。

6.4 主要零件材料

6.4.1 泵主要零部件材料不应低于表 4 的规定。

表 4　主要零部件材料

零件	输送介质		
	清水	海水	污水(含磨料)
吐出弯头 内、外中间接管	Q235B HT200	06Cr19Ni10 022Cr17Ni12Mo2 022Cr22Ni5Mo3N	Q235B HT250
导叶 吸入喇叭口	HT200 ZG230-450	06Cr19Ni10 022Cr17Ni12Mo2 022Cr22Ni5Mo3N	HT250 QT500-7 06Cr18Ni11Ti
叶轮	12Cr13 ZG230-450	06Cr19Ni10 022Cr17Ni12Mo2 022Cr22Ni5Mo3N	20Cr13 06Cr18Ni11Ti
叶轮室 密封环	HT200 20Cr13 ZG230-450	06Cr19Ni10 022Cr17Ni12Mo2 022Cr22Ni5Mo3N 0Cr18Ni12Mo2Cu2	06Cr18Ni11Ti QT500-7
主轴	45 20Cr13	06Cr19Ni10 022Cr17Ni12Mo2 022Cr22Ni5Mo3N	45、20Cr13

表 4（续）

零件	输送介质		
	清水	海水	污水（含磨料）
轴套	45 12Cr13 20Cr13	06Cr19Ni10 022Cr17Ni12Mo2 022Cr22Ni5Mo3N	20Cr13 12Cr18Ni9
中间联轴器	ZG230-450 12Cr13	06Cr19Ni10 022Cr17Ni12Mo2 022Cr22Ni5Mo3N	12Cr13
导轴承	HT200＋耐磨橡胶	06Cr19Ni10＋耐磨橡胶 022Cr17Ni12Mo2＋耐磨橡胶 022Cr22Ni5Mo3N＋耐磨橡胶	HT200＋耐磨橡胶

6.4.2 泵材料应有合格证或工厂检验数据，证明符合有关标准的规定。买方要求时，应提供材料化学成分、力学性能和无损探伤试验报告。

6.4.3 灰铁铸件应符合 GB/T 9439 的规定；球墨铁铸件应符合 GB/T 1348 的规定；铸钢件应符合 GB/T 11352 的规定；一般用途耐蚀钢铸件应符合 GB/T 2100 的规定；不锈钢和耐热钢应符合 GB/T 20878 的规定；碳素结构钢应符合 GB/T 700 的规定；优质碳素结构钢应符合 GB/T 699 的规定。

6.4.4 消防泵材质应符合以下要求：

    a) 轴应采用至少为 20Cr13 的不锈钢或者相当的抗腐蚀材料；或者轴使用碳钢，但在填料函及导叶体过流流道处须采用抗腐蚀性材料的轴套。

    b) 导叶体应采用铸造合金，叶轮应采用青铜或不锈钢铸造，外接管宜为 Q235B。

    c) 叶轮密封环、导叶体密封环、填料压盖、填料轴套、轴套、挡套、中间衬套、密封压盖、压盖螺母、轴套螺母、叶轮螺母和放水旋塞应采用抗腐蚀性材料。

    d) 联轴器应采用铸钢或不锈钢材料。

6.5 振动

泵振动烈度应符合 GB/T 29531—2013 中 B 级的规定。转速小于 600 r/min 时，应符合转速为 600 r/min 的规定。

6.6 噪声

泵噪声级应符合 GB/T 29529—2013 中 C 级的规定。

6.7 防锈和涂漆

6.7.1 泵装配前和装配过程中应采取以下防锈处理：

    a) 流道和铸件非加工表面应去除铁锈和油污后涂防锈漆；

    b) 加工的过水面应涂防锈油脂；

    c) 轴承体储油室内表面应清理干净后涂耐油磁漆；

    d) 轴、联轴器、轴套等外露加工表面应涂油脂或其他防锈涂料。

6.7.2 涂漆表面处理与涂漆技术要求应符合 JB/T 4297 的规定。

6.7.3 泵经性能试验合格后，应除净泵内积水，并重新作防锈处理。

6.7.4 消防泵的涂漆要求：泵体以及各种外露的罩壳、箱体均应喷涂 GB/T 3181—2008 中表 2 给出的 R03 大红漆。

7 试验方法

7.1 泵性能试验方法应按 GB/T 3216—2016 中 2 级的规定进行。

7.2 叶轮平衡试验应按 GB/T 9239.1 的规定进行。

7.3 承受压力零件的水压试验应按 6.3.2、6.3.3 的规定进行,试验介质为常温清水。

7.4 材料化学成分分析和力学性能试验应按第 6.4.3 的规定进行。

7.5 泵振动测量方法应按 GB/T 29531 的规定进行。转速小于 600 r/min 时,传感器等测量仪器频率响应下限应不大于 2 Hz。

7.6 泵噪声测量方法应按 GB/T 29529 的规定进行。

7.7 泵的漆装检查应按 JB/T 4297 的规定进行。消防泵的涂层质量应符合 GB 6245 中的规定。

8 检验规则

8.1 出厂检验

8.1.1 每台泵均应做出厂检验。

8.1.2 出厂检验项目应符合表 5 的规定。

8.1.3 检验数量和检验规则应符合 GB/T 2828.1—2012 的规定,抽样方法可采用一次或二次抽样,采用检查水平 Ⅱ,合格质量水平 AQL 为 4.0。

8.1.4 制造厂不能进行性能试验和型式检验时,可采用模型或现场试验。采用模型检验时,模型泵叶轮直径应不小于 300 mm。

8.2 型式检验

8.2.1 凡遇以下情况之一时,应进行型式检验:

 a) 新产品或老产品转厂生产的试制定型鉴定;

 b) 正式生产后,结构、材料、工艺改变,可能影响产品性能时;

 c) 批量生产的产品,周期性检验时;

 d) 产品停产 2 年后,恢复生产时;

 e) 出厂检验结果与上次型式检验有较大差异时。

8.2.2 型式检验项目应符合表 5 的规定。

8.2.3 型式检验抽样和判断处置规则应符合 GB/T 2828.1—2012 的规定。宜采用正常检验一次抽样方案,检查批量应满足样本至少为 2 台(批量为 1 台例外),检验水平为特殊检验水平 S-1,接收质量限(AQL)为 6.5。

表 5　检验项目表

检验项目	出厂检验	型式检验
外观及转动检查	√	√
运转试验	√(抽检)	√
承受工作压力的零部件水(气)压试验	√	√
叶轮静(动)平衡试验	√	√
规定流量下扬程的测定	√(抽检)	√

表 5（续）

检验项目	出厂检验	型式检验
泵性能曲线测定，包括：扬程-流量曲线；轴功率-流量曲线；泵效率-流量曲线等	—	√
泵振动测定	—	√
泵噪声测定	—	√
泵旋转零部件静平衡或动平衡试验，不解体进行。可用零件或部件过程检验代替。有特殊要求或规定必须解体试验时，应明确解体可能影响性能的因素	—	√
注："√"表示应做检验项目；"—"表示不做检验项目。		

9 标志、包装、运输和贮存

9.1 标志

9.1.1 铭牌

每台泵应在明显位置牢固标识产品铭牌，铭牌尺寸和技术要求应符合 GB/T 13306 的规定。铭牌应耐环境腐蚀，保证在使用期内字迹清晰，铭牌应包括以下内容：

　　a）　制造厂名称；

　　b）　泵型号；

　　c）　泵主要参数：流量（m³/h）、扬程（m）、转速（r/min）、配用功率（kW）、泵重量（kg）；

　　d）　泵出厂编号和出厂日期。

9.1.2 泵旋转方向应在明显位置用红色箭头表示。

9.2 包装和运输

9.2.1 泵包装应符合 GB/T 13384 的规定。

9.2.2 泵应采取措施防止运输过程中造成损坏。

9.2.3 每台泵出厂时应随带以下文件，并封存在防潮袋内：

　　a）　产品合格证；

　　b）　装箱单；

　　c）　产品说明书。

9.3 贮存

泵在存放中应能防止锈蚀和损坏，泵油封有效期应为 12 个月，到期应检查，重新油封。

附　录　A
（资料性附录）
最大轴承跨距

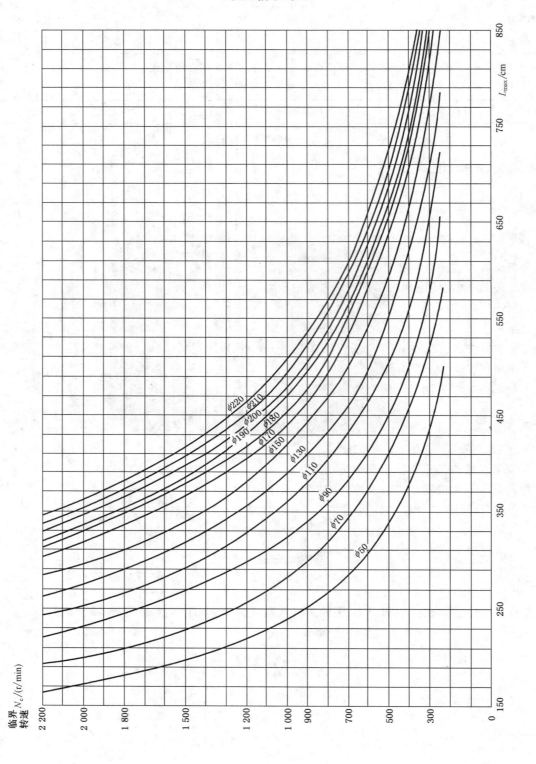

附　录　B

（资料性附录）

最小淹没深度曲线图

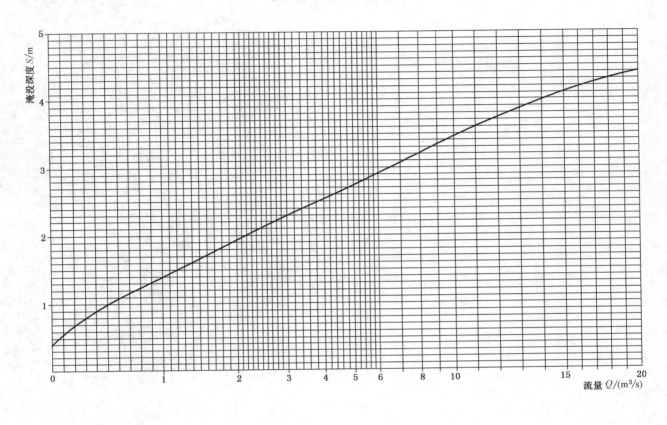

ICS 91.140.60
P 41

中华人民共和国城镇建设行业标准

CJ/T 254—2014
代替 CJ/T 254—2007

管网叠压供水设备

Additive pipe pressure water supply devices

2014-03-27 发布

2014-07-01 实施

中华人民共和国住房和城乡建设部　　发　布

前　言

本标准按照 GB/T 1.1—2009 给出的规则起草。

本标准代替 CJ/T 254—2007《管网叠压供水设备》，与 CJ/T 254—2007 相比，主要技术内容变化如下：

——增加了罐式、箱式、高位调蓄式和无调节装置叠压供水设备术语及定义；

——增加了按调节装置类型的分类；

——取消了原 5.3"一般要求"；

——修改了原 5.5.5 噪声值；

——修改了原 6.3.6 连续运行试验时间；

——增加了罐式、箱式、高位调蓄式的相关内容；

——增加了控制柜抗干扰能力的规定及试验方法；

——增加了附录 A。

本标准由住房和城乡建设部标准定额研究所提出。

本标准由住房和城乡建设部建筑给水排水标准化技术委员会归口。

本标准负责起草单位：中国建筑金属结构协会。

本标准参加起草单位：四川玉树科技（集团）有限公司、江苏瑞驰泵业有限公司、悉地国际设计顾问（深圳）有限公司、广州市思泊隆供水设备有限公司、厦门海源泵业有限公司、上海凯泉泵业有限公司、上海东方泵业（集团）有限公司、上海连城（集团）有限公司、北京兰利东方科技有限公司、南方泵业股份有限公司、广州白云泵业集团有限公司、南京宁水机械设备工程有限责任公司、北京凯博威给水设备有限公司、山东国泰创新供水技术有限公司、南京尤孚泵业有限公司、深圳市鸿效科技有限公司、北京同力华盛环保科技有限公司、潍坊三洋供水设备有限公司、深圳市利万家智能技术有限公司、格兰富水泵（上海）有限公司、淄博瑞德蓝供水设备科技有限公司、山东正浩给水设备科技有限公司。

本标准主要起草人：华明九、刘建、姜文源、刘彦菁、曹掖、谭青、蒲果、汪立峰、吴卫东、李明德、陈英华、彭学斌、韩立纲、陈远征、杨德富、孙建云、高斌、魏凯明、孔令红、潘晓彬、石义兴、王雅香、相有前、周炳钊、王强、何永富、张存森。

本标准所代替标准的历次版本发布情况为

——CJ/T 254—2007。

管网叠压供水设备

1　范围

本标准规定了管网叠压供水设备(以下简称"设备")的术语和定义、分类与型号、要求、试验方法、检验规则、标志、包装、运输和贮存。

本标准适用于管网叠压类供水设备的设计、制造和检验。

2　规范性引用文件

下列文件对于本文件的应用是必不可少的。凡是注日期的引用文件,仅注日期的版本适用于本文件。凡是不注日期的引用文件,其最新版本(包括所有的修改单)适用于本文件。

GB 150.1　压力容器　第1部分:通用要求

GB 150.2　压力容器　第2部分:材料

GB 150.3　压力容器　第3部分:设计

GB 150.4　压力容器　第4部分:制造、检验和验收

GB/T 191　包装储运图示标志

GB 755　旋转电机　定额和性能

GB/T 2423.1　电工电子产品环境试验　第1部分:试验方法　试验A:低温

GB/T 2423.2　电工电子产品环境试验　第2部分:试验方法　试验B:高温

GB/T 2423.3　电工电子产品环境试验　第3部分:试验方法　试验Cab:恒定湿热试验

GB/T 3214　水泵流量的测定方法

GB/T 3216　回转动力泵　水力性能验收试验　1级和2级

GB/T 3797—2005　电气控制设备

GB 4208　外壳防护等级(IP代码)

GB/T 5657　离心泵技术条件(Ⅲ类)

GB/T 12771　流体输送用不锈钢焊接钢管

GB/T 13306　标牌

GB/T 13384　机电产品包装通用技术条件

GB/T 17219　生活饮用水输配水设备及防护材料的安全性评价标准

GB 18613　中小型三相异步电动机能效限定值及能效等级

GB 19762　清水离心泵能效限定值及节能评价值

GB 50015　建筑给水排水设计规范

GB 50242　建筑给水排水及采暖工程施工质量验收规范

CJ/T 352　微机控制变频调速给水设备

JB/T 4711　压力容器涂敷与运输包装

JB/T 8098—1999　泵的噪声测量与评价方法

3　术语和定义

下列术语和定义适用于本文件。

3.1

管网叠压供水设备　watery supply device with superimposing pipe pressure

与供水管网直接串联加压供水，利用供水管网压力并保证供水水压满足末端用户所需水压、水量，且保证供水管网压力不低于当地供水部门所规定的最小服务水头和消防规范所规定的压力的加压供水装置，又称叠压供水设备。

3.1.1

罐式叠压供水设备　pot-type watery supply device with superimposing pipe pressure

配有稳流补偿罐并实现流量调节的管网叠压供水设备。

3.1.2

箱式叠压供水设备　cabinet-type watery supply device with superimposing pipe pressure

配有低位水箱并实现流量调节的管网叠压供水设备。

3.1.3

高位调蓄式叠压供水设备　watery supply device with superimposing pipe pressure for overhead storage

配有高位调蓄水箱（罐）并实现流量调节的管网叠压供水设备。

3.1.4

无调节装置叠压供水设备　succession water supply equipment without adjustment device

不配置稳流补偿罐、低位水箱和高位调蓄水箱（罐）的管网叠压供水设备。

3.2

设定压力　selected pressure

叠压供水设备出口的设计工作压力。

3.3

最高工作压力　maximum working pressure

p_{max}

叠压供水设备零流量时出口处的压力。

3.4

稳定时间　settled time

指设备偏离稳定运行状态后，恢复到稳定状态所需时间。

3.5

限定压力　limited pressure

根据供水管网可提供的水压，规定设备进口处的最低压力。

3.6

压力调节精度　precision of pressure adjust

设备在稳定运行状态时，压力波动的相对幅度。

4　分类与型号

4.1　分类

4.1.1　按结构型式分为：

　　a)　室内整体式（NZ）；

　　b)　室内分体式（NF）；

　　c)　室外整体式（WZ）；

　　d)　管中泵式（或称潜水式）（GZ）。

4.1.2 按调节装置类型分为：

　　a) 稳流补偿罐式（W）；

　　b) 低位水箱式（C）；

　　c) 高位调蓄装置式（K）；

　　d) 无调节装置式（Y）。

4.1.3 按水泵运行方式分为：

　　a) 变频运行（B）；

　　b) 工频运行（G）。

4.2 型号

型号组成及标记示例参见附录 A。

5 要求

5.1 一般要求

5.1.1 设备的图样和技术文件应符合本标准的要求绘制和编制。设备应按已批准的图样及技术文件制造,设备应便于安装、调试、操作和维护。

5.1.2 设备整体布局及部件安装位置应合理,便于安装、操作、调试和维修。

5.1.3 设备配套使用的仪表,其类型、量程、精度应满足使用要求及符合相关标准的规定。产品应有产品合格证。

5.1.4 设备配套使用的水泵、阀门、管件的耐压等级和密封性能应满足使用要求及相关标准的规定,配套使用的产品应有产品合格证,设备的各种阀门及其活动部件的动作应灵活、可靠。

5.2 设备使用的工作环境和工作条件

　　a) 供电频率:$50 \times (100 \pm 5)\%$ Hz;

　　b) 供电电压:AC380 $\times (100 \pm 10)\%$ V(功率小于或等于 5.5 kW 时,供电电压也可为 220 V);

　　c) 环境温度:4 ℃~40 ℃;

　　d) 相对湿度:<90%(20 ℃)(室外型可允许为 95%);

　　e) 海拔高度:不超过 1 000 m(超过时,应加海拔高度修正系数);

　　f) 设备运行场所应有良好卫生环境,应无导电或爆炸性尘埃,无腐蚀金属或破坏绝缘的气体或蒸气。

5.3 外观

5.3.1 设备表面应平整、匀称,不应有明显的划伤、凹陷、局部变形等缺陷。

5.3.2 设备表面涂层的颜色应均匀,不应有明显的脱漆、起泡、剥离、裂纹、流痕等现象。管路布置应合理、美观、检修方便,易于操作。

5.3.3 不锈钢管道和设备焊接处的焊缝应均匀、牢固,不应有气孔、夹渣、裂纹或烧穿等缺陷。

5.3.4 部件间采用螺栓连接时,应牢固、可靠。

5.3.5 设备应有牢固吊环,以便吊装。

5.4 性能要求

5.4.1 设备的供水要求

设备应在限定压力值之上进行叠压供水。

5.4.2 设备运行要求

设备运行时应运转平稳,各种开关动作应灵活、可靠。

5.4.3 罐式稳流补偿

5.4.3.1 当设备配置有稳流补偿罐时,设备应具备以下补偿功能:

——补偿能力:高峰供水时,设备应及时提供补偿水量(容积),限制最大抽吸流量;

——补偿水量(容积):应为补偿流量与补偿时间的乘积,且不应小于设备额定流量运行 1 min 的水量。

5.4.3.2 设备的补偿功能可采用变频调速或其他方式控制。

5.4.4 低位水箱补偿

5.4.4.1 当设备配置有低位水箱,且供水管网的进水流量不能满足使用要求时,水泵机组可切换至从低位水箱取水,加压后供水至用户管网系统;低位水箱防二次污染的措施应符合 GB 50015 的要求。

5.4.4.2 箱式叠压供水设备可配置增压泵,与水泵机组串联运行。也可配置水射器,水泵机组可同时从供水管网和通过水射器从低位水箱取水,加压后供水至用户管网系统。

5.4.5 高位调蓄补偿

当设备配置有高位调蓄水箱(罐)时,高位调蓄水箱(罐)中的储备水可以补充到用户管网系统,满足用户的设计秒流量。

5.4.6 强制保护功能

5.4.6.1 设备进口压力降低至限定压力时,设备 30 s 内应自动关泵或减速运行。

5.4.6.2 用户管网出现超压时,设备宜减泵或降频运行,当超压不能有效控制时,设备应自动停机并报警,超压消除后,应自动恢复正常运行。

5.4.7 缺水保护

设备在无水源或稳流补偿罐、低位水箱等调蓄装置到设计最低水位时,应自动停机保护并报警;水源恢复后应自动开启。

5.4.8 小流量停机保压

设备在用户用水低峰或小流量时应自动切换为停机保压的工作状态。

5.4.9 压力调节精度

设备应具备自动恒压供水功能,且工作时,压力误差不应超过 ± 0.01 MPa。

5.4.10 自动切换

设备配置的水泵应自动切换运行,切换时间不应超过 10 s;当工作泵出现故障时,备用泵应在 5 s 之内自动投入运行。

5.4.11 连续运行

设备在额定流量及额定压力工况下应能连续运行。

5.4.12 设备启、停控制

设备应具备手动、自动启停功能，或可配置远程操作的启停功能。

5.4.13 强度及密封性

设备在 1.5 倍工作压力下保压 10 min 应无变形或损坏，在 1.1 倍工作压力下保压 30 min 应无渗漏。

5.4.14 噪声

设备正常运行的噪声应符合 JB/T 8098—1999 中 B 级的规定。

5.4.15 保护功能

设备应具有对电源的过压、欠压、短路、过流、缺相等故障进行报警及自动保护功能，对可恢复的故障应能手动或自动消除，恢复正常运行。

5.4.16 抗干扰能力

设备在设计负荷的用电装置干扰下应稳定、正常工作。

5.4.17 定时循环功能

当设备配置有低位水箱时，应具有定时自动从低位水箱中取水并补充到用户管网中的功能。

5.4.18 消毒

设有水箱调节的设备应配置有消毒设施；设有密闭罐或无调节装置的设备应预留消毒设施接口。

5.5 水泵机组

5.5.1 水泵机组制造商应具有生产许可证，水泵机组应有产品合格证。

5.5.2 罐式、箱式和无调节装置的叠压供水设备的水泵机组应采用变频泵；高位调蓄叠压供水设备的水泵机组可采用工频泵或变频泵。

5.5.3 水泵机组性能应符合 GB/T 5657 的规定，水泵效率应符合 GB 19762 的规定；与水泵配套的电机性能应符合 GB 755 的规定，效率应符合 GB 18613 的规定。

5.5.4 水泵应选用低噪声离心泵，其过流部件材质为不锈钢、铜或球墨铸铁。

5.5.5 水泵机组数量，工作泵不宜少于两台，备用泵应配置一台。备用泵的供水能力不应小于机组中最大一台工作泵的供水能力，工作泵和备用泵应自动轮换运行。

5.5.6 水泵所配的电动机的功率，应满足所选水泵流量扬程性能曲线上任何一点运行所需功率的要求。

5.5.7 水泵机组宜有基础隔振，管道隔振和支架隔振措施。

5.6 管路系统

5.6.1 管材、管件宜采用不锈钢管。材质不应低于 S30408 奥氏体不锈钢，且应符合 GB/T 12771 的规定。

5.6.2 阀门、倒流防止器的材质应采用耐腐蚀材料。

5.6.3 管材、管件、阀门、倒流防止器的选用及连接方法应符合 GB 50015 和 GB 50242 的规定。

5.6.4 管路最低处应设置泄水设施。

5.6.5 倒流防止器应根据需要设置，倒流防止器应符合国家现行相关标准的规定。

5.7 控制柜

5.7.1 一般规定

5.7.1.1 控制柜表面应平整、匀称，不应有明显的变形或烧穿等缺陷，其外观应符合 CJ/T 352 的规定。

5.7.1.2 控制柜内接线点应牢固，布线应符合设计样图和国家现行相关标准的规定。

5.7.1.3 控制柜中导线及母线的颜色应符合国家现行相关标准的规定。

5.7.1.4 指示灯和按钮的颜色应符合国家现行相关标准的规定。

5.7.1.5 控制柜的防护等级应符合 GB 4208 的规定。

5.7.2 显示功能

控制柜面板宜有中文显示界面，并具备下列显示标示：

a) 电源、电流和电压等；

b) 水泵启和停状态；

c) 设定压力、实际压力和频率；

d) 故障声和光报警。

5.7.3 温升

控制柜各部件的温升应符合 GB/T 3797—2005 中 4.9 的规定。

5.7.4 电气性能

5.7.4.1 电气间隙与爬电距离

设备中不等电位的裸导体之间，以及带电的裸导体与裸露导电部件之间的最小电气间隙和爬电距离应符合 GB/T 3797—2005 中 4.7 的规定。

5.7.4.2 绝缘电阻与介电强度

应符合以下要求：

a) 设备中带电回路之间、带电回路与裸露导电部件之间的绝缘电阻值，应符合 GB/T 3797—2005 中 4.8.1 的规定。

b) 设备的冲击耐受电压应符合 GB/T 3797—2005 中 4.8.2 的规定。

c) 设备的工频耐受电压应符合 GB/T 3797—2005 中 4.8.3 的规定。

5.7.4.3 安全接地保护

金属柜体上应有可靠的接地保护，与接地点相连接的保护导线的截面，应符合 GB/T 3797—2005 中 4.10.6 的规定。与接地点连接的导线必须是黄、绿双色线或铜编织线，并有明显的接地标示。主接地点与设备任何有关的、因绝缘损坏可能带电的金属部件之间的电阻不应超过 0.1 Ω。连接接地线的螺钉和接地点不应作为其他用途。

5.7.4.4 电磁兼容性（EMC）试验

应符合以下要求：

a) 低频干扰应符合 GB/T 3797—2005 中 4.13.2 的规定；

b) 高频干扰应符合 GB/T 3797—2005 中 4.13.3 的规定；

c) 发射试验应符合 GB/T 3797—2005 中 4.13.4 的规定。

5.7.5 环境试验

5.7.5.1 低温工作

在额定负载和规定温度下,保持规定的持续时间,设备应正常、可靠工作。

5.7.5.2 高温工作

在额定负载和规定温度下,保持规定的持续时间,设备应正常、可靠工作。

5.7.5.3 恒定湿热试验

在额定负载条件下,进行恒定湿热试验(不通电),保持规定的持续时间,设备应正常工作。

5.7.5.4 震动试验

在额定负载条件下进行震动试验,柜体结构及内部零件应完好无损,设备应正常工作。

5.8 变频器

变频运行的水泵机组应配置变频器,变频器宜按水泵数量一对一配置。根据要求可共用变频器。

5.9 卫生性能

设备中过流部件材质的卫生性能应符合 GB/T 17219 的规定。

5.10 稳流补偿罐

5.10.1 稳流补偿罐过流部位材质设在室内时不应低于 S30408 奥氏体不锈钢;设在室外时不应低于 S31603 奥氏体不锈钢。
5.10.2 稳流补偿罐的设计压力不应低于直接串接的供水管网的最大给水压力,且不应低于 0.6 MPa。
5.10.3 稳流补偿罐的总容积可分为 0.3 m³,0.5 m³,0.75 m³,1.0 m³,1.5 m³ 和 2.0 m³。
5.10.4 稳流补偿罐应采用密封结构。
5.10.5 稳流补偿罐的焊接要求,应按 5.3.3 的规定。

5.11 气压罐

5.11.1 气压罐的设计、制造、检验和验收应按 GB 150.1,GB 150.2,GB 150.3 和 GB 150.4 的规定。
5.11.2 气压罐的罐体承压应按最高工作压力的要求配置。用于生活饮用水的设备宜配置隔膜式气压罐。

5.12 低位水箱

5.12.1 水箱进出水管设置应避免产生滞水区,必要时应设置导流板(管)。水箱应设置液位显示。
5.12.2 溢流管、通气帽应设置防虫网,通气帽应设置过滤器。
5.12.3 水箱高于 1.5 m 时,应设置内外检修爬梯。
5.12.4 水箱人孔应设置锁紧装置。
5.12.5 水箱内衬材料设在室内时不应低于 S30408 奥氏体不锈钢;设在室外时不应低于 S31603 奥氏体不锈钢。
5.12.6 整体式箱式叠压给水设备的水泵机组间应设置通风装置。
5.12.7 室内外安装水箱应有接地措施,室外安装水箱应采取保温和防雷措施。

5.12.8 低位水箱当不配置水射器时，其容积应为 1 h～2 h 最大小时流量。

5.12.9 水箱焊接完毕后应进行满水试验。

5.12.10 水箱溢流应设置溢流报警装置。

5.13 增压泵

5.13.1 增压泵额定流量应合理选用，应与水泵机组的额定流量相匹配。

5.13.2 增压泵的压力不应小于当地供水部门规定的限定压力值。

5.14 高位调蓄水箱（罐）

5.14.1 高位调蓄水箱（罐）的材质不应低于 S30408 奥氏体不锈钢。

5.14.2 高位调蓄水箱（罐）总容积可分为 0.5 m³，1.0 m³，1.5 m³，2.0 m³，2.5 m³，3.0 m³，3.5 m³，4.0 m³，4.5 m³ 和 5.0 m³。

5.14.3 高位调蓄水箱（罐）顶部应设置具有进排气功能的空气过滤装置。

5.14.4 高位调蓄水箱（罐）应具有高、低水位启停泵以及超高水位报警的功能。

5.14.5 高位调蓄罐的内部结构宜具备水、空气隔离功能。

5.14.6 高位调蓄水箱（罐）焊接完毕后应进行满水试验。

6 试验方法

6.1 一般要求

检查其合格证，相关图样、技术、质量文件或检验报告，应符合 5.1 的规定。

6.2 设备使用的工作环境和工作条件

设备使用的工作环境和工作条件应符合 5.2 的规定。

6.3 外观检查

目测检验设备外观，应符合 5.3 的规定。

6.4 性能要求检查

6.4.1 叠压供水

开启供水模拟泵，模拟供水限定压力，将设备设定压力设置为供水限定压力加泵的额定压力，设备处于自动运行状态，检查出口压力，是否符合 5.4.1 的规定。

6.4.2 设备运行

设备运行，观察设备运行情况，操作各种开关，应符合 5.4.2 的规定。

6.4.3 罐式稳流补偿

6.4.3.1 设备按额定工况运行正常后关闭进水总阀，解除强制保护功能，并记录设备运行时间，检查是否符合 5.4.3.1 的规定。

6.4.3.2 设备按额定工况运行正常后关闭进水总阀，解除强制保护功能，检查是否符合 5.4.3.2 的规定。

6.4.4 低位水箱补偿

设备运行正常后关闭进水总阀，水泵从低位水箱取水，核查流量计示值是否符合 5.4.4 的规定。

6.4.5 高位调蓄补偿

设备运行正常后关闭进水总阀,并记录设备运行时间,核查流量计示值是否符合5.4.5的规定。

6.4.6 强制保护功能

6.4.6.1 设备正常运行后调节进水压力,当设备进口端降到设定的限定压力时,检查设备运行状态是否符合5.4.6.1的规定;

6.4.6.2 设备运行时,调节出口阀门,使每台泵都进入运行状态。当出口压力升至设定超压保护值时和超压消除后,检查设备运行情况,是否符合5.4.6.2的规定。

6.4.7 缺水保护

设备在正常工况下运行,关闭进水阀门,观察设备自动停机状态;打开进水阀门,检查设备自动开启状态,应符合5.4.7的规定。

6.4.8 小流量停机保压

设备在正常工况下运行,关闭设备出水阀门,观察设备运行情况,打开出水阀门,检查设备运行情况,应符合5.4.8的规定。

6.4.9 压力调节精度

设备在正常工况下运行,记录设定压力值,调节出水阀门5次,调整后应使设备处于稳定运行状态并记录实测压力,取5次测压力值与设定压力值比对,应符合5.4.9的规定。

6.4.10 自动切换

检查方法如下:
a) 开启设备使其处于自动工作状态,手动修改设定时间(2 min~10 h),当工作泵运行至设定值后应自动停机,备用泵自动投入运行,工作时间及切换时间应符合5.4.10的规定;
b) 开启设备使其处于自动工作状态,人为设置故障,检查工作泵是否停机,备用泵是否自动投入运行,启动时间应符合5.4.10的规定。

6.4.11 连续运行

开启设备调节出水阀门,使设备流量、压力达到额定工况,并按表1规定连续运行检查应符合5.4.11的规定。

表 1 连续运行时间对照表

电机功率/kW	连续运行时间/h	备注
≤7.5	4	—
11~22	6	—
30~75	8	
90~280	10	可现场测试
>280	12	

6.4.12 设备启、停控制

开启设备使之分别处于手动、自动、远程控制状态,检查水泵的启动、停止状态,应符合 5.4.12 的规定。

6.4.13 强度及密封性

6.4.13.1 强度试验:启动试压泵,调节出水压力至工作压力的 1.5 倍,保压 10 min,应符合 5.4.13 的规定。

6.4.13.2 密封试验:关闭设备出水口阀门,启动试压泵并将压力调节到设备工作压力的 1.1 倍,保持 30 min,应符合 5.4.13 的规定。

6.4.14 噪声

启动设备,在背景噪声小于或等于 50 dB(A)环境条件下,用声级计在距设备前 1 m、高 1 m 处测量水泵机组声压,应符合 5.4.14 的规定。

6.4.15 保护功能

设备正常运行中,人为设置过电压、欠电压、短路、过流、缺相等故障,检查设备保护功能应符合 5.4.15 的规定。

6.4.16 设备抗干扰能力试验

设备在正常工况运行状态下,在距设备 1 m 处启动干扰发生设备(如功率大于 20kVA 的电焊机),检查设备运行状态,应符合 5.4.16 的规定。

6.4.17 定时循环功能

设备正常运行时,调整设定定时循环时间为 0.5 h,应符合 5.4.17 的规定。

6.4.18 消毒

检查消毒设施,应符合 5.4.18 的规定。且检查是否方便清洗。

6.5 水泵机组试验

6.5.1 按照 GB/T 3214 和 GB/T 3216 规定的方法试验,用流量计和压力表测量最大(最小)流量和压力,应符合 5.5.1 的规定。

6.5.2 检查设备水泵配置,应符合 5.5.2～5.5.7 的规定。

6.6 管路系统

6.6.1 对照设计文件用量具测量其尺寸,检查管材、管件、阀门、附件的公称压力,应符合 5.6.1～5.6.3 的规定。

6.6.2 查看设备最低处有无泄水阀,应符合 5.6.4 的规定。

6.6.3 检查倒流防止器的实物,应符合 5.6.5 的规定。

6.7 控制柜试验

6.7.1 一般规定检查

对照标准和电气件的技术文件进行目测和测量,检查控制柜尺寸、所选用元器件、导线颜色、指示灯和按钮颜色,以及控制柜的表面质量、结构、材质、防护等级等,应符合5.7.1的规定。

6.7.2 显示功能检查

对照设计文件检查控制柜面板的各种显示功能,应符合5.7.2的规定。

6.7.3 温升试验

按GB/T 3797—2005中5.2.10的规定试验,应符合5.7.3的规定。

6.7.4 电气性能试验

6.7.4.1 电气间隙和爬电距离

检查设备中不等电位的裸导体之间,以及带电的裸导体与裸露导电部件之间的最小电气间隙和爬电距离,应符合5.7.4.1的规定。

6.7.4.2 绝缘电阻与介电强度

应符合以下要求:
a) 绝缘电阻:按GB/T 3797—2005中5.2.4的规定试验,应符合5.7.4.2 a)的规定。
b) 冲击耐受电压:按GB/T 3797—2005中5.2.5.1的规定试验,应符合5.7.4.2 b)的规定。
c) 工频耐受电压:按GB/T 3797—2005中5.2.5.2的规定试验,应符合5.7.4.2 c)的规定。

6.7.4.3 安全接地保护

按GB/T 3797—2005中5.2.6的规定试验,应符合5.7.4.3的规定。

6.7.4.4 电磁兼容性(EMC)

按GB/T 3797—2005中5.2.12的规定试验,应符合5.7.4.4的规定。

6.7.5 环境试验

6.7.5.1 低温工作

按GB/T 2423.1的规定试验,应符合5.7.5.1的规定。

6.7.5.2 高温工作

按GB/T 2423.2的规定试验,应符合5.7.5.2的规定。

6.7.5.3 恒定湿热试验

按GB/T 2423.3的规定试验,应符合5.7.5.3的规定。

6.7.5.4 震动试验

按GB/T 3797—2005中5.2.13的规定试验,应符合5.7.5.4的规定。

6.8 变频器检查

目测检验变频器数量,应符合5.8的规定。

6.9 卫生性能检验

按GB/T 17219的规定试验,应符合5.9的规定。

CJ/T 254—2014

6.10 稳流补偿罐

检查稳流补偿罐的生产检测报告及配置,应符合 5.10 的规定。

6.11 气压罐

检查气压罐的生产检测报告及配置,应符合 5.11 的规定。

6.12 低位水箱

测量、检查水箱配置并做满水试验,满水试验灌水满至水箱溢流口标高,应符合 5.12 的规定。

6.13 增压泵

检查增压装置结构及配置,应符合 5.13 的规定。

6.14 高位调蓄水箱(罐)检验

目测或量具测量,高位调蓄罐的外观、规格等应符合 5.14 的规定。

7 检验规则

7.1 检验分类

检验分出厂检验和型式检验。

7.2 出厂检验

7.2.1 设备出厂前,应经质量检验部门检验合格,填写产品合格证后,方可出厂。

7.2.2 出厂检验项目见表 2。

7.2.3 设备应逐台进行出厂检验。在出厂检验中若出现不合格项,允许返工复检,直至合格。

表 2 出厂检验、型式检验项目

检验项目	出厂检验	型式检验	应符合的条款
一般要求	√	√	5.1
工作环境和工作条件	—	√	5.2
外观	√	√	5.3
叠压供水	—	√	5.4.1
运行	√	√	5.4.2
罐式稳流补偿	—	√	5.4.3
低位水箱补偿	—	√	5.4.4
高位调蓄补偿	—	√	5.4.5
强制保护功能	—	√	5.4.6
缺水保护	√	√	5.4.7
小流量停机保压	—	√	5.4.8
压力调节精度	—	√	5.4.9

218

表 2（续）

检验项目		出厂检验	型式检验	应符合的条款
自动切换		√	√	5.4.10
连续运行		—	√	5.4.11
设备启、停控制		√	√	5.4.12
强度及密封性		√	√	5.4.13
噪声		—	√	5.4.14
保护功能		—	√	5.4.15
抗干扰能力		—	√	5.4.16
定时循环功能		—	√	5.4.17
消毒		√	√	5.4.18
水泵机组	性能	—	√	5.5.3
	配置	√	√	5.5.1,5.5.2,5.5.4～5.5.7
管路系统		√	√	5.6
控制柜	一般规定	√ᵃ	√	5.7.1
	显示功能	√	√	5.7.2
	温升	—	√	5.7.3
	电气性能	√	√	5.7.4.1～5.7.4.3
	电磁兼容	—	√	5.7.4.4
	环境试验	—	√	5.7.5
变频器		—	√	5.8
卫生性能		—	√	5.9
稳流补偿罐		√	√	5.10
气压罐		√	√	5.11
低位水箱		√	√	5.12
增压装置		√	√	5.13
高位调蓄水箱（罐）		√	√	5.14
ᵃ 出厂检验时,不做控制柜防护等级验证。				

7.3 型式检验

7.3.1 设备具有下列情况之一者,应进行型式检验:

    a) 新产品试制、定型鉴定时;

    b) 已定型的产品当设计、工艺、关键材料更改有可能影响到产品性能时;

    c) 正常生产时,每四年应进行一次型式检验;

    d) 出厂检验结果与上次型式检验结果有较大差异时。

7.3.2 型式检验为全项目检验,检验项目见表 2。

7.3.3 型式检验应从出厂检验合格的产品中任选一台按规定逐项检验。有不合格项时,应加倍抽样复检,若复检全部合格,型式检验判定为合格。复检仍有不合格项时,型式检验判定为不合格。

7.3.4 产品在型式检验时应有记录,由检验人员、负责人签字并加盖公章。

8 标志、包装、运输及贮存

8.1 标志

8.1.1 设备的明显部位应有牢固的标牌,标牌尺寸及技术要求应符合 GB/T 13306 的规定,且应有下列内容:

    a) 设备名称、型号;

    b) 设备额定供水流量、压力、功率;

    c) 设备电源电压、额定频率、额定电流;

    d) 设备编号、出厂日期;

    e) 制造厂名称、商标;

    f) 产品标准号。

8.1.2 设备包装箱应有下列标志:

    a) 设备名称、型号;

    b) 用户名称;

    c) 设备编号;

    d) 制造厂名称、地址;

    e) 生产日期;

    f) 收发货地址;

    g) 防雨、防震、向上等标志。

8.2 包装

8.2.1 水泵机组和控制柜的包装应符合 GB/T 13384 的规定。

8.2.2 稳流补偿罐的包装应符合 JB/T 4711 的规定。

8.2.3 包装储运图示标志应符合 GB/T 191 的规定。

8.2.4 设备包装箱内附带下列随机文件,并封存在防水的文件袋内:

    a) 产品合格证;

    b) 产品安装使用说明书;

    c) 产品验收单、保修卡;

    d) 装箱清单;

    e) 产品设计图样(基础图、原理图、设备安装大样图)。

8.3 运输

    产品运输过程中,不应有剧烈振动、撞击。产品装卸及运输过程中不应倒置或横放,并注意轻装、轻卸。

8.4 贮存

    产品应存放在干燥、通风、无腐蚀性介质和远离磁场的场所,如露天存放时,应有防雨、防晒、防潮等措施。

附　录　A
（资料性附录）
型　　号

A.1　设备型号

设备型号由以下部分组成：

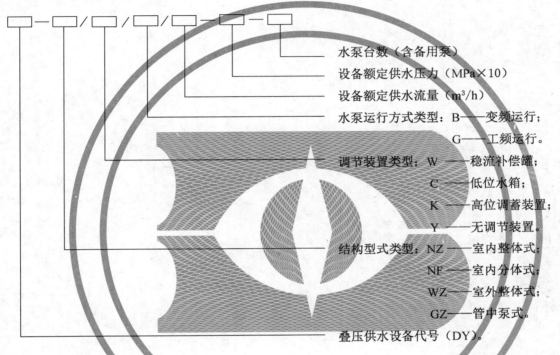

水泵台数（含备用泵）

设备额定供水压力（MPa×10）

设备额定供水流量（m³/h）

水泵运行方式类型：B——变频运行；
　　　　　　　　　　G——工频运行。

调节装置类型：W——稳流补偿罐；
　　　　　　　C——低位水箱；
　　　　　　　K——高位调蓄装置；
　　　　　　　Y——无调节装置。

结构型式类型：NZ——室内整体式；
　　　　　　　NF——室内分体式；
　　　　　　　WZ——室外整体式；
　　　　　　　GZ——管中泵式。

叠压供水设备代号（DY）。

A.2　标记示例

设备额定供水流量为 5 m³/h，设备额定供水压力为 0.20 MPa，水泵台数为 3 台（工作泵 2 台、备用泵 1 台），设有稳流补偿罐的室外整体式，水泵变频运行的叠压供水设备型号为：DY-WZ/W/B/5-2.0-3。

ICS 23.100.10
P 41

中华人民共和国城镇建设行业标准

CJ/T 518—2017
代替 CJ/T 3060—1996

潜 水 轴 流 泵

Submersible axial-flow pump

2017-09-05 发布
2018-04-01 实施

中华人民共和国住房和城乡建设部　发 布

前　言

本标准按照 GB/T 1.1—2009 和 GB/T 20001.10—2014 给出的规则起草。

本标准是对 CJ/T 3060—1996《潜水轴流泵》的修订,与 CJ/T 3060—1996 相比主要技术变化如下:

——扩大了泵的流量、功率的适用范围(见第 1 章,1996 年版的第 1 章);

——增加了非同轴行星齿轮传动结构(见 4.1.2);

——增加了泵性能参数,增加了 660 V、3 kV、6 kV 和 10 kV 高电压(见 5.2);

——修改了电动机电气性能保证值和容差(见 7.3.3,1996 年版的 7.6.6);

——修改了电动机成型绕组匝间绝缘试验、定子成型线圈耐冲击电压水平要求和试验(见 7.3.10, 1996 年版的 7.8、7.10);

——增加了电压大于 660 V 时泵的引出电缆要求(见 7.3.9);

——修改了泵空载时的噪声要求(见 7.3.11,1996 年版的 7.25);

——增加了泵空载时的振动要求(见 7.3.12);

——增加了加工与装配要求(见 7.5);

——增加了防锈与涂漆要求(见 7.6);

——增加了安全防护要求(见 7.7);

——延长了泵平均无故障工作时间(见 7.8,1996 年版的 7.23);

——细化了试验方法条文(见第 9 章和表 1,1996 年版的第 8 章);

——增加了贮存要求(见 10.4)。

本标准由住房和城乡建设部标准定额研究所提出。

本标准由住房和城乡建设部市政给水排水标准化技术委员会归口。

本标准起草单位:天津市市政工程设计研究院、江苏亚太泵阀有限公司、天津艾杰环保技术工程有限公司、利欧集团股份有限公司、上海凯泉泵业(集团)有限公司。

本标准主要起草人:王秀朵、赵乐军、唐凯峰、张大为、刘天顺、张晓琳、路军、张大群、蒋文军、王振伟、王俊华、刘瑶。

本标准所替代标准的历次版本发布情况为:

——CJ/T 3060—1996。

潜 水 轴 流 泵

1 范围

本标准规定了潜水轴流泵的术语和定义、型式与型号、基本参数、材料和工作条件、要求、试验方法、检验规则、标志、包装、运输和贮存。

本标准适用于输送水以及物理、化学性质与此类似的液体的三相潜水轴流泵(以下简称"泵")的制造与检验。

2 规范性引用文件

下列文件对于本文件的应用是必不可少的。凡是注日期的引用文件,仅注日期的版本适用于本文件。凡是不注日期的引用文件,其最新版本(包括所有的修改单)适用于本文件。

GB/T 191 包装储运图示标志

GB/T 755 旋转电机 定额和性能

GB/T 1176 铸造铜及铜合金

GB/T 1220 不锈钢棒

GB/T 1348 球墨铸铁件

GB/T 1971 旋转电机 线端标志与旋转方向

GB/T 2828.1 计数抽样检验程序 第 1 部分:按接收质量限(AQL)检索的逐批检验抽样计划

GB/T 3098.6—2014 紧固件机械性能 不锈钢螺栓、螺钉和螺柱

GB/T 4942.1—2006 旋转电机整体结构的防护等级(IP 代码) 分级

GB/T 5013.2 额定电压 450/750 V 及以下橡皮绝缘电缆 第 2 部分:试验方法

GB/T 5013.4 额定电压 450/750 V 及以下橡皮绝缘电缆 第 4 部分:软线和软电缆

GB/T 9239.1—2006 机械振动 恒态(刚性)转子平衡品质要求 第 1 部分:规范与平衡允差的检验

GB/T 10069.1 旋转电机噪声测定方法及限值 第 1 部分:旋转电机噪声测定方法

GB/T 10069.3 旋转电机噪声测定方法及限值 第 3 部分:噪声限值

GB 10395.8 农林拖拉机和机械 安全技术要求 第 8 部分:排灌泵和泵机组

GB 10396 农林拖拉机和机械、草坪和园艺动力机械 安全标志和危险图形 总则

GB/T 12785—2014 潜水电泵 试验方法

GB/T 13008 混流泵、轴流泵 技术条件

GB/T 13306 标牌

GB/T 13384 机电产品包装通用技术条件

GB/T 14211 机械密封试验方法

GB/T 17219 生活饮用水输配水设备及防护材料的安全性评价标准

GB/T 22715 旋转交流电机定子成型线圈耐冲击电压水平

GB/T 22719.1 交流低压电机散嵌绕组匝间绝缘 第 1 部分:试验方法

GB/T 22719.2 交流低压电机散嵌绕组匝间绝缘 第 2 部分:试验限值

GB/T 25409—2010 小型潜水电泵

JB/T 1472　泵用机械密封

JB/T 4297　泵产品涂漆技术条件

JB/T 5811　交流低压电机成型绕组匝间绝缘　试验方法及限值

JB/T 6880　（所有部分）泵用铸件

JB/T 7593　Y系列高压三相异步电动机技术条件（机座号355～630）

JB/T 8687　泵类产品　抽样检验

JB/T 8735.2　额定电压450/750 V及以下橡皮绝缘软线和软电缆　第2部分：通用橡套软电缆

JB/T 8996　高压电缆选择导则

JB/T 11916—2014　大中型潜水电泵

JB/T 11923　潜水电泵　可靠性考核评定方法

3　术语和定义

下列术语和定义适用于本文件。

3.1

潜水轴流泵　submersible axial-flow pump

与电动机连接成一体，液下工作，输送液体沿与主轴同心的圆筒排出的泵。

3.2

行星齿轮传动　planetary gearing

一个或一个以上齿轮的轴线绕另一齿轮的固定轴线回转的齿轮传动。

4　型式与型号

4.1　型式

4.1.1　泵为立式，电动机为三相异步电动机。泵的结构型式示意图参见附录A。

4.1.2　泵与电动机的联接方式为下列两种：

　　a)　同轴联接；

　　b)　通过行星齿轮传动装置非同轴联接。

4.1.3　叶轮的旋转方向，从进水口方向看宜为逆时针旋转。若按顺时针旋转时，应在说明书中作出规定。

4.2　型号

4.2.1　型号表示方法

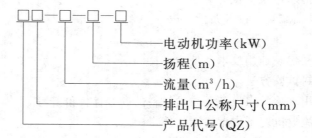

4.2.2　标记示例

排水口公称尺寸为1 000 mm，流量为7 960 m³/h，扬程为6.8 m，额定功率为315 kW的泵，标记为：QZ1000—7960—6.8—315。

5 基本参数

5.1 基本参数见附录 B,潜水轴流泵的效率参见附录 C 确定。

5.2 泵配用电动机的额定频率为 50 Hz,电压等级为 380 V、660 V、3 kV、6 kV 和 10 kV。

6 材料和工作条件

6.1 材料

6.1.1 铸铁件应符合 GB/T 1348 和 JB/T 6880(所有部分)的规定,青铜件应符合 GB/T 1176 的规定,不锈钢件应符合 GB/T 1220 的规定。

6.1.2 过流零部件、机座、端盖采用的材料性能不应低于球墨铸铁(QT450-10)。

6.1.3 轴采用的材料性能不应低于不锈钢(20Cr13)。

6.1.4 外露紧固件采用的材料性能应符合 GB/T 3098.6—2014 中 C3 组的规定。

6.1.5 静密封材料性能不应低于丁腈橡胶(NBR2-40)。

6.1.6 泵用材料应符合国家现行相关标准的规定,应有合格证或工厂检验数据。

6.2 工作条件

泵在下列使用条件下应能正常连续运行:

a) 输送介质温度应不大于 40 ℃;

b) 输送介质 pH 值应为 6~10;

c) 输送介质中固相物的容积比应不大于 1.05%;

d) 输送介质的运动黏度应为 $7×10^{-6}$ m^2/s ~$23×10^{-6}$ m^2/s;

e) 输送介质的密度应不大于 $1.1×10^3$ kg/m^3;

f) 海拔应不大于 1 000 m,大于 1 000 m 时泵的特性参数应做相应调整;

g) 以叶轮中心为基准,潜入水下深度应不大于 10 m。

7 要求

7.1 外观

7.1.1 泵的结构应完整,无污损碰伤、裂痕等缺陷。

7.1.2 泵应有明显的红色旋转标记,旋转方向标记应符合 GB/T 1971 的规定,标记在泵的使用期内不应磨灭。

7.1.3 泵的紧固螺栓不应松动。

7.2 泵性能

7.2.1 泵应转动平稳、自如,无卡阻、停滞等现象;运行时不应有异响、摩擦、震动等现象。

7.2.2 泵的额定功率不大于 55 kW 时,其额定功率应大于规定点轴功率的 120%,泵的额定功率大于 55 kW 时,其额定功率应大于规定点轴功率的 110%。

7.2.3 泵在规定的流量下,扬程应在规定扬程的 -94%~110% 范围内变化。

7.2.4 泵效率应符合表 B.1 的规定。

7.3 电动机性能

7.3.1 电动机外壳的防护等级应符合 GB/T 4942.1—2006 中 IPX8 的规定。

7.3.2 在额定电压下,电动机堵转转矩对额定转矩之比的保证值、电动机最大转矩对额定转矩之比的保证值、电动机堵转电流对额定电流之比的保证值应符合表 1 的规定。

表 1　电动机性能保证值

保证值	功率＞22 kW		功率≤22 kW		
	电压≤660 V	电压＞660 V			
堵转转矩/额定转矩	≥1.2	符合 JB/T 7593 的规定	单相电容运转	单相电阻起动	其他
			≥0.5	≥1.1	≥1.2
最大转矩/额定转矩	≥2.0	≥1.8	单相	三相	
			≥1.8	≥2.0	
最小转矩/额定转矩	≥0.8	≥0.3	无要求		
堵转电流/额定电流	≤7.0	同步转速≤750 r/min	同步转速＞750 r/min	单相电阻起动	其他
		≤6.0	≤6.5	≤10.0	≤7.0

7.3.3 电动机电气性能保证值的容差应符合表 2 的规定。

表 2　电动机性能保证值的容差

名　称	容　差	
	功率＞22 kW	功率≤22 kW
效率 η_D（%）	150 kW 及以下：$-0.15(1-\eta_D)$； 150 kW 以上：$-0.10(1-\eta_D)$	无要求
功率因数 $\cos\varphi$	$-1/6(1-\cos\varphi)$（最小 -0.02,最大 -0.07）	
堵转转矩	保证值的 -15%,25%（经协议可超过 25%）	保证值的 -15%
最大转矩	保证值的 -10%	
最小转矩	保证值的 -15%	无要求
堵转电流	保证值的 $+20\%$	

7.3.4 泵在规定的使用环境条件下,额定功率连续运行时,电动机定子绕组的温升限值（电阻法）应符合表 3 的规定。

表 3　电动机定子绕组的温升限值

热分级	温升限值/K
E 级	75
B 级	80
F 级	105
H 级	125

7.3.5 泵运行期间,电源电压和频率与额定值的偏差及其对电动机性能和温升限值的影响应符合GB/T 755的规定。

7.3.6 当电动机由三相电源平衡供电时,电动机的三相空载电流中任一相与三相平均值的偏差不应大于三相平均值的10%。

7.3.7 电动机定子绕组对机壳的绝缘电阻,冷态时,对电压小于或等于 660 V,应不低于 50 MΩ,对电压大于 660 V,应不低于 100 MΩ;热态时,对电压小于或等于 660 V,应不低于 1 MΩ,对电压大于 660 V,不应低于按式(1)求得的值:

$$R = \left(\frac{U}{1\,000 + P/100} \right) \qquad\qquad\qquad\qquad\cdots\cdots\cdots\cdots\cdots\cdots\cdots\cdots\cdots (1)$$

式中:

R——绕组绝缘电阻,单位为兆欧(MΩ);

U——绕组额定电压,单位为伏特(V);

P——电动机额定功率,单位为千瓦(kW)。

7.3.8 电动机空载电流、空载损耗应符合电动机设计文件的规定。

7.3.9 当电压大于 660 V 时,泵的引出电缆应采用耐高压电缆,电缆选择应符合 JB/T 8996 的规定;当电压不大于 660 V 时,泵的引出电缆性能不应低于 GB/T 5013.4 和 JB/T 8735.2 的规定。引出电缆长度应不小于 10 m,电缆输出端应注有相位标记。

7.3.10 电动机成型绕组匝间绝缘应符合 JB/T 5811 的规定,散嵌绕组匝间绝缘应符合 GB/T 22719.2 的规定,定子成型线圈耐冲击电压水平应符合 GB/T 22715 的规定。

7.3.11 电动机在空载时测得的 A 计权声功率级的噪声值应符合 JB/T 11916—2014 中 4.7.1 的规定。

7.3.12 电动机空载时测得的振动速度有效值应符合 JB/T 11916—2014 中 4.7.2 的规定。

7.4 平衡

7.4.1 泵的旋转零部件应做平衡实验,应符合 GB/T 25409—2010 中 4.4.2 或 JB/T 11916—2014 中 4.5.5的规定。

7.4.2 电动机转子应做动平衡,平衡品质级别应符合 GB/T 9239.1—2006 中 G6.3 级的规定。

7.5 加工与装配

7.5.1 所有零部件应经检验合格后方可进行装配。

7.5.2 叶轮外圆与壳体的间隙应均匀,单侧间隙值应符合 GB/T 13008 的规定。

7.5.3 轴封应采用机械密封,机械密封性能应符合 JB/T 1472 的规定,密封处 24 h 内的泄漏水量应小于 12 mL。

7.5.4 泵的承受工作压力的零部件在进行水压试验后应无渗漏;泵组装后,水泵侧的密封装置应进行气压试验而无渗漏。

7.6 防锈与涂漆

7.6.1 对零部件材料易于胶合的配合部位应涂润滑剂;对装配后外露的加工表面应涂防锈油。

7.6.2 泵的表面预处理及涂漆应符合 JB/T 4297 的规定。

7.6.3 泵用于给水工程时,漆膜总厚度应大于 200 μm;泵用于排水工程时,漆膜总厚度应大于 300 μm;用于含氯离子的环境时,漆膜总厚度应大于 500 μm。

7.6.4 泵用于生活饮用水输配时,防腐和涂漆材料的卫生要求应符合 GB/T 17219 的规定。

7.7 安全防护

7.7.1 泵宜有过热、密封泄漏保护,宜设有湿度保护、轴承温升保护等装置。

7.7.2 泵的接地装置应符合 GB/T 1971 的规定,接地电阻应不大于 4 Ω,引出电缆的接地线上应有明显的接地标志,标志在使用期间不应磨灭。

7.7.3 泵的安全应符合 GB/T 10395.8 的规定,泵的安全标志应符合 GB/T 10396 的规定。

7.8 其他

在规定的使用条件下,泵的首次故障前平均运行时间应不小于 8 000 h。

8 试验方法

8.1 外观

泵的外观、旋转方向标记、紧固螺栓有无松动、结构完整性采用目测检查。

8.2 泵性能

8.2.1 泵的运行状态采用目测检查。

8.2.2 泵的性能试验按 GB/T 12785—2014 中 2 级的规定进行。

8.3 电动机性能

8.3.1 电动机外壳的防护等级检测按 GB/T 4942.1—2006 的规定进行。

8.3.2 电动机堵转转矩和堵转电流、最大转矩、最小转矩检测分别按 GB/T 12785—2014 中第 10 章、第 11 章、第 12 章的规定进行。

8.3.3 电动机电气性能保证值的容差检测按 GB/T 12785—2014 中第 8 章的规定进行。

8.3.4 电动机定子绕组的温升限值检测按 GB/T 12785—2014 中第 7 章的规定进行。

8.3.5 电动机电压和频率与额定值的偏差及其对电动机性能和温升限值的影响检测按 GB/T 12785—2014 中第 8 章的规定进行。

8.3.6 电动机三相空载电流偏差检测按 GB/T 12785—2014 中第 6 章的规定进行。

8.3.7 电动机定子绕组对机壳的绝缘电阻检测按 GB/T 12785—2014 中第 6 章、第 7 章的规定进行。

8.3.8 电动机空载电流和损耗的测定按 GB/T 12785—2014 中第 6 章的规定进行。

8.3.9 引出电缆性能检测按 GB/T 5013.2 的规定进行,长度采用标准米尺测量。

8.3.10 电动机成型绕组匝间绝缘试验按 GB/T 12785—2014 中第 14 章的规定进行,散嵌绕组匝间绝缘试验按 GB/T 22719.1 的规定进行,定子成型线圈耐冲击电压水平试验按 GB/T 22715 的规定进行。

8.3.11 电动机噪声检测按 GB/T 10069.1 和 GB/T 10069.3 的规定进行。

8.3.12 电动机振动检测按 GB/T 12785—2014 的第 16 章的规定进行。

8.4 平衡

泵的旋转零部件和电动机转子平衡试验方法按 GB/T 9239.1—2006 的规定进行。

8.5 加工与装配

8.5.1 所有零部件采用目测检查。

8.5.2 叶轮外圆与壳体间隙使用塞尺测量。

8.5.3 机械密封检测应按 GB/T 14211 的规定进行,泄漏量采用量筒测量。

8.5.4 水压试验采用常温清水,试验压力为 1.5 倍工作压力,但应不低于 0.2 MPa,历时 5 min(不解体进行,可用同规格零部件代替);气压试验采用干燥空气或者氮气,泵组装后水泵侧的密封装置应能承受压力为 0.2 MPa 历时 5 min 的气压试验而无渗漏现象。

8.6 防锈和涂漆

8.6.1 零部件材料易于胶合部位润滑剂的涂装及装配后外露加工表面防锈油的涂装均采用目测检查。

8.6.2 泵表面预处理和涂漆质量的检测应按 JB/T 4297 的规定进行,漆膜厚度采用电磁式膜厚仪检测。

8.6.3 泵用于生活饮用水输配时,防腐和涂漆材料的卫生安全检验应符合 GB/T 17219 的规定。

8.7 安全防护

8.7.1 泵的过热、密封泄漏保护装置、湿度保护、轴承温升保护装置采用目测检测。

8.7.2 接地装置采用目测检测,采用兆欧表测量接地电阻。

8.7.3 泵的安全要求与安全标志检查按 GB 10395.8 和 GB 10396 的规定进行。

8.8 其他

首次故障前平均运行时间的试验按 JB/T 11923 的规定进行。

9 检验规则

检验分出厂检验和型式检验。

9.1 出厂检验

9.1.1 每台潜水轴流泵出厂前均应检测试验合格,并附有产品合格证和使用说明书。

9.1.2 出厂检验项目见表 4。

9.2 型式检验

9.2.1 凡符合下列情况之一,应进行型式检验:

    a) 新产品或老产品转厂生产的试制定型鉴定;

    b) 正式生产后,如结构、材料、工艺有较大改变,可能影响产品性能时;

    c) 批量生产的产品周期性检验,每 3 年一次,每次不少于 2 台;

    d) 产品停产 2 年及以上后恢复生产时;

    e) 出厂检验结果与上次型式检验有较大差异时。

9.2.2 抽样按 GB/T 2828.1 的规定,判定规则按 JB/T 8687 的规定,判定合格后出厂。

9.2.3 型式检验项目见表 4。

表 4 检验项目

检验项目	出厂检验	型式检验	要求	检验方法
外观	√	√	7.1	8.1
泵运行状态	√	√	7.2.1	8.2.1
泵的性能试验	√ᵃ	√	7.2.2、7.2.3、7.2.4	8.2.2
电动机外壳的防护等级	—	√	7.3.1	8.3.1
额定电压下电动机性能保证值	—	√	7.3.2	8.3.2
电动机电气性能保证值的容差		√	7.3.3	8.3.3

表 4（续）

检验项目	出厂检验	型式检验	要求	检验方法
定子绕组温升限值	—	√	7.3.4	8.3.4
电源电压和频率偏差对电动机性能和温升限值影响	—	√	7.3.5	8.3.5
三相空载电流任一项与三相平均值的偏差	—	√	7.3.6	8.3.6
定子绕组对机壳的绝缘电阻	√	√	7.3.7	8.3.7
电动机的空载电流和空载损耗	√	√	7.3.8	8.3.8
引出电缆性能及长度	—	√	7.3.9	8.3.9
成型绕组匝间绝缘、散嵌绕组匝间绝缘和定子成型线圈耐冲击电压水平	√b	√	7.3.10	8.3.10
电动机噪声	√	√	7.3.11	8.3.11
电动机振动	√	√	7.3.12	8.3.12
旋转零部件平衡试验	√	√	7.4.1	8.4
转子动平衡试验	√	√	7.4.2	8.4
零部件检验	√	√	7.5.1	8.5.1
叶轮外圆与壳体单侧间隙值	√	√	7.5.2	8.5.2
机械密封检验	√	√	7.5.3	8.5.3
水压试验及气压试验	√	√	7.5.4	8.5.4
润滑剂及防锈油	√	√	7.6.1	8.6.1
表面处理、涂漆及漆膜厚度	√	√	7.6.2 7.6.3	8.6.2
防腐及涂漆材料卫生安全	—	√	7.6.4	8.6.3
过热、密封泄露保护	√	√	7.7.1	8.7.1
接地装置	√	√	7.7.2	8.7.2
安全要求与安全标志	√	√	7.7.3	8.7.3
首次故障前平均无故障工作时间	—	√	7.8	8.8

注："√"表示必检项目，"—"表示不必检项目。

a 出厂检验时只测试规定流量时扬程和机组效率、85%～115%规定流量范围内电动机输入功率。

b 出厂检验时应只测试冷态绝缘电阻。

10 标志、包装、运输和贮存

10.1 标志

10.1.1 标牌应符合 GB/T 13306 的规定。

10.1.2 标牌应牢固地固定在泵的上端盖部位。

10.1.3 标牌上应注明下列内容：

　　a) 制造厂名及厂址；

b) 产品的名称和型号；

c) 电动机的主要技术参数：额定功率(kW)、频率(Hz)、电压(V)、电流(A)、转速(r/min)、相数、绝缘等级或温升限值；

d) 泵的主要参数：额定工况下的流量(m^3/h)、扬程(m)、功率(kW)及质量(kg)；

e) 生产许可证号；

f) 出厂编号及出厂日期；

g) 执行标准。

10.2 包装

10.2.1 包装应符合 GB/T 13384 和 GB/T 191 的规定。

10.2.2 每台泵出厂时应附下列文件，并应封在防水的袋内：

a) 装箱单；

b) 产品合格证；

c) 产品使用维护说明书；

d) 其他必要的随机文件；

e) 必备的随机附件。

10.3 运输

运输过程中不应因振动和碰撞损坏潜水轴流泵及随机零部件。

10.4 贮存

10.4.1 泵宜放在室内干燥、通风良好且无腐蚀性介质环境中；如露天存放，应有防雨、防晒及防潮措施。

10.4.2 泵存放6个月应对密封面油膜、绝缘、电缆、防锈等进行检查，存放12个月及以上可能影响性能时，除上述检查外还应对泵内防护、橡胶老化情况进行检查，同时进行运行状态检查。

附　录　A

（资料性附录）

潜水轴流泵结构型式示意图

泵的结构形式参见图 A.1。

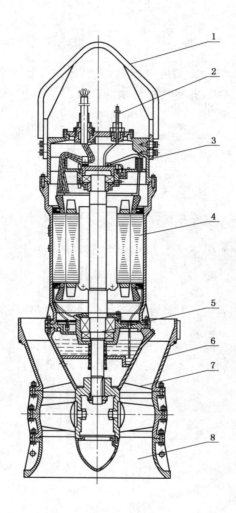

说明：
1——起吊装置；
2——出线装置；
3——上端盖；
4——电动机；
5——轴承；
6——泵壳；
7——导叶体；
8——进水喇叭口。

图 A.1　潜水轴流泵结构型式示意图

附　录　B
（规范性附录）
基本参数

泵的基本性能参数见表B.1。

表 B.1　泵的基本性能参数

型号	流量 m³/h	扬程 m	转速 r/min	电动机额定功率 kW	机组效率 %	叶轮公称尺寸 mm
QZ350-875-7.89-30	875	7.89	1 460	30	66.3	300
QZ350-587-3.56-11	587	3.56	980	11	61.3	300
QZ350-958-6.21-30	958	6.21	1 460	30	66.6	300
QZ350-648-2.84-11	648	2.84	980	11	61.9	300
QZ350-918-3.55-15	918	3.55	1 460	15	64.4	300
QZ350-616-1.6-5.5	616	1.6	980	5.5	60.9	300
QZ 500-1980-8.0-75	1 980	8.0	980	75	69.1	450
QZ 500-1476-4.44-30	1 476	4.44	730	30	66.7	450
QZ 500-2160-6.3-75	2 160	6.3	980	75	69.6	450
QZ 500-1609-3.56-30	1 609	3.56	730	30	67.1	450
QZ 500-2077-3.6-37	2 077	3.6	980	37	68.5	450
QZ 500-1548-2.0-15	1 548	2.0	730	15	65.4	450
QZ 600-2693-6.63-75	2 693	6.63	730	75	69.7	550
QZ 600-2945-5.23-75	2 945	5.23	730	75	69.0	550
QZ 600-3672-3.59-55	3 672	3.59	730	55	70.6	550
QZ 600-2880-2.36-30	2 880	2.36	580	30	72.3	550
QZ 700-4446-9.26-185	4 446	9.26	730	185	72.1	650
QZ 700-3532-5.85-90	3 532	5.85	580	90	73	650
QZ 700-4860-7.3-160	4 860	7.3	730	160	72.4	650
QZ 700-3830-4.6-75	3 830	4.6	580	75	73.1	650
QZ 700-5850-5.5-132	5 850	5.5	730	132	72.9	650
QZ 700-4680-3.4-75	4 680	3.4	580	75	73.8	650
QZ 900-8032-10.35-355	8 032	10.35	590	355	75.5	850
QZ 900-6602-6.99-185	6 602	6.99	485	185	74.3	850
QZ 900-8849-8.15-315	8 849	8.15	590	315	76	850
QZ 900-7200-5.4-160	7 200	5.4	480	160	74.8	850
QZ 900-10994-5.61-250	10 994	5.61	590	250	76.3	850
QZ 1200-15530-6.4-450	15 530	6.4	490	450	69.3	950

表 B.1（续）

型号	流量 m³/h	扬程 m	转速 r/min	电动机额定功率 kW	机组效率 %	叶轮公称尺寸 mm
QZ 1400-21420-7.7-630	21 420	7.7	370	630	69.0	1 200
QZ 1600-31490-7.2-800	31 490	7.2	290	800	69.0	1 480
QZ 1800-40770-4.5-800	40 770	4.5	256	800	69.0	1 740
QZ 2000-55250-5.14-1000	55 250	5.14	215	1 000	69.0	2 000
QZ 2400-55550-5.52-1100	55 550	5.52	177	1 100	69.0	2 350

注1：表中仅给出了叶片安装角度为0°时的电动机额定功率。

注2：表中所列参数均为清水条件下的指标。

附 录 C
（资料性附录）
潜水轴流泵效率的确定

C.1 潜水轴流泵的泵效率

图 C.1 中的曲线 A 为潜水轴流泵在清洁冷水中进行试验时,泵的效率曲线。在规定流量下,泵的效率不应低于曲线 A 的效率值。

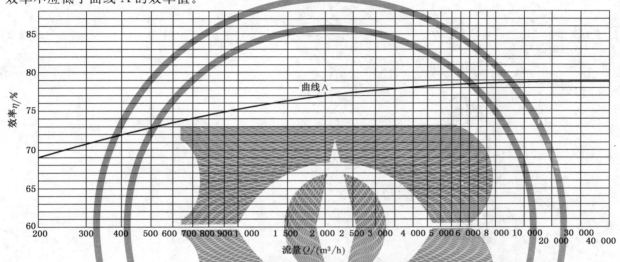

图 C.1 潜水轴流泵泵效率曲线

C.2 潜水轴流泵机组效率

在清洁冷水中,泵的流量为规定值时,潜水轴流泵机组效率应按式(C.1)计算:

$$\eta_{gr} = \eta_B \eta_D \eta_C - 1.5\% \qquad\qquad (C.1)$$

式中:

η_{gr}——潜水轴流泵机组效率,%;

η_D——电动机效率(由 GB/T 25409—2010 中表 4 或 JB/T 11916—2014 中表 1 查得),%;

η_B——潜水轴流泵规定流量及型式下的泵效率(查图 C.1),%;

η_C——传动效率,取 98%,对于电动机与泵直联式取 1。

C.3 计算示例

规定点流量 Q=19 400 m³/h,扬程 H=4.4 m,电动机额定输出功率为 1 000 kW,同步转速 375 r/min 的轴流式潜水泵。按图 C.1 查得的泵效率为 78.6%,查 JB/T 11916—2014 表 1 查得电动机效率为 90.0%,按式(C.1)计算得:η_{gr}=78.6%×90%×98%−1.5%=67.83%。

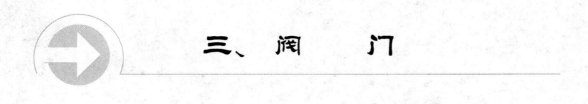

三、阀 门

ICS 23.060.01
J 16

中华人民共和国国家标准

GB/T 12225—2018
代替 GB/T 12225—2005

通用阀门 铜合金铸件技术条件

General purpose industrial valves—Specification of copper alloy castings

2018-05-14 发布

2018-12-01 实施

国家市场监督管理总局
中国国家标准化管理委员会 发布

前　言

本标准按照 GB/T 1.1—2009 给出的规则起草。

本标准代替 GB/T 12225—2005《通用阀门　铜合金铸件技术条件》。本标准与 GB/T 12225—2005 相比,主要技术内容变化如下:

——增加铜合金牌号 ZCuZn31Al2、ZCuAl9Fe4Ni4Mn2;

——力学性能中的布氏硬度按照新的表示方法;

——按 GB/T 228.1 修改拉伸试样图;

——按 GB/T 12220 修改铸件标志。

本标准由中国机械工业联合会提出。

本标准由全国阀门标准化技术委员会(SAC/TC 188)归口。

本标准负责起草单位:合肥通用机械研究院、宁波埃美柯铜阀门有限公司、浙江万得凯流体设备科技股份有限公司、浙江盾安智控科技股份有限公司、凯瑞特阀业有限公司。

本标准参与起草单位:台州多合机械有限公司、永和流体智控股份有限公司、浙江苏明阀门有限公司、浙江华龙巨水科技股份有限公司、台州能实暖通科技有限公司、玉环秀辉阀业有限公司、伯特利阀门集团有限公司、合肥通用环境控制技术有限责任公司。

本标准主要起草人:张继伟、郑雪珍、查昭、丁春兰、李运龙、姚胜勇、苏宗尧、章银宗、陈伟峰、刘文秀、金克雨、胡春艳。

本标准所代替标准的历次版本发布情况为:

——GB/T 12225—1989、GB/T 12225—2005。

通用阀门 铜合金铸件技术条件

1 范围

本标准规定了铜合金铸件的铸件分级、铸件牌号、标记方法和代号、技术要求、检验方法和检验规则以及标志、包装、运输和贮存。

本标准适用于砂型铸造和金属型铸造(非压力铸造)的阀门及管件的铜合金铸件(以下简称铸件)。

2 规范性引用文件

下列文件对于本文件的应用是必不可少的。凡是注日期的引用文件,仅注日期的版本适用于本文件。凡是不注日期的引用文件,其最新版本(包括所有的修改单)适用于本文件。

GB/T 228.1　金属材料　拉伸试验　第1部分:室温试验方法

GB/T 231.1　金属材料　布氏硬度试验　第1部分:试验方法

GB/T 1176　铸造铜及铜合金

GB/T 6414　铸件　尺寸公差与机械加工余量

GB/T 11351　铸件重量公差

GB/T 13927　工业阀门　压力试验

3 铸件分级

铸件分为四级,其分类级别和考核要求见表1。

表 1　铸件考核要求

铸件级别	考核要求
I	化学成分、力学性能
II	力学性能
III	化学成分
IV	不作考核

4 铸件牌号、标记方法和代号

4.1 铸件牌号

铸件的牌号见表2。

表 2　铸件牌号

合金牌号	合金名称	合金牌号	合金名称
ZCuSn3Zn11Pb4	3-11-4 锡青铜	ZCuZn25Al6Fe3Mn3	25-6-3-3 铝黄铜
ZCuSn5Pb5Zn5	5-5-5 锡青铜	ZCuZn31Al2	31-2 铝黄铜
ZCuSn10Pb1	10-1 锡青铜	ZCuZn38Mn2Pb2	38-2-2 锰黄铜
ZCuSn10Zn2	10-2 锡青铜	ZCuZn33Pb2	33-2 铅黄铜
ZCuAl9Mn2	9-2 铝青铜	ZCuZn40Pb2	40-2 铅黄铜
ZCuAl10Fe3	10-3 铝青铜	ZCuZn16Si4	16-4 硅黄铜
ZCuAl9Fe4Ni4Mn2	9-4-4-2 铝青铜	—	—

4.2　标记方法

铸件标记方法如图 1 所示：

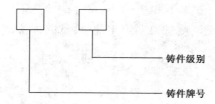

注：铸件级别中Ⅳ级铸件不表示。

图 1　铸件标记

示例：Ⅱ级 10-3 铸造铝青铜，标记为：ZCuAl10Fe3Ⅱ；Ⅳ级 16-4 铸造硅黄铜，标记为：ZCuZn16Si4。

4.3　铸造方法代号

砂型铸造代号用"S"表示，金属型铸造代号用"J"表示。

5　技术要求

5.1　铸造

铸件生产单位可按用户的要求，使用由用户提供的原材料、工艺装备或图样铸造。并应在订货合同中注明。

5.2　化学成分

对Ⅰ、Ⅲ级铸件，其化学成分和杂质含量应符合表 3 和表 4 的规定。

表 3 铸件化学成分

合金牌号	合金名称	主要元素含量（质量分数）/%									
		Sn	Zn	Pb	P	Ni	Al	Fe	Mn	Si	Cu
ZCuSn3Zn11Pb4	3-11-4 锡青铜	2.0~4.0	9.0~13.0	3.0~6.0	—	—	—	—	—	—	其余
ZCuSn5Pb5Zn5	5-5-5 锡青铜	4.0~6.0	4.0~6.0	4.0~6.0	—	—	—	—	—	—	其余
ZCuSn10Pb1	10-1 锡青铜	9.0~11.5	—	—	0.8~1.1	—	—	—	—	—	其余
ZCuSn10Zn2	10-2 锡青铜	9.0~11.0	1.0~3.0	—	—	—	—	—	—	—	其余
ZCuAl9Mn2	9-2 铝青铜	—	—	—	—	—	8.0~10.0	—	1.5~2.5	—	其余
ZCuAl10Fe3	10-3 铝青铜	—	—	—	—	—	8.5~11.0	2.0~4.0	—	—	其余
ZCuAl9Fe4Ni4Mn2	9-4-4-2 铝青铜	—	—	—	—	4.0~5.0*	8.5~10.0	4.0~5.0*	0.8~2.5	—	其余
ZCuZn25Al6Fe3Mn3	25-6-3-3 铝黄铜	—	其余	—	—	—	4.5~7.0	2.0~4.0	2.0~4.0	—	60.0~66.0
ZCuZn31Al2	31-2 铝黄铜	—	其余	—	—	—	2.0~3.0	—	—	—	66.0~68.0
ZCuZn38Mn2Pb2	38-2-2 锰黄铜	—	其余	1.5~2.5	—	—	—	—	1.5~2.5	—	57.0~60.0
ZCuZn33Pb2	33-2 铅黄铜	—	其余	1.0~3.0	—	—	—	—	—	—	63.0~67.0
ZCuZn40Pb2	40-2 铅黄铜	—	其余	0.5~2.5	—	—	0.2~0.8	—	—	—	58.0~63.0
ZCuZn16Si4	16-4 硅黄铜	—	其余	—	—	—	—	—	—	2.5~4.5	79.0~81.0

注：" * "符号表示铁的含量不能超过镍的含量。

表 4　铸件杂质含量

杂质元素含量（质量分数）/%
≤

合金牌号	Fe	Al	Sb	Si	P	S	As	C	Ni	Sn	Zn	Pb	Mn	总和
ZCuSn3Zn11Pb4	0.5	0.02	0.3	0.02	0.05	—	—	—	—	—	—	—	—	1.0
ZCuSn5Pb5Zn5	0.3	0.01	0.25	0.01	0.05	0.10	—	—	2.5*	—	—	—	—	1.0
ZCuSn10Pb1	0.1	0.01	0.05	0.02	—	0.05	—	—	0.10	—	0.05	0.25	0.05	0.75
ZCuSn10Zn2	0.25	0.01	0.3	0.01	0.05	0.10	—	—	2.0*	—	—	1.5*	0.2	1.5
ZCuAl9Mn2	—	—	0.05	0.20	0.10	—	0.05	—	—	0.2	1.5*	0.1	—	1.0
ZCuAl10Fe3	—	—	—	0.20	—	—	—	—	3.0*	0.3	0.4	0.2	1.0*	1.0
ZCuAl9Fe4Ni4Mn2	—	—	—	0.15	—	—	—	0.1	—	—	—	0.02	—	1.0
ZCuZn25Al6Fe3Mn3	—	—	—	0.10	—	—	—	—	3.0*	0.2	—	0.2	—	2.0
ZCuZn31Al2	0.8	—	—	—	—	—	—	—	—	1.0*	—	1.0*	0.5	1.5
ZCuZn38Mn2Pb2	0.8	1.0*	0.1	—	—	—	—	—	—	2.0*	—	—	—	2.0
ZCuZn33Pb2	0.8	0.1	—	0.05	0.05	—	—	—	1.0*	1.5*	—	—	0.2	1.5
ZCuZn40Pb2	0.8	—	0.05	—	—	—	—	—	1.0*	1.0*	—	—	0.5	1.5
ZCuZn16Si4	0.6	0.1	0.1	—	—	—	—	—	—	0.3	—	0.5	0.5	2.0

注 1：有"*"符号的元素不计入杂质总和。

注 2：未列出的杂质元素，计入杂质总和。

5.3 力学性能

5.3.1 铸件的力学性能按表 5 的规定。

表 5 铸件力学性能

合金牌号	铸造方法	室温力学性能			
		抗拉强度 R_m MPa	屈服强度 $R_p0.2$ MPa	伸长率 A %	布氏硬度 HBW
ZCuSn3Zn11Pb4	S	175	—	8	60
	J	215	—	10	60
ZCuSn5Pb5Zn5	S、J	200	90	13	60*
ZCuSn10Pb1	S	220	130	3	80*
	J	310	170	2	90*
ZCuSn10Zn2	S	240	120	12	70*
	J	245	140	6	80*
ZCuAl9Mn2	S	390	150	20	85
	J	440	160	20	95
ZCuAl10Fe3	S	490	180	13	100*
	J	540	200	15	110*
ZCuAl9Fe4Ni4Mn2	S	630	250	16	160
ZCuZn25Al6Fe3Mn3	S	725	380	10	160*
	J	740	400	7	170*
ZCuZn31Al2	S	295	—	12	80
	J	390	—	15	90
ZCuZn38Mn2Pb2	S	245	—	10	70
	J	345	—	18	80
ZCuZn33Pb2	S	180	70	12	50*
ZCuZn40Pb2	S	220	95	15	80*
	J	280	120	20	90*
ZCuZn16Si4	S	345	180	15	90
	J	390	—	20	100
注：有"*"符号的数据为参考值。					

5.3.2 拉伸试样采用砂型铸造或金属型铸造的单铸试块加工而成,尺寸按图2的要求。金属型试块尺寸按图3的要求。

单位为毫米

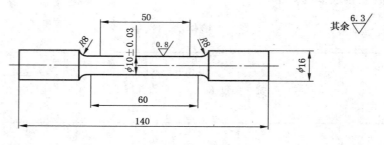

图 2 拉伸试样

单位为毫米

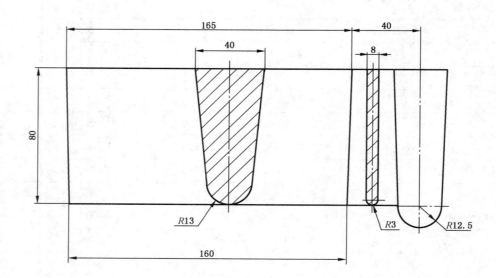

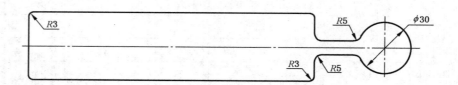

图 3 金属型试块

5.3.3 拉伸试样允许取自铸件本身,本体的试样尺寸应符合图4的要求。

单位为毫米

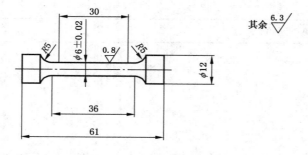

图 4 本体切去的拉伸试样

5.3.4 硬度试样可取自拉伸试样的端部或单铸。

5.3.5 砂型铸件本体试样的抗拉强度应不低于表 5 规定值的 80%,伸长率应不低于表 5 规定值的 50%。

5.4 质量要求

5.4.1 铸件不得有裂纹、冷隔、砂眼、气孔、渣孔、缩松和氧化夹渣等缺陷。

5.4.2 铸件的非加工表面应光洁、平整,铸字标志应清晰,浇、冒口清理后与铸件表面应齐平。

5.4.3 铸件的尺寸和重量偏差应符合 GB/T 6414 或 GB/T 11351 的规定或按需方提供的图样或模型。

5.4.4 铸件不得用锤击、堵塞或浸渍等方法消除渗漏。

5.4.5 焊补

5.4.5.1 铸件的密封面、螺纹部位和承受高温、强腐蚀等部件上的缺陷,不准许修补。

5.4.5.2 除 5.4.5.1 的规定外,表面较浅的小孔、小裂纹等铸件缺陷,允许用焊接或其他方法进行修补,但应符合图样或订货合同的规定。承压件还需满足壳体试验要求。

6 检验方法和检验规则

6.1 化学成分

6.1.1 铸件化学成分的测定按 GB/T 1176 的规定;但在保证准确度的情况下,也允许按供需双方同意的其他方法进行测定。

6.1.2 加工同一产品的一个时间段为一班次,同一产品连续加工完成的量为批量。对Ⅰ、Ⅲ级铸件,按每一熔炼炉次检验材料的主要化学成分和杂质含量。但在原材料和工艺稳定的情况下,允许按班次或批量进行检验,但需有可追溯检查的试样。也可按供需双方在订货合同中商定的要求进行检验,分析结果应符合表 3、表 4 的规定。

6.1.3 对Ⅰ、Ⅲ级铸件材料化学成分第一次测定不合格时,允许重新取样复测一次,如仍不合格,则该炉(批)铸件材料的化学成分不合格。

6.2 力学性能

6.2.1 Ⅰ、Ⅱ级铸件按每一熔炼次检验合金的力学性能。但在原材料和工艺稳定的情况下,允许按班次或批量进行检验,也可按供需双方在订货合同中商定的要求进行检验。

6.2.2 拉伸试验按 GB/T 228.1 的规定。其结果应符合表 5 的规定。

6.2.3 硬度测定方法按 GB/T 231.1 的规定。其结果应符合表 5 的规定。

6.2.4 每一炉次(批)取一根试样试验,合格时该炉次(批)铸件材料的力学性能合格;若不合格,再取两根试样试验,若均合格,则该炉次(批)铸件的力学性能合格。

6.2.5 铸件材料的力学性能不合格时,允许将铸件和试块(样)一起进行热处理,按 6.2.4 规定再试验。重新热处理不得超过两次。

6.2.6 单铸试样不合格时,可在本体上切取试样,并按 6.2.4 规定再试验。

6.2.7 当铸件上不能切取试样时,可按 GB/T 228.1 的规定切取扁平试样,其切取的部位,可由供需双方商定。

6.2.8 因试样有缺陷而造成试验不合格时,则该试验无效,应另作试验。若为本体切样,则判定铸件力学性能不合格。

6.3 壳体试验

6.3.1 铸件壳体试验应按 GB/T 13927 的规定。

6.3.2 铸件的壳体试验可在铸件生产单位交货前或需方机械加工后进行,或按订货合同的规定,但铸件生产单位应对壳体试验铸件的质量负责。

7 标志、包装、运输和贮存

7.1 阀体阀盖等承压铸件应铸出公称尺寸 DN 或 NPS、公称压力 PN 或压力等级 Class、制造商的厂名或商标、材料代号、炉(批)号。在铸出标记有困难时,允许用压印的标记方法,至少标记出公称尺寸、公称压力、制造商的厂名或商标,或按订货合同的规定。

7.2 凡经焊补的铸件,在制造过程中应做出明显的识别标记,检验时应注意。承压铸件焊补应进行记录并征得需方同意。

7.3 铸件供货应随带质量证明文件及合格证,其主要内容应包括:

    a) 铸件名称及图号;

    b) 铜合金牌号及铸件等级;

    c) 炉号或批号;

    d) 化学成分分析报告;

    e) 力学性能试验报告;

    f) 特殊工艺处理内容;

    g) 检验结论;

    h) 检验员和检查负责人签章。

7.4 铸件的供货包装、运输和贮存应保证铸件不受损伤和腐蚀,或按订货合同的规定执行。

ICS 23.060.10
J 16

中华人民共和国国家标准

GB/T 15185—2016
部分代替 GB/T 15185—1994

法兰连接铁制和铜制球阀

Flanged iron and copper ball valves

2016-08-29 发布

2017-03-01 实施

中华人民共和国国家质量监督检验检疫总局
中国国家标准化管理委员会 发布

前　言

本标准按照 GB/T 1.1—2009 给出的规则起草。

本标准部分代替 GB/T 15185—1994《铁制和铜制球阀》。本标准代替 GB/T 15185—1994 中法兰连接球阀部分，GB/T 8464—2008 代替 GB/T 15185—1994 中螺纹连接球阀部分。本标准与GB/T 15185—1994 相比主要技术内容变化如下：

——修改了标准名称（见封面、首页，1994 年版封面、首页）；

——修改了公称尺寸范围（见第 1 章，1994 年版第 1 章）；

——增加了压力与温度的关联（见第 1 章）；

——修改了图 1、图 2（见第 4 章，1994 年版第 4 章）；

——删除了球阀阀体结构形式的示意图（1994 年版 5.2）；

——增加了阀体壁厚测量（见 6.2.3）；

——增加了力学性能试验（见 6.2.5）；

——删除了耐火要求（1994 年版 5.7）；

——删除了清洁度要求（1994 年版 5.8）。

本标准由中国机械工业联合会提出。

本标准由全国阀门标准化技术委员会（SAC/TC 188）归口。

本标准负责起草单位：合肥通用环境控制技术有限责任公司、台州市特种设备监督检验中心、浙江永圆阀门有限公司。

本标准参加起草单位：浙江盾安阀门有限公司、浙江万得凯铜业有限公司、浙江省机电产品质量检测所、河南省高山阀门有限公司、安徽方兴实业（集团）有限公司、宁波埃美柯铜阀门有限公司。

本标准主要起草人：宋忠荣、李隆骏、李海平、朱新炎、查昭、沈允錴、杨全庆、江家谦、郑雪珍。

本标准所代替标准的历次版本发布情况为：

——GB/T 15185—1994。

法兰连接铁制和铜制球阀

1 范围

本标准规定了法兰连接铁制和铜制球阀的结构型式、技术要求、试验方法和检验规则、标志、包装和贮运。

本标准适用于法兰连接的铁制和铜制球阀。

适用参数为:公称尺寸 DN50~DN300,工作温度－10 ℃～200 ℃,公称压力不大于 PN10 的灰铸铁球阀;工作温度－10 ℃～100 ℃,公称压力不大于 PN16 的灰铸铁球阀;工作温度－10 ℃～300 ℃,公称压力不大于 PN25 的球墨铸铁球阀,工作温度－40 ℃～180 ℃,公称压力不大于 PN25 的铜合金球阀。

工作介质为水、非腐蚀性液体、空气、饱和蒸汽等。

其他连接形式的球阀可参照执行。

2 规范性引用文件

下列文件对于本文件的应用是必不可少的。凡是注日期的引用文件,仅注日期的版本适用于本文件。凡是不注日期的引用文件,其最新版本(包括所有的修改单)适用于本文件。

GB/T 228.1　金属材料　室温拉伸试验方法

GB/T 12220　工业阀门　标志

GB/T 12221　金属阀门　结构长度

GB/T 12223　部分回转阀门驱动装置的连接

GB/T 12225　通用阀门　铜合金铸件技术条件

GB/T 12226　通用阀门　灰铸铁件技术条件

GB/T 12227　通用阀门　球墨铸铁件技术条件

GB/T 13927　工业阀门　压力试验

GB/T 15530.1　铜合金整体铸造法兰

GB/T 15530.8　铜合金及复合法兰　技术条件

GB/T 17241.6　整体铸铁法兰

GB/T 17241.7　铸铁管法兰　技术条件

GB 26640　阀门壳体最小壁厚尺寸要求规范

JB/T 5300　工业用阀门材料　选用导则

JB/T 7928　工业阀门　供货要求

3 术语和定义

下列术语和定义适用于本文件。

3.1

防静电结构　anti-static device
保证阀体、球体和阀杆之间能导电的结构。

4 结构型式

球阀的结构型式可分为浮动球球阀和固定球球阀,典型结构如图1和图2所示。

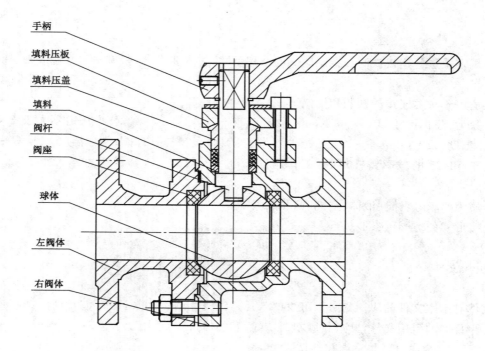

手柄
填料压板
填料压盖
填料
阀杆
阀座
球体
左阀体
右阀体

图 1　浮动球球阀

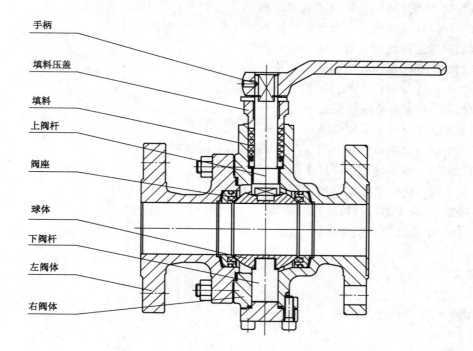

手柄
填料压盖
填料
上阀杆
阀座
球体
下阀杆
左阀体
右阀体

图 2　固定球球阀

5 技术要求

5.1 压力-温度额定值

5.1.1 球阀壳体的压力-温度额定值

5.1.1.1 球阀的压力-温度等级由壳体材料和密封件材料的压力-温度等级确定,球阀在某一温度下的最大允许工作压力值取壳体材料和密封件材料在该温度下最大允许工作压力值中的小值。

5.1.1.2 灰铸铁、球墨铸铁壳体材料的压力-温度等级按 GB/T 17241.7 的规定。整体铸造铜壳体材料的压力-温度等级按 GB/T 15530.8 的规定。

5.1.2 球阀阀座和密封件的压力-温度额定值

5.1.2.1 因受球阀的阀座和密封件等非金属材料使用压力温度额定值的限制,球阀允许使用的压力-温度额定值会被限制,应按所用阀座和密封件等非金属材料的压力-温度额定值,在铭牌上予以明示规定,应不高于该球阀壳体的额定压力-温度额定值。

5.1.2.2 球阀阀座和密封件材料使用聚四氟乙烯或增强聚四氟乙烯时,球阀阀座和密封件材料的最大允许工作压力-温度额定值按表 1 的规定。

表 1 材料压力-温度额定值

阀体通道最小直径/ mm	工作温度/℃								
	−30～40	50	75	90	100	125	150	175	200
	最大允许工作压力/MPa								
>50～150	4.2	4.2	4.2	4.2	3.9	3.2	2.4	1.7	0.9
>150～250	3.1	3.1	3.1	3.1	2.9	2.3	1.8	1.2	0.7
>250	2.1	2.1	2.1	2.1	2.0	1.6	1.2	0.8	0.5

5.2 阀体

5.2.1 阀体应是铸造或锻造成型的。铁制阀体最小壁厚应符合 GB 26640 的要求。铜制阀体壁厚由设计者按相关标准规范来设计,但阀体须通过 2 倍公称压力的型式试验验证。

5.2.2 如订货合同有规定,阀体可以设泄放孔,其位置如图 3 所示,泄放孔的螺纹尺寸按表 2 的规定。

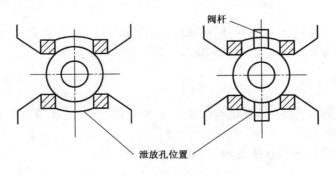

图 3 泄放孔的位置

表 2 泄放孔的螺纹尺寸　　　　　　　　　　　　　　单位为毫米

公称尺寸 DN	50～100	125～200	≥250
螺孔尺寸	M16	M20	M24

5.3 连接端

5.3.1 法兰连接球阀的结构长度按 GB/T 12221 的规定,或按订货合同要求。

5.3.2 铁制法兰连接的尺寸和密封面型式按 GB/T 17241.6、GB/T 17241.7 的规定,铜合金法兰连接的尺寸和密封面型式按 GB/T 15530.1、GB/T 15530.8 的规定,或按订货合同要求。

5.4 球体的流道

缩径和不缩径的阀体通道截面都应是圆形的,其最小直径按表 3 的规定。

表 3 阀体通道最小直径　　　　　　　　　　　　　　单位为毫米

公称尺寸 DN	阀体通道最小直径	
	缩径	通径
50	36	49
65	49	62
80	55	75
100	74	98
125	88	123
150	98	148
200	144	198
250	186	245
300	227	295

5.5 球体

球体的通道直径不小于表 3 中相应公称尺寸的阀体通道最小直径。

5.6 阀杆

5.6.1 阀杆应设计成在介质压力作用下,拆开阀杆密封挡圈(如填料压盖)时,阀杆不会脱出的结构。

5.6.2 阀杆的截面及与球体的连接面应能经受最大操作扭矩。

5.7 壳体强度和密封性能

5.7.1 球阀经壳体强度试验后,不得有结构损伤及永久变形,所有的连接处和阀体表面不得有渗漏等现象。

5.7.2 密封试验的最大允许泄漏量按 GB/T 13927 的规定。

5.8 防静电要求

有防静电要求的球阀应设计成防静电结构。保证球体、阀杆和阀体之间能够导电,且满足下列

要求：

    a)   安装后能防止外界物质侵入并不受周围介质腐蚀；

    b)   经过压力试验并至少开关过 5 次的新的干燥球阀，在电源电压不超过 12 V 时，阀杆、阀体、球体的防静电电路的电阻应小于 10 Ω。

5.9　操作

5.9.1　气动、电动或液动驱动球阀时，其驱动装置与阀门的连接尺寸按 GB/T 12223 的规定。

5.9.2　用杠杆扳手操作或齿轮箱操作，扳手长度或手轮直径应按下列要求设计，在制造厂推荐的最大压差下，启闭球阀的力应不大于 360 N。

5.9.3　除齿轮或其他动力操作机构外，球阀应配尺寸合适的扳手操作，扳手的方向应与球体通道平行；球阀应有表示球体通道位置的指示牌或在阀杆顶部刻槽。

5.9.4　扳手或手轮应安装牢固，并在需要时方便拆卸和更换；拆卸和更换扳手或手轮时，应不影响球阀的密封。

5.10　材料

5.10.1　球阀主要零件的材料选用参照 JB/T 5300 的规定。

5.10.2　灰铸铁壳体材料应按 GB/T 12226 的规定，球墨铸铁壳体材料应按 GB/T 12227 的规定，铜合金壳体材料应按 GB/T 12225 的规定。

5.10.3　球体和阀杆材料的抗腐蚀性能应高于阀体材料。

5.10.4　密封圈材料推荐按表 4 选用。

表 4　密封圈材料

温度范围/℃	适用材料
≤80	丁腈橡胶（NBR）、氯丁橡胶（CR）、聚丙烯酸脂橡胶（PA）、聚甲醛塑料（POM）
≤120	三元乙丙橡胶（EPDM）、氟化乙丙烯橡胶（FEP）
≤200	氟橡胶（FPR）
−196～200	聚四氟乙烯塑料（PTFE）、可熔性聚四氟乙烯塑料（PFA）
−50～450	柔性石墨

6　试验方法和检验规则

6.1　总则

如果在订货合同中没有规定其他附加检验要求，买方的检验内容如下：

    a)   使用非破环性检验方法，在装配过程中对阀门检验；

    b)   审查"加工记录""热处理记录"等；

    c)   压力试验。

6.2　试验方法

6.2.1　壳体试验

球阀的壳体试验按 GB/T 13927 的规定。

6.2.2 密封试验

密封试验按 GB/T 13927 的规定。

6.2.3 阀体壁厚测量

用测厚仪或专用卡尺量具测量阀体的壁厚。

6.2.4 材料化学成分分析

在阀体上钻屑取样进行分析,或者采用直读光谱分析仪器进行分析。

6.2.5 力学性能

用阀体同炉号、同批次热处理的试棒,或用与阀体连体浇铸的试棒,按 GB/T 228.1 的规定进行。

6.2.6 防静电试验

对带有防静电结构的球阀应按 5.8 的要求进行防静电试验。

6.2.7 阀体标志检查

目测阀体表面铸造或打印标记内容。

6.3 检验规则

6.3.1 检验项目

出厂检验和型式检验的项目、技术要求、试验方法按表 5 的规定。

表 5 检验项目

检验项目	检验类别		技术要求	检验和试验方法
	出厂检验	型式检验		
壳体试验	√	√	5.7.1	6.2.1
密封试验	√	√	5.7.2	6.2.2
阀体壁厚测量	√	√	5.2	6.2.3
材料化学成分	—	√	5.10.2	6.2.4
力学性能	—	√	5.10.2	6.2.5
防静电试验	—	√	5.8	6.2.6
标　志	√	√	第 7 章	6.2.7
注:"√"表示检验项目,"—"表示不检验项目。				

6.3.2 出厂检验

每台阀门应进行出厂检验,经检验合格后方可出厂。

6.3.3 型式检验

6.3.3.1 有下列情况之一时,应提供 1～2 台阀门进行型式试验,试验合格后方可成批生产:

a) 新产品试制定型鉴定；

b) 正式生产后，如结构、材料、工艺有较大改变可能影响产品性能时；

c) 产品长期停产后恢复生产时。

6.3.3.2 有下列情况之一时，应抽样进行型式试验：

a) 正常生产时，定期或积累一定产量后，应进行周期性检验；

b) 用户提出型式检验要求时。

6.3.4 抽样方法

抽样可以在生产线的终端经检验合格的产品中随机抽取，也可以在产品成品库中随机抽取，或者从已供给用户但未使用并保持出厂状态的产品中随机抽取。每一规格供抽样的最少基数和抽样数按表6的规定。到用户抽样时，供抽样的最少基数不受限制，抽样数仍按表6的规定。对整个系列产品进行质量考核时，根据该系列范围大小情况从中抽取2～3个典型规格进行检验。

表 6　抽样的最少基数和抽样数

公称尺寸 DN/mm	最少基数/台	抽样数/台
≤250	10	1
300	3	

7　标志

铁制和铜制球阀的标志按 GB/T 12220 的规定。

8　包装和储运

8.1　球阀应存放在干燥的室内，堆放整齐。

8.2　球阀的包装、运输、贮存按 JB/T 7928 的规定。

ICS 91.140.60
Q 81

中华人民共和国国家标准

GB/T 25178—2010

减压型倒流防止器

Reduced-pressure type backflow preventer

2010-09-26 发布

2011-08-01 实施

中华人民共和国国家质量监督检验检疫总局
中国国家标准化管理委员会 发布

前　　言

本标准对应于美国标准 ANSI/AWWA C511-1997《减压原理倒流防止器组件》，与 ANSI/AWWA C511-1997 的一致性程度为非等效，与其主要性能指标一致。

本标准与 ANSI/AWWA C511-97 主要技术差异为：

——将美制计量单位转换为我国法定计量单位；

——将工作压力不小于 150 PSI(1 034 kPa)修改为公称压力小于或等于 PN16；

——将介质温度 33 ℉～140 ℉(1 ℃～60 ℃)、33 ℉～180 ℉(1 ℃～82 ℃)改为介质温度不高于 65 ℃；

——增加了试验方法。

本标准的附录 A 为资料性附录。

本标准由中华人民共和国住房和城乡建设部提出。

本标准由中华人民共和国住房和城乡建设部给水排水产品标准化技术委员会归口。

本标准起草单位：广东佛山市南海永兴阀门制造有限公司、上海冠龙阀门机械有限公司、沃茨阀门(宁波)有限公司、株洲南方阀门股份有限公司、大众阀门集团有限公司、上海沪航阀门有限公司、美国泽恩集团沃尔肯斯公司珠海分公司、宁波华成阀门有限公司、奥维科雅阀门(上海)有限公司、精嘉阀门集团有限公司、浙江盾安阀门有限公司、武汉大禹阀门有限公司、杭州春江阀门有限公司、中国建筑金属结构协会给水排水设备分会。

本标准主要起草人：陈键明、华明九、虞之日、谭云湘、赵丽丽、李政宏、曹彬、曹明康、殷建国、桂新春、金志渊、廖志芳、陈思良、傅雷诺、张杰、金人龙、王朝阳、阮健明、金宗林、顾彦海、赵小虎、钱金明、李习洪、何锐、柴为民、陈永新。

减压型倒流防止器

1 范围

本标准规定了减压型倒流防止器的术语和定义、结构形式、产品型号、材料、要求、试验方法、检验规则、标志、包装和贮运。

本标准适用于输送公称压力小于或等于 PN16、公称尺寸 DN15～DN400,温度不高于 65 ℃清水的减压型倒流防止器。

公称尺寸小于 DN15 和公称尺寸大于 DN400 的减压型倒流防止器可参照执行。

2 规范性引用文件

下列文件中的条款通过本标准的引用而成为本标准的条款。凡是注日期的引用文件,其随后所有的修改单(不包括勘误的内容)或修订版均不适用于本标准,然而,鼓励根据本标准达成协议的各方研究是否可使用这些文件的最新版本。凡不注日期的引用文件,其最新版本适用于本标准。

GB/T 196　普通螺纹　基本尺寸

GB/T 1047　管道元件　DN(公称尺寸)的定义和选用

GB/T 1048　管道元件　PN(公称压力)的定义和选用

GB/T 3098.1　紧固件机械性能　螺栓、螺钉和螺柱

GB 5135.11　自动喷水灭火系统　第 11 部分:沟槽式管接件

GB/T 7306.2　55°密封管螺纹　第 2 部分:圆锥内螺纹与圆锥外螺纹

GB/T 9286　色漆和清漆　漆膜的划格试验

GB/T 12220　通用阀门　标志

GB/T 12225　通用阀门　铜合金铸件技术条件

GB/T 12227　通用阀门　球墨铸铁件技术条件

GB/T 17219　生活饮用水输配水设备及防护材料的安全性评价标准

GB/T 17241.6　整体铸铁法兰

GB/T 17241.7　铸铁管法兰　技术条件

GB/T 20878　不锈钢和耐热钢　牌号及化学成分

GB/T 21873　橡胶密封件　给、排水管及污水管道用接口密封圈　材料规范

CJ/T 156　沟槽式管接件

JB/T 7928　通用阀门　供货要求

3 术语和定义

下列术语和定义适用于本标准。

3.1

减压型倒流防止器　reduced-pressure type backflow preventer

由两个独立作用的止回阀和一个泄水阀组成,能严格限定管道中的压力水只能单向流动的水力控制装置。

3.2

进水腔　inlet chamber

进水端端面至进水止回阀阀座密封面之间的内腔。

3.3

中间腔　intermediate chamber

进水止回阀阀座密封面至出水止回阀阀座密封面之间的内腔。

3.4

出水腔　outlet chamber

出水止回阀阀座密封面至出水端端面之间的内腔。

3.5

零流量　zero flow

进水端保持正常供水压力,而出水端无水流出。

3.6

独立作用止回阀　independently operating check valve

一个独立的止回阀除了壳体外与其他部件没有任何共用零件,在正常工作过程中与其他活动部件
没有接触,以任何形式运动时不影响到另一个止回阀的工作。

3.7

PN(公称压力)　PN(nominal pressure)

与管道系统元件的力学性能和尺寸特性相关、用于参考的字母和数字组合的标识。由字母 PN 和
后跟无因次的数字组成。

4　结构形式

4.1　减压型倒流防止器(以下简称倒流防止器)的整体结构

4.1.1　倒流防止器的整体结构形式参见附录 A,也可采用符合本标准性能要求的其他结构形式。

4.1.2　倒流防止器应设三个测压孔,测压孔直径不应小于 4 mm。对于小于或等于 DN50 的倒流防止
器测压孔螺纹宜采用 Rc1/4,对于大于 DN50 的倒流防止器测压孔螺纹宜采用 Rc1/2,并应符合
GB/T 7306.2 的要求。测压孔应安置在以下位置并考虑排除腔内气体的可能性和配置测试球阀:

　　a)　进水腔外侧;

　　b)　中间腔外侧;

　　c)　出水腔外侧,且 a)、c)两测试孔所对应流道横截面积应相等。

4.1.3　在安装现场无需卸下倒流防止器的阀体,应可进行内部零部件检查、维修或更换等操作。

4.2　倒流防止器的连接形式

倒流防止器可采用法兰连接、螺纹连接和卡箍连接。小于 DN50 的倒流防止器宜采用螺纹连接,连
接螺纹应符合 GB/T 7306.2 的要求;大于或等于 DN50 的倒流防止器宜采用法兰连接或卡箍连接。连
接法兰应符合 GB/T 17241.6 和 GB/T 17241.7 的要求,卡箍连接的管接件应符合 GB 5135.11 或
CJ/T 156 的要求。

5　产品型号

5.1　型号编制

倒流防止器型号编制由字母和数字组成,表示方法如下:

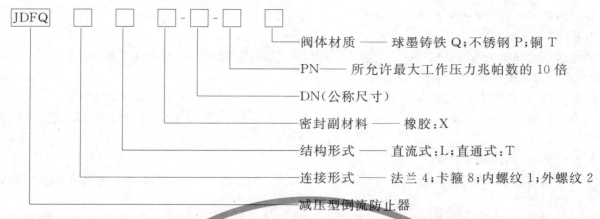

5.2 型号示例

型号为JDFQ4LX-100-16Q：阀体材质为球墨铸铁、公称压力为PN16、公称尺寸为DN100、密封副材料为橡胶、直流式法兰连接的减压型倒流防止器。

6 材料

6.1 主要零件材料应符合表1的规定，当零件材料被代用时，其机械性能不应低于表1所列材料。在电解液存在情况下，当不同材料用于内部零件时，宜选用耐腐蚀性材料。

6.2 用于生活饮用水时，选用材料应符合GB/T 17219的要求。

6.3 铜合金铸件和球墨铸铁件应分别符合GB/T 12225和GB/T 12227的要求。

6.4 橡胶件宜选用并符合GB/T 21873的要求。

6.5 不锈钢件应符合GB/T 20878的要求。

6.6 控制泄水阀动作的导管材料，其机械物理性能不应低于紫铜，通径不应小于4 mm。

表1 主要零件材料表

主要零件	材料名称
阀体、阀盖、阀瓣	球墨铸铁、不锈钢、青铜、黄铜
阀杆、与水接触的紧固件	不锈钢
阀座	不锈钢、青铜、塑料
橡胶密封件	丁腈橡胶、三元乙丙橡胶、氯丁橡胶
弹簧	不锈钢、60Si2Mn

注1：球墨铸铁宜选QT450-10或QT500-7；不锈钢宜选奥氏体或马氏体不锈钢。

注2：青铜宜选锡青铜或铝青铜；黄铜可选H62或相类似的黄铜。

7 要求

7.1 公称尺寸应符合GB/T 1047的要求。

7.2 公称压力应符合GB/T 1048的要求。

7.3 阀体表面应光洁，流道表面过渡要光滑。

7.4 球墨铸铁阀体及其他球墨铸铁件表面应热喷涂环氧树脂，涂层厚度不应小于0.25 mm。

7.5 普通螺纹尺寸应符合GB/T 196的要求，紧固件机械性能应符合GB/T 3098.1的要求。

7.6 55°密封管螺纹应符合GB/T 7306.2的要求。

7.7 强度

7.7.1 阀体强度

阀体应承受2倍公称压力静水压的试验，持压不应少于10 min，无渗漏、冒汗及可见性变形，对不合格的阀体不应进行修补。

7.7.2 整机强度

组装后的整机应承受 2 倍公称压力静水压的试验,持压不应少于 10 min,无渗漏、无损伤。

7.8 止回阀紧闭性能

7.8.1 进水止回阀紧闭性能

在零流量状态,进水腔压力 P_1 与中间腔压力 P_2 之差不应小于 20 kPa,此时进水止回阀应紧闭不泄水。

7.8.2 出水止回阀紧闭性能

在零流量状态,中间腔压力 P_2 与出水腔压力 P_3 之差不应小于 7 kPa,此时出水止回阀应紧闭不泄水。

7.9 水力特性

7.9.1 为防止泄水阀在零流量状态时过量排水,当上游进水端压力在 ±10 kPa 范围波动时,泄水阀不泄水。

7.9.2 进水腔处于正常压力供水状态,无论水是否从倒流防止器内流过,进水腔与中间腔的压力差应符合:$P_1-P_2>14$ kPa,且泄水阀应不泄水。

7.9.3 在表 2 所确定的流速(流量)下,倒流防止器的压力损失不应大于表 2 规定的允许值,对于水平安装的倒流防止器,压力损失为进入腔压力与出水腔压力之差值,此过程泄水阀不泄水。

表 2 平均流速与允许压力损失对应表

DN	15	20	25	32	40	50	65	80	100	150	200	250	300	350	400
流量/(m³/h)	1.9	3.4	5.3	8.7	13.6	21.2	35.8	54.3	84.8	191	339	530	763	1 039	1 357
流速/(m/s)	3														
允许压力损失/MPa	0.1														
流量/(m³/h)	2.9	5.1	8	13	20.4	31.8	47.8	72.4	113	255	452	619	891	1 212	1 583
流速/(m/s)	4.5						4				3.5				
允许压力损失/MPa	0.15														

7.10 泄水阀及其性能

7.10.1 泄水阀设计要求

泄水阀设计要求如下:

a) 泄水阀应设计在中间腔外侧,阀座最高点应设置在中间腔最低位置以下,以排尽中间腔的积水;

b) 泄水阀出水口处应配置漏水斗装置,该装置应与大气相通,使泄水阀与任何排水管或排水沟渠之间形成空气隔断。

7.10.2 零流量状态时泄水阀的启闭

零流量状态时泄水阀的启闭:

a) 在零流量状态,因中间腔压力 P_2 上升或进水腔压力 P_1 下降,导致泄水阀始动泄水时,应满足 $P_1-P_2 \geqslant 14$ kPa,此时中间腔应与大气相通;

b) 当泄水阀自动关闭时 $P_1-P_2>14$ kPa。

7.10.3 泄水阀排水性能

7.10.3.1 当 14 kPa$<P_1\leqslant$PN,泄水阀按表 3 规定流量泄水时,应满足:$P_1-P_2\geqslant 3.5$ kPa。

7.10.3.2 当 $P_1=0$(进水腔通大气),泄水阀按表 3 规定流量泄水时,应满足:$P_2\leqslant 10.5$ kPa。

表 3 倒流防止器公称尺寸与泄水流量对应表

DN	15	20	25	32	40	50	65	80	100	150	200	250	300	350	400
泄水流量/(m³/h)	0.68	1.2	1.2	2.3	2.3	4.5	4.5	6.8	9	9	13.5	13.5	17.1	21	21

7.11 防止虹吸倒流

7.11.1 上游处于非正常供水状态,当进水腔压力 P_1 下降到 14 kPa 或更低时,无论中间腔和出水腔压力为多大,泄水阀应连续开启泄水。当 P_1 降为零时,泄水阀应处于全开状态,大气通过漏水斗装置进入中间腔,使中间腔成为气室,形成进水腔与出水腔之间的空气隔断。

7.11.2 当进水腔处于真空度为 50 kPa(375 mmHg)时,保持 5 min,应无水倒流。

8 试验方法

8.1 阀体表面、螺纹、泄水阀外观及标志检验

8.1.1 目测或使用通用量具对 4.1.2、7.1、7.2、7.3、7.5 和 7.6 进行检查。

8.1.2 按 GB/T 9286 的方法试验,评定是否符合 7.4 的要求。

8.1.3 分别核查 7.10.1a)、b)、10.1 和 10.2 的要求。

8.2 强度试验

8.2.1 阀体强度试验

将阀体内空气排完,以每 5 秒 0.1 MPa 的增量向腔内注入 2 倍公称压力的静压水,持压不少于 10 min。评定是否符合 7.7.1 的要求。

8.2.2 整机强度试验

关闭泄水阀,将倒流防止器整机内空气排完,以每 5 秒 0.1 MPa 的增量,由进水腔向腔内注入 2 倍公称压力的静压水,持压 10 min。评定是否符合 7.7.2 的要求。

8.3 水力特性试验基本要求

试验基本要求如下:

——试验介质:清水;

——温度:常温;

——所有仪器、仪表的允许计量误差为测定值的 2%。

8.4 止回阀紧闭性能试验

8.4.1 试验装置

止回阀紧闭性能试验装置见图 1[1)]。

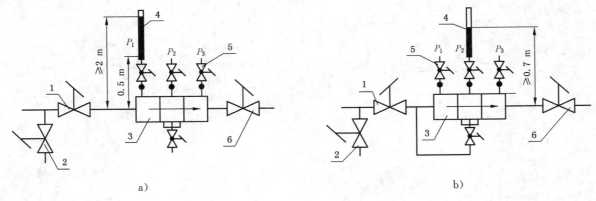

a)   b)

1、2、6——调节阀;

3——被测倒流防止器;

4——透明测压管;

5——球阀共 4 个。

图 1 止回阀关闭压力试验装置示意图

---

1) 此试验装置中的测压方法也可采用其他仪器、仪表。

8.4.2 试验程序

8.4.2.1 进水止回阀紧闭性能试验：

a) 进水止回阀紧闭性能试验装置见图 1a)，透明测压管 4 的通径不应小于 10 mm；

b) 调节球阀，使中间腔和出水腔通大气（即 $P_2 = P_3 = 0$）；

c) 通过调节阀 1、2，缓慢地向进水腔内注水，至测压管内液柱高约为图示 0.5 m，将进水腔内空气排除，然后将液位升高不低于 2 m，关闭调节阀 1 和 2 保持 5 min，评定是否符合 7.8.1 的要求。

8.4.2.2 出水止回阀紧闭性能试验：

a) 出水止回阀紧闭性能试验装置见图 1b)，透明测压管 4 的通径不应小于 10 mm；

b) 调节球阀使出水腔与大气相通（$P_3 = 0$），并人为地关闭泄水阀；

c) 通过调节阀 1、2 及泄水阀下端试验用的球阀，将水注入中间腔排除空气，然后缓慢地将中间腔液位升高不低于 0.7 m，保持 5 min。评定是否符合 7.8.2 的要求。

8.5 进水端压力波动试验

8.5.1 试验装置

进水端压力波动试验装置见图 2。

8.5.2 试验程序

试验程序如下：

a) 试验的进水压力分别设定为 0.2 MPa 和最高允许工作压力两点；

b) 排除装置内空气后使倒流防止器处于零流量状态，并关闭所有球阀，通过调压阀 10，分别按设定的两个进水压力值。使试验压力在 ±10 kPa 范围内波动，波动不少于 3 次循环，评定是否符合 7.9.1 的要求。

8.6 减压及压力损失试验

8.6.1 试验装置

减压及压力损失试验装置见图 2。

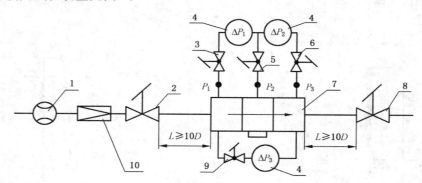

1——流量计；

2、8——调节阀；

3、5、6、9——球阀；

4——压差计（ΔP_1，ΔP_2，ΔP_3）；

7——被测倒流防止器；

10——调压阀。

图 2 进口端力波动、减压及压力损失试验装置示意图

8.6.2 试验程序

8.6.2.1 试验的进水压力分别设定为 0.2 MPa 和最高允许工作压力两点。

8.6.2.2 使倒流防止器处于零流量状态并排除装置中的空气，通过调压阀 10，分别对设定的两个压力值按下述程序进行试验：

a) 全开调节阀2和球阀3、5、6、9，关闭其余阀门，通过调节阀8使流量从零逐渐增加至表2所规定的流量（大于或等于DN200的倒流防止器，最大流速允许为3 m/s）。然后记录流量变化全过程中的 ΔP_1、ΔP_2 和 ΔP_3 的值；

b) 达到表2所规定的流量后，缓慢关闭调节阀8，直至装置处于零流量状态，再记录 ΔP_1、ΔP_2 和 ΔP_3 的值。

分别评定两试验点在a)条流动状态时的 ΔP_1（P_1-P_2）和泄水阀工作是否符合7.9.2的要求。

分别评定两试验点在b)零流量状态时的 ΔP_1（P_1-P_2）和泄水阀工作是否符合7.9.2的要求。

分别评定两试验点在表2所规定的流量时，压力损失 ΔP_3（P_1-P_3）和泄水阀工作是否符合7.9.3的要求。并以纵坐标为压力损失、横坐标为流量（或流速），作出表2规定流量范围内流量—压力损失特性曲线。

8.7 泄水阀启闭时，进水腔与中间腔的压差试验

8.7.1 试验装置

泄水阀启闭时，进水腔与中间腔的压差试验装置见图3。

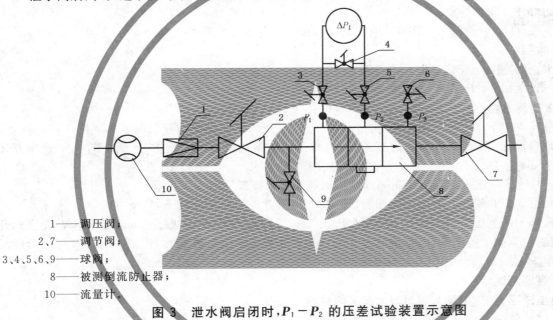

1——调压阀；
2、7——调节阀；
3、4、5、6、9——球阀；
8——被测倒流防止器；
10——流量计。

图3 泄水阀启闭时，P_1-P_2 的压差试验装置示意图

8.7.2 试验程序

8.7.2.1 中间腔压力 P_2 上升时，泄水阀启闭试验

试验的进水压力分别设定为0.2 MPa和最高允许工作压力两点。

排除装置中的空气后关闭球阀4、6、9。通过调压阀1，分别对设定的两个压力值做如下试验：

通过调节阀7使流速从零逐渐增加到3 m/s，然后缓慢关闭调节阀7，使装置处于零流量状态。

然后很缓慢地开启球阀4，使中间腔压力 P_2 缓慢上升，视泄水阀始动泄水2 s内记录此试验点的 P_1-P_2 之差（图3中的 ΔP_1），评定是否符合7.10.2a)的要求。

关闭球阀4恢复初始状态，泄水阀关闭，评定此时 P_1-P_2 之差是否符合7.10.2b)的要求。

8.7.2.2 进水腔压力 P_1 下降时，泄水阀启闭试验

重复8.7.2.1，使装置处于零流量状态后，按下述程序做试验：

很缓慢地开启球阀9，使进水腔压力 P_1 缓慢下降，视泄水阀始动泄水2 s内记录此试验点的 P_1-P_2 之差（图中的 ΔP_1），评定是否符合7.10.2a)的要求。

关闭球阀9恢复初始状态，泄水阀关闭，评定此时 P_1-P_2 之差是否符合7.10.2b)的要求。

8.8 泄水阀排水性能试验

8.8.1 试验装置

泄水阀排水性能试验装置见图4。

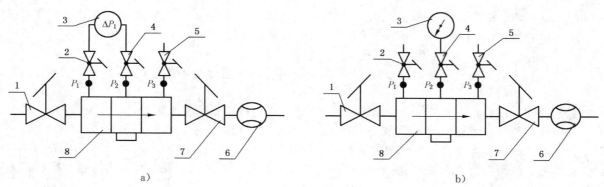

1、7——调节阀；

2、4、5——球阀；

3——a)压差计、b)测压计；

6——流量计；

8——被测件倒流防止器。

图 4　泄水阀排水性能试验装置示意图

8.8.2　试验程序

将出水止回阀全开或移走出水止回阀。

8.8.2.1　当 14 kPa$<P_1\leqslant$PN 时,排水性能试验装置见图 4a)。

向装置内注水排除空气后关闭阀门 5、7 并保持 $P_1\geqslant0.2$ MPa。

在流量计 6 的下游提供压力大于 P_1 小于 PN 的压力水,然后缓慢地开启调节阀 7 向中间腔注水,泄水阀将开启泄水,随着调节阀 7 的渐渐开启,待泄水流量达到表 3 规定的泄水流量时,记录压差计 3 的压差值。评定 P_1-P_2 之差值是否符合 7.10.3.1 的要求。

8.8.2.2　当 $P_1=0$(进水腔与大气相通)时,排水性能试验装置见图 4b)。

关闭阀门 5、7 并使进水腔与大气相通(即 P_1 为零),此时泄水阀应处于全开状态。

在流量计 6 的下游提供压力大于 0.2 MPa 小于 PN 的压力水,然后缓慢地开启调节阀 7,泄水阀开始泄水,随着调节阀 7 的渐渐开启,待泄水流量达到表 3 规定的泄水流量时,记录压力计 3 所显示的压力值。评定 P_2 是否符合 7.10.3.2 的要求。

8.9　防虹吸倒流试验

8.9.1　当上游压力 P_1 下降为零时泄水阀开启试验

8.9.1.1　试验装置

上游为非连续压力工况时,泄水阀开启试验装置见图 5。

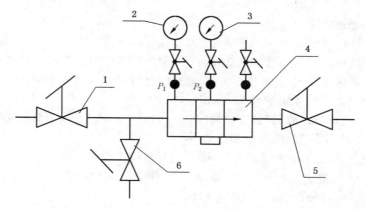

1、5、6——调节阀；

2、3——压力计；

4——被测件倒流防止器。

图 5　上游为非连续压力工况时泄水阀开启试验装置示意图

8.9.1.2 试验程序

关闭调节阀6,使装置处于向下游正常供水状态,排除装置内空气后缓慢关闭调节阀5,装置处于零流量状态。然后缓慢开启调节阀6泄水,当 P_1 缓慢下降到14 kPa时,继续缓慢开启阀6,直至 P_1 下降到零,评定此过程泄水阀的启闭及泄水性能是否符合7.11.1的要求。

8.9.2 上游压力 $P_1 < 0$ 时,防止虹吸倒流试验

8.9.2.1 试验装置

防止虹吸倒流试验装置见示意图6。

8.9.2.2 试验程序

试验程序如下:

a) 将出水止回阀全开或移走出水止回阀,关闭阀门5、10、12后,启动真空泵,使真空罐内的真空度为50 kPa(375 mmHg),此时试验装置内应处于无水状态;

注:真空罐内的真空度界定为当地大气压取0.1 MPa的值时与真空罐内绝对压力之差。

b) 缓慢开启调节阀10,将压力不低于0.2 MPa的水从流量计11的下游渐渐注入被测件9,泄水阀即向外排水,但中间腔压力 P_2 应保持不高于14 kPa;

c) 然后快速开启阀门5,并保持真空罐内50 kPa(375 mmHg)真空度5 min,脱水器6处有无倒流水,评定是否符合7.11.2的要求(真空度可用真空表或U形测压计测得)。

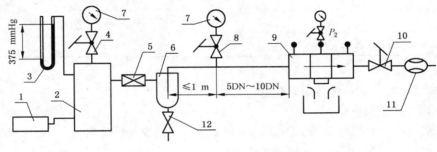

1——真空泵;	6——脱水器;
2——真空罐;	7——真空表;
3——U形管测压计;	9——被测倒流防止器;
4、8——球阀;	10、12——调节阀;
5——快速开启阀;	11——流量计。

图6 防止虹吸倒流试验装置示意图

9 检验规则

9.1 出厂检验

出厂检验应符合表4的规定。

表4 检验项目表

分类	项目	出厂检验	型式检验	要求条款	试验方法条款
核查项目	公称尺寸和公称压力	√	√	7.1、7.2	8.1.2
	阀体表面			7.3	
	普通螺纹			7.5	
	55°密封管螺纹			7.6	
	表面喷涂			7.4	8.1.3
	泄水阀设计要求:阀座和漏水斗装置			7.10.1a) 7.10.1b)	8.1.4
	标志			10.1、10.2	

表 4（续）

分类	项目	出厂检验	型式检验	要求条款	试验方法条款
性能试验项目	阀体强度试验	√	√	7.7.1	8.2.1
	整机强度试验	√	√	7.7.2	8.2.2
	进水止回阀紧闭性能	√	√	7.8.1	8.4.2.1
	出水止回阀紧闭性能	—	√	7.8.2	8.4.2.2
	进口腔压力波动试验	√	√	7.9.1	8.5.2
	动、静态时压差试验	√	√	7.9.2	8.6.2.2
	水头损失试验	—	√	7.9.3	
	泄水阀启闭性能试验	√	√	7.10.2（P_2 上升时试验）	8.7.2.1
		—	√	7.10.2（P_1 下降时试验）	8.7.2.2
	泄水阀排水性能试验	—	√	7.10.3.1（$P_1 > 14$ kPa 时试验）	8.8.2.1
		√	√	7.10.3.2（$P_1 = 0$ 时试验）	8.8.2.2
	防虹吸倒流试验	√	√	7.11.1	8.9.1.2
		—	√	7.11.2	8.9.2.2

注："√"表示应做项目，"—"表示不做项目。

9.2 型式检验

9.2.1 凡属下列情况之一者应进行型式检验

a) 新产品试制的定型鉴定；

b) 批量生产后有重大设计改进、工艺改变，有可能改变原设计性能时；

c) 产品停产二年（含二年）以上，恢复生产时；

d) 产品正常生产五年时；

e) 出厂检验方法正确，而试验结果与上次试验有较大差异时；

f) 国家质量监督检测部门提出型式检验时。

9.2.2 检验项目

型式检验应符合表 4 的规定。

9.3 抽样

9.3.1 出厂检验抽样见表 5。

9.3.2 抽样数不应少于 2 台（含 2 台），当抽样数带小数时，应往上修正为整数台。

9.3.3 型式检验抽样数视 9.2.1 中不同情况由各负责部门确定。

9.3.4 技术质量监督部门若有另外规定，抽样数可按规定执行。

9.3.5 若双方有协议规定，抽样数可按协议执行。

表 5 出厂检验抽样表

公称尺寸	全检项目	抽样数占供样数百分比（%）	备 注
DN15～DN400	7.7.1、7.10.2	15	供样数 11 台～20 台时抽样数不少于 3 台 供样数 2 台～10 台时抽样数不少于 2 台 供样数 1 台抽检 1 台 抽样数带小数时往上修正为整数台

9.4 判定规则

9.4.1 7.7.1 或 7.10.2 任一项不合格,则判定该产品为不合格。

9.4.2 其余各项不合格,允许一次返修并加倍抽样,经返修和加倍抽样后仍然不合格,判定该产品为不合格。

10 标志、包装和贮运

10.1 阀体标志

阀体外表面标志应符合 GB/T 12220 规定。

10.2 产品标志

在倒流防止器阀体外表面的适当位置,应牢固地置有耐锈蚀的产品标牌,并至少包括下列内容:

a) 制造厂全称;

b) 产品名称、规格及型号;

c) 制造编号和出厂日期;

d) 商标。

10.3 包装标志

包装外表面应有以下标志:

a) 制造厂全称;

b) 产品名称、规格及型号;

c) 箱体外形尺寸,长×宽×高(mm);

d) 产品件数和质量(kg);

e) 装箱日期;

f) 注意事项(可用符号)。

10.4 包装、贮运

10.4.1 产品包装宜用箱装,包装材料应能有效地防止在正常运输过程中产品遭受损伤、遗失附件和文件情况的发生,应符合 JB/T 7928 的要求。

10.4.2 产品出厂包装箱内至少应有下列资料,并封存在能防潮的袋内。

——出厂合格证明书;

——装箱清单;

——产品使用说明书。

10.4.3 倒流防止器应存放在干燥的室内,堆放整齐。

附　录　A

（资料性附录）

减压型倒流防止器整体结构示意图

A.1　倒流防止器的整体结构

倒流防止器一般有直流式（见图 A.1、图 A.4）和直通式（见图 A.2、图 A.3）两种，泄水阀有双流道（见图 A.1）或单流道。

其整体结构主要由两个独立工作的止回阀和一个泄水阀组成，两个独立工作止回阀的阀座密封副将其内腔分为进水腔、中间腔和出水腔，并将各腔内压力分别命名为 P_1、P_2 和 P_3。

A.2　上游阀门和下游阀门

上游阀门和下游阀门可视为倒流防止器的组成部分，当选用闸阀时应符合 CJ/T 216—2005 的要求。当采用卡箍连接时，沟槽管接件尺寸应符合 GB 5135.11 或 CJ/T 156 的要求。对于小于或等于 DN50 的倒流防止器两端可采用球阀。

当倒流防止器两端采用蝶阀、截止阀和其他截流阀门时，应符合相应产品标准的要求。

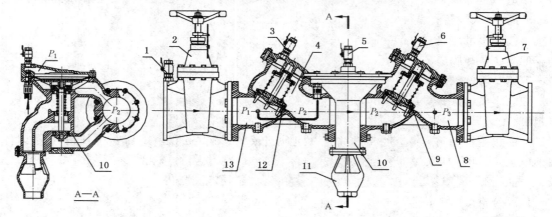

1——上游闸阀测压孔；

2——上游闸阀；

3——测压孔 1；

4——中间腔；

5——测压孔 2；

6——测压孔 3；

7——下游闸阀；

8——出水腔；

9——出水止回阀密封副；

10——泄水阀部件；

11——漏水斗；

12——进水止回阀密封副；

13——进水腔。

图 A.1　法兰连接直流式倒流防止器结构示意图

A.3　测试螺孔和取压孔

倒流防止器外侧三个测试螺孔的位置和取压孔径应符合 4.1.2a)、b)、c)的要求；上游阀门进口端的测压孔也应符合 4.1.2 的相关要求。

A.4 泄水阀位置及流道

泄水阀位置应符合 7.10.1a)要求,漏水装置应符合 7.10.1b)的要求。

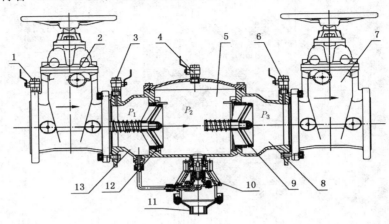

1——上游闸阀测压孔;

2——上游闸阀;

3——测压孔 1;

4——中间腔;

5——测压孔 2;

6——测压孔 3;

7——下游闸阀;

8——出水腔;

9——出水止回阀密封副;

10——泄水阀部件;

11——漏水斗;

12——进水止回阀密封副;

13——进水腔。

图 A.2 法兰连接直通式倒流防止器结构示意图

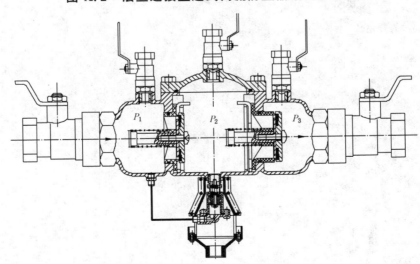

**图 A.3 螺纹连接直通式
倒流防止器结构示意图**

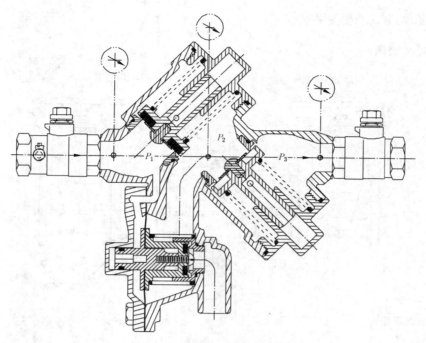

图 A.4　螺纹连接直流式
倒流防止器结构示意图

ICS 23.060.30
J 16

中华人民共和国国家标准

GB/T 32290—2015

供水系统用弹性密封轻型闸阀

Reduced-wall, resilient-seated gate valves for water supply service

2015-12-10 发布

2016-07-01 实施

中华人民共和国国家质量监督检验检疫总局
中国国家标准化管理委员会 发布

前　言

本标准按照 GB/T 1.1—2009 给出的规则起草。

本标准由中国机械工业联合会提出。

本标准由全国阀门标准化技术委员会(SAC/TC 188)归口。

本标准负责起草单位:合肥通用机械研究院、安徽红星阀门有限公司

本标准参加起草单位:上海华通阀门有限公司、安徽省白湖阀门厂有限责任公司、上海冠龙阀门机械有限公司、宁波埃美柯铜阀门有限公司、安徽方兴实业(集团)有限公司。

本标准主要起草人员:刘晓春、韩安伟、刘铁男、陈江山、李政宏、郑雪珍、江家谦。

供水系统用弹性密封轻型闸阀

1 范围

本标准规定了供水系统用弹性密封轻型闸阀(以下简称闸阀)的术语和定义、结构型式、技术要求、试验方法、检验规则、标志、供货要求和质量保证书。

本标准适用于球墨铸铁制弹性密封轻型闸阀。适用范围为公称压力不大于 PN 16;介质为水,水温范围 1 ℃~80 ℃;阀门全开时介质流速不超过 4.9 m/s;公称尺寸 DN 50~DN 1 200 的暗杆型闸阀和公称尺寸 DN 50~DN 600 的明杆型闸阀。

2 规范性引用文件

下列文件对于本文件的应用是必不可少的。凡是注日期的引用文件,仅注日期的版本适用于本文件。凡是不注日期的引用文件,其最新版本(包括所有的修改单)适用于本文件。

GB/T 228.1 金属材料 拉伸试验 第 1 部分:室温试验方法

GB/T 825 吊环螺钉

GB/T 1220 不锈钢棒

GB/T 3098.1 紧固件机械性能 螺栓、螺钉和螺柱

GB/T 3098.6 紧固件机械性能 不锈钢螺栓、螺钉和螺柱

GB/T 3452.1 液压气动用 O 形橡胶密封圈 第 1 部分:尺寸系列及公差

GB 4208—2008 外壳防护等级(IP 代码)

GB/T 4956 磁性基本上非磁性覆盖层 覆盖层厚度测量 磁性法

GB/T 5796.1 梯型螺纹 第 1 部分:牙型

GB/T 5796.2 梯型螺纹 第 2 部分:直径与螺距系列

GB/T 5796.3 梯型螺纹 第 3 部分:基本尺寸

GB/T 5796.4—2005 梯型螺纹 第 4 部分:公差

GB/T 6739—2006 色漆和清漆 铅笔法测定漆膜硬度

GB/T 7760 硫化橡胶或热塑性橡胶与硬质板材粘合强度的测定 90°剥离法

GB/T 9286—1998 色漆和清漆 漆膜的划格试验

GB/T 9441—2009 球墨铸铁金相检验

GB/T 11211 硫化橡胶或热塑性橡胶 与金属粘合强度的测定 二板法

GB/T 11253 碳素结构钢冷轧薄钢板及钢带

GB/T 12220 工业阀门 标志

GB/T 12221 金属阀门 结构长度

GB/T 12225 通用阀门 铜合金铸件技术条件

GB/T 12227 通用阀门 球墨铸铁件技术条件

GB/T 13927 工业阀门 压力试验

GB/T 17219 生活饮用水输配水设备及防护材料的安全性评价标准

GB/T 17241.6 整体铸铁法兰

GB/T 17241.7 铸铁管法兰 技术条件

GB/T 21873　橡胶密封件　给、排水管及污水管道用接口密封圈　材料规范

GB/T 24924　供水系统用弹性密封闸阀

JB/T 7928　工业阀门　供货要求

JB/T 8531　阀门手动装置　技术条件

JB/T 8858　闸阀　静压寿命试验规程

3　术语和定义

GB/T 24924界定的术语和定义适用于本文件。

4　结构型式

闸阀的结构型式可分为暗杆型闸阀、明杆型闸阀。暗杆型闸阀的典型结构型式见图1所示,明杆型闸阀的典型结构型式见图2所示。

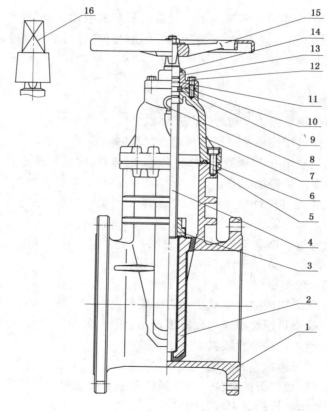

说明:

1——阀体;　　　5——螺钉;　　　9——限位环;　　　13——轴封压盖;

2——闸板;　　　6——密封圈;　　10——O形圈;　　14——防尘圈;

3——阀杆螺母;　7——阀盖;　　　11——O形圈;　　15——手轮;

4——阀杆;　　　8——吊环;　　　12——螺栓;　　　16——传动帽。

图 1　暗杆型闸阀的典型结构

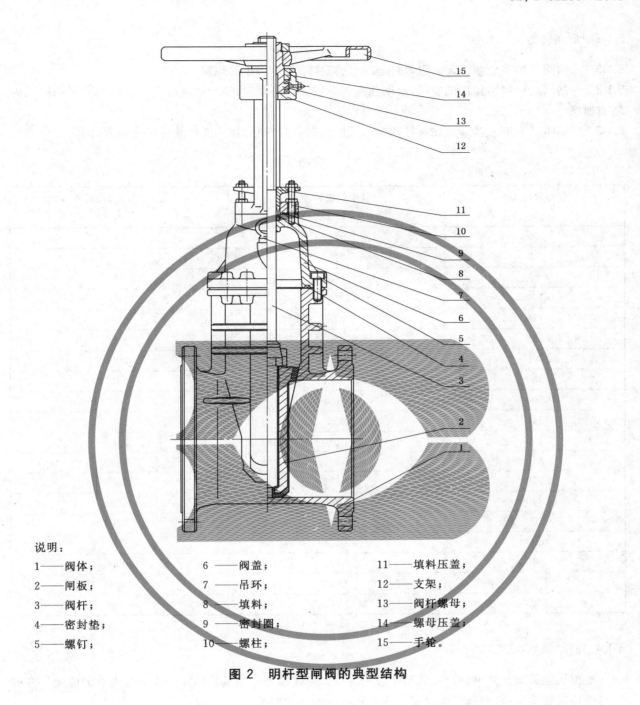

说明：
1——阀体；
2——闸板；
3——阀杆；
4——密封垫；
5——螺钉；

6——阀盖；
7——吊环；
8——填料；
9——密封圈；
10——螺柱；

11——填料压盖；
12——支架；
13——阀杆螺母；
14——螺母压盖；
15——手轮。

图 2 明杆型闸阀的典型结构

5 技术要求

5.1 性能要求

5.1.1 壳体强度

闸阀进行壳体强度试验时,闸阀任何部位不应有可见渗漏,零件不应有裂纹等结构损伤。

5.1.2 密封性能

闸阀进行密封试验时,闸板密封副不应有可见泄漏,闸板不应有裂纹等结构损伤。

5.1.3 启闭转矩

5.1.3.1 闸阀的启闭应顺畅无卡阻,启闭功能转矩应不超过表1的规定。

5.1.3.2 闸阀进行启闭强度试验时,启闭强度转矩按表1的规定,试验后闸阀不应有影响启闭和性能的结构损伤。

5.1.3.3 启闭转矩应直接施加在阀杆顶端。若闸阀装有齿轮箱,输入的试验转矩应等效计算。

表 1 启闭转矩

公称尺寸 DN mm	启闭强度转矩 N·m	最大启闭功能转矩 N·m
50	180	60
65	225	75
80	225	75
100	300	100
125	375	125
150	450	150
200	600	200
250	750	250
300	900	300
350	975	325
400	1 050	350
450	1 275	425
500	1 575	525
600	1 800	600
700	2 310	770
800	2 625	875
900	2 940	980
1 000	3 000	1 000
1 200	3 600	1 200

5.1.4 启闭循环次数

闸阀从全关到全开再到全关的整个过程为一次启闭循环。闸阀启闭循环次数按表2的规定。完成启闭循环次数试验后,闸阀应满足壳体强度和密封性能的要求。

表 2 启闭循环次数

公称尺寸 DN mm	启闭循环次数 次
50~200	500
250~350	200
400~600	100
700~1 200	50

5.1.5 卫生要求

饮用水用闸阀与水接触的内件材料应不污染水质,应符合 GB/T 17219 的规定。

5.2 连接端

5.2.1 法兰连接闸阀的法兰尺寸应符合 GB/T 17241.6 的规定,法兰采用凸面密封,技术要求应符合 GB/T 17241.7 的规定。其他连接形式应符合相应标准的规定或按订货合同要求。

5.2.2 法兰连接闸阀的结构长度及偏差应符合 GB/T 12221 的规定,订货合同未要求时按短系列。其他连接型式的闸阀结构长度,按订货合同的要求。

5.3 阀体、阀盖

5.3.1 阀体和阀盖为球墨铸铁整体铸造,壁厚应不小于表 3 的规定。强度或刚性薄弱部位,宜设置加强筋。

表 3 壳体壁厚和阀杆直径

单位为毫米

公称尺寸 DN	最小壳体壁厚		最小阀杆直径[a]	
	PN10	PN16	暗杆型	明杆型
50	6	6	18	20
65	6	6	18	20
80	7	8	20	24
100	7	8	20	24
125	7	8	22	28
150	7	8	24	28
200	8	9	28	32
250	9	10	32	36
300	9	10	36	38
350	11	12	36	38
400	12	14	40	40
450	14	15	44	44
500	15	17	50	50
600	16	18	50	50
700	20	24	65	65
800	22	27	65	65
900	24	33	70	70
1 000	26	36	70	70
1 200	28	39	80	80
[a] 最小阀杆直径指与填料配合段的光杆外径,阀杆的最细处应考虑到启闭强度试验等要求。				

5.3.2 最小壳体壁厚不包括涂层厚度,应考虑到水锤超压、启闭操作、外部载荷、环境腐蚀等因素的附加值。

5.3.3 阀座、支脚、法兰或其他连接型式的接口应与阀体整体铸造。

5.3.4 阀体内腔底部不应有凹槽,通道内径不应小于闸阀的公称尺寸。闸阀完全开启时,沿阀门流道方向,闸板和阀杆的投影不应有与阀门流道的投影相重合的部分。

5.3.5 阀体与阀盖间采用碳素钢螺钉连接时,宜采用全部封闭的沉孔方式,防止螺钉锈蚀。

5.3.6 公称尺寸 DN 200 及以上的闸阀可在阀盖顶部设排气孔。排气孔应设置凸台并加工成内螺纹,试验完毕后用管堵封实。

5.3.7 公称尺寸 DN 200 及以上的闸阀应设置吊环。吊环应能承受压力试验过程中充满水的闸阀及试验附件的全部重量,并应符合 GB/T 825 的规定。

5.4 闸板

5.4.1 闸板应为弹性密封闸板,其骨架为球墨铸铁整体铸成,骨架表面全部包覆橡胶。

5.4.2 闸板橡胶硫化后,不应有气泡、裂纹、疤痕、创伤、铸铁外露等缺陷。

5.4.3 闸板橡胶与骨架间应粘连牢固,按 GB/T 11211 测定时粘合强度应不小于 1.725 MPa,或按 GB/T 7760 测定时剥离强度应不小于 13.2 kN/m。

5.4.4 闸板包覆橡胶的设计厚度应不小于 2 mm。

5.4.5 闸板与阀体间应设置导轨、导轨槽,用于限制闸板的过度位移,防止橡胶挤破。

5.4.6 同一制造商生产的相同类型、相同规格的闸阀、闸板等所有零件应可互换,并应符合密封性能要求。

5.4.7 闸板与闸板螺母间应连接牢固、闸板不应脱落,不应出现橡胶挤破和骨架锈蚀。

5.5 阀杆、阀杆螺母及限位环

5.5.1 阀杆直径应不小于表 3 的规定。

5.5.2 阀杆与阀杆螺母间应为梯形螺纹,其基本尺寸和精度应符合 GB/T 5796.1、GB/T 5796.2 和 GB/T 5796.3 的规定,公差等级应不低于 GB/T 5796.4—2005 中 8C 规定。

5.5.3 阀杆螺母应用屈服强度应小不于 96.5 MPa 的铜合金制成。

5.5.4 阀杆与阀杆螺母的旋合长度,应不小于阀杆直径的 1.4 倍。

5.5.5 暗杆型闸阀的阀杆应带有对开环或整体式的限位环。

5.5.6 明杆型闸阀的阀杆应足够长,在闸阀全关时阀杆应超出阀杆螺母顶端。

5.5.7 明杆型闸阀应带有分体式或整体式的支架。

5.6 阀杆密封

5.6.1 暗杆型闸阀的阀杆密封为 O 形圈时,应至少有三道符合 GB/T 3452.1 的 O 形橡胶密封圈,且顶端设有防尘圈,以防止周围环境中的杂物进入。

5.6.2 明杆型闸阀的阀杆密封应设计成填料函,其深度应不小于阀杆直径,并带有整体式、整体带衬套或两片式的填料压盖组件。

5.6.3 填料函泄漏时,允许调节填料函的螺栓。阀杆密封 O 形圈或填料应可带压更换,更换时允许有不影响更换作业的渗漏。

5.6.4 填料严禁使用石棉制成。

5.7 驱动装置

5.7.1 启闭闸阀可采用符合 JB/T 8531 规定的手轮、传动帽和扳手、齿轮箱,或者订货合同要求的其他驱动装置。

5.7.2 施加于手动装置的启闭力不宜超过 360 N,可以此确定手轮直径、扳手长度、齿轮箱速比。

5.7.3 闸阀配带的齿轮箱应防尘防水。闸阀安装在地上管道时，齿轮箱防护等级应为 GB 4208—2008 规定的 IP65；闸阀安装在地下管道时，齿轮箱防护等级应为 IP67。

5.7.4 手轮的轮缘上应有可明显指示闸阀启闭方向的箭头和"开""关"字样。

5.7.5 启闭者面向手轮或扳手转动时，顺时针方向闸阀应关闭，逆时针方向闸阀应开启。

5.7.6 订货合同有要求时，暗杆型闸阀应具有指示闸阀开度行程的装置。

5.8 旁通附件

订货合同要求时，大口径闸阀可设旁通阀。旁通阀应符合本标准的规定，驱动型式应与主阀一致，规格可按表 4 选取。

表 4　旁通阀规格

单位为毫米

主阀公称尺寸 DN	450	500	600	700	800	900	1 000	1 200
旁通阀公称尺寸 DN		80			100			150

5.9 材料

5.9.1 选用材料

闸阀的主要零件材料可按表 5 选用。

表 5　主要零件材料

零件名称	材料名称	材料标准	材料牌号
阀体	球墨铸铁	GB/T 12227	QT400-15、QT450-10、QT500-7 等
阀盖	球墨铸铁	GB/T 12227	QT400-15、QT450-10、QT500-7 等
压盖	球墨铸铁	GB/T 12227	QT400-15、QT450-10、QT500-7 等
支架	球墨铸铁	GB/T 12227	QT400-15、QT450-10、QT500-7 等
手轮	球墨铸铁	GB/T 12227	QT400-15、QT450-10、QT500-7 等
	碳钢	GB/T 11253	Q215、Q235 等
旁通附件	球墨铸铁	GB/T 12227	QT400-15、QT450-10、QT500-7 等
闸板骨架	球墨铸铁	GB/T 12227	QT400-15、QT450-10、QT500-7 等
阀杆	不锈钢	GB/T 1220	20Cr13、06Cr19Ni10 等
阀杆螺母	铜合金	GB/T 12225	ZCuSn5Pb5Zn5、ZCuAl10Fe3 等
闸板包胶	合成橡胶	GB/T 21873	EPDM、NBR 等
垫圈	合成橡胶	GB/T 21873	CR、NBR、EPDM 等
O 形圈	合成橡胶	GB/T 21873	CR、NBR、EPDM 等
紧固件	碳钢	GB/T 3098.1	性能等级 8.8、12.9 等
	不锈钢	GB/T 3098.6	奥氏体钢 A2、A4 等

5.9.2 球墨铸铁

球墨铸铁的球化率不应低于 GB/T 9441—2009 规定的 3 级。

5.9.3 铜合金

含锌量超过 16% 的铜合金,其含铜量不能低于 57%;含锌量不大于 16% 的铜合金,其含铜量不能低于 79%。

5.9.4 不锈钢

不锈钢阀门部件的化学成分应含有不低于 12% 的铬,并应进行处理以便降低碳化铬的形成。

5.9.5 橡胶

5.9.5.1 橡胶包覆闸板应耐微生物侵蚀、铜污染以及臭氧腐蚀。

5.9.5.2 橡胶的铜离子含量应不超过百万分之八($8×10^{-6}$),应含有铜抗氧化剂,以防止铜使橡胶老化。

5.9.5.3 橡胶不允许使用回收再生料、应不含油脂。

5.9.5.4 当使用温度高于 50 ℃时,应使用三元乙丙(EPDM)或其他耐温较高的合成橡胶材料。

5.10 铸件与涂层

5.10.1 铸件表面应平整、光滑,不得有影响使用的缺陷。允许对表面缺陷进行修补,不允许对结构性缺陷进行修补。

5.10.2 铸件内外表面(包括连接法兰的密封面),应用树脂粉末静电喷涂或硫化床浸粉。不能涂装和检验的表面,应由耐腐蚀材料制成。

5.10.3 涂层固化后应耐冲击不易剥落。涂层表面应均匀光滑、色泽一致,不应有杂物、小孔、漏喷等缺陷。

5.10.4 闸板包覆前,金属表面应清理干净,使橡胶与闸板金属表面紧密贴合。

5.10.5 内表面涂层应覆盖内部所有接触到水的表面(包括阀杆密封处),厚度不应小于 0.25 mm;外表面涂层厚度不应小于 0.15 mm。涂层硬度应达到 GB/T 6739—2006 规定的铅笔硬度的 2H。涂层附着力应达到 GB/T 9286—1998 规定的划格法 1 mm² 不脱落。

6 试验方法

6.1 壳体强度试验

6.1.1 壳体强度的出厂检验按 GB/T 13927 的规定,试验介质为常温洁净水,试验压力为闸阀在 20 ℃时允许最大工作压力的 1.5 倍。

6.1.2 壳体强度的型式检验方法按 GB/T 13927 的规定,试验介质为常温洁净水,试验压力为闸阀在 20 ℃时允许最大工作压力的 2.5 倍,持续时间不少于 300 s。

6.2 密封性能试验

6.2.1 密封性能的出厂检验按 GB/T 13927 的规定,试验介质为常温洁净水,试验压力为闸阀在 20 ℃时允许最大工作压力的 1.1 倍。

6.2.2 密封性能的型式检验按 GB/T 13927 的规定,试验介质为常温洁净水,试验压力依次为 0.05 MPa 和 20 ℃时允许最大工作压力的 1.1 倍。

6.3 启闭转矩试验

6.3.1 试验介质为常温洁净水。从闸阀全开到全关前的整个过程中,阀腔内试验压力应不小于在 20 ℃时允许最大工作压力;闸阀全关后,出口侧应将压力水排空。

6.3.2 启闭功能试验时,将闸阀启闭循环 3 次,测试整个启闭过程中阀杆上的最大转矩。

6.3.3 启闭强度试验时,先将闸阀全关、按顺时针方向在阀杆顶端施加表 1 中的启闭强度转矩,持续时间不少于 3 s 后卸载。然后将闸阀全开、按逆时针方向再次施加该转矩,持续时间不少于 3 s 后卸载。最后按 6.3.2 进行启闭功能试验。

6.4 启闭循环次数试验

6.4.1 闸阀的驱动装置应与主阀一同试验。手动闸阀,可用寿命试验机驱动阀杆或齿轮箱上的手轮进行试验;电动、液动、气动或其他装置驱动的闸阀,应用其驱动装置带动闸阀进行试验。

6.4.2 启闭循环次数试验方法按 JB/T 8858 的规定。启闭循环次数应符合 5.1.4 的要求。

6.4.3 启闭循环次数试验后,应重新进行壳体强度、密封性能、启闭功能试验,并应分别满足 5.1.1、5.1.2、5.1.3.1 的要求。

6.5 卫生检验

卫生检验按 GB/T 17219 的规定。

6.6 尺寸检验

壳体壁厚用数字式测厚仪或专用量具检验,阀杆螺纹可用专用止通规检验,通道内径、连接端、阀杆直径等尺寸可用精度符合规定的通用量具检验。

6.7 闸板包胶检验

闸板橡胶与骨架间粘连力的检验,应符合 GB/T 11211 或 GB/T 7760 的规定。

6.8 阀杆密封维护检验

阀杆密封 O 形圈或填料带压更换的检验,可在 6.2 的密封性能试验时进行。

6.9 驱动装置检验

手轮、齿轮箱等手动装置的检验,应符合 JB/T 8531 的规定。其他驱动装置应符合相应标准的规定。齿轮箱等防护等级的检验,应符合 GB 4208—2008 的规定。

6.10 材料检验

闸阀的壳体(阀体和阀盖)材料(球墨铸铁)的化学成分采用光谱法或化学法进行检验;力学性能按GB/T 228.1 规定的方法进行检验;球化率按 GB/T 9441—2009 规定的方法进行检验。其他材料可由制造方提供材料质量证明,必要时抽样复检。

6.11 外观及涂层检验

6.11.1 闸阀结构型式和外观质量可通过目测检验。

6.11.2 涂层厚度用数字式覆层测厚仪检验,应符合 GB/T 4956 的规定。

6.11.3 涂层硬度用硬度计检验,应符合 GB/T 6739 的规定。

6.11.4 涂层附着力用划格器检验,应符合 GB/T 9286 的规定。

6.12 标志

目视检查闸阀的标志。

7 检验规则

7.1 检验项目

闸阀检验分为出厂检验和型式检验,其检验项目、技术要求、试验方法按表6的规定。

表 6　检验项目

检验项目	检验类别		技术要求章条编号	试验方法章条编号
	出厂检验	型式检验		
壳体强度试验	√	√	5.1.1	6.1
密封性能试验	√	√	5.1.2	6.2
启闭功能试验	√	√	5.1.3.1	6.3
启闭强度试验	—	√	5.1.3.2	6.3
启闭循环次数试验	—	√	5.1.4	6.4
卫生检验[a]	—	√	5.1.5	6.5
尺寸检验	√	√	5.2、5.3.1、5.5.1	6.6
闸板包胶检验	—	√	5.4.3	6.7
轴封维护检验	—	√	5.6.3	6.8
驱动装置检验	—	√	5.7	6.9
材料检验	√	√	5.9.1、5.9.2	6.10
外观检验	√	√	5.10	6.11
标志	√	√	8.1	6.12
注:"√"表示必须检验的项目;"—"表示无需检验的项目。				
[a]　需方有饮用水要求时,进行该项目检验。				

7.2 出厂检验

每台闸阀必须进行出厂检验,经检验合格后方可出厂。

7.3 型式检验

7.3.1　有下列情况之一时,应对样机进行型式检验,试验合格后方可成批生产:
   a)　新产品试制定型鉴定;
   b)　正式生产后,如结构、材料、工艺有较大改变可能影响产品性能时;
   c)　产品长期停产后恢复生产时。

7.3.2　正常生产时,定期或积累一定产量后,应抽样进行型式试验。

7.3.3　抽样可以在生产线的终端经检验合格的产品中随机抽取,也可以在产品成品库中随机抽取,或者从已供给用户但未使用并保持出厂状态的产品中随机抽取。每一规格供抽样的最少基数和抽样数按表7的规定。到用户抽样时,供抽样的最少基数不受限制,抽样数仍按表7的规定。对整个系列产品进行质量考核时,根据该系列范围大小情况从中抽取2~3个典型规格进行检验。

表 7 抽样的最少基数和抽样数

公称尺寸 DN mm	最少基数 台	抽样数 台
≤250	5	
300～600	3	1
700～1 200	1	

7.3.4 型式检验的全部检验项目都应符合表 6 中技术要求的规定。

8 标志、供货要求和质量保证书

8.1 标志

闸阀的标志按 GB/T 12220 的规定。

8.2 供货要求

8.2.1 闸阀的供货要求按 JB/T 7928 的规定。

8.2.2 闸阀在装运前应将阀体内的水排尽、吹干,闸阀应微微开启使闸板处于自由状态,并在闸阀进出水端口加装临时用封盖。

8.2.3 制造商应将闸阀包装好后再装运。

8.3 质量保证书

当买方有要求时,制造商应向买方提供一份质量保证书,该质量保证书应表明闸阀及其零部件使用的材料应符合本标准或订货合同的要求,并提供满足本标准或订货合同试验要求的试验报告。

ICS 23.060.01
J 16

中华人民共和国国家标准

GB/T 32808—2016

阀门 型号编制方法

Valves—Model designation method

2016-08-29 发布

2017-03-01 实施

中华人民共和国国家质量监督检验检疫总局
中国国家标准化管理委员会 发布

前　言

本标准按照 GB/T 1.1—2009 给出的规则起草。

本标准由中国机械工业联合会提出。

本标准由全国阀门标准化技术委员会(SAC/TC 188)归口。

本标准负责起草单位:合肥通用机械研究院、宁波埃美柯铜阀门有限公司、安徽方兴实业(集团)有限公司。

本标准参加起草单位:合肥通用机电产品检测院、浙江石化阀门有限公司、河南省高山阀门有限公司、环球阀门集团有限公司、武汉大禹阀门股份有限公司、江南阀门有限公司、安徽省白湖阀门厂有限责任公司。

本标准主要起草人:王晓钧、郑雪珍、江家谦、张建斌、项光洪、杨全庆、吴光忠、李习洪、王晓峰、陈江山。

阀门 型号编制方法

1 范围

本标准规定了阀门的型号编制方法、代号表示方法、型号编制示例。

本标准适用于各类阀门的型号编制,阀门类型包括:闸阀、截止阀、节流阀、蝶阀、球阀、止回阀、控制阀(调节阀)、隔膜阀、旋塞阀、排污阀、柱塞阀、减压阀、蒸汽疏水阀、排气阀、安全阀、堵阀(电站用)、其他特殊用途的阀(如氧气用阀、加氢装置用阀)等。

2 规范性引用文件

下列文件对于本文件的应用是必不可少的。凡是注日期的引用文件,仅注日期的版本适用于本文件。凡是不注日期的引用文件,其最新版本(包括所有的修改单)适用于本文件。

GB/T 1047 管道元件 DN(公称尺寸)的定义和选用

GB/T 1048 管道元件 PN(公称压力)的定义和选用

3 型号编制

3.1 型号组成

阀门型号由阀门类型、驱动方式、连接形式、结构形式、密封面或衬里材料、压力、阀体材料七部分组成。如图 1 所示。

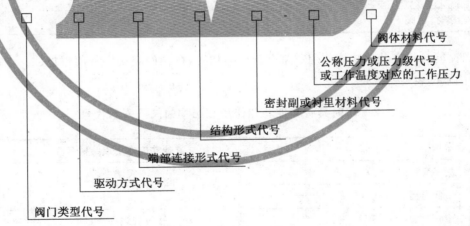

图 1 阀门型号

3.2 编制顺序

型号编制的顺序按:阀门典型类型代号、驱动操作机构形式代号、阀门端部连接形式代号、阀门的结构形式、密封面材料或衬里材料类型代号、公称压力(压力级或工作温度下的工作压力)、阀体材料类型代号。

3.3 公称尺寸编制

阀门的公称尺寸在阀体材料代号后空一格,标注 DN 或 NPS 和公称尺寸数值,按 GB/T 1047 的规定。

4 代号表示方法

4.1 阀门类型代号

4.1.1 阀门典型类型代号用汉语拼音字母表示,按表 1 的规定。

表 1 类型代号

阀门类型		代号	阀门类型		代号
安全阀	弹簧载荷式、先导式	A	球阀	整体球	Q
	重锤杠杆式	GA		半球	PQ
蝶阀		D	蒸汽疏水阀		S
倒流防止器		DH	堵阀(电站用)		SD
隔膜阀		G	控制阀(调节阀)		T
止回阀、底阀		H	柱塞阀		U
截止阀		J	旋塞阀		X
节流阀		L	减压阀(自力式)		Y
进排气阀	单一进排气口	P	减温减压阀(非自力式)		WY
	复合型	FFP	闸阀		Z
排污阀		PW	排渣阀		PZ

4.1.2 当阀门又同时具有其他功能作用或带有其他结构时,在阀门类型代号前再加注一个汉语拼音字母,典型功能代号按表 2 的规定。

表 2 同时具有其他功能作用或结构的阀门表示代号

其他功能作用或结构名称	代号	其他功能作用或结构名称	代号
保温型(夹套伴热结构)	B	缓闭型	H
低温型	D[a]	快速型	Q
防火型	F	波纹管阀杆密封型	W
[a] 指设计和使用温度低于−46 ℃以下的阀门,并在 D 字母后加下注,标明最低使用温度。			

4.2 驱动方式代号

4.2.1 驱动方式代号用阿拉伯数字表示,按表 3 的规定。

表 3　驱动方式代号

驱动方式	代号	驱动方式	代号
电磁动	0	伞齿轮	5
电磁-液动	1	气动	6
电-液联动	2	液动	7
蜗轮	3	气-液联动	8
正齿轮	4	电动	9

4.2.2 安全阀、减压阀、疏水阀无驱动方式代号，手轮和手柄直接连接阀杆操作形式的阀门，本代号省略。

4.2.3 对于具有常开或常闭结构的执行机构，在驱动方式代号后加注汉语拼音下标 K 或 B 表示，如常开型用 6_K、7_K；常闭型用 6_B、7_B。

4.2.4 气动执行机构带手动操作的，在驱动方式代号后加注汉语拼音下标表示，如 6_S。

4.2.5 防爆型的执行机构，在驱动方式代号后加注汉语拼音 B 表示，如 6B、7B、9B。

4.2.6 对即是防爆型、还是常开或常闭型的执行机构，在驱动方式代号后加注汉语拼音 B，再加注括号的下标 K 或 B 表示，如 $9B_{(B)}$、$6B_{(K)}$。

4.3　连接形式代号

4.3.1 以阀门进口端的连接形式确定代号，代号用阿拉伯数字表示，按表 4 规定。

表 4　阀门连接端连接形式代号

连接端形式	代号	连接端形式	代号
内螺纹	1	对夹	7
外螺纹	2	卡箍	8
法兰式	4	卡套	9
焊接式	6	—	—

4.3.2 各种连接形式的具体结构、采用标准和方式（如法兰标准、连接面形式及密封方式、焊接形式、螺纹形式等），不在连接代号后加符号表示，应在产品的图样、说明书或订货合同等文件中予以详细说明。

4.4　阀门结构形式代号

阀门结构形式用阿拉伯数字表示，按表 5～表 19 的规定。

表 5　闸阀结构形式代号

结构形式			代 号
闸阀启闭时,阀杆运动方式	闸板结构形式		
阀杆升降移动 (明杆)	闸阀的两个密封面为楔式,单块闸板	具有弹性槽	0
		无弹性槽	1
	闸阀的两个密封面为楔式,双块闸板		2
	闸阀的两个密封面平行,单块平板		3ᵃ
	闸阀的两个密封面平行,双块闸板		4
阀杆仅旋转,无升降移动 (暗杆)	闸阀的两个密封面为楔式	单块闸板	5
		双块闸板	6
	闸阀的两个密封平行,双块闸板		8
ᵃ 闸板无导流孔的,在结构形式代号后加汉语拼音小写 w 表示,如 3w。			

表 6　截止阀和节流阀结构形式代号

结构形式		代 号	结构形式		代 号
直通流道	单阀瓣	1	直通流道	平衡式阀瓣	6
Z 型流道		2	角式流道		7
三通流道		3	—		—
角式流道		4			
Y 形流道		5			

表 7　止回阀结构形式代号

结构形式		代 号	结构形式		代 号
升降式阀瓣	直通流道	1	旋启式阀瓣	单瓣结构	4
	立式结构	2		多瓣结构	5
	Z 型流道	3		双瓣结构	6
	Y 形流道	5	蝶形(双瓣)结构		7

表 8　球阀结构形式代号

结构形式		代 号	结构形式		代 号
浮动球	直通流道	1	固定球	四通流道	6
	Y 形三通流道	2		直通流道	7
	L 形三通流道	4		T 形三通流道	8
	T 形三通流道	5		L 形三通流道	9
	—	—		半球直通	0

表 9　蝶阀结构形式代号

结构形式		代　号	结构形式		代　号
密封副有密封性要求的	单偏心	0	密封副无密封要求的	单偏心	5
	中心对称垂直板	1		中心垂直板	6
	双偏心	2		双偏心	7
	三偏心	3		三偏心	8
	连杆机构	4		连杆机构	9

表 10　旋塞阀结构形式代号

结构形式		代　号	结构形式		代　号
填料密封型	直通流道	3	油封型	直通流道	7
	三通 T 型流道	4		三通 T 型流道	8
	四通流道	5		—	—

表 11　隔膜阀结构形式代号

结构形式	代　号	结构形式	代　号
屋脊式流道	1	直通式流道	6
直流式流道	5	Y 形角式流道	8

表 12　柱塞阀结构形式代号

结构形式	代　号
直通流道	1
角式流道	4

表 13　减压阀(自力式)结构形式代号

结构形式	代　号	结构形式	代　号
薄　膜　式	1	波纹管式	4
弹簧薄膜式	2	杠　杆　式	5
活　塞　式	3	—	—

表 14 控制阀（调节阀）结构形式代号

结构形式		代 号	结构形式		代 号
直行程,单级	套 筒 式	7	直行程,两级或多级	套 筒 式	8
	套筒柱塞式	5		柱 塞 式	1
	针 形 式	2		套筒柱塞式	9
	柱 塞 式	4	角行程,套筒式		0
	滑 板 式	6	—		—

表 15 减温减压阀（非自力式）结构形式代号

结构形式		代 号	结构形式		代 号
单座	柱 塞 式	1	双座或多级	套 筒 式	4
	套筒柱塞式	2		柱 塞 式	5
	套 筒 式	3		套筒柱塞式	6

表 16 堵阀结构形式代号

结构形式	代 号
闸 板 式	1
止 回 式	2

表 17 蒸汽疏水阀结构形式代号

结构形式	代 号	结构形式	代 号
自由浮球式	1	蒸汽压力式或膜盒式	6
杠杆浮球式	2	双金属片式	7
倒置桶式	3	脉冲式	8
液体或固体膨胀式	4	圆盘热动力式	9
钟形浮子式	5	—	—

表 18 排污阀结构形式代号

结构形式		代 号	结构形式		代 号
液面连接排放	截止型直通式	1	液底间断排放	截止型直流式	5
	截止型角式	2		截止型直通式	6
	—	—		截止型角式	7
	—	—		浮动闸板型直通式	8

表 19 安全阀结构形式代号

结构形式		代 号	结构形式		代 号
弹簧载荷弹簧封闭结构	带散热片全启式	0	弹簧载荷弹簧不封闭且带扳手结构	微启式、双联阀	3
	微启式	1		微启式	7
	全启式	2		全启式	8
	带扳手全启式	4		—	—
杠杆式	单杠杆	2	带控制机构全启式(先导式)		6
	双杠杆	4	脉冲式(全冲量)		9

4.5 密封副或衬里材料代号

4.5.1 密封副或衬里材料代号,以两个密封面中起密封作用的密封面材料或衬里材料硬度值较低的材料或耐腐蚀性能较低的材料表示;金属密封面中镶嵌非金属材料的,则表示为非金属/金属。材料代号按表 20 规定的字母表示。

表 20 密封面或衬里材料代号

密封面或衬里材料	代号	密封面或衬里材料	代号
锡基合金(巴氏合金)	B	尼龙塑料	N
搪 瓷	C	渗硼钢	P
渗氮钢	D	衬 铅	Q
氟塑料	F	塑 料	S
陶 瓷	G	铜合金	T
铁基不锈钢	H	橡 胶	X
衬 胶	J	硬质合金	Y
蒙乃尔合金	M	铁基合金密封面中镶嵌橡胶材料	X/H

4.5.2 阀门密封副材料均为阀门的本体材料时,密封面材料代号用"W"表示。

4.6 压力代号

4.6.1 压力级代号采用 PN 后的数字,并应符合 GB/T 1048 的规定。

4.6.2 当阀门工作介质温度超过 425 ℃,采用最高工作温度和对应工作压力的形式标注时,表示顺序依次为字母 P,下标标注工作温度(数值为最高工作温度的 1/10),后标工作压力(MPa)的 10 倍,如 $P_{54}100$。

4.6.3 阀门采用压力等级的,在型号编制时,采用字母 Class 或 CL(大写),后标注压力级数字,如 Class150 或 CL150。

4.7 阀体材料代号

4.7.1 阀体材料代号一般按表 21 的规定。当阀体材料标注具体牌号时,可以写明牌号,如 A105、CF8、316L、ZG20CrMoV 等。

GB/T 32808—2016

表 21 阀体材料代号

阀体材料	代号	阀体材料	代号
碳钢	C	铬镍钼系不锈钢	R
Cr13 系不锈钢	H	塑料	S
铬钼系钢（高温钢）	I	铜及铜合金	T
可锻铸铁	K	钛及钛合金	Ti
铝合金	L	铬钼钒钢（高温钢）	V
铬镍系不锈钢	P	灰铸铁	Z
球墨铸铁	Q	镍基合金	N

4.7.2 公称压力不大于 PN16 的灰铸铁阀门的阀体材料代号在型号编制时可以省略；公称压力不小于 25 的碳素钢阀门的阀体材料代号在型号编制时可以省略。

5 型号编制示例

阀门型号编制示例如下：
a) 阀门采用电动装置操作，法兰连接端，明杆楔式双闸板结构，阀座密封面材料是阀体本体材料，公称压力 PN10(1.0 MPa)，阀体材料为灰铸铁的闸阀，型号表示为：Z942W-10。
b) 阀门为手动操作，外螺纹连接端，浮动球直通式结构，阀座密封面材料为氟塑料，压力级为 Class300，阀体材料为 1Cr18Ni9Ti 的球阀，型号表示为：Q21F-Class300P 或 Q21F-CL300P。
c) 阀门采用气动装置操作、常开型，法兰连接端、屋脊式结构、阀体衬胶、公称压力 PN6、阀体材料为灰铸铁的隔膜阀，型号表示为：G6$_K$41J-6。
d) 阀门采用液动装置操作、法兰连接端，垂直板式结构，阀座密封面材料为铸铜，阀瓣密封面材料为橡胶，公称压力 PN2.5、阀体材料为灰铸铁的蝶阀，型号表示为：D741X-2.5。
e) 阀门采用电动装置操作，焊接连接端，直通式结构、阀座密封面材料为堆焊硬质合金，工作温度 540 ℃时工作压力 17.0 MPa、阀体材料铬钼钒钢的截止阀，型号表示为：J961Y-P$_{54}$170V。
f) 阀门采用电动装置操作，法兰连接端，固定球直通式结构，阀座密封面材料为 PTFE，压力级为 Class600，最低使用温度 −101 ℃，阀体材料为 F316 的球阀，型号表示为：D$_{-101}$Q941F-Class600 F316 或 D$_{-101}$Q941F-CL600 F316。

ICS 91.140.60
P 40

中华人民共和国国家标准

GB/T 35842—2018

城镇供热预制直埋保温阀门技术要求

Technical requirements for pre-insulated directly buried
valve of urban heating

2018-02-06 发布

2019-01-01 实施

中华人民共和国国家质量监督检验检疫总局
中国国家标准化管理委员会 发布

前　言

本标准按照 GB/T 1.1—2009 给出的规则起草。

本标准由中华人民共和国住房和城乡建设部提出。

本标准由全国城镇供热标准化技术委员会(SAC/TC 455)归口。

本标准起草单位:北京豪特耐管道设备有限公司、北京市热力集团有限责任公司、上海市特种设备监督检验技术研究院、北京市热力工程设计有限责任公司、北京市建设工程质量第四检测所、北京威克斯威阀门有限公司、乌鲁木齐市热力总公司、中国中元国际工程公司、北京阀门总厂(集团)有限公司、唐山兴邦管道工程设备有限公司、大连益多管道有限公司、河北昊天能源投资集团有限公司、河北通奥节能设备有限公司。

本标准主要起草人:王孝国、高洪泽、张书臣、白冬军、符明海、贾丽华、刘炬、梁晨、何宏声、李国鹏、郭姝娟、穆金华、胡全喜、郝志忠、邱晓霞、郑中胜、孙永林、叶连基、冯文亮、张红莲、王志强。

城镇供热预制直埋保温阀门技术要求

1 范围

本标准规定了城镇供热预制直埋保温阀门的一般要求、要求、试验方法、检验规则、标识、运输和贮存等。

本标准适用于输送介质连续运行温度大于或等于 4 ℃、小于或等于 120 ℃，偶然峰值温度小于或等于 140 ℃，工作压力小于或等于 2.5 MPa 的直埋敷设的预制保温阀门的制造与检验。

2 规范性引用文件

下列文件对于本文件的应用是必不可少的。凡是注日期的引用文件，仅注日期的版本适用于本文件。凡是不注日期的引用文件，其最新版本（包括所有的修改单）适用于本文件。

GB/T 12224 钢制阀门 一般要求

GB/T 13927—2008 工业阀门 压力试验

GB/T 29046 城镇供热预制直埋保温管道技术指标检测方法

GB/T 29047 高密度聚乙烯外护管硬质聚氨酯泡沫塑料预制直埋保温管及管件

CJJ/T 81 城镇供热直埋热水管道技术规程

JB/T 12006 钢管焊接球阀

3 术语和定义

下列术语和定义适用于本文件。

3.1

保温阀门 valve assembly

由高密度聚乙烯外护管（以下简称外护管）、硬质聚氨酯泡沫塑料保温层（以下简称保温层）、钢制焊接阀门、阀门直管段组成的元件。

3.2

阀门直管段 valve extension pipes

为便于阀门保温和安装，焊接在阀门两端的钢管。

3.3

阀门焊接端口 welding end on valve

阀门直管段与工作钢管连接处的端口。

3.4

开关扭矩 breakaway thrust/breakaway torque

在最大压差下开启和关闭阀门所需的扭矩。

3.5

弯矩 bending moment

阀门在承受弯曲荷载时产生的力矩。

3.6

无荷载状态 valve unload

阀门无轴向力和弯矩时的状态。

4 一般要求

4.1 保温阀门结构示意图如图 1 所示。

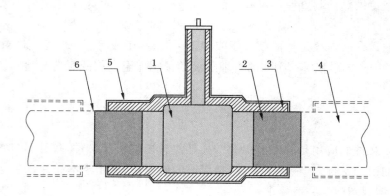

说明：

1——阀门；

2——阀门直管段；

3——保温层；

4——工作钢管；

5——外护管；

6——阀门焊接端口。

图 1 保温阀门结构示意图

4.2 阀门应采用钢制全焊接式球阀或蝶阀。球阀应采用双向密封，且应符合 JB/T 12006 的规定；蝶阀应采用双向金属密封，且应符合 GB/T 12224 的规定。

4.3 阀门的结构应符合下列规定：

　　a) 应能承受管道的轴向推力；

　　b) 应使阀门能在保温层之外进行开/闭操作；

　　c) 应能承受冷、热、潮气、地下水和盐水等地下条件的影响。

4.4 阀门应为顺时针旋转关闭，逆时针旋转打开。

4.5 除阀杆密封系统外，法兰或螺栓等可分离的连接方式不应用于阀门的承压区域。

4.6 阀杆的结构和长度应能使阀门在操作面上用 T 型操纵杆进行操作。

4.7 当阀杆采用两层或多层 O 型圈时，顶端的 O 型圈应能在不破坏保温层的情况下予以调整或更换。

4.8 保温阀门防腐保护应符合下列规定：

　　a) 在保温阀门的工作年限内，阀门应进行防腐保护。

　　b) 阀杆穿出保温层的部分，应采取防止水进入保温层的密封措施。

　　c) 保温层外的阀杆结构应由抗腐蚀的金属材料制成或进行永久性的防腐保护。阀杆末端防腐保护的长度 M 不应小于 100 mm，阀门主要尺寸偏差及防腐保护示意图如图 2 所示。

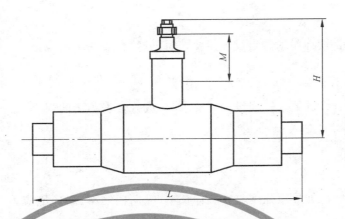

说明：

H ——阀杆顶端距管中心线的高度；

L ——阀门两接口端面之间的长度；

M ——阀杆末端防腐保护的长度。

图 2　阀门主要尺寸偏差及防腐保护示意图

4.9　公称直径大于或等于 DN300 的蝶阀和公称直径大于或等于 DN200 的球阀，应带有移动便携式或固定式齿轮机构。

4.10　驱动器连接部分键槽的尺寸宜为 60 mm、70 mm 和 90 mm。

4.11　阀门上应装有止动装置，并应能在不去除保温层的情况下予以调整或更换。

4.12　与阀门连接的直管段应符合 GB/T 29047 的规定。

4.13　阀门直管段的焊接应符合下列规定：

　　a)　蝶阀应在完全关闭的状态下进行焊接，关闭前应清洁阀座密封圈和阀板表面；

　　b)　球阀应在完全开启的状态下进行焊接。

4.14　在阀门保温制作过程中不应拆装阀门的齿轮箱。

4.15　保温阀门的预期寿命与长期耐温性及蠕变性能应符合 GB/T 29047 的规定。

5　要求

5.1　阀门

5.1.1　壳体

壳体的密封应符合 GB/T 13927—2008 的规定。

5.1.2　阀座密封性

5.1.2.1　阀座的密封应符合 GB/T 13927—2008 的规定。

5.1.2.2　阀座的双向最大允许泄漏率均不应大于 GB/T 13927—2008 中 C 级的规定。

5.1.3　无荷载状态下阀门开关扭矩

无荷载状态下开、关阀门所需的最大力不应大于 360 N。

5.1.4　轴向压力

阀门的轴向压力应符合设计要求。当设计无要求时，应符合附录 A 中表 A.1 的规定。

5.1.5 轴向拉力

阀门轴向拉力应符合设计要求。当设计无要求时,应符合表 A.1 的规定。

5.1.6 径向弯矩

阀门径向弯矩应符合设计要求。当设计无要求时,应符合表 A.1 的规定。

5.2 保温阀门

5.2.1 外护管

外护管的外观、密度、拉伸屈服强度与断裂伸长率、纵向回缩率、耐环境应力开裂、外径和壁厚应符合 GB/T 29047 的规定。

5.2.2 保温层

保温层的泡孔尺寸、空洞、气泡、密度、压缩强度、吸水率、闭孔率、导热系数、保温层厚度应符合 GB/T 29047 的规定。

5.2.3 外护管焊接

外护管焊接应符合 GB/T 29047 的规定。

5.2.4 阀杆末端密封性

阀杆穿出保温层的部分应进行密封,不应渗水。

5.2.5 挤压变形及划痕

保温层受挤压变形时,其径向变形量不应超过其设计保温层厚度的 15%。外护管划痕深度不应超过外护管最小壁厚的 10%,且不应超过 1 mm。

5.2.6 管端垂直度

保温阀门管端垂直度应符合 GB/T 29047 的规定。

5.2.7 管端焊接预留段长度

保温阀门两端应留出 150 mm～250 mm 无保温层的焊接预留段,两端预留段长度之差不应大于 40 mm。

5.2.8 轴线偏心距

保温阀门任意位置外护管轴线与工作钢管轴线间的最大轴线偏心距应符合 GB/T 29047 的规定。

5.2.9 保温层厚度

保温层厚度应符合 GB/T 29047 的规定,最小保温层厚度不应小于保温管保温层厚度的 50%,且任意点的保温层厚度不应小于 15 mm。

5.2.10 主要尺寸偏差

5.2.10.1 阀门两接口端面之间的长度 L 示意图见图 2,长度偏差值应符合表 1 的规定。

5.2.10.2 阀杆顶端距管中心线的高度 H 示意图如图2,高度偏差值应符合表1的规定。

表 1 阀门尺寸偏差

单位为毫米

公称直径 DN	阀门两接口端面之间的长度偏差值	阀杆顶端距管中心线的高度偏差值
≤300	±5	±20
>300	±10	±50

5.2.11 报警线

保温阀门的报警线应符合 GB/T 29047 的规定。

5.2.12 阀门直管段焊接

阀门直管段的焊接应符合 GB/T 29047 的规定。

6 试验方法

6.1 阀门

6.1.1 试验阀门选取

试验应选取未使用过的阀门。选取的阀门应具有代表性,且应在同一个阀门上依次进行下列试验。

6.1.2 试验介质

试验介质应采用清洁水。

6.1.3 壳体

壳体试验应按 GB/T 13927—2008 的规定执行。

6.1.4 阀座密封性

6.1.4.1 阀座密封性试验应按 GB/T 13927—2008 的规定执行。

6.1.4.2 试验压力不应小于阀门在 20 ℃时允许的最大工作压力的 1.1 倍。

6.1.5 无荷载状态下的阀门开关扭矩

6.1.5.1 在测量扭矩之前,阀门应关闭 24 h。阀门内应注满 23 ℃±2 ℃的水。

6.1.5.2 打开和关闭阀门时,测量并记录阀门所需的扭矩。阀门应能正常开启关闭。

6.1.6 轴向压力

6.1.6.1 将阀门处于开启位置,施加附录 A 表 A.1 中规定的轴向压力。测试条件如下:
    a) 阀门内的水压为阀门公称压力;
    b) 水温为 140 ℃±2 ℃。

6.1.6.2 测试中施加的最大扭矩值不应高于阀门出厂技术参数规定最大值的 110%。

6.1.6.3 测试持续时间为 48 h,当打开和关闭阀门时,测量并记录轴向压力、水温和开关扭矩,每天应测量 2 次。2 次测量的最小时间间隔为 6 h。按 6.1.4 和 6.1.5 的规定分别测量阀座的密封性和开关扭矩。

6.1.6.4 以上测试结束后,阀门应在无荷载状态下,按 6.1.4 和 6.1.5 的规定分别测试阀座的密封性和开关扭矩。

6.1.7 轴向拉力

6.1.7.1 试验水温应为 23 ℃±2 ℃。

6.1.7.2 试验时阀门应处于开启位置,向阀门内注入水,水的压力为阀门公称压力,然后施加表 A.1 中规定的轴向拉力。

6.1.7.3 试验持续时间为 48 h。当打开和关闭阀门时,测量并记录轴向拉力、水温和开关扭矩,每天应测量 2 次。2 次测量的最小时间间隔为 6 h。在不卸载阀门轴向拉力的状态下,按 6.1.4 的规定测试阀座的密封性。

6.1.8 径向弯矩

6.1.8.1 试验应在环境温度 23 ℃±2 ℃ 的条件下进行。如使用一个新的阀门单独进行径向弯矩试验,应将阀门从环境温度加热至 140 ℃(阀体温度),循环加热 2 次。

6.1.8.2 所有规格的阀门应按附录 B 进行四点弯曲试验测试,测试应在两个平面上进行,一个平面在阀杆的轴线平行,另一个平面垂直于阀杆的轴线。当 DN 小于或等于 200 时也可按附录 B 中 B.2.2 的规定进行测试。加荷载后,打开和关闭阀门所施加的扭矩不应大于阀门出厂技术参数规定最大值的 110%。

6.1.8.3 径向弯矩测试完成后,按 6.1.4 的规定测试阀座的密封性。

6.2 保温阀门

6.2.1 外护管

6.2.1.1 外护管的外观、密度、拉伸屈服强度与断裂伸长率、纵向回缩率、耐环境应力开裂、外径和壁厚应按 GB/T 29046 的规定进行测试。

6.2.1.2 发泡后,阀门外护管的焊接密封性应按 GB/T 29046 的规定进行测试。

6.2.2 保温层

保温层的泡孔尺寸、空洞、气泡、密度、压缩强度、吸水率、闭孔率、导热系数、保温层厚度应按 GB/T 29046 的规定进行测试。

6.2.3 外护管焊接

外护管焊接应按 GB/T 29046 的规定进行测试。

6.2.4 阀杆末端密封性

将阀杆末端密封处完全浸入密闭的水箱,水温 23 ℃±2 ℃,使水着色并增压至 30 kPa,保持恒压 24 h 后,切开密封部分,检查是否有水渗入密封处的内部保温层。

6.2.5 挤压变形及划痕

挤压变形及划痕应按 GB/T 29046 的规定进行测试。

6.2.6 管端垂直度

管端垂直度应按 GB/T 29046 的规定进行测试。

6.2.7 管端焊接预留段长度

管端焊接预留段长度应按 GB/T 29046 的规定进行测试。

6.2.8 轴线偏心距

保温阀门任意位置外护管轴线与工作钢管轴线间的最大轴线偏心距应按 GB/T 29046 的规定进行测试。

6.2.9 保温层厚度

保温层厚度应按 GB/T 29046 的规定进行测试。

6.2.10 主要尺寸偏差

主要尺寸偏差应按 GB/T 29046 的规定进行测试。

6.2.11 报警线

报警线应按 GB/T 29046 的规定进行测试。

6.2.12 阀门直管段焊接

阀门直管段焊接完成后应按 GB/T 29047 的规定进行检测。

7 检验规则

7.1 检验分类

产品检验分为出厂检验和型式检验。

7.2 出厂检验

7.2.1 出厂检验分为全部检验和抽样检验,检验项目应符合表 2 的规定。

表 2 检验项目表

检验项目			出厂检验		型式检验	要求	试验方法
			全部检验	抽样检验			
阀门		壳体	√	—	√	5.1.1	6.1.3
		阀座密封性	√	—	√	5.1.2	6.1.4
		无荷载状态下的阀门开关扭矩	—	—	√	5.1.3	6.1.5
		轴向压力	—	—	√	5.1.4	6.1.6
		轴向拉力	—	—	√	5.1.5	6.1.7
		径向弯矩	—	—	√	5.1.6	6.1.8
保温阀门	外护管	外观	√	—	√	5.2.1	6.2.1
		密度	—	√	√		
		拉伸屈服强度与断裂伸长率	—	√	√		
		纵向回缩率	—	—	√		
		耐环境应力开裂	—	—	√		
		外径和壁厚	—	√	√		

表 2（续）

检验项目			出厂检验		型式检验	要求	试验方法
			全部检验	抽样检验			
保温阀门	保温层	泡孔尺寸	—	√	√	5.2.2	6.2.2
		空洞、气泡	—	√	√		
		密度	—	√	√		
		压缩强度	—	√	√		
		吸水率	—	√	√		
		闭孔率	—	√	√		
		导热系数	—	√	√		
		保温层厚度	√	—	√		
	外护管焊接		—	√	√	5.2.3	6.2.3
	阀杆末端密封性			√	√	5.2.4	6.2.4
	挤压变形及划痕		√		√	5.2.5	6.2.5
	管端垂直度		√		√	5.2.6	6.2.6
	管端焊接预留段长度		√		√	5.2.7	6.2.7
	轴线偏心距		√		√	5.2.8	6.2.8
	保温层厚度		√		√	5.2.9	6.2.9
	主要尺寸偏差		√		√	5.2.10	6.2.10
	报警线		√		√	5.2.11	6.2.11
	阀门直管段焊接		√		√	5.2.12	6.2.12

7.2.2 保温阀门出厂检验应按 GB/T 29047 中保温管件的规定执行。所有检验项目合格时为合格。保温阀门应在出厂检验合格后方可出厂，出厂时应附检验合格报告。

7.2.3 全部检验的项目应对所有产品逐件进行检验。

7.2.4 抽样检验应每月抽检 1 次，检验应均布于全年的生产过程中，抽检项目应按表 2 的规定执行，其中壳体试验和阀座密封性试验由阀门制造商负责并提供出厂检验报告。

7.3 型式检验

7.3.1 在下列情况时应进行型式检验：

 a) 新产品或老产品转厂生产的试制定型鉴定时；

 b) 正式生产后，当结构、材料、工艺有较大改变，可能影响产品性能时；

 c) 停产 1 年后恢复生产时；

 d) 正常生产时，每 2 年。

7.3.2 型式检验项目应按表 2 的规定执行，其中阀门制造商负责提供阀门的型式检验报告，保温阀门厂家提供保温阀门的型式检验报告。

7.3.3 型式检验试验样品由型式检验机构在制造单位成品库或者生产线经检验合格等待入库的产品中采用随机抽样方法抽取，每一选定规格仅代表向下 0.5 倍直径、向上 2 倍直径的范围。

7.3.4 型式检验任何一项指标不合格时，应在同批、同规格产品中加倍抽样，复检其不合格项目。如复检项目合格,则该结构型式产品为合格,如复检项目仍不合格,则该结构型式产品为不合格。

8 标识、运输和贮存

8.1 标识

8.1.1 保温阀门可用任何不损伤外护管性能的方法标志,标识应能经受住运输、贮存和使用环境的影响。

8.1.2 保温阀门应在明显位置上标识如下内容:

  a) 外护管外径尺寸和壁厚;

  b) 阀门的公称直径和公称压力;

  c) 阀门直管段外径、壁厚、材质;

  d) 保温阀门制造商标志;

  e) 生产日期和执行标准;

  f) 永久性的开闭位置标志。

8.2 运输

8.2.1 保温阀门在移动及装卸过程中,不应碰撞、抛摔和在地面拖拉滚动。不应损伤阀门的执行机构、手轮、外护管及保温层。

8.2.2 移动阀门时,应使用吊装带,不应从阀门执行机构和手轮处吊装阀门。

8.2.3 运输过程中,保温阀门应固定牢靠。

8.3 贮存

8.3.1 贮存场地地面应有足够的承载力,且应平整、无碎石等坚硬杂物。

8.3.2 保温阀门应贮存于干净且干燥处,管端端口应进行防尘保护。

8.3.3 保温阀门应单件码放,贮存过程中不应损伤阀门的执行机构。

8.3.4 露天存放时应用蓬布遮盖,避免受烈日照射、雨淋和浸泡。

8.3.5 贮存场地应有排水措施,地面不应有积水。

8.3.6 贮存处应远离热源和火源。

8.3.7 当温度低于−20 ℃时,不宜露天存放。

附　录　A

（规范性附录）

轴向力和弯矩表

轴向力和弯矩见表 A.1。

表 A.1　轴向力和弯矩

阀门公称直径 DN/mm	工作钢管外径 D_0/mm	壁厚 δ/mm	轴向力		弯矩[d,e]/N·m
			拉力[f]/kN	压力[a,b,c]/kN	
DN15	21	3	42	28	214
DN20	27	3	56	37	390
DN25	34	3	72	48	664
DN32	42	3	91	60	1 066
DN40	48	3.5	121	80	1 617
DN50	60	3.5	154	102	2 642
DN65	76	4	224	149	4 929
DN80	89	4	264	175	6 920
DN100	108	4	324	215	10 437
DN125	133	4.5	450	298	17 981
DN150	159	4.5	541	359	26 132
DN200	219	6	994	659	66 281
DN250	273	6	1 483	792	100 425
DN300	325	7	2 060	1 101	120 937
DN350	377	7	2 397	1 281	141 449
DN400	426	7	2 715	1 451	161 961
DN450	478	7	3 052	1 631	182 473
DN500	529	8	3 858	2 062	202 985
DN600	630	9	5 173	2 765	223 497
DN700	720	11	7 219	3 858	406 537
DN800	820	12	8 975	4 796	656 410
DN900	920	13	10 914	5 832	1 005 815
DN1000	1 020	14	13 036	6 967	1 477 985
DN1200	1 220	16	17 831	9 529	2 895 609
DN1400	1 420	19	24 638	12 607	5 417 659
DN1600	1 620	21	31 080	15 903	8 902 324

[a] 按供热运行温度 130 ℃、安装温度 10 ℃计算。

[b] DN≥250 mm 时，采用 Q235B 钢材，弹性模量 $E=198\ 000$ MPa、线膨胀系数 $\alpha=0.000\ 012\ 4$ m/m·℃；DN≤200 mm 时，采用 20♯钢材，弹性模量 $E=181\ 000$ MPa、线膨胀系数 $\alpha=0.000\ 011\ 4$ m/m·℃。

[c] 最不利工况按管道泄压时的工况计算轴向压力。

[d] 当 DN≤250 mm 时，弯矩值取圆形横截面全塑性状态下的弯矩。全塑性弯矩为最大弹性弯矩的 1.3 倍，依据最大弹性弯曲应力计算得出最大弹性弯矩。计算所用应力为屈服应力。

[e] 当 DN≥600 mm 时，弯矩值为管沟及管道的下沉差异（100 mm/15 m）形成的弯矩；当 250 mm<DN<600 mm 时，介于 DN250 和 DN600 之间的弯矩值随着规格的增大采用等值递增的方式取值。

[f] 拉伸应力取 0.67 倍的屈服极限。DN≥250 mm 时，采用 Q235B 钢材，$\delta\leq16$ mm 时拉伸应力$[\sigma]_L=157$ MPa，$\delta>16$ mm 时拉伸应力$[\sigma]_L=151$ MPa；DN≤200 mm 时，采用 20♯钢材，拉伸应力$[\sigma]_L=164$ MPa，如管道的材质、壁厚和温度发生变化应重新进行校核。

附　录　B

（规范性附录）

径向弯矩试验方法

B.1　弯矩测试值计算

B.1.1　当阀门公称直径小于或等于 250 mm 时，总弯矩应按式（B.1）计算：

$$M = 1\ 300 \frac{\pi(D_0^4 - D_i^4)}{32D_0} \times \sigma_b \qquad\qquad \text{（B.1）}$$

式中：

M——总弯矩，单位为牛毫米（N·mm）；

D_0——工作钢管外径，单位为毫米（mm）；

D_i——工作钢管内径，单位为毫米（mm）；

σ_b——钢材抗拉强度最小值，单位为兆帕（MPa）。

B.1.2　当阀门公称直径大于或等于 600 mm 时，总弯矩应按式（B.2）计算：

$$M = \frac{W_A \times 3E \times I}{L^2} \qquad\qquad \text{（B.2）}$$

式中：

M——总弯矩，单位为牛毫米（N·mm）；

W_A——挠度，单位为毫米（mm），可按 100 mm 取值；

E——弹性模量，单位为兆帕（MPa）；

I——截面惯性弯矩，单位为四次方毫米（mm⁴）；

L——阀门端口到受力点距离，单位为毫米（mm），取值为 15 000 mm。

B.1.3　当阀门公称直径大于或等于 250 mm 小于或等于 600 mm 时，总弯矩可在公称直径 250 mm 和公称直径 600 mm 的阀门弯矩值之间取值，取值方式随着规格的增大等值递增。

B.2　抗弯曲测试方法

B.2.1　标准测试方法（四点弯曲测试方法）

B.2.1.1　按图 B.1 连接保温阀门。阀门应能承受弯矩 M。弯矩 M 在测试中由 M_D、M_F 和 M_C 共同形成，最终测试结果以满足 M 为合格。测试前，需先计算形成弯矩 M_D 的测试荷载 F 值。

B.2.1.2　测试荷载 F 形成的弯矩 M_D 见图 B.1，并应按式（B.3）计算：

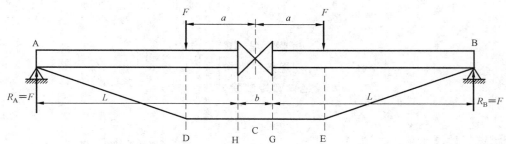

说明：

A/B ——支撑点；

C ——试件的中心点；

D/E ——测试力的施加点；

F ——测试力；

H/G ——阀门端面；

L ——阀门端面到支撑点(A/B)间的距离；

R_A/R_B ——支撑点(A/B)产生的反作用力；

a ——阀门中心到施力点(D/E)间的距离；

b ——阀门长度。

图 B.1 测试荷载 F 形成的弯矩 M_D

$$M_D = F \times \left(L + \frac{b}{2} - a \right)$$ ·······························（B.3）

式中：

M_D ——荷载 F 形成的弯矩，单位为牛毫米(N·mm)；

F ——荷载(测试力)，单位为牛(N)；

L ——阀门端面到支撑点(A/B)间的距离，单位为毫米(mm)；

b ——阀门长度，单位为毫米(mm)；

a ——阀门中心到施力点(D/E)的距离，单位为毫米(mm)。

B.2.1.3 均布荷载 q 形成的弯矩 M_F 见图 B.2，并应按式(B.4)计算：

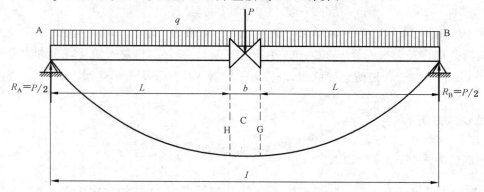

说明：

A/B ——支撑点；

C ——试件的中心点；

H/G ——阀门端面；

I ——支撑点(A/B)间的距离；

L ——阀门端面到支撑点(A/B)间的距离；

P ——管道重量；

R_A/R_B ——支撑点(A/B)产生的反作用力；

b ——阀门长度；

q ——均布荷载和水产生的弯矩。

图 B.2 均布荷载 q 形成的弯矩 M_F

$$M_F = \frac{P}{2} \times \frac{L(L+b)}{2L+b} \quad \cdots\cdots\cdots\cdots\cdots\cdots\cdots\cdots (B.4)$$

式中：

M_F ——均布荷载 q 形成的弯矩，单位为牛毫米（N·mm）；

P ——管道重量（管道自重和管道中水的重量），单位为牛（N）；

L ——阀门端面到支撑点的长度，单位为毫米（mm）；

b ——阀门的长度，单位为毫米（mm）。

B.2.1.4 阀门重量形成的弯矩 M_C 见图 B.3，并应按式（B.5）计算：

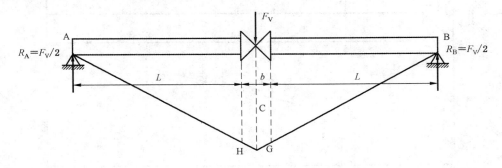

说明：

A/B ——支撑点；

C ——试件的中心点；

F_V ——阀门的重量；

H/G ——阀门端面；

L ——阀门端面到支撑点（A/B）间的距离；

R_A/R_B ——支撑点（A/B）产生的反作用力；

b ——阀门长度。

图 B.3 阀门重量形成的弯矩 M_C

$$M_C = \frac{F_V}{2} \times L \quad \cdots\cdots\cdots\cdots\cdots\cdots\cdots\cdots (B.5)$$

式中：

M_C ——阀门重量形成的弯矩，单位为牛毫米（N·mm）；

F_V ——阀门重量，单位为牛（N）；

L ——阀门端面到支撑点（A/B）间的距离，单位为毫米（mm）。

B.2.1.5 确定荷载 F 值应符合下列规定：

a) 荷载 F 值应按式（B.6）计算：

$$F = \left[M - \frac{P \times L}{2}\left(\frac{L+b}{2L+b}\right) - \frac{F_V \times L}{2} \right] \times \left(\frac{2}{2L+b-2a}\right) \quad \cdots\cdots\cdots (B.6)$$

式中：

F ——测试力，单位为牛（N）；

M ——总弯矩，单位为牛毫米（N·mm）；

P ——管道自重和管道中水的重量之和，单位为牛（N）；

F_V ——阀门重量，单位为牛（N）；

L ——阀门端面到支撑点（A/B）间的距离，单位为毫米（mm）；

b ——阀门的长度，单位为毫米（mm）；

a ——阀门中心到施力点（D/E）距离，单位为毫米（mm）。

b)　按照计算得出的测试荷载 F 值进行试验,阀座应符合严密性要求。

B.2.2　替代测试方法

B.2.2.1　当管道公称直径小于或等于 200 mm 时,也可按图 B.4 进行弯矩测试,图 B.4 中,阀门/法兰的焊接点的弯矩应按式(B.7)计算:

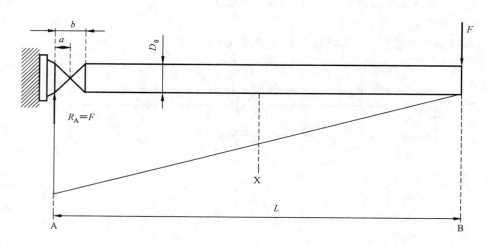

说明:

A　——支撑点;

B　——施力点;

D_0　——工作钢管外径;

F　——测试力;

L　——阀门端面到支撑点(A)和施力点(B)间的距离;

R_A　——支撑点(A)产生的反作用力;

X　——测试结构整体重心点;

a　——阀门中心到施力点(D/E)的距离;

b　——阀门长度。

图 B.4　F 形成的弯矩 M_A

$$M_A = F \times L \qquad\qquad\cdots\cdots\cdots\cdots\cdots\cdots\cdots\cdots(\text{B.7})$$

式中:

M_A　——阀门/法兰的焊接点弯矩,单位为牛毫米(N·mm),不应小于表 A.1 中的弯矩;

F　——测试力,单位为牛(N);

L　——阀门端面到支撑点(A)和施力点(B)间的距离,单位为毫米(mm)。

B.2.2.2　作用力 F 最小的偏移长度(L)应按式(B.8)计算:

$$L = 7D_0 \qquad\qquad\cdots\cdots\cdots\cdots\cdots\cdots\cdots\cdots(\text{B.8})$$

式中:

L　——阀门端面到支撑点(A)和施力点(B)间的距离,单位为毫米(mm);

D_0　——工作钢管外径,单位为毫米(mm)。

B.2.2.3　阀杆轴到固定点的距离 a 不应超过 2 倍的管道外径,如果同时满足 L 和 a 的要求,在计算最大弯矩时,可忽略管道的重量和阀门的重量。

B.2.2.4　图 B.4 中阀门/法兰的焊接点在测试过程中应无永久变形产生。

B.2.2.5　按照式(B.7)和式(B.8)计算得出测试荷载 F 值,按图 B.5 和图 B.6 分别将阀杆朝上和阀杆水平依次进行弯矩测试 1 和测试 2,弯矩测试完成后,阀座应符合严密性要求。

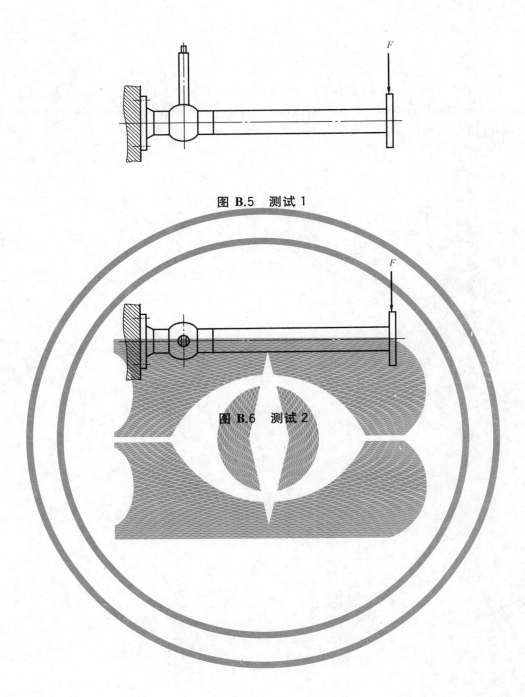

图 B.5　测试 1

图 B.6　测试 2

参 考 文 献

[1] EN 488 District heating pipes—Pre-insulated bonded pipe systems for directly buried hot water networks—Steel valve assembly for steel service pipes, polyurethane thermal insulation and outer casing of polyethylene

ICS 23.060.99
J 16

中华人民共和国国家标准

GB/T 36523—2018

供水管道复合式高速排气进气阀

Compound quick intake and exhaust air valve for water supply pipeline

2018-07-13 发布

2019-02-01 实施

国家市场监督管理总局
中国国家标准化管理委员会 发 布

前　言

本标准按照 GB/T 1.1—2009 给出的规则起草。

本标准由中国机械工业联合会提出。

本标准由全国阀门标准化技术委员会(SAC/TC 188)归口。

本标准负责起草单位:中国建筑金属结构协会、合肥通用机械研究院有限公司。

本标准参加起草单位:沧州市计量测试所、上海冠龙阀门机械有限公司、广东永泉阀门科技有限公司、山东建华阀门制造有限公司、安徽红星阀门有限公司、上海沪航阀门有限公司、安徽铜都流体科技股份有限公司、玫德集团有限公司、阀安格水处理系统(太仓)有限公司、杭州春江阀门有限公司、武汉大禹阀门股份有限公司、株洲南方阀门股份有限公司、宁波华成阀门有限公司、博纳斯威阀门股份有限公司、天津市国威给排水设备制造有限公司、山东宜利达流体设备有限公司、安徽方兴实业股份有限公司、上海艾维科阀门股份有限公司、芜湖市金贸流体科技股份有限公司、湖北洪城通用机械有限公司、中阀科技(长沙)阀门有限公司、特技阀门集团有限公司、台州莱兹流体智控有限公司、上海沪工阀门厂(集团)有限公司、凯瑞特阀业有限公司。

本标准主要起草人:华明九、张继伟、刘建、刘杰、王光杰、张延蕙、曹掞、葛欣、王翀、李政宏、陈键明、王华梅、陈寄、韩安伟、陈思良、雷鹏、孔令磊、蒋维俊、柴为民、李习洪、黄靖、王朝阳、廖志芳、刘永、常建波、谢金武、张正春、孙雄、王洪运、童成彪、吴显金、查昭、杨雄军、李运龙。

供水管道复合式高速排气进气阀

1 范围

本标准规定了供水管道复合式高速排气进气阀(以下简称"排气阀")的型号编制和结构型式、技术要求、材料、检验和试验方法、检验规则、标志、包装和储运。

本标准适用于公称压力不大于 PN25,公称尺寸 DN50~DN300,介质水温不高于 55 ℃的排气阀。

2 规范性引用文件

下列文件对于本文件的应用是必不可少的。凡是注日期的引用文件,仅注日期的版本适用于本文件。凡是不注日期的引用文件,其最新版本(包括所有的修改单)适用于本文件。

GB/T 196 普通螺纹 基本尺寸

GB/T 197 普通螺纹 公差

GB/T 1220 不锈钢棒

GB/T 3098.1 紧固件机械性能 螺栓、螺钉和螺柱

GB/T 3280 不锈钢冷轧钢板和钢带

GB/T 6739—2006 色漆和清漆 铅笔法测定漆膜硬度

GB/T 7306.2 55°密封管螺纹 第2部分:圆锥内螺纹与圆锥外螺纹

GB/T 8923.1—2011 涂覆涂料前钢材表面处理 表面清洁度的目视评定 第1部分:未涂覆过的钢材表面和全面清除原有涂层后的钢材表面的锈蚀等级和处理等级

GB/T 9286—1998 色漆和清漆 漆膜的划格试验

GB/T 12220 工业阀门 标志

GB/T 12227 通用阀门 球墨铸铁件技术条件

GB/T 13927 工业阀门 压力试验

GB/T 17219 生活饮用水输配水设备及防护材料的安全性评价标准

GB/T 17241.6 整体铸铁法兰

GB/T 17241.7 铸铁管法兰 技术条件

GB/T 21873 橡胶密封件 给、排水管及污水管道用接口密封圈 材料规范

GB/T 32808 阀门 型号编制方法

JB/T 7928 工业阀门 供货要求

3 术语和定义

下列术语和定义适用于本文件。

3.1

排气阀 air release valves

用于管道空管充水时快速排气,管道内产生负压时又能快速进气,在工作压力下可排出管道中集结的少量空气且自动封水,具有大、小进排气孔的阀门。

3.2

排气量 discharge capacity

排气阀在单位时间内排向大气的空气体积,换算为绝对大气压力为 0.1 MPa,温度为 293 K(20 ℃)时的空气体积,单位为立方米每小时(m³/h)。

3.3

空气闭阀压差 pressure difference in close instant of air release valve

排气阀大量排气过程中,浮球被吹起、堵塞大孔口瞬间之前,阀门进出口的压差。

3.4

排气压差 pressure differential of discharge

排气阀排气过程中,排气阀进口压力与出口大气压力之差。

4 型号编制和结构型式

4.1 型号编制

4.1.1 排气阀型号主要根据阀门类型、连接形式、密封副材料、公称压力、阀体材料等编制,表示方法如图 1 所示。

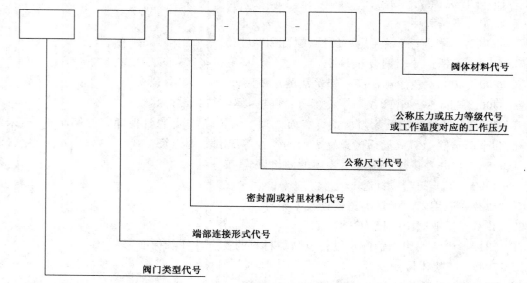

注:表示系列型号时,公称尺寸可以不标注;表示系列产品中某一种规格的产品时应标注型号编制的全称。

图 1 排气阀型号表示方法

4.1.2 排气阀的类型代号用"FGP"表示;连接形式、密封副材料和阀体材料代号,按 GB/T 32808 的规定执行。

示例:阀体材质为球墨铸铁,公称压力为 PN10,公称尺寸为 200 mm,密封副材料为橡胶,连接形式为法兰连接的供水管道复合式高速排气进气阀。表示为 FGP4X-200-10Q。

4.2 结构型式

排气阀的典型结构型式如图2～图6所示。

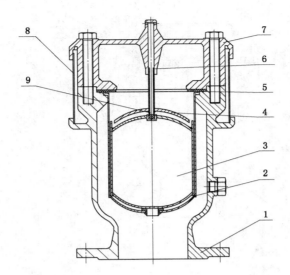

说明：
1——阀体；
2——浮球罩；
3——浮桶；
4——升降罩；
5——大孔密封组件；
6——小孔密封组件；
7——阀盖；
8——防护罩；
9——小排气孔。

图2 单体式排气阀典型结构一

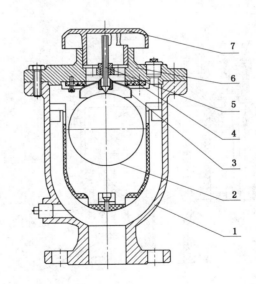

说明：
1——阀体；
2——浮球；
3——升降罩；
4——大孔密封组件；
5——小孔密封组件；
6——阀盖；
7——排气罩。

图3 单体式排气阀典型结构二

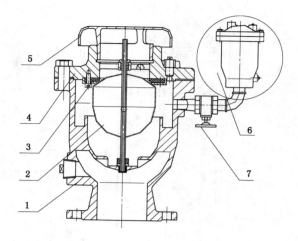

说明：
1——阀体；
2——浮桶；
3——大孔密封组件；
4——阀盖；
5——排气罩；
6——小孔排气阀；
7——检修阀。

图 4　分体式排气阀典型结构一

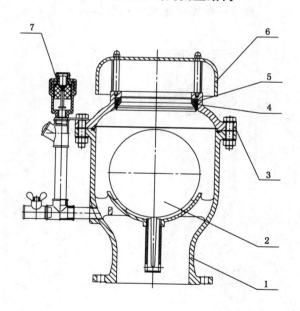

说明：
1——阀体；
2——浮球；
3——阀盖；
4——大孔密封组件；
5——大孔阀座；
6——排气罩；
7——小孔排气阀。

图 5　分体式排气阀典型结构二

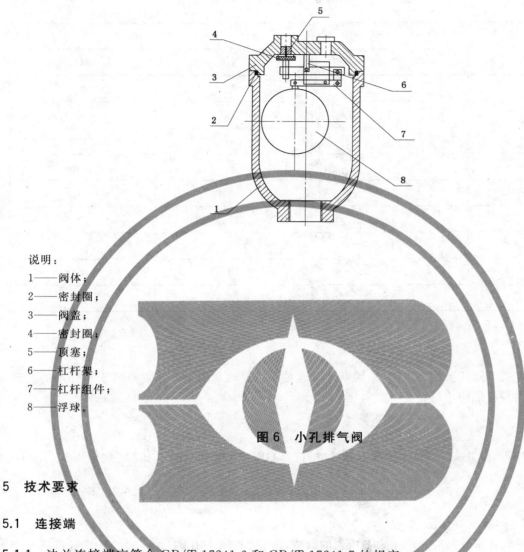

说明：
1——阀体；
2——密封圈；
3——阀盖；
4——密封圈；
5——顶塞；
6——杠杆架；
7——杠杆组件；
8——浮球。

图6 小孔排气阀

5 技术要求

5.1 连接端

5.1.1 法兰连接端应符合 GB/T 17241.6 和 GB/T 17241.7 的规定。

5.1.2 螺纹连接端应符合 GB/T 7306.2 的规定，或按订货合同要求。

5.2 排气孔尺寸

5.2.1 排气阀小排气孔直径应不小于 1.6 mm。

5.2.2 排气阀大排气孔直径应不小于排气阀公称尺寸的数值。

5.3 阀体

5.3.1 阀体强度设计的许用应力,不应超过材料屈服强度的 1/3 或材料极限强度的 1/5。

5.3.2 阀体内通过气体的任意位置流道截面积应不小于公称尺寸的截面积。

5.3.3 阀体采用 QT450-10 材质设计时,最小壁厚应符合表1的规定。

表 1 阀体最小壁厚 单位为毫米

进口公称尺寸	公称压力		
	PN10	PN16	PN25
DN50	7	7	8
DN65	7	7	8
DN80	8	8	9
DN100	9	9	10
DN125	10	10	11
DN150	11	11	12
DN200	12	12	13
DN250	13	13	15
DN300	14	14	20

5.4 浮球(桶)组件

浮球(桶)组件的升降应灵活无卡阻,结构设计应满足浮球罩内水的上升速度略高于罩外水的上升速度。浮球(桶)组件应能防止结垢。

5.5 螺栓和螺母

螺栓和螺母应符合 GB/T 3098.1 的规定,螺纹应符合 GB/T 196 和 GB/T 197 的规定。

5.6 排气性能

5.6.1 排气量

5.6.1.1 排气阀的大孔排气量应不小于表 2 所列的数值,按表 2 的排气压差(Δp)实测排气量负偏差应不超过 10%。

表 2 大孔排气量 单位为立方米每小时

进口公称尺寸	DN50	DN65	DN80	DN100	DN150	DN200	DN250	DN300
Δp 为 0.035 MPa	670	1 600	2 100	2 900	6 100	11 800	24 900	38 000
Δp 为 0.07 MPa	1 080	2 800	3 200	4 850	10 850	18 300	33 850	49 400

5.6.1.2 排气阀在工作压力条件下,当浮球与阀体间形成压力气囊时,浮球应能自动下降打开小孔口将气体排净。小孔排气量应不小于表 3 所列的数值,特殊工况供需双方协商。

表3 小孔排气量   单位为立方米每小时

公称压力	小孔直径			
	$\phi 1.6$	$\phi 2.5$	$\phi 4.0$	$\phi 4.8$
PN10	10.5	22.0	61.0	93.5
PN16	12.5	30.5	93.5	128.0
PN25	14.0	50.0	140.5	204.0

5.6.2 空气闭阀压差

排气阀大量排气过程中,浮球(桶)被吹起、阀门关闭的瞬间之前,大排气孔进、出口的排气压差 Δp 应不小于 0.09 MPa。排气压差 Δp 的计算参见附录 A。

5.6.3 关阀性能

排气阀大量排气后,应在气水混合喷出 3.0 s 内关闭,关闭后应无可见泄漏。

5.7 进气性能

当管道内出现负压时,排气阀应能快速向管道内进气。相同压差条件下,进气量应达到附录 B 曲线所示排气量的 80%。

5.8 强度试验

5.8.1 阀体强度

阀体强度试验时,应能承受 1.5 倍公称压力。

公称尺寸不大于 DN200 的排气阀持压时间应不少于 1 min;公称尺寸不小于 DN250 的排气阀保压时间应不少于 2 min,保压时间内应无结构性损伤和可见泄漏。

5.8.2 浮球(桶)强度

浮球(桶)在装配前应进行强度试验,试验时应能承受外压力为 2 倍公称压力,保压时间应不少于 12 h,浮球(桶)应无可见变形。焊缝应无向内渗漏使浮球(桶)增重现象。

5.9 密封性能

5.9.1 排气阀在 0.02 MPa 压力下进行低压水密封试验时,保压时间不小于 1 min,应无可见泄漏。
5.9.2 排气阀在 1.1 倍公称压力下进行高压水密封试验时,保压时间不小于 1 min,应无可见泄漏。

5.10 耐久性试验

排气阀应通过连续启闭循环试验,大孔组件的试验次数应不少于 250 次,小孔组件的试验次数应不少于 2 500 次。试验结束后仍应启闭灵活、无损坏;浮球不应和大孔口密封件粘连,并应符合 5.9 的要求。

5.11 铸件质量

铸件不得有裂纹、气孔、夹砂、冷隔等有害缺陷。阀体等铸造承压零件,不得用锤击、堵塞或浸渍等方法消除渗漏。

5.12 饮用水卫生要求

饮用水卫生标准应按 GB/T 17219 的规定执行。

5.13 涂装和外观

5.13.1 铸件表面应平整,不应有裂纹、砂眼、毛刺等影响使用的缺陷,并经过表面喷砂或抛丸处理,除去氧化皮、铁锈、油污等杂质,应达到 GB/T 8923.1—2011 中规定的 Sa2.5 表面处理等级,完成后 6 h 内进行涂装。

5.13.2 排气阀内外表面宜采用环氧树脂粉末静电喷涂,涂层固化后应不溶解于水,不影响水质,表面应均匀光滑,无杂物混入、小洞、漏喷等缺陷。

5.13.3 内表面涂层厚度应不小于 0.25 mm,外表面涂层厚度应不小于 0.15 mm,涂层硬度应达到 GB/T 6739—2006 规定的铅笔硬度的 2H,涂层附着力应达到 GB/T 9286—1998 规定的划格法 1 mm² 不脱落。耐电压 1.5 kV,耐冲击要求用 0.5 kg 球面重锤、高 1.0 m 自由落在涂装表面不应产生裂纹。

5.14 安装要求

排气阀应竖直安装,允许垂直倾斜偏差角度不大于 2°。排气阀安装在地上时,排气口应装设防护网;排气阀安装在地下阀井中时,其阀门进口的检修阀,宜采用可在地面操作的结构型式。在环境温度不高于零度时,应考虑防冻措施。

6 材料

阀体、阀盖及主要零件材料见表 4,或按订货合同要求。

表 4　主要零件材料

零件名称	材料名称	材料牌号	执行标准
阀体、阀盖	球墨铸铁	QT450-10、QT500-7	GB/T 12227
浮球或浮桶	奥氏体型不锈钢	06Cr19Ni10、06Cr17Ni12Mo2	GB/T 3280
浮球罩、升降罩	奥氏体型不锈钢	06Cr19Ni10、06Cr17Ni12Mo2	GB/T 3280
密封件	橡胶	EPDM	GB/T 21873
杠杆	奥氏体型不锈钢	06Cr17Ni12Mo2	GB/T 3280、GB/T 1220

7 检验和试验方法

7.1 阀体壁厚测量

用测厚仪或专用卡尺量具测量阀体流道、中腔部位的壁厚。

7.2 性能试验

7.2.1 试验装置

排气量试验、空气闭阀试验及压力水冲击浮球试验装置示意图参见图 C.1。试验前应在图示气压罐(不宜小于 10 m³)注入压力不低于 0.12 MPa 的压缩空气,并在水气混容压力罐(不宜小于 1.0 m³)内注入约 2/3 容积的清水和 0.20 MPa 的压缩空气进行试验。允许采用 C.2 或其他类型的试验装置满足性能试验的要求。

7.2.2 排气量试验

参照图 C.1,首先关闭快速启闭阀 17、13 和阀 8,开启阀 16、15。然后快速开启阀 17,直至将气压罐内气排尽。全过程排气阀不应自闭。实测的排气量应符合 5.6.1 的要求。

排气阀排气量应根据买方的需求,满足管道系统应用的要求。无论何种计算方法和试验装置测得的排气量,换算为绝对大气压力为 0.1 MPa,温度为 293 K(20 ℃)时的空气体积。

7.2.3 空气闭阀试验

将气压罐的压力气体迅速通过排气阀排放,当浮球(桶)被吹起闭阀时,排气阀进出口处的瞬时压差值应符合 5.6.2 的规定。

7.2.4 关阀试验

排气阀安装在试验装置上后,水气混容压力罐内压力水快速从阀进口注入阀腔,浮球组件应快速上升而使阀门关闭,应符合 5.6.3 的要求。

7.3 强度试验

7.3.1 阀体强度

阀体强度试验,按 GB/T 13927 的规定执行,并应符合 5.8.1 的规定。

7.3.2 浮球(桶)强度

采用密闭的试压罐,将单个或数个浮球(体)置于罐内充满水,罐内空气排除后,将水压缓慢增加到公称压力的 2 倍,保压时间不少于 12 h,用天平计量,浮球(体)在试验后应无变形、损坏和增重。试验结果应符合 5.8.2 的要求。

7.4 密封试验

密封试验装置示意图参见附录 D。分别在 0.02 MPa 低压水和 1.1 倍公称压力高压水进行密封试验,各保压 1 min,排气阀应无可见泄漏,试验结果应符合 5.9 的要求。

7.5 耐久性试验

7.5.1 试验装置示意图参见附录 D,试验介质为常温清水。

7.5.2 试验介质压力缓慢升压至公称压力,大孔口封闭,然后降压泄水至浮球落底。小孔口排出集气后封闭,再进气排出。

7.5.3 每启闭循环 1/5 全额次数,进行一次检查,密封性能合格后继续试验,不合格时从零开始试验。

7.5.4 试验次数用计数器记录。

7.5.5 试验结果应符合 5.10 的要求。

7.5.6 1.1 倍公称压力下持续时间不少于 120 h,浮球不应和大孔口密封件粘连。

7.6 饮用水卫生要求

饮用水管道的排气阀卫生标准应按 GB/T 17219 的规定执行。

7.7 涂装和外观

目视检验。

8 检验规则

8.1 出厂检验

排气阀应逐台进行出厂检验,检验合格后方可出厂。出厂检验项目按表5的规定。

表 5 出厂检验和型式试验

检验项目	检验类别		技术要求	检验和试验方法
	出厂检验	型式试验		
阀体壁厚	—	√	5.3	7.1
排气量	—	√	5.6.1	7.2.2
空气闭阀	√	√	5.6.2	7.2.3
关阀性能	√	√	5.6.3	7.2.4
阀体强度	√	√	5.8.1	7.3.1
浮球(桶)强度	—	√	5.8.2	7.3.2
密封性能	√	√	5.9	7.4
耐久性试验	—	√	5.10	7.5
饮用水卫生要求	—	√	5.12	7.6
涂装和外观	√	√	5.13	7.7
标志	√	√	9	目视
注:"√"表示应检验的项目,"—"表示无需检验的项目。				

8.2 型式试验

8.2.1 有下列情况之一时,应对样机进行型式试验,试验合格后方可批量生产:
　　——新产品试制定型;
　　——正式生产后,如产品结构、材料、工艺有较大改变可能影响产品性能。

8.2.2 技术协议要求进行型式试验时,应抽样进行型式试验。抽样可在生产线的终端经检验合格的产品中随机进行抽样,也可在产品成品库中随机抽取或者从已供给用户但未使用并保持出厂状态的产品中随机抽取1台。对整个系列产品进行质量考核时,根据该系列范围大小情况从中抽取2个~3个典型规格进行试验。

8.2.3 型式试验的全部试验项目应符合表5的规定。

9 标志

排气阀的标志应按 GB/T 12220 的规定执行。

10 包装和储运

排气阀的包装和储运应按 JB/T 7928 的规定执行。

附　录　A
（资料性附录）
排气量和排气压差计算

A.1　按质量守恒定律测定的排气量计算

排向大气的体积流量（即排气量）按式（A.1）～式（A.5）计算：

$$Q_V = \frac{Q_m}{\rho} \quad\quad\quad \cdots\cdots\cdots\cdots\cdots\cdots\cdots（\text{A.1}）$$

其中：

$$Q_m = \frac{\Delta m}{\Delta t} \quad\quad\quad \cdots\cdots\cdots\cdots\cdots\cdots\cdots（\text{A.2}）$$

$$\Delta t = t_2 - t_1 \quad\quad\quad \cdots\cdots\cdots\cdots\cdots\cdots\cdots（\text{A.3}）$$

$$\Delta m = m_1 - m_2 \quad\quad\quad \cdots\cdots\cdots\cdots\cdots\cdots\cdots（\text{A.4}）$$

$$m_1 = \frac{p_1 V}{R T_1}, \ m_2 = \frac{p_2 V}{R T_2} \quad\quad \cdots\cdots\cdots\cdots\cdots\cdots\cdots（\text{A.5}）$$

式中：

Q_V　　——体积流量，单位为立方米每秒（m^3/s）；

Q_m　　——质量流量，单位为千克每秒（kg/s）；

ρ　　——空气密度，标准状态的值为 1.204 kg/m^3；

t_1、t_2　——时间点，单位为秒（s）；

m_1、m_2——时间点的气压罐内气体质量，单位为千克（kg）；

p_1、p_2——时间点的气压罐内气体压力，单位为帕[斯卡]（Pa）；

V　　——气压罐容积，单位为立方米（m^3）；

R　　——气体常数，空气的对应值为 287.1 $J/(kg \cdot K)$；

T_1、T_2——时间点的气压罐内气体绝对温度，单位为开[尔文]（K）。

A.2　排气压差计算

排气压差按式（A.6）～式（A.8）计算：

$$\Delta p = p_0 + E_V - p \quad\quad\quad \cdots\cdots\cdots\cdots\cdots\cdots\cdots（\text{A.6}）$$

其中：

$$E_V = \frac{1}{2}\rho v^2 \quad\quad\quad \cdots\cdots\cdots\cdots\cdots\cdots\cdots（\text{A.7}）$$

$$v = \frac{Q_V}{A} \quad\quad\quad \cdots\cdots\cdots\cdots\cdots\cdots\cdots（\text{A.8}）$$

式中：

Δp　　——排气压差，单位为帕[斯卡]（Pa）；

p_0　　——排气阀进口处的绝对压力，单位为帕[斯卡]（Pa）；

E_V　　——排气阀进口处单位体积气体动能，单位为帕[斯卡]（Pa）；

p ——大气绝对压力,单位为帕[斯卡](Pa);

v ——排气阀进口处的气体流速,单位为米每秒(m/s);

A ——排气阀进口测压点处截面积,单位为平方米(m²)。

附　录　B
（规范性附录）
排气量曲线

B.1 排气阀大孔排气量

排气阀大孔排气量应满足图 B.1 的规定。

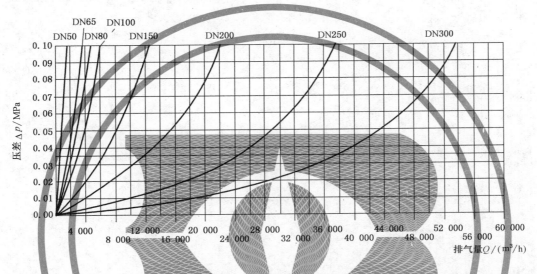

图 B.1　排气阀大孔排气量曲线图

B.2 排气阀小孔排气量

排气阀小孔排气量应满足图 B.2 的规定。

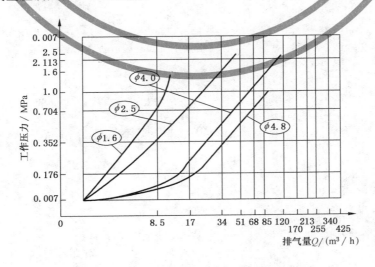

图 B.2　排气阀小孔排气量曲线图

B.3 排气阀进气量

在相同压差值下，排气阀进气量应达到排气量曲线的80％。

附　录　C
（资料性附录）
性能试验装置

C.1　容积法性能试验装置

容积法性能试验装置示意图见图 C.1。

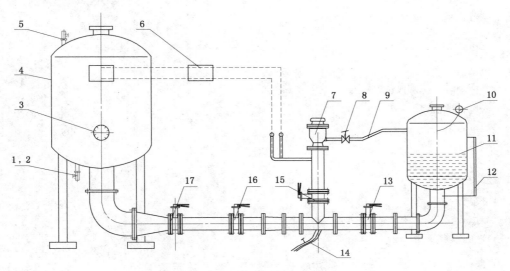

说明：

1、2	——注气及排水阀；
3、10	——压力表；
4	——气压罐；
5	——安全阀；
6	——计算机(接压力、温度传感器)；
7	——进排气阀(被测件)；
8	——球阀；
9	——小孔排气试验导管；
11	——水气混容压力罐；
12	——液位显示器；
13、15、16、17	——快速启闭阀；
14	——排水阀。

图 C.1　容积法性能试验装置示意图

C.2　流量计法性能试验装置

流量计法性能试验装置见图 C.2。

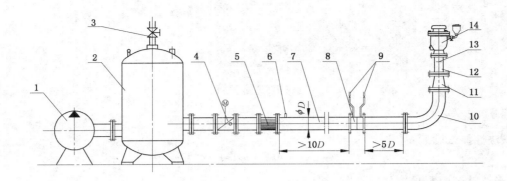

说明：
1 ——空气压缩机；
2 ——储气罐；
3 ——泄压阀；
4 ——电动调节阀；
5 ——稳流栅；
6 ——温度传感器；
7 ——测量管道；
8 ——流量计；
9、13 ——UNI 压差传感器；
10 ——90°弯头；
11 ——变径管；
12 ——测压管；
14 ——排气阀（被测件）。

图 C.2　流量计法性能试验装置示意图

C.3　进气性能检测

C.3.1　采用图 C.2 中的方法，将空气压缩机改为真空泵，将储气罐抽真空，改变流量计的介质流向，测试排气阀的进气性能。
C.3.2　进气量的计算方法与排气量相同，参见附录 A。

附 录 D
（资料性附录）
密封性能试验装置

排气阀的密封性能试验装置示意图，见图 D.1。

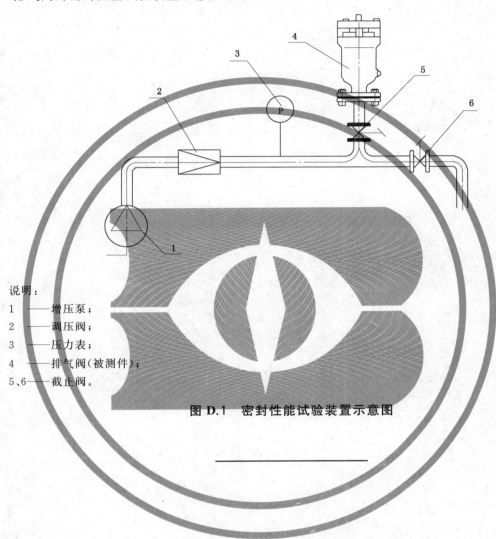

说明：

1 ——增压泵；

2 ——调压阀；

3 ——压力表；

4 ——排气阀（被测件）；

5、6——截止阀。

图 D.1　密封性能试验装置示意图

ICS 91.140.60
P 41

中华人民共和国国家标准

GB/T 37621—2019

直 埋 式 蝶 阀

Buried type butterfly valve

2019-06-04 发布

2020-05-01 实施

国家市场监督管理总局
中国国家标准化管理委员会 发布

前　言

本标准按照 GB/T 1.1—2009 给出的规则起草。

本标准由中华人民共和国住房和城乡建设部提出。

本标准由全国城镇给水排水标准化技术委员会(SAC/TC 434)归口。

本标准起草单位:广东永泉阀门科技有限公司、北京城建设计发展集团股份有限公司、中国人民大学、天津永泉阀门科技有限公司。

本标准主要起草人:熊初庆、区展剑、黄春雷、叶丽影、肖淑梅、陈炯亮、程原军、黄仲荣、赵秋凤、鲁金友、许建丽。

直 埋 式 蝶 阀

1 范围

本标准规定了直埋式蝶阀(以下简称蝶阀)的结构形式、产品型号、材料、要求、试验方法、检验规则、标志、包装、运输和贮存。

本标准适用于公称压力不大于 PN25,公称尺寸 DN200～DN3 000,工作温度为 0 ℃～80 ℃,输送介质为非腐蚀性的液体或气体及低黏度的酸、碱、盐等腐蚀性的液体或气体的球墨铸铁壳体材质、直接埋覆在地下的蝶阀。

2 规范性引用文件

下列文件对于本文件的应用是必不可少的。凡是注日期的引用文件,仅注日期的版本适用于本文件。凡是不注日期的引用文件,其最新版本(包括所有的修改单)适用于本文件。

GB/T 1220 不锈钢棒

GB/T 3098.6 紧固件机械性能 不锈钢螺栓、螺钉和螺柱

GB/T 4208 外壳防护等级(IP 代码)

GB/T 6739 色漆和清漆 铅笔法测定漆膜硬度

GB/T 9286 色漆和清漆 漆膜的划格试验

GB/T 10002.3 给水用硬聚氯乙烯(PVC-U)阀门

GB/T 12220 工业阀门 标志

GB/T 12225 通用阀门 铜合金铸件技术条件

GB/T 12227 通用阀门 球墨铸铁件技术条件

GB/T 12230 通用阀门 不锈钢铸件技术条件

GB/T 13663 给水用聚乙烯(PE)管材

GB/T 13927 工业阀门 压力试验

GB/T 17219 生活饮用水输配水设备及防护材料的安全性评价标准

GB/T 21873 橡胶密封件 给排水管及污水管道用接口密封圈 材料规范

GB/T 26500 氟塑料衬里钢管、管件通用技术要求

GB/T 32808 阀门 型号编制方法

CJ/T 511 铸铁检查井盖

JB/T 106 阀门的标志和涂漆

JB/T 7928 工业阀门 供货要求

JB/T 8863 蝶阀 静压寿命试验规程

3 术语和定义

下列术语和定义适用于本文件。

3.1

盒盖 box cover

阀盒上的盖子。

3.2

连接杆 connecting rob

为满足在地面上操作直埋于地下的蝶阀所需连接的操作杆。

3.3

衬里蝶阀 lining butterfly valve

在阀体内腔与介质接触的表面衬有防护层的蝶阀。

3.4

护管 protection tube

保护连接杆的套筒,分为固定式和伸缩式。

3.5

静压寿命试验 potential pressure life test

在试验条件下,进行从全开到全闭的循环操作的试验。

3.6

旋转外径 rotating outside diameter

连接杆在护管内,其连接件(销)旋转时所产生的最大直径。

3.7

阀盒 surface box

埋设在地表层面,通过盒内连接杆的传动帽操作蝶阀,带防盗装置的有盖盒子。

3.8

T 型扳手 T key

在地面上对蝶阀操作的 T 型工具。

4 结构形式

蝶阀基本结构型式宜为直埋式衬里中线蝶阀型式、直埋式偏心蝶阀型式,宜配置连接杆和阀盒,直埋式衬里中线蝶阀及直埋式偏心蝶阀安装示意图,见图 1、图 2、图 3、图 4。

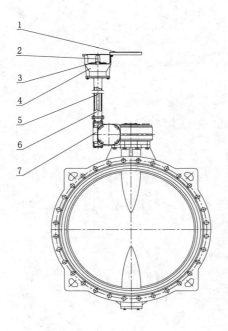

说明：
1——盒盖；
2——连接杆（方）头；
3——开度指示；
4——阀盒；
5——连接杆；
6——护管；
7——传动装置。

图 1　直埋式衬里中线蝶阀立式安装示意图

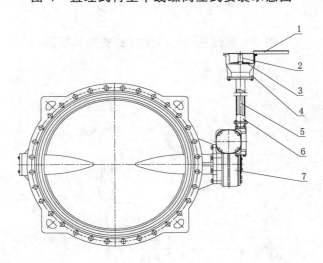

说明：
1——盒盖；
2——连接杆（方）头；
3——开度指示；
4——阀盒；
5——连接杆；
6——护管；
7——传动装置。

图 2　直埋式衬里中线蝶阀卧式安装示意图

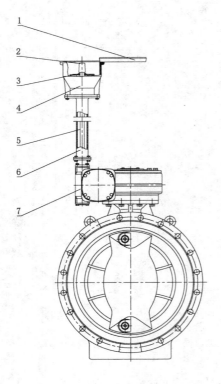

说明:
1——盒盖;   5——连接杆;
2——连接杆(方)头;   6——护管;
3——开度指示;   7——传动装置。
4——阀盒;

图 3　直埋式偏心蝶阀立式安装示意图

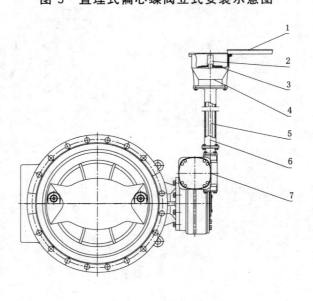

说明:
1——盒盖;   5——连接杆;
2——连接杆(方)头;   6——护管;
3——开度指示;   7——传动装置。
4——阀盒;

图 4　直埋式偏心蝶阀卧式安装示意图

5 产品型号

型号编制应符合 GB/T 32808 的规定,直埋式蝶阀的类型代号为 MD。

6 材料

蝶阀的主要零件材料应符合表 1 的规定,或为其机械性能及耐腐蚀性能不低于该表所列材料的材料。橡胶密封件不应使用再生胶。供货方应提供材料的化学成分、机械性能、热处理报告等质量文件。填料、密封件和衬里材料除应提供相关的质量文件外,还应提供热空气加速老化和耐热试验报告。

表 1 主要零件材料

零件名称	材料		
	名称	牌号	标准
衬里阀体	球墨铸铁	QT500-7	GB/T 12227
	合成橡胶、氟塑料	EPDM、CR、FRM、PTFE	GB/T 21873、GB/T 26500
端盖	球墨铸铁	QT450-10	GB/T 12227
蝶板	不锈钢	CF8、CF8M	GB/T 12230
	铸铝青铜	ZCuAl9Mn2、ZCuAl10Fe3	GB/T 12225
阀杆(上、下轴)	不锈钢	20Cr13、06Cr19Ni10	GB/T 1220
轴套(上、下轴套)	铸造铜合金	ZCuZn38Mn2Pb2	GB/T 12225
填料压盖		ZCuAl10Fe3	
填料、密封圈	合成橡胶	EPDM、CR、FRM、PTFE	GB/T 21873、GB/T 26500
连接杆	不锈钢	20Cr13、06Cr19Ni10	GB/T 1220
护管	塑料管材	PE 管材	GB/T 10002.3、GB/T 13663
阀盒、盒盖	球墨铸铁	QT500-7	GB/T 12227
紧固件	不锈钢	奥氏体钢 A2、A4	GB/T 3098.6

7 要求

7.1 一般要求

7.1.1 蝶阀在地表上操作时应能显示蝶阀的启闭状态。

7.1.2 蝶阀的阀杆设计应采用加粗设计,应能承受蝶板在 2 倍工作压差下的载荷,且无变形或损伤。

7.2 涂装及外观

7.2.1 蝶阀表面涂装涂层厚度不应小于 300 μm,且涂层附着力应符合 GB/T 9286 中切割间距,及试验结果分级的规定,涂层硬度应符合 GB/T 6739 的规定。

7.2.2 阀盒及盒盖内外表面应采用环氧树脂粉末静电喷涂,涂层厚度不应小于 150 μm。

7.2.3 阀盒上阀位开度指示涂装颜色应区别于阀盒涂装颜色,涂装后表面应光滑、均匀;刻度,箭头应清晰。

7.2.4 阀盒及盒盖涂层附着力应达到 GB/T 9286 中规定的 1 mm 切割间距划格法,试验结果分级为 0 级(切割边缘完全平滑,无一格脱落),硬度应达到 GB/T 6739 规定的铅笔在涂层表面划痕,其铅笔的硬度为 2H,涂层表面不存在可见的擦伤或刮破及永久的压痕,并能通过 2 kV 的工频耐压试验。

7.3 壳体强度

蝶阀按 8.3 的规定进行试验时,在试验持压时间内,不应有任何可见渗漏,零件不应有任何结构损伤。

7.4 密封

蝶阀按 8.4 的规定进行试验时,在试验持压时间内,蝶阀的另一端不应有可见泄漏,蝶阀的内件不应有结构损伤。

7.5 连接杆及护管

7.5.1 连接杆可采用固定高度的杆,也可采用有伸缩高度的杆,其最小伸缩量不宜小于 100 mm。

7.5.2 连接杆外部应设置保护护管。有伸缩高度的连接杆,其保护护管应制成可伸缩装置,并应有防止脱落的设计装置,且与连接杆同步。

7.5.3 连接杆应转动灵活可靠,无卡阻。连接杆的旋转外径与护管内壁的间隙不宜小于 8 mm。

7.5.4 护管与护管,护管与其他组件等可能导致水渗入护管内的结合部,应设置密封圈等防水措施。

7.5.5 连接杆应进行强度试验,扭矩为 400 N·m 时,应无结构损伤。

7.6 阀盒及盒盖

7.6.1 阀盒外壁应设置与路面基础固定的凸台,底部应设排水孔。

7.6.2 盒盖表面应设置有防滑花纹,其花纹深(高)度不应小于 3 mm。

7.6.3 盒盖与阀盒配合支承面的嵌入深度不应小于 25 mm,并应采取防止砂粒、淤泥等进入的结构措施。

7.6.4 盒盖与阀盒间应设置防盗锁定装置。

7.6.5 设置在机动车道路、机动车停放场地或有可能承受外力载荷的蝶阀,阀盒和盒盖设计载荷不应小于 360 kN。设置在人行道、绿化带、住宅小区、背街小巷或仅有小型机动车行驶的区域的蝶阀,其阀盒和盒盖设计载荷不应小于 210 kN。

7.7 传动装置

7.7.1 与蝶阀配套的传动装置应保证在最高允许工作压力和最大流速的工况下正常操作。

7.7.2 传动装置应具有自锁功能,并应设置表示蝶板位置的开度指示和蝶板在全开和全关位置的限位机构。

7.7.3 传动装置应完全密封,对其进行防尘、防水试验,防护等级不应低于 GB/T 4208 中 IP68 的要求,装置内部剩余空间应充满 90% 以上的润滑油(脂)。

7.7.4 传动装置的免维护要求应满足蝶阀的寿命周期。

7.8 紧固件

螺栓、螺钉和螺母等紧固件,应符合 GB/T 3098.6 的规定。

7.9 操作

7.9.1 蝶阀操作时各部位应灵活、无卡阻。

7.9.2 蝶阀采用 T 型扳手操作时，最大力矩不应大于 200 N·m。

7.9.3 除订货合同有规定外，蝶阀操作时，顺时针应为关闭，逆时针应为开启。

7.9.4 蝶阀操作时，阀盒内的开度指示应与蝶阀蝶板在管道内的位置一致。在地表上应观察到蝶阀的启闭状态。

7.10 卫生

用于输送卫生要求领域的蝶阀，凡与输送介质接触材料应符合 GB/T 17219 的规定。

7.11 寿命周期

按 8.4 和表 2 的规定进行试验后，蝶阀应开启灵活、无损伤。

表 2 寿命周期试验次数

蝶阀公称尺寸	试验次数
DN200～DN400	≥30 000
DN450～DN600	≥25 000
DN700～DN1 000	≥15 000
DN1 200～DN1 600	≥5 000
≥DN1 800	≥2 000

8 试验方法

8.1 一般要求

8.1.1 用目测方法进行检验。

8.1.2 封闭蝶阀进口端，使蝶阀水平放置，出口方向朝上。将蝶阀密封面以下充满水，关闭蝶阀，从进口端施加水压到 2 倍的最大允许工作压力，持续试验压力时间不少于 10 min。

注：本项目的试验压力下，若密封面发生泄漏，不作为判断密封试验不合格的依据。

8.2 涂装及外观检验

外观可通过目测检验；涂层厚度测定时宜采用数字式覆层测厚仪，绝缘性能测试宜采用专用测试仪。

8.3 壳体强度试验

封闭蝶阀的进出各端口，蝶阀启闭件部分开启，向壳体充入试验介质，排净蝶阀体腔内的空气，逐渐加压至 1.5 倍的公称压力，按 GB/T 13927 的规定进行试验。

8.4 密封试验

封闭蝶阀的一端，关闭蝶阀的启闭件，给蝶阀内腔充满试验介质，逐渐加压至 1.1 倍的公称压力，按

GB/T 13927 的规定进行试验。

8.5　连接杆操作强度试验

扭矩宜采用测力扳手进行连接杆强度试验。

8.6　阀盒和盒盖承载能力试验

按 CJ/T 511 的规定进行阀盒和盒盖承载能力试验。

8.7　传动装置试验

传动装置直接安装在蝶阀上,将传动装置从全关到全开再到全关循环启闭操作蝶阀 3 次,检查蝶阀操作机构是否正常,结果应符合 7.7 的规定;防护等级按 GB/T 4208 中防尘、防水的试验方法进行试验。

8.8　紧固件检验

按 GB/T 3098.6 的规定进行蝶阀紧固件检验。

8.9　操作试验

先将蝶阀的阀盒支撑固定好,避免操作过程中受到额外的弯矩,然后对蝶阀任一端施加公称压力值的水压,再用 T 型扳手操作盒内连接杆,从全关到全开再到全关操作蝶阀,检查其操作是否灵活,无卡阻,并测定 T 型扳手的最大力矩和观察开度指示与蝶阀的启闭情况。

8.10　卫生检验

按 GB/T 17219 的规定进行蝶阀卫生检验。

8.11　寿命周期试验

蝶阀进行寿命周期试验时,应符合下列规定:
a)　蝶阀所配带的传动装置应与其一同进行试验;
b)　按 JB/T 8863 的规定进行试验,在 100% 介质压力和公称压力的压差（或额定压差）条件下,对蝶阀进行工作循环启闭操作,每一次循环包含从关闭到全开的过程,循环次数应符合表 2 的规定;
c)　检查蝶阀的密封操作方式,确认是以位置关闭密封,还是以力矩关闭密封;
d)　若以力矩关闭密封的蝶阀时,在 100% 介质压力和公称压力的压差（或额定压差）条件下,用测力扳手检测蝶阀的开启和关闭时的最大操作力矩,检测 3 次,取最大值;
e)　安装蝶阀,调整驱动机构的控制方式和输出力矩,以符合蝶阀的关闭密封的操作要求,并达到密封性能要求,检查密封面的泄漏情况;
f)　若操作力矩发生变化时,应及时调整驱动机构的输出扭矩,以达到密封要求。

9　检验规则

9.1　检验项目

检验项目按表 3 的规定。

表 3 检验项目

序号	检验项目	检验类别		要求	检验方法
		出厂检验	型式检验		
1	一般要求	√	√	7.1	8.1
2	涂装及外观	√	√	7.2	8.2
3	壳体强度	√	√	7.3	8.3
4	密封	√	√	7.4	8.4
5	连接杆及护管	—	√	7.5	8.5
6	阀盒和盒盖	—	√	7.6	8.6
7	传动装置			7.7	8.7
8	紧固件	—	√	7.8	8.8
9	操作	√	√	7.9	8.9
10	卫生	—	☆	7.10	8.10
11	寿命周期	—	√	7.11	8.11

注:"√"表示应做项目,"—"表示不必做项目。"☆"表示有卫生要求时,应做该项检验。

9.2 出厂检验

每台产品应进行出厂检验,检验项目应符合表 3 的规定,全部符合要求方可出厂。

9.3 型式检验

9.3.1 有下列情况之一时,应提供 1 台~2 台蝶阀进行型式检验:

a) 新产品试制定型鉴定;

b) 批量生产后,有重大设计改进、工艺改进、结构变化、材料变更,可能影响产品性能时;

c) 产品停产 1 年后恢复生产时。

9.3.2 检验项目应符合表 3 的规定,全部符合要求时,判定为合格。

9.4 鉴定试验

9.4.1 有下列情况之一时,应抽样进行鉴定试验,抽样方案按 9.5 的规定进行:

a) 正常生产每 5 年进行一次;

b) 出厂试验方法正确,但试验结果与上次试验有较大差异时。

9.4.2 鉴定试验项目应为表 3 规定的出厂检验项目或与上次试验结果存在较大差异的项目,全部符合要求或试验结果一致时,认为通过鉴定。

9.5 抽样方案

抽样可在生产线的终端经检验合格的产品中随机抽取,也可在产品成品库中随机抽取,或从已供给用户但未使用并保持出厂状态的产品中随机抽取。每一规格供抽样的最少基数和抽样数应符合表 4 的规定。到用户抽样时,供抽样的最少基数不受限制,抽样数应按表 4 执行。系列产品质量考核时,应根据系列范围抽取 1 个~3 个典型规格检验。

表 4　抽样的最少基数和抽样数

公称尺寸 DN	最少基数/台	抽样数/台
≤500	10	
600～1 200	5	1
≥1 400	3	

10　标志

10.1　蝶阀标志应符合 GB/T 12220 和 JB/T 106 的规定。蝶阀外表面的适当位置,应牢固固定耐锈蚀的产品标牌,并至少包括下列内容:

a)　制造厂名;

b)　产品的型号、尺寸规格;

c)　产品的生产系列编号或出厂日期、出厂编号;

d)　最高允许使用温度和对应的最大允许工作压力;

e)　阀体、密封副等材料;

f)　本标准编号。

10.2　盒盖上应铸有铸造商名称或商标,也可根据业主或输送介质的特殊要求进行标识。

11　包装、运输和贮存

11.1　产品包装前应将内腔水排尽晾干,蝶阀应开启 4°～5°。

11.2　产品包装宜用箱装,并应符合 JB/T 7928 的规定。

11.3　包装箱内应具有下列资料,并封存在防潮袋内:

——出厂合格证明书;

——装箱清单;

——产品使用说明书。

11.4　产品应存放在干燥的室内、堆放整齐,不应露天放置。

ICS 91.140.10
P 46

中华人民共和国国家标准

GB/T 37827—2019

城镇供热用焊接球阀

Welded ball valve for urban heating

2019-08-30 发布

2020-07-01 实施

国家市场监督管理总局
中国国家标准化管理委员会 发布

前　言

本标准按照 GB/T 1.1—2009 给出的规则起草。

本标准由中华人民共和国住房和城乡建设部提出。

本标准由全国城镇供热标准化技术委员会(SAC/TC 455)归口。

本标准起草单位:中国市政工程华北设计研究总院有限公司、河北通奥节能设备有限公司、北京市建设工程质量第四检测所、江苏威尔迪威阀业有限公司、文安县洁兰特暖通设备有限公司、河北同力自控阀门制造有限公司、替科斯科技集团有限责任公司、天津卡尔斯阀门股份有限公司、雷蒙德(北京)科技股份有限公司、天津国际机械有限公司、河北光德流体控制有限公司、江苏沃圣阀业有限公司、浙江卡麦隆阀门有限公司、太原市热力设计有限公司、河北华热工程设计有限公司、合肥热电集团有限公司、牡丹江热力设计有限责任公司、西安市热力总公司、太原市热力集团有限责任公司、牡丹江热电有限公司。

本标准主要起草人:王淮、廖荣平、燕勇鹏、蒋建志、赵志楠、王志强、白冬军、徐长林、郭洪涛、马景岗、谢超、淳于小光、张贺芳、王兵、陈乾才、韩芝龙、邹兴格、梁鹂、张骐、高永军、高斌、王军、张建伟、于黎明。

城镇供热用焊接球阀

1 范围

本标准规定了城镇供热用焊接球阀的术语和定义、标记和参数、结构、一般要求、要求、试验方法、检验规则、标志、防护、包装和贮运。

本标准适用于公称尺寸小于或等于 DN1600、公称压力小于或等于 PN25、使用温度为 0 ℃～180 ℃,使用介质为水的焊接球阀(以下简称"球阀")。

2 规范性引用文件

下列文件对于本文件的应用是必不可少的。凡是注日期的引用文件,仅注日期的版本适用于本文件。凡是不注日期的引用文件,其最新版本(包括所有的修改单)适用于本文件。

GB/T 150.1 压力容器 第 1 部分:通用要求

GB/T 150.3 压力容器 第 3 部分:设计

GB/T 150.4 压力容器 第 4 部分:制造、检验和验收

GB/T 223(所有部分) 钢铁及合金化学分析方法

GB/T 228.1 金属材料 拉伸试验 第 1 部分:室温试验方法

GB/T 229 金属材料 夏比摆锤冲击试验方法

GB/T 231.1 金属材料 布氏硬度试验 第 1 部分:试验方法

GB/T 713 锅炉和压力容器用钢板

GB/T 985.1 气焊、焊条电弧焊、气体保护焊和高能束焊的推荐坡口

GB/T 985.2 埋弧焊的推荐坡口

GB/T 1047 管道元件 DN(公称尺寸)的定义和选用

GB/T 1048 管道元件 PN(公称压力)的定义和选用

GB/T 1220 不锈钢棒

GB/T 3077 合金结构钢

GB/T 3091 低压流体输送用焊接钢管

GB/T 3274 碳素结构钢和低合金结构钢热轧钢板和钢带

GB/T 4237 不锈钢热轧钢板和钢带

GB/T 7306.2 55°密封管螺纹 第 2 部分:圆锥内螺纹与圆锥外螺纹

GB/T 8163 输送流体用无缝钢管

GB/T 9113 整体钢制管法兰

GB/T 9119 板式平焊钢制管法兰

GB/T 9124 钢制管法兰 技术条件

GB/T 9711 石油天然气工业 管线输送系统用钢管

GB/T 12223 部分回转阀门驱动装置的连接

GB/T 12224 钢制阀门 一般要求

GB/T 12228　通用阀门　碳素钢锻件技术条件

GB/T 13927—2008　工业阀门　压力试验

GB/T 14976　流体输送用不锈钢无缝钢管

GB/T 30308　氟橡胶　通用规范和评价方法

GB 50235—2010　工业金属管道工程施工规范

JB/T 106　阀门的标志和涂漆

NB/T 47008　承压设备用碳素钢和合金钢锻件

NB/T 47010　承压设备用不锈钢和耐热钢锻件

NB/T 47013.2—2015　承压设备无损检测　第2部分:射线检测

NB/T 47013.3—2015　承压设备无损检测　第3部分:超声检测

NB/T 47013.5—2015　承压设备无损检测　第5部分:渗透检测

NB/T 47014　承压设备焊接工艺评定

QB/T 3625　聚四氟乙烯板材

QB/T 4041　聚四氟乙烯棒材

3　术语和定义

下列术语和定义适用于本文件。

3.1

全焊接球阀　fully welded body ball valve

阀体采用一道或多道焊缝焊接成型的球阀。

3.2

全径球阀　full-port ball valve

阀门内所有流道内径尺寸与管道内径尺寸相同的球阀。

3.3

缩径球阀　reduced-port ball valve

阀门内流道孔通径按规定要求缩小的球阀。

3.4

浮动式球阀　floating ball valve

球体不带有固定轴的球阀。

3.5

固定式球阀　trunnion mounted ball valve

球体带有固定轴的球阀。

3.6

椭圆形固定式球阀　oval trunnion mounted ball valve

边阀体由钢管和椭圆形封头使用环向焊接组成的固定式球阀。

3.7

筒形固定式球阀　cylindrical trunnion mounted ball valve

边阀体为整体锻件的固定式球阀。

3.8

球形固定式球阀 spherical trunnion mounted ball valve

阀体结构为两个半圆(弧形)组成,阀体为锻造的固定式球阀。

3.9

开关扭矩 breakaway thrust/breakaway torque

在最大压差下开启和关闭阀门所需的转动力矩。

3.10

弯矩 bending moment

阀门在承受弯曲荷载时产生的力矩。

4 标记和参数

4.1 标记

4.1.1 标记的构成及含义

球阀标记的构成及含义应符合下列规定:

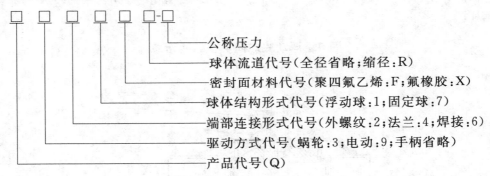

4.1.2 标记示例

公称压力为 2.5 MPa、球体流道为缩径、密封面材料为聚四氟乙烯、球体结构形式为固定球、端部连接形式为焊接、驱动方式为蜗轮驱动的球阀标记为:Q367FR-25。

4.2 参数

4.2.1 球阀的公称尺寸应符合 GB/T 1047 的规定。

4.2.2 球阀的公称压力应符合 GB/T 1048 的规定。

5 结构

5.1 浮动式、椭圆形固定式、筒形固定式、球形固定式球阀的典型结构示意分别见图 1～图 4。

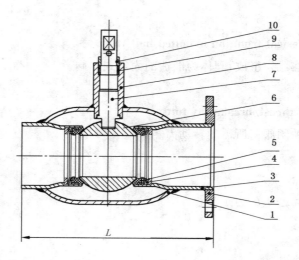

说明：

1 ——阀体；

2 ——阀管；

3 ——弹簧；

4 ——阀座；

5 ——球体；

6 ——阀杆；

7 ——阀盖；

8 ——阀杆密封件；

9 ——压盖；

10——法兰；

L ——球阀结构长度。

图 1　浮动式球阀典型结构示意

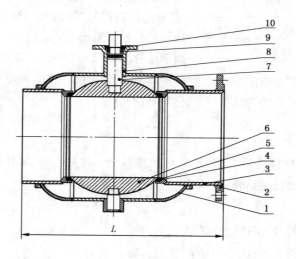

说明：

1 ——阀体；

2 ——阀管；

3 ——弹簧；

4 ——阀座；

5 ——球体；

6 ——阀杆；

7 ——阀盖；

8 ——阀杆密封件；

9 ——压盖；

10——法兰；

L ——球阀结构长度。

图 2　椭圆形固定式球阀典型结构示意

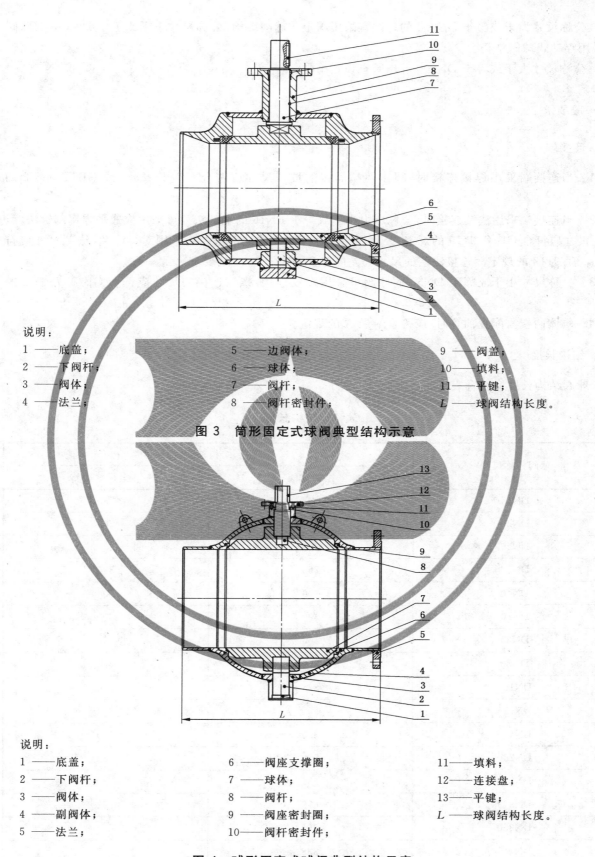

说明：

1 —— 底盖；		5 —— 边阀体；		9 —— 阀盖；	
2 —— 下阀杆；		6 —— 球体；		10 —— 填料；	
3 —— 阀体；		7 —— 阀杆；		11 —— 平键；	
4 —— 法兰；		8 —— 阀杆密封件；		L —— 球阀结构长度。	

图 3　简形固定式球阀典型结构示意

说明：

1 —— 底盖；	6 —— 阀座支撑圈；	11 —— 填料；
2 —— 下阀杆；	7 —— 球体；	12 —— 连接盘；
3 —— 阀体；	8 —— 阀杆；	13 —— 平键；
4 —— 副阀体；	9 —— 阀座密封圈；	L —— 球阀结构长度。
5 —— 法兰；	10 —— 阀杆密封件；	

图 4　球形固定式球阀典型结构示意

5.2 公称尺寸大于或等于 DN200 的球阀宜采用固定式球阀结构,公称尺寸小于或等于 DN150 的球阀应采用浮动式球阀结构。

5.3 公称尺寸大于或等于 DN200 的球阀宜设置吊耳。

6 一般要求

6.1 连接端

6.1.1 当连接端采用焊接连接时,阀体两端焊接的坡口尺寸应符合 GB/T 985.1 或 GB/T 985.2 的规定。

6.1.2 当连接端采用法兰连接时,公称压力小于或等于 PN16 的端部法兰可采用板式平焊钢制管法兰,法兰尺寸应符合 GB/T 9119 的规定;公称压力大于 PN16 的端部法兰应采用对焊法兰,法兰尺寸应符合 GB/T 9113 的规定。连接法兰的尺寸公差应符合 GB/T 9124 的要求。

6.1.3 公称尺寸小于或等于 DN50 的球阀可采用螺纹连接,螺纹连接的尺寸应符合 GB/T 7306.2 的规定。

6.1.4 阀体两端需配置袖管时,应符合附录 A 的规定。

6.2 结构长度

球阀结构长度应符合表 1 的规定。

表 1 结构长度 单位为毫米

球阀公称尺寸	结构长度	
	缩径球阀	全径球阀
DN15	—	230
DN20	230	260
DN25	260	260
DN32	260	300
DN40	300	300
DN50	300	300
DN65	300	300
DN80	300	325
DN100	325	350
DN125	350	390
DN150	390	520
DN200	520	635
DN250	635	689
DN300	689	762
DN350	762	838
DN400	838	915
DN450	915	991

表 1（续）   单位为毫米

球阀公称尺寸	结构长度	
	缩径球阀	全径球阀
DN500	991	1 143
DN600	1 143	1 380
DN700	1 380	1 524
DN800	1 524	1 727
DN900	1 727	1 900
DN 1 000	1 900	2 000
DN 1 200	2 100	2 430
DN 1 400	2 430	2 680
DN 1 600	2 680	2 950

6.3 球阀通道直径

6.3.1 缩径球阀和全径球阀的阀体通道应为圆形。

6.3.2 球阀最小通道直径应符合表 2 的规定。

表 2 球阀最小通道直径   单位为毫米

球阀公称尺寸	最小通道直径	
	缩径球阀	全径球阀
DN15	9.5	13
DN20	13	19
DN25	19	25
DN32	25	32
DN40	32	38
DN50	38	49
DN65	49	62
DN80	62	74
DN100	74	100
DN125	100	125
DN150	125	150
DN200	150	201
DN250	201	252
DN300	252	303
DN350	303	334
DN400	334	385

表 2（续）

单位为毫米

球阀公称尺寸	最小通道直径	
	缩径球阀	全径球阀
DN450	385	436
DN500	436	487
DN600	487	589
DN700	589	684
DN800	684	779
DN900	779	874
DN1 000	874	976
DN1 200	976	1 166
DN1 400	1 166	1 360
DN1 600	1 458	1 556

6.4 尺寸偏差

6.4.1 阀体圆度允许偏差应符合表 3 的规定。

表 3 阀体圆度允许偏差

单位为毫米

球阀公称尺寸	≤DN200	DN250～DN600	≥DN600
阀体圆度允许偏差	≤1	≤2	≤3

6.4.2 阀体结构长度允许偏差应符合表 4 的规定。

表 4 阀体结构长度允许偏差

单位为毫米

球阀公称尺寸	≤DN250	DN300～DN500	DN600～DN900	≥DN1 000
阀体结构长度允许偏差	±3.0	±4.0	±5.0	±6.0

6.5 阀体

6.5.1 阀体应采用整体锻造制作或模压加工成型的钢管或板材卷制。阀体材料应符合 GB/T 713 或 GB/T 12228 的规定。

6.5.2 当阀体采用无缝钢管时,应符合 GB/T 8163、GB/T 14976 的规定。

6.5.3 阀体焊接系数的选取应符合 GB/T 150.1 的规定,焊接结构设计应符合 GB/T 150.3 的规定,焊接工艺应符合 GB/T 150.4 的规定,加工应符合 GB 50235—2010 中 5.4 的规定。

6.6 球体

6.6.1 球体可采用空心球或实心球,球体在 1.5 倍公称压力下,不应产生永久变形。

6.6.2 阀杆与球体的连接面应能承受不小于 2 倍的球阀最大开关扭矩。

6.6.3 球体通道应为圆形。球阀全开时,球体通道与阀体通道应在同一轴线上。

6.7 阀座

6.7.1 球阀应为双向密封。

6.7.2 阀座应具有补偿功能,可采用碟簧、螺旋弹簧或其他补偿结构。

6.8 阀杆

6.8.1 阀杆应具有防吹脱结构,阀体与阀杆的配合在介质压力作用下,拆开填料压盖、阀杆密封件内的挡圈时,阀杆不应脱出阀体。

6.8.2 阀杆应有外保护措施,外部物质不应进入阀杆密封处。

6.8.3 阀杆及阀杆与球体的连接处应有足够的强度,在使用各类执行机构直接操作时,不应产生永久变形或损伤。阀杆应能承受不小于2倍的球阀最大开关扭矩。

6.8.4 阀杆应采用耐腐蚀材料或防锈措施,使用中不应出现锈蚀现象。

6.9 阀杆密封

6.9.1 阀杆密封件可采用O形橡胶圈密封或填料密封。

6.9.2 当采用填料密封结构时,在不拆卸球阀任何零件的情况下,应能调节填料密封力。

6.10 驱动装置

6.10.1 大于或等于DN200的球阀应采用传动箱驱动,小于或等于DN150的球阀可采用手柄驱动。

6.10.2 驱动装置与球阀的连接尺寸应符合GB/T 12223的规定。

6.10.3 除齿轮或其他动力操作机构外,球阀应配置尺寸合适的扳手操作,球阀在开启状态下扳手的方向应与球体通道平行。

6.10.4 球阀应有全开和全关的限位结构。

6.10.5 扳手或传动箱应安装牢固,并应在需要时可方便拆卸和更换。拆卸和更换扳手或手轮时,不应影响球阀的密封。

6.10.6 当有要求时,应提供锁定装置,并应设计为全开或全关的位置。

6.11 焊接及去应力处理

6.11.1 阀体上所有焊缝的焊接工艺评定应符合NB/T 47014或高于此标准的要求。

6.11.2 阀体上焊接接头厚度小于或等于32 mm的焊缝、焊前预热到100℃以上且焊接接头厚度小于或等于38 mm的焊缝可不进行焊后热处理,其余焊缝应按GB/T 150.4的要求进行焊后消除应力热处理。当焊接接头厚度大于32 mm的焊缝,焊后不进行热处理或无法以热处理方式消除焊接应力,则制造商应提供焊缝焊后免热处理的评估报告,以证明其使用安全。

7 要求

7.1 外观

7.1.1 阀体表面应无裂纹、磕碰伤、划痕等缺陷。

7.1.2 焊缝表面应无裂纹、气孔、弧坑和焊接飞溅物。

7.1.3 当采用喷丸处理,表面的凹坑大小、深浅应均匀一致。

7.1.4 球阀涂漆处,涂层应平整,无流痕、挂漆、漏漆、脱落、起泡等缺陷。

7.1.5 阀体上的标志应完整、清晰,并应符合表10的要求。

7.1.6 球阀应有表示球体开启位置的指示牌或在阀杆顶部刻槽指示。

7.1.7 用扳手或手轮直接操作的球阀,面向手轮应以顺时针方向为关闭,扳手或手轮上应有表示开关方向的标志。

7.2 材料

7.2.1 球阀主要零件的材料应按表5的规定执行,并应符合 GB/T 12224 的规定。供货方应提供材料的化学成分、力学性能、热处理报告等质量文件。

表 5 主要零件材料

零件名称	材料名称	材料牌号	执行标准
阀体	碳素钢管	20	GB/T 8163
	碳素钢板	Q345R	GB/T 713、GB/T 3274
	碳钢锻件	A105	NB/T 47008
	不锈钢管件	06Cr19Ni10	GB/T 14976
	不锈钢板材	06Cr19Ni10	GB/T 4237
球体	不锈钢锻件	06Cr19Ni10	NB/T 47010
	不锈钢钢板	06Cr19Ni10	GB/T 4237
阀杆	不锈钢棒材	20Cr13	GB/T 1220
	不锈钢锻件	06Cr19Ni10	NB/T 47010
	合金结构钢	42CrMo	GB/T 3077
阀座密封圈	聚四氟乙烯	R-PTFE	QB/T 3625、QB/T 4041
	氟橡胶(O形圈)	—	GB/T 30308

7.2.2 当使用其他材料时,其力学性能不应低于本标准的要求。

7.3 焊接质量

7.3.1 阀体采用板材卷制的对接纵向焊缝应进行 100% 射线或超声检测,焊缝质量不应低于 NB/T 47013.2—2015 规定的Ⅱ级或 NB/T 47013.3—2015 规定的Ⅰ级。

7.3.2 阀体上的对接环向焊缝应进行 100% 超声无损检测,焊缝质量不应低于 NB/T 47013.3—2015 规定的Ⅱ级。

7.3.3 阀体与袖管、阀体与阀座之间环向焊缝的环向焊缝处应进行 100% 渗透无损检测,焊缝质量不应低于 NB/T 47013.5—2015 规定的Ⅰ级。

7.4 阀体壁厚

阀体的最小壁厚应符合 GB/T 12224 的规定。

7.5 轴向力及弯矩

阀体在承受轴向压缩力、轴向拉伸力和弯矩时,变形量不应影响球阀的操作和密封性能。轴向力和弯矩取值按附录 B 的表 B.1 的规定执行。

7.6 壳体和球体强度

球阀在 1.5 倍的公称压力下,不应有结构损伤,球阀壳体、球体及任何固定的阀体连接处不应渗漏。

7.7 密封性

球阀密封性能应符合 GB/T 13927—2008 的规定,密封等级应满足表 6 的要求。

表 6 球阀密封等级

球阀公称尺寸	≤DN250	DN300～DN500	≥DN600
球阀密封等级	A 级	≥B 级	≥C 级

7.8 操作力

在最大工作压差下,球阀的操作力不应大于 360 N。

8 试验方法

8.1 外观

外观采用目测的方法。

8.2 材料

金属材料应按 GB/T 223(所有部分)的规定或采用光谱法进行化学成分分析。拉伸试验应按 GB/T 228.1 规定的方法执行,冲击试验应按 GB/T 229 规定的方法执行,硬度试验应按 GB/T 231.1 规定的方法执行。

8.3 焊接质量

射线检测应按 NB/T 47013.2 的规定执行;超声检测应按 NB/T 47013.3 的方法执行;渗透检测应按 NB/T 47013.5 的方法执行。

8.4 阀体壁厚

采用测厚仪和专用卡尺等量具进行测量。测量点沿阀体圆周方向等分布置,测量点数量应符合表 7 的规定。

表 7 阀体测量点数量

公称尺寸	≤DN150	DN200～DN500	DN600～DN1 000	DN900～DN1 200	≥DN1 400
阀体测量点数/个	3	5	8	10	12

8.5 轴向力及弯矩

8.5.1 轴向压缩力

轴向压缩力试验按下列方法执行:

a) 试验环境温度为常温,且不低于 10 ℃,试验介质采用常温的清洁水。

b) 将球阀固定在试验台架上,封闭球阀进出口,并将球阀处于全开状态。对球阀加水,并将阀体内的空气排尽,然后加压至球阀的公称压力。达到公称压力后,稳压 10 min,观察压力表,应无明显压降,然后缓慢向球阀施加附录 B 中表 B.1 规定的轴向压缩力,当达到规定的轴向压缩力时,停止施压。

c) 停止施压后,持续稳定测试 48 h,期间每天测量球阀开关扭矩值和观察密封性 2 次,时间间隔应大于 6 h。每次测量和观察前,应检查、记录试验水压和施加的轴向力。

d) 球阀开关扭矩值的检测,采用扭矩测力扳手缓慢完全关闭和完全开启球阀各 1 次,记录球阀的关闭和开启的最大扭矩值。最大开关扭矩值,均不应大于球阀出厂技术参数规定最大值的 1.1 倍。按球阀开关扭矩最大值计算操作力,不应大于 360 N。

e) 按 8.7 的要求检查球阀的密封性,并应符合 7.7 的规定。

f) 上述检测结束后,卸载对球阀施加的轴向压缩力,然后按 d)和 e)的要求检测球阀的开关扭矩和密封性。

8.5.2 轴向拉伸力

试验施加的轴向拉伸力按附录 B 的表 B.1 取值,其他试验方法按 8.5.1 a)～e)的要求执行。

8.5.3 弯矩

弯矩的试验方法按附录 C 的规定。

8.6 壳体和球体强度

球阀的壳体强度的试验方法应按 GB/T 13927—2008 的规定。

8.7 密封性

密封性试验方法应按 GB/T 13927—2008 的规定。

8.8 操作力

8.8.1 试验环境温度为常温,且不低于 10 ℃,试验介质采用常温的清洁水。

8.8.2 将球阀固定在试验台架上,封闭球阀进出口,球阀处于完全关闭。使球阀一端通向大气,另一端施加水,并将加水端阀体内的空气排尽,然后缓慢加压至球阀的额定公称压力。当达到球阀的额定公称压力后,停止加压,检查球阀另一端,应无水排出。采用扭矩测力扳手缓慢开启球阀,直至球阀开启,记录球阀的开启扭矩。

8.8.3 按记录的球阀开启扭矩,计算操作力。

9 检验规则

9.1 检验类别

球阀的检验分为出厂检验和型式检验。检验项目应按表 8 的规定执行。

表 8　检验项目

检验项目		出厂检验	型式检验	要求	试验方法
外观		√	√	7.1	8.1
材料		—	√	7.2	8.2
焊接质量		√	√	7.3	8.3
阀体壁厚		√	√	7.4	8.4
轴向力及弯矩	轴向压缩力	—	√	7.5	8.5.1
	轴向拉伸力	√	√	7.5	8.5.2
	弯矩	—	√	7.5	8.5.3
壳体和球体强度		√	√	7.6	8.6
密封性		√	√	7.7	8.7
操作力		√	√	7.8	8.8

注："√"表示应检项目;"—"表示不检项目。

9.2　出厂检验

每台球阀在出厂前应按表 8 的规定进行检验,合格后方可出厂,出厂时应附合格证和检验报告。

9.3　型式检验

9.3.1　凡有下列情况之一时,应进行型式检验:

a)　新产品的试制、定型鉴定或老产品转厂生产时;

b)　正式生产后,如结构、材料、工艺有较大改变可能影响产品性能时;

c)　产品停产 1 年后,恢复生产时;

d)　正式生产,每 4 年时;

e)　出厂检验结果与上次型式试验有较大差异时。

9.3.2　型式检验抽样方法应符合下列规定:

a)　抽样可以在生产线终端经检验合格的产品中随机抽取,也可以在产品库中随机抽取,或者从已供给用户但未使用并保持出厂状态的产品中随机抽取;

b)　每一个规格供抽样的最少基数和抽样数按表 9 的规定。到用户抽样时,供抽样的最少基数不受限制,抽样数仍按表 7 的规定;

c)　9.3.1 中规定的 a)、b)、c)、d)四种情况的型式检验对整个系列产品进行考核时,在该系列范围内每一选定规格仅代表向下 0.5 倍直径,向上 2 倍直径的范围。

表 9　型式检验抽样数量

公称尺寸	最少基数/台	抽样数量/台
≤DN200	6	2
DN250～DN500	3	1
≥DN600	2	1

9.3.3 合格判定应符合下列规定：

 a) 型式检验项目按表 7 的规定，所有样品全部检验项目符合要求时，判定产品合格。

 b) 当有不合格项时，应加倍抽样复验。当复验符合要求时，则判定产品合格；当复验仍有不合格项时，则判定产品不合格。

10 标志

10.1 球阀的标志内容应符合表 10 的规定。

10.2 每台球阀都要有一个牢固附着的不锈钢或铜铭牌，铭牌上标记应清晰。

表 10 球阀标志

标志内容	标记位置
制造商名称或商标	阀体和铭牌
公称压力或压力等级	阀体和铭牌
公称尺寸	阀体和铭牌
产品型号	铭牌
阀体材料	铭牌
产品执行标准编号	铭牌
产品编号	铭牌
制造年月	铭牌
净重(kg)	铭牌

11 防护、包装和贮运

11.1 出厂检验完成后，应将球阀内腔的水和污物清除干净。

11.2 球阀的外表面应当按 JB/T 106 的要求涂漆。

11.3 球阀的流道表面，应涂以容易去除的防锈油。

11.4 球阀的连接两端应采用封盖进行防护。

11.5 在运输期间，球阀应处于全开状态。

11.6 球阀应装在包装箱内，保证运输过程完好。

11.7 球阀出厂时应有产品合格证、产品说明书及装箱单。

11.8 球阀应保存在干燥、通风的室内，不应露天存放。

附　录　A
（规范性附录）
袖　管

A.1　袖管定义:袖管是在焊接连接端球阀与管道之间增加的一段接管,便于球阀与管道之间的壁厚和材质过渡、保温以及现场施工。

A.2　袖管两端的焊接坡口应符合 GB/T 985.1 或 GB/T 985.2 的规定。

A.3　袖管材质应与阀体材质、安装管道材质相匹配。当袖管采用无缝钢管时,应符合 GB/T 8163 或 GB/T 14976 的规定;采用焊接钢管时,应符合 GB/T 3091 或 GB/T 9711 的规定。

A.4　袖管尺寸应按表 A.1 执行。

表 A.1　袖管尺寸　　　　　　　　　　　　　　　　单位为毫米

公称尺寸	袖管尺寸		
	长度	外径	壁厚
DN100	300	108	4.0
DN125	300	133	4.5
DN150	300	159	4.5
DN200	300	219	6.0
DN250	300	273	6.0
DN300	300	325	7.0
DN350	400	377	7.0
DN400	400	426	7.0
DN450	400	478	7.0
DN500	400	529	8.0
DN600	400	630	9.0
DN700	500	720	11.0
DN800	500	820	12.0
DN900	500	920	13.0
DN1 000	500	1 020	14.0
DN1 200	500	1 220	16.0
DN1 400	500	1 420	19.0
DN1 600	500	1 620	21.0

附　录　B
（规范性附录）
轴向力和弯矩取值

B.1　轴向压缩力计算

B.1.1　轴向压缩力应根据最不利工况（在管道工作循环最高温度下，锚固段泄压时），按式（B.1）和式（B.2）计算：

$$N_c = \alpha E(t_1 - t_0)A \times 10^6 \qquad\qquad\qquad (\text{B.1})$$

$$A = \frac{\pi}{4}(D_o^2 - D_i^2) \times 10^{-6} \qquad\qquad\qquad (\text{B.2})$$

式中：

N_c ——轴向压缩力，单位为牛（N）；

α ——钢材的线膨胀系数，单位为米每米摄氏度[m/(m·℃)]；

E ——弹性模量，单位为兆帕（MPa）；

t_1 ——工作最高循环温度，单位为摄氏度（℃）；

t_0 ——计算安装温度，单位为摄氏度（℃）；

A ——钢管的横截面积，单位为平方米（m²）；

D_o ——钢管外径，单位为毫米（mm）；

D_i ——钢管内径，单位为毫米（mm）。

B.1.2　轴向拉伸力按式（B.3）计算：

$$N_l = 0.67 \times \sigma_s \times A \times 10^6 \qquad\qquad\qquad (\text{B.3})$$

式中：

N_l ——轴向拉伸力，单位为牛（N）；

σ_s ——钢材屈服极限最小值，单位为兆帕（MPa）。

B.1.3　弯矩按下列公式计算：

a)　当球阀公称尺寸小于或等于 DN250 时，弯矩值应按式（B.4）计算：

$$M = \frac{1.3\pi(D_o^4 - D_i^4)\sigma_s}{32D_o} \times 10^{-3} \qquad\qquad\qquad (\text{B.4})$$

式中：

M ——弯矩，单位为牛米（N·m）；

D_o ——工作钢管外径，单位为毫米（mm）；

D_i ——工作钢管内径，单位为毫米（mm）；

σ_s ——钢材屈服极限最小值，单位为兆帕（MPa）。

b)　当球阀公称尺寸大于或等于 DN600 时，弯矩值应按式（B.5）计算：

$$M = \frac{\gamma_s \times 3E \times I}{L^2} \qquad\qquad\qquad (\text{B.5})$$

式中：

γ_s ——挠度，单位为米（m），可按 0.1 m 取值；

E ——弹性模量，单位为兆帕（MPa）；

I ——截面惯性弯矩，单位为四次方毫米（mm⁴）；

L ——球阀端面到受力点的距离,单位为毫米(mm),取 15 000 mm。

c) 当球阀公称尺寸在大于 DN250 和小于 DN600 之间时,弯矩值可在公称尺寸 DN250 和 DN600 的球阀弯矩值之间插入取值,取值方式随着规格的增大等值递增。

B.2 轴向力及弯矩值

轴向力及弯矩值也可按表 B.1 取值。

表 B.1 轴向力及弯矩值

球阀公称尺寸	钢管外径/mm	钢管壁厚/mm	轴向力/kN		弯矩[f,g]/(N · m)
			压缩力[a,b,c]	拉伸力[d,e]	
DN15	21	3.0	42	28	214
DN20	27	3.0	56	37	390
DN25	34	3.0	72	48	664
DN32	42	3.0	91	60	1 066
DN40	48	3.5	121	80	1 617
DN50	60	3.5	154	102	2 642
DN65	76	4.0	224	149	4 929
DN80	89	4.0	264	175	6 920
DN100	108	4.0	324	215	10 437
DN125	133	4.5	450	298	17 981
DN150	159	4.5	541	359	26 132
DN200	219	6.0	994	659	66 281
DN250	273	6.0	1 483	792	100 425
DN300	325	7.0	2 060	1 101	120 937
DN350	377	7.0	2 397	1 281	141 449
DN400	426	7.0	2 715	1 451	161 961
DN450	478	7.0	3 052	1 631	182 473
DN500	529	8.0	3 858	2 062	202 985
DN600	630	9.0	5 173	2 765	223 497
DN700	720	11.0	7 219	3 858	406 537
DN800	820	12.0	8 975	4 796	656 410
DN900	920	13.0	10 914	5 832	1 005 815
DN 1 000	1 020	14.0	13 036	6 967	1 477 985
DN 1 200	1 220	16.0	17 831	9 529	2 895 609

表 B.1（续）

球阀公称尺寸	钢管外径/mm	钢管壁厚/mm	轴向力/kN		弯矩[f,g]/(N·m)
			压缩力[a,b,c]	拉伸力[d,e]	
DN 1 400	1 420	19.0	24 638	12 607	5 417 659
DN 1 600	1 620	21.0	31 080	15 903	8 902 324

[a] 按供热运行温度 130 ℃、安装温度 10 ℃计算。

[b] 公称尺寸大于或等于 DN250 时,采用 Q235B 钢,弹性模量 $E = 198\ 000$ MPa、线膨胀系数 $\alpha = 0.000\ 012\ 4$ m/(m·℃);公称尺寸小于或等于 DN200 时,采用 20 钢,弹性模量 $E = 181\ 000$ MPa、线膨胀系数 $\alpha = 0.000\ 011\ 4$ m/(m·℃)。

[c] 最不利工况按管道泄压时的工况计算轴向压缩力。

[d] 拉伸应力取0.67倍的屈服极限。公称尺寸大于或等于 DN250 时,采用 Q235B 钢,当 δ 小于或等于 16 mm 时,拉伸应力 $[\sigma]_L = 157$ MPa,当 δ 大于16 mm 时,拉伸应力 $[\sigma]_L = 151$ MPa;公称尺寸小于或等于 DN200 时,采用 20 钢,拉伸应力 $[\sigma]_L = 164$ MPa。

[e] 当工作管道的材质、壁厚和温度发生变化时,应重新进行校核计算。

[f] 当公称尺寸小于或等于 DN250 时,弯矩值取圆形横截面全塑性状态下的弯矩。全塑性弯矩为最大弹性弯矩的1.3倍,依据最大弹性弯曲应力计算得出最大弹性弯矩。计算所用应力为屈服应力。

[g] 当公称尺寸大于或等于 DN600 时,弯矩值为管沟及管道的下沉差异(100 mm/15 m)形成的弯矩;当公称尺寸大于 DN250 和小于 DN600 之间时,介于 DN250 和 DN600 之间的弯矩值随着规格的增大采用等值递增的方式取值。

附　录　C
（规范性附录）
弯矩试验方法

C.1　试验条件

试验环境温度为常温，且不应低于 10 ℃，试验介质采用常温的清洁水。

C.2　试验荷载确定

C.2.1　球阀所受弯矩应包括由荷载 F 形成的弯矩 M_D、管道及测试介质形成的弯矩 M_F、球阀重量形成的弯矩 M_C。

a)　测试荷载 F 形成的弯矩 M_D 见图 C.1，M_D 应按式（C.1）计算：

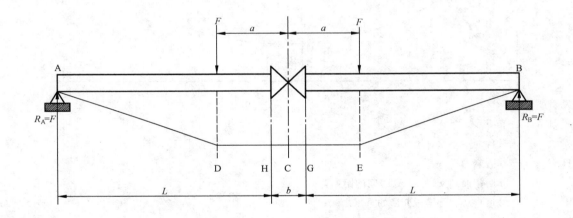

说明：

A、B　——支撑点；

C　——试件的中心点；

D、E　——测试力的施加点；

F　——测试力；

H、G　——球阀端面；

L　——球阀端面到支撑点（A、B）间的距离；

R_A、R_B——支撑点（A、B）产生的反作用力；

a　——球阀中心到施力点（D、E）间的距离；

b　——球阀长度。

图 C.1　测试荷载 F 形成的弯矩 M_D

$$M_D = F \times \left(L + \frac{b}{2} - a \right) \qquad \text{.........................(C.1)}$$

式中：

M_D——荷载 F 形成的弯矩，单位为牛米（N·m）；

F——荷载（测试力），单位为牛（N）；

L——球阀端面到支撑点 A/B 间的距离，单位为米（m）；

b——球阀长度，单位为米（m）；

a——球阀中心到施力点 D/E 的距离，单位为米（m）。

b) 管道及测试介质形成的弯矩 M_F 见图 C.2。M_F 应按式（C.2）计算：

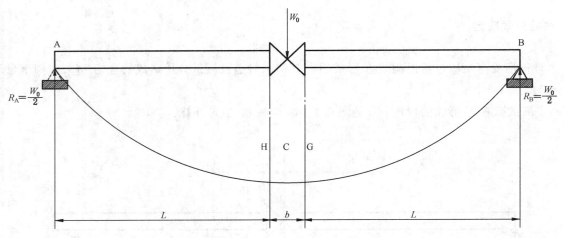

说明：

A、B——支撑点；

C——试件的中心点；

H、G——球阀端面；

L——球阀端面到支撑点（A、B）间的距离；

W_0——管道自重和管道中介质的重量之和；

R_A、R_B——支撑点（A、B）产生的反作用力；

b——球阀长度。

图 C.2 管道及测试介质形成的弯矩 M_F

$$M_F = \frac{W_0}{2} \times \frac{L(L+b)}{2L+b} \qquad \text{.........................(C.2)}$$

式中：

M_F——均布荷载 q 形成的弯矩，单位为牛米（N·m）；

W_0——管道自重和管道中介质的重量之和，单位为牛（N）。

c) 球阀重量形成的弯矩 M_C 见图 C.3，M_C 应按式（C.3）计算：

$$M_C = \frac{W_V}{2} \times L \qquad \text{.........................(C.3)}$$

式中：

M_C——球阀重量形成的弯矩，单位为牛米（N·m）；

W_V——球阀重量，单位为牛（N）。

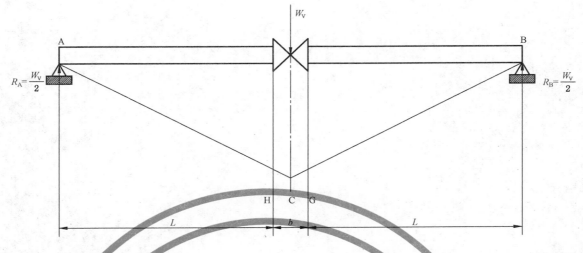

说明：
A、B ——支撑点；
C ——试件的中心点；
W_V ——球阀的重量；
H、G ——球阀端面；
L ——球阀端面到支撑点(A、B)间的距离；
R_A、R_B ——支撑点(A、B)产生的反作用力。

图 C.3 球阀重量形成的弯矩 M_C

C.2.2 测试荷载 F 值应按式(C.4)计算：

$$F = (M - M_F - M_C) \times \left(\frac{2}{2L + b - 2a} \right) \quad\quad\quad\quad\quad\quad\quad\quad (C.4)$$

式中：
F ——测试力，单位为牛(N)；
M ——弯矩，单位为牛米(N·m)，按附录 B 的表 B.1 取值。

C.3 试验

C.3.1 试验应按图 C.1 进行四点弯曲测试，并应对平行于阀杆的轴线和垂直于阀杆的轴线分别进行测试。

C.3.2 将球阀固定在试验台架上，并将球阀处于全开状态。对球阀及试验管段加水，并将阀体内及试验管段的空气排尽，然后加压至球阀的公称压力。达到公称压力后，稳压 10 min，观察压力表，应无明显压降，然后缓慢施加测试荷载 F，当测试荷载 F 达到计算值时，停止施压。

C.3.3 停止施压后，持续稳定测试 48 h，期间每天测量球阀开关扭矩值和观察密封性 2 次，时间间隔应大于 6 h。每次测量和观察前，应检查、记录试验水压和测试荷载 F。

C.3.4 按 8.7 的要求检查球阀的密封性，并应符合 7.7 的规定。

C.3.5 球阀开关扭矩值的检测，采用扭矩测力扳手缓慢完全关闭和完全开启球阀各 1 次，记录球阀的关闭和开启的最大扭矩值。对球阀施加的最大开关扭矩值均不应大于球阀出厂技术参数规定最大值的 1.1 倍。按球阀开关扭矩最大值计算操作力，不应大于 360 N。

ICS 91.140.10
P 46

中华人民共和国国家标准

GB/T 37828—2019

城镇供热用双向金属硬密封蝶阀

Bidirectional metal to metal sealed butterfly valve for urban heating

2019-08-30 发布

2020-07-01 实施

国家市场监督管理总局
中国国家标准化管理委员会   发 布

前　言

本标准按照 GB/T 1.1—2009 给出的规则起草。

本标准由中华人民共和国住房和城乡建设部提出。

本标准由全国城镇供热标准化技术委员会(SAC/TC 455)归口。

本标准起草单位:河北通奥节能设备有限公司、中国市政工程华北设计研究总院有限公司、北京市建设工程质量第四检测所、上海电气阀门有限公司、文安县洁兰特暖通设备有限公司、耐森阀业有限公司、天津卡尔斯阀门股份有限公司、替科斯科技集团有限责任公司、河北同力自控阀门制造有限公司、河北光德流体控制有限公司、河南泉舜流体控制科技有限公司、西安市热力总公司、太原市热力设计有限公司、河北华热工程设计有限公司、合肥热电集团有限公司、牡丹江热力设计有限责任公司、昊天节能装备有限责任公司。

本标准主要起草人:王志强、王淮、燕勇鹏、白冬军、蔡守连、郭洪涛、缪震华、淳于小光、谢超、马景岗、陈乾才、孟建伟、王军、梁鹂、张骐、高永军、高斌、郑中胜。

城镇供热用双向金属硬密封蝶阀

1 范围

本标准规定了城镇供热用双向金属硬密封蝶阀(以下简称"蝶阀")的术语和定义、标记和参数、结构、一般要求、要求、试验方法、检验规则、标志、防护、包装和贮运。

本标准适用于公称压力小于或等于 PN25、公称尺寸小于或等于 DN1600、热水温度小于或等于200 ℃、蒸汽温度小于或等于 350 ℃的供热用蝶阀。

2 规范性引用文件

下列文件对于本文件的应用是必不可少的。凡是注日期的引用文件,仅注日期的版本适用于本文件。凡是不注日期的引用文件,其最新版本(包括所有的修改单)适用于本文件。

GB/T 150.4 压力容器 第4部分:制造、检验和验收

GB/T 223(所有部分) 钢铁及合金化学分析方法

GB/T 228.1 金属材料 拉伸试验 第1部分:室温试验方法

GB/T 229 金属材料 夏比摆锤冲击试验方法

GB/T 231.1 金属材料 布氏硬度试验 第1部分:试验方法

GB/T 985.1 气焊、焊条电弧焊、气体保护焊和高能束焊的推荐坡口

GB/T 985.2 埋弧焊的推荐坡口

GB/T 1047 管道元件 DN(公称尺寸)的定义和选用

GB/T 1048 管道元件 PN(公称压力)的定义和选用

GB/T 1220 不锈钢棒

GB/T 3091 低压流体输送用焊接钢管

GB/T 8163 输送流体用无缝钢管

GB/T 9113 整体钢制管法兰

GB/T 9119 板式平焊钢制管法兰

GB/T 9124 钢制管法兰 技术条件

GB/T 9711 石油天然气工业 管线输送系统用钢管

GB/T 12223 部分回转阀门驱动装置的连接

GB/T 12224 钢制阀门 一般要求

GB/T 12228 通用阀门 碳素钢锻件技术条件

GB/T 12229 通用阀门 碳素钢铸件技术条件

GB/T 12230 通用阀门 不锈钢铸件技术条件

GB/T 13927—2008 工业阀门 压力试验

GB/T 14976 流体输送用不锈钢无缝钢管

GB/T 30308 氟橡胶 通用规范和评价方法

GB/T 30832 蝶阀 流量系数和流阻系数试验方法

JB/T 106 阀门的标志和涂漆

NB/T 47008 承压设备用碳素钢和合金钢锻件

NB/T 47010　承压设备用不锈钢和耐热钢锻件

NB/T 47013.2—2015　承压设备无损检测　第 2 部分:射线检测

NB/T 47013.3—2015　承压设备无损检测　第 3 部分:超声检测

NB/T 47013.5—2015　承压设备无损检测　第 5 部分:渗透检测

NB/T 47014　承压设备焊接工艺评定

3　术语和定义

下列术语和定义适用于本文件。

3.1

双向密封　bidirectional seal

在两个方向即阀门上标示的主密封方向和与主密封方向相反的方向都能密封。

3.2

金属硬密封　metal to metal seal

密封座与蝶板密封面的密封配对材料为金属对金属的结构。

3.3

开关扭矩　breakaway thrust/breakaway torque

在最大压差下开启和关闭阀门所需的扭矩。

3.4

弯矩　bending moment

阀门在承受弯曲荷载时产生的力矩。

4　标记和参数

4.1　标记

4.1.1　标记的构成及含义

蝶阀标记的构成及含义应符合下列规定:

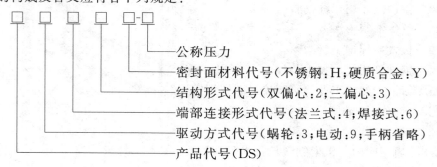

4.1.2　标记示例

公称压力为 2.5 MPa、密封面材料采用不锈钢、结构形式为三偏心、端部连接形式为焊接、驱动方式为蜗轮驱动的蝶阀标记为:DS363H-25。

4.2　参数

4.2.1　蝶阀的公称尺寸应符合 GB/T 1047 的规定。

4.2.2　蝶阀的公称压力应符合 GB/T 1048 的规定。

5 结构

5.1 蝶阀基本结构和主要零部件示意见图1。

5.2 蝶阀宜设置吊耳。

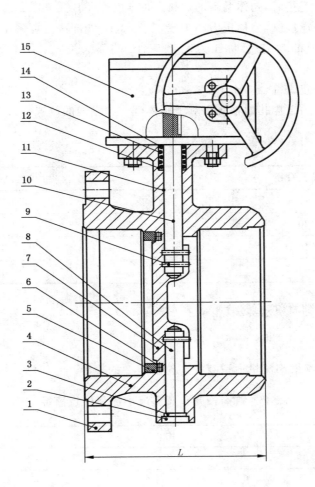

说明：

1 ——法兰；

2 ——底盖；

3 ——阀杆支承件；

4 ——阀体；

5 ——压簧；

6 ——密封圈；

7 ——蝶板；

8 ——固定轴；

9 ——销；

10——阀杆；

11——轴套；

12——填料箱；

13——阀杆密封件；

14——挡圈；

15——传动箱；

L ——蝶阀结构长度。

图 1 蝶阀基本结构和主要零部件示意

6 一般要求

6.1 连接端

6.1.1 当连接端采用焊接连接时,阀体两端的焊接尺寸应符合 GB/T 985.1 或 GB/T 985.2 的规定。

6.1.2 当连接端采用法兰连接时,公称压力小于或等于 PN16 端部法兰可采用板式平焊钢制管法兰,法兰尺寸应符合 GB/T 9119 的规定;公称压力大于 PN16 端部法兰应采用对焊法兰,法兰尺寸应符合 GB/T 9113 的规定。

6.1.3 连接法兰的尺寸公差应符合 GB/T 9124 的规定。

6.1.4 双法兰阀体两端法兰螺栓孔的轴线相对于阀体(法兰)轴线的位置度公差应小于表 1 的规定。

表 1 位置度公差　　　　　　　　　　　　　　　　　　单位为毫米

法兰螺栓孔直径	位置度公差
11.0～17.5	1.0
22～30	1.5
33～48	2.5
52～62	3.0

6.1.5 当阀体两端需配置袖管时,应符合附录 A 的规定。

6.2 结构长度和阀座通道

蝶阀的结构长度和阀座最小流量通道直径应符合表 2 的规定。

表 2 结构长度和阀座最小流量通道直径　　　　　　　单位为毫米

蝶阀公称尺寸	结构长度	阀座最小流量通道直径
DN200	230	138
DN250	250	185
DN300	270	230
DN350	290	275
DN400	310	321
DN450	330	371
DN500	350	422
DN600	390	472
DN700	430	575
DN800	470	670
DN900	510	770
DN1000	550	870
DN1200	630	970
DN1400	710	1 160
DN1600	790	1 360

6.3 尺寸偏差

6.3.1 阀体圆度允许偏差应符合表3的要求。

表 3 阀体圆度允许偏差 单位为毫米

蝶阀公称尺寸	≤DN200	DN250～DN600	≥DN700
阀体圆度允许偏差	≤1	≤2	≤3

6.3.2 阀体结构长度允许偏差应符合表4的要求。

表 4 阀体结构长度允许偏差 单位为毫米

蝶阀公称尺寸	≤DN250	DN300～DN500	DN600～DN900	≥DN1000
阀体结构长度允许偏差	±3.0	±4.0	±5.0	±6.0

6.4 流量系数和流阻系数

制造商应提供蝶阀在全开时的流量或流阻系数。蝶阀流阻系数的测量,应按 GB/T 30832 的规定执行。

6.5 阀体

阀体可采用整体锻造或铸造,也可焊接成型。当采用焊接成型时,焊接工艺、焊缝的无损检测及焊后热处理应符合 GB/T 150.4 的规定。

6.6 蝶板

6.6.1 蝶板可以整体锻造或铸造,也可焊接成型。当采用焊接成型时,焊接工艺、焊缝的无损检测及焊后热处理应符合 GB/T 150.4 的规定。

6.6.2 蝶板不应有增大阻力的直角过渡和突变。

6.6.3 蝶板与阀杆在介质从任意方向流经蝶阀时,应能承受1.5倍的最大压差(或公称压力),且不应产生变形和损坏。

6.7 阀座及蝶板密封面

6.7.1 阀座、蝶板密封面可在阀体或蝶板上直接加工,也可在阀座、蝶板上堆焊其他金属密封材料,或采用整体式金属密封圈、金属弹性密封圈等成型。

6.7.2 阀座、蝶板密封圈与阀体或蝶板的连接可采用焊接、胀接、嵌装连接或螺栓连接。

6.7.3 当阀座或蝶板密封面采用堆焊时,加工后的堆焊层厚度不应小于2 mm,并在堆焊后应消除产生变形和渗漏的应力。

6.7.4 阀座表面硬度不应小于 45 HRC,密封圈表面硬度不应小于 40 HRC。

6.8 阀杆及阀杆轴承

6.8.1 阀杆可为一个整体轴。当采用两个分离的短轴时,其嵌入轴孔的长度不应小于阀杆轴径的1.5倍。

6.8.2 阀杆应能承受蝶板在1.5倍最大允许压差下的荷载。

6.8.3 阀杆与蝶板的连接强度应能承受阀杆所传递的最大扭矩,其连接部位应设置防松动结构,在使用过程中不应松动。

6.8.4 当阀杆与蝶板连接出现故障或损坏时,阀杆不应由于内压作用而从蝶阀中脱出。

6.8.5 在阀体两端轴座内应设置滑动轴承,轴承应能承受阀杆所传递的最大负荷,且蝶板和阀杆应转动灵活。

6.8.6 阀杆与蝶板及阀杆支承件之间应有防止蝶板轴向窜动的装置。

6.9 阀杆密封

6.9.1 穿过阀体与驱动装置连接的阀杆,应设置防止介质自阀杆处泄漏的密封装置。阀杆密封件可采用 V 形填料、O 形密封圈或其他成形的填料。

6.9.2 阀杆密封应在不拆卸阀杆的情况下,可更换密封填料。

6.10 驱动装置

6.10.1 蝶阀应采用传动箱操作。

6.10.2 在最大允许工作压差的工况下,蝶阀的驱动装置应正常操作。

6.10.3 驱动装置与阀体连接尺寸应符合 GB/T 12223 的规定。

6.10.4 蝶阀应面向手轮顺时针方向转动时为关闭。

6.11 焊接及去应力处理

6.11.1 阀体上所有焊缝的焊接工艺评定应符合 NB/T 47014 或高于此标准中规定的要求。

6.11.2 阀体上焊接接头厚度小于或等于 32 mm 的焊缝、焊接前预热到 100 ℃ 以上且焊接接头厚度小于或等于 38 mm 的焊缝可不进行焊后热处理,其余焊缝应按 GB/T 150.4 的要求进行焊后消除应力热处理。当焊接接头厚度大于 32 mm 的焊缝,焊后不进行热处理或无法以热处理方式消除焊接应力,则制造商应提供焊缝焊接后免热处理能达到使用安全的评估报告。

7 要求

7.1 外观

7.1.1 阀体表面应无裂纹、磕碰伤、划痕等缺陷。

7.1.2 焊缝表面应无裂纹、气孔、弧坑和焊接飞溅物。

7.1.3 当采用喷丸处理,表面的凹坑大小、深浅应均匀一致。

7.1.4 蝶阀涂漆处,涂层应平整,不应有流痕、挂漆、漏漆、脱落、起泡等缺陷。

7.1.5 阀体上的标志应完整、清晰。阀体上应标有指示介质流向的箭头,铭牌的内容应符合表 10 的规定。

7.1.6 手轮的轮缘或轮芯上应设置明显的指示蝶板关闭方向的箭头和"关"字样,"关"字样应放在箭头的前端;也可标记开、关的箭头和"开""关"字样。

7.1.7 在蝶阀驱动装置上应设置表示蝶板位置的开度指示和蝶板在全开、全关位置的限位机构。

7.2 材料

7.2.1 蝶阀主要零件的材料应根据工作温度、工作压力及介质等因素选用,并应符合 GB/T 12224 的规定。主要零件材料应按表 5 选用。供货方应提供材料的化学成分、力学性能、热处理报告等质量文件。

表 5 主要零件材料

零件名称	材料名称	材料牌号	执行标准
阀体	碳钢锻件	20、A105	NB/T 47008、GB/T 12228
	碳钢铸件	WCB	GB/T 12229
	碳素钢管	20	GB/T 8163
蝶板	不锈钢	CF8M	GB/T 12230
	碳钢	WCB	GB/T 12229
阀杆	合金钢	05Cr17Ni4Cu4Nb	GB/T 1220
		20Cr13	
压簧	碳钢	20	NB/T 47008
		A105	GB/T 12228
密封圈	合金钢	05Cr17Ni4Cu4Nb	GB/T 1220
填料箱	不锈钢	06Cr19Ni10	NB/T 47010
	合金钢	05Cr17Ni4Cu4Nb	GB/T 1220
固定轴、销	合金钢	05Cr17Ni4Cu4Nb	GB/T 1220
		20Cr13	
轴套	不锈钢	06Cr17Ni12Mo2/06Cr19Ni10＋PTFE	GB/T 12230
O 形圈	氟橡胶	FKM Viton	GB/T 30308
底盖	碳钢	20	NB/T 47008

7.2.2 当使用其他材料时,其力学性能不应低于本标准的要求。

7.3 焊接质量

7.3.1 阀体采用板材卷制的对接纵向焊缝应进行 100％射线或超声检测。射线检测焊缝质量不应低于 NB/T 47013.2—2015 规定的Ⅱ级,超声检测焊缝质量应符合 NB/T 47013.3—2015 规定的Ⅰ级。

7.3.2 阀体与袖管、阀体与阀杆大头、小头(两端)之间环向焊缝应进行 100％渗透检测,焊缝质量应符合 NB/T 47013.5-2015 规定的Ⅰ级。

7.4 阀体壁厚

阀体最小壁厚应符合 GB/T 12224 的规定。

7.5 轴向力及弯矩

介质为热水的蝶阀,阀体在承受轴向压缩力、轴向拉伸力和弯矩时,变形量不应影响蝶阀的操作性能和密封性。轴向力和弯矩取值按附录 B 中表 B.1 的规定执行。

7.6 壳体强度

蝶阀在 1.5 倍的公称压力下,不应有结构损伤,蝶阀壳体和任何固定的阀体连接处不应渗漏。

7.7 密封性

蝶阀密封性能应符合 GB/T 13927—2008 的规定,密封等级应满足表 6 的要求。

表 6　蝶阀密封等级

蝶阀公称尺寸	≤DN800	>DN800
蝶阀正向密封等级	≥C 级	≥D 级
蝶阀反向密封等级	≥D 级	≥F 级

7.8　操作力

在最大工作压差下,蝶阀的操作力不应大于 360 N。

8　试验方法

8.1　外观

外观采用目测的方法。

8.2　材料

金属材料应按 GB/T 223(所有部分)的规定或采用光谱法进行化学成分分析。拉伸试验应按 GB/T 228.1 规定的方法执行,冲击试验应按 GB/T 229 规定的方法执行,硬度试验应按 GB/T 231.1 规定的方法执行。

8.3　焊接质量

射线检测应按 NB/T 47013.2 的规定执行;超声检测应按 NB/T 47013.3 的方法执行;渗透检测应按 NB/T 47013.5 的方法执行。

8.4　阀体壁厚

采用测厚仪和专用卡尺等量具进行测量。沿阀体圆周方向等分布置测量点,测量点数量应符合表 7 的规定。

表 7　测量点数量

蝶阀公称尺寸	DN200～DN500	DN600～DN1000	DN900～DN1200	≥DN1400
阀体测量点数/个	5	8	10	12

8.5　轴向力及弯矩

8.5.1　轴向压缩力

轴向压缩力试验按下列方法执行:

a)　试验环境温度为常温,且不应低于 10 ℃,试验介质采用常温的清洁水。

b)　将蝶阀固定在试验台架上,封闭蝶阀进出口,并将蝶阀处于全开状态。对蝶阀加水,并将阀体内的空气排尽,然后加压至蝶阀的公称压力。达到公称压力后,稳压 10 min,观察压力表,应无明显压降,然后缓慢向蝶阀施加附录 B 中表 B.1 规定的轴向压缩力,当达到规定的轴向压缩力时,停止施压。

c) 停止施压后,持续稳定测试 48 h,期间每天测量蝶阀开关扭矩值和观察密封性 2 次,时间间隔应大于 6 h。每次测量和观察前,应检查、记录试验水压和施加的轴向力。

d) 蝶阀开关扭矩值的检测,采用扭矩测力扳手缓慢完全关闭和完全开启蝶阀各 1 次,记录蝶阀的关闭和开启的最大扭矩值。最大开关扭矩值,均不应大于蝶阀出厂技术参数规定最大值的 1.1 倍。按蝶阀开关扭矩最大值计算操作力,不应大于 360 N。

e) 按 8.7 的规定检查蝶阀的密封性,并应符合 7.7 的要求。

f) 上述检测结束后,卸载对蝶阀施加的轴向压缩力,然后按 d)和 e)的要求检测蝶阀的开关扭矩和密封性。

8.5.2 轴向拉伸力

试验施加的轴向拉伸力按附录 B 中表 B.1 的规定,试验方法按 8.5.1a)~e)的规定执行。

8.5.3 弯矩

弯矩的试验方法按附录 C 的规定。

8.6 壳体强度

壳体强度的试验方法应按 GB/T 13927—2008 的规定。

8.7 密封性

密封性试验方法应按 GB/T 13927—2008 的规定。

8.8 操作力

8.8.1 试验环境温度为常温,且不应低于 10 ℃,试验介质采用常温的清洁水。

8.8.2 将蝶阀固定在试验台架上,封闭蝶阀进出口,蝶阀处于完全关闭。使蝶阀一端通向大气,另一端施加水,并将加水端阀体内的空气排尽,然后缓慢加压至蝶阀的额定公称压力。当达到蝶阀的额定公称压力后,停止加压,检查蝶阀另一端,应无水排出。采用扭矩测力扳手缓慢开启蝶阀,直至蝶阀开启,记录蝶阀的开启扭矩。

8.8.3 采用 8.8.2 同样的步骤,试验蝶阀另一端的开启扭矩。

8.8.4 按记录的蝶阀开启扭矩,计算操作力。

9 检验规则

9.1 检验类别

蝶阀的检验分为出厂检验和型式检验,检验项目应按表 8 的规定执行。

表 8 检验项目

检验项目	出厂检验	型式检验	要求	试验方法
外观	√	√	7.1	8.1
材料	—	√	7.2	8.2
焊接质量	√	√	7.3	8.3
阀体壁厚	√	√	7.4	8.4

表 8（续）

检验项目		出厂检验	型式检验	要求	试验方法
轴向力及弯矩	轴向压缩力	—	√	7.5	8.5.1
	轴向拉伸力	—	√	7.5	8.5.2
	弯矩	—	√	7.5	8.5.3
壳体强度		√	√	7.6	8.6
密封性能		√	√	7.7	8.7
操作力		√	√	7.8	8.8
注："√"表示应检项目;"—"表示不检项目。					

9.2 出厂检验

每台蝶阀在出厂前应按表8的规定进行检验,合格后方可出厂,出厂时应附合格证和检验报告。

9.3 型式检验

9.3.1 凡有下列情况之一时,应进行型式检验:

a) 新产品的试制、定型鉴定或老产品转厂生产时;

b) 正式生产后,当结构、材料、工艺有较大改变可能影响产品性能;

c) 产品停产1年后,恢复生产时;

d) 正式生产,每4年时;

e) 出厂检验结果与上次型式检验有较大差异时。

9.3.2 型式检验抽样方法应符合下列规定:

a) 抽样可以在生产线终端经检验合格的产品中随机抽取,也可以在产品库中随机抽取,或从已供给用户但未使用并保持出厂状态的产品中随机抽取;

b) 每一个规格供抽样的最少基数和抽样数按表9的规定。到用户抽样时,供抽样的最少基数不受限制,抽样数仍按表9的规定;

表 9 抽样的最少基数和抽样数

蝶阀公称尺寸	最少基数/台	抽样数量/台
DN200	6	2
DN250～DN500	3	1
≥DN600	2	1

c) 9.3.1 中规定的 a)、b)、c)、d)四种情况的型式检验对整个系列产品进行考核时,在该系列范围内每一选定规格仅代表向下 0.5 倍直径,向上 2 倍直径的范围。

9.3.3 合格判定应符合下列规定:

a) 型式检验项目按表8的规定,所有样品全部检验项目符合要求时,判定产品合格;

b) 当有不合格项时,应加倍抽样复验。当复验合格时,则判定产品合格;当复验仍有不合格项时,则判定产品不合格。

10 标志

10.1 蝶阀的标志内容应符合表 10 的规定。

表 10 蝶阀的标志内容

标志内容	标记位置
制造商名称或商标	阀体和铭牌
公称压力或压力等级	阀体和铭牌
公称尺寸	阀体和铭牌
产品型号	铭牌
阀体材料	铭牌
产品执行标准编号	铭牌
产品编号	铭牌
介质流向箭头	阀体
制造年月	铭牌
净重(kg)	铭牌

10.2 每台蝶阀应有一个牢固附着的不锈钢或铜铭牌,铭牌上标记应清晰。

11 防护、包装和贮运

11.1 出厂检验完成后,应将蝶阀内腔的水和污物清除干净。

11.2 蝶阀的外表面应按 JB/T 106 的要求涂漆。

11.3 蝶阀的流道表面,应涂以容易去除的防锈油。

11.4 蝶阀的连接两端应采用封盖进行防护。

11.5 蝶阀出厂时应有产品合格证、产品说明书及装箱单。

11.6 蝶阀应有包装箱,在运输过程中不应损坏。

11.7 在运输和贮存期间,蝶阀应处于微开启状态。

11.8 蝶阀应贮存在干燥、通风的室内,不应露天堆放。

附　录　A
（规范性附录）
袖　管

A.1 袖管定义:袖管是在焊接连接端蝶阀与管道之间增加的一段接管,便于蝶阀与管道之间的壁厚和材质过渡、保温以及现场施工。

A.2 袖管两端的焊接坡口应符合 GB/T 985.1 或 GB/T 985.2 的规定。

A.3 袖管材质应与阀体材质、安装管道材质相匹配。当袖管采用无缝钢管时,应符合 GB/T 8163 或 GB/T 14976 的规定;采用焊接钢管时,应符合 GB/T 3091 或 GB/T 9711 的规定。

A.4 袖管尺寸应按表 A.1 执行。

表 A.1　袖管尺寸　　　　　　　　　　　　　单位为毫米

蝶阀公称尺寸	袖管尺寸		
	长度	外径	壁厚
DN200	300	219	6.0
DN250	300	273	6.0
DN300	300	325	7.0
DN350	400	377	7.0
DN400	400	426	7.0
DN450	400	478	7.0
DN500	400	529	8.0
DN600	400	630	9.0
DN700	500	720	11.0
DN800	500	820	12.0
DN900	500	920	13.0
DN1000	500	1 020	14.0
DN1200	500	1 220	16.0
DN1400	500	1 420	19.0
DN1600	500	1 620	21.0

附　录　B
（规范性附录）
轴向力和弯矩取值

B.1　轴向力和弯矩计算

B.1.1　轴向压缩力应根据最不利工况（在管道工作循环最高温度下，锚固段泄压时），按式（B.1）和式（B.2）计算：

$$N_c = \alpha \times E(t_1 - t_0)A \times 10^6 \quad\quad\quad\quad\quad (\text{B.1})$$

$$A = \frac{\pi(D_o^2 - D_i^2) \times 10^{-6}}{4} \quad\quad\quad\quad\quad (\text{B.2})$$

式中：

N_c——轴向压缩力，单位为牛（N）；

α　——钢材的线膨胀系数，单位为米每米摄氏度[m/(m·℃)]；

E　——弹性模量，单位为兆帕（MPa）；

t_1　——工作最高循环温度，单位为摄氏度（℃）；

t_0　——计算安装温度，单位为摄氏度（℃）；

A　——钢管的横截面积，单位为平方米（m²）；

D_o——钢管外径，单位为毫米（mm）；

D_i——钢管内径，单位为毫米（mm）。

B.1.2　轴向拉伸力按式（B.3）计算：

$$N_l = 0.67\sigma_s \times A \times 10^6 \quad\quad\quad\quad\quad (\text{B.3})$$

式中：

N_l——轴向拉伸力，单位为牛（N）；

σ_s　——钢材屈服极限最小值，单位为兆帕（MPa）。

B.1.3　弯矩按下列公式计算：

a)　当蝶阀公称尺寸小于或等于 DN250 时，弯矩值应按式（B.4）计算：

$$M = \frac{1.3\pi(D_o^4 - D_i^4)\sigma_s \times 10^{-3}}{32D_o} \quad\quad\quad\quad\quad (\text{B.4})$$

式中：

M　——弯矩，单位为牛米（N·m）；

D_o——工作钢管外径，单位为毫米（mm）；

D_i——工作钢管内径，单位为毫米（mm）；

σ_s——钢材屈服极限最小值，单位为兆帕（MPa）。

b)　当蝶阀公称尺寸大于或等于 DN600 时，弯矩值应按式（B.5）计算：

$$M = \frac{\gamma_s \times 3E \times I}{L^2} \quad\quad\quad\quad\quad (\text{B.5})$$

式中：

γ_s　——挠度，单位为米（m），可按 0.1 m 取值；

E　——弹性模量，单位为兆帕（MPa）；

L　——蝶阀端面到受力点的距离，单位为毫米（mm），取 15 000 mm；

I ——截面惯性弯矩,单位为四次方毫米(mm⁴)。

c) 当蝶阀公称尺寸在大于 DN250 和小于 DN600 之间时,弯矩值可在蝶阀公称尺寸 DN250 和 DN600 的蝶阀弯矩值之间插入取值,取值方式随着规格的增大等值递增。

B.2 轴向力及弯矩值

轴向力及弯矩值也可按表 B.1 取值。

表 B.1 轴向力及弯矩值

蝶阀公称尺寸	钢管外径/mm	钢管壁厚/mm	轴向力/kN		弯矩[f,g]/(N·m)
			压缩力[a,b,c]	拉伸力[d,e]	
DN200	219	6.0	994	659	66 281
DN250	273	6.0	1 483	792	100 425
DN300	325	7.0	2 060	1 101	120 937
DN350	377	7.0	2 397	1 281	141 449
DN400	426	7.0	2 715	1 451	161 961
DN450	478	7.0	3 052	1 631	182 473
DN500	529	8.0	3 858	2 062	202 985
DN600	630	9.0	5 173	2 765	223 497
DN700	720	11.0	7 219	3 858	406 537
DN800	820	12.0	8 975	4 796	656 410
DN900	920	13.0	10 914	5 832	1 005 815
DN1000	1 020	14.0	13 036	6 967	1 477 985
DN1200	1 220	16.0	17 831	9 529	2 895 609
DN1400	1 420	19.0	24 638	12 607	5 417 659
DN1600	1 620	21.0	31 080	15 903	8 902 324

[a] 按供热运行温度 130 ℃、安装温度 10 ℃计算。

[b] 蝶阀公称尺寸大于或等于 DN250 时,采用 Q235B 钢,弹性模量 $E=198\,000$ MPa、线膨胀系数 $\alpha=0.000\,012\,4$ m/(m·℃);蝶阀公称尺寸小于或等于 DN200 时,采用 20 钢,弹性模量 $E=181\,000$ MPa、线膨胀系数 $\alpha=0.000\,011\,4$ m/(m·℃)。

[c] 最不利工况按管道泄压时的工况计算轴向压缩力。

[d] 拉伸应力取 0.67 倍的屈服极限。蝶阀公称尺寸大于或等于 DN250 时,采用 Q235B 钢,当 δ 小于或等于 16 mm 时,拉伸应力 $[\sigma]_L=157$ MPa,当 δ 大于 16 mm 时,拉伸应力 $[\sigma]_L=151$ MPa;蝶阀公称尺寸小于或等于 DN200 时,采用 20 钢,拉伸应力 $[\sigma]_L=164$ MPa。

[e] 当工作管道的材质、壁厚和温度发生变化时,应重新进行校核计算。

[f] 当蝶阀公称尺寸小于或等于 DN250 时,弯矩值取圆形横截面全塑性状态下的弯矩。全塑性弯矩为最大弹性弯矩的 1.3 倍,依据最大弹性弯曲应力计算得出最大弹性弯矩。计算所用应力为屈服应力。

[g] 当蝶阀公称尺寸大于或等于 DN600 时,弯矩值为管沟及管道的下沉差异(100 mm/15 m)形成的弯矩;当蝶阀公称尺寸大于 DN250 和小于 DN600 之间时,介于 DN250 和 DN600 的弯矩值之间弯矩值随着规格的增大采用等值递增的方式取值。

附　录　C

（规范性附录）

弯矩试验方法

C.1　试验条件

试验环境温度为常温，且不应低于 10 ℃，试验介质采用常温的清洁水。

C.2　试验荷载确定

C.2.1　蝶阀所受弯矩应包括由荷载 F 形成的弯矩 M_D、管道及测试介质形成的弯矩 M_F、蝶阀重量形成的弯矩 M_C。

　　a)　测试荷载 F 形成的弯矩 M_D 见图 C.1，M_D 应按式（C.1）计算：

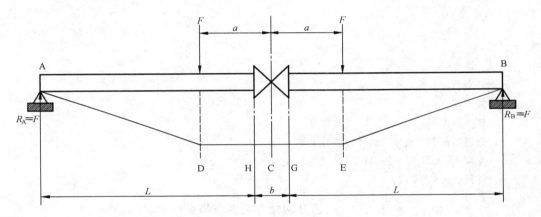

说明：

A/B　　——支撑点；

C　　　——蝶阀的中心点；

D/E　　——测试力的施加点；

F　　　——测荷载；

H/G　　——蝶阀端面；

L　　　——蝶阀端面到支撑点（A/B）间的距离；

R_A/R_B　——支撑点（A/B）产生的反作用力；

a　　　——蝶阀中心到施力点（D/E）间的距离；

b　　　——蝶阀长度。

图 C.1　测试荷载 F 形成的弯矩 M_D

$$M_D = F \times \left(L + \frac{b}{2} - a \right) \qquad\cdots\cdots\cdots\cdots\cdots\cdots\cdots\cdots\cdots\cdots（C.1）$$

式中：

M_D　——测试荷载 F 形成的弯矩，单位为牛米（N·m）；

F　　——荷载（测试力），单位为牛（N）；

  L ——蝶阀端面到支撑点（A/B）间的距离，单位为米（m）；

  b ——蝶阀长度，单位为米（m）；

  a ——蝶阀中心到施力点（D/E）的距离，单位为米（m）。

 b) 管道及测试介质形成的弯矩 M_F 见图 C.2。M_F 应按式（C.2）计算：

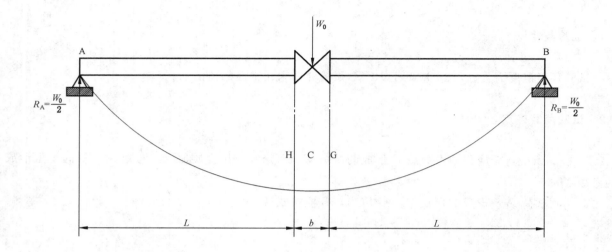

说明：

A/B ——支撑点；

C ——蝶阀的中心点；

H/G ——蝶阀端面；

L ——蝶阀端面到支撑点（A/B）间的距离；

W_0 ——管道自重和管道中介质的重量之和；

R_A/R_B ——支撑点（A/B）产生的反作用力；

b ——蝶阀长度。

图 C.2 管道及测试介质形成的弯矩 M_F

$$M_F = \frac{W_0}{2} \times \frac{L(L+b)}{2L+b} \quad\cdots\cdots\cdots\cdots\cdots\cdots\cdots\cdots\quad (C.2)$$

  式中：

  M_F——均布荷载 q 形成的弯矩，单位为牛米（N·m）；

  W_0——管道自重和管道中介质的重量之和，单位为牛（N）。

 c) 蝶阀重量形成的弯矩 M_C 见图 C.3，M_C 应按式（C.3）计算：

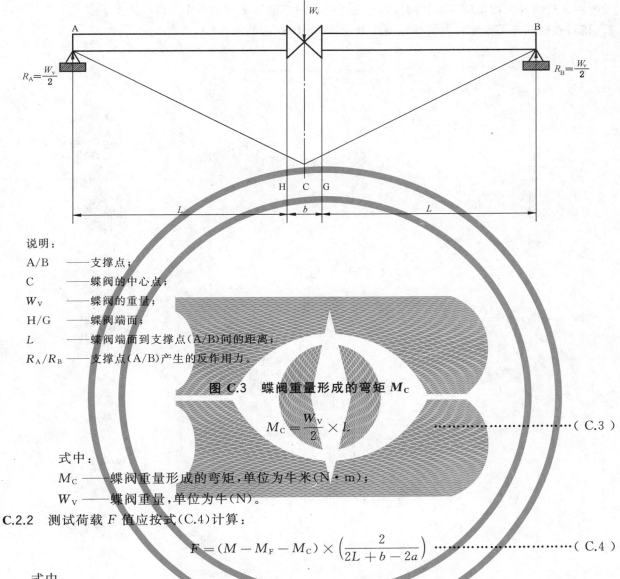

说明：
A/B ——支撑点；
C ——蝶阀的中心点；
W_V ——蝶阀的重量；
H/G ——蝶阀端面；
L ——蝶阀端面到支撑点（A/B）间的距离；
R_A/R_B ——支撑点（A/B）产生的反作用力。

图 C.3 蝶阀重量形成的弯矩 M_C

$$M_C = \frac{W_V}{2} \times L \quad \cdots\cdots\cdots\cdots\cdots\cdots (C.3)$$

式中：
M_C ——蝶阀重量形成的弯矩，单位为牛米（N·m）；
W_V ——蝶阀重量，单位为牛（N）。

C.2.2 测试荷载 F 值应按式（C.4）计算：

$$F = (M - M_F - M_C) \times \left(\frac{2}{2L + b - 2a} \right) \quad \cdots\cdots\cdots\cdots\cdots (C.4)$$

式中：
F ——测试力，单位为牛（N）；
M ——弯矩，单位为牛米（N·m），按附录 B 中表 B.1 取值。

C.3 试验

C.3.1 试验应按图 C.1 进行四点弯曲测试，并应对平行于阀杆的轴线和垂直于阀杆的轴线分别进行测试。

C.3.2 将蝶阀固定在试验台架上，并将蝶阀处于全开状态。对蝶阀及试验管段加水，并将阀体内及试验管段的空气排尽，然后加压至蝶阀的公称压力。达到公称压力后，稳压 10 min，观察压力表，应无明显压降，然后缓慢施加测试荷载 F，当测试荷载 F 达到计算值时，停止施压。

C.3.3 停止施压后，持续稳定测试 48 h，期间每天测量蝶阀开关扭矩值和观察密封性 2 次，时间间隔应大于 6 h。每次测量和观察前，应检查、记录试验水压和测试荷载 F。

C.3.4 按 8.7 的要求检查蝶阀的密封性，并应符合 7.7 的规定。

C.3.5 蝶阀开关扭矩值的检测,采用扭矩测力扳手缓慢完全关闭和完全开启蝶阀各 1 次,记录蝶阀的关闭和开启的最大扭矩值。对蝶阀施加的最大开关扭矩值均不应大于蝶阀出厂技术参数规定最大值的1.1 倍。按蝶阀开关扭矩最大值计算操作力,不应大于 360 N。

ICS 91.140.10
P 46

中华人民共和国城镇建设行业标准

CJ/T 25—2018
代替 CJ/T 25—1999

供热用手动流量调节阀

Hand flow adjusting valves for heating

2018-11-16 发布
2019-05-01 实施

中华人民共和国住房和城乡建设部　　发　布

前　言

本标准按照 GB/T 1.1—2009 给出的规则起草。

本标准是对《供热用手动流量调节阀》CJ/T 25—1999 的修订，与 CJ/T 25—1999 相比，主要技术内容变化如下：

——增加了"阀权度"和"比流量"的术语和定义；

——增加了调节阀按结构型式，即直杆直通式和斜杆直通式；将法兰连接和内螺纹连接两种连接方合并端部连接型式；

——增加了阀体长度增加系列（系列 2），最大公称直径增加至 DN600；

——修改了工程通径范围及压力级制（PN）。

本标准由住房和城乡建设部标准定额研究所提出。

本标准由住房和城乡建设部供热标准化技术委员会归口。

本标准起草单位：北京北燃供热有限公司、北京市煤气热力工程设计院有限公司、河北平衡阀门制造有限公司、河北同力自控阀制造有限公司、北京远东仪表有限公司、文安县洁兰特暖通设备有限公司。

本标准主要起草人：王建国、王峥、郭旭、崔笑千、芦潮、王莉、宋玉梅、马力、史东春、王伟。

本标准所代替标准的历次版本发布情况为：

——CJ/T 25—1999。

供热用手动流量调节阀

1 范围

本标准规定了供热水系统及空调水系统用手动流量调节阀的分类和标记、工作条件和工作压差、阀体结构及尺寸、材料、要求、试验方法、检验规则、清洁与处理、标志、包装、运输和贮存。

本标准适用于设计压力小于或等于 2.5 MPa，设计热水介质温度小于或等于 200 ℃，公称直径 15 mm～600 mm 的供热用手动流量调节阀（以下简称"调节阀"）。

2 规范性引用文件

下列文件对于本文件的应用是必不可少的。凡是注日期的引用文件，仅注日期的版本适用于本文件。凡是不注日期的引用文件，其最新版本（包括所有的修改单）适用于本文件。

GB/T 1176 铸造铜及合金

GB/T 1220 不锈钢棒

GB/T 1348 球墨铸铁件

GB/T 1414 普通螺纹 管路系列

GB/T 5796.1 梯形螺纹 第1部分:牙型

GB/T 5796.2 梯形螺纹 第2部分:直径与螺距系列

GB/T 5796.3 梯形螺纹 第3部分:基本尺寸

GB/T 5796.4 梯形螺纹 第4部分:公差

GB/T 9113 整体钢制管法兰

GB/T 9439 灰铁铸件

GB/T 12229 通用阀门 碳素钢铸件技术条件

GB/T 13927 工业用阀门 压力试验

GB/T 17241.6 整体铸铁法兰

JC/T 1019 石棉密封填料

3 术语和定义

下列术语和定义适用于本文件。

3.1

最大行程 **maximum stroke**

调节阀阀瓣从关闭位置至全开位置的位移量。

3.2

开度 **relative stroke**

相对行程

调节阀阀杆的实际行程与最大行程的比值。

3.3

流通能力 **flow capacity**

调节阀全开，阀两端压差为 100 kPa，流体密度为 1 000 kg/m³ 时流经调节阀的流量值。

3.4

阀权度　valve authority

调节阀全开时,阀门的压力损失占该调节管路(包括阀门本身)总压力损失的百分比。

3.5

比流量　ratio flow

调节阀某一开度的通过流量与调节阀全开时通过流量的比值。

3.6

调节特性　regulating characteristics

调节阀比流量与开度之间的函数关系称为调节特性。当阀权度为 100％ 时,调节阀的调节特性称为理论调节特性;当阀权度小于 100％ 时,调节阀的调节特性称为实际调节特性。

4　分类和标记

4.1　分类

4.1.1 调节阀按结构型式分为直杆直通式和斜杆直通式。

4.1.2 调节阀按端部连接型式分为法兰连接和内螺纹连接。

4.1.3 调节阀按阀体材料分为铸铁和铸钢。

4.2　标记

4.2.1　标记的构成及含义

标记的构成及含义应符合下列规定:

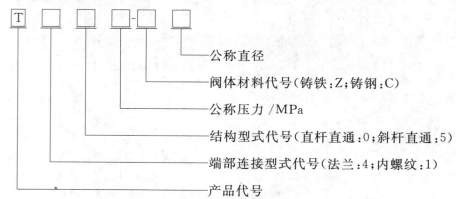

4.2.2　标记示例

公称直径为 80 mm、公称压力为 1.6 MPa、阀体材料为铸钢、结构型式为直杆直通、端部连接型式为内螺纹的供热用手动流量调节阀标记为:T101.6-C80。

5　工作条件和工作压差

5.1 调节阀在下列条件下应能正常工作:

　　a)　环境温度:－40 ℃～＋70 ℃;

　　b)　相对湿度:5％～100％。

5.2 调节阀的工作压差应为 0.02 MPa～0.4 MPa。

6 阀体结构及尺寸

6.1 公称直径小于或等于DN40的调节阀宜采用内螺纹连接;DN50可采用内螺纹连接或法兰连接;大于DN50宜采用法兰连接。

6.2 当端部连接型式采用法兰时,调节阀结构尺寸应符合表1的规定;当端部连接型式采用内螺纹时,阀体最小壁厚、阀盖最小壁厚、阀杆最小直径应符合表1的规定,结构长度应符合表2的规定。

表 1 法兰连接的调节阀结构尺寸   单位为毫米

公称直径 DN	结构长度		阀体最小壁厚	阀盖最小壁厚	阀杆最小直径	阀盖与阀体连接螺栓数/个
	系列 1	系列 2				
15	130	90	5	5	10	4
20	150	115	6	6	12	4
25	160	125	6	6	14	4
32	180	180	6	7	18	4
40	200	200	7	7	18	4
50	230	230	7	8	20	4
65	290	290	8	8	20	4
80	310	310	8	9	24	8
100	350	350	9	10	28	8
125	400	400	10	12	32	8
150	480	480	11	12	32	8
200	600	495	12	14	36	12
250	730	622	13	16	40	12
300	850	698	14	18	44	12
350	—	787	14	18	44	16
400	—	914	16	19	46	16
450	—	946	18	20	48	20
500	—	978	20	21	50	20
600	—	1 295	22	23	56	20

表 2 内螺纹连接的调节阀结构   单位为毫米

公称直径 DN	15	20	25	32	40	50
结构长度	90	100	120	140	170	200

6.3 当端部采用法兰连接时,法兰应符合 GB/T 17241.6 或 GB/T 9113 的规定;当端部采用内螺纹连接时,内螺纹应符合 GB/T 1414 的规定。

6.4 阀座内径应与流通截面积直径一致。

7 材料

调节阀的主要零件材料应按表3选取。

表 3 调节阀的主要零件材料

零件	材料名称	材料牌号	执行标准
阀体	灰铸铁	HT200	GB/T 9439
	铸钢	ZG200	GB/T 12229
阀盖	灰铸铁	HT200	GB/T 9439
	铸钢	ZG200	GB/T 12229
阀座	不锈钢	2Cr13	GB/T 1220
阀瓣	不锈钢	1Cr13	GB/T 1220
阀杆	不锈钢	2Cr13	GB/T 1220
阀杆螺母	合金钢	ZQSn6-6-3	GB/T 1176
手轮	球墨铸铁	QT400-18	GB/T 1348
填料	石棉	YS350F	JC/T 1019

8 要求

8.1 外观

8.1.1 铸件

8.1.1.1 铸件表面不应有粘砂、浇口、冒口、多肉、结疤、毛刺等缺陷。

8.1.1.2 铸件不应有裂纹、气孔、缩孔、夹渣等有害缺陷。

8.1.1.3 铸件不应采用锤击、堵塞或浸渍等方法消除泄点。

8.1.2 调节阀

8.1.2.1 调节阀的表面不应有磕碰伤和锈蚀。涂漆表面应均匀,不应有起皮、龟裂、流淌、气泡等缺陷。

8.1.2.2 调节阀的流向标志箭头、标识牌应完整清晰。

8.1.2.3 调节阀不涂漆的机加工表面应涂有易除去的防锈剂。

8.2 阀体和阀盖

8.2.1 阀体和阀盖的最小壁厚应符合表1的规定。

8.2.2 阀体与阀盖的连接应采用法兰连接,法兰密封面形状应为凸面。

8.2.3 阀盖与阀体连接螺栓(或螺柱)数量不应小于表1的规定。

8.3 阀杆与阀杆螺母

8.3.1 阀杆的最小直径应符合表1的规定。

8.3.2 阀杆和阀杆螺纹应为梯形螺纹,并应符合 GB/T 5796.1～GB/T 5796.4 的规定。

8.3.3 阀杆和阀杆螺母的旋合长度不应小于阀杆梯形螺纹直径的 1.4 倍。

8.4 手轮

8.4.1 调节阀应顺时针旋转为减小开度,轮缘或附加指示牌上应有明显的调节方向标识。

8.4.2 手轮应采用螺母固定在阀杆上。

8.5 标尺和行程指示

8.5.1 调节阀上应有行程标尺或数显轮等开度指示装置。

8.5.2 开度指示装置可读分度不应大于最大行程的 10%。当最大行程小于 5 mm 时,宜采用数显轮作为开度指示装置。

8.6 行程传动机构

调节阀行程传动机构在开关动作转换时的空行程不应大于最大行程的 5%。

8.7 阀体强度

调节阀在公称压力和使用温度下,阀体不应损坏或变形。

8.8 密封性

调节阀在关闭时,在公称压力下,阀瓣与阀座应具有密封,不应泄漏。

8.9 流通能力

调节阀的流通能力应符合表 4 的规定,偏差不应大于 ±7.0%。

表 4 调节阀的流通能力

公称直径 DN/mm	流通能力	局部阻力系数
20	4.0	16
25	6.3	16
32	10	16
40	16	16
50	25	16
65	60	10
80	95	7
100	155	6.5
125	275	5.0
150	450	4.0
200	1 050	2.5
250	1 600	2.5
300	2 300	2.5
350	3 125	2.5
400	4 000	2.5

表 4（续）

公称直径 DN/mm	流通能力	局部阻力系数
450	5 250	2.5
500	6 500	2.5
600	9 250	2.5

8.10 调节特性

8.10.1 调节阀的理论调节特性曲线应为下弦的对数曲线,调节阀开度在 15％～90％范围内,比流量应小于开度;

8.10.2 实际调节特性应符合下列规定:
  a) 当阀权度小于 20％时,比流量应大于开度;
  b) 当阀权度 30％～50％范围内,实际特性呈线性,比流量与开度近似相等;
  c) 当阀权度大于或等于 60％时,调节阀开度在 15％～70％范围内,比流量应小于开度。

9 试验方法

9.1 试验条件

9.1.1 试验介质应采用常温清洁水。
9.1.2 试验环境温度可采用常温。

9.2 外观

外观采用目测进行检查。

9.3 阀体和阀盖

9.3.1 阀体和阀盖的最小壁厚应采用精度为 0.02 mm 的超声波测厚仪测量。
9.3.2 其他要求采用目测观察。

9.4 阀杆与阀杆螺母

9.4.1 阀杆的最小直径应采用精度为 0.02 mm 的游标卡尺测量。
9.4.2 梯形螺纹公差检验应按 GB/T 5796.4 的规定执行。
9.4.3 阀杆和阀杆螺母的旋合长度应采用精度为 0.5 mm 量尺测的量。

9.5 手轮

采用目测进行检查。

9.6 标尺和行程指示

采用目测进行检查。

9.7 行程传动机构

采用百分表或千分表,分别测量最大行程和开关动作转换时的空行程,并计算比值。

9.8 阀体强度

阀体强度试验应按 GB/T 13927 的规定执行。

9.9 密封性

密封性试验应按 GB/T 13927 的规定执行。

9.10 流通能力

9.10.1 试验装置应按附录 A 的规定执行。

9.10.2 将调节阀调节至不同开度进行测量,测量过程中阀后接管内应充满水。

9.10.3 测量应包括下列项目:

　a) 调节阀前后压差;

　b) 调节阀阀杆行程;

　c) 流经调节阀的流量。

9.10.4 在要求流量范围内试验 3 次,取其平均值作为测试结果。

9.10.5 将调节阀全开并进行测定,按式(1)、式(2)、式(3)计算流通能力。

$$C = \frac{Q}{\sqrt{\overline{\Delta p}/\overline{\rho}}} \quad\quad\quad (1)$$

$$\overline{\Delta p} = \frac{\Delta p}{100} \quad\quad\quad (2)$$

$$\overline{\rho} = \frac{\rho}{1\,000} \quad\quad\quad (3)$$

式中:

C ——流通能力,单位为立方米每小时(m³/h);

Q ——通过调节阀的介质流量,单位为立方米每小时(m³/h);

$\overline{\Delta p}$ ——无量纲压差;

$\overline{\rho}$ ——无量纲密度;

Δp ——调节阀前后压差,单位为千帕(kPa);

ρ ——介质密度,单位为千克每立方米(kg/m³)。

9.11 调节特性

9.11.1 试验装置应按附录 A 的规定执行。

9.11.2 理论调节特性曲线试验应符合下列规定:

　a) 将调节阀的开度分别调至 10%、20%、30%、40%、50%、60%、70%、80%、90%、100%进行测试通过调节阀的流量,该流量与阀门 100%开度时的流量比值得到比流量。

　b) 根据比流量与开度绘制理论调节特性曲线。

9.11.3 实际调节特性试验应在调节阀出口后串联一个可以改变系统阻力的阀门,调节该阀门使测试调节阀的阀权度为 20%、50%和 60%,分别重复 9.11.2a)的测试步骤,根据比流量与开度绘制实际调节特性曲线。

10 检验规则

10.1 检验类别

调节阀的检验分为出厂检验和型式检验,检验项目应按表 5 的规定执行。

表 5　检验项目表

检验项目	出厂检验	型式检验	要求	试验方法
外观	√	√	8.1	9.2
阀体和阀盖	√	√	8.2	9.3
阀杆与阀杆螺母	√	√	8.3	9.4
手轮	√	√	8.4	9.5
标尺和行程指示	√	√	8.5	9.6
行程传动机构	√	√	8.6	9.7
阀体强度	√	√	8.7	9.8
密封性	√	√	8.8	9.9
流通能力	—	√	8.9	9.10
调节特性	—	√	8.10	9.11
注："√"为检验项目，"—"为非检验项目。				

10.2　出厂检验

10.2.1　出厂检验项目应按表 5 的规定执行。

10.2.2　出厂检验应对每台调节阀逐项检验，所有项目合格时为合格；

10.2.3　出厂检验合格后方可出厂，出厂时应附检验合格报告。

10.3　型式检验

10.3.1　当出现下列情况之一时，应进行型式试验：

　　a)　新产品批量投产前；

　　b)　产品的结构、材料及制造工艺有较大改变时；

　　c)　停产半年以上，恢复生产前；

　　d)　正常生产每年不少于 1 次。

10.3.2　型式检验项目应按表 5 的规定执行。

10.3.3　抽样可在生产线的终端经检验合格的产品中随机抽取，也可以在产品库中随机抽取，或者从已供给用户但未使用，并保持出厂状态的产品中随机抽取。每一个规格供抽样的最少基数和抽样数按表 6 的规定。对整个系列产品进行质量考核时，根据该系列范围大小情况从中抽取 2 台～3 台典型规格进行检验。

表 6　抽样基数和抽样数

公称尺寸/ mm	抽样基数/台	抽样数量/台
DN≤150	6	3
DN125～DN300	4	2
DN350～DN600	3	1

10.3.4　当发现任何一项指标不合格时，应在同批产品中加倍抽样，复检其不合格项目，若仍不合格，则该批产品为不合格。

11 清洁与处理

11.1 试验结束后,应将调节阀内的水排尽,清除表面的污物,并应对内表面进行干燥。

11.2 清洁完成后应将阀瓣置于关闭位置。

12 标志、包装、运输和贮存

12.1 标志

12.1.1 铭牌标识应固定在调节阀显著位置上,并应包括至少下列内容:

  a) 制造厂名;

  b) 产品名称和型号;

  c) 商标;

  d) 公称压力;

  e) 公称直径;

  f) 适用介质和温度;

  g) 制造年、月。

12.1.2 阀体标记应置于阀体正面居中位置。

12.1.3 标志应明显、清晰、排列整齐。

12.2 包装

12.2.1 当调节阀的端部连接型式为法兰时,应采用盲板保护法兰密封面及密封阀体内腔。盲板应采用木质纤维板、塑料板或金属板,并应采用螺栓固定;当连接型式为螺纹时,应采用金属或塑料制密封盖保护螺纹及密封阀体内腔,密封盖不应脱落,且应易于装拆。

12.2.2 阀门出厂时应附有产品合格证、产品使用说明书及装箱单。

12.2.2.1 产品合格证应包括至少下列内容:

  a) 制造厂名和出厂日期;

  b) 产品名称、型号;

  c) 公称压力、公称直径、适用介质和温度;

  d) 检验日期;

  e) 出厂编号;

  f) 检验人员及检验负责人签章。

12.2.2.2 产品使用说明书应包括至少下列内容:

  a) 制造厂名;

  b) 公称压力、公称直径;

  c) 工作原理和结构说明;

  d) 注有主要外形尺寸和连接尺寸的结构图;

  e) 主要零件的材料;

  f) 理论调节特性曲线;

  g) 流通能力;

  h) 随带文件的名称和份数;

  i) 产品安装使用技术要求。

12.2.2.3 装箱单应加盖制造厂负责装箱检验员的印章及检验日期。

12.3　运输和贮存

12.3.1　调节阀运输及贮存时应垂直放置。

12.3.2　调节阀在运输及贮存过程中不应被损伤,且不应受雨淋及腐蚀性介质的侵蚀。

12.3.3　调节阀应贮存在室内干燥、通风良好且无腐蚀性介质常温环境中。

附　录　A
（规范性附录）
试验装置

A.1　装置中的水泵应能满足被测调节阀对流量和压头的要求,通过被测调节阀支路的水的流态应达到阻力平方区。

A.2　被测调节阀前后压差应稳定,其波动值应小于被测压差的±10%。

A.3　试验介质流经被测调节阀时的压差可采用压力或压差测量装置测量,允许的基本误差应小于被测压差的±4%。

A.4　流量测量装置的允许基本误差应小于被测流量的±3%。

A.5　介质温度可采用最小分度值为 0.1 ℃、测量范围为 0 ℃～50 ℃、允许误差为±0.2 ℃的玻璃水银温度计测量。

A.6　调节阀阀杆的行程可采用百分表或千分表测量,基本误差应小于被测行程的±1.0%。

A.7　在试验所需长度范围内,接管的公称直径应与被测调节阀的公称直径一致。

A.8　调节阀的阀前接管直管段长度应大于为 10 倍调节阀的公称直径。调节阀的阀后接管直管段长度应大于 5 倍调节阀的公称直径。

A.9　调节阀的阀前取压点距调节阀入口法兰断面的距离应为 0.5 倍～2.5 倍调节阀的公称直径,调节阀的阀后取压点距调节阀出口法兰断面的距离应为 4 倍调节阀的公称直径。

A.10　取压管的内径应按表 A.1 选取。取压管长度应为取压管内径的 3 倍～5 倍。当在取压管上安装截止阀时,试验时应全开。

表 A.1　取压管内径　　　　　　　　　　　单位为毫米

调节阀公称直径 DN	取压管内径
<50	6
50～80	10
100～200	15
>200	20

A.11　温度计应安装在测温套管内。

A.12　当测量某一调节阀的调节性能时,试验介质不应从其他非测量支路通过。

ICS 91.140.60
P 41

中华人民共和国城镇建设行业标准

CJ/T 167—2016
代替 CJ/T 167—2002

多功能水泵控制阀

Multi-function control valve for pumping system

2016-06-14 发布

2016-12-01 实施

中华人民共和国住房和城乡建设部　　发　布

前　言

本标准按照 GB/T 1.1—2009 给出的规则起草。

本标准是对 CJ/T 167—2002《多功能水泵控制阀》的修订,本标准与 CJ/T 167—2002 相比主要技术变化如下:

——补充了公称尺寸规格;

——扩大了公称压力等级;

——增加了工作温度和适用介质范围;

——补充了术语和定义;

——增加了"材料"的章节;

——修改了"表 1　阀体结构长度";

——修改了"表 2　膜片性能";

——增加了流量系数要求、快闭时间要求和喷涂外观表面质量要求;

——修补了试验方法;

——修改了"表 3　出厂检验和型式试验的检验项目";

——增加了"包装和贮运"。

本标准由住房和城乡建设部标准定额研究所提出。

本标准由住房和城乡建设部建筑给水排水标准化技术委员会归口。

本标准起草单位:株洲南方阀门股份有限公司、湖南大学、武汉大学、福建博业建设集团有限公司。

本标准主要起草人:黄靖、许仕荣、蒋劲、罗建群、徐秋红、田伟钢、施周、唐金鹏、谢辉、殷建国、唐爱华、曹汝忠。

本标准所代替标准的历次版本发布情况为:

——CJ/T 167—2002。

多功能水泵控制阀

1 范围

本标准规定了多功能水泵控制阀的结构型式及参数、材料、要求、试验方法、检验规则、标志、包装和贮运。

本标准适用于公称压力为 PN10～PN100，公称尺寸为 DN50～DN1400，工作温度为 0 ℃～80 ℃，介质为清水、污水和海水等，水泵出口上设置的多功能水泵控制阀。

2 规范性引用文件

下列文件对于本文件的应用是必不可少的。凡是注日期的引用文件，仅注日期的版本适用于本文件。凡是不注日期的引用文件，其最新版本（包括所有的修改单）适用于本文件。

GB/T 1047 管道元件 DN（公称尺寸）的定义和选用

GB/T 1048 管道元件 PN（公称压力）的定义和选用

GB/T 6739 色漆和清漆 铅笔法测定漆膜硬度

GB/T 9113 整体钢制管法兰

GB/T 9124 钢制管法兰 技术条件

GB/T 9286 色漆和清漆 漆膜的划格试验

GB/T 12220 通用阀门 标志

GB/T 12225 通用阀门 铜合金铸件技术条件

GB/T 12227 通用阀门 球墨铸铁件技术条件

GB/T 12229 通用阀门 碳素钢铸件技术条件

GB/T 12230 通用阀门 不锈钢铸件技术条件

GB/T 12834 硫化橡胶 性能优选等级

GB/T 13927 工业阀门 压力试验

GB/T 17219 生活饮用水输配水设备及防护材料的安全性评价标准

GB/T 17241.6 整体铸铁法兰

GB/T 17241.7 铸铁管法兰 技术条件

GB 26640—2011 阀门壳体最小壁厚尺寸要求规范

GB/T 30832 阀门 流量系数和流阻系数试验方法

HG/T 3090 模压和压出橡胶制品外观质量的一般规定

JB/T 308 阀门 型号编制方法

JB/T 5300 工业用阀门材料 选用导则

JB/T 7748 阀门清洁度和测定方法

JB/T 7927 阀门铸钢件外观质量要求

JB/T 7928 工业阀门 供货要求

JB/T 8937—2010 对夹式止回阀

CJ/T 167—2016

3 术语和定义

下列术语和定义适用于本文件。

3.1

多功能水泵控制阀 multi-function control valve for pumping system

具有水力自动控制、启泵时缓开、停泵时先快闭后缓闭的特点，并兼具水泵出口处水锤消除器、闸(蝶)阀、止回阀3种产品的功能，具有自适应工况参数变化、防控水锤危害、保障水安全、降低管道漏损率的阀门。由阀体、阀盖、膜片座、膜片、主阀板、缓闭阀板、衬套、阀杆、主阀板座、缓闭阀板座、膜片压板和控制管系统等零部件组成。

3.2

零流速 zero flow rate

水泵停泵时，管道中的流体由正向流动至产生倒流时临界点的流速。

4 结构型式及参数

4.1 结构型式

多功能水泵控制阀的典型结构型式见图1。

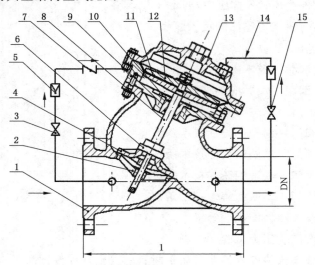

说明：

1——阀体；

2——主阀板座；

3——进水调节阀；

4——主阀板；

5——过滤器；

6——缓闭阀板；

7——微止回阀；

8——阀杆；

9——膜片座；

10——衬套；

11——膜片；

12——膜片压板；

13——阀盖；

14——控制管；

15——出水调节阀。

图 1 典型结构型式

4.2 型号

型号编制按 JB/T 308 的规定,由下列单元组成:

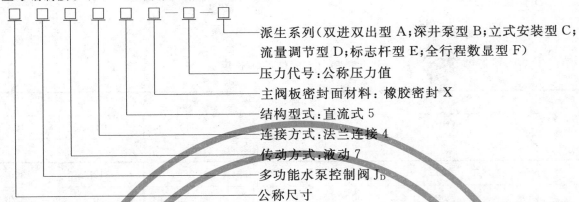

标记示例 1:公称尺寸为 DN200、公称压力为 PN16、法兰连接、液动、直流式、主阀板密封面材料为橡胶的多功能水泵控制阀,标记为:200J_D745X—16。

标记示例 2:公称尺寸为 DN150、公称压力为 PN16、法兰连接、液动、直流式、主阀板密封面材料为橡胶,立式安装的多功能水泵控制阀,标记为:150J_D745X—16—C。

4.3 参数

4.3.1 公称尺寸应符合 GB/T 1047 的规定。

4.3.2 公称压力应符合 GB/T 1048 的规定。

5 材料

5.1 阀门阀体、阀盖、膜片座、阀板、阀杆等主要零部件的材料选用宜符合 JB/T 5300 的规定。

5.2 阀门材料的质量应符合下列规定:

    a) 铜合金铸件应符合 GB/T 12225 的规定;

    b) 球墨铸铁铸件应符合 GB/T 12227 的规定;

    c) 碳素钢铸件应符合 GB/T 12229 的规定;

    d) 不锈钢铸铁件应符合 GB/T 12230 的规定。

5.3 控制管宜采用铜管、不锈钢管等材质。

6 要求

6.1 压力—温度等级

6.1.1 阀门的压力—温度等级由壳体、内件及控制管系统材料的压力—温度等级确定。阀门在某一温度下的最大允许工作压力取壳体、内件及控制管系统材料最大允许工作压力值中的最小值。

6.1.2 铁制壳体的压力—温度等级应符合 GB/T 17241.7 的规定。

6.1.3 钢制壳体的压力—温度等级应符合 GB/T 9124 的规定。

6.1.4 其他材料未规定压力—温度等级,宜符合国家现行相关标准或设计要求的规定。

6.2 阀体

6.2.1 阀体法兰

阀体法兰应与阀门整体铸成。铁制法兰的型式和尺寸应符合 GB/T 17241.6 的规定,技术条件应

符合 GB/T 17241.7 的规定;钢制法兰的型式和尺寸应符合 GB/T 9113 的规定,技术条件应符合
GB/T 9124 的规定。

6.2.2 阀体结构长度

阀体结构长度见表1。

表 1 阀体结构长度

公称尺寸 DN	公称压力 PN					
	10	16	25	40	63	100
	结构长度 *l*/mm					
50	245	245	250	265	310	340
65	300	300	300	340	360	370
80	310	310	310	340	380	460
100	320	320	350	370	400	500
125	390	390	410	420	440	560
150	460	460	470	470	520	620
200	540	540	560	560	630	700
250	610	640	670	670	690	820
300	700	800	800	860	860	970
350	800	800	825	940	960	1 050
400	980	980	1 000	1 020	—	—
450	1 050	1 050	1 062	1 100	—	—
500	1 100	1 140	1 140	1 180	—	—
600	1 300	1 350	1 350	1 420	—	—
700	1 520	1 550	1 550	—	—	—
800	1 750	1 750	1 775	—	—	—
900	1 800	1 900	1 900	—	—	—
1 000	2 000	2 050	—	—	—	—
1 200	2 350	2 400	—	—	—	—
1 400	2 800	—	—	—	—	—

6.2.3 阀体的最小壁厚

铸铁件阀体的最小壁厚应符合 GB 26640—2011 中表 7 的规定,铸钢件阀体的最小壁厚应符合
JB/T 8937—2010 中表 1 的规定。

6.3 阀盖、膜片座

6.3.1 阀盖与膜片座、膜片座与阀体的连接型式应采用法兰式。

6.3.2 膜片座与阀体的连接螺栓数量应不少于4个。

6.3.3 阀盖与膜片座的最小壁厚应符合6.2.3的规定。

6.3.4 阀盖与膜片座的法兰应为圆形。法兰密封面的型式宜采用平面式、突面式或凹凸式。

6.4 阀杆、缓闭阀板、主阀板

6.4.1 缓闭阀板与阀杆应连接紧固、可靠。

6.4.2 缓闭阀板与主阀板的密封型式应采用金属密封的型式。

6.4.3 主阀板与阀杆应滑动灵活、可靠。

6.4.4 主阀板与主阀板座的密封可采用金属密封或非金属密封。

6.5 膜片

6.5.1 膜片性能应符合表2的规定。

表 2 膜片性能

项　目	单　位	指　标
硬度(邵尔A型)	度	70±3
拉伸强度	MPa	≥14
扯断伸长率	%	≥400
压缩永久变形(70 ℃×22 h)	%	≤40
胶与织物附着强度	kN/m	≥2
耐液体性:(工作介质) 拉伸强度变化(70 ℃×70 h)	%	≤−20
耐液体性:(工作介质) 扯断伸长率变化(70 ℃×70 h)	%	≤−20
耐疲劳弯曲	周期(×10^6)	≥2

6.5.2 膜片硫化橡胶性能等级应符合GB/T 12834的规定,外观质量应符合HG/T 3090的规定。

6.5.3 用于生活饮用水时,膜片材料的卫生性能应符合GB/T 17219的规定。

6.6 控制管系统

控制管系统的各元件应能承受阀门的最高工作压力,各部位不应发生泄漏。

6.7 铸件外观质量

铸件表面应清洁光滑,无裂纹、砂眼、夹渣等缺陷,钢制铸件外观质量应符合JB/T 7927的规定,铁制铸件外观质量宜符合JB/T 7927的规定。

6.8 壳体强度

阀门壳体强度应符合GB/T 13927的规定。

6.9 密封性能

阀门密封性能应符合GB/T 13927的规定。

6.10 清洁度

阀门清洁度应符合 JB/T 7748 的规定。

6.11 涂装

6.11.1 阀门喷涂外观表面应光滑,喷涂均匀,无流挂、漏涂等缺陷。涂层附着力按 GB/T 9286 测定时应达到划格法 1 mm² 不脱落,涂层硬度按 GB/T 6739 测定时应达到铅笔硬度 2 H。

6.11.2 用于生活饮用水时,阀腔涂装材料的卫生性能应符合 GB/T 17219 的规定。

6.12 性能要求

6.12.1 阀门应具有与水泵启闭动作联动的功能,阀门的关闭过程自动适用水泵工况的要求。

6.12.2 阀门应具有启泵时缓开、停泵时先快闭后缓闭、防止水锤发生的功能,且控制可靠,无卡阻现象,主阀板在零流速出现前应关闭。

6.12.3 阀门开启、关闭动作的压力差应不大于 0.05 MPa。

6.12.4 缓开时间应能在 3 s～120 s 可调;缓闭时间应能在 3 s～120 s 可调。

6.13 流量系数

应提供阀门流量系数曲线。

7 试验方法

7.1 壳体试验

壳体试验的试验方法按 GB/T 13927 的规定进行。

7.2 密封试验

密封试验的试验方法按 GB/T 13927 的规定进行。

7.3 铸件质量

铜铸件的材质、性能和检验按 GB/T 12225 的规定;球墨铸铁铸件的材质、性能和检验按 GB/T 12227 规定,外观质量宜按 JB/T 7927 的规定;铸钢件的材质、性能和检验按 GB/T 12229 规定,外观质量按 JB/T 7927 的规定。

7.4 启、闭运行试验

7.4.1 试验介质

试验介质宜为常温清水。

7.4.2 启、闭运行压力检测

按以下方法检测:

a) 开启运行压力测试:将多功能水泵控制阀进水端调节阀(3)开启 1 圈～2 圈,出水端调节阀(15)完全打开。在出水端失压条件下,从进水端加压,使膜片下腔压力逐渐升高,主阀板从开启到最大开度过程中压力表的最大读数,即为开启运行压力;

b) 关闭运行压力测试:将多功能水泵控制阀进水端调节阀(3)完全打开,出水端调节阀(15)打开

1 圈～2 圈,在进水端失压条件下,从出水端加压,使膜片上腔压力逐渐升高,主阀板完全关闭时压力表的最大读数,即为关闭运行压力;

c) 启、闭运行试验次数应不少于 3 次,确认主阀板、阀杆滑动灵活、可靠,无卡阻现象。

7.4.3 缓开、缓闭时间测试

调整进水端调节阀(3)、出水端调节阀(15)的开度,分别测试缓开、缓闭时间。

7.4.4 快闭时间测试

检测主阀板落下时间与零流速时间是否一致,或运用通过实验验证的仿真(CFD)计算。

7.4.5 测试仪表

压力表:精度为 0.4 级,压力表量程应为被测压力值的 1.5 倍～2.5 倍。

秒表:精度 0.1 s。

7.5 清洁度

清洁度的测定方法按 JB/T 7748 的规定进行。

7.6 膜片性能

膜片性能试验方法按 GB/T 12834 的规定进行。

7.7 外观及零部件检验

6.2、6.3、6.4、6.7、和 6.11,目测或用常规量具进行检测。

7.8 涂装检验

涂层附着力按 GB/T 9286 的规定进行,涂层硬度按 GB/T 6739 的规定进行。

7.9 结构长度检测

6.2.2 表 1 结构长度采用常规量具进行检测。

7.10 最小壁厚

铸铁件的最小壁厚按 GB 26640—2011 中表 7 的规定进行检测,铸钢件的最小壁厚按 JB/T 8937—2010 中表 1 的规定进行检测。

7.11 流量系数

阀门流量系数试验按 GB/T 30832 的规定,或运用通过实验验证的仿真(CFD)计算。

8 检验规则

8.1 检验项目

多功能水泵控制阀出厂检验和型式试验的检验项目按表 3 的规定。

表 3 出厂检验和型式试验的检验项目

检验项目	出厂检验	型式试验	要求	试验方法
壳体试验	√	√	6.8	7.1
密封试验	√	√	6.9	7.2
流量系数	—	√	6.13	7.11
铸件质量	—	√	5.2 和 6.7	7.3
启、闭运行压力试验	√	√	6.12.3	7.4.2
缓开、缓闭时间测试	—	√	6.12.4	7.4.3
快闭时间	—	√	6.12.5	7.4.4
最小壁厚	—	√	6.2.3 和 6.3.3	7.10
阀门结构长度	√	√	6.2.2	7.9
清洁度	—	√	6.10	7.5
膜片性能	—	√	6.5.1	7.6
涂装	—	√	6.11.1	7.8

8.2 出厂检验

每台多功能水泵控制阀应进行出厂检验,一台不合格即为不合格。

8.3 型式试验

8.3.1 有下列情况之一时应进行型式试验:
——新产品试制或者老产品转厂生产的定型鉴定时;
——正常生产时,每 3 年应进行一次检验;
——产品停产一年以上恢复生产时;
——因结构、工艺材料的变更可能影响产品性能时;
——出厂试验结果与上次型式试验结果有较大差异时。

8.3.2 型式试验采取从生产厂质检部门检验合格的产品中随机抽样的方法。每一规格产品供抽样的最少台数和抽样台数按表 4 的规定。如订货台数少于供抽样的最少台数或到用户抽样时,供抽样的台数不受表 4 的限制,抽样台数仍按表 4 的规定。对整个系列进行质量考核时,抽检部门根据情况可以从该系列中抽取 2 个~3 个典型规格进行检验。

表 4 抽样规则

公称尺寸 DN	供抽样最少台数	抽样台数
50~200	8	2
200~400	6	2
400~600	4	2
>600	2	1

8.3.3 型式试验中每台被检阀门的壳体试验、密封试验结果应符合表 3 中要求的规定;其余检验项目

中若有一台阀门一项指标不符合表3中要求的规定,允许从供抽样的阀门中再抽取规定的抽样台数,再次检验时全部检验项目的结果应符合表3中要求的规定,否则判定为不合格。

9 标志、包装和贮运

9.1 标志

标志应符合 GB/T 12220 的规定。

9.2 包装和贮运

9.2.1 供货要求应符合 JB/T 7928 的规定。产品包装宜采用木板或类似于木板的其他材料进行包装,应能防止在运输过程中遭受损伤等情况发生。

9.2.2 每台产品出厂,包装箱内至少应有以下资料,并封存在能防潮的袋内:

    a) 出厂产品合格证明书;

    b) 装箱清单;

    c) 产品使用说明书。

9.2.3 应存放在干燥的室内,不应露天放置。

ICS 91.140.10
P 46

中华人民共和国城镇建设行业标准

CJ/T 179—2018
代替 CJ/T 179—2003

自力式流量控制阀

Self-operated flow control valve

2018-11-16 发布

2019-05-01 实施

中华人民共和国住房和城乡建设部　　发 布

前　言

本标准按照 GB/T 1.1—2009 给出的规则起草。

本标准是对 CJ/T 179—2003《自力式流量控制阀》的修订,与 CJ/T 179—2003 相比,主要技术内容变化如下:

——增加了控制阀的刻度示值显示要求;

——提高了自力式流量控制阀工作压差的适应范围上限;

——修改了控制阀工作压力;

——修改了弹簧采用的材料类别。

本标准由住房和城乡建设部标准定额研究所提出。

本标准由住房和城乡建设部供热标准化技术委员会归口。

本标准起草单位:北京北燃供热有限公司、北京市煤气热力工程设计院有限公司、河北平衡阀门制造有限公司、河北同力自控阀制造有限公司、北京远东仪表有限公司、文安县洁兰特暖通设备有限公司。

本标准主要起草人:王建国、王峥、郭旭、崔笑千、芦潮、王莉、宋玉梅、马力、史东春、王伟。

本标准所代替标准的历次版本发布情况为:

——CJ/T 179—2003。

自力式流量控制阀

1 范围

本标准规定了自力式流量控制阀(以下简称控制阀)的分类和标记、一般规定、要求、试验方法、检验规则、标志、包装、运输和贮存。

本标准适用于介质进口压力小于 2.5 MPa,温度为 4 ℃~150 ℃,以水为介质的供热(冷)系统中使用的自力式流量控制阀。

2 规范性引用文件

下列文件对于本文件的应用是必不可少的。凡是注日期的引用文件,仅注日期的版本适用于本文件。凡是不注日期的引用文件,其最新版本(包括所有的修改单)适用于本文件。

GB/T 1220 不锈钢棒

GB/T 1239.2 冷卷圆柱螺旋弹簧技术条件 第 2 部分:压缩弹簧

GB/T 12225 通用阀门 铜合金铸件技术条件

GB/T 12226 通用阀门 灰铸铁件技术条件

GB/T 12227 通用阀门 球墨铸铁件技术条件

GB/T 12229 通用阀门 碳素钢铸件技术条件

GB/T 12716 60°密封管螺纹

GB/T 13808 铜及铜合金挤制棒

GB/T 13927 工业阀门 压力试验

GB/T 17241.6 整体铸铁法兰

GB/T 23934 热卷圆柱螺旋压缩弹簧 技术条件

3 术语和定义

下列术语和定义适用于本文件。

3.1

自力式流量控制阀 self-operated flow control valve

工作时不依靠外部动力,在一定的工作压差范围内,保持设定流量恒定的阀门。

3.2

设定流量 definite flow

调节控制阀的开度,按要求所确定的控制流量。

3.3

感压元件 component of pressure perception

感受介质压力变化,并驱动阀瓣自动实现控制功能的元件。

3.4

工作压差 working pressure difference

作用于控制阀两端,使控制阀能够正常实现流量控制功能的压差。

4 分类和标记

4.1 分类

4.1.1 控制阀按端部连接型式分为法兰连接、内螺纹连接和外螺纹连接。

4.1.2 控制阀按感压元件型式分为波纹管和膜片。

4.1.3 控制阀按阀体材料分为铸铁、铜、铸钢和球墨铸铁。

4.2 标记

4.2.1 标记的构成及含义

标记的构成及含义应符合下列规定：

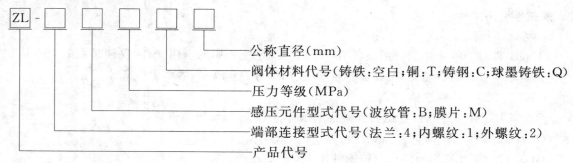

```
ZL - □ □ □ □ □
              公称直径(mm)
            阀体材料代号(铸铁:空白;铜:T;铸钢:C;球墨铸铁:Q)
          压力等级(MPa)
        感压元件型式代号(波纹管:B;膜片:M)
      端部连接型式代号(法兰:4;内螺纹:1;外螺纹:2)
    产品代号
```

4.2.2 标记示例

公称直径为 80 mm、阀体材料为铸钢、压力等级为 1.6 MPa、感压元件型式为波纹管、端部连接型式为法兰的自力式流量控制阀标记为:ZL-4B16C 80。

5 一般要求

5.1 参数和结构

5.1.1 控制阀结构示意见图1,基本参数和阀体结构长度应符合表1的规定。

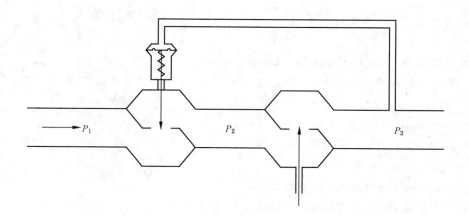

P_1 P_2 P_3

图 1 控制阀结构示意图

表 1 基本参数和阀体结构长度

公称直径	设定流量可调范围/(m³/h)	阀体结构长度/mm	
		螺纹连接	法兰连接
20	0.1～1.0	130	—
25	0.2～2.0	130	160
32	0.5～4.0	140	180
40	1.0～6.0	—	200
50	2.0～10.0		230
65	3.0～15.0		290
80	5.0～25.0		310
100	10.0～35.0		350
125	15.0～50.0		400
150	20.0～80.0		480
200	40.0～160.0		495
250	75.0～300.0		622
300	100.0～450.0		698
350	200.0～650.0		787

5.1.2 控制阀的结构应安全、运行可靠、便于维护。

5.1.3 当控制阀端部连接型式采用法兰时,法兰应符合 GB/T 17241.6 的规定;当控制阀端部连接型式采用螺纹时,螺纹应符合 GB/T 12716 的规定。

5.2 压力等级

控制阀的工作压力等级分级为 1.6 MPa 和 2.5 MPa。

5.3 工作压差

工作压差应为 0.02 MPa～0.40 MPa。

5.4 材料

5.4.1 阀体、阀瓣等元件采用灰铸铁材料,其性能应符合 GB/T 12226 的规定;采用铜合金材料,其性能应符合 GB/T 12225 的规定;采用铸钢材料,其性能应符合 GB/T 12229 的规定;采用球墨铸铁材料,其性能应符合 GB/T 12227 的规定;采用不锈钢材料,其性能应符合 GB/T 1220 的规定。

5.4.2 阀杆采用黄铜棒材料,其性能应符合 GB/T 13808 的规定;采用不锈钢棒材料,其性能应符合 GB/T 1220 的规定。

5.4.3 弹簧宜采用不锈钢或 65Mn 材料,并应符合 GB/T 1239.2 或 GB/T 23934 的规定,其精度等级不应低于Ⅱ级。

5.4.4 当感压元件采用橡胶材料时,应采用三元乙丙橡胶或其他性能更好的耐热橡胶材料;当控制阀的工作温度小于或等于 100 ℃时,可采用丁睛橡胶。

5.4.5 阀垫橡胶密封圈应采用与感压元件相对应的橡胶材料。

5.4.6 控制阀的金属零部件应进行防腐处理,且应进行电镀或氧化处理。控制阀整体表面应采用油漆涂层。

5.4.7 当控制阀零件采用其他材料加工制造时,其机械性能不应低于上述材料的机械性能指标。

5.5 流量刻度标识

5.5.1 流量刻度示值应在流量控制特性试验装置上进行标识,并应符合 7.4.1～7.4.3 的规定。

5.5.2 通过调整调节阀的流量调节装置,应以流量计的显示流量值标定控制阀的流量刻度示值。

6 要求

6.1 外观

6.1.1 控制阀的表面不应有磕碰伤和锈蚀。涂漆表面应均匀,不应有起皮、龟裂、气泡等缺陷。

6.1.2 控制阀的流量刻度标识应清晰。

6.1.3 控制阀不涂漆的机加工表面应涂有易除去的防锈剂。

6.1.4 控制阀的流向标志箭头、标志牌应完整清晰。

6.2 阀体强度

控制阀在公称压力和使用温度下,不应损坏或泄漏。

6.3 感压元件强度

控制阀的感压元件应能承受 0.3 MPa 的压力。

6.4 设定流量相对误差

控制阀的流量控制相对误差不应大于 8%。

6.5 耐久性

控制阀启闭各 30 000 次以上应能正常工作。

7 试验方法

7.1 外观

外观采用目测检查。

7.2 阀体强度

阀体强度试验应按 GB/T 13927 的规定执行。

7.3 感压元件强度

感压元件强度试验方法按 7.7 的规定执行,可与耐久性试验同时进行。

7.4 设定流量相对误差

7.4.1 试验介质采用常温清洁水。

7.4.2 试验装置应按图 2 所示组成。

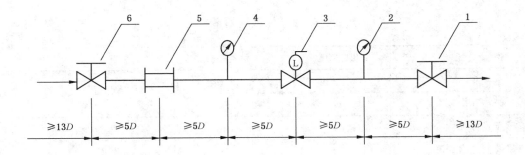

说明：

1、6——调节阀；

2、4——压力表；

3 ——被测控制阀；

5 ——流量计；

D ——进、出口连接管公称直径。

图 2　试验装置组成示意图

7.4.3　试验仪器仪表和设备应符合下列规定：

　　a)　试验用水泵的输出流量应大于被测控制阀流量控制范围上限值的 1.2 倍；

　　b)　试验系统的压差应大于 0.3 MPa；

　　c)　压力表准确度应不低于 1.5 级表，并应在校验合格期内；

　　d)　流量计准确度应不低于 2 级表，并应在校验合格期内。

7.4.4　调节手动调节装置，将控制阀流量调节为流量刻度示值的最大流量、1/2 最大流量、最小流量，在这 3 种流量下，分别将控制阀的压差调为 0.02 MPa、0.15 MPa 和 0.3 MPa，记录 9 种情况下，控制阀的实际流量。

　　设定流量相对误差应按式（1）计算：

$$T_j = \frac{|L_s - L_d|}{L_d} \times 100\% \quad \cdots\cdots\cdots\cdots\cdots\cdots\cdots\cdots（1）$$

式中：

T_j ——设定流量相对误差；

L_s ——实测流量，单位为立方米每小时（m³/h）；

L_d ——设定流量，单位为立方米每小时（m³/h）。

9 个计算结果均不应大于 8%。

7.5　耐久性

控制阀开度设置在最小，阀门压差由 0.03 MPa～0.3 MPa 在试验中连续切换 30 000 次。试验完成后，测试控制阀的性能，应符合 6.1～6.5 的规定。

8　检验规则

8.1　检验类别

控制阀的检验分为出厂检验和型式检验。检验项目应按表 2 的规定执行。

表 2 检验项目表

检验项目	出厂检验	型式检验	要求	试验方法
外观	√	√	6.1	7.1
阀体强度	√	√	6.2	7.2
感压元件强度	—	√	6.3	7.3
流量控制相对误差	√	√	6.4	7.4
耐久性	—	√	6.5	7.5
注："√"为检验项目,"—"为非检验项目。				

8.2 出厂检验

8.2.1 出厂检验项目应按表 2 的规定执行。

8.2.2 出厂检验应对每台控制阀逐项检验,所有项目合格时为合格。

8.2.3 出厂检验合格后方可出厂,出厂时应附检验合格报告。

8.3 型式检验

8.3.1 当出现下列情况之一时,应进行型式检验:

　　a) 新产品批量投产前;

　　b) 产品的结构、材料及制造工艺有较大改变时;

　　c) 停产 1 年以上,恢复生产前。

8.3.2 型式检验项目应按表 2 的规定执行。

8.3.3 抽样可在生产线的终端经检验合格的产品中随机抽取,也可以在产品库中随机抽取,或者从已供给用户但未使用,并保持出厂状态的产品中随机抽取。每一个规格供抽样的最少基数和抽样数按表 3 的规定。对整个系列产品进行质量考核时,根据该系列范围大小情况从中抽取 2 台~3 台典型规格进行检验。

表 3 抽样基数和抽样数

公称尺寸/mm	抽样基数/台	抽样数量/台
DN≤100	6	3
DN>100	4	2

8.3.4 当发现任何一项指标不合格时,应在同批产品中加倍抽样,复检其不合格项目,若仍不合格,则该批产品为不合格。

9 清洁与处理

9.1 试验结束后,应将控制阀内的水排尽,清除表面的污物,并应对内表面进行干燥。

9.2 控制阀在清洁后,应将控制阀置于 2/3 开启状态。

10 标志、包装、运输和贮存

10.1 标志

控制阀应在明显部位设置清晰、牢固的型号标牌、系列号,型号标牌材料应用不锈钢、铜合金或铝合金制造,其内容应包括:

a) 控制阀型号、规格;

b) 控制阀的设定流量范围、公称压力范围、工作温度;

c) 厂名和商标;

d) 生产日期。

10.2 包装

10.2.1 控制阀两端连接面应用端盖加以保护,且应易于装拆。

10.2.2 控制阀的包装应使在搬运过程中不受损坏,应有指导搬运和贮存的标志和说明。

10.2.3 控制阀出厂时,应附有使用说明和产品质量合格证。

10.2.3.1 使用说明书应包括下列内容;

a) 制造厂名和商标;

b) 工作原理和结构说明;

c) 公称压力、公称直径、适用介质和温度、流量特性曲线、压差;

d) 主要零件的材料;

e) 技术参数、重量及外型尺寸和连接尺寸;

f) 维护、保养、安装和使用说明;

g) 常见故障及排除方法。

10.2.3.2 合格证应包括内容下列;

a) 制造厂名和出厂日期;

b) 产品型号、规格;

c) 执行标准编号;

d) 产品编号、合格证号、检验日期、检验员标记。

10.3 运输和贮存

10.3.1 控制阀运输及贮存时应垂直放置。

10.3.2 控制阀在运输及贮存过程中不应被损伤,且不应受雨淋及腐蚀性介质的侵蚀。

10.3.3 控制阀宜贮存在室内干燥、通风良好且无腐蚀性介质常温环境中。

ICS 91.140
P 40

中华人民共和国城镇建设行业标准

CJ/T 219—2017
代替 CJ/T 219—2005

水 力 控 制 阀

Hydraulic control valves

2017-09-26 发布　　　　　　　　　　　　　　　　2018-05-01 实施

中华人民共和国住房和城乡建设部　　发 布

前　言

本标准按照 GB/T 1.1—2009 给出的规则起草。

本标准代替了 CJ/T 219—2005《水力控制阀》，与 CJ/T 219—2005 相比，除编辑性修改外主要技术变化如下：

——修改了公称尺寸和公称压力范围；

——修改"可调式减压阀"为"分体先导式减压稳压阀"；

——删除了术语缓闭消声止回阀、水泵控制阀和紧急关闭阀；

——修改"压差旁通平衡阀"为"压差控制阀"；

——修改了结构型式，删除了缓闭消声止回阀、水泵控制阀和紧急关闭阀，新增 Y 型隔膜主阀；

——新增了涂装和外观要求；

——新增了水力损失和低压水密封试验要求；

——增加了遥控浮球阀正常启闭压差的要求；

——修改了泄压/持压阀的技术性能参数；

——修改了检验项目表。

本标准由住房和城乡建设部标准定额研究所提出。

本标准由住房和城乡建设部建筑给水排水标准化技术委员会归口。

本标准起草单位：中国建筑金属结构协会、明珠阀门集团有限公司、上海冠龙阀门机械有限公司、宁波埃美柯铜阀门有限公司、杭州春江阀门有限公司、山东莱德管阀有限公司、玫德集团有限公司、株洲南方阀门股份有限公司、精嘉阀门集团有限公司、宁波华成阀门有限公司、天津市国威给排水设备制造有限公司、安徽铜都流体科技股份有限公司、博纳斯威阀门有限公司、合肥瑞联阀门有限公司。

本标准主要起草人：华明九、刘建、刘杰、曹掕、葛欣、刘丰年、尤良友、李政宏、郑雪珍、柴为民、张同虎、孔令磊、黄靖、金宗林、王朝阳、刘永、赵玉龙、严杰、廖志芳、金峰。

本标准所代替标准的历次版本发布情况为：

——CJ/T 219—2005。

水 力 控 制 阀

1 范围

本标准规定了水力控制阀的术语和定义、结构型式与型号、材料、要求、试验方法、检验规则、标志、包装和贮存。

本标准适用于公称尺寸 DN 50～DN 1 000,最大允许工作压力不大于 4 MPa,温度为 0 ℃～80 ℃,工作介质为清水的生产、生活及消防等给水系统用水力控制阀。

2 规范性引用文件

下列文件对于本标准的应用是必不可少的。凡是注日期的引用文件,仅注日期的版本适用于本文件。凡是不注日期的引用文件,其最新版本(包括所有的修改单)适用于本文件。

GB/T 1220 不锈钢棒

GB/T 1239.2 冷卷圆柱螺旋弹簧技术条件 第2部分:压缩弹簧

GB/T 23935 圆柱螺旋弹簧设计计算

GB/T 1732 漆膜耐冲击测定法

GB/T 3098.1 紧固件机械性能 螺栓、螺钉和螺柱

GB/T 4956 磁性基体上非磁性覆盖层 覆盖层厚度测量 磁性法

GB/T 5210 色漆和清漆 拉开法附着力试验

GB/T 6739 色漆和清漆 铅笔法测定漆膜硬度

GB/T 8923.1—2011 涂覆涂料前钢材表面处理 表面清洁度的目视评定 第1部分:未涂覆过的钢材表面和全面清除原有涂层后的钢材表面的锈蚀等级和处理等级

GB/T 9113 整体钢制管法兰

GB/T 9124 钢制管法兰 技术条件

GB/T 9286 色漆和清漆 漆膜的划格试验

GB/T 9969 工业产品使用说明书 总则

GB/T 12220 工业阀门 标志

GB/T 12221 金属阀门 结构长度

GB/T 12225 通用阀门 铜合金铸件技术条件

GB/T 12227 通用阀门 球墨铸铁件技术条件

GB/T 12229 通用阀门 碳素钢铸件技术条件

GB/T 12230 通用阀门 不锈钢铸件技术条件

GB/T 13927 工业阀门 压力试验

GB/T 17219 生活饮用水输配水设备及防护材料的安全性评价标准

GB/T 17241.6 整体铸铁法兰

GB/T 17241.7 铸铁管法兰 技术条件

GB/T 20878 不锈钢和耐热钢 牌号及化学成分

GB/T 26640 阀门壳体最小壁厚尺寸要求规范

GB/T 32808 阀门 型号编制方法

CJ/T 256　分体先导式减压稳压阀

HG/T 3091　橡胶密封件　给、排水管及污水管道用接口密封圈　材料规范

JB/T 7928　工业阀门　供货要求

3　术语和定义

下列术语和定义适用于本文件。

3.1

主阀　main valves

主要有阀体、阀盖、阀瓣和膜片(或活塞)组成的基本阀。

3.2

水力控制阀　hydraulic control valves

利用水力控制原理,在主阀上安装导管和元件,组成的控制系统的阀门总称。

3.3

遥控浮球阀　remote float control valves

利用水位控制浮球升降来控制主阀的开启和关闭,达到自动控制设定液位的阀门。

3.4

分体先导式减压稳压阀　pilot control pressure reducing valves

利用减压先导阀感应阀门下游压力,并控制主阀,使阀后水压降低。在一定范围内,无论进口压力波动还是流量变化,出口的静压和动压稳定在设定值上。出口压力在一定范围内可调节。减压先导阀和主阀为分体结构。

3.5

流量控制阀　flow control valves

利用流量先导阀感应阀前部的流量测量孔板前后的压差,并控制主阀,将流量控制在设定值范围内。在一定范围内,当进口压力有波动时,流量保持不变,常用在流量控制给水管路上。流量在一定范围内可调节。

3.6

泄压/持压阀　pressure relief or sustaining valves

利用泄压先导阀感应阀门上游压力,并控制主阀,使主阀自动排出部分管线水稳定阀前管道的设定压力,当压力恢复到设定压力以下时,主阀自动关闭。阀门的泄压或持压在一定范围内可调节。

3.7

电动控制阀　electrical control valves

利用调节阀和单向阀导流,借助水作用力开启或关闭阀门。

3.8

压差控制阀　differential pressure control valves

利用压差先导阀感应阀门上下游压差,并控制主阀的开度。压差在一定范围内可调节。

3.9

整定压力 P_s　setting pressure

主阀阀芯在运行条件下开始升起时的压力。在该压力下,介质呈连续排出状态。

3.10

关闭压力 P_b　close pressure

主阀阀芯重新与阀座接触,出口端断流时的压力。

3.11

排放压力 P_d　discharge pressure

主阀排放流量达最大值时的进口端的压力。

3.12

可调压差范围 ΔP_s　adjustable differential pressure range

对压差控制阀,主阀进出口压差的范围。

4 结构型式与型号

4.1 结构型式

结构型式按控制元件可分为隔膜式和活塞式,按控制腔数量可分为单腔式和双腔式,按主阀结构可分为 T 型和 Y 型,如附录 A 所示;结构型式分类如表 1 所示。

表 1 结构型式分类

公称压力 PN/mm	公称尺寸 DN/mm		
	50～300	300～800	800～1 000
10/16/25	T 型、Y 型、隔膜式	T 型、Y 型、隔膜式	T 型、活塞式
40	T 型、Y 型、活塞式	—	—
注:公称压力 PN 40 仅使用在泄压/持压阀产品规格中。			

4.2 型号编制方法

4.2.1 水力控制阀一般为法兰连接,其型号编制方法如下:

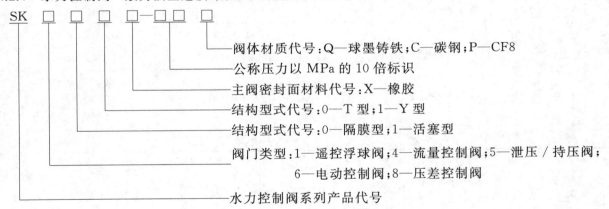

示例:

公称尺寸为 DN 250,公称压力为 PN 16,主体材质为球墨铸铁,结构型式为隔膜 T 型的遥控浮球阀类的水力控制阀,表示为:SK100X—16Q　DN 250。

4.2.2 分体先导式减压稳压阀的型号编制方法应符合 CJ/T 256 的规定。

4.2.3 水力控制阀型号编制方法除 4.2.1 规定外,其他代号应符合 GB/T 32808 的规定。

5 材料

阀体、阀盖、阀轴、阀座等主要零件材料应符合表 2 的规定,也可选用机械性能相当或高于表 2 中材料性能的其他材料。

表2 主要零件材料

零件名称	材料		
	名称	牌号	标准
阀体、阀盖	球墨铸铁	QT450-10、QT500-7	GB/T 12227
	铸钢	WCB、CF8	GB/T 12229 GB/T 12230
膜片	丁腈橡胶	NBR+帘布	CJ/T 256 HG/T 3091
	氯丁橡胶	CR+帘布	CJ/T 256 HG/T 3091
	三元乙丙橡胶	EPDM+帘布	CJ/T 256 HG/T 3091
紧固件	奥氏体不锈钢	A2-70	GB/T 20878
	铝青铜	ZCuAl10Fe3	GB/T 12225
	碳钢	8.8/8级	GB/T 3098.1
阀轴	奥氏体不锈钢	06Cr19Ni10、05Cr17Ni4Cu4Nb	GB/T 20878 GB/T 1220
	马氏体不锈钢	12Cr13、20Cr13	GB/T 20878 GB/T 1220
阀座	奥氏体不锈钢	CF8	GB/T 12230
	铝青铜	ZCuAl10Fe3	GB/T 12225
密封件	橡胶	CR、NBR、EPDM	HG/T 3091
弹簧	奥氏体不锈钢	06Cr19Ni10、12Cr18Ni9、06Cr18Ni11Ti	GB/T 20878 GB/T 1239.2 GB/T 23935
轴承	铝青铜	ZCuAl10Fe3	GB/T 12225

6 要求

6.1 水力损失

水力控制阀的主阀全开、介质流速 2 m/s 时(流速偏差应不大于 5 %),水力损失应不大于 0.05 MPa。

6.2 涂装和外观

6.2.1 所有零件表面应清洁光滑,不应有裂纹、砂眼、毛刺、粘附物及其他影响使用的缺陷。

6.2.2 铸件应经抛丸或喷砂处理,达到 GB/T 8923.1—2011 中规定的 Sa2½ 表面处理等级,并在完成后

4 h 内进行涂装。

6.2.3 涂装应符合下列规定：

    a) 采用环氧树脂粉末静电喷涂时，内外表面涂装厚度应不小于 250 μm，局部最薄点涂装厚度应不小于 150 μm。涂层附着力平均值应不低于 8 MPa，单点最小值应不低于 6 MPa；

    b) 采用油漆喷涂时，内外表面涂装厚度应不小于 150 μm。涂层附着力应符合 GB/T 9286 的规定，剥落程度应不超过 2 级。

6.2.4 涂层固化后不应溶解于水，不应影响水质。涂层硬度应符合 GB/T 6739 的规定，不得低于 HB 级。抗冲击应能在 1 kg 重锤、0.5 m 高自由落下，无裂纹、皱纹及剥落现象。安装在地下的阀门，应能耐电压 1.5 kV 不被击穿。

6.2.5 涂装后外观应平整、光滑，喷涂均匀、无流挂和漏涂等缺陷。

6.3 尺寸和连接方式

6.3.1 铸铁水力控制阀端面法兰应与阀体整体铸造，并应符合 GB/T 17241.6 和 GB/T 17241.7 的规定。

6.3.2 钢制水力控制阀端面法兰应与阀体整体铸造，并应符合 GB/T 9113 和 GB/T 9124 的规定。

6.3.3 阀体内通过介质的流道，主阀阀座通道不应小于公称尺寸的截面积，主阀阀座喉部直径应不小于 0.9 倍的公称尺寸。

6.3.4 壳体壁厚强度设计许用应力，不应超过材料强度极限的 1/5 或屈服极限的 1/3。阀体最小壁厚应符合 GB 26640 的规定或按标准计算。

6.3.5 结构长度应符合表 3 的规定，或应符合 GB/T 12221 的规定。

表 3 基本阀结构长度

单位为毫米

公称尺寸 DN	50	65	80	100	125	150	200	250	300
结构长度 L	241	234	280	360	430	455	585	790	900
公称尺寸 DN	350	400	450	500	600	700	800	900	1 000
结构长度 L	900	962	962	1 076	1 232	1 437	1 750	1 956	2 250

6.4 壳体强度

壳体强度应符合 GB/T 13927 的规定。

6.5 密封性能

6.5.1 低压水密封试验

低压水密封试验应在高压水密封试验前进行。试验时，试验介质为水，试验压力为 0.05 MPa，持压时间和允许的泄漏量应符合 GB/T 13927 的规定。

6.5.2 高压水密封试验

高压水密封试验时，试验介质为水，试验压力为 1.1 倍的公称压力，持压时间和允许的泄漏量应符合 GB/T 13927 的规定。

6.6 动作性能要求

6.6.1 遥控浮球阀性能

6.6.1.1 遥控浮球阀应在控制回路关闭后,液位高度达到设定值,浮球浮起,迅速将主阀关闭,且不受管路压力的影响。

6.6.1.2 遥控浮球阀关闭时间(浮球浮起,从控制回路关闭到主阀完全关闭所需的时间)应符合表 4 的规定。

表 4 关闭时间

公称尺寸 DN/mm	50~100	125~200	250~300	350~500	600~800	900~1 000
关闭时间 t/s	3~6	4~8	6~12	10~20	15~30	30~50

6.6.1.3 遥控浮球阀应能在最小工作压差 0.05 MPa 下正常启闭。

6.6.2 分体先导式减压稳压阀性能

6.6.2.1 分体先导式减压稳压阀性能应符合 CJ/T 256 的规定。

6.6.2.2 与介质接触的弹簧应采用防腐材料,弹簧压力级应符合表 5 的规定。

表 5 弹簧压力级(减压阀类)

单位为兆帕

公称压力	出口压力 P_2	弹簧压力级
PN 10	0.1~0.8	0.05~0.4;0.4~0.8
PN 16	0.1~1.2	0.05~0.6;0.6~1.2
PN 25	0.1~1.6	0.05~0.6;0.6~1.2;1.2~1.8

6.6.3 流量控制阀性能

6.6.3.1 流量控制阀设有流量调整机构,流量调节可采用调整导阀螺栓,并应有防松装置。

6.6.3.2 顺时针方向拧动导阀螺栓,出口流量逐渐增大。

6.6.3.3 当进口压力为 0.3~0.7 倍公称压力时,出口流量变化偏差应符合表 6 的规定。

表 6 流量变化偏差值

参数	公称压力 PN		
	10	16	25
流量变化偏差值 ΔQ/(m³/h)	≤±8%·Q_2	≤±10%·Q_2	≤±12%·Q_2

6.6.4 泄压/持压阀性能

6.6.4.1 泄压/持压阀设有压力调整机构,顺时针转动螺栓,压缩弹簧,开启压力应逐渐增高。

6.6.4.2 泄压/持压阀性能参数应符合表 7 的规定。

表 7　泄压/持压阀性能参数

参数	符号	公称压力 PN			
		10	16	25	40
整定压力/MPa	P_s	0.2～0.9	0.2～1.5	0.2～2.1	0.2～3.0
排放压力/MPa	P_d	$\leqslant(1+8\%)\cdot P_s$			
回座压力/MPa	P_b	$\leqslant P_s-0.15$			

6.6.5　电动控制阀性能

电动控制阀在电磁阀关闭后,主阀应迅速关闭,关闭时间应符合表4的规定。

6.6.6　压差控制阀性能

6.6.6.1　压差控制阀设有压差调整机构,可采用先导阀螺栓调节压差,并应设有防松螺母。

6.6.6.2　按顺时针方向转动先导阀调节螺栓,供水和回水间的压差应增加。

6.6.6.3　压差控制阀性能参数应符合表8的规定。

表 8　压差控制阀性能参数

参数	符号	公称压力 PN		
		10	16	25
可调压差范围/MPa	ΔP_s	0.2～0.8	0.2～1.2	0.2～2.0
可调压差偏差值/MPa	—	$\leqslant\pm5\%\cdot\Delta P_s$		

6.7　卫生

用于生活饮用水管道时,卫生性能应符合GB/T 17219的规定。

6.8　启闭循环次数

水力控制阀的主阀启闭循环次数不应低于表9的规定。水力控制阀主阀启闭循环试验后,阀门承压件任何部位不应有损坏性磨损、永久变形;密封试验时,试验介质为液体,试验压力、持压时间和允许的泄漏量应符合GB/T 13927的规定。

表 9　启闭循环次数

公称尺寸 DN/mm	启闭循环次数/次
50～250	5 000
300～500	1 000
600～1 000	无需试验

7 试验方法

7.1 材料

由材料制造方提供的材料质量证明,必要时抽样复验,应符合第 5 章的规定。

7.2 水力损失

7.2.1 水力损失试验系统可参照附录 B 中 B.1 的规定进行试验。

7.2.2 被测阀进口施加最大允许工作压力范围内某一压力,被测阀配管上针阀关闭、球阀开启,主阀处于全开状态,调节被测阀后闸阀,确保流经被测阀的介质流速 2 m/s 时,记录并计算被测阀前后端压力差值,并应符合 6.1 的规定。

7.3 涂装与外观

应符合以下要求:
a) 涂层厚度可采用数字式覆层测厚仪检验,应符合 6.2.3 和 GB/T 4956 的规定;
b) 当采用环氧树脂粉末静电喷涂时,涂层附着力应按 GB/T 5210 检验;采用油漆喷涂时,涂层附着力应按 GB/T 9286 检验;
c) 涂层硬度用硬度计检验,应符合 GB/T 6739 的规定,不得低于 HB 级;
d) 涂层针孔用电火花检测仪检验,耐电压应不小于 1.5 kV,不被击穿,无针孔和超薄漏电现象;
e) 抗冲击用漆膜冲击器检验,应符合 GB/T 1732 的规定,冲击后漆膜应无裂纹、皱纹及剥落现象;
f) 外观通过目测检验,并应符合 6.2.5 的规定。

7.4 尺寸

尺寸检验可采用精度符合极限偏差要求的通用量具或超声波测厚仪,应符合 6.3 的规定。

7.5 壳体强度

壳体强度试验应符合 6.4 的规定。

7.6 密封性能

密封试验应符合 GB/T 13927 中截止阀与隔膜阀类试验方法规定。主阀控制腔试压过程中应与试验介质相通,即控制腔压力与主阀进口压力、试验压力应相等,从主阀出口检测泄漏。密封试验应符合 6.5 的规定。

7.7 动作性能

7.7.1 遥控浮球阀动作性能

7.7.1.1 遥控浮球阀动作性能试验系统可参照附录 B 中 B.2 的规定进行试验。

7.7.1.2 进口施加最小工作压差 0.05 MPa,浮球应迅速抬起,关闭导管回路,主阀应能关闭,记录关闭时间,关闭时间应符合 6.6.1.2 的规定;浮球落下,主阀应能开启。

7.7.1.3 进口施加实际工作压力或公称压力,浮球应迅速抬起,关闭导管回路,主阀应能关闭,记录关闭时间,关闭时间应符合 6.6.1.2 的规定;浮球落下,主阀应能开启。

7.7.2 分体先导式减压稳压阀性能

分体先导式减压稳压阀动作性能试验应符合 CJ/T 256 的规定,弹簧压力级应符合 6.6.2.2 的规定。

7.7.3 流量控制阀动作性能

7.7.3.1 流量控制阀动作性能试验系统可参照附录 B 中 B.3 的规定进行试验。

7.7.3.2 通过调节流量控制阀导阀螺栓,流量变化应符合 6.6.3.1、6.6.3.2 的规定。

7.7.3.3 将进口压力调整至 0.3 倍的公称压力,当管道内流量稳定时,记录流量计的显示值 Q_1;将进口压力升至 0.7 倍的公称压力,当管道内流量稳定时,记录流量计显示值 Q_2;流量变化偏差值 $\Delta Q = Q_2 - Q_1$ 应符合 6.6.3.3 的规定。

7.7.4 泄压/持压阀动作性能

7.7.4.1 泄压/持压阀动作性能试验系统可参照附录图 B 中 B.4 的规定进行试验。

7.7.4.2 被测泄压阀前端压力通过调节旁通泄压阀设定。

7.7.4.3 顺时针调整泄压先导阀的螺栓,整定压力应升高,反之应下降;整定压力可调范围应符合 6.6.4 的规定。

7.7.4.4 将被测阀调到设定某一整定压力 P_s,然后不超过 0.01 MPa/s 的速度缓慢降低进口压力,使被测阀门关闭,记录关闭压力值 P_b,应符合表 7 的规定。

7.7.4.5 将被测阀调到设定某一整定压力 P_s,以不超过 0.01 MPa/s 的速度缓慢加压,升高被测阀进口压力,使主阀开启,达到最大允许流量,记录被测阀前端压力值,即排放压力 P_d,应符合表 7 的规定。

7.7.5 电动控制阀动作性能

7.7.5.1 电动控制阀动作性能试验系统可参照附录 B 中 B.5 的规定进行试验。

7.7.5.2 被测阀进口施加最大允许工作压力范围内某一压力,被测阀处于开启大流量状态,关闭电磁阀,记录从电磁阀关闭到被测阀门关闭的时间,应符合表 4 的规定。

7.7.6 压差控制阀的动作性能

7.7.6.1 压差控制阀的动作性能试验系统可参照附录 B 中 B.6 的规定进行试验。

7.7.6.2 调节压差控制阀前后端闸阀,确保通过被测阀的介质流速控制在 0.5 m/s～2 m/s 范围内。

7.7.6.3 顺时针调节先导阀,压缩弹簧,使供水、回水管路压差增加;反之,压差降低。压差控制阀可调压差范围应符合表 8 的规定。

7.7.6.4 调节先导阀,使供水、回水管路压差在某一个设定值 ΔP_s;改变供水管路的压力,记录供水、回水之间的压差值 $\Delta P'_s$;计算可调压差偏差值 $(\Delta P'_s - \Delta P_s) \leqslant \pm 5\% \cdot \Delta P_s$,并应符合表 8 的规定。

7.8 卫生

按 GB/T 17219 的规定进行检验,应符合 6.7 的规定。

7.9 启闭循环次数

7.9.1 启闭循环次数试验系统可参照附录 B 中 B.5 的规定进行试验。

7.9.2 被测阀进口施加最大允许工作压力范围内某一压力,被测阀处于开启最大流量状态,关闭电磁阀,被测阀关闭,保持 2 s;打开电磁阀,被测阀达到开启最大流量状态,保持 5 s,为一个启闭循环,计数装置记录为 1 次;

7.9.3 重复 7.9.2 试验循环,每 1 000 次将被测阀拆开,检查承压件是否有磨损、永久变形情况,若无损坏性磨损、永久变形,继续试验,直至达到 6.8 规定的循环次数,并应符合 6.8 的规定。如出现承压件损坏性磨损、永久变形,泄漏量不符合 GB/T 13927 的规定时,应改进后重新试验,直至合格为止。

8 检验规则

8.1 检验分类

检验应分出厂检验和型式试验。

8.2 出厂检验

出厂检验应逐台检验,检验项目应符合表 10 的规定。

表 10 检验项目

检验项目		检验规则		要求	试验方法
		出厂检验	型式试验		
材料		—	√	5	7.1
水力损失		—	√	6.1	7.2
涂装与外观		—	√	6.2	7.3
尺寸和连接方式		—	√	6.3	7.4
壳体强度		√	√	6.4	7.5
密封性能		√	√	6.5	7.6
动作性能	遥控浮球阀	—	√	6.6.1	7.7.1
	分体先导式减压稳压阀	—	√	6.6.2	7.7.2
	流量控制阀	—	√	6.6.3	7.7.3
	泄压/持压阀	—	√	6.6.4	7.7.4
	电动控制阀	—	√	6.6.5	7.7.5
	压差控制阀	—	√	6.6.6	7.7.6
卫生		有卫生规定时√	—	6.7	7.8
启闭循环次数		—	√	6.8	7.9
注:"√"表示应做检验项目,"—"表示不做检验项目。					

8.3 型式试验

8.3.1 试验项目应依据表 10 进行测试。

8.3.2 凡属下列情况之一者应进行型式试验:

 a) 新产品试制的定型鉴定;

 b) 批量生产后,有重大设计改进、工艺改进,有可能改变原设计性能时;

 c) 产品长期停产,恢复生产时;

 d) 产品正常生产 5 年时;

 e) 出厂试验方法正确,而试验结果与上次试验有较大差异时。

8.4 组批和判定规则

8.4.1 型式试验样机应从出厂检验合格的同批、同种规格的产品中随机抽取,抽取数量应至少 2 台。

8.4.2 用于非生活饮用水管道时,6.4、6.5 为质量否决项,即有任何一项不合格,则判定该批为不合格;用于生活饮用水管道时,6.4、6.5、6.7 为质量否决项,即有任何一项不合格,则判定该批为不合格。

8.4.3 除质量否决项外,其余各项不合格,允许一次返修或加倍抽样,经返修或加倍抽样检验后仍然不合格,应判定该批为不合格。

9 标志、包装和贮存

9.1 标志

9.1.1 除分体先导式减压稳压阀和泄压/持压阀外,其他水力控制阀的标识应符合 GB/T 12220 的规定。

9.1.2 标志应在水力控制阀表面的适当位置,应牢固地标识耐锈蚀的产品标牌。

9.1.3 分体先导式减压稳压阀标识:

 a) 阀体标识应符合 GB/T 12220 的规定;

 b) 铭牌应按 CJ/T 256 的规定。

9.1.4 泄压/持压阀标识:

 a) 制造厂全称;

 b) 产品名称、规格及型号;

 c) 制造编号和生产日期;

 d) 商标。

9.2 包装和贮存

9.2.1 产品包装前应将所有内腔积水排尽。

9.2.2 水力控制阀每台单独包装,具防水、防尘,并应采用螺栓或其他固定件可靠地将其固定在箱内。

9.2.3 产品包装宜用箱装,包装材料能有效防止在运输过程中产品遭受损伤、遗失文件和附件情况的发生,应符合 JB/T 7928 的规定。

9.2.4 包装箱内或随箱资料应防潮,至少应有下列资料:

 a) 合格证;

 b) 装箱清单;

 c) 产品使用说明书,应符合 GB/T 9969 的规定。

9.2.5 产品应存放在干燥的室内、堆放整齐,不应露天放置。

附 录 A
（资料性附录）
水力控制阀结构型式示意图

A.1 遥控浮球阀结构型式

见图 A.1。

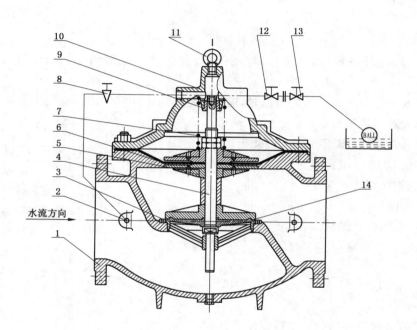

说明：

1——阀体；
2——接头（带滤网）；
3——活门座（阀座）；
4——阀轴；
5——膜片压板；
6——膜片；
7——弹簧；

8——针阀；
9——轴套；
10——阀盖；
11——吊环；
12——球阀；
13——浮球角阀；
14——O 型圈。

图 A.1 遥控浮球阀结构型式

A.2 分体先导式减压稳压阀结构型式

见图 A.2。

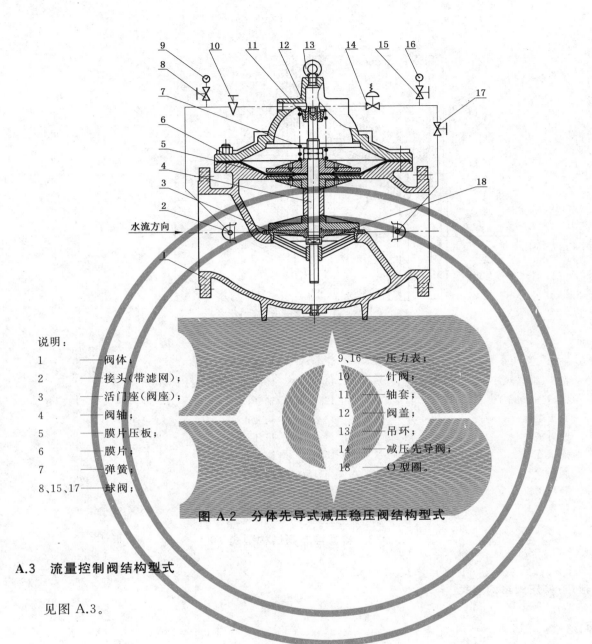

说明：

1 —— 阀体；
2 —— 接头(带滤网)；
3 —— 活门座(阀座)；
4 —— 阀轴；
5 —— 膜片压板；
6 —— 膜片；
7 —— 弹簧；
8、15、17—— 球阀；

9、16 —— 压力表；
10 —— 针阀；
11 —— 轴套；
12 —— 阀盖；
13 —— 吊环；
14 —— 减压先导阀；
18 —— O 型圈。

水流方向

图 A.2　分体先导式减压稳压阀结构型式

A.3　流量控制阀结构型式

见图 A.3。

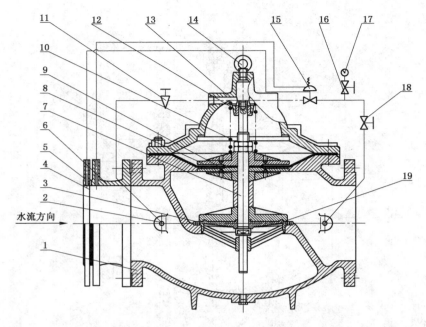

说明：
1——阀体；
2——接头（带滤网）；
3——活门座（阀座）；
4——孔板组件；
5——密封垫；
6——连接管；
7——阀轴；
8——膜片压板；
9——膜片；

10　——弹簧；
11　——针阀；
12　——轴套；
13　——阀盖；
14　——吊环；
15　——流量先导阀；
16、18——球阀；
17　——压力表；
19　——O 型圈。

图 A.3　流量控制阀结构型式

A.4　泄压/持压阀结构型式

见图 A.4。

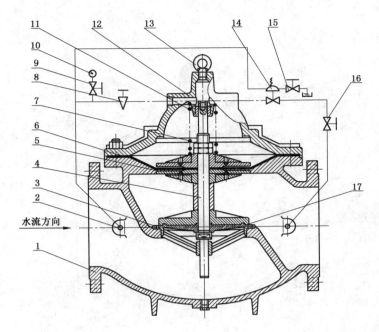

说明：

1——阀体；

2——接头（滤网）；

3——活门座（阀座）；

4——阀轴；

5——膜片压板；

6——膜片；

7——弹簧；

8——针阀；

9、15、16——球阀；

10　——压力表；

11　——轴套；

12　——阀盖；

13　——吊环；

14　——泄压先导阀；

17　——O 型圈。

图 A.4　泄压/持压阀结构型式

A.5　电动控制阀结构型式

见图 A.5。

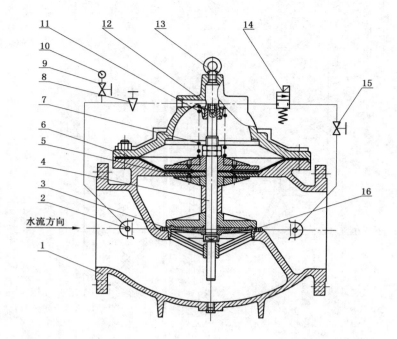

说明：

1——阀体；

2——接头（滤网）；

3——活门座（阀座）；

4——阀轴；

5——膜片压板；

6——膜片；

7——弹簧；

8——针阀；

9、15——球阀；

10 ——压力表；

11 ——轴套；

12 ——阀盖；

13 ——吊环；

14 ——电磁阀；

16 ——O 型圈。

图 A.5 电动控制阀结构型式

A.6 压差控制阀结构型式

见图 A.6。

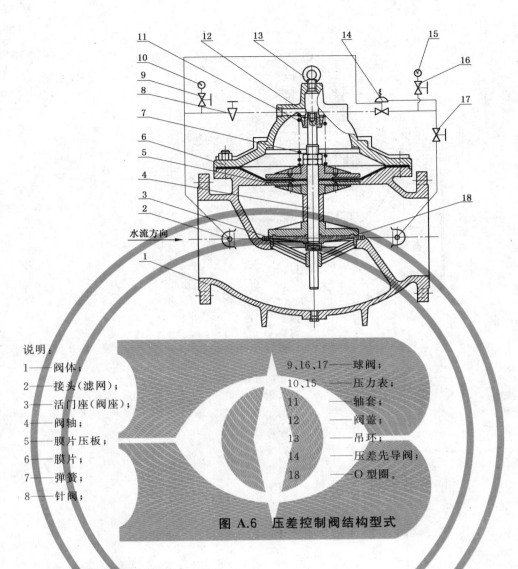

说明：

1——阀体；
2——接头（滤网）；
3——活门座（阀座）；
4——阀轴；
5——膜片压板；
6——膜片；
7——弹簧；
8——针阀；

9、16、17——球阀；
10、15——压力表；
11——轴套；
12——阀盖；
13——吊环；
14——压差先导阀；
18——O型圈。

图 A.6　压差控制阀结构型式

A.7　T型活塞式主阀结构型式

见图 A.7。

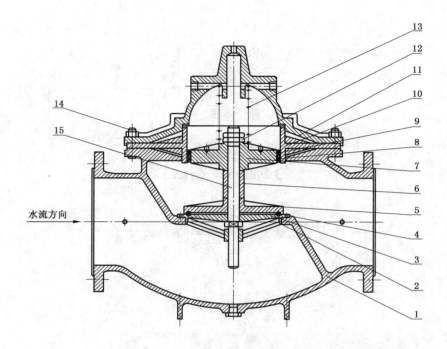

说明：
1——阀体；
2——活门座（阀座）；
3——O型环压板；
4——O型密封圈；
5——下活门；
6——活门（中）；
7——活塞；
8——Y型密封圈；

9 ——导向环；
10——活塞缸；
11——阀盖；
12——螺母；
13——弹簧；
14——螺柱；
15——阀轴。

图 A.7　T 型活塞式主阀结构型式

A.8　Y 型隔膜式主阀结构型式

见图 A.8。

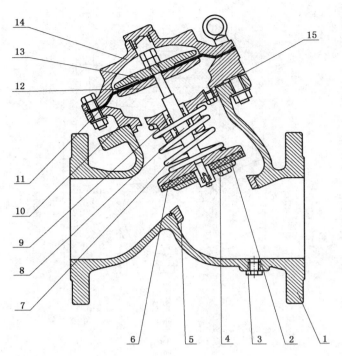

说明:
1——阀体;
2——主口密封垫;
3——丝堵;
4——阀盖压板;
5——阀座;
6——阀盘;
7——弹簧;
8——阀杆;

9——轴承套;
10——中阀盖;
11——膜片;
12——膜片下压板;
13——膜片上压板;
14——上阀盖;
15——O型密封圈。

图 A.8 Y型隔膜式主阀结构型式

A.9 T型隔膜双腔式主阀结构型式

见图 A.9。

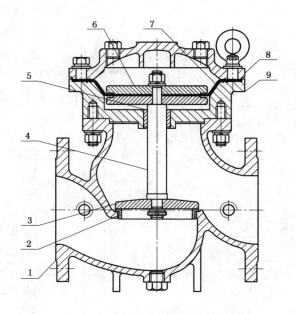

说明：
1——阀体；
2——阀座；
3——阀板；
4——阀杆；
5——衬套；

6——膜片压板；
7——膜片；
8——上阀盖；
9——下阀盖；

图 A.9　T 型隔膜双腔式主阀结构型式

附　录　B
（资料性附录）
水力控制阀性能试验系统图

B.1　主阀流阻测试试验系统

见图 B.1。

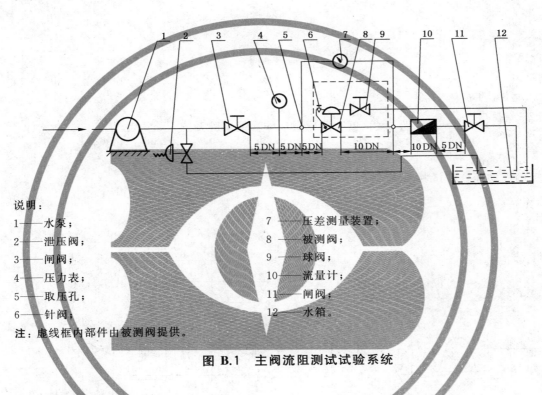

说明：
1——水泵；
2——泄压阀；
3——闸阀；
4——压力表；
5——取压孔；
6——针阀；
7——压差测量装置；
8——被测阀；
9——球阀；
10——流量计；
11——闸阀；
12——水箱。

注：虚线框内部件由被测阀提供。

图 B.1　主阀流阻测试试验系统

B.2　遥控浮球阀动作性能试验系统

见图 B.2。

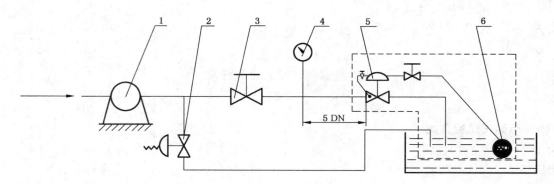

说明：
1——水泵；　　　　　　　　　4——压力表；
2——泄压阀；　　　　　　　　5——被测阀；
3——闸阀；　　　　　　　　　6——浮球。
注：虚线框内部件由被测阀提供。

图 B.2　遥控浮球阀动作性能试验系统

B.3　流量控制阀动作性能试验系统

见图 B.3。

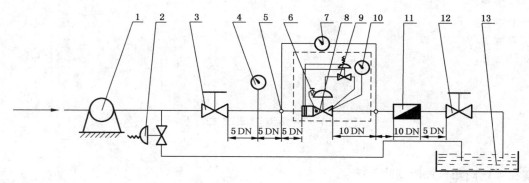

说明：
1　——水泵；　　　　　　　　7　——压差测量装置；
2　——泄压阀；　　　　　　　8　——被测阀；
3　——闸阀；　　　　　　　　9　——流量先导阀；
4、10——压力表；　　　　　　11——流量计；
5　——取压孔；　　　　　　　12——闸阀；
6　——针阀；　　　　　　　　13——水箱。
注：虚线框内部件由被测阀提供。

图 B.3　流量控制阀动作性能试验系统

B.4　泄压/持压阀动作性能试验系统

见图 B.4。

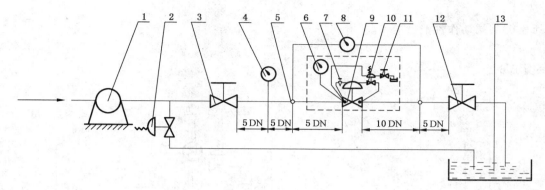

说明：

1 ——水泵；

2 ——泄压阀；

3 ——闸阀；

4、6——压力表；

5 ——取压孔；

7 ——针阀；

8 ——压差测量装置；

9 ——被测阀；

10——泄压先导阀；

11——球阀；

12——闸阀；

13——水箱。

注：虚线框内部件由被测阀提供。

图 B.4 泄压/持压阀动作性能试验系统

B.5 电动控制阀动作性能试验系统

见图 B.5。

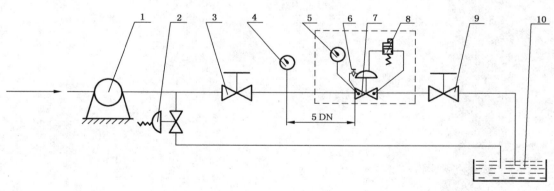

说明：

1 ——水泵；

2 ——泄压阀；

3 ——闸阀；

4、5——压力表；

6 ——针阀；

7 ——被测阀；

8 ——电磁阀；

9 ——闸阀；

10——水箱。

注：虚线框内部件由被测阀提供。

图 B.5 电动控制阀动作性能试验系统

B.6 压差控制阀动作性能试验系统

见图 B.6。

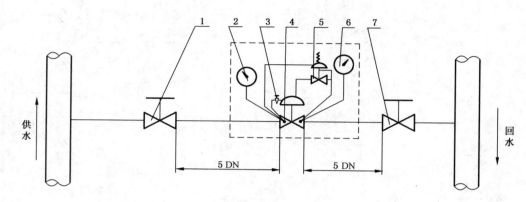

说明：

1 ——水泵；

2、6——压力表；

3 ——针阀；

4——被测阀；

5——压差先导阀；

7——闸阀。

注：虚线框内部件由被测阀提供。

图 B.6 压差控制阀动作性能试验系统

ICS 91.140
P 40

中华人民共和国城镇建设行业标准

CJ/T 256—2016
代替 CJ/T 256—2007

分体先导式减压稳压阀

Pilot control pressure reducing valve

2016-06-14 发布 2016-12-01 实施

中华人民共和国住房和城乡建设部 发 布

前　言

本标准按照 GB/T 1.1—2009 给出的规则起草。

本标准是对 CJ/T 256—2007《分体先导式减压稳压阀》的修订,本标准与 CJ/T 256—2007 相比主要技术变化如下:

——修改了部分术语和定义;

——增加了主要零件材料和牌号;

——修改了采用结构长度的标准;

——增加了涂装检验项目要求;

——修改了耐久性的启闭循环次数数值;

——修改了判定规则项目。

本标准由住房和城乡建设部标准定额研究所提出。

本标准由住房和城乡建设部建筑给水排水标准化技术委员会归口。

本标准起草单位:中国建筑金属结构协会、广东永泉阀门科技有限公司、上海冠龙阀门机械有限公司、安徽红星阀门有限公司、上海沪航阀门有限公司、济南玫德铸造有限公司、杭州春江阀门有限公司、阀安格水处理系统(太仓)有限公司、宁波华成阀门有限公司、上海欧特莱阀门机械有限公司、上海上龙阀门厂、天津市国威给排水设备制造有限公司、福建金鼎建筑发展有限公司。

本标准主要起草人:华明九、刘建、刘杰、王光杰、张延蕙、曹捩、葛欣、陈键明、李政宏、陈寄、韩安伟、陈思良、孔令磊、柴为民、蒋维俊、王朝阳、管金华、季能平、刘永、骆金海。

本标准所代替标准的历次版本发布情况为:

——CJ/T 256—2007。

分体先导式减压稳压阀

1 范围

本标准规定了分体先导式减压稳压阀(以下简称减压阀)的术语和定义、结构型式、型号、技术特性、材料、要求、试验方法、检验规则、标志、包装和贮运。

本标准适用于公称压力 PN10～PN25、公称尺寸 DN50～DN800,介质为水,温度不高于 80 ℃,给水和空调水等管道系统的减压阀。

2 规范性引用文件

下列文件对于本文件的应用是必不可少的。凡是注日期的引用文件,仅注日期的版本适用于本文件。凡是不注日期的引用文件,其最新版本(包括所有的修改单)适用于本文件。

GB/T 196 普通螺纹 基本尺寸

GB/T 1220 不锈钢棒

GB/T 1222 弹簧钢

GB/T 1239.2 冷圈圆柱螺旋弹簧技术条件 第 2 部分:压缩弹簧

GB/T 1415 米制密封螺纹

GB/T 1804—2000 一般公差 未注公差的线性和角度尺寸的公差

GB/T 2059 铜及铜合金带材

GB/T 4956 磁性基体上非磁性覆盖层 覆盖层厚度测量 磁性法

GB/T 6739 色漆和清漆 铅笔法测定漆膜硬度

GB/T 7306.1 55°密封管螺纹 第 1 部分:圆柱内螺纹与圆锥外螺纹

GB/T 7306.2 55°密封管螺纹 第 2 部分:圆锥内螺纹与圆锥外螺纹

GB/T 8923.1 涂覆涂料前钢材表面处理 表面清洁度的目视测定 第 1 部分:未涂覆过的钢材表面和全面清除原有涂层后的钢材表面的锈蚀等级和处理等级

GB/T 9286 色漆和清漆 漆膜的划格试验

GB/T 12220 工业阀门 标志

GB/T 12225 通用阀门 铜合金铸件技术条件

GB/T 12227 通用阀门 球墨铸铁件技术条件

GB/T 12244 减压阀 一般要求

GB/T 12245 减压阀 性能试验方法

GB/T 12246 先导式减压阀

GB/T 17219 生活饮用水输配水设备及防护材料的安全性评价标准

GB/T 17241.6 整体铸铁法兰

GB/T 20878 不锈钢和耐热钢 牌号及化学成分

GB 26640 阀门壳体最小壁厚尺寸要求规范

JB/T 308 阀门 型号编制方法

JB/T 2205 减压阀 结构长度

JB/T 7928 工业阀门 供货要求

　　HG/T 3090　模压和压出橡胶制品外观质量的一般规定

　　HG/T 3091　橡胶密封件　给、排水管及污水管道用接口密封圈　材料规范

3　术语和定义

下列术语和定义适用于本文件。

3.1

分体先导式减压稳压阀　pilot control pressure reducing valve

通过先导阀实施可调节的放大控制,使主阀的活塞或膜片驱动启闭件动作,实现主阀出口减压稳压的阀门。

3.2

活塞驱动　piston operated

采用活塞作为主阀的驱动元件,驱动阀杆、阀瓣等启闭件做直线运动。

3.3

膜片驱动　diaphragm operated

采用膜片作为主阀的驱动元件,驱动阀杆、阀瓣等启闭件做直线运动。

3.4

最大流量　maximum flow

在给定的出口压力下,下游流量逐步增加,使出口压力的负偏差值达到最大允许值时所对应的介质流量。

3.5

始动流量　starting flow

流量由零开始增加,出口压力不再有明显下降时的最大流量。

3.6

设定压力　set pressure

减压阀在始动流量时,通过先导阀调节,获得符合设定要求的出口端介质压力。也是该设定出口压力的名义值。

3.7

最高进口压力　maximum inlet pressure

对应温度下的最高允许工作压力,常温下为公称压力。

3.8

最低进口压力　minimum inlet pressure

对应流量下,为保持出口压力达到设定值所需的进口压力。

3.9

最高出口压力　maximum outlet pressure

给定最高进口工作压力,出口为始动流量,通过先导阀的放大控制,达到出口最高的压力。

3.10

最低出口压力　minimum outlet pressure

给定最高进口工作压力,出口为始动流量,通过先导阀的放大控制,所能达到的最低出口压力。

3.11

最小压差　minimum pressure differential

进口压力与出口压力的最小差值。

3.12

流量特性偏差 standard deviation of flow characteristic

进口压力一定时,流量变化引起的出口压力变化值。

3.13

压力特性偏差 standard deviation of pressure characteristic

出口流量一定时,进口压力变化时,出口压力的变化值。

4 结构型式

4.1 减压阀主要由主阀、先导阀、针阀和控制管路等部件组成。

4.2 减压阀启闭件与阀座密封可分为软密封和硬密封。按启闭件运动方向与阀体中心线夹角可分为 Y 型和 T 型。夹角小于 90°的为 Y 型,等于 90°的为 T 型。

4.3 减压阀驱动形式可分为膜片驱动和活塞驱动。

4.4 减压阀基本结构型式如图 1、图 2、图 3 和图 4 所示。

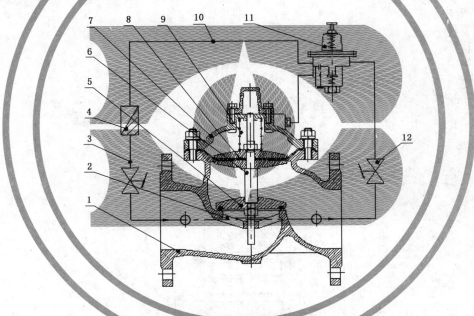

说明:

1 ——阀体;

2 ——阀座;

3、12——调节阀;

4 ——过滤器;

5 ——阀瓣;

6 ——阀杆;

7 ——膜片腔盖;

8 ——膜片;

9 ——弹簧;

10 ——控制管路;

11 ——先导阀。

图 1 T 型膜片驱动减压稳压阀

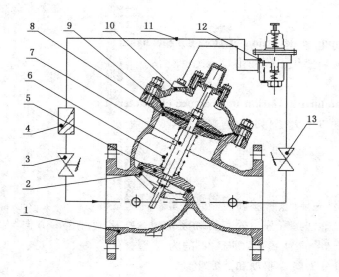

说明：

1 ——阀体；
2 ——阀座；
3、13——调节阀；
4 ——过滤器；
5 ——阀瓣；
6 ——弹簧；

7 ——阀杆；
8 ——膜片腔底；
9 ——膜片；
10——膜片腔盖；
11——控制管路；
12——先导阀。

图 2 Y型膜片驱动减压稳压阀

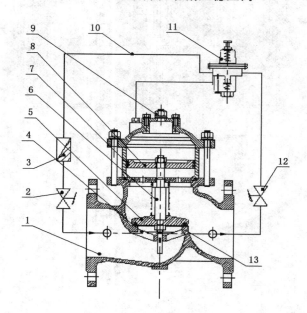

说明：

1 ——阀体；
2、12——调节阀；
3 ——过滤器；
4 ——密封副；
5 ——阀瓣；
6 ——阀杆；

7 ——缸体；
8 ——活塞；
9 ——缸盖；
10——控制管路；
11——先导阀；
13——阀座。

图 3 T型活塞驱动减压稳压阀

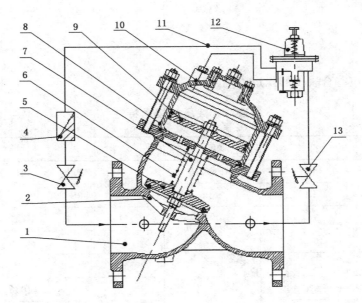

说明：

1 ——阀体；	7 ——阀杆；
2 ——阀座；	8 ——缸体；
3、13——调节阀；	9 ——活塞；
4 ——过滤器；	10 ——阀盖；
5 ——阀瓣；	11 ——控制管路；
6 ——弹簧；	12 ——先导阀。

图 4　Y 型活塞驱动减压稳压阀

5　型号

减压阀型号标记应符合 JB/T 308 的规定，可由字母和数字组成；类型代号 FX。

5.1　型号标记

型号表示法如下：

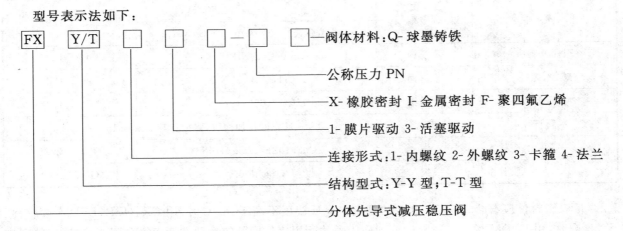

5.2　型号标记示例

法兰连接，膜片驱动，橡胶密封，1.0 MPa，球墨铸铁主阀材质，T 型，分体先导式减压稳压阀表示为：FXT41X—10Q。

6 技术特性

减压阀技术特性应符合表 1 的规定。

表 1 减压阀技术特性

名称	符号	单位	性能		
公称压力	PN	MPa×10	10	16	25
公称尺寸	DN	mm	50~800		50~350
最高进口压力	p_{1max}		1.0	1.6	2.5
最低出口压力	p_{2min}		0.05		
最小压差	Δp_{min}	MPa	0.1		
流量特性偏差	Δp_{2Q}		≤10%p_2		
压力特性偏差	Δp_{2p}		≤4%p_2	≤5%p_2	
注：p_2 为设定的出口压力。					

7 材料

7.1 主要零件的材料性能应不低于表 2 的规定。

表 2 主要零件材料

零件名称	材料名称	牌号		标准号
阀体、缸盖、阀瓣	球墨铸铁	QT450-10、QT400-15、QT500-7		GB/T 12227
活塞、缸体	铜	ZCuSn10Zn2、ZCuAl10Fe3		GB/T 12225
	不锈钢	20Cr13		GB/T 20878
弹簧	弹簧钢	主弹簧	50CrVA	GB/T 1222
		调节弹簧	60Si2Mn	
阀杆 阀座	不锈钢	06Cr19Ni10		GB/T 1220
螺栓、螺柱	不锈钢	10Cr17、06Cr19Ni10		GB/T 1220
螺母	不锈钢	12Cr13、06Cr19Ni10		GB/T 1220
主阀膜片	膜片	尼龙网覆加橡胶，耐疲劳弯曲次数 10^6 次		
先导阀	壳体	铜	ZCuSn10Zn2、ZCuAl10Fe3	GB/T 12225
	膜片	铜	QSn6.5-0.1	GB/T 2059

7.2 橡胶密封件应符合 HG/T 3091 的规定。介质温度不高于 55 ℃时，用 CR、NBR、EPDM 橡胶，高于 55 ℃时，用 EPDM 橡胶。尼龙网覆加橡胶膜片所用硫化橡胶的物理性能应符合表 3 的规定，外观质量应符合 HG/T 3090 的规定。

表 3　橡胶性能

项目	单位	指标
硬度(绍尔 A 型)	度	70±3
拉伸强度	MPa	14
扯断伸长率	%	400
压缩永久变形(70 ℃×22 h)	%	40
胶与织物附着强度	kN/m	2
耐液体性(自来水) 拉伸强度变化(70 ℃×70 h)	%	−20
耐液体性(自来水) 扯断拉长率变化(70 ℃×70 h)	%	−20

8　要求

8.1　减压阀的先导阀宜符合 GB/T 12246 的要求。

8.2　阀体内通过介质的流道,除主阀座喉部,任意位置的截面积,不应小于公称尺寸 DN 的截面积,主阀座喉部直径应不小于 0.8DN。

8.3　结构长度应符合 JB/T 2205 的规定。

8.4　端面连接法兰应符合 GB/T 17241.6 和 GB/T 7306.2 的规定。

8.5　连接螺纹应符合 GB/T 196、GB/T 1415、GB/T 7306.1 和 GB/T 7306.2 的规定。

8.6　铸件表面应光滑,密封面和运动部位不应有气孔、砂眼、裂纹、疤痕、毛刺等缺陷。其他不应有影响强度的缺陷。

8.7　涂装

8.7.1　铸件经喷砂(抛丸)处理,除去氧化皮、铁锈、油污等杂质,应达到 GB/T 8923.1 中 Sa2½ 表面处理等级,并应在喷砂后 6 h 内涂装。

8.7.2　阀体、阀盖内外表面应采用环氧树脂粉末静电喷涂或流化床浸粉。涂层固化后,表面应均匀光滑,无杂物混入、针孔、漏喷等缺陷。涂层不应溶解于水,不应影响水质。

8.7.3　除装配部位外,内外表面涂层厚度和质量应符合下列规定:

　　a)　内表面涂层厚度应不小于 250 μm,外表面涂层厚度应不小于 150 μm;

　　b)　涂层质量应达到铅笔 2H 硬度、附着力 1 mm² 不脱落、耐电压 1.5 kV 不被击穿、0.5 kg 重锤、1 m 高自由落下无裂纹、皱纹及剥落现象。

8.8　阀体强度

8.8.1　强度设计的许用应力,不应超过材料极限强度的 1/5 或材料屈服强度的 1/3,球墨铸铁材质阀体的最小壁厚尺寸应符合 GB 26640 的规定。

8.8.2　阀门涂装前应做静水压强度试验,试验压力为公称压力的 1.5 倍,持压时间不少于 3 min,持压时间内不应有渗漏和可见性变形现象。

8.9　密封

　　向主阀关闭方向加压至公称压力 1.1 倍,持压时间不小于 1 min,应无可见性泄漏。若分部件试验时,则应对整机连接的接触面做相应的密封试验。

8.10 弹簧

8.10.1 成品的永久变形不应大于自由高度的 0.3%。

8.10.2 工作变形量应在全变形量的 20%~80% 范围内选取。

8.10.3 两端并紧并磨平,应各有不少于 3/4 圈的支撑面,支撑圈不应少于 1 圈。

8.11 卫生

用于生活饮用水管道时,与水接触的零部件、材料,卫生性能应符合 GB/T 17219 的规定。

8.12 性能

8.12.1 调压性能

出口压力应能在最大值和最小值之间连续调整,调节要灵敏,不得有卡阻和异常振动。

8.12.2 流量特性偏差值

设定最高进口工作压力,当出口在最大流量的 20%~100% 变化时,此时出口压力偏差值不应大于所设定出口压力的 10%。

8.12.3 压力特性偏差值

设定最高允许进口工作压力,当进口压力在 80%~105% 最高工作压力时,出口压力偏差值不应大于设定压力的 4%~5%;压力等级为 1.0 MPa,Δp 不应大于出口压力的 4%,压力等级为 1.6 MPa、2.5 MPa 时,Δp 不应大于出口压力的 5%。

8.13 耐久性

整机启闭循环试验应符合表 4 的规定。

表 4 耐久性试验次数

公称尺寸 DN	启闭次数
≤DN300	2 500
>DN300	无需试验

9 试验方法

9.1 表面质量和尺寸检验

铸件和涂层表面质量通过目测检验。尺寸用精度符合极限偏差不大于 ±0.05 mm 要求的通用量具检验。

9.2 涂装检验

9.2.1 涂层厚度用数字式覆层测厚仪检验,应按 GB/T 4956 的规定。

9.2.2 涂层硬度用硬度计检验,应按 GB/T 6739 规定的铅笔 2H 硬度。

9.2.3 涂层附着力应按 GB/T 9286 规定的划格法 1 mm² 不脱落。

9.2.4 涂层针孔用电火花检测仪检验,击穿电压应不小于 1.5 kV。

9.2.5 抗冲击用球形端面的落锤试验,应能承受 0.5 kg 重落锤,高度 1 m 自由落下,涂层无裂纹、皱纹及剥落现象。

9.3 阀体强度试验

强度试验应按 GB/T 12245 的规定。

9.4 密封试验

密封试验应按 GB/T 12245 的规定。

9.5 弹簧试验

弹簧试验应按 GB/T 1239.2 的规定。

9.6 卫生检验

卫生检验应按 GB/T 17219 的有关规定。

9.7 性能试验

调压性能、流量特性偏差值、压力特性偏差值、耐久性等，按 GB/T 12245 的有关规定。其中，耐久性的启闭循环次数按 8.13 的规定。

10 检验规则

10.1 出厂检验和型式试验

10.1.1 每台产品均应进行出厂检验。

10.1.2 型式试验

凡属下列情况之一者，应进行型式试验。

a) 新产品试制的定型检验；

b) 批量生产后，有重大设计改进、工艺改变、有可能改变原设计性能时；

c) 产品生产 5 年时；

d) 产品长期停产后，恢复生产时。

10.1.3 出厂检验、型式试验项目应符合表 5 的规定。

表 5 出厂检验、型式试验项目

项　目	出厂检验	型式试验	要求	试验方法
表面质量及尺寸	√	√	8.1～8.6	9.1
涂装	—	√	8.7	9.2
阀体强度	√	√	8.8	9.3
密封	√	√	8.9	9.4
弹簧	—	√	8.10	9.5
卫生	—	√	8.11	9.6
调压性能	√	√	8.12.1	9.7
其他性能	—	√	8.12	9.7
耐久性	—	√	8.13	9.7
注 1："—"表示无需检验的项目，"√"表示应检验的项目。				
注 2：用户对涂装要求提出检验时，可做出厂抽检。				
注 3：主要零件材料，应按表 2 规定，在型式试验中查验。				

10.2 判定规则和抽样方法

10.2.1 本标准 8.8、8.9、8.12 为质量否决项,任一项不合格判定为不合格品。

10.2.2 其余各项不合格,允许一次返修或加倍抽样,经返修或加倍抽样后仍不合格,判定为不合格品。

10.2.3 抽样方法

抽样方法应按 GB/T 12244 的规定。

11 标志、包装和贮存

11.1 标志

11.1.1 产品标志应符合 GB/T 12220 的规定。

阀门外表面的适当位置,应牢固地钉上耐锈蚀的产品标牌,并至少包括下列内容:

a) 制造厂全称;

b) 产品名称、规格及型号;

c) 制造编号和出厂日期;

d) 商标。

11.1.2 包装标志

包装外表面应至少有以下标志:

a) 制造厂全称;

b) 产品名称、规格及型号;

c) 箱体外形尺寸(mm);

d) 产品件数和质量(kg);

e) 装箱日期;

f) 注意事项。

11.2 包装和贮运

11.2.1 产品包装宜用箱装,包装材料应符合 JB/T 7928 的规定。

11.2.2 包装箱内至少应有下列资料:

a) 出厂合格证;

b) 装箱清单;

c) 产品使用说明书。

11.2.3 减压阀应存放在干燥的室内、堆放整齐,不应露天放置。

ICS 91.140
P 41

中华人民共和国城镇建设行业标准

CJ/T 261—2015
代替 CJ/T 261—2007

给水排水用蝶阀

Butterfly valves for water supply and drainage

2015-07-03 发布 　　　　　　　　　　　　2016-01-01 实施

中华人民共和国住房和城乡建设部　发布

前　言

本标准按照 GB/T 1.1—2009 给出的规则起草。

本标准代替 CJ/T 261—2007《给水排水用蝶阀》，与 CJ/T 261—2007 相比主要技术变化如下：

——扩大了公称压力范围；

——修改了壳体材质；

——增加了 K 型、T 型承插接口连接方式；

——确定了宜采用中线型、双偏心型软密封蝶阀基本结构型式；

——修改了限位机构承受力矩数值；

——修改了双向密封相关要求；

——修改了手动操作力数值；

——修改了启闭循环次数数值。

本标准由住房和城乡建设部标准定额研究所提出。

本标准由住房和城乡建设部建筑给水排水标准化技术委员会归口。

本标准起草单位：中国建筑金属结构协会、上海冠龙阀门机械有限公司、上海沪航阀门有限公司、阀安格水处理系统（太仓）有限公司、安徽红星阀门有限公司、杭州春江阀门有限公司、安徽铜都流体科技股份有限公司、武汉大禹阀门股份有限公司、济南玫德铸造有限公司、株洲南方阀门股份有限公司、丹阳中核苏阀蝶阀有限公司、上海标一阀门有限公司、山东建华阀门制造有限公司、上海明珠阀门集团有限公司、山东莱德新兴阀门有限公司、江苏竹箦阀业有限公司、德阀机械（上海）有限公司。

本标准主要起草人：华明九、王光杰、张延蕙、李政宏、陈思良、虞小秋、韩安伟、柴为民、程华、李习洪、孔令磊、黄晓蓓、黄靖、李惠聪、刘广和、王华梅、尤良友、张同虎、汤伟、陆虎、刘杰、曹捩、葛欣。

本标准所代替标准的历次版本发布情况为：

——CJ/T 261—2007。

给 水 排 水 用 蝶 阀

1 范围

本标准规定了给水排水用蝶阀(以下简称蝶阀)的术语和定义、结构型式、产品型号、材料、要求、试验方法、检验规则以及标志、包装、贮存等。

本标准适用于公称尺寸 DN50～DN2600、公称压力 PN2.5～PN25,介质温度不大于 80 ℃,城镇给水排水用蝶阀。

2 规范性引用文件

下列文件对于本文件的应用是必不可少的。凡是注日期的引用文件,仅注日期的版本适用于本文件。凡是不注日期的引用文件,其最新版本(包括所有的修改单)适用于本文件。

GB/T 1047 管道元件 DN(公称尺寸)的定义和选用

GB/T 1048 管道元件 PN(公称压力)的定义和选用

GB/T 1184—1996 形状和位置公差 未注公差值

GB/T 1220 不锈钢棒

GB 4208—2008 外壳防护等级(IP 代码)

GB/T 6739—2006 色漆和清漆 铅笔法测定漆膜硬度

GB/T 8923.1—2011 涂覆涂料前钢材表面处理 表面清洁度的目视评定 第 1 部分:未涂覆过的钢材表面和全面清除原有涂层后的钢材表面的锈蚀等级和处理等级

GB/T 9286—1998 色漆和清漆 漆膜的划格试验

GB/T 9969 工业产品使用说明书 总则

GB/T 12220 通用阀门 标志

GB/T 12221—2005 金属阀门 结构长度

GB/T 12223 部分回转阀门驱动装置的连接

GB/T 12225 通用阀门 铜合金铸件技术条件

GB/T 12227 通用阀门 球墨铸铁件技术条件

GB/T 12238 法兰和对夹链接弹性密封蝶阀

GB/T 13295 水及燃气用球墨铸铁管、管件和附件

GB/T 13927 通用阀门 压力试验

GB/T 17219 生活饮用水输配水设备及防护材料的安全性评价标准

GB/T 17241.6 整体铸铁法兰

GB/T 17241.7 铸铁管法兰 技术条件

GB/T 20878 不锈钢和耐热钢 牌号及化学成分

GB/T 21873 橡胶密封件 给、排水管及污水管道用接口密封圈 材料规范

GB 26640 阀门壳体最小壁厚尺寸要求规范

JB/T 308 阀门 型号编制方法

JB/T 7928 工业阀门 供货要求

JB/T 8531 阀门手动装置 技术条件

3 术语和定义

下列术语和定义适用于本文件。

3.1

单向密封 one-way seal

只能在阀体上标示的水流动方向密封。

3.2

双向密封 two-way seal

在阀体上标示的水主流动方向(正向)和与水主流动方向相反的方向(反向)均能密封。

3.3

最大流速 maximum flow velocity

蝶阀在蝶板位置处于全开时,在与蝶阀相同尺寸的管道中允许的水流最大平均流速。

3.4

中线蝶阀 center line butterfly valve

阀杆轴线位于蝶板密封截面中心线上的蝶阀。

3.5

单偏心蝶阀 single eccentric valve

阀杆轴线与密封副中心截面在阀体轴线上形成尺寸偏置量的蝶阀。

3.6

双偏心蝶阀 double eccentric valve

除阀杆轴线与密封副中心截面在阀体轴线上形成的尺寸偏置量,尚有阀杆轴线与阀体轴线在径向形成的第二个尺寸偏置量的蝶阀。

4 结构型式

蝶阀按蝶板位置可分为中线型和偏心型;按连接形式,可分为法兰连接、对夹连接和承插口连接。蝶阀基本结构型式参见附录 A。

5 产品型号

蝶阀型号的编制应符合 JB/T 308 的规定,类型代号 GPD。

6 材料

6.1 阀体应采用球墨铸铁材料,牌号宜为 QT400-15、QT450-10,球化率不低于 80%,并应符合 GB/T 12227 的规定。阀体的阀座宜采用 06Cr19Ni10(S30408)、06Cr17Ni12Mo2(S31608)等奥氏体不锈钢材料,并应符合 GB/T 20878 的规定。

6.2 蝶板应采用不低于阀体机械性能的材料。

6.3 阀杆宜采用含铬量不低于 13% 的马氏体不锈钢材料,并应符合 GB/T 1220 的规定。

6.4 橡胶密封件宜采用氯丁(CR)、丁晴(NBR)和三元乙丙(EPDM)等合成橡胶,不应采用再生胶。介质温度超过 55 ℃时,宜采用三元乙丙(EPDM)橡胶或耐温更高的其他材料,并在标牌上标出"耐温80 ℃"。与饮用水接触的密封件,不应采用石棉和其他有毒材料,并应符合 GB/T 21873 的规定。

6.5 阀杆轴承宜采用铜合金材料,与饮用水接触的铜合金材料含锌量应小于16%,含铅量应不大于8%,并应符合 GB/T 12225 的规定。当采用铝青铜时,应进行回火处理。可采用机械性能、润滑性能和防腐蚀性能不低于上述材料的非金属复合材料。

6.6 支架应采用与阀体相同或机械性能高于阀体的材料。

6.7 紧固件应采用含铬量不低于13%的马氏体不锈钢材料,并应符合 GB/T 1220 的规定。

7 要求

7.1 基本要求

7.1.1 蝶阀进口处水的最大流速不宜大于 3 m/s～5 m/s。

7.1.2 蝶阀宜为中线型或双偏心型软密封结构,密封副为自压密封形式时,可采用单偏心型软密封结构。全开时蝶板应与水流方向平行。

7.1.3 蝶阀应设置蝶板开度位置指示和全开、全关位置可调的限位机构,限位机构应能承受2倍最大扭矩的冲击。

7.1.4 承压件材料的许用应力,应为强度极限的1/5。

7.2 公称尺寸

蝶阀的公称尺寸应符合 GB/T 1047 的规定。

7.3 公称压力

蝶阀的公称压力应符合 GB/T 1048 的规定。

7.4 强度

阀体水压试验应符合 GB/T 13927 的规定。应无渗漏及可见变形。铸造缺陷不应采用补焊、锤击、浸渗等修补方法。

7.5 密封

7.5.1 密封试验和允许泄漏量应符合 GB/T 13927 的规定。

7.5.2 公称压力不大于 PN10 的蝶阀应采用双向密封。大于 PN10 的双向密封蝶阀的反向密封压力,当允许降低时,不应低于正向密封压力的70%。超大公称尺寸的橡胶密封圈有接头时,应硫化处理,不应黏接。

7.5.3 橡胶密封圈可设置在蝶板上,也可设置在阀体上,且应采用可靠的固定方式与蝶板或阀体固定在一起。公称尺寸不小于 DN600 蝶阀的橡胶密封件宜采用易拆卸和更换的结构。

7.5.4 偏心型蝶阀阀体上应铸有指示蝶阀密封方向或主密封方向的箭头。对单向密封蝶阀,箭头表示水流方向;对双向密封蝶阀,应标注双向箭头,主密封方向应采用相对略大箭头表示。

7.6 阀体

7.6.1 阀体壁厚

阀体最小壁厚应符合 GB 26640 和 GB/T 12238 的规定。标准中未规定的,可参照附录 B 计算确定。

7.6.2 阀体铸造

阀体应整体铸造,对于公称尺寸不小于 DN600 的蝶阀,应在阀体适当位置设置吊环,并设置地脚支架及固定螺栓孔。

7.6.3 法兰及承插连接

7.6.3.1 法兰连接尺寸和密封面形式应符合 GB/T 17241.6 和 GB/T 17241.7 的规定。

7.6.3.2 法兰和对夹连接的两端密封面应平行,平行度应符合 GB/T 1184—1996 的 12 级精度。

7.6.3.3 法兰和对夹连接可根据结构要求设置带螺纹的螺栓孔。

7.6.3.4 蝶阀与驱动装置连接的法兰或二级驱动装置连接法兰应符合 GB/T 12223 的规定。

7.6.3.5 K 型机械式和 T 型滑入式承插口的型式及尺寸应符合 GB/T 13295 的规定。

7.6.4 结构长度

法兰连接蝶阀的结构长度应符合 GB/T 12221—2005 的规定,公称尺寸小于 DN2000 蝶阀采用 13 系列,大于或等于 DN2000 蝶阀采用 14 系列。承插口连接蝶阀的结构长度应在订货合同中确定。

7.6.5 阀座

7.6.5.1 偏心蝶阀阀座的最小内径不应小于表 1 的规定。

表 1 阀座最小内径　　　　　　　　　　　　　　单位为毫米

公称尺寸	阀座最小内径	公称尺寸	阀座最小内径
50	44	600	575
65	59	700	670
80	74	800	770
100	94	900	870
125	119	1 000	970
150	144	1 200	1 160
200	190	1 400	1 360
250	230	1 600	1 560
300	280	1 800	1 760
350	325	2 000	1 960
400	375	2 200	2 140
450	425	2 400	2 340
500	475	2 600	2 540

7.6.5.2 偏心蝶阀阀座与阀体的固接可采用焊接、胀接、嵌装或螺栓连接等方式。

7.6.5.3 偏心蝶阀阀座采用焊接时,焊后应充分消除应力,加工后焊层厚度应不小于 1.5 mm。

7.6.5.4 中线蝶阀不应缩径,橡胶密封件宜设置在阀体上或在蝶板上包胶等。

7.7 蝶板与阀杆

7.7.1 蝶板与阀杆应能承受介质作用在蝶板上最大压差的 1.5 倍。

7.7.2 蝶板设计厚度不应超过轴径的 2.25 倍,可设置筋板增加刚性,但筋板应采用无妨碍介质流动的形式。

7.7.3 阀杆可采用整体轴,也可采用两个分离的短轴。采用短轴时,其嵌入轴孔的长度不应小于轴径的 1.5 倍。阀杆可用销轴、紧密配合螺栓、圆锥销、扁榫、方榫、花键或其他紧固件固定在蝶板上,并应保证正常工作时不松动。

7.8 轴承和轴封

7.8.1 蝶阀轴承应能承受阀杆传递的最大载荷,且应采用自润滑轴承。

7.8.2 公称尺寸大于或等于 DN300 蝶阀的阀杆底部应设置承受轴向推力和控制蝶板轴向窜动的轴承。

7.8.3 在阀杆伸出端设置的 V 形或 O 形橡胶密封圈应不少于 3 道。

7.9 齿轮箱

7.9.1 地下安装的蝶阀,传动机构齿轮箱应完全封闭,防护等级不应低于 GB 4208—2008 中 IP68 的要求,润滑油脂应充满 90% 以上的内部剩余空间。

7.9.2 当用户提出手动蝶阀增加过扭矩保护装置时,应在合同中注明。

7.10 涂装及外观

7.10.1 零件表面应清洁光滑,不应有裂纹、砂眼、毛刺、粘附物及其他影响使用的缺陷。

7.10.2 铸件应经抛丸(喷砂)处理,除去氧化皮、污渍等杂质,应符合 GB/T 8923.1—2011 规定的 Sa2.5 表面处理等级,并在抛丸完成后 6 h 内涂装。

7.10.3 涂装宜采用环氧树脂粉末静电喷涂,涂层固化后不应溶解于水,不应影响水质。除配合面外,内表面涂装厚度应不小于 250 μm,外表面涂装厚度应不小于 150 μm。

7.10.4 涂装后表面应光滑、均匀,无杂物混入、针孔、漏喷等缺陷。

7.11 操作

7.11.1 蝶阀驱动方式可采用手动、电动、液动、气动等。当采用电动、液动、气动驱动装置时,其输出扭矩应大于阀轴扭矩的 1.1 倍~1.3 倍,但应不大于 1.5 倍。手动装置应符合 JB/T 8531 的规定。

7.11.2 驱动装置应能保证蝶阀在最大工作水压和最大流速工况下正常操作。

7.11.3 采用手轮(包括驱动装置的手轮)或手柄操作的蝶阀,面向手轮或手柄时,应顺时针方向转动手轮或手柄为关闭蝶阀。

7.11.4 手轮的轮缘或轮芯上应设置明显的指示蝶阀关闭方向的箭头和"关"字,"关"字应放在箭头的前端,也可标上开、关双向的箭头和"开""关"字样。用手轮操作时,最大操作力不应超过 350 N。用传动帽操作时,T 型扳手的操作扭矩不应超过 200 Nm。传动帽尺寸应符合附录 C 的规定。

7.11.5 地下卧装、立装蝶阀的开度指示均应使地面操作人员清晰可见。

7.11.6 电动驱动装置应具备手动操作功能。当采用电动操作时,用于手动操作的手轮、接头、链轮等不能旋转。

7.12 蝶板定位

蝶阀应能顺利的完全开启及关闭,开关过程中应无卡阻现象。蝶板最佳关闭位置应在外部有可调的限位机构;手柄操作的中线蝶阀,应至少有 3 个以上不同开启位置的锁定机构。

7.13 饮用水卫生要求

蝶阀用于生活饮用水管道时,凡与水接触的材料,不应污染水质。

7.14 启闭循环次数

启闭循环次数不应低于表 2 的规定。阀门承压件任何部位不应有永久变形,泄漏量应符合 GB/T 13927

的规定。

表 2 启闭循环次数

蝶阀公称尺寸		次数
≤DN500	手动	250
	电动、气动、液动	2 500
DN600~DN1100	手动	125
	电动、气动、液动	1 250
DN1200~DN1800	手动	65
	电动、气动、液动	650
DN1900~DN2600	手动	35
	电动、气动、液动	350

8 试验方法

8.1 强度试验

强度试验应按 GB/T 13927 执行,应符合 7.4 的规定。

8.2 密封试验

密封试验应按 GB/T 13927 执行,试验时,对于单向密封蝶阀,按阀体上标示的密封方向加压;对于双向密封蝶阀,从不利于密封的方向加压。试验结果应符合 7.5 的规定。

8.3 阀体检验

阀体最小壁厚可采用专用卡钳和测厚仪检测,应符合 7.6.1 的规定。

8.4 端面法兰 K 型机械承插口、T 型滑入式承插口尺寸检验

用精度符合规定极限偏差要求的通用量具检验,应符合 GB/T 17241.6 和 GB/T 13295 的规定。

8.5 结构长度检验

用精度符合规定极限偏差要求的通用量具检验,应符合 GB/T 12221 的规定。

8.6 阀座内径尺寸检验

用精度符合规定极限偏差要求的通用量具检验,应符合 7.6.5 的规定。

8.7 齿轮箱检验

箱体应按 7.9 条的规定,置于水下 3 m、3 h 水不会浸入,应符合 GB 4208—2008 的规定。

8.8 外观及涂装检验

外观通过目测检验,应符合 7.10 的规定;涂层附着力应按 GB/T 9286—1998 测定,达到划格法 1 mm² 不脱落;涂层硬度应按 GB/T 6739—2006 测定,达到铅笔硬度 2H;并应有耐 1.5 kV 以上电压的

绝缘性能;抗冲击应用球形端面的落锤,0.5 kg 重,1 m 高自由落下,撞击涂装表面无裂纹、剥落和漏电现象。

8.9 操作检验

目测和手动操作检验,应符合 7.11 的规定。

8.10 蝶板定位检验

用手动装置开关蝶板,启闭不少于 3 次,观察有无卡阻现象。蝶板在关闭最佳位置定位,应符合7.12 的规定。

8.11 卫生检验

应符合 7.13 的要求以及 GB/T 17219 的规定。

8.12 启闭循环次数试验

启闭循环次数试验应按 7.14 执行,试验方法如下:
a) 试验介质为常温清水。
b) 无论蝶阀采用何种方式操作,其操作装置应与阀门一同试验。手轮直接带动或由齿轮箱带动的手动操作蝶阀,应用寿命试验机的驱动机构带动蝶阀的手轮或蜗杆减速机构的手轮;由电动、液动、气动或其他驱动装置的蝶阀,应用其驱动装置带动蝶阀进行试验。
c) 以全关保持密封位置为起点,阀门的开度应达到实际开度的 90% 以上。
d) 从开启位置到关闭的过程,阀腔内介质压力应为 90%~100% 的蝶阀公称压力;到达关闭位置后,蝶阀的出口侧应将介质压力释放。
e) 应以 7.11 规定的扭矩或最大操作力值关闭蝶阀。
f) 每启闭循环 1/5 全额次数,进行一次密封性能和操作力矩的检查。密封性能合格后,继续试验,不合格时从零开始试验。
g) 启闭循环次数应符合 7.14 的规定,试验次数应通过寿命试验机或电动、液动、气动或其他联动装置驱动的行程开关信号,采用电磁计数器记录。

9 检验规则

检验分出厂检验和型式检验。

9.1 出厂检验

9.1.1 每台产品均应由制造厂质检部门按表 3 进行出厂检验,检验合格后,应附有产品合格证,方可出厂。

表 3 出厂检验和型式检验项目

项 目	出厂检验	型式检验	要求条款	方法条款
强度	√	√	7.4	8.1
密封	√	√	7.5	8.2
阀体壁厚	—	√	7.6.1	8.3

表 3（续）

项 目	出厂检验	型式检验	要求条款	方法条款
端面尺寸	—	√	7.6.3	8.4
结构长度尺寸	—	√	7.6.4	8.5
阀座内径尺寸	—	√	7.6.5	8.6
齿轮箱	—	√	7.9	8.7
外观及涂装	√（抽查）	√	7.10	8.8
操作	√	√	7.11	8.9
蝶板定位	√	√	7.12	8.10
卫生	—	√	7.13	8.11
启闭循环次数	—	√	7.14	8.12
注："√"表示应做项目；"—"表示不应做项目；"√（抽查）"表示出厂产品进行抽查（不少于1个）。

9.1.2 出厂检验应符合表 3 的规定。

9.2 型式检验

凡属下列情况之一应按表 3 进行型式检验：

a) 新产品试制的定型鉴定；

b) 批量生产后，有重大设计改进、工艺改进，可能影响产品性能时；

c) 产品停产 2 a 以上，恢复生产时；

d) 产品正常生产 5 a 时。

9.3 判定规则

9.3.1 7.4 和 7.5 为质量否决项，任一项不合格判定为不合格品。

9.3.2 其余各项不合格，允许一次返修或加倍抽样，经返修或加倍抽样后仍然不合格，判定为不合格品。

10 标志、包装、贮存

10.1 标志

10.1.1 产品标志应符合 GB/T 12220 的规定。蝶阀外表面的适当位置，应牢固固定耐锈蚀的产品标牌，并至少包括下列内容：

a) 制造厂全称；

b) 产品名称、规格及型号；

c) 制造编号和出厂日期；

d) 商标。

10.1.2 包装标志应至少包括下列内容：

a) 制造厂全称；

b) 产品名称、规格及型号；

c) 箱体外形尺寸（mm）；

d) 产品件数和质量(kg);

e) 装箱日期;

f) 注意事项。

10.2 包装、贮存

10.2.1 产品包装前应将蝶阀内腔的水排尽晾干,蝶板应开启 4°～5°,两端口应封盖。

10.2.2 产品包装宜用箱装,应符合 JB/T 7928 的规定。

10.2.3 包装箱内应至少有下列资料:

a) 出厂合格证明书;

b) 装箱清单;

c) 产品使用说明书,应符合 GB/T 9969 的规定。

10.2.4 产品应存放在干燥的室内,不应露天放置。

附　录　A
（资料性附录）
蝶阀基本结构型式

A.1　立式偏心型双法兰连接蝶阀见图 A.1。

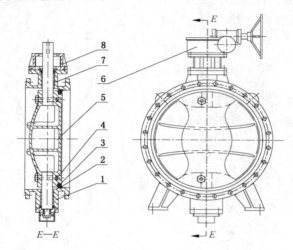

说明：

1——阀体；　　　　　　　5——蝶板；

2——阀座；　　　　　　　6——驱动装置；

3——蝶板密封圈；　　　　7——轴承；

4——圆锥销；　　　　　　8——支架。

图 A.1　偏心型双法兰连接蝶阀（立式）

A.2　卧式偏心型双法兰连接蝶阀见图 A.2。

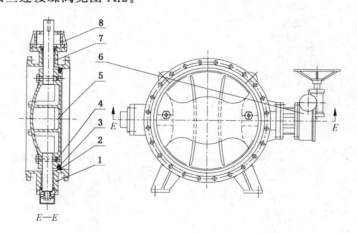

说明：

1——阀体；　　　　　　　5——蝶板；

2——阀座；　　　　　　　6——驱动装置；

3——蝶板密封圈；　　　　7——轴承；

4——圆锥销；　　　　　　8——支架。

图 A.2　偏心型双法兰连接蝶阀（卧式）

A.3 有销中线型对夹连接蝶阀见图 A.3。

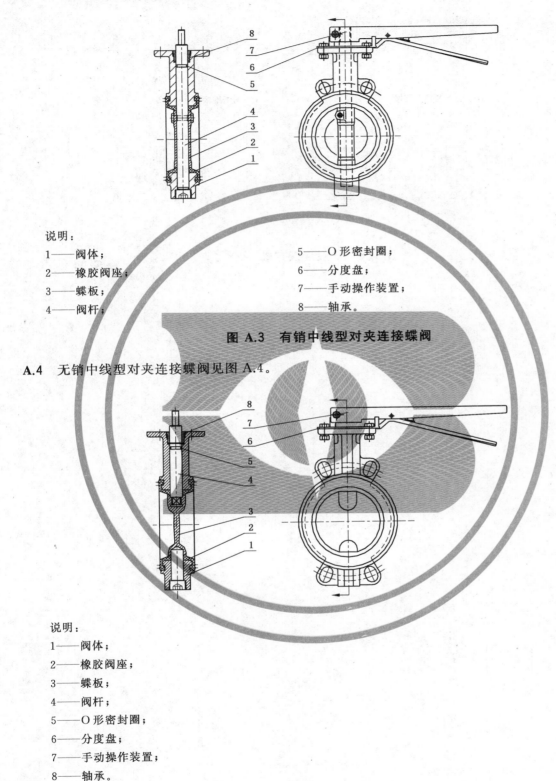

说明：
1——阀体；
2——橡胶阀座；
3——蝶板；
4——阀杆；
5——O 形密封圈；
6——分度盘；
7——手动操作装置；
8——轴承。

图 A.3 有销中线型对夹连接蝶阀

A.4 无销中线型对夹连接蝶阀见图 A.4。

说明：
1——阀体；
2——橡胶阀座；
3——蝶板；
4——阀杆；
5——O 形密封圈；
6——分度盘；
7——手动操作装置；
8——轴承。

图 A.4 无销中线型对夹连接蝶阀

A.5 一般连接方式见图 A.5。

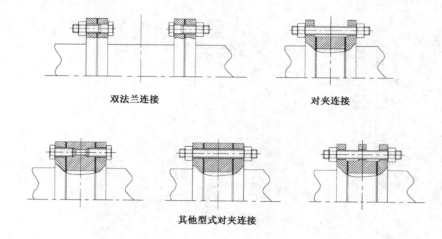

双法兰连接　　　　　　　　　对夹连接

其他型式对夹连接

图 A.5　一般连接方式

附 录 B

（资料性附录）

阀体最小壁厚计算方法

阀体最小壁厚计算方法见式(B.1)：

$$t = \left[\frac{(p + p')\text{DN}}{2W} + 8.5\left(1 + \frac{\text{DN}}{3\,500}\right)\right] \times 1.1 \quad\cdots\cdots\cdots\cdots\cdots\cdots\cdots\cdots\cdots (\text{B.1})$$

式中：

t ——壳体最小壁厚，单位为毫米(mm)；

p ——最高使用压力，单位为兆帕(MPa)；

p' ——水锤压力，宜取 0.55，单位为兆帕(MPa)；

W ——材料的许用拉应力，球墨铸铁的许用拉应力，QT450-10 为 90 MPa，QT400-15 为 80 MPa；

DN——蝶阀公称尺寸，单位为毫米(mm)；

1.1——附加裕度。

附　录　C
（规范性附录）
传　动　帽

传动帽见图 C.1 和表 C.1。

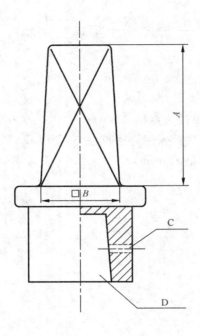

说明：
A ——方头高度尺寸；
B ——方头单面尺寸∠1:20；
C ——螺孔（固定螺钉用）；
D ——与阀门连接的用孔。

图 C.1　传动帽

表 C.1　传动帽主要尺寸　　　　　　　　　　　　　　　　　　　　　单位为毫米

公称尺寸	A	B	C	D
DN50～DN300	63	35	供需双方商定	供需双方商定
≥DN350	75	48		

ICS 23.065.30
P 40

中华人民共和国城镇建设行业标准

CJ/T 262—2016
代替 CJ/T 262—2007

给水排水用直埋式闸阀

Direct buried gate valves for water supply and drainage

2016-06-14 发布

2016-12-01 实施

中华人民共和国住房和城乡建设部　　发 布

前　言

本标准按照 GB/T 1.1—2009 给出的规则起草。

本标准是对 CJ/T 262—2007《给水排水用直埋式闸阀》的修订,本标准与 CJ/T 262—2007 相比,主要技术变化如下:

——扩大了公称尺寸范围;

——增加了加长杆组件的材料牌号和涂装要求;

——增加了加长杆组件的形位公差和加工要求;

——修改了阀盒、盒盖设计荷载数值;

——增加了用 T 型扳手手动操作力的要求;

——修改了涂层耐电压的等级。

本标准由住房和城乡建设部标准定额研究所提出。

本标准由住房和城乡建设部市政给水排水标准化技术委员会归口。

本标准起草单位:中国建筑金属结构协会、上海冠龙阀门机械有限公司、上海沪航阀门有限公司、安徽红星阀门有限公司、广东永泉阀门科技有限公司、安徽铜都流体科技股份有限公司、济南玫德铸造有限公司、杭州春江阀门有限公司、武汉大禹阀门股份有限公司、江苏竹簧阀业有限公司、山东建华阀门制造有限公司、博纳斯威阀门集团有限公司、上海欧特莱阀门机械有限公司、天津市国威给排水设备制造有限公司、福建蓝海市政园林建筑有限公司。

本标准主要起草人:华明九、刘建、刘杰、王光杰、张延蕙、曹掞、葛欣、李政宏、陈思良、陈寄、韩安伟、陈键明、程华、孔令磊、柴为民、李习洪、汤伟、王华梅、廖志芳、管金华、刘永、叶自灵、陈怀群。

本标准所代替标准的历次版本发布情况为:

——CJ/T 262—2007。

给水排水用直埋式闸阀

1 范围

本标准规定了城镇给水排水用直埋式闸阀(以下简称闸阀)的术语和定义、结构型式、型号、材料、要求、试验方法、检验规则、标志、包装和贮运等。

本标准适用于公称尺寸 DN50~DN900,公称压力 PN10~PN25,介质温度不大于 80 ℃,法兰或承插接口连接型式;球墨铸铁材质壳体,直接埋覆在地下且埋深不大于 5 m 的城镇给水排水用直埋式闸阀。

2 规范性引用文件

下列文件对于本文件的应用是必不可少的。凡是注日期的引用文件,仅注日期的版本适用于本文件。凡是不注日期的引用文件,其最新版本(包括所有的修改单)适用于本文件。

GB/T 699 优质碳素结构钢

GB/T 1184—1996 形状和位置公差 未注公差值

GB/T 1220 不锈钢棒

GB/T 4956 磁性基体上非磁性覆盖层 覆盖层厚度测量 磁性法

GB/T 6739 色漆和清漆 铅笔法测定漆膜硬度

GB/T 8923.1 涂覆涂料前钢材表面处理 表面清洁度的目视评定 第 1 部分:未涂覆过的钢材表面和全面清除原有涂层后的钢材表面的锈蚀等级和处理等级

GB/T 9286 色漆和清漆 漆膜的划格试验

GB/T 10002.1 给水用硬聚氯乙烯(PVC-U)管材

GB/T 12220 工业阀门 标志

GB/T 12227 通用阀门 球墨铸铁件技术条件

GB/T 13912 金属覆盖层 钢铁制件浸镀锌层技术要求及试验方法

CJ/T 216 给水排水用软密封闸阀

JB/T 308 阀门 型号编制方法

JB/T 7928 工业阀门 供货要求

3 术语和定义

下列术语和定义适用于本文件。

3.1

阀盒 surface box
埋设在地表层面,通过盒内加长杆的传动帽操作闸阀,带防盗装置的有盖盒子。

3.2

加长杆 extension spindle
为满足地面操作埋入地下的闸阀而接长的杆。

3.3

护管 **protection tube**

保护加长杆的套管。

4　结构型式

闸阀的基本结构型式应为暗杆型,配置加长杆、护管和阀盒,闸阀基本结构型式示意图参见附录A图 A.1。

5　型号

闸阀的型号编制应符合 JB/T 308 的规定,类型代号 MZ。

6　材料

6.1　闸阀零件材料应符合 CJ/T 216 的规定。

6.2　闸阀零部件材料应符合表 1 的规定。

表 1　零部件材料

零件名称	材料名称	标准号	材料牌号
加长杆	不锈钢	GB/T 1220	20Cr13
	优质碳素结构钢	GB/T 699	40、45
护管	硬聚氯乙烯管材	GB/T 10002.1	PN16
阀盒、盒盖	球墨铸铁	GB/T 12227	QT450-10、QT500-7

7　要求

7.1　闸阀

7.1.1　闸阀的结构型式、型号、要求、试验方法、检验规则、标志和供货,除涂装厚度尺寸外,应符合 CJ/T 216 的规定。

7.1.2　闸阀内外表面,采用环氧树脂粉末静电喷涂,涂层厚度应不小于 300 μm。

7.2　加长杆及护管

7.2.1　加长杆的直线度应不低于 GB/T 1184—1996 的第 11 级的规定。

7.2.2　加长杆和护管的长度调节量宜不小于 100 mm,并应设置限位装置,不应拉伸脱落。

7.2.3　加长杆的顶部应连接传动帽,传动帽的尺寸应符合 CJ/T 216 的有关规定。

7.2.4　加长杆与闸阀间应设置防脱机构。

7.2.5　加长杆应转动灵活可靠,无卡阻。加长杆的外径与护管内壁的间隙宜不小于 3 mm。

7.2.6　加长杆应能承受闸阀对应的功能试验扭矩和强度试验扭矩,结构不应损伤。

7.2.7　上、下两段伸缩护管的接合部位应具有防止砂粒、淤泥等进入的结构措施。

7.2.8　护管表面应平整光滑,不应有裂纹和磕碰损伤。

7.3 阀盒、盒盖

7.3.1 阀盒、盒盖宜为圆形。外壁应有能与路面固定的凸台,底部应设排水孔。

7.3.2 盒盖顶面与阀盒边缘应平齐,顶面防滑花纹的深度应不小于 3 mm,支承面的嵌入深度宜不小于 30 mm。

7.3.3 盒盖与阀盒间应设置防盗锁定装置。

7.3.4 设置在机动车道路、机动车停放场、机场和码头等地的闸阀,阀盒和盒盖的设计荷载应不小于 360 kN。设置在人行道、绿化带、住宅小区、背街小巷或仅有小型机动车行驶的区域的闸阀,其阀盒和盒盖的设计荷载应不小于 210 kN。

7.3.5 盒盖底部与阀盒接触面应进行机加工,粗糙度应不大于 25 μm。

7.3.6 阀盒构造不应将道路荷载和振动传递到加长杆上。

7.3.7 铸件表面应清洁光滑,不应有气泡、砂眼、裂纹、疤痕、毛刺等缺陷。

7.3.8 按 8.4 条试验后,不应出现裂纹。

7.4 涂装

7.4.1 碳钢加长杆,应采用环氧树脂粉末静电喷涂,涂层厚度应不小于 150 μm,或采用热镀锌处理,镀锌层厚度应不小于 65 μm,并应符合 GB/T 13912 的规定。

7.4.2 球墨铸铁材质的阀盒、盒盖内外表面应采用环氧树脂粉末静电喷涂,涂层厚度应不小于 150 μm。

7.4.3 金属表面应经喷砂(抛丸)处理,除去氧化皮、铁锈、油污等杂质,应达到 GB/T 8923.1 规定的 Sa2½ 表面处理等级,并应在喷砂后 6 h 内涂装。

7.4.4 涂装表面应清洁光滑,不应有杂物混入、漏喷和流挂等缺陷。

7.5 操作力及扭矩

加长杆的操作力应不大于 350 N,扭矩应符合附录 B 的规定。

8 试验方法

8.1 表面质量

用目测方法进行检验。

8.2 尺寸、粗糙度

尺寸用通用量具进行检验,粗糙度用表面粗糙度仪检验。

8.3 功能扭矩及强度扭矩

8.3.1 应只对加长杆部件进行试验。

8.3.2 将闸阀全关,任一端施加公称压力,顺时针方向加在传动帽上,应符合附录 B 中功能试验扭矩的规定。

8.3.3 泄除水压,将闸阀全开,逆时针方向施加在传动帽上的扭矩,应符合附录 B 中强度试验扭矩的规定。

8.4 阀盒、盒盖承载能力

应通过外加荷载进行试验。

8.5 涂装

8.5.1 环氧树脂涂层

a) 涂层厚度用数字式覆层测厚仪检验,应符合 7.1 和 GB/T 4956 的规定。

b) 涂层硬度用硬度计检验,应符合 GB/T 6739 规定的铅笔 2H 硬度。

c) 涂层附着力应符合 GB/T 9286 规定的划格法 1 mm² 不脱落。

d) 涂层用针孔电火花检测仪检验,耐电压应不小于 1.5 kV,不被击穿,无针孔和超薄漏电现象。

e) 抗冲击用球形端面的落锤试验,应能承受 0.5 kg 重落锤,高度 1 m 自由落下,涂层无裂纹、皱纹及剥落现象。

8.5.2 热镀锌涂层

碳钢件热镀锌,涂层厚度尺寸用测厚仪检验,应符合 7.4.1 的规定。

8.6 操作力及扭矩试验

用力矩扳手进行试验,应符合 7.5 的规定。

9 检验规则

产品检验分为型式检验和出厂检验。

9.1 出厂检验

出厂检验项目见表 2。

9.2 型式检验

9.2.1 有下列情况之一时,应进行型式检验:

a) 新产品试制的定型鉴定;

b) 设计、工艺或材料改变,可能影响产品质量时;

c) 正常生产每 5 年进行一次;

d) 产品长期停产后,恢复生产时。

9.2.2 型式检验项目见表 2。

表 2 加长杆部件出厂检验和型式检验

检验项目	出厂检验	型式检验	要求	试验方法
表面质量	√	√	7.2、7.3、7.4	8.1
尺寸、粗糙度	√	√	7.2、7.3	8.2
阀盒、盒盖承载力	—	√	7.3	8.4
涂装	涂层厚度√	√	7.4	8.5
操作力及扭矩	√	√	7.5	8.6
注 1:"√"表示检验项目,"—"表示无需检验项目;				
注 2:材料在型式试验检验时查验。				

9.2.3 抽样方法及判定规则

在同一型号规格的一批闸阀中随机抽取最少基数 3 台,抽样数 1 台,进行型式检验。7.2、7.3 为质量否决项,一项不合格,即判定为不合格,其余项目中,有一项不符合要求时,用两倍数量的样品对该项进行复检,复检时仍有一项不符合要求,则判定为型式检验不合格。

10 标志、包装和贮运

10.1 标志

10.1.1 产品标志应符合 GB/T 12220 的规定。

闸阀外表面的适当位置,应牢固地钉上耐锈蚀的产品标牌,并应至少包括下列内容:

a) 制造厂全称;

b) 产品名称、规格及型号;

c) 制造编号和出厂日期;

d) 商标。

10.1.2 包装标志

包装外表面标志应包括下列内容:

a) 制造厂全称;

b) 产品名称、规格及型号;

c) 箱体外形尺寸;

d) 产品件数和质量;

e) 装箱日期;

f) 注意事项。

10.2 包装和贮运

10.2.1 产品包装前应将内腔水排尽晾干。

10.2.2 闸阀产品宜用箱装,在运输过程中产品不应损伤,加长杆等可裸装,应符合 JB/T 7928 的规定。

10.2.3 包装箱内应至少包括下列资料:

a) 出厂合格证;

b) 装箱清单;

c) 产品使用说明书。

10.2.4 产品应存放在干燥的室内、堆放整齐,不应露天放置。

附　录　A

（资料性附录）

闸阀基本结构型式

A.1 闸阀基本结构型式示意图见图 A.1。

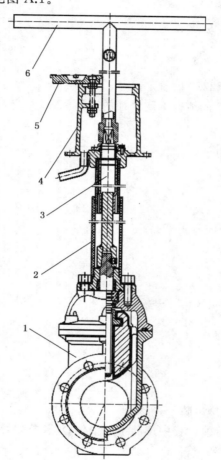

说明：

1——闸阀；

2——护管；

3——加长杆；

4——阀盒；

5——盒盖；

6——T形扳手。

图 A.1 闸阀基本结构型式示意图

附 录 B

（规范性附录）

试 验 扭 矩

B.1 试验扭矩应符合表 B.1 的规定。

表 B.1 试验扭矩表

公称尺寸(DN)/mm	强度试验扭矩(最小闸杆轴强度扭矩)/N·m	功能试验扭矩(最大阀杆轴功能扭矩)/N·m		
		PN 10	PN 16	PN 25
50	180	60		90
65	225	75		110
80	225	75		110
100	300	100		150
125	375	125		185
150	450	150		225
200	600	200		300
250	750	250		375
300	900	300		450
350	975	325		490
400	1 050	350		525
450	1 275	425		—
500	1 575	525		—
600	2 400	800		—
700	2 790	930		—
800	3 000	1 000		—
900	3 300	1 100		—

ICS 23.065.50
P 40

中华人民共和国城镇建设行业标准

CJ/T 282—2016
代替 CJ/T 282—2008

蝶形缓闭止回阀

Slow closure butterfly check valve

2016-06-14 发布   2016-12-01 实施

中华人民共和国住房和城乡建设部   发 布

前　言

本标准按照 GB/T 1.1—2009 给出的规则起草。

本标准是对 CJ/T 282—2008《蝶形缓闭止回阀》的修订,本标准与 CJ/T 282—2008 相比,主要技术变化如下:

——取消了阀体的灰铸铁材质;

——增加了蝶板在阀体内的初始开启压力和全开时最小流速的要求;

——增加了阻尼油缸的要求;

——提高了性能要求;

——增加了涂装检验项目。

本标准由住房和城乡建设部标准定额研究所提出。

本标准由住房和城乡建设部市政给水排水标准化技术委员会归口。

本标准起草单位:中国建筑金属结构协会、上海冠龙阀门机械有限公司、上海沪航阀门有限公司、安徽红星阀门有限公司、安徽铜都流体科技股份有限公司、济南玫德铸造有限公司、阀安格水处理系统(太仓)有限公司、杭州春江阀门有限公司、武汉大禹阀门股份有限公司、博纳斯威阀门集团有限公司、铁岭特种阀门股份有限公司、上海欧特莱阀门机械有限公司、天津市国威给排水设备制造有限公司、福建谦成建设有限公司。

本标准主要起草人:华明九、刘建、刘杰、王光杰、张延蕙、曹捩、葛欣、叶丽影、李政宏、陈思良、陈寄、韩安伟、程华、孔令磊、蒋维俊、柴为民、李习洪、廖志芳、李振东、管金华、刘永、林敏燕。

本标准所代替标准的历次版本发布情况为:

——CJ/T 282—2008。

蝶 形 缓 闭 止 回 阀

1 范围

本标准规定了蝶形缓闭止回阀(以下简称止回阀)的术语和定义、结构型式、型号、材料、要求、试验方法、检验规则、标志、包装和贮运。

本标准适用于公称尺寸 DN300～DN2000,公称压力不大于 PN16,介质为水,水温不大于 55 ℃,用以防止破坏性停泵水锤、控制水泵反向转速的止回阀。

2 规范性引用文件

下列文件对于本文件的应用是必不可少的。凡是注日期的引用文件,仅注日期的版本适用于本文件。凡是不注日期的引用文件,其最新版本(包括所有的修改单)适用于本文件。

GB/T 699 优质碳素结构钢

GB/T 1047 管道元件 DN(公称尺寸)的定义和选用

GB/T 1048 管道元件 PN(公称压力)的定义和选用

GB/T 1800.2—2009 产品几何技术规范(GPS)极限与配合 第2部分:标准公差等级和孔、轴极限偏差表

GB/T 4956 磁性基体上非磁性覆盖层 覆盖层厚度测量 磁性法

GB/T 6739 色漆和清漆 铅笔法测定漆膜硬度

GB/T 8923.1 涂覆涂料前钢材表面处理 表面清洁度的目视评定 第1部分:未涂覆过的钢材表面和全面清除原有涂层后的钢材表面的锈蚀等级和处理等级

GB/T 9286 色漆和清漆 漆膜的划格试验

GB/T 12220 工业阀门 标志

GB/T 12221 金属阀门 结构长度

GB/T 12225 通用阀门 铜合金铸件技术条件

GB/T 12227 通用阀门 球墨铸铁件技术条件

GB/T 13927 工业阀门 压力试验

GB/T 17219 生活饮用水输配水设备及防护材料的安全性评价标准

GB/T 17241.6 整体铸铁法兰

GB/T 17241.7 铸铁管法兰 技术条件

GB/T 20878 不锈钢和耐热钢 牌号及化学成分

GB 26640—2011 阀门壳体最小壁厚尺寸要求规范

HG/T 3091 橡胶密封件 给、排水管及污水管道用接口密封圈 材料规范

JB/T 308 阀门 型号编制方法

JB/T 7928 工业阀门 供货要求

3 术语和定义

3.1

蝶形缓闭止回阀 slow closure butterfly check valve

安装在水泵出口,靠介质压力推动蝶板开启,正常或非正常停泵时,靠蝶板和重锤自重及介质倒流压力推动蝶板,先快速关闭大部分行程,然后利用缓冲装置阻尼作用,慢速关闭剩余部分行程,防止破坏性水锤发生并参与控制水泵反向转速的阀门。

4 结构型式

止回阀的结构型式,可由阀体、蝶板、缓冲装置、重锤等主要部件组成,基本结构型式参见附录 A。

5 型号

止回阀型号的编制应符合 JB/T 308 的规定,类型代号 DH。

6 材料

止回阀主要零件材料应符合表 1 的规定,也可选用机械性能相当或高于表中材料的其他材料。

表 1 主要零件材料

零件材料	材料		
	名 称	牌 号	标 准
阀体	球墨铸铁	QT450-10、QT500-7	GB/T 12227
蝶板	球墨铸铁	QT450-10、QT500-7	GB/T 12227
重锤	球墨铸铁	QT450-10、QT500-7	GB/T 12227
阀轴、紧固件	马氏体型不锈钢	12Cr13、20Cr13、30Cr13	GB/T 20878
	奥氏体型不锈钢	12Cr17Ni7、07Cr19Ni11Ti、06Cr17Ni12Mo2	GB/T 20878
阀座	奥氏体型不锈钢	06Cr19Ni9、06Cr17Ni12Mo2Ti、06Cr17Ni12 Mo2	GB/T 20878
	铝青铜	ZCuA110Fe3	GB/T 12225
阀体密封圈、蝶板密封圈	橡胶	CR、NBR、EPDM	HG/T 3091
轴承	铝青铜、锡青铜	ZCuAl10Fe3 、ZCuSn5-5-5	GB/T 12225
阻尼油缸缸体	马氏体型不锈钢	12Cr13、20Cr13、30Cr13	GB/T 20878
	优质碳素钢	20、35	GB/T 699
阻尼油缸活塞	铝青铜、锡青铜	ZCuAl10Fe3、ZCuSn5-5-5	GB/T 12225
	球墨铸铁	QT400-15、QT450-10	GB/T 12227
阻尼油缸活塞杆	马氏体型不锈钢	20Cr13、30Cr13	GB/T 20878

7 要求

7.1 表面质量

金属表面不应有裂纹、气泡、砂眼、毛刺、疤痕等,不应补焊;涂装表面应平整、光滑,不应有杂物混入、漏喷和流挂等缺陷。

7.2 公称尺寸

公称尺寸应符合 GB/T 1047 的规定。

7.3 公称压力

公称压力应符合 GB/T 1048 的规定。

7.4 结构长度

结构长度应符合 GB/T 12221 的规定,或符合订货合同的要求。

7.5 端面法兰

端面法兰应符合 GB/T 17241.6 和 GB/T 17241.7 的规定。

7.6 阀体

7.6.1 阀体最小壁厚应符合 GB 26640—2011 表 9 的规定,标准中未规定的应按附录 B 方法计算,强度设计的许用应力不应超过材料强度极限的 1/5 或屈服极限的 1/3。

7.6.2 阀体应在适当位置设置吊环,公称尺寸大于 DN700 时,应设置地脚支撑。

7.7 阀座

7.7.1 阀座宜斜置,亦可和止回阀通道轴线垂直设置。阀座垂直设置时,其内径应不小于 95% 公称尺寸。

7.7.2 当采用分体式阀座时,阀座与阀体的固接可采用焊接、嵌装、胀接等方式。

7.7.3 阀座采用堆焊时,焊后应充分消除应力,加工后堆焊层厚度应不小于 2 mm。

7.8 蝶板与阀轴

7.8.1 蝶板与阀轴应能承受介质作用在蝶板上的最大压差的 1.5 倍的负荷。

7.8.2 蝶板的厚度不应大于 2.25 倍轴径,可设置筋板,筋板型式不应妨碍介质流动。

7.8.3 蝶板和阀轴的连接强度应能传递阀轴承受的最大扭矩的 75%。阀轴应用紧固件固定在蝶板上。

7.8.4 蝶板在阀体内的开度宜与管道中心轴线平行,且应有开度限位装置;公称尺寸不大于 DN1 000 时,初始开启压力应不大于 0.04 MPa;公称尺寸大于 DN1 000 时,初始开启压力应不大于 0.02 MPa,全开最小流速应不大于 2.5 m/s。

7.9 轴承和轴封

7.9.1 轴承长度不应小于阀轴直径。

7.9.2 在阀轴伸出端设置的 V 型或 O 型橡胶密封圈不应少于两道。用于与生活饮用水接触的密封圈,不应采用含石棉的材料。

7.10 涂装

7.10.1 零件表面,不应有裂纹、砂眼等影响使用的缺陷。

7.10.2 铸件应经抛丸或喷砂处理,除去氧化皮、污渍等杂质,应达到 GB/T 8923.1 中规定的 Sa2 ½ 表面处理等级,并应在完成后 6 h 内涂装。

7.10.3 涂装宜采用环氧树脂粉末静电喷涂,涂层固化后不应溶解于水,不应影响水质。阀体内表面及蝶板涂装厚度应不小于 250 μm,阀体外表面涂装厚度应不小于 150 μm。

7.10.4 涂层质量应达到铅笔 2H 硬度,附着力 1 mm² 不脱落、耐电压 1.5 kV 不被击穿,0.5 kg 重锤 1 m 高自由落下无裂纹、皱纹及剥落现象。

7.11 强度

7.11.1 阀体的静水压强度试验压力和持压时间应符合 GB/T 13927 的规定。

7.11.2 阻尼油缸应能承受静压强度 6.0 MPa,持压时间不小于 120 s,应无可见性变形及渗漏。

7.12 密封

7.12.1 在止回阀密封有利方向,进行密封试验,试验压力、持压时间和泄漏量应符合 GB/T 13927 的规定。

7.12.2 油缸活塞杆应能在外部荷载条件下,使缸内油压达到 6.0 MPa,持压时间不小于 120 s,活塞位移应不大于 2 mm,无可见性渗漏。

7.13 阻尼油缸

阻尼缸体的活塞与缸体之间应采用橡胶圈密封,配合公差应符合 GB/T 1800.2—2009 中 H8 级的规定,缸体内壁粗糙度宜为 Ra 0.4 μm~0.1 μm,圆柱度不应大于直径公差之半,圆度、锥度公差应不大于 0.04 mm,活塞与活塞杆的垂直度在 100 mm 长度上应不大于 0.04 mm。缸体内表面应镀铬,并经研磨抛光,缸体外表面应做防腐处理。

7.14 卫生

用于生活饮用水管道,卫生性能应符合 GB/T 17219 的规定。

7.15 性能

7.15.1 停泵时,止回阀先速闭 75%~90% 行程,时间应不大于 5 s,后缓闭 25%~10% 行程,缓闭时间 120 s 以内可调。止回阀完全关闭瞬间最大水锤压力升值应不大于 30% 的额定压力。且使水泵倒转转速不大于 1.2 倍水泵额定正向转速。

7.15.2 止回阀的蝶板应动作灵活,阻尼油缸应能满足蝶板开度要求,启闭无卡阻现象。

8 试验方法

8.1 表面质量、尺寸

用目测和通用量具检验,应符合 7.1~7.9 和 7.13 的规定。

8.2 涂装

8.2.1 涂层厚度用数字式覆层测厚仪检验,应符合 7.10 和 GB/T 4956 的规定。

8.2.2 涂层硬度用硬度计检验,应符合 GB/T 6739 规定的铅笔 2H 硬度。

8.2.3 涂层附着力应符合 GB/T 9286 规定的划格法 1 mm² 不脱落。

8.2.4 涂层用针孔电火花检测仪检验,耐电压应不小于 1.5 kV,不被击穿,无针孔和超薄漏电现象。

8.2.5 抗冲击用球形端面的落锤试验,应能承受 0.5 kg 重落锤,高度 1 m 自由落下,涂层无裂纹、皱纹及剥落现象。

8.3 阀体强度

阀体强度试验应按 GB/T 13927 的规定执行,并应符合 7.11 的要求。

8.4 密封

按阀体标示的水流方向的反方向加压,应按 GB/T 13927 的规定执行,并应符合 7.12 的要求。

8.5 阻尼油缸

将油缸活塞推至缓闭段,用压力机在油缸杆上加压,应符合 7.13 的要求。

8.6 卫生

卫生检验应按 GB/T 17219 的规定执行,并应符合 7.14 的要求。

8.7 性能

8.7.1 防止破坏性停泵水锤性能试验,可在安装使用现场用其类似的水泵装置系统进行试验;整机动作过程应按附录 C 进行试验,应符合 7.8.4 和 7.15 的要求。

8.7.2 整体机械性能试验方法为:将蝶板吊起,若有重锤时,支撑住重锤,然后突然脱开,观察蝶板是否快速自然下落,阻尼油缸中节流阀全开的条件下,油缸进入缓闭阶段是否阻尼正常,应符合 7.15 的要求。

9 检验规则

9.1 出厂检验

9.1.1 出厂检验项目见表 2。

9.1.2 产品逐一进行检验,不符合要求为不合格。

9.2 型式检验

9.2.1 型式检验项目见表 2。

表 2 出厂检验及型式检验

项 目	出厂检验	型式检验	要求	试验方法
表面质量及尺寸	√	√	7.1～7.9、7.13	8.1
涂装	涂层厚度√	√	7.10	8.2
强度	√	√	7.11	8.3
密封	√	√	7.12	8.4
阻尼油缸	—	√	7.13	8.5
卫生	—	√	7.14	8.6
性能	动作试验√	√	7.8.4、7.15	8.7
注 1:"—"表示不应检验项目,"√"表示应检验项目。				
注 2:材料检验应在型式检验时进行。				

9.2.2 凡属下列情况之一时,应进行型式检验:

　　a) 新产品试制的定型鉴定;

　　b) 设计、工艺或材料改变、有可能影响产品性能时;

　　c) 产品正常生产 5 年时;

　　d) 产品长期停产后,恢复生产时。

9.3　抽样方法及判定规则

9.3.1 在同一型号规格的一批止回阀中,随机抽取最少 3 台,进行型式试验。本标准 7.11、7.12、7.15 为质量否决项,任一项不合格判定为不合格品。

9.3.2 其余各项中有一项不合格,用两倍数量的样品对该项进行复检,复检时仍有一项不符合要求,则判定为型式检验不合格。

10　标志、包装和贮运

10.1　标志

10.1.1 产品标志应符合 GB/T 12220 的规定。

　　止回阀外表面的适当位置,应牢固地钉上耐锈蚀的产品标牌,并应至少包括下列内容:

　　a) 制造厂全称;

　　b) 产品名称、规格及型号;

　　c) 制造编号和出厂日期;

　　d) 商标。

10.1.2 包装标志

　　包装外表面标志应至少包括下列内容:

　　a) 制造厂全称;

　　b) 产品名称、规格及型号;

　　c) 箱体外形尺寸;

　　d) 产品件数和质量;

　　e) 装箱日期;

　　f) 注意事项。

10.2　包装和贮运

10.2.1 产品包装前应将内腔水排尽晾干。

10.2.2 产品宜用箱装,在运输过程中产品不应损伤,应符合 JB/T 7928 的规定。

10.2.3 包装箱内应至少应有下列资料:

　　a) 出厂合格证;

　　b) 装箱清单;

　　c) 产品使用说明书。

10.2.4 产品应存放在干燥的室内、堆放整齐,不应露天放置。

附 录 A

（资料性附录）

蝶形缓闭止回阀基本结构型式

A.1 带重锤基本结构型式见图 A.1。

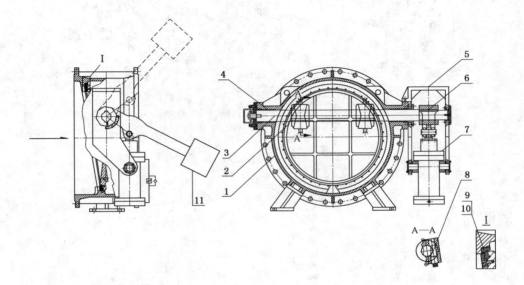

说明：

1 ——阀体；

2 ——蝶板；

3 ——阀轴；

4 ——轴承；

5 ——油缸支架；

6 ——摇臂；

7 ——阻尼油缸；

8 ——销轴；

9 ——蝶板密封圈；

10——阀座；

11——重锤。

图 A.1 带重锤基本结构型式示意图

A.2 无重锤 1 型基本结构型式示意图见图 A.2。

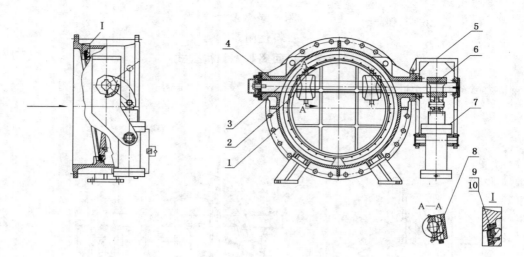

说明：

1 ——阀体；

2 ——蝶板；

3 ——阀轴；

4 ——轴承；

5 ——油缸支架；

6 ——摇臂；

7 ——阻尼油缸；

8 ——销轴；

9 ——蝶板密封圈；

10——阀座。

图 A.2 无重锤 1 型基本结构型式示意图

A.3 无重锤 2 型基本结构型式示意图见图 A.3。

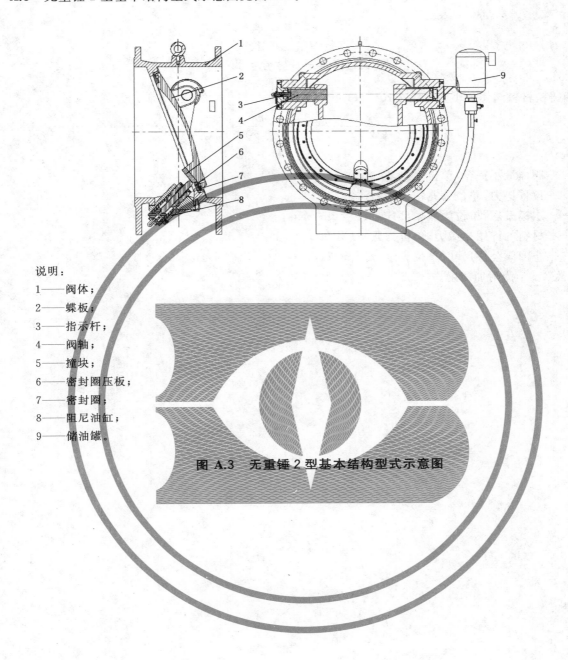

说明：
1——阀体；
2——蝶板；
3——指示杆；
4——阀轴；
5——撞块；
6——密封圈压板；
7——密封圈；
8——阻尼油缸；
9——储油罐。

图 A.3 无重锤 2 型基本结构型式示意图

附　录　B

（规范性附录）

阀体最小壁厚计算方法

B.1　球墨铸铁材料阀体最小壁厚应按式（B.1）进行计算：

$$t = \left[\frac{(p+p')\text{DN}}{2W} + 8.5\left(1+\frac{\text{DN}}{3\,500}\right) \right] \times 1.1 \quad \cdots\cdots\cdots\cdots\cdots\cdots \text{（B.1）}$$

式中：

t　——阀体最小壁厚，单位为毫米（mm）；

p　——设计压力，单位为兆帕（MPa）；

p'　——水锤升压，单位为兆帕（MPa），$p'=0.5$ MPa；

W　——材料的许用拉应力，单位为兆帕（MPa）；

DN——止回阀公称尺寸，单位为毫米（mm）；

式中常数 1.1 为附加裕度。

附　录　C
（规范性附录）
整机动作过程试验方法

C.1　试验装置示意图见图 C.1。

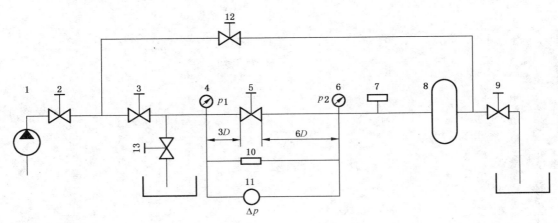

说明：
1 ————泵；
2,3,9,12,13————对夹蝶阀；
4,6 ————精密压力表；
5 ————被测阀；
7 ————流量计；
8 ————储水罐；
10 ————数显压力传感器；
11 ————差压变送器。

图 C.1　试验装置示意图

C.2　试验步骤：

a)　打开阀 2,3,9,关闭阀 12,13；

b)　启动水泵 1,使其管压系统升压到 0.3 MPa～0.4 MPa,见精密压力表 4 和压力表 6；

c)　手控调节阀 9,维持管中流速大于或等于 2.5 m/s 时的流量,稳定 60 s。用流量计 7 测流量；

d)　记录差压变送器数值并同时记录被测阀开度指针开度；

e)　紧急迅速关闭阀 3,9。同时迅速打开阀 12,13,水柱快速倒流。观察及测量水锤压力升值；

f)　阀及管道要求:无明显震动,异响,最大水锤压力升值小于或等于 30% 的系统水泵额定压力。

ICS 91.140.99
P 40

中华人民共和国城镇建设行业标准

CJ/T 283—2017
代替 CJ/T 283—2008

偏 心 半 球 阀

Eccentric semi-ball valves

2017-09-26 发布

2018-05-01 实施

中华人民共和国住房和城乡建设部　　发 布

前　言

本标准按照 GB/T 1.1—2009 给出的规则起草。

本标准代替了 CJ/T 283—2008《偏心半球阀》，与 CJ/T 283—2008 相比，除编辑性修改外，主要技术内容变化如下：

——修改了公称尺寸和公称压力范围；

——新增了术语和定义中侧装结构的定义；

——新增了侧装式偏心半球阀的结构型式；

——修改了阀门类型代号；

——修改了结构长度及公差；

——修改了缩口型最小流道的尺寸；

——新增了阀座可采用软密封材料制作；

——修改了表面涂装要求；

——新增了油漆喷涂要求；

——修改了阀门开启时手柄位置要求；

——修改了操作机构箱体防护等级关于 IP68 的测试条件及润滑油施加要求；

——新增了 DN 1 200～DN 2 000 启闭循环次数。

本标准由住房和城乡建设部标准定额研究所提出。

本标准由住房和城乡建设部建筑给水排水标准化技术委员会归口。

本标准起草单位：中国建筑金属结构协会、上海冠龙阀门机械有限公司、明珠阀门集团有限公司、上海沪航阀门有限公司、杭州春江阀门有限公司、天津市塘沽第一阀门厂、山东莱德管阀有限公司、安徽红星阀门有限公司、精嘉阀门集团有限公司、玫德集团有限公司、安徽铜都流体科技股份有限公司、株洲南方阀门股份有限公司、武汉大禹阀门股份有限公司、天津市国威给排水设备制造有限公司、博纳斯威阀门有限公司、合肥瑞联阀门有限公司、天津塘沽瓦特斯阀门有限公司。

本标准主要起草人：华明九、刘建、刘杰、曹揆、葛欣、刘丰年、李政宏、尤良友、陈思良、柴为民、项喜昌、张同虎、韩安伟、金宗林、孔令磊、赵玉龙、严杰、黄靖、李习洪、刘永、廖志芳、金峰、霍克强。

本标准所代替标准的历次版本发布情况为：

——CJ/T 283—2008。

偏 心 半 球 阀

1 范围

本标准规定了偏心半球阀的术语和定义、结构型式及型号、材料、要求、试验方法、检验规则、标志、包装和贮存。

本标准适用于公称尺寸 DN 40～DN 2000,最大允许工作压力不大于 6.3 MPa,介质为水、浆液或物理化学性质类似于水的其他液体的偏心半球阀。

2 规范性引用文件

下列文件对于本标准的应用是必不可少的。凡是注日期的引用文件,仅注日期的版本适用于本文件。凡是不注日期的引用文件,其最新版本(包括所有的修改单)适用于本文件。

GB/T 196 普通螺纹 基本尺寸

GB/T 197 普通螺纹 公差

GB/T 1047 管道元件 DN(公称尺寸)的定义和选用

GB/T 1048 管道元件 PN(公称压力)的定义和选用

GB/T 1732 漆膜耐冲击测定法

GB 4208 外壳防护等级(IP 代码)

GB/T 4956 磁性基体上非磁性覆盖层 覆盖层厚度测量 磁性法

GB/T 5210 色漆和清漆 拉开法附着力试验

GB/T 6739 色漆和清漆 铅笔法测定漆膜硬度

GB/T 8923.1—2011 涂覆涂料前钢材表面处理 表面清洁度的目视评定 第 1 部分:未涂覆过的钢材表面和全面清除原有涂层后的钢材表面的锈蚀等级和处理等级

GB/T 9113 整体钢制管法兰

GB/T 9124 钢制管法兰 技术条件

GB/T 9286 色漆和清漆 漆膜的划格试验

GB/T 9969 工业产品使用说明书 总则

GB/T 11211 硫化橡胶或热塑性橡胶 与金属粘合强度的测定 二板法

GB/T 12220 工业阀门 标志

GB/T 12221 金属阀门 结构长度

GB/T 12223 部分回转阀门驱动装置的连接

GB/T 12224 钢制阀门 一般要求

GB/T 12225 通用阀门 铜合金铸件技术条件

GB/T 12227 通用阀门 球墨铸铁件技术条件

GB/T 12229 通用阀门 碳素钢铸件技术条件

GB/T 12230 通用阀门 不锈钢铸件技术条件

GB/T 13927 工业阀门 压力试验

GB/T 17219　生活饮用水输配水设备及防护材料的安全性评价标准

GB/T 17241.6　整体铸铁法兰

GB/T 17241.7　铸铁管法兰　技术条件

GB/T 20878　不锈钢和耐热钢　牌号及化学成分

GB/T 21873　橡胶密封件　给、排水管及污水管道用接口密封圈　材料规范

GB/T 26146　偏心半球阀

GB 26640　阀门壳体最小壁厚尺寸要求规范

GB/T 32808　阀门　型号编制方法

JB/T 7928　工业阀门　供货要求

JB/T 8861　球阀静压寿命试验规程

3　术语和定义

下列术语和定义适用于本文件。

3.1

偏心半球阀　**eccentric semi-ball valves**

阀轴中心轴线与半球体中心线形成尺寸偏置，且仅在阀体一侧设置密封副的阀门。

3.2

上装结构　**top entry type**

阀门内部零部件从阀门上部安装和拆解的阀门结构型式。

3.3

侧装结构　**side entry type**

侧装结构型式

侧装式

半球阀的球体从球阀阀体侧面装入阀体内腔的结构型式。

3.4

半球体　**hemisphere**

半球形状的阀芯。

3.5

阀座　**valve seat**

位于阀体上，其密封面与半球体或球冠密封面配合，用于流道密封的零件。

3.6

球冠　**spherical cap**

位于半球阀半球体的上端，其密封面与阀座配合，用于流道密封的零件。

4　结构型式及型号

4.1　半球阀的结构型式按密封型式分为软密封和硬密封，宜由阀体、阀轴、半球体或球冠、阀盖、阀座等组成。其基本结构型式参见附录 A。

4.2　半球阀阀门类型代号用"PQ"表示，其余应符合 GB/T 32808 的规定。

5 材料

阀体、半球体、球冠、阀座等主要零件材料应符合表1的要求,也可选用机械性能相当或高于表1中材料性能的其他材料。

表1 主要零件材料

零件名称	材料		
	名称	牌号	标准
阀体、阀盖	不锈钢	CF8、CF8M	GB/T 12230
	球墨铸铁	QT400-15、QT450-10、QT500-7	GB/T 12227
	铸钢	WCB	GB/T 12229
半球体、球冠	不锈钢	CF8、CF8M、12Cr13、20Cr13	GB/T 12230、GB/T 20878
	球墨铸铁	QT400-15、QT450-10、QT500-7	GB/T 12227
	铸钢	WCB	GB/T 12229
阀轴、紧固件	马氏体不锈钢	12Cr13、20Cr13	GB/T 20878
	优质碳素钢	45	GB/T 12229
	奥氏体不锈钢	12Cr17Ni7、07Cr19Ni11Ti、06Cr17Ni12Mo2	GB/T 20878
阀座	奥氏体不锈钢	06Cr19Ni10、06Cr17Ni12Mo2Ti、06Cr17Ni12Mo2	GB/T 20878
	马氏体不锈钢	20Cr13、30Cr13	GB/T 20878
	铝青铜	ZCuAl10Fe3	GB/T 12225
密封件	橡胶	CR、NBR、EPDM	GB/T 21873
轴承	铝青铜、锡青铜	ZCuAl10Fe3、ZCuSn5-5-5、ZCuZn25Al6Fe3Mn3	GB/T 12225

6 要求

6.1 公称尺寸

公称尺寸应符合 GB/T 1047 的规定。

6.2 公称压力

公称压力应符合 GB/T 1048 的规定。

6.3 结构长度

结构长度应符合表2规定或订货合同的规定。结构长度的公差按 GB/T 12221 的规定。

表 2 偏心半球阀结构长度

单位为毫米

公称尺寸 DN	结构长度		公称尺寸 DN	结构长度		公称尺寸 DN	结构长度	
	全通径	缩径		全通径	缩径		全通径	缩径
40	165	165	250	533	330	800	1 300	1 000
50	203	178	300	610	356	900	1 400	1 100
65	222	190	350	686	450	1 000	1 550	1 200
80	241	203	400	762	530	1 200	1 750	1 300
100	305	229	450	864	580	1 400	2 000	1 500
125	356	254	500	914	660	1 600	2 200	1 800
150	394	267	600	1 067	680	1 800	2 500	2 100
200	457	292	700	1 150	900	2 000	2 700	2 300

6.4 连接方式

6.4.1 阀体材料采用球墨铸铁材质的半球阀,其端面法兰应与阀体整体铸造,并符合 GB/T 17241.6 和 GB/T 17241.7 的规定,为便于安装,法兰螺栓孔宜为通孔。

6.4.2 阀体材料采用钢制材料的半球阀,其端面法兰应与阀体整体铸造,并符合 GB/T 9113 和 GB/T 9124 的规定。

6.4.3 对焊连接的半球阀应采用钢制材料,坡口尺寸应符合 GB/T 12224 的规定。

6.5 阀体与半球体

6.5.1 阀体壁厚强度设计许用应力,不应超过材料强度极限的 1/5 或屈服极限的 1/3。阀体最小壁厚应符合 GB 26640 的规定或按标准计算。

6.5.2 阀体宜采用整体铸造,公称尺寸 DN 300 及以上时,应在阀体适当位置设置吊环,公称尺寸 DN 800 及以上时还应设置地脚支撑。

6.5.3 半球体应为实心半球,流道截面应为半圆柱形,不应小于阀体流道,半球阀全开时,应保证球体流道与阀体流道在同轴线上。

6.5.4 软密封半球阀的半球体,采用外表面全部包覆橡胶时,硫化后的橡胶不应有气泡、裂纹、疤痕、创伤、金属外露等缺陷,橡胶与金属间应全部粘接牢固,并在同工艺条件下做试片,依据 GB/T 11211 测定,粘合强度应不小于 1.725 MPa。软密封半球阀的半球体,也可采用软硬结合密封等其他分体式结构。

6.6 阀座

6.6.1 半球阀宜按全通径设计,阀座内径不应小于公称尺寸的 95%。采用缩径设计时,阀座内径不应小于 GB/T 26146 的规定。

6.6.2 当采用分体式阀座时,阀座与阀体的固接方式可采用焊接、嵌装、螺纹连接等多种型式。

6.6.3 阀座采用堆焊时,焊后应充分消除应力,加工后堆焊层厚度应不小于 2 mm。

6.7 上装结构的阀盖

6.7.1 阀盖应铸造成型,强度设计许用应力应符合 6.5.1 的规定。

6.7.2 阀盖与阀体的装配应设定位销或其他定位装置,确保偏心及密封。

6.7.3 阀盖与阀体连接的紧固件,数量应不少于 4 个,螺纹基本尺寸和公差应符合 GB/T 196 和 GB/T 197 的规定。

6.8 阀轴

6.8.1 阀轴应设计存在介质压力时,拆开阀轴密封挡圈(压板)时,阀轴应采用防冲出设计。

6.8.2 阀轴强度设计的许用应力,不应超过材料屈服极限的 1/3。

6.8.3 阀轴与轴套装配时,严禁使用密封剂,但允许使用粘度不大于煤油粘度的轻质润滑油。用在生活饮用水系统时润滑油应满足食品级规定。

6.8.4 软密封半球阀阀轴和半球体连接,可采取分体浮动结构或整体固定结构。硬密封半球阀阀轴和半球体连接,应采用整体固定结构。

6.9 轴封

6.9.1 上端轴承应采用具有自润滑性能的青铜合金材料或复合材料,轴承长度不应小于阀轴直径的 1.0 倍。

6.9.2 阀轴伸出端设置的 V 型或 O 型橡胶密封圈,不应少于两道,用于和生活饮用水接触的密封圈,严禁采用含有石棉的材料。

6.9.3 轴封密封圈应能在线更换,维修方便。

6.10 涂装及外观

6.10.1 零件表面应清洁,不应有裂纹、砂眼、毛刺、黏附物及其他影响使用的缺陷。

6.10.2 铸件应经抛丸或喷砂处理,达到 GB/T 8923.1—2011 中规定的 Sa2½ 表面处理等级,并在完成后 4 h 内进行涂装。

6.10.3 涂装应符合下列规定:

    a) 采用环氧树脂粉末静电喷涂时,内外表面涂装厚度应不小于 250 μm,局部最薄点涂装厚度应不小于 150 μm。涂层附着力平均值应不低于 8 MPa,单点最小值应不低于 6 MPa;

    b) 采用油漆喷涂时,内外表面涂装厚度应不小于 150 μm。涂层附着力应符合 GB/T 9286 的规定,剥落程度应不超过 2 级。

6.10.4 涂层固化后不应溶解于水,不应影响水质。涂层硬度应符合 GB/T 6739 的规定,不得低于 HB 级。抗冲击应能在 1 kg 重锤、0.5 m 高自由落下,无裂纹、皱纹及剥落现象。安装在地下的半球阀,应能耐电压 1.5 kV 不被击穿。

6.10.5 涂装后外观应平整、光滑,喷涂均匀、无流挂和漏涂等缺陷。

6.11 阀体强度

阀体的静水压强度试验压力和持压时间应符合 GB/T 13927 的规定。应无渗漏、冒汗及可见性变形。

6.12 密封

密封试验时,试验介质为液体,试验压力、持压时间和允许的泄漏量应符合 GB/T 13927 的规定。在有双向密封要求时,正向密封试验介质为液体,试验压力、持压时间和允许的泄漏量应符合 GB/T 13927 的规定;反向密封试验介质为液体,试验压力按阀门铭牌规定的最大工作压差的 1.1 倍,持压时间和允许的泄漏量应符合 GB/T 13927 的规定,或应按合约另行规定。

6.13 卫生

用于生活饮用水管道时,卫生性能应符合 GB/T 17219 的规定。

6.14 操作力或力矩

6.14.1 除在合同中另有规定外,半球阀应采用逆时针方向为开。用手轮或手柄操作时,操作力应不超过 360 N 或操作力矩应不超过 200 N·m。手轮或手柄的强度设计应能承受 900 N 的力或 400 N·m 的力矩。

6.14.2 手轮上应有"开"和"关"字样及相应旋转方向箭头的永久性标志。

6.14.3 半球阀应有全开、全关的限位结构装置,并应有明显的开度指示机构。

6.14.4 采用电动、液动或气动驱动时,驱动装置与阀门的连接尺寸应符合 GB/T 12223 的规定。采用手柄启闭时,阀门全开时手柄位置应与球体通道平行。

6.15 操作机构箱体防护等级

半球阀埋入地下使用时,驱动装置或手动操作机构应整体提升至地面操作。安装在窨井的半球阀,驱动装置或手动操作机构的箱体应完全封闭,防护等级不应低于 GB 4208 中 IP 68 的规定,应能在 3 m 水下浸泡 72 h,箱体内不进水。润滑油脂应满足 −20 ℃ 不硬化,60 ℃ 不液化不流失,并且填充量应至少浸没整个蜗杆。

6.16 启闭循环次数

DN 40～DN 2 000 半球阀启闭循环次数不应低于表 3 的规定,或按客户协议处理。半球阀启闭循环试验后,阀门承压件任何部位不应有永久变形;密封试验时,试验介质为液体,试验压力、持压时间和允许的泄漏量应符合 GB/T 13927 的规定。

表 3 启闭循环次数表

公称尺寸(DN)/mm	启闭循环次数/次
40～250	5 000
300～500	1 000
600～2 000	无需试验

7 试验方法

7.1 材料

由材料制造方提供的材料质量证明,必要时抽样复验,应符合第 5 章的规定。

7.2 尺寸

用精度符合极限偏差规定的通用量具或超声波测厚仪检验,应符合 6.1、6.2、6.3、6.4、6.5.1、6.5.2、6.5.3、6.6、6.7、6.8、6.9 的规定。

7.3 橡胶与金属粘接

采用整体包胶结构的密封副,其橡胶与金属粘接强度采用拉伸法检验,应符合 GB/T 11211 的规定,在和产品制作等同的工艺条件下制做的试片,粘结强度应符合6.5.4的规定。

7.4 涂装及外观

应符合以下要求:

a) 涂层厚度可采用数字式覆层测厚仪检验,应符合 GB/T 4956 和 6.10.3 的规定;

b) 当采用环氧树脂粉末静电喷涂时,涂层附着力应按 GB/T 5210 检验;采用油漆喷涂时,涂层附着力应按 GB/T 9286 检验;

c) 涂层硬度用硬度计检验,应符合 GB/T 6739 的规定,不得低于 HB 级;

d) 涂层针孔用电火花检测仪检验,耐电压应不小于 1.5 kV,不被击穿,无针孔和超薄漏电现象;

e) 抗冲击用漆膜冲击器检验,应符合 GB/T 1732 的规定,冲击后漆膜应无裂纹、皱纹及剥落现象;

f) 外观通过目测检验,并应符合 6.10.5 的规定。

7.5 阀体强度

按 GB/T 13927 的有关规定进行,并应符合 6.11 的规定。

7.6 密封

单向密封的半球阀,按阀体标示的密封方向加压,应符合 6.12 的规定;有双向密封要求的半球阀,分别从各个方向加压,应符合 6.12 的规定。

7.7 卫生

按 GB/T 17219 的规定进行检验,应符合 6.13 的规定。

7.8 操作力或力矩

操作力或力矩可采用扭矩扳手检验,应符合 6.14 的规定。

7.9 操作机构箱体防护

操作机构箱体防护试验及润滑油脂应符合 6.15 的规定。

7.10 启闭循环次数

启闭循环次数试验应按 JB/T 8861 执行,并应符合 6.17 的规定。如出现承压件永久变形,泄漏量不符合 GB/T 13927 规定时,应改进后重新试验,至合格为止。

8 检验规则

8.1 分类

检验分出厂检验和型式试验。

8.2 出厂检验

出厂检验应逐台检验,检验项目按表4的规定。检验合格后,应附有产品合格证后方可出厂。

8.3 型式试验

8.3.1 试验项目应依据表4进行。

表 4 出厂检验及型式试验项目

检验项目	出厂检验	型式试验	要求	试验方法
材料	—	√	5	7.1
尺寸	—	√	6.1、6.2、6.3、6.4、6.5.1、6.5.2、6.5.3、6.6、6.7、6.8、6.9	7.2
橡胶与金属粘接	—	√	6.5.4	7.3
涂装及外观	—	√	6.10	7.4
阀体强度	√	√	6.11	7.5
密封	√	√	6.12	7.6
卫生	—	有卫生规定时√	6.13	7.7
操作力或力矩	√	√	6.14	7.8
操作机构箱体防护	—	半球阀埋入地下时√	6.15	7.9
启闭循环次数	—	√	6.16	7.10

注："√"表示应做检验项目，"—"表示不做检验项目。

8.3.2　凡属下列情况之一者应进行型式试验：

a)　新产品试制的定型鉴定；

b)　批量生产后，有重大设计改进、工艺改进，有可能改变原设计性能时；

c)　产品长期停产，恢复生产时；

d)　产品正常生产 5 年时；

e)　出厂试验方法正确，而试验结果与上次试验有较大差异时。

8.4　组批和判定规则

8.4.1　型式试验样机应从出厂检验合格的同批、同种规格的产品中随机抽取，抽取数量应至少两台。

8.4.2　用于非生活饮用水管道时，6.11、6.12 为质量否决项，即有任何一项不合格，则判定该批为不合格；用于生活饮用水管道时，6.11、6.12、6.13 为质量否决项，即有任何一项不合格，则判定该批为不合格。

8.4.3　除质量否决项外，其余各项不合格，允许一次返修或加倍抽样，经返修或加倍抽样检验后仍然不合格，应判定该批为不合格。

9　标志、包装和贮存

9.1　标志

9.1.1　产品标志应符合 GB/T 12220 的规定。

9.1.2　产品表面的适当位置，应牢固标识耐锈蚀的产品标牌，并应至少包括下列内容：

a)　制造厂全称；

b)　产品名称、规格及型号；

c)　最大工作压差（有双向密封要求时）；

d)　制造编号和生产日期；

e)　商标。

9.1.3 包装外表面应至少有以下标志：

 a) 制造厂全称；

 b) 产品名称、规格及型号；

 c) 箱体外形尺寸(mm)；

 d) 产品件数和质量(kg)；

 e) 装箱日期；

 f) 注意事项,可采用符号标识。

9.2 包装和贮存

9.2.1 产品包装前应将所有内腔积水排尽。

9.2.2 产品包装宜用箱装,包装材料能有效防止在运输过程中产品遭受损伤、遗失文件和附件情况的发生,应符合 JB/T 7928 的规定。

9.2.3 包装箱内或随箱资料应防潮,至少应有下列资料：

 a) 合格证；

 b) 装箱清单；

 c) 产品使用说明书,应符合 GB/T 9969 的规定。

9.2.4 产品应存放在干燥的室内、堆放整齐,不应露天放置。

附 录 A

（资料性附录）

偏心半球阀基本结构型式

A.1 偏心半球阀上装结构型式（软密封全包胶）

见图 A.1。

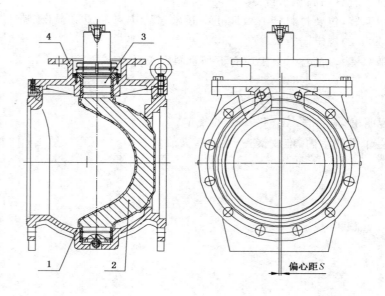

说明：

1——阀体；

2——包胶半球体；

3——阀轴；

4——阀盖。

图 A.1 偏心半球阀上装结构型式（软密封全包胶）

A.2 偏心半球阀上装结构型式（软密封球冠式）

见图 A.2。

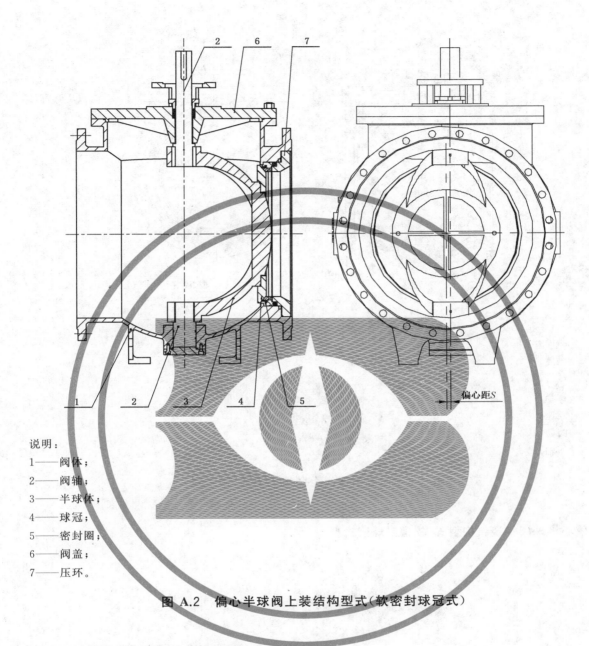

说明：
1——阀体；
2——阀轴；
3——半球体；
4——球冠；
5——密封圈；
6——阀盖；
7——压环。

图 A.2　偏心半球阀上装结构型式（软密封球冠式）

A.3　偏心半球阀上装结构型式（硬密封）

见图 A.3。

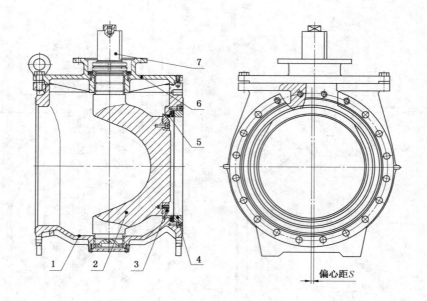

说明：
1——阀体；
2——半球体；
3——球冠；
4——压环；
5——阀座；
6——阀盖；
7——压轴。

图 A.3　偏心半球阀上装结构型式（硬密封）

A.4　偏心半球阀侧装结构型式（软密封球冠式）

见图 A.4。

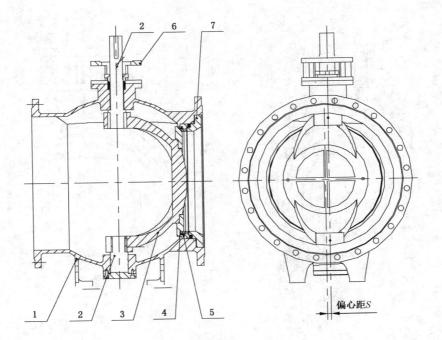

说明：

1——阀体；

2——阀轴；

3——半球体；

4——球冠；

5——密封圈；

6——支座；

7——压环。

图 A.4　偏心半球阀侧装结构型式（软密封球冠式）

A.5　偏心半球阀侧装结构型式（硬密封）

见图 A.5。

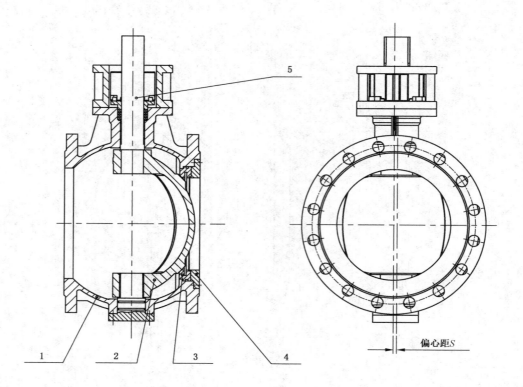

说明：

1——阀体；

2——半球体；

3——阀座；

4——压环；

5——阀轴。

图 A.5　偏心半球阀侧装结构型式（硬密封）

ICS 23.060
P 44

中华人民共和国城镇建设行业标准

CJ/T 481—2016
代替 CJ/T 3049—1995

城镇给水用铁制阀门通用技术要求

General specifications of ductile iron valves for water supply

2016-06-14 发布

2016-12-01 实施

中华人民共和国住房和城乡建设部　　发　布

前　言

本标准按照 GB/T 1.1—2009 给出的规则起草。

本标准是对 CJ/T 3049—1995《城镇给水用铁制阀门通用技术要求》的修订，与 CJ/T 3049—1995 相比主要技术变化如下：

——扩大了公称压力等级；

——修改了壳体材质；

——增加了涂装的要求；

——增加了阀门分类；

——修改了手动操作转矩数值；

——取消了试验方法。

本标准由住房和城乡建设部标准定额研究所提出。

本标准由住房和城乡建设部市政给水排水标准化技术委员会归口。

本标准起草单位：中国建筑金属结构协会、上海冠龙阀门机械有限公司、安徽红星阀门有限公司、上海沪航阀门有限公司、武汉大禹阀门股份有限公司、济南玫德铸造有限公司、杭州春江阀门有限公司、安徽铜都流体科技股份有限公司、株洲南方阀门股份有限公司、上海标一阀门有限公司、山东莱德新兴阀门有限公司、山东建华阀门制造有限公司、宁波苏安节能科技有限公司、福建博成建筑工程有限公司。

本标准主要起草人：华明九、王光杰、张延蕙、李政宏、韩安伟、陈思良、李习洪、孔令磊、黄晓蓓、柴为民、程华、黄靖、刘广和、张同虎、王华梅、周海锋、刘杰、曹捩、葛欣、林利兴。

本标准所代替标准的历次版本发布情况为：

——CJ/T 3049—1995。

城镇给水用铁制阀门通用技术要求

1 范围

本标准规定了城镇给水用铁制阀门的分类、要求、标志、包装、运输和贮存等。

本标准适用于公称压力为 PN2.5～PN25、介质温度不大于 80 ℃的城镇给水用铁制阀门。

2 规范性引用文件

下列文件对于本文件的应用是必不可少的。凡是注日期的引用文件,仅注日期的版本适用于本文件。凡是不注日期的引用文件,其最新版本(包括所有的修改单)适用于本文件。

GB/T 1047 管道元件 DN(公称尺寸)的定义和选用

GB/T 1048 管道元件 PN(公称压力)的定义和选用

GB/T 1220 不锈钢棒

GB 4208 外壳防护等级(IP 代码)

GB/T 6739 色漆和清漆 铅笔法测定漆膜硬度

GB/T 8923.1—2011 涂覆涂料前钢材表面处理 表面清洁度的目视评定 第 1 部分:未涂覆过的钢材表面和全面清除原有涂层后的钢材表面的锈蚀等级和处理等级

GB/T 9286 色漆和清漆 漆膜的划格试验

GB/T 12220 工业阀门 标志

GB/T 12221 金属阀门 结构长度

GB/T 12222 多回转阀门驱动装置的连接

GB/T 12223 部分回转阀门驱动装置的连接

GB/T 12227 通用阀门球墨铸铁件技术条件

GB/T 13295 水及燃气用球墨铸铁管、管件和附件

GB/T 13927 工业阀门 压力试验

GB/T 17219 生活饮用水输配水设备及防护材料的安全性评价标准

GB/T 17241.6 整体铸铁法兰

GB/T 17241.7 铸铁管法兰 技术条件

GB/T 20878 不锈钢和耐热钢 牌号及化学成分

GB/T 21873 橡胶密封件 给、排水管及污水管道用接口密封圈 材料规范

GB/T 24923 普通型阀门电动装置技术条件

GB 26640 阀门壳体最小壁厚尺寸要求规范

JB/T 7928 工业阀门 供货要求

JB/T 8864 阀门气动装置 技术条件

3 分类

3.1 闸阀

启闭件(闸板)由阀杆带动,沿阀座密封面作升降运动,用于切断或接通管道中介质的阀门。

3.2 蝶阀

启闭件(蝶板)绕固定轴旋转,用于切断或连通管道中的介质,也可用来调节管道中介质的压力和流量的阀门。

3.3 水泵控制阀

装于离心泵出口,具有非正常停泵时实现较小的水锤压力升值的阀门。

3.4 进排气阀

同时具备大、小进排气孔,当管道空管充水时实现排气,管道内产生负压时又能进气,也可在工作压力下排出管道中集结的微量气体的阀门。

3.5 偏心半球阀

阀轴轴线与半球体轴线形成尺寸偏置,且仅在阀体一侧设置密封副的阀门。

3.6 减压阀

阀门启闭件(阀瓣)进行节流,将介质压力降低,实现阀门出口压力减压稳压,达到预定要求的阀门。

3.7 排泥阀

启闭件(阀瓣)快速开启,用于排出管道中含有泥砂介质的阀门。

3.8 止回阀

阀门启闭件(阀瓣)绕体腔内固定轴作旋转运动,依介质作用力自动阻止介质回流的阀门。

4 要求

4.1 一般要求

4.1.1 公称尺寸(DN)应符合 GB/T 1047 的规定。

4.1.2 公称压力(PN)应符合 GB/T 1048 的规定。

4.1.3 结构长度应符合 GB/T 12221 的规定。

4.1.4 法兰连接尺寸和密封面型式应符合 GB/T 17241.6 和 GB/T 17241.7 的规定。当采用 K 型机械式和 T 型滑入式承插口时,型式及尺寸应符合 GB/T 13295 的规定。

4.1.5 多回转阀门驱动装置的连接应符合 GB/T 12222 的规定。

4.1.6 部分回转阀门驱动装置的连接应符合 GB/T 12223 的规定。

4.1.7 阀门壳体(承压件)材料的许用应力,应为极限强度的 1/5。采用球墨铸铁时,球化率应不小于80%,并应符合 GB/T 12227 的规定。

4.1.8 阀门密封件宜采用合成橡胶,不应使用再生胶和石棉制品。介质温度不大于 55 ℃时,宜采用氯丁(CR)、丁腈(NBR)和三元乙丙(EPDM)橡胶,介质温度大于 55 ℃且小于 80 ℃时,宜采用三元乙丙(EPDM)或耐温更高的其他材料,并应符合 GB/T 21873 的规定。

4.1.9 阀座材料宜采用奥氏体型不锈钢 06Cr19Ni10(S30408)、06Cr17Ni12Mo2(S31608)等,并应符合 GB/T 20878 的规定。

4.1.10 阀杆(轴)应采用含铬量不小于 13% 的不锈钢材料,经调质后,硬度宜达到 HBS200~HBS280,并应符合 GB/T 1220 的规定。

4.1.11 阀杆(轴)套应采用强度较高和耐腐蚀性能良好的铜合金材料,采用铝青铜时应进行回火处理。与饮用水接触的铜合金材料含锌量应小于16%,含铅量应不大于8%。

4.1.12 安装在阀门井内或埋地的阀门,齿轮箱防护等级应为IP68,并应符合GB 4208的规定。

4.1.13 阀门应进行压力试验,应符合GB/T 13927的规定。

4.2 涂装

4.2.1 壳体、阀芯铸造表面应经喷砂(抛丸)处理,不应有氧化皮、铁锈、油污等杂物,并应符合GB/T 8923.1—2011中Sa2½表面处理等级的规定。

4.2.2 涂装应采用环氧树脂粉末静电喷涂或浸粉工艺,涂层固化后,表面应均匀、光滑,不应有针孔、漏喷和杂物混入等缺陷。

4.2.3 内表面涂层厚度应不小于0.25 mm,外表面应不小于0.15 mm。直埋阀门内、外表面的涂层厚度均应不小于0.3 mm。

4.2.4 涂层硬度应达到铅笔2H,并应符合GB/T 6739的规定。

4.2.5 涂层附着力应达到划格法1 mm² 不脱落,并应符合GB/T 9286的规定。

4.2.6 当涂层受到1.5 kV以上电压时不应被击穿,无针孔和超薄现象。

4.2.7 用重0.5 kg球形端面的落锤,高度1 m自由落下时,涂层表面应无皱纹、裂纹、剥落和漏电现象。

4.3 壳体

4.3.1 阀体、阀盖等壳体最小壁厚应符合GB 26640的规定。

4.3.2 相关标准中未确定壳体最小壁厚时,球墨铸铁材质的壳体最小壁厚,可按式(1)计算。

$$t = \left[\frac{(p+p')DN}{2W} + 8.5\left(1 + \frac{DN}{3\,500}\right) \right] \times 1.1 \quad \cdots\cdots\cdots\cdots\cdots\cdots (1)$$

式中:

t ——壳体最小壁厚,单位为毫米(mm);

p ——最高使用压力,单位为兆帕(MPa);

p' ——水锤压力,单位为兆帕(MPa),宜取0.55;

W ——材料的许用拉应力,球墨铸铁的许用拉应力,单位为兆帕(MPa),QT450-10为90 MPa;QT400-15为80 MPa;

DN——阀门公称尺寸,单位为毫米(mm)。

4.4 阀杆

4.4.1 阀杆密封结构宜按不停水更换密封件设计。

4.4.2 采用扳手启闭的阀门,阀杆传动帽尺寸示意图见图1,主要尺寸应符合表1的规定。

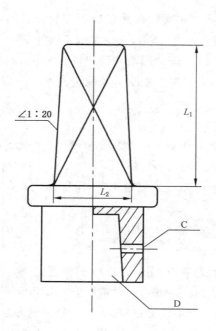

说明：

L_1——方头高度；

L_2——方头底部单面；

C ——螺孔（固定螺钉用）；

D ——与阀门连接的方孔；

∠ ——斜度。

图 1 阀杆传动帽尺寸示意图

表 1 阀杆传动帽主要尺寸表

单位为毫米

公称尺寸	L_1	L_2
DN50～DN300	63	35
≥DN350	75	48

4.5 操作

4.5.1 当面向手轮或扳手时，顺时针转动应为阀门关闭，逆时针转动应为阀门开启。

4.5.2 阀门采用手动操作时，最大操作力不应大于 350 N，通过传动帽用 T 型扳手操作时，扭矩应不大于 200 N·m。

4.5.3 阀门采用电动、气动、液动装置操作时，其输出扭矩不应小于阀门阀杆（轴）启闭扭矩的 1.1 倍～1.3 倍，且宜小于 1.5 倍。

4.5.4 电动装置应符合 GB/T 24923 的规定，气动装置应符合 JB/T 8864 的规定。

4.5.5 阀门驱动齿轮箱应有在外部可调的限位装置，用户有要求时可另设置过扭矩保护装置。机械限位装置应能承受 2 倍最大操作扭矩的冲击。

4.6 启闭指示

4.6.1 除可显示阀门开度的明杆阀门外，公称尺寸大于 DN300 的阀门，应设置启闭指示机构，指示位置应与阀门启闭程度一致。

4.6.2 公称尺寸大于 DN300 的地下或露天阀门,启闭指示机构传动部件应安装在密封的保护装置内。地下立装和卧装阀门的开度指示,均应使地面操作人员清晰可见。

4.6.3 手柄操作的中线型蝶阀,不同开度的锁定机构应不小于 3 个。

4.7 卫生安全

阀门用于生活饮用水管道时,与水接触的阀门材料,应符合 GB/T 17219 的规定。

5 标志、包装和贮存

5.1 标志

5.1.1 产品标志应符合 GB/T 12220 的规定。在阀门外表面,应牢固固定耐锈蚀的产品标牌,并应至少包括下列内容:

a) 制造厂全称;

b) 产品名称、规格、型号和产品执行的标准编号;

c) 制造编号和出厂日期;

d) 可用于介质温度 80 ℃ 的阀门,标牌上应标出"耐温 80 ℃"。

5.1.2 包装标志应至少包括下列内容:

a) 制造厂全称;

b) 产品名称、规格及型号;

c) 箱体外形尺寸;

d) 产品件数和质量;

e) 装箱日期;

f) 注意事项。

5.2 包装

5.2.1 产品包装前应将阀门内腔的水排尽晾干,蝶板、闸板、阀芯应适量开启。

5.2.2 产品包装宜用箱装,并应符合 JB/T 7928 的规定。

5.2.3 包装箱内应至少有下列资料:

a) 出厂合格证;

b) 装箱清单;

c) 产品使用说明书。

5.3 运输和贮存

5.3.1 产品包装后方可运输。

5.3.2 运输和装卸过程中严禁碰撞冲击。

5.3.3 产品应贮存在干燥通风、防日晒、雨淋和无腐蚀性环境的场所。

ICS 23.065.50
P 40

中华人民共和国城镇建设行业标准

CJ/T 494—2016

带过滤防倒流螺纹连接可调减压阀

Filter threaded adjustable pressure-reducing valve with backflow prevention

2016-06-14 发布

2016-12-01 实施

中华人民共和国住房和城乡建设部　　发 布

前　言

本标准按照 GB/T 1.1—2009 给出的规则起草。

本标准由住房和城乡建设部标准定额研究所提出。

本标准由住房和城乡建设部建筑给水排水标准化技术委员会归口。

本标准起草单位：广东永泉阀门科技有限公司、北京市永泉腾达阀门科技有限公司、中国科学技术协会新技术开发中心、天津永泉阀门科技有限公司、福建蓝海市政园林建筑有限公司。

本标准主要起草人：吴柏敏、陈键明、潘庆祥、赵秋凤、陈军、黎彪、梁建林、许建丽、鲁金友、王世文。

带过滤防倒流螺纹连接可调减压阀

1 范围

本标准规定了带过滤防倒流螺纹连接可调减压阀的产品型号和标记、结构型式、材料及主要部件、要求、试验方法、检验规则、标志和产品说明书、包装、运输和贮存。

本标准适用于公称压力不大于 PN25，公称尺寸 DN15～DN80，温度不高于 80 ℃清水的带过滤防倒流螺纹连接可调减压阀。

2 规范性引用文件

下列文件对于本文件的应用是必不可少的。凡是注日期的引用文件，仅注日期的版本适用于本文件。凡是不注日期的引用文件，其最新版本（包括所有的修改单）适用于本文件。

GB/T 1047 管道元件 DN（公称尺寸）的定义和选用

GB/T 1048 管道元件 PN（公称压力）的定义和选用

GB/T 1220 不锈钢棒

GB/T 1239.2—2009 冷卷圆柱螺旋弹簧技术条件 第2部分：压缩弹簧

GB/T 4238 耐热钢钢板和钢带

GB/T 5231 加工铜及铜合金牌号和化学成分

GB/T 7306.1 55°密封管螺纹 第1部分：圆柱内螺纹与圆锥外螺纹

GB/T 7306.2 55°密封管螺纹 第2部分：圆锥内螺纹与圆锥外螺纹

GB/T 7307 55°非密封管螺纹

GB/T 8464—2008 铁制和铜制螺纹连接阀门

GB/T 9969 工业产品使用说明书 总则

GB/T 12225 通用阀门 铜合金铸件技术条件

GB/T 12230 通用阀门 不锈钢铸件技术条件

GB/T 17219 生活饮用水输配水设备及防护材料的安全性评价标准

GB/T 18983 油淬火 回火弹簧钢丝

GB/T 20078 铜和铜合金 锻件

GB/T 24588 不锈弹簧钢丝

GB/T 21873 橡胶密封件 给、排水管及污水管道用接口密封圈 材料规范

JB/T 308 阀门 型号编制方法

JB/T 7928 工业阀门 供货要求

3 术语和定义

下列术语和定义适用于本文件。

3.1

带过滤防倒流螺纹连接可调减压阀（以下简称减压阀）

filter threaded adjustable pressure-reducing valve with backflow prevention

以螺纹连接的减压阀为主体，带有过滤及防倒流元件或同时设有真空破坏器的多功能可调减压阀。

3.2

最低进口工作压力 minimal upstream working pressure

一定流量下,为保持减压阀出口端压力达到设定压力需要的最低进口压力。

3.3

始动流量 starting flow

减压阀正常工作时,出口流量由零开始递增至出口压力不再有明显下降时的流量。

3.4

静压升 static pressure rise

减压阀正常工作时,出口流量由始动流量缓慢关闭为零时出口压力的增加值。

4 产品型号和标记

4.1 型号编制

型号编制参照 JB/T 308 的要求,由字母和数字组成,表示方法如下:

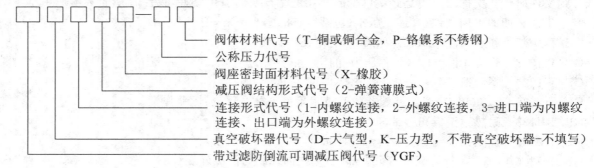

4.2 标记示例

阀体材料为铜,公称压力为 1.6 MPa,密封材料为橡胶,内螺纹连接,弹簧薄膜式,设有压力型真空破坏器的带过滤防倒流螺纹连接可调减压阀,型号表示为:YGFK12X—16T。

5 结构型式

5.1 减压阀结构型式参见附录 A,也可采用符合本标准性能要求的其他结构型式。

5.2 应设有手轮或调节螺钉/螺母,用于调定出口压力的装置,并具备防止松动的功能。

5.3 用于调定出口压力手轮或调节螺钉/螺母应为顺时针开启方式的装置。

5.4 过滤器应设有清洗盖,便于清洗过滤器,网孔的最小过流总面积不应小于阀门公称尺寸的 1.5 倍。

5.5 真空破坏器进气孔通径应不小于 4 mm。

6 材料及主要部件

6.1 壳体及止回阀阀座材料宜为铸造铜合金、锻造铜合金或铸造不锈钢,并应符合 GB/T 12225、GB/T 20078 或 GB/T 12230 的规定。

6.2 调节弹簧设计制造不宜低于 GB/T 1239.2—2009 中二级精度的规定,材料宜为弹簧钢或不锈钢,并应符合 GB/T 18983、GB/T 24588 的规定。

6.3 止回阀弹簧宜为不锈钢,并应符合 GB/T 24588 的规定。

6.4 阀杆材料宜为不锈钢或铜合金,并应符合 GB/T 1220、GB/T 5231 的规定。

6.5 过滤筒材料宜采用不锈钢,厚度宜不大于 1 mm,并应符合 GB/T 4238 的规定。

6.6 密封件和膜片材料应符合 GB/T 21873 的规定。

6.7 膜片宜由橡胶加尼龙纤维制成,膜片性能应符合表 1 的规定。

表 1　膜片橡胶性能

项　目		单　位	指　标
硬度(邵尔 A 型)		度	70±5
拉伸强度		MPa	≥14
扯断伸长率		%	≥400
压缩永久变形(80 ℃×22 h)		%	≤40
夹布橡胶	胶与织附着物(胶布)粘着力	N/25 mm	≥18
	胶与织附着物(胶布)扯断力　经向	N/25 mm	≥1 000
	胶与织附着物(胶布)扯断力　纬向	N/25 mm	≥800
耐液体性(自来水) 拉伸强度变化(80 ℃×70 h)		%	≥−20
耐液体性(自来水) 扯断伸长率变化(80 ℃×70 h)		%	≥−20
耐疲劳弯曲		周期(×10⁶)	≥1

7　要求

7.1 公称尺寸应符合 GB/T 1047 的规定。

7.2 公称压力应符合 GB/T 1048 的规定。

7.3 减压阀标志应清晰,表面平整光洁,无加工、铸锻缺陷及碰伤划痕。

7.4 阀门与管道的连接螺纹应符合 GB/T 7306.1 、GB/T 7306.2 或 GB/T 7307 的规定,内外螺纹可采用圆柱形或圆锥形。

7.5 螺纹扳口对边的最小尺寸应符合 GB/T 8464—2008 中表 1 的规定。

7.6 阀体最小壁厚应符合 GB/T 8464—2008 中表 4 的规定。

7.7　阀体强度

按 8.2 规定的方法进行强度试验,减压阀应无泄漏及结构损坏。

7.8　密封性能

按 8.3 规定的方法进行密封试验,减压阀阀瓣与阀座密封处应无泄漏。

7.9　止回阀密封性能

向止回阀的关闭方向施加 1.1 倍公称压力的静压水,止回阀应无可见性泄漏;向止回阀的开启方向施加 0.007 MPa 静压水,止回阀应无可见性泄漏。

7.10 调压性能

给定的调压范围内,出口压力应能在最大值与最小值之间连续调整,不应有卡阻和异常振动。静压升应不超过 0.1 MPa。

7.11 流量特性

出口流量变化时,减压阀不得有异常动作,其出口压力负偏差值不应大于出口压力的 20%。

7.12 压力特性

进口压力变化时,减压阀不得有异常振动,其出口压力偏差值不应大于出口压力的 10%。

7.13 减压阀连续运行能力

经连续运行试验后仍应符合 7.7～7.12 的规定。

7.14 真空破坏器性能

7.14.1 开启性能

真空破坏器开启时管道内压力应不低于 -0.001 MPa。

7.14.2 低压密封性能

大气型和压力型真空破坏器在出口处 0.002 5 MPa 的正负压情况下,不应在进气口处有水渗出。

7.15 卫生要求

用于与水接触的部件应符合卫生要求 GB/T 17219 的规定。

8 试验方法

8.1 外观检验

通过目测或专用量具,对公称尺寸、两端连接螺纹、阀体壁厚、阀体标志等外观进行检验。

8.2 阀体强度试验

阀门处于开启状态,沿进口端注入压力水,待阀腔内空气排净后封闭阀门的出口端,逐渐加压到 1.5 倍公称压力的静压水,持压 5 min,然后检查阀体和阀盖、清洗盖等各处情况。

8.3 密封性能试验

将减压阀处于关闭状态,止回阀处于被开启或未安装状态,减压阀的进口端通大气,沿减压阀关闭方向,分别施加 1.1 倍公称压力和最低允许进口工作压力,持压 5 min。

8.4 止回阀密封性能试验

8.4.1 关闭方向密封性能试验

减压阀处于被开启状态,沿止回阀的关闭方向施加 1.1 倍公称压力的静压水,持压 5 min。

8.4.2 开启方向密封性能试验

减压阀处于被开启状态,沿止回阀的开启方向施加 0.007 MPa 静压水,持压 5 min。

8.5 调压试验

8.5.1 试验系统如图 1。被测阀 4 的进口端压力为最高工允许作压力,开启被测阀 4 后的调节阀 10,使管道流量为减压阀的始动流量,缓慢调节减压阀的调节螺钉/螺母或手轮,使出口压力在规定出口压力范围的最大与最小之间连续变化。反复 2 次,记录观察情况。

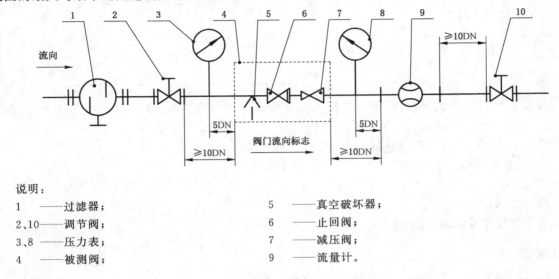

说明:

1 ——过滤器;
2、10——调节阀;
3、8 ——压力表;
4 ——被测阀;

5 ——真空破坏器;
6 ——止回阀;
7 ——减压阀;
9 ——流量计。

图 1 性能试验系统示意图

8.5.2 保证被测阀 4 的进口端压力为最高允许工作压力前提下,缓慢关闭调节阀 10,使管道始动流量变为 0,记录此时的出口压力,重复 3 次试验,并取得平均值,测得静压升。

8.6 流量特性试验

试验系统如图 1。被测阀 4 的进口端压力为最高允许工作压力,调节减压阀 7 为某一出口压力。同时调节减压阀 7 后的调节阀 10,使出口流量为该工况下的 20% 最大流量。然后在逐渐开启调节阀 10 使出口流量达该工况下的 100% 最大流量,记录此时出口压力偏差值。

8.7 压力特性试验

试验系统如图 1。被测阀 4 的进口端压力为最高允许工作压力,调节出口压力分别为该弹簧压力级内最高、最低压力。保持该工况最大流量,然后改变减压阀 7 前调节阀 2 的开度,使进口压力在 80%～105% 最高允许工作压力范围内变化,记录此时出口压力偏差值。

8.8 减压阀连续运行试验

8.8.1 试验要求

8.8.1.1 试验系统按图 2 所示,整机动作试验次数应符合表 2 的规定。

表 2 动作试验次数

密封副结构	公称尺寸 DN/mm	试验次数/次
弹性密封结构	≤80	5 000

8.8.1.2 完成开启和关闭一次循环,即为一个试验次数。整机在试验时,其后面电磁阀启闭一次即为整机动作一次。

8.8.1.3 减压阀 6 的开度应根据试验时进出口压力调整和出口处调节阀 8 确定。减压阀 6 动作次数由电磁阀启闭次数决定,减压阀 6 动作频率按表 3 的规定。

表 3 减压阀动作频率

公称压力 PN/mm	进口压力/MPa	出口压力/MPa	减压阀频率/(次/min)
6	0.6	0.2	
10	1.0	0.3	10~30
16	1.6	0.5	
25	2.5	0.8	

8.8.1.4 在保证试验压力的情况下,试验管路与减压阀通道尺寸可不相同,允许在直管前、后装渐缩(扩)管。

8.8.1.5 发生下列情况之一时可终止试验:

    a) 直通、进出口压力平衡;

    b) 弹簧断裂;

    c) 膜片破坏;

    d) 由于其他零件损坏,无法进行正常试验。

8.8.2 试验程序

试验系统如图 2 所示。被测阀 3 应在出厂试验合格后进行。在进口侧施加最高允许工作压力,打开电磁阀 9,微开启减压阀 6 后的调节阀 8,调节减压阀 6 使出口压力达到表 3 的要求。使电磁阀 9 以表 3 要求的频率进行启闭,记录时间和次数。

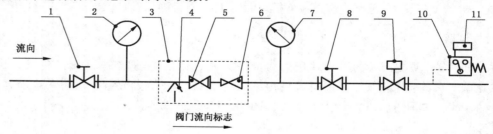

说明:

1、8——调节阀; 6 ——减压阀;

2、7——压力表; 9 ——电磁阀;

3 ——被测阀; 10 ——继电器;

4 ——真空破坏器; 11 ——计数器。

5 ——止回阀;

图 2 连续运行试验示意图

8.9 真空破坏器性能试验

8.9.1 开启性能试验

真空破坏器开启性能试验装置如图 3,应将被测阀 2 中的止回阀 8 和减压阀 9 处于被开启状态或卸去。在 b 侧生成 0.05 MPa 的真空度,在 a 侧供水至少 1 min,在透明管 13 中充满水。转动三通阀 4

切断水流的同时启动真空,针型阀 5 应以大约 0.001 MPa/30 s 的速度缓慢开启。观察并测量透明管 13 中水下落至水池水面以上高度。其高度应符合 7.14.1 的要求。

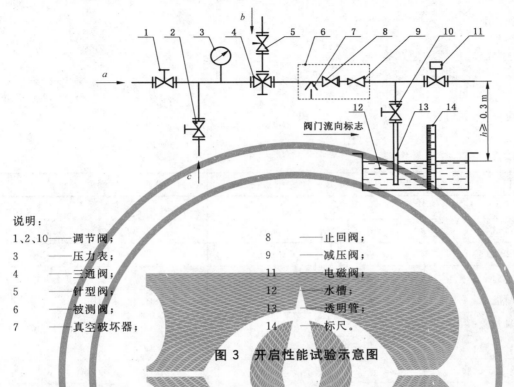

说明:
1、2、10——调节阀;
3——压力表;
4——三通阀;
5——针型阀;
6——被测阀;
7——真空破坏器;
8——止回阀;
9——减压阀;
11——电磁阀;
12——水槽;
13——透明管;
14——标尺。

图 3　开启性能试验示意图

8.9.2　低压密封性能

测试装置如图 4。将被测阀 2 中的止回阀 4 和减压阀 5 应处于被开启状态或卸去,被测阀出口端连接透明软管,并充满水。软管升降以 0.25 m/s±0.1 m/s 的速率 10 次,升降幅各 250 mm。

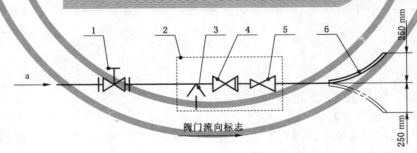

说明:
1——调节阀;
2——被测阀;
3——真空破坏器;
4——止回阀;
5——减压阀;
6——透明软管。

图 4　低压密封性能试验示意图

8.10　卫生检验

与水接触的部件卫生检验应按 GB/T 17219 的规定执行。

9 检验规则

9.1 检验分类

产品检验分为出厂检验和型式检验。

9.2 出厂检验

检验项目见表 4。

表 4 检验项目表

项目	出厂检验	型式检验	要求	试验方法
外观	★	★	7.1～7.6	8.1
阀体强度试验	★	★	7.7	8.2
减压阀密封试验	★	★	7.8	8.3
止回阀密封试验	★	★	7.9	8.4
调压试验	★	★	7.10	8.5
流量特性试验	—	★	7.11	8.6
压力特性试验	—	★	7.12	8.7
减压阀连续运行试验	—	★	7.13	8.8
真空破坏器开启性能试验	★	★	7.14.1	8.9.1
真空破坏器低压密封性能	★	★	7.14.2	8.9.2
卫生检验	—	★	7.15	8.10

注："★"为必检验项目，"—"为不必检验项目。

9.3 型式检验

9.3.1 检验项目见表 4。

9.3.2 有下列情况之一时,应进行型式检验：

    a) 新产品试制定型鉴定时；

    b) 正式投产后,如产品结构、材料、工艺、关键工序的加工方法有重大改变,可能影响产品性能时；

    c) 产品停产 2 年以上,恢复生产时；

    d) 连续生产满 3 年时；

    e) 出厂检验方法正确,而试验结果与次试验有较大差异时。

9.4 抽样

按以下要求进行抽样：

    a) 出厂检验抽样数占供样数的 15%,并不应少于 2 台；

    b) 型式检验抽样数视 9.3.2 中不同情况确定。

9.5 判定规则

9.5.1 7.7、7.9 和 7.10 为质量否决项,任一项不合格判定为不合格品。

9.5.2 其余各项不合格,允许返修一次或加倍抽样,经返修或加倍抽样后仍然不合格,判定为不合格品。

10 标志和产品说明书

10.1 标志

10.1.1 阀体明显处应具备下列标志:
   a) 阀体材料;
   b) 公称压力;
   c) 公称尺寸;
   d) 介质流向;
   e) 商标。

10.1.2 在阀体外表面的适当位置,应牢固地设有耐锈蚀的金属产品标牌,并至少包括下列内容:
   a) 制造厂全称;
   b) 产品名称及型号规格;
   c) 适用介质;
   d) 出口设定压力范围;
   e) 制造编号和出厂日期。

10.1.3 包装外表面应有以下标志:
   a) 制造厂全称;
   b) 产品名称、规格及型号;
   c) 箱体外形尺寸,长(mm)×宽(mm)×高(mm);
   d) 产品件数和质量(kg);
   e) 装箱日期;
   f) 注意事项(可用符号)。

10.2 产品说明书

产品说明书的编写应符合 GB/T 9969 的规定。

11 包装、运输和贮存

11.1 产品包装宜采用箱装,包装材料应能有效地防止在运输过程中产品遭受损伤、遗失附件、文件情况的发生,并应符合 JB/T 7928 的规定。

11.2 包装箱内应有下列文件,并封存在防潮袋内。
   a) 出厂合格证明书;
   b) 装箱清单;
   c) 产品使用说明书。

11.3 减压阀在运输过程中,应防雨,装卸时应防止剧烈撞击。

11.4 减压阀应整齐存放在干燥的室内。

附 录 A
（资料性附录）
结构型式示意图

A.1 带真空破坏器内螺纹连接减压阀见图 A.1。

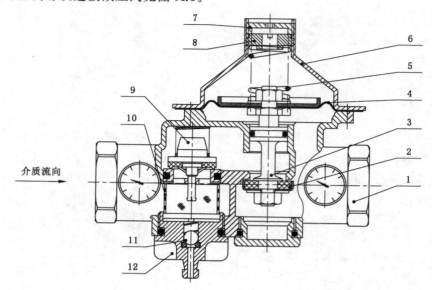

说明：

1——阀体；

2——减压阀瓣；

3——阀杆；

4——膜片；

5——调节弹簧；

6——阀盖；

7——锁紧螺母；

8——调节螺母；

9——止回阀；

10——过滤筒；

11——真空破坏器；

12——过滤器清洗盖。

图 A.1 带真空破坏器内螺纹连接减压阀

A.2 不带真空破坏器内外螺纹连接减压阀见图 A.2。

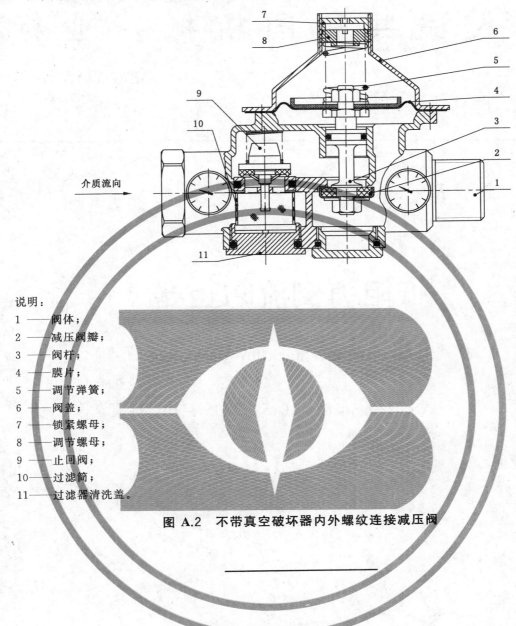

说明：
1 —— 阀体；
2 —— 减压阀瓣；
3 —— 阀杆；
4 —— 膜片；
5 —— 调节弹簧；
6 —— 阀盖；
7 —— 锁紧螺母；
8 —— 调节螺母；
9 —— 止回阀；
10 —— 过滤筒；
11 —— 过滤器清洗盖。

图 A.2　不带真空破坏器内外螺纹连接减压阀

ICS 23.060.99
J 16
备案号：32098—2011

中华人民共和国机械行业标准

JB/T 11151—2011

低阻力倒流防止器

Low-resistance backflow preventer

（ASSE Standard＃1013：2005，NEQ）

2011-05-18 发布

2011-08-01 实施

中华人民共和国工业和信息化部 发布

前　　言

本标准按照 GB/T 1.1—2009 给出的规则起草。

本标准对应于 ASSE Standard # 1013：2005《减压原理倒流防止器和消防用减压原理倒流防止器的性能要求》（英文版），与 ASSE Standard # 1013：2005 一致程度为非等效。

本标准由中国机械工业联合会提出。

本标准由全国阀门标准化技术委员会（SAC/TC188）归口。

本标准负责起草单位：上海上龙阀门厂。

本标准主要起草人：季能平、王忠茂、严志冲、季能安。

本标准为首次发布。

引　言

　　倒流防止器主要应用在城镇自来水等生活饮用水管道与下游用水管道之间的连通管上，严格防止对上游管道中生活饮用水的回流污染，保护生活饮用水的水质。本标准主要参考美国标准 ASSE Standard # 1013：2005《减压原理倒流防止器和消防用减压原理倒流防止器的性能要求》对倒流防止器的性能要求和试验方法，以及我国自行研制开发的低阻力倒流防止器技术和现有产品，进行编制。

　　涉及专利的声明

　　本标准的发布机构提请注意，声明符合本标准时，可能涉及 4.1.1～4.1.3 及附录 A 中图 A.1～图 A.4 的内容与相关专利的使用。

　　本文件的发布机构对于该专利的真实性、有效性和范围无任何立场。

　　该专利持有人已向本文件的发布机构保证，愿意同任何申请人在合理且无歧视的条款和条件下，就专利授权许可进行谈判。该专利持有人的声明已在本文件的发布机构备案。相关信息可以通过以下联系方式获得：

　　专利持有人名称：上海上龙阀门厂。

　　地址：上海兰溪路 10 弄 3 号 2903 室；邮编 200062。

　　请注意除上述内容涉及专利外，本文件的某些内容仍可能涉及专利，本文件的发布机构不承担识别这些专利的责任。

低阻力倒流防止器

1 范围

本标准规定了低阻力倒流防止器的术语和代号、结构形式和型号、技术要求、材料、试验方法、检验规则、标志和标识、供货要求等内容。

本标准适用于输送生活饮用水、公称尺寸 DN15～DN400、公称压力 PN10～PN16、介质温度不高于 65℃的低阻力倒流防止器（以下简称倒流防止器）。

2 规范性引用文件

下列文件对本文件的应用是必不可少的。凡是注日期的引用文件，仅所注日期的版本适用于本文件。凡是不注日期的引用文件，其最新版本（包括所有的修改单）适用于本文件。

GB/T 1220 不锈钢棒

GB/T 1239.2 冷卷圆柱螺旋弹簧技术条件 第 2 部分：压缩弹簧

GB/T 1720 漆膜附着力测定法

GB/T 4423 铜及铜合金拉制棒

GB/T 6739 色漆和清漆 铅笔法测定漆膜硬度

GB/T 6807 钢铁工件涂漆前磷化处理技术条件

GB/T 7306.1 55°密封管螺纹 第 1 部分：圆柱内螺纹与圆柱外螺纹

GB/T 7306.2 55°密封管螺纹 第 2 部分：圆锥内螺纹与圆锥外螺纹

GB/T 7307 55°非密封管螺纹

GB/T 9113.1 平面、突面整体钢制管法兰

GB/T 9286 色漆和清漆 漆膜的划格试验

GB/T 10834 船舶漆耐盐水性的测定 盐水和热水浸泡法

GB/T 12220 通用阀门 标志

GB/T 12225 通用阀门 铜合金铸件技术条件

GB/T 12227 通用阀门 球墨铸铁件技术条件

GB/T 12229 通用阀门 碳素钢铸件技术条件

GB/T 12230 通用阀门 不锈钢铸件技术条件

GB/T 13927 工业阀门 压力试验

GB/T 15530.1 铜合金整体铸造法兰

GB/T 17219 生活饮用水输配水设备及防护材料的安全性评价标准

GB/T 17241.6 整体铸铁法兰

JB/T 5296 通用阀门 流量系数和流阻系数的试验方法

JB/T 6978 涂装前表面准备 酸洗

JB/T 7928 通用阀门 供货要求

YB/T 11—1983 弹簧用不锈钢丝

CECS 259 低阻力倒流防止器应用技术规程

3 术语和定义、代号

3.1 术语和定义

下列术语和定义适用于本文件。

3.1.1

倒流防止器 backflow preventer

由进水止回阀、出水止回阀和中间腔上的排水器等组成，在其止回阀或密封件密封失效的情况下，仍可阻断回流，防止对进口端介质回流污染的水力组合装置。

3.1.2

低阻力倒流防止器 low-resistance backflow preventer

在回流工况时，中间腔始终与大气相通，且在管中平均流速为 2 m/s 时的压力（水头）损失小于 0.04 MPa 的倒流防止器。

3.1.3

回流工况 backflow conditions

倒流防止器进口压力小于出口压力时的水力工况，分为虹吸回流和背压回流两种。

虹吸回流：进口压力小于大气压时的回流工况。

背压回流：进口压力大于等于大气压时的回流工况。

3.1.4

回流污染 backflow pollution

在回流工况下，下游管道内介质回流到上游管道，引起上游管道内水质恶化的现象。

3.1.5

回流污染危险等级 hazard rating of backflow

下游管道内介质被污染后，可能对人体或生物产生危害的程度。一般分有毒污染、有害污染和轻度污染三个等级。

有毒污染：危及生命或导致严重疾病的污染；

有害污染：损害人体或生物健康的污染；

轻度污染：导致恶心、厌烦或感官刺激的污染。

3.1.6

止回阀回座关闭正向压差 check valve resealing tightness in positive pressure

倒流防止器的进水止回阀和出水止回阀从阀瓣开启状态到回座关闭并密封时，在其止回阀前后沿阀瓣开启方向（正向）的剩余压差值。

3.2 代号

下列代号适用于本标准。

p_1——倒流防止器的进口压力；

p_2——倒流防止器进、出水止回阀之间的中间腔压力；

p_3——倒流防止器的出口压力；

v——介质在倒流防止器通水管道中的平均流速；

Δp——压力损失，$\Delta p = p_1 - p_3$；

Δp_j——进水止回阀回座关闭正向压差，$\Delta p_j = p_1 - p_2$；

Δp_c——出水止回阀回座关闭正向压差，$\Delta p_c = p_2 - p_3$。

4 结构形式和型号

4.1 结构形式

4.1.1 倒流防止器

倒流防止器由阀体、阀盖、进水止回阀、出水止回阀、排水器、检测阀和附加设施等部件组成。分为内置排水式、内置排水过滤式、直流式和在线维护过滤式等形式，其典型结构形式见附录 A。

4.1.2 进水止回阀

由进口端阀座、阀瓣、阀套、复位弹簧和出口活塞等组成。在 $p_1>（p_3+\Delta p_j)$ 时开启，在 $p_1\leqslant（p_3$ $+\Delta p_j)$ 时关闭。其复位弹簧提供进水止回阀的回座正向压差为 Δp_j。

4.1.3 出水止回阀

由出口端阀座、阀瓣、阀套和复位弹簧等组成。在 $p_2>（p_3+\Delta p_c)$ 时开启，在 $p_2\leqslant（p_3+\Delta p_c)$ 时关闭。其复位弹簧提供出水止回阀的回座正向压差为 Δp_c。

4.1.4 排水器

其进口接通阀体中间腔，出口通大气，由阀体、阀盖、阀瓣、阀座、感应活塞（或隔膜）等零件组成；通过感应倒流防止器的进、出口的压力差，控制排水器阀瓣启闭。在 $p_1>p_3$ 时，排水器关闭；在 $p_1\leqslant p_3$ 时，排水器开启，使倒流防止器中间腔隔空，具备防止回流污染功能。

4.1.5 检测阀

分别设置于倒流防止器阀体的进口腔、中间腔和出口腔上，平时关闭，需要检测时开启，可与压力表或压差仪连接，检测倒流防止器的 Δp_j、Δp_c 和 Δp 值。

4.1.6 漏水报警器

漏水报警器用于 24 h 监控倒流防止器排水器的排水情况，对排水器的超时异常排水及时进行报警。

4.2 型号

4.2.1 型号组成

低阻力倒流防止器的型号由阀门类型、适用等级、连接形式、结构形式、密封面材料、公称压力、壳体材质等七部分组成。各部分代号见图 1。

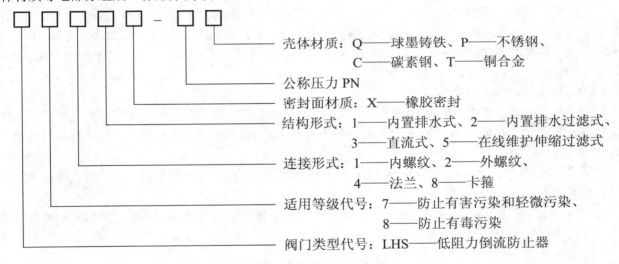

图 1 型号编制说明

4.2.2 型号示例

LHS743X-16Q 表示：壳体的材质为球墨铸铁，公称压力 PN16，密封面材料为橡胶，结构形式为直流式，法兰连接，适用最高危险等级为有害污染的低阻力倒流防止器。

5 技术要求

5.1 性能要求

5.1.1 壳体强度

整机的壳体应有足够的强度和刚度，当试验压力为 1.5 倍的公称压力时，不得有结构损伤、永久变形和渗漏等现象。

5.1.2 阀瓣和出口活塞的强度

阀瓣和出口活塞的本体应有足够的强度和刚度，当试验压力为 1.5 倍的公称压力时，不应有结构损伤、永久变形和渗漏等现象。

5.1.3 整机外密封性

整机所有部件的接口，在试验压力为 1.1 倍的公称压力时，对外应密封可靠、无泄漏。

5.1.4 整机内密封性

整机内的所有止回阀和密封件的密封部位，在试验压力为 1.1 倍的公称压力时，对中间腔或排水器出口，应无泄漏现象。

5.1.5 排水器密封性

整机正向有流量通过时，排水器应密封关闭，不漏水。

5.1.6 进、出水止回阀回座正向压差（Δp_j、Δp_c）

5.1.6.1 用于有害污染和轻度污染的倒流防止器：$\Delta p_j \geq 7.0$ kPa，$\Delta p_c \geq 3.5$ kPa。

5.1.6.2 用于有毒污染的倒流防止器：$\Delta p_j \geq 14.0$ kPa，$\Delta p_c \geq 7.0$ kPa。

5.1.7 排水器的启闭动作性能

5.1.7.1 倒流防止器在进口压力不应大于出口压力（$p_1 < p_3$）时，排水器应开启排水。

5.1.7.2 倒流防止器在进口压力应大于出口压力（$p_1 > p_3$），且倒流防止器出口端有流量流出时，排水器应关闭、不漏水。

5.1.7.3 在进口压力 p_1 与出口压力 p_3 大小交替变化时，排水器的开启和关闭动作均应准确和灵敏。

5.1.8 压力损失Δp

5.1.8.1 倒流防止器（不含前置过滤网）的压力损失：

用于防止有害和轻微污染：在 $v = 1$ m/s 时，Δp 宜小于 0.02 MPa；在 $v = 2$ m/s 时，Δp 宜小于 0.03 MPa。

用于防止有毒污染：在 $v = 1$ m/s 时，Δp 宜小于 0.03 MPa；在 $v = 2$ m/s 时，Δp 宜小于 0.04 MPa。

5.1.8.2 前置过滤网的压力损失：在 $v = 1$ m/s 时，Δp 宜小于 0.005 MPa；在 $v = 2$ m/s 时，Δp 宜小于 0.01 MPa。

5.1.9 防止回流污染功能

5.1.9.1 倒流防止器的结构应能保证在回流工况时，排水器有效开启，使中间腔与大气相通，并在止回阀和整机（包含排水器）内动密封件的密封失效时，所漏介质均应流向中间腔，经过排水器直接排出阀外。

5.1.9.2 出水止回阀在阀瓣密封口有 3.0 mm 金属丝卡阻时，在 $p_3 > p_2$ 的情况下，其最大泄漏流量应小于表 1 规定值。

5.1.9.3 在出口压力 p_3 大于进口压力 p_1，排水器的排水流量达到表 1 规定值时，倒流防止器中间腔内压力 p_2 不应大于 10.5 kPa。

表 1 泄漏流量和排水器流量

公称尺寸 DN		15	20、25	32、40	50、65	80、100	125、150	200、250	300、350	400
出水止回阀 3 mm 卡阻泄漏流量 m³/h <		0.12	0.20	0.40	0.75	1.15	1.50	2.25	2.85	3.2
排水器排水流量 m³/h ≥	用于轻微污染	0.34	0.60	1.15	2.25	3.40	4.50	6.75	8.60	10.5
	用于有害污染									
	用于有毒污染	0.68	1.20	2.25	4.50	6.80	9.00	13.5	17.2	21.0

5.1.10 耐久性能

整机在连续启闭运行试验 2 万次后，仍应满足 5.1.1～5.1.9 的性能要求。

5.2 卫生要求

整机阀腔内与水接触的零部件表面的卫生安全性应符合 GB/T 17219 的规定。

5.3 接口

5.3.1 公称尺寸 DN50～DN400 的倒流防止器宜采用法兰连接，法兰应与阀体铸成整体。法兰应符合 GB/T 17241.6、GB/T 9113.1、GB/T 15530.1 等标准的规定。

5.3.2 公称尺寸 DN15～DN50 的倒流防止器宜采用 55°管螺纹连接。管螺纹应符合 GB/T 7306.1、GB/T 7306.2 和 GB/T 7307 的规定。

5.3.3 其他连接方式应符合相关标准的规定。

5.4 结构长度和最小壁厚

5.4.1 结构长度

低阻力倒流防止器的推荐结构长度见表 2，其偏差按表 2 的规定。

表 2 低阻力倒流防止器的结构长度

单位为毫米

公称尺寸 DN	结构长度					偏差
	内置排水式	内置排水过滤式	直流式	在线维护过滤式		
				无伸缩法兰	带伸缩法兰	
15	107	—	—	—	—	+1.0 −2.0
20	107	—	—	—	—	
25	115	—	—	—	—	
32	—	235	—	—	—	+1.5 −2.0
40	—	235	—	—	—	
50	—	255	185	—	—	
65	—	—	210	320	420	±1.9
80	—	—	225	350	450	
100	—	—	250	400	500	
150	—	—	340	500	600	±2.2
200	—	—	400	650	760	
250	—	—	—	830	950	±3.5
300	—	—	—	960	1 070	
350	—	—	—	1 150	1 270	
400	—	—	—	1 300	1 430	

注 1：表中内置排水式和内置排水过滤式倒流防止器为内螺纹连接，其数据为两端部之间尺寸。

注 2：直流式和在线维护过滤式倒流防止器为法兰连接，其数据为两法兰端面之间的尺寸。

5.4.2 最小壁厚

低阻力倒流防止器阀体的最小壁厚可按查表法和计算法选取。

5.4.2.1 查表法

倒流防止器阀体最小壁厚应按表 3 的规定。

表 3 低阻力倒流防止器阀体最小壁厚

阀体材料	不锈钢	碳素钢	球墨铸铁	硅黄铜
材料牌号	S30408	WCB	QT450-10	CuZn16Si4
铸造方法	精密铸造	精密铸造	树脂砂铸造	树脂砂铸造
公称尺寸 DN	最小壁厚 mm			
15	3.5	—	—	4.5
20	3.5	—	—	4.5
25	4.0	—	—	5.0
32	4.5	—	—	5.5
40	5.0	—	—	6.0
50	5.5	7.0	8.0	6.5
65	6.0	7.5	8.5	7.0
80	6.5	8.0	9.0	7.5
100	8.0	9.0	10.0	8.5
150	9.0	10.0	11.0	9.5
200	—	—	12.0	—
250	—	—	13.0	—
300	—	—	14.0	—
350	—	—	15.0	—
400	—	—	16.0	—

注 1：表中壁厚数据适用于表中的材料牌号和铸造方法，对其他牌号材料或表中无数据可查的可采用计算法。

注 2：树脂砂铸造是指采用金属模和树脂砂造型工艺的铸造。

5.4.2.2 计算法

倒流防止器的最小壁厚应按式（1）计算：

$$S_b = pD/(2[\sigma_L] - p) + C \quad\cdots\cdots\cdots\cdots\cdots\cdots\cdots\cdots \quad (1)$$

式中：

S_b——考虑附加裕量后的阀体最小壁厚，单位为毫米（mm）；

p——公称压力，单位为兆帕（MPa）；

D——阀体中腔最大内径，单位为毫米（mm）；

$[\sigma_L]$——材料的许用拉伸应力，单位为兆帕（MPa）；

C——铸造偏差和腐蚀的附加裕量，单位为毫米（mm）（见表 4）。

注：式（1）适用于塑性材料。

5.4.2.3 附加裕量

用计算法计算阀体最小壁厚的附加裕量按表 4 的规定。

5.5 外观

5.5.1 铸件表面不应有冷隔、疤痕、接痕、疏松、气孔等表面缺陷，表面应喷丸处理，不应有油、脂、锈、漆和粘砂等附着物。不锈钢铸件表面应经钝化处理。

5.5.2 成品外表面应色泽均匀、光滑，无挂流痕迹。成品内腔流道不得刮腻子，表面应光滑、清洁、无突痕。

表4 附加裕量 *C* 值

单位为毫米

阀体材料	不锈钢	碳素钢	球墨铸铁	硅黄铜
铸造方法	精密铸造	精密制造	树脂砂铸造	树脂砂铸造
S_b-C	*C* 值			
≤5	3	5	6	4
6～10	2	4	5	3
11～20	1	3	4	2

5.6 涂装

5.6.1 零件采用非防锈材料的,其表面应涂装。

5.6.2 零件在涂装前应进行表面清洗、磷化和烘干处理。可采用机械法或化学法清洗,表面应为均匀银色,基本无黑色挂灰现象。采用化学法清洗时应符合 JB/T 6978 的要求。表面磷化处理应符合 GB/T 6807 次量级的要求。

5.6.3 涂装宜采用静电喷涂或双组分喷涂等方法,宜采用热成膜工艺。

5.7 漆膜

5.7.1 硬度宜高于 5 H 铅笔硬度,硬度的测定应符合 GB/T 6739 的规定。

5.7.2 厚度不小于 250 μm,宜采用无损测厚方法测定。

5.7.3 漆膜与本体结合应牢固,宜采用划痕法或划格法进行评定,并符合 GB/T 1720 或 GB/T 9286 的要求。

5.7.4 内腔流道漆膜的卫生安全性应符合 GB/T 17219 的卫生要求。

5.7.5 涂膜应符合防锈和耐水性能优良的要求,可采用盐水和热水浸泡法评价,应参照 GB/T 10834 的方法进行。

5.8 附加设施

5.8.1 伸缩法兰接头

材质和涂层的要求应与壳体相同。强度应符合 5.1.1 的要求,装配后密封性能应符合 5.1.3 的要求,法兰应符合 5.3.1 的要求,应配备限位螺栓,对于 DN50～DN200 的倒流防止器,限位螺栓不少于 2 根;大于 DN 200 的倒流防止器,限位螺栓不应少于 4 根。

5.8.2 前置过滤网

应采用 S30408 材质,网孔最大直径宜小于 2 mm。网孔总过流面积应大于管道有效流通面积的 2 倍,压力损失应符合 5.1.8.2 的要求。其强度应满足在试验压力为 0.5 MPa 和网孔 90%被堵塞时,过滤网不应有较大变形和损坏。

5.8.3 漏水报警器

在排水器出口有水排出,且排水时间超过设定时间(一般为 3 min)时应发出报警信号。其组成和配置参照 CECS 259 的规定。

5.9 安装

5.9.1 倒流防止器的安装应符合 CECS 259 的要求,在倒流防止器进水止回阀的上游,应设置过滤器或前置过滤网,过滤网应符合 5.8.2 的规定。

5.9.2 在倒流防止器的上下游应设置检修阀和管道伸缩器或伸缩法兰,伸缩法兰应符合 5.8.1 的要求。

5.9.3 在产品安装后,其排水器排水管道的出口应向下,与地(底)面应有不小于 300 mm 的垂向空气间隔距离,并设置防虫罩。

5.9.4 倒流防止器设置在地下阀门井等隐蔽场所内时,宜配置漏水报警器,漏水报警器应符合 5.8.3 的要求。

6 材料

6.1 低阻力倒流防止器的主要零件的常用材料的选择应符合表 5 的规定。

表 5 主要零件的常用材料选用表

部件	主要零件	常用材料
壳体	阀体、阀盖（≥DN50）	球墨铸铁、碳素钢、不锈钢、铜合金
	阀体、阀盖（<DN50）	不锈钢、铜合金
内件	阀瓣（≥DN50）	球墨铸铁、碳素钢、不锈钢、铜合金
	阀瓣（<DN50）	不锈钢、铜合金
	阀座、活塞	不锈钢、铜合金
	阀杆、与水接触的紧固件	不锈钢
	阀套	不锈钢、工程塑料
	弹簧	不锈钢
	过滤网	不锈钢
	橡胶密封件	硅橡胶、丁苯橡胶、三元乙丙（环保型）橡胶

6.2 主要零件的材质应符合下列要求：
　　——铜合金材料应选用黄铜或青铜等无铅材料，应符合 GB/T 12225 和符合 GB/T 4423 的要求。
　　——球墨铸铁材料应符合 GB/T 12227 的要求。
　　——碳素钢材料应符合 GB/T 12229 的要求。
　　——不锈钢材料应符合 GB/T 12230 和 GB/T 1220 的要求。
　　——弹簧材料应符合 YB/T 11—1983 的要求。
　　——橡胶及工程塑料应选用耐水和耐老化性能优良的材料，其卫生安全性应符合 GB/T 17219 的要求。

7 试验方法

7.1 试验用仪表的精度
　　——压力表的准确度等级应为 0.4 级或以上。
　　——压差仪的分辨率为 0.1 kPa。

7.2 强度试验

7.2.1 壳体强度试验
　　将倒流防止器的出水口和排水器出口封堵，关闭所有检测阀，从进口加压，试验压力为 1.5 倍公称压力，保压时间大于 5 min，按照 GB/T 13927 的要求试验，应符合 5.1.1 的要求。

7.2.2 阀瓣和出口活塞的强度试验
　　包括进水止回阀阀瓣、出水止回阀阀瓣和出口活塞的强度试验，在整机组装完成后进行。将被测阀的进、出口连通，同时加压，开启中间腔测试阀，使 $p_2=0$。试验压力为 1.5 倍公称压力，保压时间大于 5 min，检查中间腔内不应有渗漏，应符合 5.1.2 的要求。

7.3 密封性能试验

7.3.1 密封性能应按 GB/T 13927 的要求进行试验。

7.3.2 整机外密封性能：包括排水器阀体与阀盖和倒流防止器的阀体与阀盖、排水器、附加装置、检测阀、管道连接处的密封性能，在整机组装完成后进行。试验时，从被测阀的进口加压，所有出口关闭或封堵，试验压力为 1.1 倍公称压力，保压时间大于 3 min，检查各密封部位，对外不应有渗漏。

7.3.3 整机内密封性能：在整机组装完成后进行，将被测阀的中间腔测试球阀开启，使 $p_2=0$，在进、出口同时加压，试验压力为 1.1 倍公称压力，保压时间大于 3 min，检查中间腔和排水器出口不应有渗漏。

7.3.4 排水器密封性能试验装置见图 2。

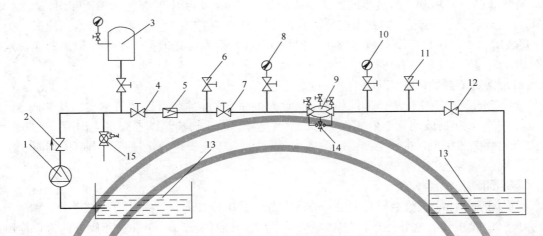

1——水泵；2——止回阀；3——稳压罐；4、7、12——控制阀门；5——流量计；6、11——旁通阀；
8、10——精密压力表；9——被测阀；13——水池；14——被测阀排水器；15——泄压阀。

图 2　排水器密封性能试验装置

　　试验时，开启控制阀门 12，出口有流量流出，调节控制阀门 12，使出口流量从微流量到额定流量（管中平均流速 2 m/s），再从额定流量减小到微流量，排水器在整个试验过程中都不应漏水，应符合5.1.5 的要求。

7.4　止回阀回座关闭正向压差的测定

7.4.1　试验装置

　　止回阀密封回座正向压差的试验装置见图 3，也可用压差仪测定。

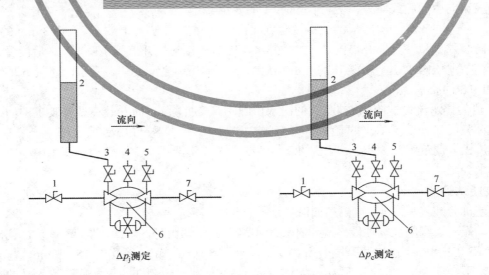

1——进水阀；2——玻璃管；3——进口检测阀；4——中间腔检测阀；5——出口检测阀；
6——被测阀；7——出水阀。

图 3　止回阀密封关闭时正向压差试验装置

玻璃管 2 不小于 DN 20，其上口开敞通大气，并高出阀瓣中心 3 000 mm 以上；下口置于被测阀中心线水平位置，并连接一段软管。控制进水阀 1 与进水管接通。试验时，将被测阀 6 水平放置。

7.4.2 进口止回阀回座关闭正向压差 Δp_j 的测定

将玻璃管 2 的下口用软管与被测阀的进口检测阀 3 接通，开启中间腔检测阀 4 和出口检测阀 5。开启进水阀 1，缓慢进水，观察玻璃管内液位上升，空气排净。在中间腔检测阀 4 有水流出时，关闭进水阀 1。观察玻璃管 2 的液位下降并最终停止，保持 3 min，测量停止液位至中间腔检测阀 4 出水口之间的垂直距离，应符合 5.1.6 中 Δp_j 的规定。

7.4.3 出口止回阀密封关闭时正向压差 Δp_c 的测定

将玻璃管 2 的下口的软管与中间腔检测阀 4 连通，关闭进口检测阀 3，开启出口检测阀 5。开启进水阀 1，缓慢进水，观察玻璃管 2 内液位上升，空气排净。在出口检测阀 5 有水流出时，关闭进水阀 1，观察玻璃管 2 的液位将下降并最终停止，保持 3 min，测量玻璃管内静止液位至出口检测阀 5 出水口之间的垂直距离，应符合 5.1.6 中 Δp_c 的规定。

7.5 排水器启闭动作性能试验

排水器启闭动作性能试验装置见图 2，试验压力小于 0.3 MPa。

将阀 6 与阀 11 用压力软管连通，关闭阀 12 和阀 7，开启阀 6、阀 11 和被测阀 9 的进口检测阀，将被测阀的进口压力降低，在不大于出口压力时，排水器 14 应开启排水，但不持续排水。然后关闭阀 6 和检测阀 9，开启阀 12 和阀 7，在被测阀通水时，排水器应迅速关闭，不漏水。连续重复上述步骤 3 次以上，排水器启闭动作应灵敏可靠，符合 5.1.7 的要求。

7.6 压力损失试验

压力损失试验装置见图 2。按 JB/T 5296 的要求进行试验，在管中平均流速 $v=0.5$ m/s～4.5 m/s 的范围内，每增加 0.5 m/s 取值一次，绘制流量或流速-水头损失的曲线，应符合 5.1.8 的要求。

7.7 防止回流污染功能检验

7.7.1 严格防止回流污染功能试验装置见图 2。在 7.7.2 检验合格后，进行其他性能检验。

7.7.2 结构检验：将被测阀样品拆解，对照其结构图和工作原理图进行结构分析：在 $p_3>p_1>0$ 时，排水器应开启，且 $p_2=0$；在两个止回阀密封口失效或整机（包括排水器）内任何一件动密封件失效时，所漏介质均应流向中间腔或阀外，应符合 5.1.9.1 的要求。

7.7.3 出水止回阀 3 mm 卡阻时泄漏流量试验。在出水止回阀的密封口上挂有直径 3 mm 的金属丝后，将被测阀反向装入试验装置。开启阀 7，此时排水器出口应排水；开启阀 12，阀 12 后段管道出口不应有水流出。调节泄压阀 15，使试验压力在 0.1 MPa 到公称压力之间变化，观察流量计 5 的读数，其流量应符合 5.1.9.3 的要求。

7.7.4 排水器的排水流量试验：将被测阀的出水止回阀阀瓣拆除，反向安装在试验装置中，按 JB/T 5296 的要求进行试验，先开启阀 12。试验时，开启阀 7 和阀 4，排水器出口应大量排水，阀 12 后段管道出口不应有水流出。调节阀 7，使流量计 5 的流量达到表 1 排水器排水流量值时，测量中间腔压力应符合 5.1.9.4 的要求。

7.8 耐久性能试验

耐久性能试验装置见图 4，电磁换向阀 6 连接计数仪。

试验前，先对被测阀进行性能试验，并记录实测数据。试验时，用泄压阀 13 调节，使出口试验压力为 0.2 MPa～0.3 MPa；进口试验压力为–0.1 MPa～0.35 MPa，试验频次约 15 次/min，每天连续启闭运行试验时间不少于 8 h，试验介质为常温水，试验最大流量为倒流防止器相应公称尺寸的平均流速约 1.2 m/s 的对应流量。

试验总次数应大于 2 万次。试验结束后对被测阀再进行一次性能试验，并与初次的试验数据进行比较，应符合 5.1.10 的要求。

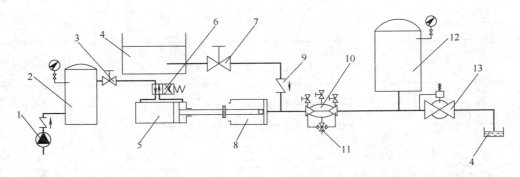

1——气压泵；2——气压罐；3——进气控制阀；4——水池；5——气体双向驱动活塞缸；
6——电磁换向阀；7——进水调节阀；8——活塞缸；9——止回阀；10——被测阀；
11——排水器；12——稳压罐；13——泄压阀。

图 4　耐久性能试验装置

7.9　卫生安全检测

倒流防止器整机卫生安全性能委托国家卫生部认定的检测机构检测。

7.10　外观、结构长度和壁厚检验

7.10.1　外观采用目测法检查。

7.10.2　结构长度采用分辨率为 0.02 mm 的卡尺测量。

7.10.3　阀体壁厚采用测厚仪随机测量，不少于 3 处，取最小值。

7.11　涂层检验

涂层漆膜的厚度、硬度、结合力、防锈性和耐水性测量按有关标准规定，检测结果应符合 5.7 的要求。

7.12　附加设施的检验

7.12.1　附加设施的检验应在整机组装完成后与整机一起进行，并应符合 5.8 的要求。

7.12.2　下列项目应单独检验：

a）前置过滤网的强度试验

先测量网孔最大尺寸，并采用超薄的纯铜皮或纤维布遮盖 90%的网孔后，装入倒流防止器中，在流量试验装置图 2 中进行试验，试验压力升到 0.5 MPa，保持 5 min，试验结束后，拆下检查，应符合 5.8.2 的要求。

b）漏水报警器功能试验

将漏水报警器各部件接通，组装在倒流防止器上，在通电后进行试验。试验装置见图 2。试验时，倒流防止器的出口压力应大于进口压力，排水器处于开启状态，用软管将倒流防止器的进口检测阀和中间检测阀连通，并开启这两个检测阀向中间腔灌水，排水器应向外排水，同时开始计时，观察声光报警器在超过排水设定时间（一般为 3 min）后应发出声光报警信号。试验可参照 CECS 259：2009 的方法进行。

7.13　安装检验

安装检验按 CECS 259 的方法进行。

8　检验规则

8.1　检验项目

低阻力倒流防止器的出厂检验、型式试验和在线检测的检验项目按表 6 的规定。

8.2　出厂检验

每台产品出厂前应进行出厂检验，检验合格后方可出厂，并应向用户提供出厂检验报告。

表6 检验项目表

检验项目			检验类别			技术要求	试验方法
			出厂检验	型式试验	在线检测		
强度	壳体强度试验		√	√	—	5.1.1	7.2.1
	阀瓣、感应活塞强度试验		√	√	—	5.1.2	7.2.2
密封	整机外密封试验		√	√	—	5.1.3	7.3.2
	整机内密封试验		√	√	√	5.1.4	7.3.3
	排水器密封性能试验		√	√	√	5.1.5	7.3.4
性能	止回阀回座关闭正向压差测定	进水止回阀Δp_j	√	√	√	5.1.6.1	7.4.2
		出水止回阀Δp_c	√	√	√	5.1.6.2	7.4.3
	排水器启闭动作性能		√	√	√	5.1.7	7.5
	压力损失 Δp	整机 $v=1\ m/s$ 时	√	√	√	5.1.8	7.6
		整机 $v=2\ m/s$ 时	—	√	—		
		前置过滤网 $v=1\ m/s$ 时	√	√	—		
		前置过滤网 $v=2\ m/s$ 时	—	√	—		
	防止回流污染功能试验	结构检验	—	√	—	5.1.9.1	7.7.2
		出水止回阀 3 mm 泄漏流量	—	√	—	5.1.9.3	7.7.3
		排水器流通能力	—	√	—	5.1.9.4	7.7.4
	耐久性能试验		—	√	—	5.1.10	7.8
卫生	卫生安全检测		—	√	—	5.2	7.9
其他	外观检查		√	√	—	5.5	7.10.1
	结构长度和壁厚检验		—	√	—	5.4	7.10.2 7.10.3
	漆膜检验		—	√	—	5.7	7.11
	附加设施	前置过滤网强度检验	—	√	—	5.8.2	7.12.2.a
		漏水报警器功能试验	√	√	√	5.8.3	7.12.2.b
	安装检验		—	—	√	5.9	7.13

注1：表中"√"表示应做项目，"—"表示不做项目。

注2：在压力损失试验项目中，含有前置过滤网的，可与整机合并试验。

8.3 型式试验

8.3.1 有下列情况之一时，应进行型式试验：

 a）新产品试制或者老产品转厂生产的定型鉴定时；

 b）产品停产一年以上恢复生产时；

 c）结构、工艺材料的变更可能影响产品性能时；

 d）正常生产时，定期或积累一定产量后，每两年不少于一次检验；

 e）用户提出型式检验时；

 f）国家产品质量监督检验部门提出型式试验要求时。

8.3.2 上述 a）、b）、c）三种情况的型式检验，只需提供 1 台～2 台产品试验，试验合格后方可成批生产；d）、e）、f）三种情况可按 8.3.3 规定进行抽样检验。

8.3.3 抽样方法：

型式试验可采取从生产厂合格库存产品中或用户尚未安装使用过的产品中随机抽取的方法，也可采用送样方法。采取随机抽取方法的，每一规格产品供抽样的最少台数和抽样台数按表7的规定。如订货台数少于供抽样的最少台数或到用户处抽样时，供抽样的台数不受表7的限制，抽样台数仍按表7的规定。对整个系列进行质量考核时，抽检部门根据情况可以从该系列中抽取2个～3个典型规格进行检验。

表7　抽样数量表

公称尺寸 DN	供抽样最少台数 台	抽样台数 台
15～50	12	3
65～200	8	2
250～400	4	1

8.3.4　合格判定：

在所有型式试验项目中，检验项目全部合格，则该批产品全部合格；如果有1项～2项不合格，则需重新抽样检验。重新抽样检验台数为表7中抽样台数的2倍，经检验全部项目合格，则该批产品合格；如果有3项以上（含3项）不合格，则该批产品不合格。

8.4　在线检测

在线检测项目是倒流防止器安装验收和用户巡检的内容，检验频次和要求见附录B。

9　标志和标识

9.1　标志

产品上的标志内容参照GB/T 12220的规定。同时应满足下列要求：

——永久性标志

a）在阀体上应有公称尺寸（DN）、公称压力（PN）、制造厂名或商标、介质流向的箭头、材料牌号等永久性标志；

b）在铸件的非加工面上宜铸有制造厂商标、材料牌号、铸造厂代号和熔炼炉号等永久性标志；

c）永久性标志应铸于铸件上。公称尺寸小于DN50的，永久性标志可刻于阀件上或标牌上。

——标牌标志

a）在出厂前，在产品的显著位置应设有标牌，可靠地铆固于阀体上。标牌应采用不锈钢、铜合金或铝合金等材料制造。

b）在标牌上应有制造厂名和商标、生产厂编号、产品名称、型号、公称尺寸（DN）、极限温度、制造日期（年、月、日）、产品适用的标准号等标志内容。

9.2　标识

9.2.1　在产品上应设有适用等级标识和警示标识。

9.2.2　适用等级标识：

9.2.2.1　颜色标识

适用于防止有毒污染的产品，其外表面涂膜，颜色应为深灰色。

适用于防止有害污染和轻微污染的产品，其外表面涂膜颜色为蓝色、绿色或金属本色。

9.2.2.2　警示标识

适用于防止有害污染和轻微污染的产品，在产品上设有警示标识，应标明"本产品不适用于防止有毒回流污染"等字样，警示标识可采用黄色不干胶纸粘贴于产品显著位置。

10 包装、贮存、质量保证和供货要求

10.1 包装与贮存

10.1.1 包装方式

产品宜采用木箱包装，可采用螺栓或内撑防撞材料固定。对于公称尺寸小于 DN50 的产品，可采用纸箱包装。具体包装方式可根据供货合同的要求确定。

10.1.2 包装内容

产品出厂时，在包装箱内除产品外，另外应有产品出厂检验报告、产品出厂合格证、产品安装使用说明书、产品质量保证书和售后服务联络单等文件资料。

10.1.3 包装要求

产品包装要求如下：

a）包装前应检查和清洁产品，表面不应有污物，阀腔应清洁，不应有水和杂物。

b）包装的箱体应坚固，顶部内侧宜衬有防水油毡或塑料薄膜，木箱底部应有横木，应便于铲车、吊车等机械搬运。

c）产品应固定于包装箱底板或底部横木上，四周用防撞材料隔垫。

d）文件资料应采用塑料袋密封套装，临时固定于产品包装袋内产品的上部。

e）易碎配件应另外加强包装。

10.1.4 包装箱标记

在产品包装箱两侧面应印有标记，标记应包含产品名称、型号、公称尺寸（DN）、公称压力（PN）、产品数量、制造厂名和商标、出厂日期、毛重和净重、向上标志等内容。在包装箱外侧应附有装箱明细清单，采用塑封，并粘贴牢固。

10.1.5 贮存

产品应贮存在干燥的室内，堆放整齐，不应露天存放，以防止损坏和腐蚀。

10.2 质量保证

产品自发货之日起的 18 个月内，在产品说明书规定的正常操作条件下，因材料缺陷、制造质量、设计等原因造成的损坏，应由制造厂负责免费保修、更换零件或更换整台产品。

10.3 供货要求

供货要求可按 JB/T 7928 的规定。

附　录　A
（资料性附录）
低阻力倒流防止器结构形式

A.1　内置排水式低阻力倒流防止器

内置排水式低阻力倒流防止器的典型结构如图 A.1 和图 A.2 所示。

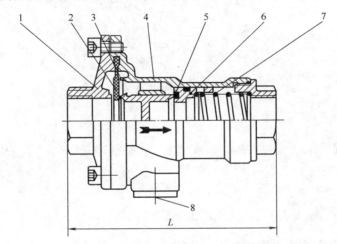

1——阀盖；2——进水止回阀；3——内置排水器；4——阀体；

5——出水止回阀；6——活塞；7——复位弹簧；8——排水器出口。

图 A.1　内置排水式低阻力倒流防止器（LHS711X 型）

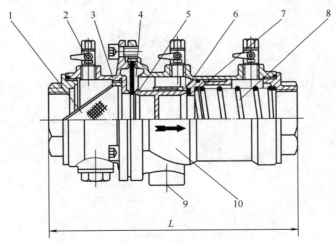

1——前置过滤网；2——检测阀；3——阀盖；4——内置排水器；5——进水止回阀；

6——出口止回阀；7——活塞；8——复位弹簧；9——排水器出口；10——阀体。

图 A.2　内置排水过滤式低阻力倒流防止器（LHS712X 型）

A.2　直流式低阻力倒流防止器

直流式低阻力倒流防止器的典型结构如图 A.3 所示。

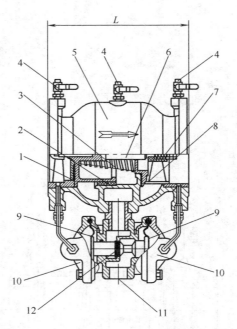

1——进水止回阀；2——感应活塞；3——进水止回阀复位弹簧；4——检测阀；5——阀体；
6——阀轴；7——出水止回阀复位弹簧；8——出水止回阀；9——排水器膜片；
10——排水器阀盖；11——排水器出口；12——排水器阀瓣。

图 A.3　直流式低阻力倒流防止器（LHS743X 型）

A.3　在线维护过滤式低阻力倒流防止器

在线维护过滤式低阻力倒流防止器的典型结构如图 A.4 所示。

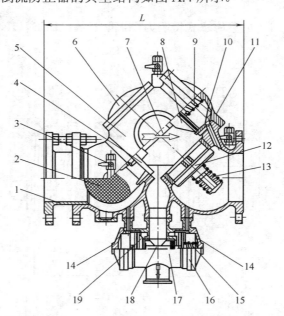

1——伸缩法兰接头；2——前置过滤网；3——检测阀；4——进水止回阀；5——阀体；6——中间腔阀盖；
7——阀轴；8——活塞；9——进水止回阀复位弹簧；10——阀套；11——控制腔阀盖；12——出水止回阀；
13——出水止回阀复位弹簧；14——排水器阀盖；15——排水器弹簧；16——排水器活塞；
17——排水器阀体；18——排水器阀轴；19——排水器阀瓣。

图 A.4　在线维护过滤式低阻力倒流防止器（LHS745X 型）

附 录 B
（资料性附录）
低阻力倒流防止器在线检测和用户巡检

B.1 在线检测

每台倒流防止器在安装验收时和初期使用后半年内，应进行在线检测。在正常使用后，用户（或管理单位）应制定巡检和在线检测的计划，并按 B.2 的要求进行巡检和在线检测。

在线检测的检验项目、技术要求和试验方法可按表 6 的规定。

注：公称尺寸不大于 DN25 的，表 6 检验项目中 Δp_j 和 Δp_c 项目可不检测。

B.2 用户巡检

B.2.1 每台倒流防止器在正常使用后，用户（或管理单位）应按 B.2.2 的频次要求，委派专业人员定期巡检和在线检测，应有巡检和检验记录，并按 B.2.3 排除故障。主要巡查内容参照 CECS 259 的规定。

B.2.2 用户巡检频次按下列要求：

——设有漏水报警器的，每半年定期巡查一次，每两年不少于一次在线检测；

——不设漏水报警器的或经常停水的，每月至少巡查一次，每年不少于一次在线检测；

——每次停水后应巡查一次；

——每次遇到故障，修复后应进行一次在线检测；

——用于消防系统的倒流防止器，每台每半年至少通水试验一次，从下游管道栓口大流量放水，并检查倒流防止器及其排水器开启和关闭的可靠和灵敏性。

B.2.3 在线检测中，可能发现的故障及其排除方法：

——压力（水头）损失 Δp 增大时，应检查和清除其前置过滤网（器）的垃圾。

——止回阀和排水器启闭动作性能不合格，应多次通水和关闭试验或拆解产品清理阀腔。

——Δp_j 或 Δp_c 不合格，应调整或更换进水止回阀或出水止回阀的复位弹簧。

——排水器出口持续漏水，属于故障现象，应多次大流量通水试验，冲洗垃圾，或委派专业人员及时维修。

——在安装倒流防止器的阀门井内有积水时，应及时排除（可用小型移动式潜污泵排水）。

四、测量器具

ICS 91.140.60
N 12

中华人民共和国国家标准

GB/T 778.1—2018/ISO 4064-1:2014
代替 GB/T 778.1—2007

饮用冷水水表和热水水表
第 1 部分：计量要求和技术要求

Meters for cold potable water and hot water—
Part 1：Metrological requirements and technical requirements

(ISO 4064-1:2014,Water meters for cold potable water and hot water—
Part 1：Metrological and technical requirements，IDT)

2018-06-07 发布

2019-01-01 实施

国家市场监督管理总局
中国国家标准化管理委员会　发 布

前　言

GB/T 778《饮用冷水水表和热水水表》分为以下 5 部分：

——第 1 部分：计量要求和技术要求；

——第 2 部分：试验方法；

——第 3 部分：试验报告格式；

——第 4 部分：GB/T 778.1 中未包含的非计量要求；

——第 5 部分：安装要求。

本部分为 GB/T 778 的第 1 部分。

本部分按照 GB/T 1.1—2009 给出的规则起草。

本部分代替 GB/T 778.1—2007《封闭满管道中水流量的测量　饮用冷水水表和热水水表　第 1 部分：规范》，与 GB/T 778.1—2007 相比主要技术变化如下：

——修改了标准名称；

——扩大了标准适用范围，未规定最大允许工作压力（见第 1 章，2007 年版的第 1 章）；

——调整了标准的结构；

——增加了术语"水表""费率控制装置""预置装置""固定客户水表""插装式水表""插装式水表连接接口""可互换计量模块水表""可互换计量模块""可互换计量模块水表连接接口""误差""耐久性""测量条件""显示装置的分辨力""复式水表转换流量""耐久性试验""温度稳定性""预处理""环境适应""恢复""型式评价""型式批准"（见 3.1.1、3.1.9、3.1.10、3.1.12、3.1.20、3.1.21、3.1.22、3.1.23、3.1.24、3.2.4、3.2.10、3.2.11、3.2.14、3.3.6、3.4.7、3.4.8、3.4.9、3.4.10、3.4.11、3.4.12、3.4.13）；

——修改了术语"检测元件""修正装置""初始基本误差""工作温度""影响因子""额定工作条件""P 型自动检查装置"的定义（见 3.1.3、3.1.7、3.2.7、3.3.10、3.4.2、3.4.4、3.5.6，2007 年版的 3.26、3.32、3.49、3.17、3.50、3.5、3.40）；

——删除了术语"最低允许工作压力""极限条件""电源装置"（见 2007 年版的 3.15、3.6、3.43）；

——修改了 Q_3/Q_1 的值的选取（见 4.1.4，2007 年版的 5.1.2）；

——删除了参比流量的确定（见 2007 年版的 5.1.5）；

——增加了水表准确度等级的分类，增加了 1 级表的最大允许误差要求（见 4.2.2）；

——删除了"温度等级"表格参比条件一栏（见 2007 年版的 5.4.1）；

——增加了对于逆流水表两个方向上常用流量和测量范围可以不同的要求（见 4.2.7）；

——增加了静压时水表不损坏泄漏的要求（见 4.2.10）；

——增加了对于不可更换电池，水表上应有更换电池的提示和最少使用寿命的要求（见 5.2.3.2）；

——增加了对于可更换电池，在显示电池电量低时的最少使用寿命要求（见 5.2.4.2）；

——增加了更换电池应不损坏计量封印的要求（见 5.2.4.4）；

——增加了水表设计应不便实施欺诈行为、应不有利于任何一方的要求（见 6.1.7、6.1.9）；

——增加了水表调整应不有利于任何一方的要求（见 6.2.1）；

——增加了水表安装条件的要求（见 6.3）；

——增加了铭牌上应有准确度等级、压力损失等级的要求（见 6.6.2）；

——删除了铭牌上提供给辅助装置输出信号类型的要求（见 2007 年版的 6.8）；

——修改为仅在带电子装置水表上的铭牌要求提供环境等级和电磁兼容等级（见 6.6.2，2007 年版的 6.8）；

——增加了电子指示装置的显示要求（见 6.7.2.2）；

——增加了对于 1 级水表的指示装置分辨力的要求（见 6.7.3.2.3）；

——增加了复式水表指示装置的要求（见 6.7.3.3）；

——删除了附加检定元件的要求（见 2007 年版的 6.6.3.3）；

——增加了计量控制内容，包括型式试验和首次检定的要求（见第 7 章）；

——删除了 2007 年版的附录 A 和附录 B；

——增加了"带电子装置水表的性能试验"附录（见附录 A）；

——增加了"使用中及后续检定的允许误差"附录（见附录 C）。

本部分使用翻译法等同采用 ISO 4064-1:2014《饮用冷水水表和热水水表　第 1 部分：计量和技术要求》。

本标准做了以下编辑性修改：

——修改了标准名称。

本部分由中国机械工业联合会提出。

本部分由全国工业过程测量控制和自动化标准化技术委员会（SAC/TC 124）归口。

本部分起草单位：上海工业自动化仪表研究院有限公司、宁波水表股份有限公司、三川智慧科技股份有限公司、宁波东海仪表水道有限公司、苏州自来水表业有限公司、浙江省计量科学研究院、河南省计量科学研究院、宁波市计量测试研究院、南京水务集团有限公司水表厂、重庆智慧水务有限公司、无锡水表有限责任公司、上海水表厂、上海仪器仪表自控系统检验测试所、杭州水表有限公司、深圳市捷先数码科技股份有限公司、汇中仪表股份有限公司、福州科融仪表有限公司、扬州恒信仪表有限公司、北京市自来水集团京兆水表有限责任公司、济南瑞泉电子有限公司、杭州竞达电子有限公司、江阴市立信智能设备有限公司、湖南常德牌水表制造有限公司、宁波市精诚科技股份有限公司、湖南威铭能源科技有限公司、青岛积成电子有限公司、天津赛恩能源技术股份有限公司。

本部分主要起草人：李明华、赵绍满、宋财华、林志良、姚福江、赵建亮、崔耀华、马俊、陆聪文、魏庆华、张庆、陈峥嵘、谢坚良、陈健、张继川、陈含章、张坚、张文江、董良成、杜吉全、韩路、朱政坚、汤天顺、廖杰、张德霞、左晔、王嘉宁、宋延勇、王欣欣、王钦利。

本部分所代替标准的历次版本发布情况为：

——GB 778—1984；

——GB/T 778.1—1996、GB/T 778.1—2007。

饮用冷水水表和热水水表
第1部分:计量要求和技术要求

1 范围

GB/T 778 的本部分规定了测量封闭满管道中水流量并配有累积流量指示装置的饮用冷水水表和热水水表的计量要求和技术要求。

本部分既适用于基于机械原理的水表,也适用于基于电或电子原理以及基于机械原理带电子装置、用于计量饮用冷水和热水体积流量的水表。

本部分还适用于通常作为选装件的电子辅助装置。但国家法规可能会规定某些选装件为使用水表的必备辅助装置。

注:国家法规高于本部分的规定。

2 规范性引用文件

下列文件对于本文件的应用是必不可少的。凡是注日期的引用文件,仅注日期的版本适用于本文件。凡是不注日期的引用文件,其最新版本(包括所有的修改单)适用于本文件。

GB/T 778.2—2018 饮用冷水水表和热水水表 第2部分:试验方法(ISO 4064-2:2014,IDT)

3 术语和定义

下列术语和定义适用于本文件。

注:这些术语与 ISO/IEC 导则 99:2007/OIML V2-200:2012[1],OIML V1:2013[2] 和 OIML D11[3] 中相同,此处列出的某些术语修改了 ISO/IEC 导则 99:2007/OIML V2-200:2012 和 OIML D11 的定义。

3.1 水表及其部件

3.1.1

水表 water meter

在测量条件下,用于连续测量、记录和显示流经测量传感器的水体积的仪表。

注1:水表至少包括测量传感器、计算器(含调整和修正装置)和指示装置。三者可置于不同的外壳内。

注2:该水表可以是复式水表(见3.1.16)。

3.1.2

测量传感器 measurement transducer

水表内将被测水流量或水体积转换成信号传送给计算器的部件,传感器包含检测元件。

注:测量传感器可以基于机械原理、电原理或电子原理,可以自激或使用外部电源。

3.1.3

检测元件 sensor

水表内直接受承载被测量的现象、介质或物体影响的元件。

注1:改写 ISO/IEC 导则 99:2007/OIML V2-200:2012(VIM),定义 3.8。将"测量系统"改为"水表"。

注2:水表的检测元件可以是圆盘、活塞、齿轮、涡轮、电磁水表中的电极或其他元件。水表内检测流过水表的水流量或水体积的部件称作"流量检测元件"或"体积检测元件"。

3.1.4

计算器 calculator

接收测量传感器或相关测量仪表的输出信号并将其转换成测量结果的水表部件。如果条件许可，在测量结果未被采用之前还可将其存入存储器。

注1：机械水表中的齿轮传动装置可视作计算器。

注2：计算器还能与辅助装置进行双向通信。

3.1.5

指示装置 indicating device

给出流经水表的水体积对应示值的水表部件。

注：术语"示值"的定义见 ISO/IEC 导则 99:2007/OIML V2-200:2012(VIM),4.1。

3.1.6

调整装置 adjustment device

水表中可对水表进行调整，使水表的误差曲线平行偏移至最大允许误差范围内的装置。

注：术语"测量系统调整"的定义见 ISO/IEC 导则 99:2007/OIML V2-200:2012(VIM),3.11。

3.1.7

修正装置 correction device

连接或安装在水表中，在测量条件下根据被测水的流量和（或）特性以及预先确定的校准曲线自动修正体积的装置。

注1：被测水的特性（如温度、压力）可以用相关测量仪表进行测量，或者储存在仪表的存储器中。

注2：术语"修正"的定义见 ISO/IEC 导则 99:2007/OIML V2-200:2012(VIM),2.53。

3.1.8

辅助装置 ancillary device

用于执行某一特定功能，直接参与产生、传输或显示测得值的装置。

注1："测得值"的定义见 ISO/IEC 导则 99:2007/OIML V2-200:2012(VIM),2.10。

注2：辅助装置主要有以下几种：

    a) 调零装置；

    b) 价格指示装置；

    c) 重复指示装置；

    d) 打印装置；

    e) 存储装置；

    f) 费率控制装置；

    g) 预设装置；

    h) 自助装置；

    i) 流量检测元件移动探测器（在指示装置显示之前探测流量检测元件的运动）；

    j) 远程抄表装置（可以永久性安装，也可以临时加入）。

注3：根据国家法律法规，辅助装置可能受法定计量管理。

3.1.9

费率控制装置 tariff control device

根据费率或其他标准把测得值分配到不同寄存器的装置。各个寄存器可分别读数。

3.1.10

预置装置 pre-setting device

允许选择用水量并在测量到选定水量后自动停止水流的装置。

3.1.11

相关测量仪表 associated measuring instruments

连接在计算器或修正装置上，用于测量水的某个特征量以便进行修正和（或）转换的仪表。

3.1.12

固定客户水表　　meter for two constant partners

仅用于一个供应商向一个客户供水的固定安装的水表。

3.1.13

管道式水表　　in-line meter

利用水表端部的连接件接入封闭管道的一种水表。

注：端部连接件可以是法兰或者螺纹。

3.1.14

整体式水表　　complete meter

测量传感器、计算器和指示装置不可分离的水表。

3.1.15

分体式水表　　combined meter

测量传感器、计算器和指示装置可分离的水表。

3.1.16

复式水表　　combination meter

由一个大水表、一个小水表和一个转换装置组成的一种水表。转换装置根据流经水表的流量大小自动引导水流流过小水表或者大水表，或者同时流过两个水表。

注：水表的读数从两个独立的积算器上读出，或者由一个积算器将两个水表的流量值相加后读出。

3.1.17

被试装置　　equipment under test；EUT

接受试验的完整的水表、水表组件或辅助装置。

3.1.18

同轴水表　　concentric meter

利用集合管接入封闭管道的一种水表。

注：水表和集合管的进口和出口通道在两者之间的接合部位是同轴的。

3.1.19

同轴水表集合管　　concentric meter manifold

同轴水表的专用连接管件。

3.1.20

插装式水表　　cartridge meter

利用被称作连接接口的过渡管件接入封闭管道的一种水表。

注：水表和连接接口的进口和出口通道是同轴或轴向的，详见 GB/T 778.4。

3.1.21

插装式水表连接接口　　cartridge meter connection interface

同轴或轴向插装式水表的专用连接管件。

3.1.22

可互换计量模块水表　　meter with exchangeable metrological module

常用流量在 16 m³/h 以上，由连接接口和一个计量模块组成，该计量模块可与其他相同型号的模块互换的水表。

3.1.23

可互换计量模块　　exchageable metrological module

由一个测量传感器、一个计算器和一个指示装置组成的独立模块。

3.1.24

可互换计量模块水表连接接口　　connection interface for meters with exchangeable metrological modules

可互换计量模块的专用连接管件。

3.2 计量特性

3.2.1

实际体积 actual volume

V_a

任意时间内流过水表的水的总体积。

注1：此为被测量。

注2：实际体积是由参比体积计算而得，参比体积是考虑到各种测量条件的不同而采用合适的测量标准加以确定的。

3.2.2

指示体积 indicated volume

V_i

对应于实际体积，水表所显示的水体积。

3.2.3

主示值 primary indication

受法制计量管理的示值。

3.2.4

误差 error

测得量值减去参比量值。

[ISO/IEC 导则 99:2007/OIML V2-200:2012(VIM)，定义 2.16]

注1：对于本部分，指示体积为测得量值，实际体积为参比量值。指示体积与实际体积之差为：(示值)误差。

注2：本部分中，(示值)误差以实际体积的百分数表示，即：

$$(V_i - V_a)/V_a \times 100\%$$

3.2.5

最大允许误差 maximum permissible error；MPE

给定水表的规范或规程所允许的，相对于已知参比量值的测量误差的极限值。

注：修改 ISO/IEC 导则 99:2007/OIML V2-200:2012(VIM)，定义 4.26。用"水表"代替"测量、测量仪表或测量系统"。

3.2.6

基本误差 intrinsic error

在参比条件下确定的水表的误差。

注：修改 OIML D11:2013，定义 3.8。用"水表"代替"测量仪表"。

3.2.7

初始基本误差 initial intrinsic error

在性能试验和耐久性评估试验之前确定的水表的基本误差。

注：修改 OIML D11:2013，定义 3.9。用"水表"代替"测量仪表"。

3.2.8

差错 fault

水表的(示值)误差与基本误差之差。

注：修改 OIML D11:2013，定义 3.10。"示值"放入括号内；用"水表"代替"测量仪表"。

3.2.9

明显差错　significant fault

大于 GB/T 778.1 规定值的差错。

注 1：修改 OIML D11:2013,定义 3.12。以"GB/T 778.1"代替"相关国际建议"。

注 2：规定值见 5.1.2。

3.2.10

耐久性　durability

水表在经过一段时间的使用后保持其性能特性的能力。

注：修改 OIML D 11:2013,定义 3.18。用"水表"代替"测量仪表"。

3.2.11

测量条件　metering conditions

测量点处被测水的条件(例如水温、水压等)。

3.2.12

指示装置一次元件　first element of the indicting device

由若干个元件组成的指示装置中附带检定标度分格分度尺的元件。

3.2.13

检定标度分格　verification scale interval

指示装置一次元件的最小分度。

3.2.14

显示装置的分辨力　resolution of an displaying device

被显示示值之间能有效分辨的最小差值。

[ISO/IEC 导则 99:2007/OIML V2-200:2012(VIM),定义 4.15]

注：对于数字式指示装置,此术语指指示装置最小有效位数变化一格的示值变化量。

3.3　工作条件

3.3.1

流量　flowrate

Q

$Q=\mathrm{d}V/\mathrm{d}t$,其中 V 是实际体积,t 是该体积流过水表所用的时间。

注：ISO 4006:1991[5] 的 4.1.2 用符号 q_V 表示流量,但本部分按业内习惯用 Q 表示。

3.3.2

常用流量　permanent flowrate

Q_3

额定工作条件下水表符合最大允许误差要求的最大流量。

注：本部分中,流量单位为 $\mathrm{m^3/h}$,见 4.1.3。

3.3.3

过载流量　overload flowrate

Q_4

要求水表在短时间内能符合最大允许误差要求,随后在额定工作条件下仍能保持计量特性的最大流量。

3.3.4

分界流量　transitional flowrate

Q_2

　　出现在常用流量和最小流量之间、将流量范围划分成各有特定最大允许误差的"高区"和"低区"两个区的流量。

3.3.5

最小流量　minimum flowrate

Q_1

水表符合最大允许误差要求的最低流量。

3.3.6

复式水表转换流量　combination meter changeover flowrate

Q_x

随着流量减小大水表停止工作时的流量 Q_{x1},或者随着流量增大大水表开始工作时的流量 Q_{x2}。

3.3.7

最低允许温度　minimum admissible temperature;mAT

额定工作条件下,水表能够持久承受且计量性能不会劣化的最低水温。

注:mAT 是额定工作温度的下限值。

3.3.8

最高允许温度　maximum admissible temperature;MAT

额定工作条件下,水表能够持久承受且计量性能不会劣化的最高水温。

注:MAT 是额定工作温度的上限值。

3.3.9

最高允许压力　maximum admissible pressure;MAP

额定工作条件下,水表能够持久承受且计量性能不会劣化的最高内压。

3.3.10

工作温度　working temperature

T_w

在水表的上游测得的管道中的水温。

3.3.11

工作压力　working pressure

p_w

在水表的上、下游测得的管道中的平均水压(表压)。

3.3.12

压力损失　pressure loss

Δp

给定流量下,管道中存在水表所造成的不可恢复的压力降低。

3.3.13

试验流量　test flowrate

从经过校准的参比装置的示值计算出的试验时的平均流量。

3.3.14

公称通径　nominal diameter;DN

管路系统中管件尺寸的字母数字标志,供参考用。

注 1:公称通径用字母 DN 后接无量纲整数表示,该数字间接表示以毫米为单位的连接端内径或外径的实际尺寸。

注 2:DN 后的数字不代表可测量值,除非相关标准有规定,不宜用于计算。

注 3:采用 DN 标示法的标准宜说明 DN 与管件尺寸之间的关系,例如 DN/OD 或 DN/ID。

3.4 试验条件

3.4.1

影响量 influence quantity

在直接测量过程中,不影响实际被测量,但影响示值与测量结果之间关系的量。

[ISO/IEC 导则 99:2007/OIML V2-200:2012(VIM),定义 2.52]

示例:

水表的环境温度是影响量,而流过水表的水的温度影响被测量,不属于影响量。

3.4.2

影响因子 influence factor

其值在 GB/T 778.1 规定的水表额定工作条件范围之内的影响量。

注:修改 OIML D 11:2013,定义 3.15.1。用"水表"代替"测量仪表";用"GB/T 778.1"代替"相关国际建议"。

3.4.3

扰动 disturbance

其值在 GB/T 778.1 规定的极限范围之内但超出水表额定工作条件的影响量。

注 1:修改 OIML D 11:2013,定义 3.15.2。用"GB/T 778.1"代替"相关国际建议";用"水表"代替"测量仪表"。

注 2:如果额定工件条件中没有对某个影响量做出规定,则该影响量就是一种扰动。

3.4.4

额定工作条件 rated operating conditions;ROC

为使水表按设计性能工作,测量时需要满足的工作条件。

注 1:修改 ISO/IEC 导则 99:2007/OIML V2-200:2012(VIM),定义 4.9。用"需要满足"代替"必需满足";用"水表"代替"测量仪表或测量系统"。

注 2:额定工作条件规定了流量和影响量的量值区间,要求水表的(示值)误差应在最大允许误差范围内。

3.4.5

参比条件 reference conditions

为评估水表的性能或对多次测量结果进行相互比对而规定的工作条件。

注:修改 ISO/IEC 导则 99:2007/OIML V2-200:2012(VIM),定义 4.11。用"水表"代替"测量仪表或测量系统"。

3.4.6

性能试验 performance test

验证被试装置能否实现其预期功能的试验。

[OIML D 11:2013,定义 3.21.4]

3.4.7

耐久性试验 durability test

验证被试装置经过一段时间的使用后能否长久保持其性能特性的试验。

[OIML D 11:2013,定义 3.21.5]

3.4.8

温度稳定性 temperature stability

被试装置(EUT)各部件之间温度相差不超过 3 ℃,或相关规范另行规定最终温度的条件。

3.4.9

预处理 preconditioning

对被试装置(EUT)进行处理以消除或部分抵消早期影响。

注:当需预处理时,预处理是整个试验过程的第一步。

3.4.10

环境适应　conditioning

把被试装置(EUT)置于某一环境条件(影响因子和扰动)下以测定该条件对其影响。

3.4.11

恢复　recovery

环境适应后,对被试装置进行处理以使其性能在测量前能够稳定。

3.4.12

型式评价　type evaluation;pattern evaluation

按照文件要求对指定类型测量仪表的一台或数台水表的性能进行系统检查和试验,并将其结果写入评价报告,以确定该型式是否可予以批准。

注1:"pattern evaluation"一词用于法定计量,其含义同"type evaluation"。

注2:修改 OIML V1:2013,定义 2.04。用同义词术语"type evaluation"和"pattern evaluation"代替"type(pattern) evaluation";用"type or pattern"代替"type(pattern)"。

3.4.13

型式批准　type approval

根据评价报告做出的符合法律规定的决定,确定该测量仪表的型式符合相关法定要求并且适用于规定的领域,能在规定期限内提供可靠的测量结果。

[OIML V1:2013,定义 2.05]

3.5　电子和电气设备

3.5.1

电子装置　electronic device

采用电子组件执行特定功能的装置。通常电子装置都做成独立的单元,可以单独测试。

注1:修改 OIML D 11:2013,定义 3.2。将"功能"改为"电子装置"。

注2:上述电子装置可以是整体式水表,也可以是水表的部件,例如 3.1.1～3.1.5 和 3.1.8 定义的部件。

3.5.2

电子组件　electronic sub-assembly

由电子元件组成、本身具备可识别功能的电子装置部件。

3.5.3

电子元件　electronic component

利用半导体、气体或真空中的电子或空穴导电原理的最基础的器件。

3.5.4

检查装置　checking facility

水表中用于检测明显差错并作出响应的装置。

注1:修改 OIML D 11:2013,定义 3.19。用"水表"代替"测量仪表"。

注2:检验发送装置的目的是验证接收装置是否完整接收到发送的全部信息(仅限于该信息)。

3.5.5

自动检查装置　automatic checking facility

无需操作人员干预其工作的检查装置。

[OIML D 11:2013,定义 3.19.1]

3.5.6

永久自动检查装置　permanent automatic checking facility

P 型自动检查装置　type P automatic checking facility

每个测量周期都工作的自动检查装置。

注：修改 OIML D 11:2013,定义 3.19.1.1,以同义词表示。

3.5.7

间歇自动检查装置 **intermittent automatic checking facility**

I 型自动检查装置 **type I automatic checking facility**

以一定的时间间隔或固定的测量周期数间歇工作的自动检查装置。

注：修改 OIML D 11:2013,定义 3.19.1.2,以同义词表示。

3.5.8

非自动检查装置 **non-automatic checking facility**

N 型检查装置 **type N checking facility**

需要操作人员干预的检查装置。

注：修改 OIML D 11:2013,定义 3.19.2(原文错),以同义词表示。

3.6 某些术语在欧洲经济区的使用

注意,在欧洲的计量器具指令(MID)中,术语"检定(verification)"或"首次检定(initial verification)"与术语"合格评定(conformity assessment)"含义相同。

4 计量要求

4.1 Q_1、Q_2、Q_3 和 Q_4 的值

4.1.1 水表的流量特性应按 Q_1、Q_2、Q_3 和 Q_4 的数值确定。

4.1.2 水表应按常用流量 Q_3 的数值(以 m^3/h 表示)及 Q_3 与最小流量 Q_1 的比值标志。

4.1.3 常用流量 Q_3(m^3/h)的数值应从下列数值中选取：

1.0	1.6	2.5	4.0	6.3
10	16	25	40	63
100	160	250	400	630
1 000	1 600	2 500	4 000	6 300

此系列值可向更高值或更低值扩展。

4.1.4 Q_3/Q_1 的比值应从下列数值中选取：

40	50	63	80	100
125	160	200	250	315
400	500	630	800	1 000

此系列值可向更高值扩展。

注：4.1.3 和 4.1.4 中给出的值分别取自 ISO 3[4] 的 R5 系列和 R10 系列。

4.1.5 Q_2/Q_1 之比应为 1.6。

4.1.6 Q_4/Q_3 之比应为 1.25。

4.2 准确度等级和最大允许误差

4.2.1 总则

额定工作条件下,水表的(示值)误差不应超过 4.2.2 和 4.2.3 给出的最大允许误差(MPE)。

根据 4.2.2 和 4.2.3 的要求,水表的准确度等级分为 1 级或 2 级。

水表的准确度等级由制造商确定。

4.2.2 准确度等级为 1 级的水表

高区流量($Q_2 \leqslant Q \leqslant Q_4$)的最大允许误差,水温范围为 0.1 ℃～30 ℃时为±1%,水温高于 30 ℃时为±2%。

低区流量($Q_1 \leqslant Q < Q_2$)的最大允许误差为±3%,不分水温范围。

4.2.3 准确度等级为 2 级的水表

高区流量($Q_2 \leqslant Q \leqslant Q_4$)的最大允许误差,水温范围为 0.1 ℃～30 ℃时为±2%,水温高于 30 ℃时为±3%。

低区流量($Q_1 \leqslant Q < Q_2$)的最大允许误差为±5%,不分水温范围。

4.2.4 水表的温度等级

水表应按水温范围分级,制造商应按表 1 选择水温范围。

水温应在水表的入口处测量。

表 1 水表的温度等级

等级	最低允许温度(mAT) ℃	最高允许温度(MAT) ℃
T30	0.1	30
T50	0.1	50
T70	0.1	70
T90	0.1	90
T130	0.1	130
T180	0.1	180
T30/70	30	70
T30/90	30	90
T30/130	30	130
T30/180	30	180

4.2.5 计算器和测量传感器可分离的水表

水表的计算器(包括指示装置)和测量传感器(包括流量检测元件和体积检测元件)如果可分离并可与其他相同或不同结构的计算器和测量传感器互换,可以单独进行型式批准。可分离的指示装置和测量传感器的最大允许误差应不超过 4.2.2 和 4.2.3 中给出的相应水表准确度等级的值。

4.2.6 相对示值误差

相对(示值)误差以百分数表示,如下式所示:

$$\frac{V_i - V_a}{V_a} \times 100\%$$

式中 V_a 的定义见 3.2.1，V_i 的定义见 3.2.2。

4.2.7 逆流

制造商应指明水表是否可以计量逆流。

如果可以计量逆流，应从显示体积中减去逆流体积，或者分开记录。正向流和逆流的最大允许误差均应符合 4.2.2 或 4.2.3 的规定。对于可计量逆流的水表，其两个方向的常用流量和测量范围可以不同。

不能计量逆流的水表应能防止逆流，或者能承受流量达到 Q_3 的意外逆流而不致造成正向流计量性能发生任何下降或变化。

4.2.8 水温与水压

温度和压力在水表额定工作条件范围内变化时水表应符合最大允许误差要求。

4.2.9 无流量或无水

无流量或无水时，水表的累积量应无变化。

4.2.10 静压

水表应能承受以下试验压力而不出现泄漏或损坏：
a) 最高允许压力的 1.6 倍，15 min；
b) 最高允许压力的 2 倍，1 min。

4.3 水表和辅助装置的要求

4.3.1 电子部件的连接

测量传感器、计算器和指示装置之间的连接应可靠耐用，并符合 5.1.4 和 B.2 中的规定。

这些规定还适用于电磁水表的一次装置和二次装置之间的连接。

注：GB/T 17611—1998[5] 给出了电磁水表一次装置和二次装置的定义。

4.3.2 调整装置

水表可以配备电子调整装置代替机械调整装置。

4.3.3 修正装置

水表可配备修正装置，修正装置一直被视为是水表不可或缺的组成部分。所有适用于水表的要求，尤其是 4.2 规定的最大允许误差要求，也适用于计量条件下的修正体积。

正常工作情况下应不显示未经修正的体积。

装有修正装置的水表应满足 A.5 的性能试验要求。

开始测量时，应将修正所需的所有非测量参数输入计算器。型式批准试验证书可能会对检验这些参数做出规定。这些参数对于正确检定修正装置是必不可少的。

修正装置应不准许修正预测漂移，例如与时间或体积有关的漂移。

如有相关测量仪表，应符合适用的标准或规范，其准确度应足够高，以便能满足 4.2 中对水表的要求。

相关测量仪表应按 B.6 的规定配备检查装置。

不得利用修正装置将水表的（示值）误差调整到不接近零的值，即使该值仍在最大允许误差范围内。

不准许在流量小于最小流量 Q_1 时利用弹簧加压流量加速器等移动装置调节水流。

4.3.4 计算器

开始测量时,计算器中应存有产生受法定计量管理的示值所需的所有参数,如计算表或修正多项式等。

计算器可以配备接口同外部装置联接。在使用这些接口时,水表的硬件和软件应继续正常工作,其计量功能应不受影响。

4.3.5 指示装置

指示装置应连续、定期或按要求显示体积。示值应可随时读出。

4.3.6 辅助装置

水表除了配备 6.7.2 规定的指示装置外,还可配备 3.1.8 所述的辅助装置。

如果国家法规许可,只要能保证水表正常运行,水表的试验和检定以及远传读数可以使用远程抄表装置。

无论是临时还是永久加装这些辅助装置,都应不影响水表的计量特性。

5 带电子装置的水表

5.1 一般要求

5.1.1 设计和制造带电子装置的水表应确保在 A.5 规定的扰动条件下不出现明显差错。

5.1.2 明显差错的限值为流量高区最大允许误差的二分之一。

以下差错不属于明显差错:

a) 由于水表自身或者水表的检查装置原因引起的多个同时出现且相互不影响的差错;

b) 短时差错,即示值出现的无法解释、无法记录、无法作为测量结果传送的瞬间变化。

5.1.3 除了供需双方固定,且不可复零测量情况外,带电子装置的水表应配备附录 B 规定的检查装置。

所有配备检查装置的水表应如 4.2.7 所述,能预防或探测逆流。

5.1.4 水表只要通过了 7.2.12.1 和 7.2.12.2 规定的设计审查和性能试验并符合以下条件,即可认为其符合 4.2 和 5.1.1 的要求:

a) 提供水表的数量符合 7.2.2 要求;

b) 提供的水表中至少有 1 台接受全套试验;

c) 提供的水表全部通过各项试验。

5.2 电源

5.2.1 总则

本部分涉及带电子装置水表的三种不同类型的基本电源:

a) 外部电源;

b) 不可更换电池;

c) 可更换电池。

这三种电源可以独立使用也可以组合使用。对这三种电源的要求见 5.2.2~5.2.4。

5.2.2 外部电源

5.2.2.1 带电子装置的水表应设计成在外部(交流或直流)电源发生故障时,故障前的水表体积示值不会丢失,并且至少在一年之内仍能读取。

相应的数据记存至少应每天进行一次或者相当于 Q_3 流量下每 10 min 的体积记存一次。

5.2.2.2 电源中断应不影响水表的其他性能或参数。

> 注:符合此项规定并不一定保证水表能继续记录在电源中断期间消费的体积。

5.2.2.3 水表电源连接端应有保护措施以防擅动。

5.2.3 不可更换电池

5.2.3.1 制造商应确保电池的预期使用寿命能保证水表的正常工作年限比水表的使用寿命长至少一年。

5.2.3.2 水表上应有电池电量低或者电量耗尽指示符或显示水表更换日期。如果寄存器的显示器显示"电池电量低"的信息,则自该信息显示之日起,应至少还有 180 d 的使用寿命。

> 注:在确定电池和进行型式评价时,预计会综合考虑规定最大允许记录总体积、显示体积、标示工作寿命、远程抄表、极端温度和水的电导率(如有必要)等因素。

5.2.4 可更换电池

5.2.4.1 当电源为可更换电池时,制造商应说明更换电池的具体规则。

5.2.4.2 水表上应有电池电量低或者电量耗尽指示符或显示电池更换日期。如果寄存器的显示器显示"电池电量低"的信息,则自该信息显示之日起,应至少还有 180 d 的使用寿命。

5.2.4.3 更换电池时,电源中断应不影响水表的性能或参数。

> 注:在确定电池和进行型式评价时,预计会综合考虑规定最大允许记录总体积、显示体积、标示工作寿命、远程抄表、极端温度和水的电导率(如有必要)等因素。

5.2.4.4 更换电池应无需损坏法定计量封印。

5.2.4.5 电池舱应有保护措施以防擅动。

6 技术要求

6.1 水表的材料和结构

6.1.1 水表的制造材料的强度和耐用度应满足水表的特定使用要求。

6.1.2 水表的制造材料应不受工作温度范围内水温变化的不利影响(见6.4)。

6.1.3 水表内所有接触水的零部件应采用通常认为是无毒、无污染、无生物活性的材料制造。应符合国家法律法规的规定。

6.1.4 整体式水表的制造材料应能抗内、外部腐蚀,或进行适当的表面防护处理。

6.1.5 水表的指示装置应采用透明窗保护。还可配备一个合适的表盖作为辅助保护。

6.1.6 若水表指示装置透明窗内侧有可能形成冷凝,水表应安装预防或消除冷凝的装置。

6.1.7 水表的设计、组成及结构应不便于实施欺诈行为。

6.1.8 水表应配备受计量管制的显示器,用户应无需使用工具就能方便地接近显示器。

6.1.9 水表的设计、组成及结构应不便于利用最大允许误差或有利于任何一方。

6.2 调整和修正

6.2.1 水表可配备调整装置和(或)修正装置。任何调整都应将水表的(示值)误差调整到尽可能接近零的值,使水表不能利用最大允许误差或有利于任何一方。

6.2.2 如果这两种装置安装在水表外,应采取铅封措施(见6.8.2)。

6.3 安装条件

注：GB/T 778.5—2018[8]规定了水表的安装要求。

6.3.1 水表安装后，在正常情况下应充满水。

6.3.2 在某些特定安装条件下，水表入口处或上游管道可能需要安装滤网或者过滤器。

对水表上游配管施工后，安装人员应注意固体颗粒进入水表。

注：可遵从相关国家法规。另见 GB/T 778.5—2018[8]的 6.3。

6.3.3 安装时，可采取措施使水表处于水平状态。

注：这可以是一个平坦的垂直面或水平面，可将水平指示装置（例如气泡水准仪）临时或永久放置在该平面上。

6.3.4 如果上、下游管道扰动影响水表的准确度（例如由于存在弯头，阀门或泵所致），不管有没有流动整直器，都应按制造商的说明给水表配置足够长度的直管段，使安装后水表的示值符合 4.2.2 或 4.2.3 中按水表准确度等级规定的最大允许误差要求。

6.3.5 水表应能承受 GB/T 778.2—2018 的试验程序中确定的流速场扰动的影响。在施加流体扰动期间，（示值）误差应符合 4.2.2 或 4.2.3 的要求。

水表制造商应按照表 2 和表 3 规定流动剖面敏感度等级。

制造商应规定需要使用的流动调整段，包括整直器和（或）直管段。

表 2 对上游流速场不规则变化的敏感度等级（U）

等级	必需的直管段 DN	需要整直器
U0	0	否
U3	3	否
U5	5	否
U10	10	否
U15	15	否
U0S	0	是
U3S	3	是
U5S	5	是
U10S	10	是

表 3 对下游流速场不规则变化的敏感度等级（D）

等级	必需的直管段 DN	需要整直器
D0	0	否
D3	3	否
D5	5	否
D0S	0	是
D3S	3	是

6.4 额定工作条件

水表额定工作条件如下:
——流量范围:$Q_1 \sim Q_3$(含);
——环境温度范围:5 ℃～55 ℃;
——水温范围:见表1;
——环境相对湿度范围:0%～100%,远程指示装置应为 0%～93%;
——压力范围:0.03 MPa(0.3 bar)到至少为 1 MPa (10 bar)最高允许压力,,DN 500 及以上管径水表的最高允许压力(MAP)至少应达到 0.6 MPa(6 bar)。

6.5 压力损失

水表[包括作为水表组成部件的过滤器、滤网和(或)整直器]的压力损失在 Q_1 到 Q_3 流量之间应不超过 0.063 MPa(0.63 bar)。

制造商从表4(采用 ISO 3[4] R5)中选取压力损失等级:对于给定的压力损失等级,水表[包括作为水表组成部件的过滤器、滤网和(或)整直器]的压力损失在 Q_1 到 Q_3 流量之间应不超过规定的最大压力损失。

对于同轴水表,无论何种类型或测量原理,都应连同集合管一起进行试验。

表 4 压力损失等级

等级	最大压力损失	
	MPa	bar
$\Delta p 63$	0.063	0.63
$\Delta p 40$	0.040	0.40
$\Delta p 25$	0.025	0.25
$\Delta p 16$	0.016	0.16
$\Delta p 10$	0.010	0.10

注 1:6.3 所述的整直器不作为水表的组成部件。

注 2:对于某些水表,在 $Q_1 \leqslant Q \leqslant Q_3$ 流量范围内,最大压力损失并不出现在 Q_3 流量下。

6.6 标记与铭牌

6.6.1 水表上应留出位置设置检定标记(见 OIML V 1:2013,3.04)。检定标记应设在明处,当水表销售或使用时无需拆卸即能看到。

6.6.2 水表上应清晰、永久地标志以下信息。这些信息可以集中或分散标志在水表的外壳、指示装置的度盘、铭牌或不可分离的水表表盖上。这些标志应在水表销售后或使用时无需拆卸即能看到。

注:复式水表按单个水表标注以下标志。

 a) 计量单位;

 b) 准确度等级(仅限非2级表);

 c) Q_3 的值及 Q_3/Q_1 的比值:如果水表测量逆流,且两个流向的 Q_3 的值及 Q_3/Q_1 的比值不同,则两个流向的值都应标明;应清晰地注明每对数值对应的流向。Q_3/Q_1 的比值应前缀 R,例如

"R160"。若水表在垂直位置和水平位置上的 Q_3/Q_1 值不同,则两个值都应标明,且应注明对应的位置;

d) 型式批准标志(应符合国家规定);

e) 制造商厂名或商标;

f) 制造年份,制造年份的最后两位数字,或者制造年月;

g) 编号(尽可能靠近指示装置);

h) 流动方向,用箭头表示(标志在水表壳体的两侧,如果在任何情况下都能很容易看到流动方向指示箭头,也可只标志在一侧);

i) 最高允许压力(MAP),如果超过 1 MPa (10 bar),或者,对于 DN≥500,超过 0.6 MPa (6 bar);

j) 字母 V 或 H,如果水表只能在垂直位置或水平位置工作;

k) 温度等级,除 T30 外,详见表 1;

l) 压力损失等级,除 Δp 63 外;

m) 敏感度等级,除 U0/D0 外;

带电子装置的水表还应标明以下内容:

n) 外部电源:电压和频率;

o) 可更换电池:更换电池的最后期限;

p) 不可更换电池:更换水表的最后期限;

q) 环境等级;

r) 电磁环境等级。

环境等级和电磁环境等级可以用数据单另行给出,以特殊符号表明其与水表的关系,不必标注在水表上。

下面给出不带电子装置的水表的标志示例:

示例:

水表参数如下:

——Q_3＝2.5 m³/h;

——Q_3/Q_1＝200;

——水平安装;

——温度等级:30;

——压力损失等级:Δp 63;

——最高允许压力:1 MPa (10 bar);

——敏感度等级:U0/D0;

——编号:123456;

——制造年份:2008;

——制造商:ABC。

可将上述参数标志为:

Q_3 2.5;R200;H;→;123456;08;ABC

6.7 指示装置

6.7.1 一般要求

6.7.1.1 功能

水表的指示装置应提供易读、可靠、直观的指示体积示值。复式水表可能有两个指示装置,两者之和为指示体积。

指示装置应包含测试和校准用的观察工具。

指示装置可附加一些元件,用于采用其他方法进行测试和校准,例如自动测试和校准。

6.7.1.2　测量单位、符号及其位置

指示的水体积应以立方米表示。符号 m^3 应标示在度盘上或紧邻显示数字。

如果需要,或国家法规允许采用非国际单位制测量单位,则这些测量单位应被认为是可接受的。在国际贸易中,应使用非国际单位制和国际单位制测量单位之间官方认可的等效测量单位。

6.7.1.3　指示范围

指示装置应能够记录表 5 给出的指示体积(单位为立方米)而无需回零。

表 5　水表的指示范围

Q_3 m³/h	指示范围 (最小值) m³
$Q_3 \leqslant 6.3$	9 999
$6.3 < Q_3 \leqslant 63$	99 999
$63 < Q_3 \leqslant 630$	999 999
$630 < Q_3 \leqslant 6\,300$	9 999 999

表 5 可向更大的 Q_3 值扩展。

6.7.1.4　指示装置的颜色标志

立方米及其倍数宜用黑色显示。

立方米的约数宜用红色显示。

指针、指示标记、数字、鼓轮、字盘、度盘或开孔框都应使用这两种颜色。

只要能明确区分主示值和备用显示(例如用于检定和测试的约数),也可以采用其他方式显示立方米、立方米的倍数和约数。

6.7.2　指示装置的类型

6.7.2.1　第 1 类——模拟式指示装置

由下述部件的连续运动指示体积:

a)　一个或多个指针在分度标度上相对移动;

b)　一个或多个标度盘或鼓轮各自通过一个指示标记。

每个分度所表示的立方米值应以 10^n 的形式表示,n 为正整数、负整数或零,由此建立起一个连续十进制体系。每一个标度应以立方米值分度,或者附加一个乘数(×0.001;×0.01;×0.1;×1;×10;×100;×1 000 等)。

旋转移动的指针或标度盘应顺时针方向移动。

直线移动的指针或标度应从左至右移动。

数字滚轮指示器(鼓轮)应向上转动。

6.7.2.2 第 2 类——数字式指示装置

由一个或多个开孔中的一行相邻的数字指示体积，任何一个给定数字的进位应在相邻的低位数从 9 变化到 0 时完成。数字的外观高度不应小于 4 mm。

对于非电子指示装置：

a) 数字滚轮指示器（鼓轮）应向上运动；

b) 如果最低位值的十个数字连续运动，开孔要足够大，以便准确读出数字。

对于电子指示装置：

a) 可选用永久显示或者非永久显示，若选用非永久显示，则指示值至少应显示 10 s 以上；

b) 水表应可以按照以下步骤进行目视检查：

　　1) 七段式显示器的所有显示字段全部亮起（即"日"字型测试）；

　　2) 七段式显示器的所有显示字段全部熄灭（即"全空白"测试）；

　　3) 对于图形显示器，应通过相应试验证明显示器故障不会造成任何数字的误读。

以上每个步骤应至少持续 1 s。

6.7.2.3 第 3 类——模拟和数字组合式指示装置

由第 1 类装置和第 2 类装置组合指示体积，两类装置应分别符合各自的要求。

6.7.3 检定装置-指示装置的第一单元和检定标度分格值

6.7.3.1 一般要求

每一个指示装置都应具备进行直观、明确的检定测试和校准的手段。

目视检定显示可以连续运动，也可以断续运动。

除了目视检定显示以外，指示装置可通过附加元件（例如星轮或圆盘），由外部附接的检测元件提供信号进行快速测试。这种方法也可用于泄漏检测。

6.7.3.2 目视检定显示

6.7.3.2.1 检定标度分格值

检定标度分格值以立方米为单位，应按以下形式表示：1×10^n、2×10^n 或 5×10^n，其中 n 为正整数、负整数或零。

对于第一单元连续运动的模拟式和数字式指示装置，可以将第一单元两个相邻数字的间隔划分成 2 个、5 个或 10 个等分，构成检定标度。这些分度上应不标数字。

对于第一单元不连续运动的数字式指示装置，以第一单元两个相邻数字的间隔或第一单元的运动增量作为检定标度分格。

6.7.3.2.2 检定标度的形式

在第一单元连续运动的指示装置上，表观标度间距应不小于 1 mm，不大于 5 mm。标度应由下列一种形式组成：

a) 宽度相等但长度不同的线条。线条的宽度不超过标度间距的四分之一；

b) 宽度等于标度间距的恒宽对比条纹。

指针尖端的外观宽度应不超过标度间距的四分之一，且在任何情况下都应不大于 0.5 mm。

6.7.3.2.3 指示装置的分辨力

检定标度的细分格应足够小,以保证指示装置的分辨力误差不超过 Q_1 流量下 90 min 内通过体积的 0.25%(1 级准确度等级)和 0.5%(2 级准确度等级)。

只要 1 级准确度等级的读数不确定度不大于试验体积的 0.25%,2 级准确度等级不大于 0.5%,且检查寄存器功能正常,可使用其他检定单元。

当第一单元连续显示时,每次读数的最大误差不超过检定标度分格的二分之一。

当第一单元断续显示时,每次读数的最大误差不超过检定标度的一个数字。

注:分辨力误差的计算方法见 GB/T 778.2—2018 的 6.4.3.6.2.3。

6.7.3.3 复式水表

复式水表的两个指示装置均应符合 6.7.3.1 和 6.7.3.2 的规定。

6.8 防护装置

6.8.1 总则

水表应配置可以封印的防护装置,以保证在正确安装水表前和安装后,不损坏防护装置就无法拆卸或者改动水表和(或)水表的调整装置或修正装置。复式水表的两个表均应符合本要求。

若水表为单一客户服务,则总量显示器或导出总量的显示器不可复零。

6.8.2 电子封印

6.8.2.1 当机械封印不能防止访问对确定测量结果有影响的参数时,应采取以下防护措施:

　　a) 借助密码或特殊装置(例如钥匙)只允许授权人员访问。密码应能更换;

　　b) 按照国家法规规定时限保留干预证据。记录中应包括日期和识别实施干预的授权人员的特征要素[见 a)]。如果必须删除以前的记录才能记录新的干预,应删除最早的记录。

6.8.2.2 装有用户可断开和可互换部件的水表应符合以下规定:

　　a) 若不符合 6.8.2.1 的规定,应不可能通过断开点访问参与确定测量结果的参数;

　　b) 应借助电子和数据处理安全机制或者机械装置防止插入任何可能影响准确度的器件。

6.8.2.3 装有用户可断开的不可互换部件的水表应符合 6.8.2.2 的规定。此外,这类水表应配备一种装置,当各种部件不按批准的型式连接时可阻止水表工作。这类水表应配备一种装置,当用户擅自断开再重新连接后可阻止水表工作。

7 计量控制

7.1 参比条件

除了被测试的影响量外,其他影响量都应保持在参比条件下。参比条件(包括其允差)详见 GB/T 778.2—2018 的第 4 章。该章详细规定了流量,水温,水压,环境温度,环境相对湿度及大气压力的值。

7.2 型式评价与批准

7.2.1 外观检查

在型式评价试验之前,应先检查水表的外观,以确认其符合本部分相关条款的规定。

7.2.2　样品数量

各类水表型式评价试验的最小样品数根据水表标示 Q_3 流量而定,样品数量见表 6。

型式评价机构可能要求提供更多样品。

表 6　被试水表最小样品数

水表标示 Q_3 m³/h	各类被试水表最小样品数 (不包括含电子装置水表的试验样品)
$Q_3 \leqslant 160$	3
$160 < Q_3 \leqslant 1\ 600$	2
$1\ 600 < Q_3$	1

根据不同的准确度等级,被试水表应符合 4.2.2 或 4.2.3 的要求。

对于带电子装置水表的型式批准,进行附录 A 规定的试验时应提供五台样品,这五台样品可不包括进行其他试验用的样品,其中至少一台样品接受所有适用的试验。除了型式评价机构能说明理由的情况外,所有的试验应在同一台水表上进行。

7.2.3　示值误差

水表(测量实际体积)的示值误差至少应在以下流量下确定:

a)　Q_1;

b)　Q_2;

c)　$0.35(Q_2 + Q_3)$;

d)　$0.7(Q_2 + Q_3)$;

e)　Q_3;

f)　Q_4;

以下用于复式水表:

g)　$0.9Q_{x1}$;

h)　$1.1Q_{x2}$。

以上流量点观察到的示值误差均不应超过 4.2.2 或 4.2.3 规定的最大允许误差。

注:允许流量范围参见 GB/T 778.2—2018 的 7.4.4。每个流量点所需的测量次数参见 GB/T 778.2—2018 的 7.4.4
和 7.4.5。

如果水表所有相对示值误差的符号都相同,则至少应有一个误差不超过最大允许误差的二分之一。在任何情况下都应遵守此要求。

如果水表上标明了只能在某些方向上工作,则只需在这些方向上进行试验。

如果没有这样的标志,则水表至少应在四个方向上进行试验。

7.2.4　重复性

水表的重复性应满足以下要求:同一流量下三次测量结果的标准偏差应不超过 4.2.2 或 4.2.3 规定的最大允许误差的三分之一。试验应在 Q_1、Q_2 和 Q_3 流量下进行。

7.2.5　过载水温

最高允许温度 MAT≥50 ℃的水表应能承受 MAT+10 ℃的水温 1 h。试验方法见 GB/T 778.2—

2018 的 7.6。

7.2.6　耐久性

7.2.6.1　总则

水表应经受 GB/T 778.2—2018 的 7.11 规定的耐久性试验,模拟水表工作条件。

每次试验后,应在 7.2.3 规定的流量下再次测量水表的误差,应符合 7.2.6.2 或 7.2.6.3 的要求。

试验时水表的方向应按照制造商指定的方向设置。

注:同一系列的水表,只需要对其中有代表性的最小口径的水表进行耐久性试验即可。

7.2.6.2　准确度等级为 1 级的水表

对于准确度等级为 1 级的水表,示值误差曲线的变化,低区流量($Q_1 \leqslant Q < Q_2$)不应超过 2%,高区流量($Q_2 \leqslant Q \leqslant Q_4$)不应超过 1%。

对于低区流量($Q_1 \leqslant Q < Q_2$),所有温度等级水表的示值误差曲线均不应超过 ±4% 的最大允许误差。对于高区流量($Q_2 \leqslant Q \leqslant Q_4$),T30 温度等级水表的示值误差曲线不应超过 ±1.5% 的最大允许误差,其他温度等级的水表不应超过 ±2.5%。

上述要求使用示值误差平均值。

7.2.6.3　准确度等级为 2 级的水表

对于准确度等级为 2 级的水表,示值误差曲线的变化,低区流量($Q_1 \leqslant Q < Q_2$)不应超过 3%,高区流量($Q_2 \leqslant Q \leqslant Q_4$)不应超过 1.5%。

对于低区流量($Q_1 \leqslant Q < Q_2$),所有温度等级水表的示值误差曲线均不应超过 ±6% 的最大允许误差。对于高区流量($Q_2 \leqslant Q \leqslant Q_4$),T30 温度等级的水表的示值误差曲线不应超过 ±2.5% 的最大允许误差,其他温度等级的水表不应超过 ±3.5%。

上述要求使用示值误差平均值。

7.2.7　互换误差

应证明插装式水表和可换计量模块水表的可换计量模块就计量性能而言不受连接接口的影响。插装式水表和可换计量模块应按 GB/T 778.2—2018 中 7.4.6 的规定进行试验。

试验时水表的方向应按照制造商指定的方向设置。

7.2.8　静磁场试验

应证明水表不受静态磁场影响。机械部件可能受到磁场影响的水表以及带电子元件的水表都应按 GB/T 778.2—2018 中 7.12 的规定进行试验。静磁场试验的目的在于确保水表在静磁场下仍然符合 4.2 规定。

7.2.9　文件

7.2.9.1　水表、计算器(包括指示装置)及测量传感器申请型式批准应提供以下文件:

　　a)　技术特性及工作原理的说明书;

　　b)　整个水表或计算器或测量传感器的图纸或照片;

　　c)　影响计量的部件清单及其构成材料说明;

　　d)　可识别不同部件的装配图;

  e) 配备修正装置的水表如何确定修正参数的说明；

  f) 显示封印和检定标记位置的图纸；

  g) 监管标志图；

  h) 对于分表已通过型式批准的复式水表，提供分表试验报告；

  i) 用户指南和安装手册，可选。

7.2.9.2 配备电子装置的水表申请型式批准还应提供以下文件：

  a) 各种电子装置的功能说明书；

  b) 说明电子装置功能的逻辑流程图；

  c) 说明带电子装置水表的设计及制造符合本部分相关要求，尤其是 5.1 和附录 B 要求的文件或证明。

7.2.9.3 型式批准的申请人应向评价机构提供该种型式的典型水表、计算器（包括指示装置）或测量传感器。

  为评估测量再现性，评价机构认为必要时可要求增加型式试验样品。

7.2.10 型式批准证书

  型式批准证书包含以下信息：

  a) 证书接受者姓名和地址；

  b) 制造商的名称和地址，如果它不是接受者；

  c) 型式和（或）商品名称；

  d) 图纸、照片或文字描述等足以确认水表型式的相关信息；

  e) 主要计量特性和技术特性；

  f) 型式批准标记；

  g) 有效期；

  h) 环境等级，如适用（见 A.2）；

  i) 有关型式批准标志、首次鉴定标志及封印位置的信息（例如照片或者绘图）；

  j) 型式批准证书附件清单；

  k) 具体评论。

  如合适，型式批准证书或其附录（技术文件）应指明被评估软件的计量部分的版本。

7.2.11 获准型式的修改

7.2.11.1 获准型式如有修改或增加，型式批准接受者应告知批准机构。

7.2.11.2 当修改或增加的内容影响或可能影响测量结果或水表的受控使用条件时，应进行补充型式批准。首次型式批准机构应根据修改内容的性质决定进行下列规定检查和试验的范围。

7.2.11.3 若原型式批准机构认定修改或增加的内容不会影响测量结果，则该机构应书面允许修改后的水表提交首次检定，不再进行补充型式批准。

  当修改后的型式不再满足首次型式批准的规定时，应重新进行型式批准或补充型式批准。

7.2.12 带电子装置水表的型式评价

7.2.12.1 设计检查

  除了以上要求外，带电子装置的水表还应接受设计检查。审查文件的目的在于核实电子装置及其检查装置（如适用）的设计是否符合本部分，特别是第 5 章的相关规定。检查内容包括：

a) 检查构造模式和使用的电子子系统和组件,验证其是否适应预期用途;

b) 考虑到可能出现的差错,验证在考虑的所有情况下这些装置是否符合 5.1 和附录 B 规定;

c) 如有需要,查证检查装置是否存在及其试验装置有效性。

7.2.12.2 性能

7.2.12.2.1 总则

水表应符合 4.2 和 5.1.1 中有关影响量的规定。

7.2.12.2.2 影响因子作用下的性能

当水表受到附录 A 规定影响因子的影响时应能继续正常工作,且示值误差不超过适用的最大允许误差。

7.2.12.2.3 扰动作用下的性能

当水表受到附录 A 规定的外部扰动影响时应能继续正常工作,或检查装置能检测出明显差错并作出响应。

7.2.12.2.4 被试装置

若电子装置为水表不可分割的一部分,应对整个水表进行试验。

如果水表的电子设备有独立的外壳,其电子功能可以独立于水表的测量传感器,利用模拟信号代替正常运行的水表进行试验,在这种情况下,电子装置应放在其最终使用的外壳内进行试验。

在任何情况下,辅助装置可单独进行试验。

7.3 首次检定

7.3.1 通常,只有通过型式批准的完整水表或者计算器(包括指示装置)和测量传感器(包括流量或体积检测元件)分别获得批准后再组装而成的分体式水表才有资格进行首次检定。

型式批准证书中详细说明的有关首次检定试验的所有特殊要求都应予以执行。

7.3.2 水表应接受以下首次检定试验。首次检定试验应在通过型式批准后进行。

水表应能承受 1.6 倍最高允许压力的试验压力 1 min(GB/T 778.2—2018 的 10.1.2),不出现泄漏或损坏。

7.3.3 同一尺寸和型式的水表可串联进行试验;但在此情况下,各台水表均应满足 GB/T 778.2—2018 的 10.1.3 步骤 d)有关水表出口压力的规定,且各个水表之间不应有明显的相互影响。

上游和下游直管段(和整直器,如需要)应与水表的剖面敏感度等级相匹配。

7.3.4 水表测量实际体积时的示值误差至少应在下列流量下确定:

a) Q_1;

b) Q_2;

c) Q_3;

d) 对于复式水表,$1.1Q_{x2}$

注:允许流量范围见 GB/T 778.2—2018 的 10.1.3 中步骤 g)。

型式批准证书可根据误差曲线的形状规定增加试验流量点。

试验时的水温应符合 GB/T 778.2—2018 的 10.1.3 中步骤 e)的规定。

其他所有影响因子应保持在额定工作条件范围之内。

7.3.5 上述每个流量下确定的示值误差应不超过 4.2.2 或 4.2.3 规定的最大允许误差。

7.3.6 如果首次检定的所有示值误差符号相同,又都超出最大允许误差的二分之一,应按 7.2.3 的规定取得其他流量下的示值误差。如果其中有一个误差在最大允许误差的二分之一范围之内,或者符号相反,则可认为已满足要求。

附　录　A

（规范性附录）

带电子装置水表的性能试验

A.1　总则

本附录规定了性能试验的程序。性能试验的目的是验证带电子装置的水表可以在规定的环境和条件下正常工作。每一项试验都指明了确定基本误差的参比条件。

这些试验是其他规定试验的补充。

在评定一个影响量的影响时，其他影响量应相对稳定地保持接近参比条件的值（见 7.1 和 GB/T 778.2—2018 的第 4 章）。

A.2　环境等级

见 OIML D11[3]。

本附录指明了每一项性能试验的典型试验条件。这些试验条件相当于水表通常所处的气候和机械环境条件。

根据气候和机械环境条件，带电子装置的水表分成 3 个等级：

——B 级：安装在室内的固定式水表；

——O 级：安装在室外的固定式水表；

——M 级：移动式水表。

型式批准试验申请人可能会根据水表的预定用途，在提供给型式批准机构的文件中指明特定的环境条件。在这种情况下，试验实验室应按相当于这些环境条件的严酷度等级进行性能试验。如果型式批准试验被认可，铭牌上应标明相应的使用限制。制造商应将水表的获准使用条件告知潜在用户。

A.3　电磁环境

带电子装置的水表分成 2 个电磁环境等级：

——E1 级：住宅、商业和轻工业；

——E2 级：工业。

A.4　电子计算器的型式评价和型式批准

A.4.1　电子计算器（包括指示装置）单独提交型式批准时，应采用合适的标准器（例如校验仪）模拟各种不同的输入，对计算器（包括指示装置）进行型式评价试验。

A.4.2　应对测量结果的示值进行准确度试验。为此，将施加在计算器输入端的模拟量对应的值作为真值，用标准计算方法计算测量结果示值与真值之间的误差。最大允许误差见 4.2 的规定。

注：计算器的最大允许误差宜是完整水表最大允许误差的 1/10。但这不是要求，要求见 4.2.5。

A.4.3　7.2.12 规定的带电子装置的水表应进行检查和试验。

A.5 性能试验

表 A.1 中列出的试验适用于水表或其辅助装置的电子部件,试验可按任意顺序进行。

表 A.1 水表或其辅助装置的电子部件试验项目

GB/T 778.2—2018 条款号	试验项目	试验性质	适用条件
8.2	高温	影响因子	最大允许误差
8.3	低温	影响因子	最大允许误差
8.4	交变湿热	扰动	明显差错
8.5.2	电源电压变化	影响因子	最大允许误差
8.5.2	电源频率变化	影响因子	最大允许误差
8.5.3	内置电池电压低(未接通主电源)	影响因子	最大允许误差
8.6	振动(随机)	扰动	明显差错
8.7	机械冲击	扰动	明显差错
8.8	交流电源电压暂降,短时中断和电压变化	扰动	明显差错
8.9	信号、数据、控制线脉冲群	扰动	明显差错
8.10	交流和直流电源脉冲群(瞬变)	扰动	明显差错
8.11	静电放电	扰动	明显差错
8.12	电磁场辐射	扰动	明显差错
8.13	电磁场传导	扰动	明显差错
8.14	信号、数据和控制线浪涌	扰动	明显差错
8.15	交流、直流电源线浪涌	扰动	明显差错

附　录　B

（规范性附录）

检查装置

B.1　检查装置的作用

检查装置检测到明显差错后,应按其类型采取以下行动。

P型或Ⅰ型检查装置:

a)　自动纠正差错;

b)　当缺少了出现差错的装置水表仍能符合规定要求时,仅中止该装置工作;

c)　声、光报警。报警应持续至报警原因被消除为止。

此外,当水表向外部设备传送数据时,应同时传送一个信息,指明出现了差错(此要求不适用于施加A.5规定的扰动)。

水表上还可配备装置用于估算出现偏差时流过水表的水体积。估算结果应不能被误认为是有效示值。

在供需双方固定、测量不可复零且非预付费测量场合下使用检查装置时,不准许采用声、光报警,除非报警信号是被传送至远程控制站。

注:如果远程控制站可再现被测值,就不必从水表向远程控制站传送报警信号和再现的被测值。

B.2　测量传感器的检查装置

B.2.1　采用检查装置的目的是验证测量传感器是否存在、工作是否正常以及数据传送是否正确。

验证测量传感器的工作是否正常还包括检测或防止逆流。但不一定采用电子手段来检测或防止逆流。

B.2.2　当流量检测元件产生的信号为脉冲信号时,每一个脉冲代表一个基本体积,在脉冲的产生、传输和计数过程中应完成下列任务:

a)　正确计数脉冲;

b)　必要时检测逆流;

c)　检验功能是否正常。

可采用以下方式完成这些任务:

a)　使用脉冲前沿或脉冲状态的三脉冲系统;

b)　使用脉冲前沿加脉冲状态的双脉冲线性系统;

c)　正、负脉冲取决于流动方向的双脉冲系统。

这些检查装置应为P型。

型式评价时应能以下列方法检查这些检查装置是否正常工作:

a)　断开传感器;

b)　中断检测元件的一个脉冲发生器;

c)　切断传感器的电源。

B.2.3　对于测量传感器产生的信号幅值与流量成正比的电磁水表,可采用下列程序:

向二次装置的输入发送一个仿真信号,该信号的波形类似于被测信号,代表介于水表最大流量与最小流量之间的一个流量。检查装置应检验一次装置和二次装置。通过检验等量的数值来验证其是否在制造商的预定极限范围之内并符合最大允许误差。这种检查装置应为 P 型或 I 型。对于 I 型检查装置，至少应每 5 min 检验一次。

注：按此程序进行检验，不需要采用额外的检查装置(二个以上的电极,双信号传送等)。

B.2.4 电磁水表一次装置和二次装置之间电缆的最大允许长度应不大于 100 m,参见 GB/T 18660—2002[6],或按下列公式算出的 L 值(单位为米),两者中取小值：

$$L = \frac{k\sigma}{fC}$$

式中：

k ——2×10^{-5} m；

σ ——水的电导率,单位为西门子每米(S/m)；

f ——测量循环内的磁场频率,单位为赫兹(Hz)；

C ——每米电缆的有效电容,单位为法拉每米(F/m)。

如果制造商的解决方案能保证取得相同的结果,则不一定要满足这些要求。

B.2.5 对于其他技术,能提供同等安全等级的检查装置还有待开发。

B.3 计算器的检查装置

B.3.1 这类检查装置用于验证计算器系统工作正常与否和确保计算的有效性。

检查装置工作正常与否无需用特殊手段检验。

B.3.2 计算系统的检查装置应为 P 型或 I 型。I 型检查装置至少应每天检验一次或者相当于 Q_3 流量下每 10 min 的体积检验一次。这种检查装置的目的是：

a) 以下列方式验证所有永久储存的指令和数据的数值是否正确：

1) 计算所有指令和数据代码的总数并与一个固定值作比较；

2) 行和列奇偶校验位(纵向冗余校验和垂直冗余校验)；

3) 循环冗余校验(CRC 16)；

4) 双重独立数据存储；

5) 以"安全编码"存储数据,例如用校验和、行及列奇偶校验位保护。

b) 以下列方式验证内部传送和存储与测量结果相关的数据的所有程序是否正确：

1) 读写程序；

2) 代码的转换和恢复；

3) 使用"安全编码"(校验和,奇偶校验位)；

4) 双重存储。

B.3.3 计算有效性的检查装置应该是 P 型或 I 型。I 型检查装置至少应每天检验一次或者相当于 Q_3 流量下每 10 min 的体积检验一次。

这包括每当内部存储与测量有关的数据,或者通过一个接口向外部设备传送这些数据时,检验所有数据的正确值。可以利用诸如奇偶校验位、校验和或者双重存储器进行检验。此外,计算系统应具备控制计算程序连续性的方法。

B.4 指示装置的检查装置

B.4.1 这种检查装置的目的是验证主示值是否显示,示值与计算器提供的数据是否一致。此外,在指示装置可拆卸的情况下,它用于验证指示装置是否存在。这些检查装置应该有 B.4.2 或者 B.4.3 确定的形式。

B.4.2　指示装置的检查装置是 P 型。但如果主示值由其他装置提供,也可以是 I 型。

　　检验方法包括,例如:

　　a)　对于采用白炽灯丝或发光二极管的指示装置,测量灯丝的电流;

　　b)　对于采用荧光管的指示装置,测量栅极电压;

　　c)　对于采用多路复用液晶显示屏的指示装置,检查分段线路和公共电极的控制电压的输出,以便检测控制电路间的断路或短路。

　　不必进行 6.7.2.2 所述的检验。

B.4.3　指示装置的检查装置应包括对指示装置使用的电子线路(不包括显示器本身的驱动电路)进行 P 型或 I 型检验。这种检查装置应符合 B.3.3 的要求。

B.4.4　在型式评价试验期间,应能利用下述方法确定指示装置的检查装置的工作状态:

　　a)　断开全部或部分指示装置;或者

　　b)　以一个动作模拟显示器故障,例如按一下测试按钮。

B.4.5　虽然不强制要求连续显示体积(见 4.3.5),但中断显示不能中断检查装置的工作。

B.5　辅助装置的检查装置

　　带主示值的辅助装置(重复指示装置、打印装置、存储装置等)应包含 P 型或 I 型检查装置。这个检查装置的目的是当辅助装置是一个必备装置时验证其存在,以及验证其工作和传送信息的正确性。

B.6　相关测量仪表的检查装置

　　相关测量仪表应包含 P 型或 I 型检查装置。这个检查装置的目的是确保相关测量仪表给出的信号在预定测量范围之内。

　　示例: 热电阻元件的四线传输;4 mA~20 mA 压力传感器的驱动电流控制。

附　录　C
（资料性附录）
使用中及后续检定的允许误差

使用中水表最大允许误差根据其准确度等级，宜为 4.2.2 或 4.2.3 规定的最大允许误差的两倍。虽然后续检定不包括在本部分范围内，但以往的经验已经证明这个要求是合理的。

后续检定依照国家法定计量法规规定实施。

参 考 文 献

[1]　ISO/IEC 导则 99:2007/OIML V2-200:2012，International vocabulary of metrology — Basic and general concepts and associated terms (VIM)

[2]　OIML V 1:2013，International vocabulary of terms in legal metrology (VIML)

[3]　OIML D 11:2013，General requirements for measuring instruments—Environmental conditions

[4]　ISO 3，Preferred numbers — Series of preferred numbers

[5]　GB/T 17611—1998　封闭管道中流体流量的测量　术语和符号(ISO 4006:1991,IDT)

[6]　GB/T 18660—2002　封闭管道中导电液体流量的测量　电磁流量计的使用方法(ISO 6817:1992,IDT)

[7]　GB/T 778.4—2018　饮用冷水水表和热水水表　第 4 部分:GB/T 778.1 中未包含的非计量要求(ISO 4064-4:2014,IDT)

[8]　GB/T 778.5—2018　饮用冷水水表和热水水表　第 5 部分:安装要求(ISO 4064-5:2014,IDT)

ICS 91.140.60
N 12

中华人民共和国国家标准

GB/T 778.2—2018/ISO 4064-2：2014
代替 GB/T 778.3—2007

饮用冷水水表和热水水表
第2部分：试验方法

Meters for cold potable water and hot water—
Part 2：Test methods

（ISO 4064-2：2014，Water meters for cold potable water and hot water—
Part 2：Test methods，IDT）

2018-06-07 发布

2019-01-01 实施

国家市场监督管理总局
中国国家标准化管理委员会
发 布

前　　言

GB/T 778《饮用冷水水表和热水水表》由以下 5 部分组成：

——第 1 部分：计量要求和技术要求；

——第 2 部分：试验方法；

——第 3 部分：试验报告格式；

——第 4 部分：GB/T 778.1 中未包含的非计量要求；

——第 5 部分：安装要求。

本部分为 GB/T 778 的第 2 部分。

本部分按照 GB/T 1.1—2009 给出的规则起草。

本部分代替 GB/T 778.3—2007《封闭满管道中水流量的测量　饮用冷水水表和热水水表　第 3 部分：试验方法和试验设备》。与 GB/T 778.3—2007 相比主要技术变化如下：

——修改了标准名称；

——扩大了标准适用范围，未规定最大允许工作压力（见第 1 章，GB/T 778.3—2007 的第 1 章）；

——删除了术语（见 GB/T 778.3—2007 第 3 章）；

——增加了外观检验的要求（见第 6 章）；

——增加了静压试验中流量为零的要求（见 7.3.3.1）；

——删除了静压试验中在同轴水表密封件上施加 2 倍于 Δp 的压力的要求（见 GB/T 778.3—2007 的 6.4）；

——删除了示值误差试验中管道系统出口要保持 0.3 bar 正压力的要求（见 GB/T 778.3—2007 的 5.4）；

——删除了误差试验中有关速度式水表的条款（见 GB/T 778.3—2007 的 5.4.4.5）；

——增加了压力损失试验中对取压口的要求（见 7.9.2）；

——增加了压力损失试验中确定安装后的压力损失的试验程序（见 7.9.3.1）；

——增加了扰动试验中对于已证明不受扰动影响的水表可以不进行本试验的要求（见 7.10.3）；

——增加了耐久性试验中关于断续流试验时间长度的要求及 1 级水表的合格判据（见 7.11.2）；

——删除了断续流试验中有关复式水表的特定试验要求（见 GB/T 778.3—2007 的 8.2.3.2）；

——增加了连续流试验中关于试验时间长度的要求及 1 级水表的合格判据（见 7.11.3）；

——增加了部分机械水表也应进行静磁场试验的要求（见 7.12）；

——增加了对水表辅助装置的试验（见 7.13）；

——增加了影响量试验中未标明"V"的水表仅在水平轴上试验的要求，有两个参比温度的水表仅在较低参比温度上进行试验的要求（见第 8 章）；

——修改了直流供电水表电压试验中施加最大电压和最小电压的值（见 8.5.3.3，GB/T 778.3—2007 的 9.5.5.4）；

——增加了振动试验中仅适用于移动安装水表的要求（见 8.6.1）；

——增加了振动试验中被试装置处于恢复状态时应切断电源的要求（见 8.6.3）；

——增加了电压中断和降低试验的时间间隔要求（见 8.8.3）；

——增加了电压暂降和短时中断试验中的附加程序要求（见 8.8.3）；

——增加信号线脉冲群试验（见 8.9）；

——修改了电磁场辐射试验的试验程序（见 8.12.3，GB/T 778.3—2007 的 9.4.2）；

——增加了电磁场传导试验(见 8.13);

——增加了信号线和控制线的浪涌试验(见 8.14);

——增加了零流量试验(见 8.17);

——增加了型式评价的试验内容(见第 9 章表 6);

——增加了系列水表型式评价的要求(见 9.5);

——修改了首次检定的水温范围(见 10.1.3,GB/T 778.3—2007 的 11.4);

——增加了首次检定的合格判据(见 10.1.4);

——增加了水表可分离部件的首次检定试验内容(见 10.2);

——修改了试验报告的内容(见 11.2.1,GB/T 778.3—2007 的 12.1.2)

——增加了电子装置的检查装置的型式检查和试验的要求(见附录 A);

——增加了流动扰动试验装置的要求(见附录 C);

——增加了水表系列型式评价的要求(见附录 D);

——增加了确定水的密度的内容(见附录 F);

——增加了影响因子和扰动测量的最大不确定度的内容(见附录 G);

——增加了压力损失试验取压口和孔槽的内容(见附录 H)。

本部分使用翻译法等同采用 ISO 4064-2:2014《饮用冷水水表和热水水表　第 2 部分:试验方法》。
与本部分中规范性引用的国际文件有一致性对应关系的我国文件如下:

——GB/T 2423.1—2008　电工电子产品环境试验　第 2 部分:试验方法　试验 A:低温
(IEC 60068-2-1:2007,IDT)

——GB/T 2423.2—2008　电工电子产品环境试验　第 2 部分:试验方法　试验 B:高温
(IEC 60068-2-2:2007,IDT)

——GB/T 2423.4—2008　电工电子产品环境试验　第 2 部分:试验方法　试验 Db:交变湿热
(12 h+2 h 循环)(IEC 60068-2-30:2005,IDT)

——GB/T 2423.7—1995　电工电子产品环境试验　第二部分:试验方法　试验 Ec 和导则:倾跌
与翻倒(主要用于设备型样品)(IEC 60068-2-31:1982,IDT)

——GB/T 2423.43—2008　电工电子产品环境试验　第 2 部分:试验方法　振动、冲击和类似动
力学试验样品的安装(IEC 60068-2-47:2005,IDT)

——GB/T 2423.56—2006　电工电子产品环境试验　第 2 部分:试验方法　试验 Fh:宽带随机振
动(数字控制)和导则(IEC 60068-2-64:1993,IDT)

——GB/T 2424.2—2005　电工电子产品环境试验　湿热试验导则(IEC 60068-3-4:2001,IDT)

——GB/T 17214.2—2005　工业过程测量和控制装置的工作条件　第 2 部分:动力(IEC 60654-2:
1979,IDT)

——GB/T 17626.1—2006　电磁兼容　试验和测量技术　抗扰度试验总论(IEC 61000-4-1:2000,
IDT)

——GB/T 17626.2—2006　电磁兼容　试验和测量技术　静电放电抗扰度试验(IEC 61000-4-2:
2001,IDT)

——GB/T 17626.3—2016　电磁兼容　试验和测量技术　射频电磁场辐射抗扰度试验
(IEC 61000-4-3:2010,IDT)

——GB/T 17626.4—2008　电磁兼容　试验和测量技术　电快速瞬变脉冲群抗扰度试验
(IEC 61000-4-4:2004,IDT)

——GB/T 17626.5—2008　电磁兼容　试验和测量技术　浪涌(冲击)抗扰度试验(IEC 61000-4-
5:2005,IDT)

——GB/T 17626.6—2008　电磁兼容　试验和测量技术　射频场感应的传导骚扰抗扰度

（IEC 61000-4-6:2006,IDT)

——GB/T 17626.11—2008 电磁兼容 试验和测量技术 电压暂降、短时中断和电压变化的抗扰度试验(IEC 61000-4-11:2004,IDT)

——GB/T 17799.1—2017 电磁兼容 通用标准 居住、商业和轻工业环境中的抗扰度(IEC 61000-6-1:2005,MOD)

——GB/T 17799.2—2003 电磁兼容 通用标准 工业环境中的抗扰度试验(IEC 61000-6-2:1999,IDT)

——GB/T 18039.3—2017 电磁兼容 环境 公用低压供电系统低频传导骚扰及信号传输的兼容水平(IEC 61000-2-2:2002,IDT)

——GB/Z 18039.5—2003 电磁兼容 环境 公用供电系统低频传导骚扰及信号传输的电磁环境(IEC 61000-2-1:1990,IDT)

本部分由中国机械工业联合会提出。

本部分由全国工业过程测量控制和自动化标准化技术委员会(SAC/TC 124)归口。

本部分起草单位:上海工业自动化仪表研究院有限公司、宁波水表股份有限公司、三川智慧科技股份有限公司、宁波东海仪表水道有限公司、苏州自来水表业有限公司、浙江省计量科学研究院、河南省计量科学研究院、宁波市计量测试研究院、南京水务集团有限公司水表厂、重庆智慧水务有限公司、无锡水表有限责任公司、上海水表厂、上海仪器仪表自控系统检验测试所、杭州水表有限公司、深圳市捷先数码科技股份有限公司、汇中仪表股份有限公司、福州科融仪表有限公司、扬州恒信仪表有限公司、北京市自来水集团京兆水表有限责任公司、济南瑞泉电子有限公司、杭州竞达电子有限公司、江阴市立信智能设备有限公司、湖南常德牌水表制造有限公司、宁波市精诚科技股份有限公司、湖南威铭能源科技有限公司、青岛积成电子有限公司、天津赛恩能源技术股份有限公司。

本部分主要起草人:李明华、赵绍满、宋财华、林志良、姚福江、赵建亮、崔耀华、马俊、陆聪文、魏庆华、张庆、陈峥嵘、谢坚良、陈健、张继川、陈含章、张坚、张文江、董良成、杜吉全、韩路、朱政坚、汤天顺、廖杰、张德霞、左晔、王嘉宁、宋延勇、王欣欣、王钦利。

本部分所代替标准的历次版本发布情况:

——GB 778—1984;

——GB/T 778.3—1996、GB/T 778.3—2007。

饮用冷水水表和热水水表
第 2 部分:试验方法

1 范围

GB/T 778 的本部分规定了完整水表和作为独立单元的水表测量传感器(包括流量或体积检测元件)以及计算器(包括指示装置)的试验要求。

本部分适用于 GB/T 778.1 定义的饮用冷水水表和热水水表的型式评价试验和首次检定试验。

本部分给出了水表型式评价试验和首次检定试验的详细试验程序、试验原则、试验设备和试验方法。

如果国家法规有要求,本部分也适用于辅助装置。

2 规范性引用文件

下列文件对于本文件的应用是必不可少的。凡是注日期的引用文件,仅注日期的版本适用于本文件。凡是不注日期的引用文件,其最新版本(包括所有的修改单)适用于本文件。

GB/T 778.1—2018 饮用冷水水表和热水水表 第 1 部分:计量要求和技术要求(ISO 4064-1:2014,IDT)

GB/T 778.3—2018 饮用冷水水表和热水水表 第 3 部分:试验报告格式(ISO 4064-3:2014,IDT)

ISO/IEC 导则 98-3:2008 测量的不确定度 第 3 部分:测量不确定度表示指南(Uncertainty of measurement—Part 3:Guide to the expression of uncertainty in measurement)

IEC 60068-2-1 环境试验 第 2-1 部分:试验 试验 A:低温(Environmental testing—Part 2-1:Tests—Test A:Cold)

IEC 60068-2-2 环境试验 第 2-2 部分:试验 试验 B:高温(Environmental testing—Part 2-2:Tests—Test B:Dry heat)

IEC 60068-2-30 环境试验 第 2-30 部分:试验 试验 Db:交变湿热(12 h+12 h 循环)(Environmental testing—Part 2-30:Tests—Test Db:Damp heat,cyclic(12 h+12 h cycle))

IEC 60068-2-31 环境试验 第 2-31 部分:试验 试验 Ec:粗野搬运冲击(主要用于设备型样品)(Environmental testing—Part 2-31:Tests—Test Ec:Rough handling shocks,primarily for equipment-type specimens)

IEC 60068-2-47 环境试验 第 2-47 部分:试验 振动、冲击和类似动力学试验样品的安装(Environmental testing—Part 2-47:Tests—Mounting of specimens for vibration,impact and similar dynamic tests)

IEC 60068-2-64 环境试验 第 2-64 部分:试验 试验 Fh:宽带随机振动和导则(Environmental testing—Part 2-64:Tests—Test Fh:Vibration,broadband random and guidance)

IEC 60068-3-4 环境试验 第 3-4 部分:配套文件和指南 湿热试验(Environmental testing—Part 3-4:Supporting documentation and guidance—Damp heat tests)

IEC 60654-2 工业过程测量的控制装置的工作条件 第 2 部分:动力(Operating conditions for industrial process measurement and control equipment—Part 2:Power)

IEC 61000-2-1　电磁兼容（EMC）　第 2 部分：环境　第 1 节：环境描述—公共供电系统低频传导骚乱和信号传输的电磁环境（Electromagnetic compatibility（EMC）—Part 2：Environment—Section 1：Description of the environment—Electromagnetic environment for low-frequency conducted disturbances and signaling in public power supply systems）

IEC 61000-2-2　电磁兼容（EMC）　第 2-2 部分：环境　公用低压供电系统低频传导骚扰及信号传输的兼容水平（Electromagnetic compatibility（EMC）—Part 2-2：Environment—Compatibility levels for low-frequency conducted disturbances and signaling in public low-voltage power supply systems）

IEC 61000-4-1　电磁兼容（EMC）　第 4-1 部分：试验和测量技术　IEC 61000-4 系列标准总论（Electromagnetic compatibility（EMC）—Part 4-1：Testing and measurement techniques—Overview of IEC 610004 series）

IEC 61000-4-2　电磁兼容（EMC）　第 4-2 部分：试验和测量技术　静电放电抗扰度试验（Electromagnetic compatibility（EMC）—Part 4-2：Testing and measurement techniques—Electrostatic discharge immunity test）

IEC 61000-4-3　电磁兼容（EMC）　第 4-3 部分：试验和测量技术　辐射射频电磁场抗扰度试验（Electromagnetic compatibility（EMC）—Part 4-3：Testing and measurement techniques—Radiated，radio frequency，electromagnetic field immunity test）

IEC 61000-4-4　电磁兼容（EMC）　第 4-4 部分：试验和测量技术　电快速瞬变/脉冲群抗扰度试验（Electromagnetic compatibility（EMC）—Part 4-4：Testing and measurement techniques—Electrical fast transient/burst immunity test）

IEC 61000-4-5　电磁兼容（EMC）　第 4-5 部分：试验和测量技术　浪涌抗扰度试验（Electromagnetic compatibility（EMC）—Part 4-5：Testing and measurement techniques—Surge immunity test）

IEC 61000-4-6　电磁兼容（EMC）　第 4-6 部分：试验和测量技术　射频场感应的传导骚扰抗扰度（Electromagnetic compatibility（EMC）—Part 4-6：Testing and measurement techniques—Immunity to conducted disturbances，induced by radio-frequency fields）

IEC 61000-4-11　电磁兼容（EMC）　第 4-11 部分：试验和测量技术　电压暂降、短时中断和电压变化的抗扰度试验（Electromagnetic compatibility（EMC）—Part 4-11：Testing and measurement techniques—Voltage dips，short interruptions and voltage variations immunity tests）

IEC 61000-6-1　电磁兼容（EMC）　第 6-1 部分：通用标准　居住、商业和轻工业环境中的抗扰度试验（Electromagnetic compatibility（EMC）—Part 6-1：Generic standards—Immunity for residential，commercial and light-industrial environments）

IEC 61000-6-2　电磁兼容（EMC）　第 6-2 部分：通用标准　工业环境中的抗扰度试验（Electromagnetic compatibility（EMC）—Part 6-2：Generic standards—Immunity for industrial environments）

OIML D 11：2004　电子测量仪表的通用要求（General requirements for electronic measuring instruments）

OIML G 13　计量和测试实验室的规划（Planning of metrology and testing laboratories）

3　术语和定义

GB/T 778.1—2018 界定的术语和定义适用于本文件。

4　参比条件

对水表进行型式评价试验时，除了被测试的影响量以外，其他所有适用的影响量都应保持下列值，

但对于电子水表,影响因子和扰动允许采用相应标准中规定的参比条件:

流量:	$0.7\times(Q_2+Q_3)\pm0.03\times(Q_2+Q_3)$
水温:	T 30,T 50:20 ℃±5 ℃
	T 70~T 180:20 ℃±5 ℃;50 ℃±5 ℃
	T30/70~T30/180:50 ℃±5 ℃
水压:	额定工作条件(见 GB/T 778.1—2018 的 6.4)
环境温度范围:	15 ℃~25 ℃
环境相对湿度范围:	45%~75%
环境气压范围:	86 kPa~106 kPa(0.86 bar~1.06 bar)
电源电压(交流电源):	标称电压(U_{nom}),允差±5%
电源频率:	标称频率(f_{nom}) ,允差±2%
电源电压(电池):	$U_{bmin}\leqslant V\leqslant U_{bmax}$ 范围内的某个电压 V

每次试验期间,参比范围内的温度和相对湿度的变化应分别不大于 5 ℃和 10%。如果型式批准机构能取得证据证明受试水表型式不受所考虑条件发生偏离的影响,则性能试验期间允许参比条件偏离规定允差值,但应测量偏离参比条件的实际值并记录在性能试验文件中。

5 符号,单位和公式

本部分计算水表(示值)误差所使用的公式、符号及其单位见附录 B。

6 外观检查

6.1 总则

外观检查时,应记录所有相关数值、外形尺寸及观察结果。

注 1:检查结果的表示方法参见 11 章。

注 2:下文中,在圆括号内给出 GB/T 778.1—2018 的相关条款号。

6.2 检查目的

旨在检验指示装置的设计、水表的标志和保护装置的应用符合 GB/T 778.1—2018 的要求。

6.3 检查准备

水表的长度应采用可溯源、经过校准的计量器具进行测量。

测量指示装置标度的实际尺寸或表观尺寸时,不应移除水表的透镜或拆开水表。

注:可使用移动式显微镜(测高仪)测量标度分格的宽度、间距、高度以及数字的高度。

6.4 检查程序

6.4.1 总则

从试验样品中至少取一台水表进行下列检查。

可以在同一台样本上进行所有项目的外观检查,也可以在不同的样本上分别进行不同项目的外观检查。

6.4.2 标志与铭牌(GB/T 778.1—2018 的 6.6)

按以下步骤检查:

a) 检验水表上是否有位置设置检定标记,无需拆解水表即能看到;

b) 检验水表上是否清晰、永久地标有 GB/T 778.1—2018 的 6.6.2 规定的信息;

c) 对照 GB/T 778.1—2018 的 6.6.1 和 6.6.2r),填写 GB/T 778.3—2018 的 4.4.1 表格的相关部分。

6.4.3 指示装置(GB/T 778.1—2018 的 6.7)

6.4.3.1 功能(GB/T 778.1—2018 的 6.7.1.1)

按以下步骤检查:

a) 检验水表的指示装置是否可提供易读、可靠、直观的指示体积示值;

b) 检验指示装置是否包含测试和校准用的观察工具;

c) 如果指示装置包含附加元件,供采用其他方法进行测试和校准,例如自动测试和校准,记录装置的类型;

d) 若是带有两个指示装置的复式水表,则两个指示装置均应按 6.4.3 进行检查;

e) 对照 GB/T 778.1—2018 的 6.7.1.1,填写 GB/T 778.3—2018 的 4.4.1 表格的相关部分。

6.4.3.2 测量单位、符号及其位置(GB/T 778.1—2018 的 6.7.1.2)

按以下步骤检查:

a) 检验指示的水体积是否以立方米为单位;

b) 检验单位符号 m^3 是否标示在度盘上或紧邻显示数字;

c) 对照 GB/T 778.1—2018 的 6.7.1.2,填写 GB/T 778.3—2018 的 4.4.1 表格的相关部分。

6.4.3.3 指示范围(GB/T 778.1—2018 的 6.7.1.3)

按以下步骤检查:

a) 检验指示装置能否记录 GB/T 778.1—2018 的表 5 给出的 Q_3 流量下的指示体积(单位为立方米)而无需回零;

b) 对照 GB/T 778.1—2018 的 6.7.1.3,填写 GB/T 778.3—2018 的 4.4.1 表格的相关部分。

6.4.3.4 指示装置的颜色标志(GB/T 778.1—2018 的 6.7.1.4)

按以下步骤检查:

a) 检验颜色标志是否符合以下要求:

    1) 黑色显示立方米及其倍数;

    2) 红色显示立方米的约数;

    3) 指针、指示标记、数字、字轮、字盘、度盘或开孔框都使用这两种颜色。

    或者用其他方式显示立方米,能明确区分主示值和备用显示(例如用于检定和测试的约数)。

b) 对照 GB/T 778.1—2018 的 6.7.1.4,填写 GB/T 778.3—2018 的 4.4.1 表格的相关部分。

6.4.3.5 指示装置的类型(GB/T 778.1—2018 的 6.7.2)

6.4.3.5.1 第 1 类——模拟式指示装置(GB/T 778.1—2018 的 6.7.2.1)

按以下步骤检查:

a) 如果使用第 1 类指示装置,检验体积指示方式:

    ——一个或多个指针相对于分度标度连续运动;

    ——一个或多个标度盘或鼓轮连续运动,各自通过一个指示标记。

b) 检验每个分度所表示的立方米值是否以 10^n 的形式表示,n 为正整数、负整数或零,由此建立起一个连续十进制体系;

c) 检验每一个标度是否以立方米值分度,或者附加一个乘数($\times 0.001, \times 0.01, \times 0.1, \times 1, \times 10,$ $\times 100, \times 1000$ 等);

d) 检验旋转移动的指针或标度是否顺时针方向移动;

e) 检验直线移动的指针或标度盘是否从左至右移动;

f) 检验数字滚轮指示器是否向上转动;

g) 对照 GB/T 778.1—2018 的 6.7.2.1,填写 GB/T 778.3—2018 的 4.4.1 表格的相关部分。

6.4.3.5.2 第 2 类——数字式指示装置(GB/T 778.1—2018 的 6.7.2.2)

按以下步骤检查:

a) 检验是否由一个或多个开孔中的一行相邻的数字指示体积。

b) 检验任何一个给定数字的进位是否在相邻的低位数从 9 变化到 0 时完成。

c) 检验数字的实际或外观高度是否至少达到 4 mm。

d) 对于非电子装置:

1) 检验数字滚轮指示器是否向上移动。

2) 如果最低位值的十个数字连续移动,检验开孔是否足够大,能准确读出数字。

对于电子装置:

3) 检验非永久显示的指示值是否任何时候至少能显示 10 s 以上。

4) 按照以下步骤目视检查整个显示装置:

Ⅰ) 检验七段式显示器的所有显示字段能否正确显示(即"日"字型测试);

Ⅱ) 检验七段式显示器的所有显示字段能否全部熄灭(即"全空白"测试);

Ⅲ) 对于图形显示器,通过相应试验检验显示器故障是否造成任何数字的误读;

Ⅳ) 检验以上每个步骤至少持续 1 s。

e) 对照 GB/T 778.1—2018 的 6.7.2.2,填写 GB/T 778.3—2018 的 4.4.1 表格的相关部分。

6.4.3.5.3 第 3 类——模拟和数字组合式指示装置(GB/T 778.1—2018 的 6.7.2.3)

按以下步骤检查:

a) 如果指示装置由第 1 类装置和第 2 类装置组合而成,检验该组合式指示装置是否分别符合各自的要求(见 6.4.3.5.1 和 6.4.3.5.2);

b) 对照 GB/T 778.1—2018 的 6.7.2.3,填写 GB/T 778.3—2018 的 4.4.1 表格的相关部分。

6.4.3.6 检定装置——指示装置的第一单元——检定标度分隔(GB/T 778.1—2018 的 6.7.3)

6.4.3.6.1 一般要求(GB/T 778.1—2018 的 6.7.3.1)

按以下步骤检查:

a) 检验指示装置是否具备进行直观、明确的检定测试和校准的手段;

b) 观察目视检定显示是连续运动还是断续运动;

c) 除了目视检定显示以外,观察指示装置是否可通过附加元件(例如星轮或圆盘),由外部附接的检测元件提供信号进行快速测试。观察制造商指明的直观体积示值与附加装置发送信号之间的关系;

d) 对照 GB/T 778.1—2018 的 6.7.3.1,填写 GB/T 778.3—2018 的 4.4.1 表格的相关部分。

6.4.3.6.2 目视检定显示（GB/T 778.1—2018 的 6.7.3.2）

6.4.3.6.2.1 检定标度分格值（GB/T 778.1—2018 的 6.7.3.2.1）

按以下步骤检查：

a) 检验以立方米表示的检定标度分格值是否以 1×10^n、2×10^n 或 5×10^n 形式表示，其中 n 为正整数、负整数或零；

b) 对于第一单元连续运动的模拟式和数字式指示装置，检验第一单元两个相邻数字的间隔是否划分成 2、5 或 10 个等分，构成检定标度；

c) 对于第一单元连续运动的数字式指示装置，检验第一单元两个相邻数字之间的分格是否未标数字；

d) 对于第一单元不连续运动的数字式指示装置，检定标度分格是否是两个相邻数字之间的间隔或第一单元的运动增量；

e) 对照 GB/T 778.1—2018 的 6.7.3.2.1，填写 GB/T 778.3—2018 的 4.4.1 表格的相关部分。

6.4.3.6.2.2 检定标度的形式（GB/T 778.1—2018 的 6.7.3.2.2）

按以下步骤检查：

a) 如果指示装置的第一单元连续运动，检查表观标度间距是否不小于 1 mm，不大于 5 mm。

b) 确认检定标度由：

——宽度相等但长度不同的线条组成，线条的宽度不超过标度间距的四分之一；

——宽度等于标度间距的恒宽对比条纹组成。

c) 确认指针尖端的表观宽度不超过标度间距的四分之一。

d) 确认指针尖端的表观宽度不大于 0.5 mm。

e) 对照 GB/T 778.1—2018 的 6.7.3.2.2，填写 GB/T 778.3—2018 的 4.4.1 表格的相关部分。

6.4.3.6.2.3 指示装置的分辨力（GB/T 778.1—2018 的 6.7.3.2.3）

按以下步骤检查：

a) 记录检定标度分格值，δV m³；

b) 按下式计算最小流量 Q_1 下 1 h 30 min 内流过水表的实际体积 V_a，单位为立方米每小时：

$$V_a = Q_1 \times 1.5$$

c) 计算指示装置的分辨力误差 ε_r，以百分数表示：

1) 第一单元连续转动：

$$\varepsilon_r = \frac{0.5\delta V + 0.5\delta V}{V_a} \times 100\%$$

$$= \frac{\delta V}{V_a} \times 100\%$$

2) 第一单元断续转动：

$$\varepsilon_r = \frac{\delta V + \delta V}{V_a} \times 100\%$$

$$= \frac{2\delta V}{V_a} \times 100\%$$

d) 检验 1 级准确度等级水表的检定标度分格值足够小，可保证指示装置的分辨力误差 ε_r 不超过 Q_1 流量下运行 1 h 30 min 的实际体积的 0.25%：

$$\varepsilon_r \leqslant 0.25\%$$

e) 检验 2 级准确度等级水表的检定标度分格值足够小,可保证指示装置的分辨力误差 ε_r 不超过 Q_1 流量下运行 1 h 30 min 的实际体积的 0.5%:

$$\varepsilon_r \leqslant 0.5\%$$

f) 对照 GB/T 778.1—2018 的 6.7.3.2.3,填写 GB/T 778.3—2018 的 4.4.1 表格的相关部分。

当第一单元连续显示时,允许每次读数有最大不超过检定标度分格二分之一的误差。

当第一单元断续显示时,允许每次读数有最大不超过检定标度一个数字的误差。

6.4.4 防护装置(GB/T 778.1—2018 的 6.8)

按以下步骤检查:

a) 检验水表是否具备 GB/T 778.1—2018 的 6.8 规定的防护装置;

b) 对照 GB/T 778.1—2018 的 6.8.1 到 6.8.2.3,填写 GB/T 778.3—2018 的 4.4.1 表格的相关部分。

7 水表的性能试验

7.1 总则

在进行性能试验时,应记录所有相关值、尺寸和观察结果。

注 1:型式评价试验结果的表示方法见第 11 章。

注 2:下文中,在圆括号内给出 GB/T 778.1—2018 中的相关条款号。

7.2 试验条件

7.2.1 水质

水表应该用水进行试验。试验用水应为饮用自来水或符合相同要求的水。

水中不应含有任何可能损坏水表或影响水表工作的物质。水中不应有气泡。

如果使用循环水,应设法防止水表中的残留水危害人体健康。

7.2.2 试验装置和试验场所的一般规则

7.2.2.1 避免不合理的误差影响

试验装置的设计、建造及使用应保证其性能正常,不造成明显试验误差。因此,必需配以适当的支撑和管件并实施良好的维护,以防止水表、试验装置及其附件的振动。

试验装置所处的环境应符合试验参比条件的要求(见第 4 章)。

试验时,每台水表出口处的表压至少应达到 0.03 MPa(0.3 bar)并足以防止出现空穴现象。

应能快速、方便地读取试验数据。

7.2.2.2 水表成组试验

水表可单个进行试验,亦可一组水表同时进行试验。一组水表同时进行试验时,应准确确定各水表的特性。试验装置上的任何水表不应对其他水表造成明显试验误差。

7.2.2.3 试验场所

水表的试验环境应符合 OIML G 13 的原则,应不受环境温度变化和振动等扰动影响。

7.3 静压试验(GB/T 778.1—2018 的 4.2.10)

7.3.1 试验目的

静压试验的目的是检验水表能否在规定时间内承受规定的试验水压,无泄漏或损坏。

7.3.2 试验准备

试验前应做好以下准备工作：

a) 将一台或一组水表安装到试验装置上；

b) 排出试验装置的管道和水表内的空气；

c) 确保试验装置无泄漏；

d) 确保供水压力无压力波动。

7.3.3 试验程序

7.3.3.1 管道式水表

试验按以下步骤进行：

a) 水压增大到水表最大允许工作压力的 1.6 倍并保持 15 min；

b) 检查水表是否出现机械损坏、外部泄漏和指示装置进水；

c) 水压增大到水表最大允许工作压力的 2 倍并保持 1 min；

d) 检查水表是否出现机械损坏、外部泄漏；

e) 填写 GB/T 778.3—2018 的 4.5.1 的试验报告。

附加要求：

1) 每次试验过程中应逐渐增大和降低压力，避免压力波动；

2) 本项试验只在参比温度下进行；

3) 试验中流量为零。

7.3.3.2 同轴水表

同轴水表的静压试验同样按 7.3.3.1 所述的试验程序进行。此外，还应对同轴水表与集合管接口（见附录 E 中的图 E.1 示例）处的密封件进行试验，以保证水表的入口和出口通道之间不发生难以察觉的内部泄漏。

进行压力试验时，水表和集合管应一起接受试验。同轴水表的试验要求可能会根据水表的结构而改变。为此，图 E.2 和 E.3 给出了一种试验方法的实例。

7.3.4 合格判据

7.3.3.1 和 7.3.3.2 所述的压力试验后，水表不应有泄漏或机械损坏。

7.4 确定（示值）误差试验（GB/T 778.1—2018 的 7.2.3）

7.4.1 试验目的

本试验旨在确定水表的基本（示值）误差以及水表的方位对（示值）误差的影响。

7.4.2 试验准备

7.4.2.1 试验装置描述

本条款规定的确定水表（示值）误差的方法被称为"收集法"，即把流经水表的水量收集在一个或多个收集容器内，用容积法或称重法确定水量。只要能满足 7.4.2.2.6.1 的要求，也可采用其他方法。

检查（示值）误差的方法是将参比条件下水表的体积示值与经过校准的参比装置作比对。

进行本项试验时，至少有一台水表宜不带辅助装置进行试验，水表试验必需的辅助装置除外。

试验装置主要由下列设备组成：
a) 供水系统（常压容器、加压容器、泵等）；
b) 管道系统；
c) 经过校准的参比装置（经过校准的体积测定容器、称重系统、参比表等）；
d) 试验计时装置；
e) 试验自动操作装置（如有必要）；
f) 水温测量装置；
g) 水压测量装置；
h) 密度测定装置（如有必要）；
i) 电导率测定装置（如有必要）。

7.4.2.2 管道系统

7.4.2.2.1 说明

管道系统应包括：
a) 安装水表的试验段；
b) 设定所需流量的装置；
c) 一个或两个隔离装置；
d) 测定流量的装置；
如有必要，还要包括：
e) 试验前、后检查管道系统是否充满至基准液位的装置；
f) 一台或数台放气阀；
g) 一台止回装置；
h) 一台空气分离器；
i) 一台过滤器。
试验期间，水表与参比装置之间或者参比装置应不发生泄漏、输入和排放。

7.4.2.2.2 试验段

除水表外，试验段还包括：
a) 一个或数个测量压力的取压口，其中一个取压口位于（第 1 台）水表上游靠近水表处；
b) 靠近（第 1 台）水表入口处测量水温的装置。
测量段内或附近的任何管件或装置都不应引起空化或流体扰动。空化或流体扰动会改变水表的性能或引起（示值）误差。

7.4.2.2.3 试验注意事项

试验时应：
a) 检查试验装置的运行情况，试验时流经水表的水量应等于参比装置测得的水量；
b) 检查试验开始和结束时管道（如出口管的鹅颈）是否都充水到同一基准液位；
c) 排除连接管道和水表内的空气。制造商可能会建议确保排净水表内空气的步骤；
d) 采取各种措施避免振动和冲击影响。

7.4.2.2.4 某些类型水表的特殊安装配置

7.4.2.2.4.1 避免错误测量

以下各条款提出了引起错误测量的最常见原因以及在试验装置上安装水表需要采取的措施，旨在使试验装置达到以下要求：

    a) 与未受扰动的流体动力特性相比,试验装置的流体动力特性不会使水表的功能产生明显差异;

    b) 所采用试验方法的扩展不确定度不超过规定值(见7.4.2.2.6.1)。

7.4.2.2.4.2　直管段或流动整直器

弯头、T型接头、阀或泵等管件引起的上游扰动,会影响非容积式水表的准确度。

为了抵消这些影响:

——应根据制造商的使用说明安装水表;

——连接管道的内径应与水表连接端相匹配;

——如有必要,直管段上游应安装流动整直器。

7.4.2.2.4.3　流体扰动的常见原因

流体会受到两种类型的扰动,即速度分布畸变和漩涡,两者都会影响水表的(示值)误差。

速度剖面畸变主要是有障碍物部分阻塞管道引起的,例如管道中存在部分关闭的阀门或法兰接头错位。认真执行安装程序很容易消除速度剖面畸变。

漩涡的成因很多,例如管道不同平面上的两个或多个弯头,或者一个弯头结合偏心渐缩管或者部分关闭的阀门。通过确保水表上游有足够长度的直管段,或安装流动整直器,或者两者的结合,可以有效控制漩涡的影响。然而,在可能的情况下,宜避免采用这类管道配置。

7.4.2.2.4.4　容积式水表

容积式水表(即具有活动隔板测量室的水表),例如旋转活塞式水表和章动圆盘式水表,对上游安装条件不敏感,因此无特殊安装要求。

7.4.2.2.4.5　电磁感应水表

试验用水的电导率可能会影响采用电磁感应原理的水表。

这类水表的试验用水,电导率应在制造商规定的数值范围内。

7.4.2.2.4.6　其他测量原则

其他类型的水表在进行(示值)误差试验时可能需要流动调整。如果需要流动调整,试验时应采纳制造商建议的安装要求(见7.10)。

安装要求应列入水表的型式批准证书。

同轴水表被证明不受集合管构造的影响(见7.4.2.2.4.4),在试验和使用时可采用任何合适的集合管。

7.4.2.2.5　试验开始和终止时的误差

7.4.2.2.5.1　总则

试验期间应采取适当措施,减少试验装置组件工作产生的不确定度。

7.4.2.2.5.2和7.4.2.2.5.3详细论述了采用"收集"法在两种情况下所要采取的措施。

7.4.2.2.5.2　水表静止时读数的试验

该方法通常被称为静态启停法。

打开水表下游的阀门使水流动,然后关闭该阀门。在水表停止计数后读数。

测定从阀门开始打开到完全关闭为止的时间。当水开始流动时和以规定的恒定流量流动期间,水表的(示值)误差随流量的变化而变化(测量误差曲线)。

当水停止流动时,水表运动部件的惯性和水表内水的旋转运动相结合,可能会导致某些类型水表和某些试验流量产生明显误差。

对于这种情况,目前还不能确定一个简单的经验法则,规定一些条件,使该误差减小到可忽略不计。

如有疑问,最好能:

a) 增加试验体积,延长试验持续时间;

b) 将试验结果与采用其他一种或多种方法获得的结果相比较,尤其是 7.4.2.2.5.3 所述的方法,该方法能消除上述不确定度的起因。

某些类型的电子水表具有供测试用的脉冲输出,这种水表响应流量变化的形式可能是在阀关闭后发出有效脉冲。在这种情况下,应配备这些附加脉冲的计数装置。

采用脉冲输出测试水表时,应检查脉冲计数显示的体积是否与指示装置显示的体积一致。

7.4.2.2.5.3　在稳定的流量状态下和换流时读数的试验

该方法通常被称为换向法。

测量在流动状态稳定后进行。

测量开始时,换向器将水流引向一个经过校准的容器,测量结束时将水流引开。

在水表运转时读数。

对水表读数与流动换向器的移动同步进行。

容器内收集的体积就是流经水表的实际体积。

如果换向器朝每个方向转换流向的时间相差不超过 5%,并且小于试验总时间的 1/50,则可以认为引入体积的不确定度可忽略不计。

7.4.2.2.6　经校准的参比装置

7.4.2.2.6.1　被测实际体积值的扩展不确定度

试验时,确定流过水表的实际体积的扩展不确定度,型式评价试验应不超过适用最大允许误差(MPE)的五分之一,首次检定试验应不超过适用最大允许误差的三分之一。

注:被测实际体积的不确定度不包括水表的不确定度分量。

应根据 ISO/IEC 导则 98-3:2008 评估不确定度,包含因子 $k=2$。

7.4.2.2.6.2　经校准参比装置的最小体积

允许最小体积根据试验开始和终止时的影响(计时误差)确定的要求和指示装置的结构(检定标度分格值)加以确定。

7.4.2.2.7　影响(示值)误差测量的主要因素

7.4.2.2.7.1　总则

试验装置中的压力、流量和温度变化,以及这些物理量测量的不确定度是影响水表(示值)误差测量的主要因素。

7.4.2.2.7.2　供水水压

以选定流量进行试验时,水压应保持在一个恒定值。

在以小于或等于 $0.1 Q_3$ 的试验流量测试额定 $Q_3 \leqslant 16$ m³/h 的水表时,如果试验装置由恒水头水槽通过管道供水,则在水表的入口处(或一串被试水表的第1台水表的入口处)可实现压力恒定。这能保证流动不受扰动。

也可以使用其他压力波动不超过恒水头水槽的供水方法。

对于其他各种试验,水表上游的压力变化应不大于10%。压力测量的不确定度($k=2$)的最大值应为被测值的5%。

应根据 ISO/IEC 导则 98-3:2008 评估不确定度,包含因子 $k=2$。

水表入口处的压力应不超过水表的最大允许工作压力。

7.4.2.2.7.3 流量

试验期间流量应始终维持在选定的值不变。

每次试验期间流量的相对变化(不包括启动和停止)应不超过:

——Q_1 至 Q_2(不包括 Q_2):±2.5%;

——Q_2(包括 Q_2)至 Q_4:±5.0%。

流量值是试验期间单位时间内流过的体积。

如果压力的相对变化(流向大气时)或压力损失的相对变化(封闭管道中)不超过下列值,则这种流量变化条件是可以接受的:

——Q_1 至 Q_2(不包括 Q_2):±5%;

——Q_2(包括 Q_2)至 Q_4:±10%。

7.4.2.2.7.4 温度

试验期间水温的变化应不大于 5 ℃。

测量水温的最大不确定度应不超过 1 ℃。

7.4.2.2.7.5 水表的方位

试验时,水表的方位应符合以下要求:

a) 如果水表上标有"H"标记,试验时连接管道应安装成水平方向(指示装置位于顶部)。

b) 如果水表上标有"V"标记,试验时连接管道应安装成垂直方向:
  1) 至少一台样品水表应安装成流动方向为自下而上的垂直方向;
  2) 至少一台样品水表应安装成流动方向为自上而下的垂直方向。

c) 如果水表上没有标明"H"或"V":
  1) 至少一台样品水表应安装成流动方向为自下而上的垂直方向;
  2) 至少一台样品水表应安装成流动方向为自上而下的垂直方向;
  3) 至少一台样品水表应安装成流动轴线处于垂直和水平方向之间的一个中间角度(由型式批准机构选定);
  4) 其余样品水表应安装成水平方向。

d) 对于指示装置与表体合为一体的水表,至少一台水平安装水表的指示装置应位于侧面,其余水表的指示装置应位于顶部。

e) 所有的水表,无论处于水平方向、垂直方向还是一个中间角度,其流动轴线位置的允差均应为±5°。

如果受试水表的数量少于 4 台,可以从基准总数中追加提取所需数量的水表,或者用同一台水表在不同的位置上接受试验。

7.4.3 复式水表

7.4.3.1 总则

对复式水表而言，7.4.2.2.5.3 所述的试验方法是在一个既定的流量下读数，这种试验方法可保证转换装置在流量增大和减小时都能正常工作。7.4.2.2.5.2 所述的试验方法是在水表静止状态下读数，由于不准许在调低试验流量后确定复式水表的(示值)误差，因此不宜用于本试验。

7.4.3.2 确定转换流量的试验方法(GB/T 778.1—2018 的 7.2.3)

试验按以下步骤进行：

a) 从小于转换流量 Q_{x2} 的一个流量开始，以 5% 的步幅逐步增大流量直至达到 GB/T 778.1—2018 的 3.3.6 定义的转换流量 Q_{x2}。转换正要发生前和刚发生后的指示流量的平均值就是转换流量 Q_{x2} 值；

b) 从大于转换流量 Q_{x1} 的一个流量开始，以 5% 的步幅逐步减小流量直至达到 GB/T 778.1—2018 的 3.3.6 定义的转换流量 Q_{x1}。转换正要发生前和刚发生后的指示流量的平均值就是转换流量 Q_{x1} 值；

c) 填写 GB/T 778.3—2018 的 4.5.2 的试验报告。

7.4.4 试验程序

试验按以下步骤进行：

a) 至少应在下列流量下确定水表(测量实际体积时)的基本(示值)误差，1)、2)和 5)每一种流量下的误差测量三次，其余流量范围每种测量两次：

    1) $Q_1 \sim 1.1Q_1$ 之间；

    2) $Q_2 \sim 1.1Q_2$ 之间；

    3) $0.33(Q_2 + Q_3) \sim 0.37(Q_2 + Q_3)$ 之间；

    4) $0.67(Q_2 + Q_3) \sim 0.74(Q_2 + Q_3)$ 之间；

    5) $0.9Q_3 \sim Q_3$ 之间；

    6) $0.95Q_4 \sim Q_4$ 之间；

对于复合式水表：

    7) $0.85Q_{x1} \sim 0.95Q_{x1}$ 之间；

    8) $1.05Q_{x2} \sim 1.15Q_{x2}$ 之间。

注：1)、2)和 5)始终需要测量三次，因为要计算这三个流量下的重复性。

b) 水表不带附属装置(如果有)进行试验。

c) 试验期间其他影响因子应保持在参比条件。

d) 如果误差曲线的形状表明可能超出最大允许误差，在其他流量下测量(示值)误差。

e) 根据附录 B 计算每一种流量下的相对(示值)误差。

f) 填写 GB/T 778.3—2018 的 4.5.3 的试验报告。

当除 Q_1、Q_2 或 Q_3 以外某一点的初始误差曲线接近最大允许误差时，如果能证明此误差是该类型水表的典型误差，型式批准机构可选择在型式批准证书中为首次检定另行确定一种流量。

建议根据误差与流量的关系标绘出每台水表的特性误差曲线，以便于评估流量范围内水表的基本性能。

水表应在第 4 章给出的参比温度下进行试验。若有两个参比温度时，这两个参比温度下均应进行试验。以相应试验温度下的最大允许误差为准。

7.4.5 合格判据

合格判据如下:
a) 每个流量下观测到的相对(示值)误差都应不超过 GB/T 778.1—2018 中 4.2.2 或 4.2.3 规定的最大允许误差。如果在一台或数台水表上观测到的误差仅在一种流量下大于最大允许误差,且仅在该流量下取了两个测量结果,应以该流量重复试验。如果该流量下的三个试验结果中有两个在最大允许误差范围内,且三个试验结果的算术平均值小于或等于最大允许误差,应认为试验合格;
b) 如果水表所有相对(示值)误差的正负符号都相同,至少其中一个误差应不超过最大允许误差的二分之一。在任何情况下都应遵守此要求,这对于供水商和用户双方都公平合理(另见 GB/T 778.1—2018 中 4.3.3 的第 3 段和第 8 段);
c) 7.4.4 中 a)的 1)、2)和 5)的标准偏差应不超过 GB/T 778.1—2018 的 4.2.2 或 4.2.3 规定的最大允许误差的三分之一。

7.4.6 插装式水表和可换计量模块水表的互换试验(GB/T 778.1—2018 的 7.2.7)

7.4.6.1 试验目的

本试验旨在确认插装式水表和可换计量模块水表对成批生产的连接接口的影响不敏感。

7.4.6.2 试验准备

从提交批准的样机中选取两个插装式水表或可互换计量模块,5 个连接接口进行试验。

试验前应检查插装式水表或可互换计量模块与连接接口是否连接正确。此外,还应检查插装式水表或可互换计量模块与连接接口上的规定标志是否匹配。不允许使用转接器。

7.4.6.3 试验程序

试验按以下步骤进行:
a) 对两个插装式水表或可互换计量模块与每种可兼容类型的 5 个连接接口进行试验,每种可兼容类型的接口形成 10 条误差曲线。试验时的流量按 7.4.4 的规定;
b) 试验期间其他影响因子应保持在参比条件;
c) 根据附录 B 计算每一种流量下的相对(示值)误差;
d) 填写 GB/T 778.3—2018 的 4.5.4 的试验报告。

7.4.6.4 合格判据

合格判据如下:
a) 所有误差曲线任何时候都应在最大允许误差范围内;
b) 若使用标准接口,5 次试验的误差变化量应不大于最大允许误差的二分之一。若使用连接尺寸与标准接口相同,但外形和流动模式不同的同种连接接口,则 5 次试验的误差变化量应不大于最大允许误差。

7.5 水温试验(GB/T 778.1—2018 的 4.2.8)

7.5.1 试验目的

本实验旨在测量水温对水表(示值)误差的影响。

7.5.2 试验准备

装置及操作要求见 7.4.2。

7.5.3 试验程序

试验按以下步骤进行：
a) 温度等级为 T30 至 T180 的水表，入口温度保持在 10 ℃±5 ℃，温度等级为 T30/70 至 T30/180 的水表，入口温度保持在 30^{+5}_{0}℃，在 Q_2 流量下，至少测量一台水表的（示值）误差。其他影响因子保持在参比条件下；
b) 入口温度为水表的最大允许温度（允差为 $^{0}_{-5}$℃），流量为 Q_2，至少测量一台水表的（示值）误差，其他所有影响因子保持在参比条件下；
c) 根据附录 B 计算每个入口水温下的相对（示值）误差；
d) 填写 GB/T 778.3—2018 的 4.5.5 的试验报告。

7.5.4 合格判据

水表的相对（示值）误差应不超过适用的最大允许误差。

7.6 过载水温试验（GB/T 778.1—2018 的 7.2.5）

7.6.1 试验目的

本试验旨在检验水表受到 GB/T 778.1—2018 的 7.2.5 规定的水温升高、超限时，其性能不受影响。本试验仅适用于 MAT≥50 ℃ 的水表。

7.6.2 试验准备

装置及操作要求见 7.4.2。
本试验至少在一台水表上进行。

7.6.3 试验程序

试验按以下步骤进行：
a) 水表的温度稳定后，持续暴露在水温为 MAT+10 ℃±2.5 ℃、流量为参比流量的水流下 1 h；
b) 恢复后，在参比温度下测量 Q_2 流量下的（示值）误差；
c) 根据附录 B 计算水表的相对（示值）误差；
d) 试验期间，其他影响量应保持在参比条件；
e) 填写 GB/T 778.3—2018 的 4.5.5 的试验报告。

7.6.4 合格判据

合格判据如下：
a) 水表的体积累计功能应不受试验影响；
b) 制造商说明的其他功能不受试验影响；
c) 水表的误差应不超过适用的最大允许误差。

7.7 水压试验（GB/T 778.1—2018 的 4.2.8）

7.7.1 试验目的

本试验旨在测量内压对水表（示值）误差的影响。

7.7.2 试验准备

装置及操作要求见 7.4.2。

7.7.3 试验程序

试验按以下步骤进行：

a) 在 Q_2 流量下，入口压力先保持在 0.03 MPa(0.3 bar)（允差$^{5\%}_{0}$），然后保持在最大允许工作压力 MAP（允差$^{0}_{-10\%}$），测量至少一台水表的（示值）误差；

b) 每次试验期间，其他影响因子都应保持在参比条件；

c) 根据附录 B，计算每一入口压力下的相对（示值）误差；

d) 填写 GB/T 778.3—2018 的 4.5.6 的试验报告。

7.7.4 合格判据

水表的相对（示值）误差应不超过适用的最大允许误差。

7.8 逆流试验（GB/T 778.1—2018 的 4.2.7）

7.8.1 试验目的

本试验旨在检验水表在发生逆流时，仍能满足 GB/T 778.1—2018 的 4.2.7 的要求。

可测量逆流的水表应能准确地记录逆流体积。

允许出现逆流但不测量逆流的水表应能承受逆流。随后应测量正向流的测量误差，确认逆流未导致水表的计量性能下降。

可防逆流的水表（例如带止回阀的水表），应在其出口连接件上施加最大允许压力，随后测量正向流的测量误差，确保压力作用于水表未导致水表的计量性能下降。

7.8.2 试验准备

装置和操作要求见 7.4.2。

7.8.3 试验程序

7.8.3.1 可测量逆流的水表

试验按以下步骤进行：

a) 在下列每一逆流量范围内，测量至少一台水表的（示值）误差：
1) $Q_1 \sim 1.1 Q_1$ 之间；
2) $Q_2 \sim 1.1 Q_2$ 之间；
3) $0.9 Q_3 \sim Q_3$ 之间。

b) 每次试验期间，其他影响因子都应保持在参比条件；

c) 根据附录 B 计算每个流量的相对（示值）误差；

d) 填写 GB/T 778.3—2018 的 4.5.7.2 的试验报告；

e) 另外，应在施加逆流的条件下进行下列试验：压力损失试验(7.9)，流体扰动试验(7.10)和耐久性试验(7.11)。

7.8.3.2 不可测量逆流的水表

试验按以下步骤进行：

a) 水表应承受 $0.9 Q_3$ 的逆流 1 min；

b) 在下列正向流量范围下测量至少一台水表的(示值)误差：

    1) $Q_1 \sim 1.1\ Q_1$ 之间；

    2) $Q_2 \sim 1.1\ Q_2$ 之间；

    3) $0.9\ Q_3 \sim Q_3$ 之间。

c) 每次试验期间，其他影响因子都应保持在参比条件；

d) 根据附录 B 计算每个流量的相对(示值)误差；

e) 填写 GB/T 778.3—2018 的 4.5.7.3 的试验报告。

7.8.3.3 防逆流水表

试验按以下步骤进行：

a) 防逆流水表应承受逆流方向最大允许工作压力 1 min；

b) 检查有无明显泄漏；

c) 然后在下列正向流量下测量水表的(示值)误差：

    1) $Q_1 \sim 1.1\ Q_1$ 之间；

    2) $Q_2 \sim 1.1\ Q_2$ 之间；

    3) $0.9\ Q_3 \sim Q_3$ 之间。

d) 每次试验期间，其他影响因子都应保持在参比条件；

e) 根据附录 B 计算每个流量的相对(示值)误差；

f) 填写 GB/T 778.3—2018 的 4.5.7.4 的试验报告。

7.8.4 合格判据

在 7.8.3.1,7.8.3.2 和 7.8.3.3 的试验中，水表的相对(示值)误差均应不超过适用的最大允许误差。

7.9 压力损失试验(GB/T 778.1—2018 的 6.5)

7.9.1 试验目的

本试验的目的是确定在 $Q_1 \sim Q_3$ 范围内的任何一个流量下水表的最大压力损失。验证最大压力损失小于水表压力损失等级的允许最大值(见 GB/T 778.1—2018 的表 4)。压力损失是流体流过被试水表所损失的压力，被试水表由水表、(同轴水表的)相关集合管和连接件组成，但不包括组成试验段的管道。试验在正向流条件下进行，如适用，也在逆流条件下进行(见 7.8.3.1)。

7.9.2 压力损失试验设备

压力损失试验所需的设备包括安装被试水表的测量段和产生流过水表的规定恒定流量的装置。压力损失试验使用的恒定流量装置通常与 7.4.2 所述测量(示值)误差用的恒定流量装置相同。

测量段由上、下游管段及其连接端、取压口和被试水表组成。

测量段的入口与出口管道上应设置结构和尺寸类似的取压口。取压口宜在管壁适当位置垂直钻孔。取压口的直径宜在 2 mm～4 mm 之间。如果管道直径小于等于 25 mm,取压口的直径宜尽可能接近 2 mm。在穿透管壁前的不小于两倍取压口直径的距离内，孔的直径应保持不变。钻透管壁并突入进口和出口管道内径的孔，其边缘应无毛刺。孔的边缘应锐利，既不成弧形也不倒角。

很多试验可能只需配备一个取压口即可。为提供更有力的数据，可在每个测量面的管道四周配置四个或更多个取压口。用 T 型接头将这些取压口互相连接起来，可取得管道截面的实际平均静压。这种"三重 T 型"结构的示例参见 IEC 5167-1:2003[11] 的图 1。

取压口的设计指南参见附录 H。

水表应按照制造商的说明书安装。连接水表的上、下游连接管道的公称内径应与水表连接端的公称内径相匹配。连接管道的内径与水表内径不一致可能会导致测量不准确。

上、下游连接管道宜为圆形,内壁光滑,以尽可能减小管道压力损失。设置取压口的最小尺寸如图1所示。上游取压口宜位于入口下游至少 $10D$ 处(D 为管道内径),以避免入口连接件引入误差,以及水表上游至少 $5D$ 处,以避免水表入口引入误差。下游取压口宜位于水表下游至少 $10D$ 处,使水表内受到限制的压力得以恢复,以及试验段末端上游至少 $5D$ 处,以避免下游管件的任何影响。

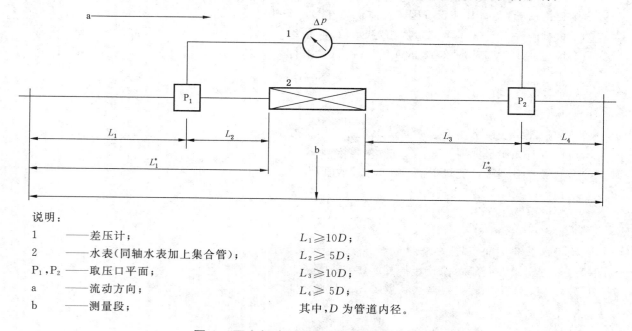

说明:
1 ——差压计;
2 ——水表(同轴水表加上集合管);
P_1,P_2 ——取压口平面;
a ——流动方向;
b ——测量段;

$L_1 \geqslant 10D$;
$L_2 \geqslant 5D$;
$L_3 \geqslant 10D$;
$L_4 \geqslant 5D$;
其中,D 为管道内径。

图 1 压力损失试验:测量段平面布置图

这些要求给出的最小长度和较长长度是可以接受的。同一平面上的每组取压口用无泄漏管子连接到压差测量装置的一侧,例如差压变送器或差压计。应采取措施清除测量装置和连接管中的空气。测量最大压力损失的最大扩展不确定度应为水表压力损失等级可接受的最大压力损失的 5% ,包含因子 $k=2$ 。

7.9.3 试验程序

7.9.3.1 确定安装后的压力损失

将水表安装在试验装置的测量段内。设定流量并清除试验段内的空气。确保在最大流量 Q_3 下,下游取压口有足够的背压。建议被试水表下游保持至少 100 kPa(1 bar)的静压,以避免空化或空气释出。清除取压口和变送器连接管内的空气。使流体稳定在所需的温度。监测差压时,流量应在 Q_1 和 Q_3 之间变化。记录显示最大压力损失的流量 Q_t ,以及测得的压力损失和流体温度。通常可发现 Q_t 等于 Q_3 。复式水表的最大压力损失经常出现在 Q_{x2} 之前。

7.9.3.2 确定测量段引起的压力损失

取压口之间的测量段管道内由于摩擦会损失一些压力,因此应确定这部分压力损失并从水表的压力损失测得值中减去。如果已知取压口之间的管道直径、粗糙度和长度,可按照标准压力损失公式计算压力损失。但直接测量管道前后的压力损失可能效率更高。测量段可按图2所示重新安排。在未装水表的情况下,可将上、下游管道的两端面连接起来(注意避免接头凸入管孔内或两个端面未对准),测量规定流量下测量段管道的压力损失。

注:不装水表时测量段的长度会缩短。如果试验装置上没有伸缩段,可以在测量段的下游端插入一段长度与水表相同的临时管道,或者就插入水表填满空档。

在事先确定的 Q_t 流量下测量管段的压力损失。

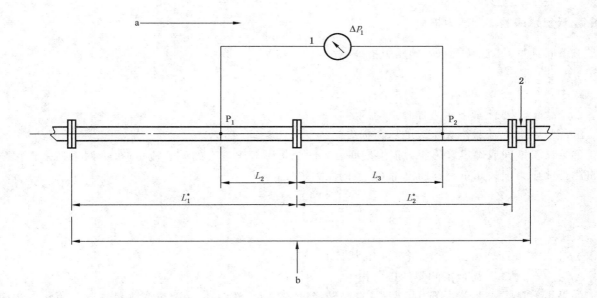

a) 管道压力损失

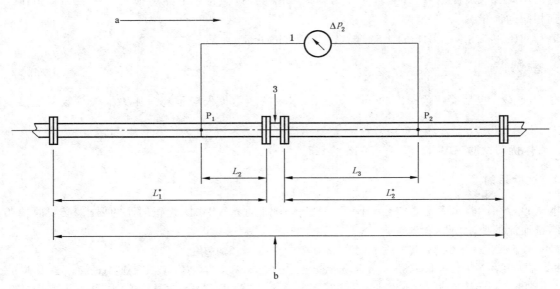

b) （管道和水表）压力损失

说明：

1 ——差压计；

2 ——下游位置的水表（或临时管道）；

3 ——水表；

P_1, P_2——取压口平面；

Δp_1 ——上、下游管段的压力损失，$\Delta p_1 = (\Delta p_{L_2} + \Delta p_{L_3})$；

Δp_2 ——上、下游管段加水表的压力损失，$\Delta p_2 = (\Delta p_{L_2} + \Delta p_{L_3} + \Delta p_{水表})$；

$\Delta p_2 - \Delta p_1 = (\Delta p_{L_2} + \Delta p_{L_3} + \Delta p_{水表}) - (\Delta p_{L_2} + \Delta p_{L_3}) = \Delta p_{水表}$；

a ——流动方向；

b ——测量段。

图 2 压力损失试验

7.9.4　计算水表的实际压力损失

按下式计算 Q_t 流量下水表的压力损失 Δp_t:

$$\Delta p_t = \Delta p_{m+p} - \Delta p_p$$

式中:

Δp_{m+p}——Q_t 流量下水表加管道的压力损失;

Δp_p　——Q_t 流量下无水表的压力损失。

如果试验期间或确定管道压力损失期间测得的流量不等于选定的试验流量,可参照下列平方律公式将测得的压力损失修正到预期流量 Q_t 下的压力损失:

$$\Delta p_{Q_t} = \frac{Q_t^2}{Q_{meas}^2} \Delta p_{Q_{meas}}$$

式中:

Δp_{Q_t}　——计算出的 Q_t 流量下的压力损失;

$\Delta p_{Q_{meas}}$——Q_{meas} 流量下测得的压力损失。

如果是测量复式水表的压力损失,只有当转换装置在 Q_t 流量下的状态与被测流量下的状态相同时才能使用此公式。注意,在计算水表压力损失 Δp_t 之前,应将管道压力损失与水表和管道压力损失修正到相同的流量。

填写 GB/T 778.3—2018 的 4.5.8 的试验报告,记录水温、Δp_t 和 Q_t。

7.9.5　合格判据

在 $Q_1 \sim Q_3$(包括 Q_3)范围内的任一流量下,水表的压力损失应不超过压力损失等级所能接受的最大值。

7.10　流体扰动试验(GB/T 778.1—2018 的 6.3.4)

7.10.1　试验目的

本试验旨在检验水表是否符合 GB/T 778.1—2018 的 6.3.4 中测量正向流的要求,必要时检验是否符合测量逆流的要求(见 7.8.3.1)。

注 1:测量水表上、下游出现规定的常见扰动流对水表(示值)误差的影响。

注 2:试验采用第 1 类和第 2 类扰动装置,分别产生向左(左旋)和向右(右旋)旋转流速场(漩涡)。这类流动扰动在直接以直角连接的两个 90°弯头的下游很常见。第 3 类扰动装置可产生不对称速度剖面,通常出现在突出的管道接头、单个弯头或未全开闸阀的下游。

7.10.2　试验准备

装置及操作要求见 7.4.2,且应符合 7.10.3 的规定。

7.10.3　试验程序

试验按以下步骤进行:

a)　采用附录 I 规定的 1、2 和 3 类流动扰动装置,以 $0.9Q_3 \sim Q_3$ 之间的流量,在附录 C 规定的每一种安装条件下确定水表的(示值)误差;

b)　每次试验期间,其他影响因子都应保持在参比条件;

c)　填写 GB/T 778.3—2018 的 4.5.9 的试验报告。

附加要求:

1)　对于制造商已规定上游安装长度至少为 15×DN 的直管段、下游安装长度至少为 5×DN 的直

管段的水表(DN 为公称直径),不准许使用外部流动整直器;

2) 制造商规定水表下游的直管段长度最小 5×DN 时,应只进行附录 C 中第 1 项、第 3 项和第 5 项试验;

3) 如果水表将采用外部流动整直器,制造商应规定整直器的型号、技术特性及其在装置上相对于水表的位置;

4) 根据这些试验的具体情况,不应将水表中具有流动整直功能的装置看成是整直器;

5) 某些类型的水表已被证明不受水表上、下游流动扰动的影响,型式批准机构可免除对这类水表进行本试验;

6) 水表上、下游直管段长度取决于水表的流动剖面敏感度等级,应分别符合 GB/T 778.1—2018 中表 2、表 3 的要求。

7.10.4 合格判据

在任何扰动试验中,水表的相对(示值)误差应不超过适用的最大允许误差。

7.11 耐久性试验(GB/T 778.1—2018 的 7.2.6)

7.11.1 总则

耐久性试验期间,水表应保持在额定工作条件下。若复式水表的各表已经被批准,则只需对复式水表进行断续流量试验(见表 1)。本试验要求在正向流量下进行,必要时可进行逆流试验(见 7.8.3.1)。
被试水表应根据制造商指明的方位定位。
应采用相同的水表进行断续试验和连续试验。

7.11.2 断续流量试验

7.11.2.1 试验目的

本试验的目的是检验水表在周期性流动条件下的耐用性。
本试验仅适用于 $Q_3 \leqslant 16 \ \text{m}^3/\text{h}$ 的水表和复式水表。
本试验是让水表承受规定次数的短时启动、停止流量循环。在整个试验期间,每个循环的恒定试验流量阶段都保持规定的流量(见 7.11.2.3.2)。为便于实验室操作,试验可分段进行,每一时段至少 6 h。

7.11.2.2 试验准备

7.11.2.2.1 试验装置

试验装置包括:
a) 供水系统(不加压容器或加压容器、水泵等);
b) 管道系统。

7.11.2.2.2 管道系统

水表可串联、并联或以这两种方式混合联接。
除被试水表外,管道系统还包括:
a) 一台流量调节装置(如有必要,每条串联水表线上一台);
b) 一台或数台隔断阀;
c) 水表上游水温测量装置;
d) 试验流量、循环持续时间和循环次数的检测装置;

e) 每条串联水表线上一台流动中断装置；

f) 入口和出口压力测量装置。

各种装置应不引起空化现象，或造成其他各种形式的水表额外磨损。

7.11.2.2.3 注意事项

应排除水表和连接管道内的空气。

在重复执行开启和关闭操作时，流量应逐渐变化，以防止出现水锤。

7.11.2.2.4 流量循环

一个完整的循环由以下四个阶段组成：

a) 从零流量到试验流量阶段；

b) 恒定试验流量阶段；

c) 从试验流量到零流量阶段；

d) 零流量阶段。

7.11.2.3 试验程序

7.11.2.3.1 总则

试验按以下步骤进行：

a) 断续耐久性试验开始之前，按 7.4 的规定在 7.4.4 所述流量下测量水表的(示值)误差；

b) 逐个或成批地将水表装上试验装置，水表的方位与确定基本(示值)误差试验相同(见 7.4.2.2.7.5)；

c) 试验期间，水表应保持在额定工作条件下，水表下游的压力应足够高，以防止水表内出现空化；

d) 将流量调节到规定允差范围内；

e) 在表 1 所示的条件下运行水表；

f) 断续耐久性试验之后，按 7.4 的规定在 7.4.4 所述流量下测量水表的最终(示值)误差；

g) 根据附录 B 计算每种流量下的最终相对(示值)误差；

h) 从 g)取得的各种流量下的(示值)误差中减去 a)取得的基本(示值)误差值；

i) $Q_3 \leqslant 16$ m³/h 的水表填写 GB/T 778.3—2018 的 4.5.10.1 的试验报告，复式水表填写 GB/T 778.3—2018 的 4.5.10.3 的试验报告。

7.11.2.3.2 流量允差

除开启、关闭和中断期间外，流量值的相对变化应不超过±10％。可以用被试水表检查流量。

7.11.2.3.3 试验计时允差

流量循环每一阶段规定持续时间的允差应不超过±10％。

试验总持续时间的允差应不超过±5％。

7.11.2.3.4 循环次数允差

循环次数应不少于规定次数，但不超过规定次数 1％以上。

7.11.2.3.5 实际排放体积允差

整个试验期间排放的实际体积应等于规定标称试验流量与试验总的理论持续时间(运行时间加上过渡时间和中断时间)的乘积的二分之一，允差为±5％。

通过频繁校正瞬时流量和运行时间即可达到此精度。

表 1　耐久性试验

温度等级	常用流量 Q_3 m³/h	试验流量	试验水温 ±5 ℃	试验类型	中断次数	暂停持续时间	试验流量运行时间	启动和停止持续时间
T30 和 T50	≤16	Q_3	20 ℃	断续	100 000	15 s	15 s	0.15$[Q_3]$ª s，最小 1 s
		Q_4	20 ℃	连续	—	—	100 h	—
	>16	Q_3	20 ℃	连续	—	—	800 h	—
		Q_4	20 ℃	连续	—	—	200 h	—
所有其他温度等级	≤16	Q_3	50 ℃	断续	100 000	15 s	15 s	0.15$[Q_3]$ª s，最小 1 s
		Q_4	0.9×MAT	连续	—	—	100 h	—
	>16	Q_3	50 ℃	连续	—	—	800 h	—
		Q_4	0.9×MAT	连续	—	—	200 h	—
复式水表（附加试验）ᵇ	>16	$Q{\geqslant}2Q_{x2}$	20 ℃	断续	50 000	15 s	15 s	3 s～6 s
复式水表（小表未经批准）	≤16	0.9Q_{x1}	20 ℃	连续	—	—	200 h	—

ª　$[Q_3]$等于以 m³/h 表示的 Q_3 的值。

ᵇ　小表事先经过批准的复式水表只需进行断续试验（附加试验）。复式水表的规定试验温度按 T30 或 T50 等级而定，若为其他温度等级，参比温度为 50 ℃。

7.11.2.3.6　试验读数

试验期间，至少应每 24 h 记录一次试验装置的下列读数，若试验分段进行，则每一时段记录一次读数：

a)　被试水表上游的管道压力；

b)　被试水表下游的管道压力；

c)　被试水表上游的管道水温；

d)　通过被试水表的流量；

e)　断续流量试验循环中四个阶段的持续时间；

f)　循环次数；

g)　被试水表的指示体积。

7.11.2.4　断续耐久性试验后的合格判据

7.11.2.4.1　对于 1 级准确度等级水表：

a)　误差曲线的变化应不超过：低区流量（$Q_1{\leqslant}Q<Q_2$）的 2%，高区流量（$Q_2{\leqslant}Q{\leqslant}Q_4$）的 1%。这两项要求按每种流量下的（示值）误差的平均值确定；

b)　误差曲线应不超过以下最大允许误差：

——低区流量（$Q_1{\leqslant}Q<Q_2$）：±4%；

——T30 等级水表,高区流量($Q_2 \leqslant Q \leqslant Q_4$):$\pm 1.5\%$;

——T30 等级以外的水表,高区流量($Q_2 \leqslant Q \leqslant Q_4$):$\pm 2.5\%$。

7.11.2.4.2 对于 2 级准确度等级水表:

a) 误差曲线的变化应不超过:低区流量($Q_1 \leqslant Q < Q_2$)的 3%;高区流量($Q_2 \leqslant Q \leqslant Q_4$)的 1.5%。这两项要求按每种流量下的(示值)误差的平均值确定;

b) 误差曲线应不超过以下最大允许误差:

——低区流量($Q_1 \leqslant Q < Q_2$):$\pm 6\%$;

——T30 等级水表,高区流量($Q_2 \leqslant Q \leqslant Q_4$):$\pm 2.5\%$;

——T30 等级以外的水表,高区流量($Q_2 \leqslant Q \leqslant Q_4$):$\pm 3.5\%$。

7.11.3 连续流量试验

7.11.3.1 试验目的

本试验的目的是检验水表在连续、常用和过载流量条件下的耐用性。

本试验是让水表承受规定持续时间的恒定 Q_3 或 Q_4 流量。此外,对于小表未经事先批准的复式水表,应承受如表 1 所示的连续流量试验。为便于实验室操作,试验可分段进行,每一时段至少 6 h。

7.11.3.2 试验准备

7.11.3.2.1 试验装置

试验装置包括:

a) 供水系统(不加压容器、加压容器、水泵等);

b) 管道系统。

7.11.3.2.2 管道系统

除了被试水表外,管道系统还包含:

a) 流量调节装置;

b) 一台或数台隔断阀;

c) 水表入口处水温测量装置;

d) 试验流量和试验持续时间检测装置;

e) 入口和出口压力测量装置。

各种装置应不引起空化现象,或造成其他各种形式的水表额外磨损。

7.11.3.2.3 注意事项

应排除水表和连接管道内的空气。

7.11.3.3 试验程序

7.11.3.3.1 总则

试验按以下步骤进行:

a) 连续耐久性试验开始之前,按 7.4 的规定在 7.4.4 所述流量下测量水表的(示值)误差;

b) 逐个或成批地将水表装上试验装置,水表的方位与确定水表基本(示值)误差试验相同(见 7.4.2.2.7.5);

c) 在表1所示的条件下运行水表;

d) 耐久性试验期间,水表应保持在额定工作条件下,每台水表出口处的压力应足够高以防止空化;

e) 连续耐久性试验之后,按7.4的规定在相同流量下测量水表的(示值)误差;

f) 根据附录B计算每种流量下的相对(示值)误差;

g) 从f)取得的各种流量下的(示值)误差中减去a)取得的(示值)误差;

h) 填写GB/T 778.3—2018的4.5.10.2的试验报告。

7.11.3.3.2 流量允差

整个试验过程中,流量应始终稳定在事先确定的值上。

每次试验时,流量值的相对变化应不超过±10%(启动和停止时除外)。

7.11.3.3.3 试验计时允差

规定的试验持续时间是最小值。

7.11.3.3.4 实际排放体积允差

试验结束时,指示的体积应不少于根据规定试验流量与规定试验持续时间的乘积确定的体积。

为满足此条件,应频繁修正流量。可以用被试水表检查流量。

7.11.3.3.5 试验读数

试验期间,至少应每24 h读取一次试验装置的下列读数,若试验分段进行,则每一时段读取一次读数:

a) 被试水表上游的管道压力;

b) 被试水表下游的管道压力;

c) 被试水表上游的管道水温;

d) 流经被试水表的流量;

e) 被试水表指示的体积。

7.11.3.4 合格判据

7.11.3.4.1 对于1级准确度等级水表:

a) 误差曲线的变化应不超过:低区流量($Q_1 \leqslant Q < Q_2$)的2%;高区流量($Q_2 \leqslant Q \leqslant Q_4$)的1%。这两项要求按每种流量下的(示值)误差的平均值确定。

b) 误差曲线应不超过下列最大允许误差:

——低区流量($Q_1 \leqslant Q < Q_2$):±4%;

——T30等级水表,高区流量($Q_2 \leqslant Q \leqslant Q_4$):±1.5%;

——T30等级以外的水表,高区流量($Q_2 \leqslant Q \leqslant Q_4$):±2.5%。

7.11.3.4.2 对于2级准确度等级水表:

a) 误差曲线的变化应不超过:低区流量($Q_1 \leqslant Q < Q_2$)的3%;高区流量($Q_2 \leqslant Q \leqslant Q_4$)的1.5%。这两项要求按每种流量下的(示值)误差的平均值确定;

b) 误差曲线应不超过下列最大允许误差:

——低区流量($Q_1 \leqslant Q < Q_2$):±6%;

——T30 等级水表,高区流量($Q_2 \leqslant Q \leqslant Q_4$):±2.5%;

——T30 等级以外的水表,高区流量($Q_2 \leqslant Q \leqslant Q_4$):±3.5%。

7.12 磁场试验

所有机械元件可能受到静磁场影响的水表(例如读数器驱动装置配备磁耦合器或带磁驱动脉冲输出)以及所有带电子装置的水表应进行静磁场试验,以检验水表能否承受静磁场的影响。本试验应根据8.16 中相关规定进行。

7.13 水表辅助装置的试验

7.13.1 试验目的

本试验旨在检验水表是否符合 GB/T 778.1—2018 的 4.3.6 的规定。

试验分以下两类:

a) 为了方便试验或数据传输等目的,辅助装置可以临时安装在水表上的,测量水表的(示值)误差时应装上辅助装置,以确保水表(示值)误差不超过最大允许误差;

b) 对于固定安装或临时安装的辅助装置,还应检查其指示体积,以确保读数与主示值一致。

7.13.2 试验准备

试验准备要求如下:

a) 装置及操作要求见 7.4.2;

b) 临时安装的辅助装置应由制造商安装或者根据制造商的说明书安装;

c) 若辅助装置的输出是脉冲电信号,一个脉冲对应一个固定的体积,脉冲由电子计数器积算,则连接后,电子计数器不应对电信号造成严重影响。

7.13.3 试验程序

试验按以下步骤进行:

a) 按 7.4.4 规定,确定带临时辅助装置的水表的(示值)误差;

b) 对比临时或固定安装辅助装置的读数与主指示装置的读数;

c) 填写 GB/T 778.3—2018 的 4.5.12 的试验报告。

7.13.4 合格判据

合格判据如下:

a) 带临时辅助装置的水表的(示值)误差应不超过适用的最大允许误差;

b) 对于固定安装和临时安装两种辅助装置,其体积示值与直观显示器示值之间的差异应不大于检定标度分度值。

7.14 环境试验

应根据水表的技术和结构进行相应等级的试验以满足环境条件要求。应按相应要求进行第 8 章和GB/T 778.1—2018 的附录 A 规定的相关试验。按 8.1.8 的规定,这些试验不适用于纯机械结构的水表。

8 与影响因子和扰动相关的性能试验

8.1 一般要求(GB/T 778.1—2018 的 A.1)

8.1.1 概述

本章确定的性能试验旨在验证水表在规定环境和工作条件下的功能和性能是否符合预定要求。每一项试验都相应地指明了确定基本误差的参比条件。

这些性能试验是第 7 章所述试验的附加试验,适用于完整的水表和水表的可分离部件。如有需要,也适用于辅助装置。应根据 8.1.2 和 8.1.3 规定的环境等级和电磁等级以及 8.1.8 规定的水表的结构或设计类型确定试验项目。

在评定一种影响量的影响时,其他影响量应保持在参比条件(见第 4 章)。

本章规定的型式评价试验可与第 7 章规定的试验并行进行,样品采用相同型号的水表或可分离部件。

8.1.2 环境等级

本章确定了每一项性能试验的典型试验条件。这些条件相当于水表所处的气候和机械环境条件。见 GB/T 778.1—2018 的 A.2。

8.1.3 电磁环境等级

带电子装置的水表分成 E1 级和 E2 级二种电磁环境等级,E1 级适用于在受保护区域内工作的水表,E2 级适用于在无任何特殊防护区域内工作的水表。详见 GB/T 778.1—2018 的 A.3。

8.1.4 参比条件(GB/T 778.1—2018 的 7.1)

参比条件见第 4 章。

这些参比条件仅适用于无国家标准或国际标准规定的情况下。若国家或国际标准有规定,则本部分中的参比条件应符合相关国家标准或国际标准的规定。

8.1.5 测量水表(示值)误差的试验体积

某些影响量对水表(示值)误差的影响是不变的,与被测体积无比例关系。

在其他一些试验中,影响量对水表的影响与被测体积有关。在这种情况下,为了使不同实验室取得的试验结果有可比性,测量水表(示值)误差的试验体积应相当于在过载流量 Q_4 下排放 1 min 的体积。

但有些试验需要的排放时间可能不止 1 min,在这种情况下,考虑到测量的不确定度,应尽可能缩短试验时间。

8.1.6 水温影响(GB/T 778.1—2018 的 A.5)

高温、低温和湿热试验是测量环境空气温度对水表性能的影响。然而,测量传感器充满水也可能影响电子部件散热。

有两种试验方法可供选择:
a) 将电子元件和测量传感器置于参比条件下,用水以参比流量流经水表,测量水表的(示值)误差;
b) 采用模拟测量传感器的方法对电子部件进行试验。采用此种试验方法时,应模拟水对某些电子装置(这些装置通常附着在流量检测元件上)的影响。试验应在参比条件下进行。

第 1 种方法更可取。

8.1.7 环境试验要求

环境试验涉及以下要求,相关适用标准在本部分的相应条款中给出:
a) 被试装置(EUT)的预处理;
b) 试验程序偏离相关标准的规定;
c) 首次测量;
d) 试验过程中被试装置的状态;
e) 严酷度等级,影响因子数值和暴露时间;
f) 试验过程中必要的测量和/或负载;
g) 被试装置的恢复;
h) 最终测量;
i) 被试装置通过试验的合格判据。
若无相关标准规定,试验的基本要求如本部分所述。

8.1.8 被试装置(EUT)(GB/T 778.1—2018 的 7.2.12.2.4)

8.1.8.1 总则

为便于试验,应根据 8.1.8.2~8.1.8.5 所述和下列要求把被试装置分成 A~E 类:

A 类:无需进行(本章所述的)性能试验;

B 类:被试装置为整体式水表或分体式水表:试验时体积或流量检测元件内应有水流动,水表按设定程序工作;

C 类:被试装置为测量传感器(包括体积或流量检测元件):试验时体积或流量检测元件内应有水流动,水表按设定程序工作;

D 类:被试装置为电子计算器(包括指示装置)或辅助装置:试验时体积或流量检测元件内应有水流动,水表按设定程序工作;

E 类:被试装置为电子计算器(包括指示装置)或辅助装置:试验时可以采用模拟测量信号,体积或流量检测元件内无水流动。

型式批准机构在对 8.1.8.2 至 8.1.8.5 未列出的水表进行型式批准试验时,可将其归入合适的类别。

8.1.8.2 容积式水表和涡轮式水表

容积式水表和涡轮式水表的分类如下:
a) 水表无电子装置: A 类
b) 测量传感器和电子计算器包括指示装置装在同一壳体内: B 类
c) 测量传感器与电子计算器分离,但不装电子装置: A 类
d) 测量传感器与电子计算器分离,并装有电子装置: C 类
e) 电子计算器包括指示装置与测量传感器分离,不能模拟测量信号: D 类
f) 电子计算器包括指示装置与测量传感器分离,能够模拟测量信号: E 类

8.1.8.3 电磁水表

电磁水表的分类如下:
a) 测量传感器和电子计算器包括指示装置装在同一壳体内: B 类
b) 流量或体积检测元件仅由管道、线圈和两个水表电极组成,无其他电子装置: A 类

c) 测量传感器包括流量或体积检测元件装在一个壳体内与电子计算器分离： <u>C 类</u>

d) 电子计算器包括指示装置与测量传感器分离,且不能模拟测量信号： <u>D 类</u>

8.1.8.4 超声水表、科里奥利水表、射流水表等

超声水表、科里奥利水表、射流水表等的分类如下：

a) 测量传感器和电子计算器包括指示装置装在同一壳体内： <u>B 类</u>

b) 测量传感器与电子计算器分离并装有电子装置： <u>C 类</u>

c) 电子计算器包括指示装置与测量传感器分离,且不能模拟测量信号： <u>D 类</u>

8.1.8.5 辅助装置

辅助装置的分类如下：

a) 辅助装置是水表、测量传感器或电子计算器的组成部分： <u>A～E 类</u>

b) 辅助装置与水表分离,但不安装电子装置： <u>A 类</u>

c) 辅助装置与水表分离,不能模拟输入信号： <u>D 类</u>

d) 辅助装置与水表分离,能够模拟输入信号： <u>E 类</u>

8.2 高温(无冷凝)(GB/T 778.1—2018 的 A.5)

8.2.1 试验目的

本试验的目的是检验水表在按 GB/T 778.1—2018 的表 A.1 的规定施加高环境温度期间是否符合 GB/T 778.1—2018 的 4.2 的要求。

8.2.2 试验准备

试验配置按 IEC 60068-2-2 的规定。

试验配置的指南参见 IEC 60068-3-1[5] 和 IEC 60068-1[12]。

8.2.3 简要试验程序

试验按以下步骤进行：

a) 不必进行预处理。

b) 在下列试验条件下以参比流量测量被试装置的(示值)误差：

    1) 调整被试装置前,在 20 ℃±5 ℃的参比环境温度下测量；

    2) 被试装置在 55 ℃±2 ℃的环境温度下稳定 2 h 后,在此温度下测量；

    3) 被试装置恢复后,在 20 ℃±5 ℃的参比环境温度下测量。

c) 按照附录 B 的要求计算每种试验条件下的相对(示值)误差。

d) 施加试验条件期间,检查被试装置是否正常工作。

e) 填写 GB/T 778.3—2018 的 4.6.1 的试验报告。

附加要求：

Ⅰ) 如果被试装置包含测量传感器,且流量检测元件中需要有水,则水温应保持在参比温度下；

Ⅱ) 除另有规定外,应在参比条件下测量(示值)误差,装置及操作条件应符合 7.4.2 的规定。未标明"V"的水表,仅在水平轴向上进行试验。有两个参比温度的水表仅在较低的参比温度下进行试验。

8.2.4 合格判据

施加试验条件期间：

　　a) 被试装置的所有功能应符合设计要求；

　　b) 试验条件下,被试装置的相对(示值)误差不应超过"高区"的最大允许误差(见 GB/T 778.1—
　　　　2018 的 4.2)。

8.3 低温(GB/T 778.1—2018 的 A.5)

8.3.1 试验目的

本试验的目的是检验水表在按 GB/T 778.1—2018 的表 A.1 的规定施加低环境温度期间是否符合
GB/T 778.1—2018 的 4.2 的要求。

8.3.2 试验准备

试验配置按 IEC 60068-2-1 的规定。

试验配置的指南参见 IEC 60068-3-1[5] 和 IEC 60068-1[12]。

8.3.3 简要试验程序

试验按以下步骤进行：

　　a) 被试装置不作预处理；

　　b) 在参比环境温度下以参比流量测量被试装置的(示值)误差；

　　c) 将环境温度稳定在-25 ℃±3 ℃(环境等级 O 和 M)或+5 ℃±3 ℃(环境等级 B)2 h；

　　d) 在-25 ℃±3 ℃(环境等级 O 和 M)或+5 ℃±3 ℃(环境等级 B)的环境温度下以参比流量测
　　　　量被试装置的(示值)误差；

　　e) 被试装置恢复后,在参比环境温度下以参比流量测量被试装置的(示值)误差；

　　f) 按照附录 B 计算各种试验条件下的相对(示值)误差；

　　g) 施加试验条件期间,检查被试装置是否正常工作；

　　h) 填写 GB/T 778.3—2018 的 4.6.2 的试验报告。

附加要求：

　　Ⅰ) 如果流量检测元件内必须有水,则水温应保持参比温度；

　　Ⅱ) 除非另有规定,应在参比条件下测量(示值)误差,装置及操作条件应符合 7.4.2 的规定。未
　　　　标明"V"的水表,仅在水平轴向上进行试验。有两个参比温度的水表仅在较低的参比温度下
　　　　进行试验。

8.3.4 合格判据

施加稳定的试验条件期间：

　　a) 被试装置的所有功能均应符合设计要求；

　　b) 在试验条件下,被试装置的相对(示值)误差不应超过"高区"的最大允许误差(见 GB/T 778.1—
　　　　2018 的 4.2)。

8.4 交变湿热(冷凝)(GB/T 778.1—2018 的 A.5)

8.4.1 试验目的

本试验的目的是在施加 GB/T 778.1—2018 的 A.5 规定的高湿结合温度交替变化的试验条件后,
检验水表是否符合 GB/T 778.1—2018 的 5.1.1 的要求。

8.4.2 试验准备

试验配置按 IEC 60068-2-30 的规定。

试验配置的指南参见 IEC 60068-3-4。

8.4.3 简要试验程序

按照被试装置的性能、环境影响和恢复要求,将被试装置暴露在 IEC 60068-2-30 和 IEC 60068-3-4 规定的湿热和温度交替变化条件下。

试验程序包括下列 7 个步骤:

a) 被试装置的预处理。

b) 将被试水表置于温度下限为 25 ℃±3 ℃、上限为 55 ℃±2 ℃(环境等级 O 和 M)或 40 ℃±2 ℃ (环境等级 B)之间的温度交替变化中(两个 24 h 循环)。相对湿度在温度变化期间和低温阶段保持在 95% 以上,高温阶段保持在 93%±3%。温度上升时被试装置上可出现冷凝。

24 h 循环包括:

1) 温度上升 3 h;

2) 从循环开始起,温度上限值 12 h;

3) 3 h 到 6 h 内温度下降到下限值,前 1 h 30 min 内的温度下降速率相当于温度在 3 h 内下降到下限值的速率;

4) 温度保持下限值直到 24 h 循环结束。

c) 让被试水表恢复。

d) 恢复后,检查被试装置是否正常工作。

e) 在参比流量下测量被试装置的(示值)误差。

f) 按照附录 B 计算相对(示值)误差。

g) 填写 GB/T 778.3—2018 的 4.6.3 的试验报告。

附加要求:

Ⅰ) a)至 c)期间应切断被试装置的电源;

Ⅱ) 试验之前和恢复之后的稳定期,被试装置所有部件的温度都应在最终温度的 3 ℃ 以内;

Ⅲ) 除非另有规定,应在参比条件下测量(示值)误差,装置及操作条件应符合 7.4.2 的规定。未标明"V"的水表,仅在水平轴向上进行试验。有两个参比温度的水表仅在较低的参比温度下进行试验。

8.4.4 合格判据

施加扰动及恢复后:

a) 被试装置的所有功能都应符合设计要求;

b) 试验前、后(示值)误差之差不应超过"高区"最大允许误差的二分之一,或被试装置应能按 GB/T 778.1—2018 附录 B 的要求检测并纠正明显差错。

8.5 电源变化(GB/T 778.1—2018 的 A.5)

8.5.1 总则

按图 3 的流程图确定需要进行哪些试验。

8.5.2 交流供电水表或交流/直流转换器供电的水表(GB/T 778.1—2018 的 A.5)

8.5.2.1 试验目的

本试验的目的是检验采用标称交流电源的电子装置在按 GB/T 778.1—2018 的 A.5 要求施加交流(单相)电源静态偏差影响下是否符合 GB/T 778.1—2018 的 4.2 的要求。

8.5.2.2　试验准备

试验配置按 IEC 61000-4-11、IEC 61000-2-1、IEC 61000-2-2、IEC 61000-4-1 和 IEC 60654-2 的规定。

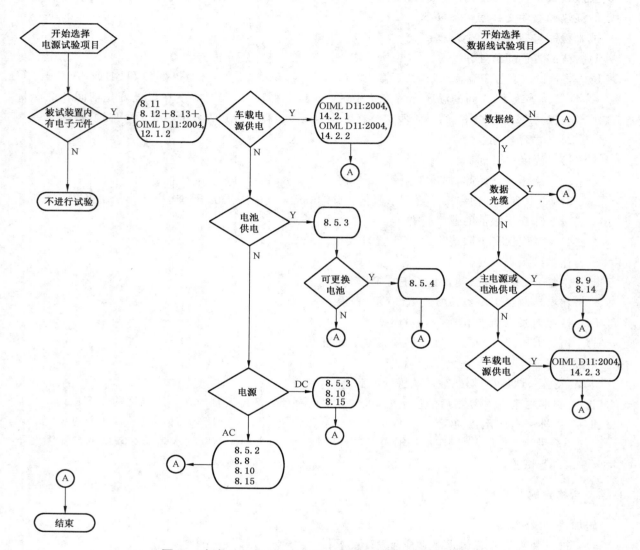

图 3　确定 8.5 和 8.8～8.15 要求试验项目的流程图

8.5.2.3　简要试验程序

试验按以下步骤进行：

a)　当被试装置在参比条件下工作时先后承受电源电压变化和电源频率变化的影响；

b)　在施加电源电压上限值 $U_{nom}+10\%$（单一电压）时测量被试装置的（示值）误差；

c)　在施加电源频率上限值 $f_{nom}+2\%$ 时测量被试装置的（示值）误差；

d)　在施加电源电压下限值 $U_{nom}-15\%$（单一电压）时测量被试装置的（示值）误差；

e)　在施加电源频率下限值 $f_{nom}-2\%$ 时测量被试装置的（示值）误差；

f)　按附录 B 计算每种试验条件下的相对（示值）误差；

g)　检查被试装置在施加每种电源变化期间是否正常工作；

h)　填写 GB/T 778.3—2018 的 4.6.4.2 的试验报告。

附加要求：

Ⅰ) 测量（示值）误差期间，被试装置应处于参比流量条件下（GB/T 778.1—2018 的 7.1）；

Ⅱ) 除非另有规定，应在参比条件下测量（示值）误差，装置及操作条件应符合 7.4.2 的规定。未标明"V"的水表，仅在水平轴向上进行试验。有两个参比温度的水表仅在较低的参比温度下进行试验。

8.5.2.4 合格判据

施加影响因子期间：

a) 被试装置的所有功能应符合设计要求；

b) 试验条件下，被试装置的相对（示值）误差不应超过"高区"的最大允许误差（见 GB/T 778.1—2018 的 4.2）。

8.5.3 外部直流电源供电或电池供电的水表（GB/T 778.1—2018 的 A.5）

8.5.3.1 试验目的

本试验的目的是检验水表在施加 GB/T 778.1—2018 的 A.5 规定的直流电源电压固定偏差期间是否符合 GB/T 778.1—2018 的 4.2 的要求。

8.5.3.2 试验准备

试验方法无参考标准。

8.5.3.3 简要试验程序

试验按以下步骤进行：

a) 被试装置在参比条件下工作时承受电源电压变化影响；

b) 施加水表供应商指定的电池最大工作电压或者被试装置能自动检测高电平状态的外部直流电源电压，测量被试装置的（示值）误差；

c) 施加水表供应商指定的电池最小工作电压或者被试装置能自动检测低电平状态的外部直流电源电压，测量被试装置的（示值）误差；

d) 根据附录 B 计算每种试验条件下的相对（示值）误差；

e) 施加每种电源变化时检查被试水表是否正常工作；

f) 填写 GB/T 778.3—2018 的 4.6.4.3 的试验报告。

附加要求：

Ⅰ) 测量（示值）误差时被试水表应处于参比流量条件下；

Ⅱ) 除非另有规定，应在参比条件下测量（示值）误差，装置及操作条件应符合 7.4.2 的规定。未标明"V"的水表，仅在水平轴向上进行试验。有两个参比温度的水表仅在较低的参比温度下进行试验。

8.5.3.4 合格判据

施加电压变化时：

a) 被试装置的所有功能应符合设计要求；

b) 在试验条件下，被试装置的相对（示值）误差不应超过"高区"的最大允许误差（见 GB/T 778.1—2018 的 4.2）。

8.5.4 电池电源中断

8.5.4.1 试验目的

本试验的目的是检验水表在更换供电电池时是否符合 GB/T 778.1—2018 的 5.2.4.3 的要求。
本试验仅适用于采用可更换电池的水表。

8.5.4.2 试验程序

试验程序如下：
a) 确保水表能够工作；
b) 卸下电池 1 h,然后再装回；
c) 检查水表的功能；
d) 对照 GB/T 778.1—2018 的 5.2.4,填写 GB/T 778.3—2018 的 4.4.2.2 表格的相关部分。

8.5.4.3 合格判据

施加试验条件后：
a) 被试水表的所有功能应符合设计要求；
b) 积算值或储存值应保持不变。

8.6 振动（随机）（GB/T 778.1—2018 的 A.5）

8.6.1 试验目的

本试验的目的是检验在施加 GB/T 778.1—2018 的表 A.1 规定的随机振动后被试水表是否符合
GB/T 778.1—2018 的 5.1.1 的要求。
本试验仅适用于移动安装水表（环境等级 M）。

8.6.2 试验准备

试验配置按 IEC 60068-2-64 和 IEC 60068-2-47 的规定。

8.6.3 简要试验程序

试验按以下步骤进行：
a) 利用标准安装件将被试装置安装在刚性夹具上,使重力作用方向与正常使用时相同。如果重
    力影响不明显,且水表上没有标明"H"或"V",则被试水表可以任意位置安装；
b) 依次在三个相互垂直的轴向上向被试装置施加 10 Hz～150 Hz 频率范围内的随机振动,每个
    轴向 2 min；
c) 让被试装置恢复一段时间；
d) 检查被试装置能否正常工作；
e) 在参比流量下测量被试装置的（示值）误差；
f) 根据附录 B 计算相对（示值）误差；
g) 填写 GB/T 778.3—2018 的 4.6.5 的试验报告。
附加要求：
Ⅰ） 若被试装置包含流量检测元件,施加扰动期间应不充水；
Ⅱ） 在试验的 a)、b)和 c)阶段应切断被试装置的电源；
Ⅲ） 施加振动期间应满足下列条件：

——总的均方根加速度(RMS)等级：　　　　　　　7 m/s²

——加速度谱密度(ASD)等级 10 Hz～20 Hz：　　1 m²/s³

——加速度谱密度(ASD)等级 20 Hz～150 Hz：　　−3 dB/oct

Ⅳ) 除非另有规定,应在参比条件下测量被试装置的(示值)误差,装置及操作条件应符合 7.4.2 的规定。未标明"V"的水表,仅在水平轴向上进行试验。有两个参比温度的水表仅在较低的 参比温度下进行试验。

8.6.4　合格判据

施加振动并恢复后：

a)　被试装置的所有功能应符合设计要求；

b)　试验前、后(示值)误差之差不应超过"高区"最大允许误差的二分之一,或被试装置应按照 GB/T 778.1—2018 的附录 B 检测明显差错并作出响应。

8.7　机械冲击(GB/T 778.1—2018 的 A.5)

8.7.1　试验目的

本试验的目的是检验水表在施加 GB/T 778.1—2018 的表 A.1 规定的机械冲击(平面跌落)后是否 符合 GB/T 778.1—2018 的 5.1.1 的要求。

本试验仅适用于移动安装的水表(环境等级 M)。

8.7.2　试验准备

试验配置按 IEC 60068-2-31 和 IEC 60068-2-47 的规定。

8.7.3　简要试验程序

试验按以下步骤进行：

a)　按正常使用位置将被试装置安放在一个刚性平面上,朝一个底边倾斜被试水表,使其相对底边 高于刚性平面 50 mm。但被试装置的底面与试验平面形成的夹角应不超过 30°；

b)　让被试装置自由跌落到试验平面上；

c)　每个底边重复 a)和 b)；

d)　让被试装置恢复一段时间；

e)　检查被试装置能否正常工作；

f)　在参比流量下测量被试装置的(示值)误差；

g)　按照附录 B 计算相对(示值)误差；

h)　填写 GB/T 778.3—2018 的 4.6.6 的试验报告。

附加要求：

Ⅰ)　若流量检测元件是被试装置的组成部分,施加扰动期间应不充水；

Ⅱ)　在 a)、b)和 c)步骤期间应切断被试装置的电源；

Ⅲ)　除非另有规定,应在参比条件下测量被试装置的(示值)误差,装置及操作条件应符合 7.4.2 的规定。未标明"V"的水表,仅在水平轴向上进行试验。有两个参比温度的水表仅在较低的 参比温度下进行试验。

8.7.4　合格判据

施加扰动且恢复后：

a) 被试装置的所有功能应符合设计要求；

b) 试验前、后（示值）误差之差不应超过"高区"最大允许误差的二分之一，或被试装置应按照 GB/T 778.1—2018 的附录 B 检测明显差错并作出响应。

8.8 交流电源电压暂降和短时中断（GB/T 778.1—2018 的 A.5）

8.8.1 试验目的

本试验的目的是检验在施加 GB/T 778.1—2018 的表 A.1 规定的主电源电压短时中断和下降时，（由主电源供电的）水表是否符合 GB/T 778.1—2018 的 5.1.1 的要求。

8.8.2 试验准备

试验配置按 IEC 61000-4-11、IEC 61000-6-1 和 IEC 61000-6-2 的规定。

8.8.3 简要试验程序

试验按以下步骤进行：

a) 实施电压下降试验前测量被试装置的（示值）误差；

b) 在施加至少 10 次电压中断和 10 次电压降低期间测量被试装置的（示值）误差。施加电压中断和电压降低的间隔时间至少 10 s；

c) 根据附录 B 计算每一种试验条件下的相对（示值）误差；

d) 从施加电压降低时测得的（示值）误差中减去施加电压降低前测得的（示值）误差；

e) 检查被试装置能否正常工作；

f) 填写 GB/T 778.3—2018 的 4.6.7 的试验报告。

附加要求：

Ⅰ) 使用的试验发生器应适合于将交流电源电压的幅值降低规定的时间；

Ⅱ) 连接被试装置前应检验试验发生器的性能；

Ⅲ) 在测量被试装置（示值）误差的整个过程中施加电压中断和电压降低；

Ⅳ) 电压中断：电源电压从标称值（U_{nom}）下降到零电压，持续时间见表 2；

表 2　电压中断

降低到：	0%
持续时间：	250 周期（50 Hz） 300 周期（60 Hz）

Ⅴ) 施加电压中断以 10 次为一组；

Ⅵ) 电压降低：电源电压从标称电压下降到标称电压的指定百分数，持续时间见表 3；

表 3　电压降低

试验	试验 a	试验 b	试验 c
降低到	0%	0%	70%
持续时间	0.5 周期	1 周期	25 周期（50 Hz） 30 周期（60 Hz）

Ⅶ) 施加电压降低以 10 次为一组；

Ⅷ) 每一次电压中断或降低都在电源电压的零交越点上开始、终止和重复;

Ⅸ) 电源电压中断和降低至少重复 10 次,每组中断和降低至少间隔 10 s。在测量被试装置(示值)误差期间重复这个过程;

Ⅹ) 测量(示值)误差期间,被试装置应处于参比流量条件下;

Ⅺ) 除非另有规定,应在参比条件下测量被试装置的(示值)误差,装置及操作条件应符合 7.4.2 的规定。未标明"V"的水表,仅在水平轴向上进行试验。有两个参比温度的水表仅在较低的参比温度下进行试验;

Ⅻ) 如果被试装置的工作电源电压设计成一个范围时,电压降低和中断试验应从该电压范围的平均电压开始。

8.8.4 合格判据

施加短时电压降低后:

a) 被试装置的所有功能应符合设计要求;

b) 施加短时电压降低期间取得的相对(示值)误差与试验前在参比条件下取得的相同流量下的相对(示值)误差,两者之差不应超过"高区"最大允许误差的二分之一(见 GB/T 778.1—2018 的 4.2),或被试装置应按照 GB/T 778.1—2018 的附录 B 检测明显差错并作出响应。

8.9 信号线脉冲群(GB/T 778.1—2018 的 A.5)

8.9.1 试验目的

本试验的目的是检验包含电子元件并配备输入/输出(I/O)和通信端口(包括其外部电缆)的水表,按 GB/T 778.1—2018 的表 A.1 规定在输入输出和通信端口上叠加电脉冲群的情况下是否符合 GB/T 778.1—2018 的 5.1.1 的要求。

8.9.2 试验准备

试验配置按 IEC 61000-4-4 和 IEC 61000-4-1 的规定。

8.9.3 简要试验程序

试验按以下步骤进行:

a) 施加电脉冲群之前测量被试装置的(示值)误差;

b) 在施加双指数波形瞬时电压尖峰脉冲群时测量被试装置的(示值)误差;

c) 按附录 B 计算每种试验条件下的相对(示值)误差;

d) 从施加脉冲群时测得的(示值)误差中减去试验前测得的(示值)误差;

e) 检查被试装置能否正常工作;

f) 填写 GB/T 778.3—2018 的 4.6.8 的试验报告。

附加要求:

Ⅰ) 试验用脉冲发生器的性能特性应符合引用标准的规定;

Ⅱ) 连接被试装置前应检验脉冲发生器的特性;

Ⅲ) 每一尖峰的(正或负)幅值,E1 级(见 8.1.3)仪表应为 0.5 kV,E2 级仪表应为 1 kV,随机相位,上升时间 5 ns,二分之一幅值持续时间 50 ns;

Ⅳ) 脉冲群长度应为 15 ms,脉冲群重复频率应为 5 kHz;

Ⅴ) 电源线上的注入网络应包含阻塞滤波器,以防止脉冲群能量从电源线耗散;

Ⅵ) 对输入/输出和通信线路耦合脉冲群时,应使用引用标准中确定的电容耦合夹;

Ⅶ） 每种幅值和极性的试验持续时间应不少于 1 min；

Ⅷ） 测量（示值）误差时，被试装置应以参比流量工作；

Ⅸ） 除非另有规定，应在参比条件下测量（示值）误差，装置及操作条件应按照 7.4.2 的规定。未标明"V"的水表，仅在水平轴向上进行试验。有两个参比温度的水表仅在较低的参比温度下进行试验。

8.9.4 合格判据

施加扰动后：

a) 被试装置的所有功能应符合设计要求；

b) 施加脉冲群期间取得的相对（示值）误差与试验前在参比条件下取得的相同流量下的相对（示值）误差，两者之差不应超过"高区"最大允许误差的二分之一（见 GB/T 778.1—2018 的 4.2），或被试装置应按照 GB/T 778.1—2018 的附录 B 检测明显差错并作出响应。

8.10 交流和直流电源脉冲群（电快速瞬变）（GB/T 778.1—2018 的 A.5）

8.10.1 试验目的

本试验的目的是检验包含电子元件并由交流或直流电源供电的水表，按 GB/T 778.1—2018 的表 A.1 规定在主电源电压上叠加电脉冲群的情况下是否符合 GB/T 778.1—2018 的 5.1.1 的要求。

8.10.2 试验准备

试验配置按 IEC 61000-4-4 和 IEC 61000-4-1 的规定。

8.10.3 简要试验程序

试验按以下步骤进行：

a) 施加电脉冲群之前测量被试装置的（示值）误差；

b) 在施加双指数波形瞬时电压尖峰脉冲群时测量被试装置的（示值）误差；

c) 按附录 B 计算每种试验条件下的相对（示值）误差；

d) 从施加脉冲群时测得的（示值）误差中减去试验前测得的（示值）误差；

e) 检查被试装置能否正常工作；

f) 填写 GB/T 778.3—2018 的 4.6.9 的试验报告。

附加要求：

Ⅰ） 应使用脉冲发生器，其性能特性应符合引用标准的规定；

Ⅱ） 连接被试装置前应检验脉冲发生器的特性；

Ⅲ） 每一尖峰的（正或负）幅值，E1 级（见 8.1.3）仪表应为 1 kV，E2 级仪表应为 2 kV，随机相位，上升时间 5 ns，二分之一幅值持续时间 50 ns；

Ⅳ） 脉冲群长度应为 15 ms，脉冲群重复频率应为 5 kHz；

Ⅴ） 测量被试装置的（示值）误差期间，应以共模方式（不对称电压）异步施加所有脉冲群；

Ⅵ） 每种幅值和极性的试验持续时间应不少于 1 min；

Ⅶ） 测量（示值）误差时，被试装置应以参比流量工作；

Ⅷ） 除非另有规定，应在参比条件下测量（示值）误差，装置及操作条件应符合 7.4.2 的规定。未标明"V"的水表，仅在水平轴向上进行试验。有两个参比温度的水表仅在较低的参比温度下进行试验。

8.10.4　合格判据

施加扰动后：

a)　被试装置的所有功能应符合设计要求；

b)　施加脉冲群期间取得的相对（示值）误差与试验前在参比条件下取得的相同流量下的相对（示值）误差，两者之差不应超过"高区"最大允许误差的二分之一（见 GB/T 778.1—2018 的 4.2），或被试装置应按照 GB/T 778.1—2018 的附录 B 检测明显差错并作出响应。

8.11　静电放电（GB/T 778.1—2018 的 A.5）

8.11.1　试验目的

本试验的目的是检验按 GB/T 778.1—2018 的表 A.1 规定施加直接和间接静电放电期间水表是否符合 GB/T 778.1—2018 的 5.1.1 的要求。

8.11.2　试验准备

试验配置按 IEC 61000-4-2 的规定。

8.11.3　简要试验程序

试验按以下步骤进行：

a)　施加静电放电之前测量被试装置的（示值）误差；

b)　利用合适的直流电压源给一个 150 pF 容量的电容器充电，然后将支架的一端接地，另一端通过一个 330 Ω 的电阻接到被试装置上操作人员通常可接近的表面，使电容器向被试装置放电；

试验应适用下列条件：

　　1)　如果合适，本试验包括漆层穿透法；

　　2)　每一次接触放电应施加 6 000 V 电压；

　　3)　每一次空气放电应施加 8 000 V 电压；

　　4)　直接放电时，制造商声明涂层为绝缘层的应使用空气放电法；

　　5)　进行同一次测量或模拟测量时，在每一个试验点至少应进行 10 次直接放电，放电时间间隔至少 10 s；

　　6)　间接放电时，水平耦合面上总计应进行 10 次放电，垂直耦合面的每个不同位置应总共进行 10 次放电。

c)　施加静电放电期间测量被试装置的（示值）误差；

d)　按附录 B 计算每一种试验条件下的相对（示值）误差；

e)　从施加静电放电后测得的水表（示值）误差中减去施加静电放电之前测得的（示值）误差，确定是否超过明显差错；

f)　检查被试装置能否正常工作；

g)　填写 GB/T 778.3—2018 的 4.6.10 的试验报告。

附加要求：

Ⅰ)　测量（示值）误差时，被试水表应处于参比流量条件下；

Ⅱ)　除非另有规定，应在参比条件下测量（示值）误差，装置及操作条件应符合 7.4.2 的规定。未标明"V"的水表，仅在水平轴向上进行试验。有两个参比温度的水表仅在较低的参比温度下进行试验；

Ⅲ)　如果预计某种特定结构的水表在零流量条件下对扰动的敏感度并不比参比流量条件下低，型

式批准机构应可自由选择在零流量条件下进行静电放电试验;

Ⅳ) 对于无接地端的被试装置,在各次放电之间,被试装置应充分放电;

Ⅴ) 接触放电为首选试验方法。不能进行接触放电时应进行空气放电;

1) 直接放电:

对导电表面进行接触放电时,电极应接触被试装置。

对绝缘表面进行空气放电时,电极应朝被试装置移动,利用火花形成放电。

2) 间接放电:

以接触方式向安装在被试装置附近的耦合面放电。

8.11.4 合格判据

施加扰动后:

a) 被试装置的所有功能应符合设计要求;

b) 施加静电放电期间取得的相对(示值)误差与试验前在参比条件下取得的相同流量下的相对(示值)误差,两者之差不应超过"高区"最大允许误差的二分之一(见 GB/T 778.1—2018 的4.2),或被试装置应按照 GB/T 778.1—2018 的附录 B 检测明显差错并作出响应;

c) 在零流量条件下试验时,水表积算值的变化量应不大于检定标度分格值。

8.12 电磁场辐射(GB/T 778.1—2018 的 A.5)

8.12.1 试验目的

本试验的目的是检验水表在施加 GB/T 778.1—2018 的表 A.1 规定的电磁场辐射骚扰时是否符合 GB/T 778.1—2018 的 5.1.1 的要求。

8.12.2 试验准备

试验配置按 IEC 61000-4-3 的规定。但 8.12.3 规定的试验程序经过修改,适用于累积测量值的积算仪表。

8.12.3 简要试验程序

试验按以下步骤进行:

a) 施加电磁场前,在参比条件下测量被试装置的基本(示值)误差;

b) 按下面Ⅰ)至Ⅳ)的要求施加电磁场;

c) 开始再次测量被试装置的(示值)误差;

d) 按下面Ⅳ)的要求逐步增大载波频率,直至达到下一个载波频率(见表4);

e) 停止测量被试装置的(示值)误差;

f) 按附录 B 计算被试装置的相对(示值)误差;

g) 从 f)取得的(示值)误差中减去 a)中测得的基本(示值)误差,计算差错,确定是否为明显差错;

h) 改变天线的极化方向;

i) 检查被试水表能否正常工作;

j) 重复 b)至 i);

k) 填写 GB/T 778.3—2018 的 4.6.11 的试验报告。

附加要求:

Ⅰ) 应将被试装置及其至少 1.2 m 长的外接电缆置于辐射电磁场下,电磁环境等级为 E1 级的仪表,场强为 3 V/m,E2 级的仪表,场强为 10 V/m(见 8.1.3);

当 8.13 规定的较低频率范围适用于本试验时,根据 IEC 61000-4-3 的规定,辐射电磁场试验的频率范围为 26 MHz~2 GHz 或 80 MHz~2 GHz;

Ⅱ) 试验时用垂直天线和水平天线分别进行局部扫描。每次扫描的推荐起始频率和终止频率见表 4;

Ⅲ) 从起始频率开始确定每个基本(示值)误差,达到表 4 中下一个频率时终止;

Ⅳ) 每次扫描时,频率应以实际频率 1% 的增幅逐步增加,直至达到表 4 中列出的下一频率。每个 1% 增幅的驻留时间应相同。但对于扫描中的所有载波频率,驻留时间应相等,并使被试装置有足够时间运行并对每种频率作出响应;

Ⅴ) 应在表 4 列出的所有频率下测量(示值)误差;

Ⅵ) 应在参比流量下测量被试装置的(示值)误差;

Ⅶ) 除非另有规定,应在参比条件下测量(示值)误差,装置及操作条件应符合 7.4.2 的规定。未标明"V"的水表,仅在水平轴向上进行试验。有两个参比温度的水表仅在较低的参比温度下进行试验;

Ⅷ) 如果预计某种特定结构的水表在零流量条件下对 8.12 所述的辐射电磁场的敏感度并不比参比流量条件下低,型式批准机构应可自由选择在零流量条件下进行电磁敏感度试验。

表 4　起始和终止载波频率(辐射电磁场)

MHz	MHz	MHz
26	160	600
40	180	700
60	200	800
80	250	934
100	350	1 000
120	400	1 400
144	435	2 000
150	500	
注:分段点为近似值。		

8.12.4　合格判据

施加扰动后:

a) 被试装置的所有功能应符合设计要求;

b) 施加每个载波频率期间取得的相对(示值)误差与试验前在参比条件下取得的相同流量下的相对(示值)误差,两者之差不应超过"高区"最大允许误差的二分之一(见 GB/T 778.1—2018 的 4.2),或被试装置应按照 GB/T 778.1—2018 的附录 B 检测明显差错并作出响应;

c) 在零流量条件下试验时,水表积算值的变化量应不大于检定标度分格值。

8.13　电磁场传导(GB/T 778.1—2018 的 A.5)

8.13.1　试验目的

本试验的目的是检验水表在施加 GB/T 778.1—2018 的表 A.1 规定的电磁场传导骚扰时是否符合 GB/T 778.1—2018 的 5.1.1 的要求。

8.13.2　试验准备

试验配置按 IEC 61000-4-6 的规定。但 8.13.3 规定的试验程序经过修改,适用于累积测量值的积算仪表。

8.13.3　简要试验程序

试验按以下步骤进行:

a)　施加电磁场前,在参比条件下测量被试装置的基本(示值)误差;

b)　按下面Ⅰ至Ⅴ的要求施加电磁场;

c)　开始再次测量被试装置的(示值)误差;

d)　按下面Ⅴ的要求逐步增大载波频率,直至达到下一个载波频率(见表5);

e)　停止测量被试装置的(示值)误差;

f)　按附录 B 计算被试装置的相对(示值)误差;

g)　从 f)取得的(示值)误差中减去 a)中测得的基本(示值)误差,计算差错,确定是否为明显差错;

h)　检查被试装置能否正常工作;

i)　填写 GB/T 778.3—2018 的 4.6.12 的试验报告。

附加要求:

Ⅰ)　将被试装置置于传导电磁场下,电磁环境等级为 E1 级的仪表,传导电磁场的 RF 幅值为 3 V (电动势,e.m.f.),E2 级的仪表,RF 幅值为 10 V(e.m.f.)(见 8.1.3);

Ⅱ)　根据 IEC 61000-4-6 的规定,传导电磁场试验的频率范围为 0.15 MHz～80 MHz;

Ⅲ)　每次扫描的推荐起始频率和终止频率见表5;

Ⅳ)　从起始频率开始确定每个基本(示值)误差,达到表5中下一个频率时终止;

Ⅴ)　每次扫描时,频率应以实际频率1%的增幅逐步增加,直至达到表5中列出的下一频率。每个 1%增幅的驻留时间应相同。但对于扫描中的所有载波频率,驻留时间应相等,并使被试装置有足够时间运行并对每种频率作出响应;

Ⅵ)　应在表5列出的所有频率下测量(示值)误差;

Ⅶ)　应在参比流量下测量被试装置的(示值)误差;

Ⅷ)　除非另有规定,应在参比条件下测量(示值)误差,装置及操作条件应符合 7.4.2 的规定。未标明"V"的水表,仅在水平轴向上进行试验。有两个参比温度的水表仅在较低的参比温度下进行试验;

Ⅸ)　如果预计某种特定结构的水表在零流量条件下对 8.13 所述的传导电磁场的敏感度并不比参比流量条件下低,型式批准机构应可自由选择在零流量条件下进行电磁敏感度试验。

表 5　起始和终止载波频率(传导电磁场)

MHz	MHz	MHz	MHz
0.15	1.1	7.5	50
0.30	2.2	14	80
0.57	3.9	30	
注:分段点为近似值。			

8.13.4　合格判据

施加扰动后:

a) 被试装置的所有功能应符合设计要求。

b) 施加每个载波频率期间测得的相对(示值)误差与试验前在参比条件下测得的相同流量下的相对(示值)误差,两者之差不应超过"高区"最大允许误差的二分之一(见 GB/T 778.1—2018 的 4.2),或被试装置应按照 GB/T 778.1—2018 的附录 B 检测明显差错并作出响应;

c) 在零流量条件下试验时,水表积算值的变化应不大于检定标度分格值

8.14 对信号、数据和控制线施加浪涌(GB/T 778.1—2018 的 A.5)

8.14.1 试验目的

本试验的目的是检验在水表 I/O 及通信端口上叠加 GB/T 778.1—2018 的表 A.1 规定的浪涌瞬变时,水表是否符合 GB/T 778.1—2018 的 5.1.1 的要求。

8.14.2 试验准备

试验配置按 IEC 61000-4-5 的规定。

8.14.3 简要试验程序

试验按以下步骤进行:

a) 施加浪涌前测量被试装置的(示值)误差;

b) 浪涌应施加在线与线和线与地之间。当在线与地之间试验时,若无其他规定,试验电压应依次施加在每个线与地之间;

c) 施加浪涌瞬变电压后,测量被测装置的(示值)误差;

d) 计算每种条件下的相对(示值)误差;

e) 从施加浪涌瞬变电压后测得的水表(示值)误差中减去施加浪涌瞬变电压前测得的(示值)误差;

f) 检查被试装置能否正常工作;

g) 填写 GB/T 778.3—2018 的 4.6.13 的试验报告。

附加要求:

Ⅰ) 应使用浪涌发生器,其性能特性应符合引用标准的规定。引用标准确定了施加浪涌的上升时间、脉冲宽度、高/低阻抗负载的输出电压/电流峰值和连续两个脉冲之间的最小时间间隔;

Ⅱ) 连接被试装置前应检验浪涌发生器的特性;

Ⅲ) 如果被试装置是积算仪表(水表),在测量时应连续施加试验脉冲;

Ⅳ) 本试验仅适用于电磁环境等级 E2 级,线对线的浪涌瞬变电压为 1 kV,线对地为 2 kV;

注:在不平衡线路上进行线对地的试验时,通常带一次保护装置。

Ⅴ) 本试验适用于长信号线(超过 30 m,或者部分或全部安装在建筑物外的任何长度线路);

Ⅵ) 至少施加正、负极性浪涌各 3 次;

Ⅶ) 测量(示值)误差期间,被试装置应以参比流量工作;

Ⅷ) 除非另有规定,应在参比条件下测量被试装置的(示值)误差,装置及操作条件应符合 7.4.2 的规定。未标明"V"的水表,仅在水平轴向上进行试验。有两个参比温度的水表仅在下限参比温度下进行试验。

8.14.4 合格判据

施加浪涌瞬变电压后:

——被试水表的所有功能应符合设计要求;

——施加浪涌瞬变电压后取得的相对(示值)误差与试验前取得的相对(示值)误差,两者的差值应不超过"高区"最大允许误差的二分之一,或被试装置应按照 GB/T 778.1—2018 的附录 B 检测明显差错并作出响应。

8.15 对交流和直流电源线施加浪涌(GB/T 778.1—2018 的 A.5)

8.15.1 试验目的

本试验的目的是检验在水表电源电压上叠加 GB/T 778.1—2018 的表 A.1 规定的浪涌瞬变时,水表是否符合 GB/T 778.1—2018 的 5.1.1 的要求。

8.15.2 试验准备

试验配置按 IEC 61000-4-5 的规定。

8.15.3 简要试验程序

试验按以下步骤进行:

a) 施加浪涌瞬变电压前,测量被试装置的(示值)误差;

b) 如无其他规定,浪涌应同步施加在交流电压波的过零点和峰值电压相位上;

c) 浪涌应施加在线与线和线与地之间。当在线与地之间试验时,若无其他规定,试验电压应依次施加在每个线与地之间;

d) 施加浪涌瞬变电压后,测量被测装置的(示值)误差;

e) 计算每种条件下的相对(示值)误差;

f) 从施加浪涌瞬变电压后测得的水表(示值)误差中减去施加浪涌瞬变电压前测得的(示值)误差;

g) 检查被试装置能否正常工作;

h) 填写 GB/T 778.3—2018 的 4.6.14 的试验报告。

附加要求:

Ⅰ) 应使用浪涌发生器,其性能特性应符合引用标准的规定。引用标准确定了施加浪涌的上升时间、脉冲宽度、高/低阻抗负载的输出电压/电流峰值和连续两个脉冲之间的最小时间间隔;

Ⅱ) 连接被试装置前应检验浪涌发生器的特性;

Ⅲ) 如果被试装置是个积算仪表(水表),在测量时应连续施加试验脉冲;

Ⅳ) 本试验仅适用于环境等级 E2 级,线对线的浪涌瞬变电压为 1 kV,线对地为 2 kV;

Ⅴ) 本试验适用于长线路(超过 30 m,或者部分或全部安装在建筑物外的任何长度线路);

Ⅵ) 对于交流电源线,应分别在 0°,90°,180°和 270°相位同步施加正、负极性浪涌瞬变电压至少各 3 次;

Ⅶ) 对于直流电源线,至少施加正、负极性浪涌瞬变电压各 3 次;

Ⅷ) 测量(示值)误差期间,被试装置应以参比流量工作;

Ⅸ) 除非另有规定,应在参比条件下测量被试水表的示值误差,装置和工作条件应符合 7.4.2 的相应规定。未标明"V"的水表,仅在水平轴向上进行试验。有两个参比温度的水表仅在下限参比温度下进行试验。

8.15.4 合格判据

施加浪涌瞬变电压后:

——被试装置的所有功能应符合设计要求;

——施加浪涌瞬变电压后取得的相对（示值）误差与试验前取得的相对（示值）误差,两者之差不应超过"高区"最大允许误差的二分之一,或被试装置应按照 GB/T 778.1—2018 的附录 B 检测明显差错并作出响应。

8.16 静磁场(GB/T 778.1—2018 的 7.2.8)

8.16.1 试验条件

试验条件如下:

影响因子:	静磁场影响
磁铁类型:	环形磁铁
外径:	70 mm±2 mm
内径:	32 mm±2 mm
厚度:	15 mm
材料:	各向异性铁氧体
磁化方式:	轴向(1 北 1 南)
剩磁:	385 mT~400 mT
矫顽力:	100 kA/m~140 kA/m
磁场强度:	
距表面 1 mm 以内:	90 kA/m~100 kA/m
距表面 20 mm:	20 kA/m

注:1 特斯拉＝10^4 高斯。

8.16.2 试验目的

本试验的目的是检验带电子元件和(或)机构部件可能受静磁场影响(7.12)的水表在静磁场影响下是否符合 GB/T 778.1—2018 的 7.2.8 的要求。

8.16.3 试验准备

使水表按额定工作条件工作。

8.16.4 简要试验程序

试验按以下步骤进行:

a) 用永磁铁接触被试水表某个部位,在该部位静磁场的作用很可能导致(示值)误差超出最大允许误差并影响被试水表正常工作。该部位的位置根据对被试水表类型和结构的了解和(或)以往的经验,通过反复试验加以确定。也可以试验磁铁的不同位置;

b) 试验部位确定后,将磁铁固定在该部位,然后在 Q_3 流量下测量被试水表的(示值)误差;

c) 除非另有规定,应在参比条件下测量被试水表的示值误差,装置和工作条件应符合 7.4.2 的相应规定。未标明"V"的水表,仅在水平轴向上进行试验。有两个参比温度的水表仅在下限参比温度下进行试验;

d) 测量并记录每个试验位置上磁铁相对于被试水表的位置及其方位;

e) 填写 GB/T 778.3—2018 的 4.5.11 的试验报告。

8.16.5 合格判据

施加试验条件期间:

——被试水表的所有功能应符合设计要求；

——试验条件下,被试装置的(示值)误差不应超过"高区"的最大允许误差(见 GB/T 778.1—2018
的 4.2)。

8.17 零流量试验

8.17.1 试验目的

本试验的目的是根据 GB/T 778.1—2018 的 4.2.9 的规定检验无流量条件下水表的示值有无变化。
本试验仅适用于电子水表或带电子流量或体积检测元件的水表。

8.17.2 试验准备

装置和工作条件应符合 7.4.2 的规定。

8.17.3 试验程序

试验按以下步骤进行：
a) 给水表充水,排尽空气；
b) 确保测量传感器内水流静止；
c) 观察水表的示值 15 min；
d) 排尽水表中的水；
e) 观察水表的示值 15 min；
f) 试验期间,除流量外,其他影响量应保持在参比条件下；
g) 填写 GB/T 778.3—2018 的 4.6.15 的试验报告。

8.17.4 合格判据

每个试验间隔期内,水表累积量的变化量应不大于检定标度分格值。

9 型式评价试验程序

9.1 样品数量

型式评价期间需要测试的每一种整体水表或可分离部件的数量如 GB/T 778.1—2018 的表 6
所示。

为同时进行耐久性试验和其他性能试验,经检定机构或型式批准机构同意,可额外提交试验样机。

9.2 适用于所有水表的性能试验

表 6 的型式评价试验项目适用于所有水表。进行试验时,除相关条款中有明确规定外,试验样机的
数量应不少于 GB/T 778.1—2018 的表 6 规定的数量。

试验 1～9 可按任意顺序进行。试验 10～13 需按规定的顺序进行。试验 14 应在试验 10～13 之前
进行。如果附加提供了一批水表,数量如 GB/T 778.1—2018 表 6 所示,则试验 10～13 可与其他试验同
时进行。

表 6　水表通用试验项目

试验项目	条款号	水表数量
以下试验可按任意顺序进行		
1 静压	7.3	全部
2 （示值）误差	7.4	全部
3 零流量[a]	8.17	≥ 1
4 水温	7.5	≥ 1
5 过载水温[b]	7.6	≥ 1
6 水压	7.7	≥ 1
7 逆流	7.8	≥ 1
8 压力损失	7.9	≥ 1
9 流体扰动	7.10	≥ 1
以下试验按规定顺序进行		
10 Q_3[c] 或 $Q \geq 2Q_{x2}$[e] 下的断续流量耐久性试验	7.11.2	≥ 1 ieao
11 Q_3 下的连续流量耐久性试验[d]	7.11.3	≥ 1 ieao
12 Q_4 下的连续流量耐久性试验	7.11.3	≥ 1 ieao
13 $0.9 Q_{x1}$ 下的连续流量耐久性试验[f]	7.11.3	≥ 1 ieao
在试验 10～13 之前进行的试验		
14 磁场试验[g]	8.16	≥ 1

ieao：每个适用的方位。

[a]　仅适用于电子水表或带电子装置的水表。

[b]　仅适用于 MAT$\geq$50 ℃的水表。

[c]　仅适用于 $Q_3 \leq 16$ m³/h 的水表。

[d]　仅适用于 $Q_3 > 16$ m³/h 的水表。

[e]　复式水表的特定试验。

[f]　适用于小表事先未经型式批准的复式水表。

[g]　适用于所有带电子装置的水表和读数器的驱动装置配备磁耦合器的机械水表，以及配备的机械机构可能受外部施加磁场影响的机械水表(7.12)。

9.3　电子水表、带电子装置的机械式水表及可分离部件的性能试验

除了表 6 列出的试验项目外，电子水表和装有电子装置的机械式水表还应进行 GB/T 778.1—2018 的表 A.1 列出的性能试验。GB/T 778.1—2018 的表 A.1 列出的试验可按任意顺序进行。

注：提交水表的数量见 GB/T 778.1—2018 的 7.2.2。

其中一个样品应根据环境等级，进行 GB/T 778.1—2018 表 A.1 列出的所有适用试验。不准许用其他样品替换。该样品应通过所有试验不能有任何一项不合格。

如果是配备检查装置的水表，该水表还应满足附录 A 规定的有关检查装置的要求。

9.4　水表可分离部件的型式评价

水表可分离部件的兼容性应由型式批准机构按下列规则评估：

a) 单独批准的测量传感器(包括流量或体积检测元件)的型式批准证书应指明其可配用的获准计算器(包括指示装置)的类型;

b) 单独批准的计算器(包括指示装置)的型式批准证书应指明其可配用的获准测量传感器(包括流量或体积检测元件)的类型;

c) 分体式水表的型式批准证书应指明其可配用的获准计算器(包括指示装置)以及测量传感器(包括流量或体积检测元件)的类型;

d) 计算器(包括指示装置)或测量传感器(包括流量或体积检测元件)的最大允许误差应由制造商在提交型式检查时声明;

e) 一个获准计算器(包括指示装置)和一个获准测量传感器(包括流量或体积检测元件)的最大允许误差的算术和应不超过整体式水表的最大允许误差(见 GB/T 778.1—2018 的 4.2);

f) 机械式水表、带有电子装置的机械式水表和电子水表的测量传感器(包括流量或体积检测元件)应通过表 6 和 GB/T 778.1—2018 表 A.1 中的适用性能试验;

g) 机械式水表、带有电子装置的机械式水表和电子水表的计算器(包括指示装置)应通过表 6 和 GB/T 778.1—2018 表 A.1 中的适用性能试验;

h) 在可能的情况下,水表可分离部件的型式评价试验应采用整体式水表的型式评价试验条件。当某些试验条件不可用时,应采用严酷度等级和持续时间相当的模拟条件;

i) 应满足第 6 章和第 7 章中适用的性能试验要求;

j) 水表可分离部件的型式评价试验结果应以报告形式发布,其格式应与整体式水表报告格式类似(见 GB/T 778.3—2018)。

9.5 系列水表

当水表成系列提交型式评价时,型式批准机构应按照附录 D 的标准确定这些水表是否符合"系列"的定义,以及选择哪些水表规格进行试验。

10 首次检定试验

10.1 整体式水表和分体式水表的首次检定试验

10.1.1 试验目的

本试验旨在检验整体式水表或分体式水表的相对(示值)误差是否在 GB/T 778.1—2018 的 4.2.2 或 4.2.3 规定的最大允许误差范围内。

如果型式批准机构有证据证明参比条件偏离不影响被检验水表类型,则检定试验期间允许参比条件偏离允差值。但应测量偏离条件的实际值并记录在检定试验文件中。

10.1.2 试验准备

以 1.6 倍最大允许压力进行静压试验,持续 1 min。

试验中不应观察到泄漏。

使用 7.2 和 7.4 中指定的设备和原则测量水表的(示值)误差。

10.1.3 试验程序

试验按以下步骤进行:

a) 单个或成组安装被试水表;

b) 按 7.4 的程序进行试验;

c) 确保成组安装的水表之间没有明显的相互影响；

d) 确保所有水表的出口压力不小于 0.03 MPa(0.3 bar)；

e) 确保工作水温范围如下：

  ——T 30,T 50：   20 ℃±10 ℃

  ——T 70 到 T 180：   20 ℃±10 ℃以及 50 ℃±10 ℃

  ——T 30/70 到 T 30/180： 50 ℃±10 ℃

f) 确保所有其他的影响因子在水表的额定工作条件范围内；

g) 除非在型式批准证书中明确规定了可替换的流量,否则应在下列流量范围内测量(示值)误差：

  ——Q_1～1.1 Q_1 之间；

  ——Q_2～1.1 Q_2 之间；

  ——0.9 Q_3～Q_3 之间；

对于复式水表,在 1.05 Q_{x2}～1.15 Q_{x2} 之间。

注：另见 10.1.4 的 c)。

h) 按附录 B 计算每个流量的示值误差；

i) 填写 GB/T 778.3—2018 的 5.3.1 中示例 1 的试验报告。

10.1.4 合格判据

合格判据如下：

a) 水表的(示值)误差应不超过 GB/T 778.1—2018 的 4.2.2 或 4.2.3 规定的最大允许误差；

b) 如果水表所有(示值)误差的正负符号都相同,至少其中一个误差应不超过最大允许误差的二分之一。在任何情况下都应遵守此要求,这对于供水商和用户双方都公平合理(另见 GB/T 778.1—2018 中 4.3.3 的第 3 段和第 8 段)；

c) 为满足 b)的要求,按照 GB/T 778.1—2018 的 7.3.6 的规定,应测量 GB/T 778.1—2018 的 7.2.3 规定的其他流量下的示值误差,但 10.1.3 的 g)规定的流量不再测量。

10.2 水表可分离部件的首次检定试验

10.2.1 试验目的

本试验旨在检验测量传感器(包括体积和流量传感器)或计算器(包括指示装置)的(示值)误差是否在型式批准证书规定的最大允许误差范围内。

测量传感器(包括体积和流量传感器)应进行 10.1 的首次检定试验。

计算器(包括指示装置)应进行 10.1 的首次检定试验。

10.2.2 试验准备

用 7.2 规定的设备和原则测量水表可分开批准部件的(示值)误差,应满足 7.4 中适用的性能试验要求。

在可能的情况下,水表可分离部件的型式评价试验应采用整体式水表的型式评价试验条件。当某些试验条件不可用时,应采用特性、严酷度等级和持续时间相当的模拟条件。

10.2.3 试验程序

除了模拟试验外,应采用 10.1.3 的试验程序。

填写 GB/T 778.3—2018 的 5.3.2 示例 2 和(或)5.3.3 示例 3 的试验报告。

10.2.4 合格判据

水表可分离部件的(示值)误差不应超过型式批准证书指定的最大允许误差。

11 试验报告

11.1 报告的目的

准确、清晰、明确地记录和呈现测试实验室进行的工作,包括试验和检查的结果以及所有相关信息。格式见 GB/T 778.3—2018。

GB/T 778.3—2018 给出的报告格式是本部分的资料性扩展,是推荐性的。然而,OIML 标准 OIML B 3[6] 以及与 OIML 相互承认的技术协议(MAA)中的用于水表的强制性认证体系结构与本部分的内容一致,没有冲突。

11.2 列入试验报告的标识和试验数据

11.2.1 型式评价

型式评价报告应包含下列内容:
a) 试验室和被试水表的准确标识;
b) 试验使用的所有仪表和测量装置的校准历史说明;
c) 进行各项试验的具体条件,包括制造商建议的任何特定试验条件;
d) GB/T 778.2—2018 要求的试验结果和试验结论;
e) 对测量传感器和计算器申请单独批准的限制要求。

11.2.2 首次检定

单个水表的首次检定试验记录至少应包括下列内容:
a) 试验室的名称和地址;
b) 被试水表的标识:
　　1) 制造商厂名和地址或者所用商标;
　　2) 准确度等级;
　　3) 温度等级;
　　4) 水表的标示常用流量 Q_3;
　　5) Q_3/Q_1 比;
　　6) 最大压力损失(以及相应的流量);
　　7) 被试水表的制造年份及编号;
　　8) 型式或型号;
　　9) 试验结果和结论。

附　录　A
（规范性附录）
检查装置的型式检查和试验

A.1　总则

这些要求仅适用于配备检查装置的电子水表和带电子装置的机械水表。

注：仅在用户预付水费且供水商不能确认交付的水体积的情况下才需要使用检查装置。测量值不可复位以及供需
　　固定客户水表不需要使用检查装置。

为与本部分要求一致，带检查装置的水表应通过 GB/T 778.1—2018 的 7.2.11 规定的设计审查和
性能试验。

整体水表、计算器（包括指示装置）或测量传感器（包括流量和体积传感器）的样品应接受本附录规
定的全部适用的检查和试验（另见 9.3）。

每项试验和检查之后，应在 GB/T 778.3—2018 的 4.4.1 表格中引用的 GB/T 778.1—2018 的 5.1.3 和
B.1 至 B.6 有关检查装置的章节。

提交检查的样品不应有任何一项试验不合格。

A.2　检查目的

检查的目的在于：
a)　检验水表的检查装置是否符合 GB/T 778.1—2018 的附录 B 规定的要求；
b)　检验带检查装置的水表是否如 GB/T 778.1—2018 的 5.1.3 的规定可防止逆流或测量逆流；
c)　检验与测量传感器相关的检查装置是否符合 GB/T 778.1—2018 中 B.2 的规定。

A.3　检查程序

A.3.1　检查装置的作用（GB/T 778.1—2018 的 B.1）

检查按以下步骤进行：
a)　检验检查装置能否检测到明显差错，并按其类型采取以下行动；
b)　对于 P 型或 I 型检查装置：
　　1)　自动纠正差错；
　　2)　当水表缺少了出现差错的装置仍能符合规定要求时，仅中止该装置工作；
　　3)　发出声、光报警。报警应持续至报警原因被消除为止。此外，当水表向外部设备传送数
　　　　据时，应同时传送一个信息，指明出现了差错。本要求不适用于按 GB/T 778.1—2018 的
　　　　A.5 规定施加扰动。
c)　如果水表配有装置可估算出现差错时流过水表的水体积，确认估算结果不会被误认为是有效
　　示值；
d)　在使用检查装置的场合，检验在下列情况下，除了向远程站发送报警信号外没有声、光报警：
　　1)　固定用户；
　　2)　不可复位测量；
　　3)　非预付费测量；

e) 如果远程站不再现水表的测量值,检验向远程站传送报警信号和再现被测值是否安全。

A.3.2 测量传感器的检查装置(GB/T 778.1—2018 的 B.2)

A.3.2.1 试验目的

确保检查装置能检验:

a) 测量传感器是否存在、工作是否正常;

b) 测量传感器与计算器之间数据传送是否正确;

c) 如果采用电子装置检测和(或)防止逆流,能否检测和(或)防止逆流。

A.3.2.2 试验程序

A.3.2.2.1 带脉冲输出信号的测量传感器(包括流量或体积检测元件)

当测量传感器产生的信号为脉冲信号,每一个脉冲代表一个基本体积时,通过试验确定负责脉冲的产生、传输和计数的检查装置能完成下列任务:

1) 正确计数脉冲;

2) 必要时检测逆流;

3) 检验功能是否正常。

P 型检查装置的这些检验功能可通过下列方式之一进行测试:

1) 断开流量检测元件与计算器的连接;

2) 中断流量检测元件向计算器发送信号;

3) 中断流量检测元件的电源。

A.3.2.2.2 电磁水表的测量传感器(包括流量或体积检测元件)

对于流量检测元件产生的信号幅值与流量成正比的电磁水表,可采用下列程序测试检查装置:

a) 向计算器发送一个模拟输入信号,该信号的波形类似于水表的测量信号,代表介于 Q_1 和 Q_4 之间的一个流量,然后检验:

1) 检查装置为 P 型或 I 型;

2) 对于 I 型检查装置,至少应每 5 min 检验一次;

3) 检查装置检查流量检测元件和计算器的功能;

4) 信号的等量数值在制造商的预定极限范围之内并符合最大允许误差。

b) 检验流量检测元件与计算器或电磁水表辅助装置之间电缆的长度不超过 100 m,或按下列公式算出单位为米的 L 值,两者中取小值:

$$L=\frac{k\sigma}{fC}$$

式中:

k ——2×10^{-5} m;

σ ——水的电导率,单位为西门子每米(S/m);

f ——测量周期内的磁场频率,单位为赫兹(Hz);

C ——每米电缆的有效电容,单位为法拉每米(F/m)。

如果制造商的解决方案能保证取得相同的结果,则不一定要满足这些要求。

A.3.2.2.3 其他测量原则

当提交型式评价的测量传感器(包括流量或体积检测元件)采用了 GB/T 778.1—2018 的 B.2 未涉

及的技术时,验证检查装置能否提供同等级的安全性。

A.3.3　计算器的检查装置(GB/T 778.1—2018 的 B.3)

A.3.3.1　试验目的

检验检查装置能确保计算器工作正常、计算有效。

A.3.3.2　试验程序

A.3.3.2.1　计算器功能

试验按以下步骤进行:

a)　检验用于确认计算器功能的检查装置为 P 型或 I 型;

b)　若为 I 型检查装置,检验计算器功能检查至少每天检查一次或者相当于 Q_3 流量下每 10 min 的体积检查一次;

c)　以下列方式检验用于确认计算器功能的检查装置能保证所有永久储存的指令和数据的数值正确:

　　1)　计算所有指令和数据代码的总数并与一个固定值作比较;

　　2)　行和列奇偶校验位(纵向冗余校验"LRC"和垂直冗余校验"VRC");

　　3)　循环冗余校验(CRC 16);

　　4)　双重独立数据存储;

　　5)　以"安全编码"存储数据,例如用校验和、行及列奇偶校验位保护。

d)　以下列方式检验内部传送和存储与测量结果相关的数据是否正确:

　　1)　读写程序;

　　2)　代码的转换和恢复;

　　3)　使用"安全编码"(校验和,奇偶校验位);

　　4)　双重存储。

A.3.3.2.2　计算结果

试验按以下步骤进行:

a)　检验确认计算结果的检查装置是 P 型或 I 型。

b)　若为 I 型检查装置,检验计算结果检查至少每天检验一次或者相当于 Q_3 流量下每 10 min 的体积检验一次。

c)　检验内部存储或者通过一个接口传输到外部设备的所有与测量有关的数据数值是否正确。检查装置可以利用诸如奇偶校验位、校验和,或者双重存储等方法检查数据的完整性。

d)　检验计算系统是否具备控制计算程序连续性的方法。

A.3.4　指示装置的检查装置(GB/T 778.1—2018 的 B.4)

A.3.4.1　试验目的

试验目的在于:

a)　检验指示装置的检查装置能否检测主示值是否显示,示值与计算器提供的数据是否一致;

b)　在指示装置可拆卸的情况下,检验指示装置的检查装置能否检测指示装置是否存在;

c)　检验指示装置的检查装置是否是 GB/T 778.1—2018 的 B.4.2 或者 B.4.3 确定的型式。

A.3.4.2 试验程序

试验按以下步骤进行：

a) 确认主指示装置的检查装置是 P 型；

注 1：如果不是主指示装置，检查装置也可以是 I 型。

注 2：检验方法包括：

——对于采用白炽灯丝或发光二极管的指示装置，测量灯丝的电流；

——对于采用荧光管的指示装置，测量栅极电压；

——对于采用多路复用液晶显示屏的指示装置，检查分段线路和公共电极的控制电压的输出，以便检测控制电路间的断路或短路。

注 3：不必进行 GB/T 778.1—2018 中 6.7.2.2 所述的检验。

b) 检验指示装置的检查装置是否包括对指示装置使用的电子线路（不包括显示器本身的驱动电路）进行 P 型或 I 型检验；

c) 检验 I 型检查装置是否至少每天检验一次或者相当于 Q_3 流量下每 10 min 的体积检验一次；

d) 检验内部存储或者通过一个接口传输到外部设备的所有与测量有关的数据数值是否正确；检查装置可以利用诸如奇偶校验位、脚和，或者双重存储等方法检查数据的完整性；

e) 检验计算系统是否具备控制计算程序连续性的方法；

f) 利用下述方法确定指示装置的检查装置是否工作：

1) 断开全部或部分指示装置；或者

2) 以一个动作模拟显示器故障，例如按一下测试按钮。

A.3.5 辅助装置的检查装置（GB/T 778.1—2018 的 B.5）

A.3.5.1 试验目的

本试验旨在：

a) 验证带主示值的辅助装置（重复指示装置、打印装置、存储装置等）包含 P 型或 I 型检查装置；

b) 验证辅助装置的检查装置能执行以下检验工作：

1) 检验辅助装置是否存在；

2) 检验辅助装置工作是否正常；

3) 检验水表与辅助装置之间的数据传输是否正确。

A.3.5.2 试验程序

试验按以下步骤进行：

a) 验证带主示值的辅助装置（重复指示装置、打印装置、存储装置等）包含 P 型或 I 型检查装置；

b) 验证检查装置能检验辅助装置与水表相连与否；

c) 验证检查装置能检验辅助装置工作及传输数据正确与否。

A.3.6 相关测量仪表的检查装置（GB/T 778.1—2018 的 B.6）

A.3.6.1 试验目的

本试验旨在：

a) 检查除流量检测元件外的相关测量仪表的检查装置；

注：水表除主要测量体积以外，还可以集成设备测量和显示其他参数，例如，流量、水压以及水温等。

b) 验证有其他测量功能的情况下存在 P 型或 I 型检查装置；

c) 验证检查装置能够确保每个相关测量仪表的信号值在预定测量范围内。

A.3.6.2　试验程序

试验按以下步骤进行：

a)　确认水表上相关测量传感器的数量和类型；

b)　确认每一种传感器都有 P 型或 I 型检查装置；

c)　验证每个传感器的输出信号值与被测参数(如流量、水压和水温等)一致；

d)　对于流量用于费率控制的场合,验证在 GB/T 778.1—2018 的 7.2.3 规定的每种流量下,实际流量与指示流量之差不超过 GB/T 778.1—2018 的 4.2.2 或 4.2.3 规定的最大允许误差；

e)　对所有其他类型的相关测量仪表,验证被测参数的实际值与测量仪表在测量范围上、下限和中点的指示值之差不超过制造商规定的最大误差。

附　录　B
（规范性附录）
水表相对示值误差的计算

B.1　总则

本附录规定了对下列水表和部件进行型式评价和验证试验时计算（示值）误差的公式：
a)　整体式水表；
b)　可分离计算器（包括指示装置）；
c)　可分离测量传感器（包括流量或体积检测元件）。

B.2　（示值）误差的计算

当水表的测量传感器（包括流量或体积检测元件）或计算器（包括指示装置）单独提交型式批准时，仅测量这些水表可分离部件的示值误差。

对于测量传感器（包括流量或体积检测元件），采用合适的仪表测量其输出信号（脉冲、电流、电压或编码信号）。

对于计算器（包括指示装置），模拟输入信号（脉冲、电流、电压或编码信号）的特性应复现测量传感器（包括流量或体积检测元件）的特性。

被试装置（示值）误差的计算以试验周期内加入的基准体积为依据，将该值与计算器（包括指示装置）模拟输入信号的等量体积或者同一试验周期内测得的测量传感器（包括流量或体积检测元件）实际输出信号的等量体积相比较。

单独进行型式批准试验的测量传感器（包括流量或体积检测元件）和兼容计算器（包括指示装置）在作首次检定或后续检定（见第 10 章）时，除非被计量主管机构批准，应作为一台分体式水表一起接受试验。因此其示值误差的计算方法与整体式水表的计算方法相同。

B.3　相对（示值）误差的计算

B.3.1　整体式水表

按式（B.1）计算：

$$E_{m(i)(i=1,2\cdots,n)} = \frac{V_i - V_a}{V_a} \times 100\% \qquad\qquad\qquad (B.1)$$

式中：

$E_{m(i)(i=1,2,\cdots,n)}$ ——$i(i=1,2\cdots,n)$ 流量下整体式水表的相对（示值）误差，以百分数表示；

V_a　　　　　　——试验周期 t_d 内流过的基准（或模拟）体积，单位为立方米（m³）；

V_i　　　　　　——试验周期 t_d 内指示装置上增加（或减去）的体积，单位为立方米（m³）。

B.3.2　分体式水表

计算（示值）误差时，应把分体式水表当作整体式水表（B.3.1）处理。

B.3.3　计算器（包括指示装置）

B.3.3.1　用模拟脉冲输入信号进行试验的计算器（包括指示装置）相对（示值）误差按式（B.2）计算：

$$E_{c(i)(i=1,2,\cdots,n)} = \frac{V_i - V_a}{V_a} \times 100\% \quad\cdots\cdots\cdots\cdots\cdots\cdots(B.2)$$

式中：

$E_{c(i)(i=1,2,\cdots,n)}$ ——$i(i=1,2\cdots,n)$流量下，计算器(包括指示装置)的相对(示值)误差，以百分数
表示；

V_i ——指示装置记录的试验周期t_d内增加的体积，单位为立方米(m^3)；

$V_a=C_P T_P$ ——相当于试验周期t_d内输入指示装置的体积脉冲总数的水体积，单位为立方米
(m^3)；

其中：

C_P ——公称水体积与每个脉冲的关系常数，单位为立方米每脉冲(m^3/pulse)；

T_P ——试验周期t_d内输入的体积脉冲总数。

B.3.3.2 用模拟电流输入信号进行试验的计算器(包括指示装置)相对(示值)误差按式(B.3)计算：

$$E_{c(i)(i=1,2\cdots,n)} = \frac{V_i - V_a}{V_a} \times 100\% \quad\cdots\cdots\cdots\cdots\cdots\cdots(B.3)$$

式中：

$E_{c(i)(i=1,2,\cdots,n)}$ ——$i(i=1,2\cdots,n)$流量下计算器(包括指示装置)的相对(示值)误差，以百分数
表示；

V_i ——指示装置记录的试验周期t_d内增加的体积，单位为立方米(m^3)；

$V_a=C_I I_t t_d$ ——相当于试验周期t_d内输入计算器的平均信号电流的水体积，单位为立方米
(m^3)；

其中：

C_I ——电流信号与流量的关系常数，单位为立方米每毫安小时($m^3 \cdot h^{-1} \cdot mA^{-1}$)；

t_d ——试验周期的持续时间，单位为小时(h)；

I_t ——试验周期t_d内电流输入信号的平均值，单位为毫安(mA)。

B.3.3.3 用模拟电压输入信号进行试验的计算器(包括指示装置)相对(示值)误差按式(B.4)计算：

$$E_{c(i)(i=1,2\cdots,n)} = \frac{V_i - V_a}{V_a} \times 100\% \quad\cdots\cdots\cdots\cdots\cdots\cdots(B.4)$$

式中：

$E_{c(i)(i=1,2,\cdots,n)}$ ——$i(i=1,2\cdots,n)$流量下计算器(包括指示装置)的相对(示值)误差，以百分数
表示；

V_i ——指示装置记录的试验周期t_d内增加的体积，单位为立方米(m^3)；

$V_a=C_U U_c t_d$ ——相当于试验周期t_d内输入计算器的平均信号电压的水体积，单位为立方米
(m^3)；

其中：

C_U ——电压输入信号与流量的关系常数，单位为立方米每伏小时($m^3 \cdot h^{-1} \cdot V^{-1}$)；

t_d ——试验周期的持续时间，单位为小时(h)；

U_c ——试验周期t_d内电压输入信号的平均值，单位为伏(V)；

B.3.3.4 用模拟编码输入信号进行试验的计算器(包括指示装置)相对(示值)误差按式(B.5)计算：

$$E_{c(i)(i=1,2\cdots,n)} = \frac{V_i - V_a}{V_a} \times 100\% \quad\cdots\cdots\cdots\cdots\cdots\cdots(B.5)$$

式中：

$E_{c(i)(i=1,2,\cdots,n)}$ ——$i(i=1,2\cdots,n)$流量下计算器(包括指示装置)的相对(示值)误差，以百分数
表示；

V_a ——相当于试验周期 t_d 内输入指示装置的编码输入信号数值的水体积,单位为立方米(m³);

V_i ——指示装置记录的试验周期 t_d 内增加的体积,单位为立方米(m³)。

B.3.4　测量传感器(包括流量或体积检测元件)

B.3.4.1　脉冲输出信号测量传感器(包括流量或体积检测元件)相对(示值)误差按式(B.6)计算:

$$E_{t(i)(i=1,2\cdots,n)} = \frac{V_i - V_a}{V_a} \times 100\% \quad \cdots\cdots\cdots\cdots\cdots\cdots\cdots(B.6)$$

式中:

$E_{t(i)(i=1,2,\cdots,n)}$ —— $i(i=1,2\cdots,n)$ 流量下测量传感器(包括流量或体积检测元件)的相对(示值)误差,以百分数表示;

V_a ——试验周期 t_d 内收集到的基准水体积,单位为立方米(m³);

$V_i = C_P T_P$ ——相当于试验周期 t_d 内测量传感器发出的体积脉冲总数的水体积,单位为立方米(m³);

其中:

C_P ——公称水体积与每个输出脉冲的关系常数,单位为立方米每个脉冲(m³/pulse);

T_P ——试验周期 t_d 内发出的体积脉冲总数。

B.3.4.2　电流输出信号测量传感器(包括流量或体积检测元件)相对(示值)误差按式(B.7)计算:

$$E_{t(i)(i=1,2\cdots,n)} = \frac{V_i - V_a}{V_a} \times 100\% \quad \cdots\cdots\cdots\cdots\cdots\cdots\cdots(B.7)$$

式中:

$E_{t(i)(i=1,2,\cdots,n)}$ —— $i(i=1,2\cdots,n)$ 流量下测量传感器(包括流量或体积检测元件)的相对(示值)误差,以百分数表示;

V_a ——试验周期 t_d 内收集到的基准水体积,单位为立方米(m³);

$V_i = C_I I_t t_d$ ——相当于试验周期 t_d 内测量传感器(包括流量或体积检测元件)发出的平均电流输出信号的水体积,单位为立方米(m³);

其中:

C_I ——电流输出信号与流量的关系常数,单位为立方米每毫安小时(m³·h⁻¹·mA⁻¹);

t_d ——试验周期的持续时间,单位为小时(h);

I_t ——试验周期 t_d 内发出的平均电流输出信号,单位为毫安(mA)。

B.3.4.3　电压输出信号测量传感器(包括流量或体积检测元件)相对(示值)误差按式(B.8)计算:

$$E_{t(i)(i=1,2\cdots,n)} = \frac{V_i - V_a}{V_a} \times 100\% \quad \cdots\cdots\cdots\cdots\cdots\cdots\cdots(B.8)$$

式中:

$E_{t(i)(i=1,2,\cdots,n)}$ —— $i(i=1,2\cdots,n)$ 流量下测量传感器(包括流量或体积检测元件)的相对(示值)误差,以百分数表示;

V_a ——试验周期 t_d 内收集到的基准水体积,单位为立方米(m³);

$V_i = C_U t_d U_t$ ——相当于试验周期 t_d 内测得的测量传感器发出的平均信号电压及其持续时间的水体积,单位为立方米(m³);

其中:

C_U ——发出的电压输出信号与流量的关系常数,单位为立方米每伏小时(m³·h⁻¹·V⁻¹);

t_d ——试验周期的持续时间,单位为小时(h);

U_t ——试验周期 t_d 内发出的平均电压输出信号,单位为伏(V)。

B.3.4.4 编码输出信号测量传感器(包括流量或体积检测元件)相对(示值)误差按式(B.9)计算:

$$E_{t(i)(i=1,2\cdots,n)} = \frac{V_i - V_a}{V_a} \times 100\% \qquad\cdots\cdots\cdots\cdots\cdots\cdots\cdots\cdots\cdots(B.9)$$

式中:

$E_{t(i)(i=1,2,\cdots,n)}$ ——$i(i=1,2\cdots,n)$流量下测量传感器(包括流量或体积检测元件)的相对(示值)误差,以百分数表示;

V_a ——试验周期t_d内收集到的基准水体积,单位为立方米(m^3);

V_i ——相当于试验周期t_d内测量传感器(包括流量或体积检测元件)发出的编码输出信号数值的水体积,单位为立方米(m^3)。

附 录 C

（规范性附录）

流动扰动试验装置要求

流动扰动试验的装置要求如图 C.1 所示。整直器可以是整直器和直管段组成的组合体。

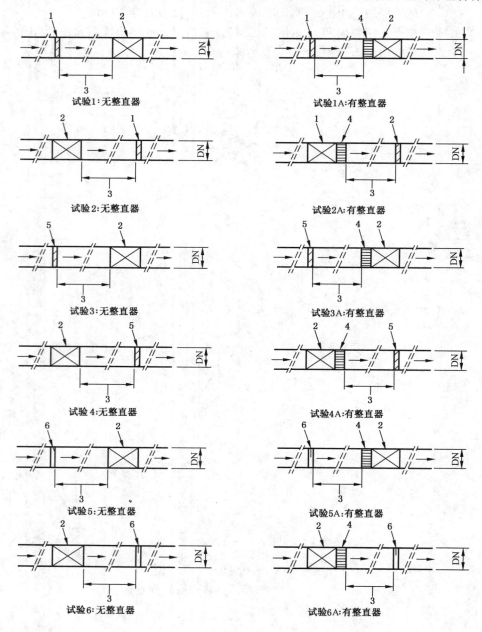

试验1：无整直器　　　　试验1A：有整直器

试验2：无整直器　　　　试验2A：有整直器

试验3：无整直器　　　　试验3A：有整直器

试验4：无整直器　　　　试验4A：有整直器

试验5：无整直器　　　　试验5A：有整直器

试验6：无整直器　　　　试验6A：有整直器

说明：

流动扰动方案

1——1 型扰流器——左旋旋涡发生器；

2——水表；

3——直管段；

4——整直器；

5——2 型扰流器——右旋旋涡发生器；

6——3 型扰流器——流速剖面扰流器。

图 C.1　流动扰动试验装置要求

附　录　D
（规范性附录）
水表系列的型式评价

D.1　水表系列

本附录描述了型式评价机构确定一组水表是否属于同一系列的评判标准，以便只对选中的水表规格进行型式批准试验。

D.2　定义

水表系列是指一组不同规格和（或）不同流量的水表，这些水表都应具有下列特性：
——由同一个制造商生产；
——接触水的部件几何相似；
——测量原理相同；
——Q_3/Q_1 比值相同；
——准确度等级相同；
——温度等级相同；
——每种水表规格的电子装置相同；
——设计和组件装配的标准相似；
——对水表性能至关重要的组件的材料相同；
——与水表规格有关的安装要求相同；例如，水表上游 $10D$（管道直径）直管段和水表下游 $5D$ 直管段。

D.3　水表的选择

当考虑一台水表系列中哪些规格应进行试验时，应遵循下列规则：
a)　型式批准机构应说明特定水表规格进行或不进行试验的理由；
b)　任一水表系列中，规格最小的水表始终应进行试验；
c)　同系列水表中工作参数最为极端的水表应考虑进行试验，例如流量范围最大，运动部件的圆周（翼尖）速度最高等；
d)　如果可行，任一水表系列中最大的水表始终应进行试验。如果最大的水表不进行试验，则任何 Q_3 大于最大被试水表 Q_3 两倍的水表都不应作为该系列的一部分予以批准；
e)　仅要求对预计磨损最大的水表规格进行耐久性试验；
f)　对于测量传感器内无运动部件的水表，应选择最小规格的水表进行耐久性试验；
g)　仅进行耐久性试验的规格需要进行多个方位的试验；
h)　所有与影响量和扰动有关的性能试验应从系列中选择一个规格的水表进行；
i)　静压试验（7.3）、水温试验（7.5）、过载水温试验（7.6）、水压试验（7.7）、逆流试验（7.8）、压力损失试验（7.9）、流动扰动试验（7.10）、静磁场试验（8.16）和零流量试验（8.17）应在最小规格和另一规格的水表上进行。对于所有规格的 DN 都大于等于 300 的水表系列，只需要对一台水表规格进行试验；
j)　图 D.1 中带下划线的系列成员可作为试验样品。

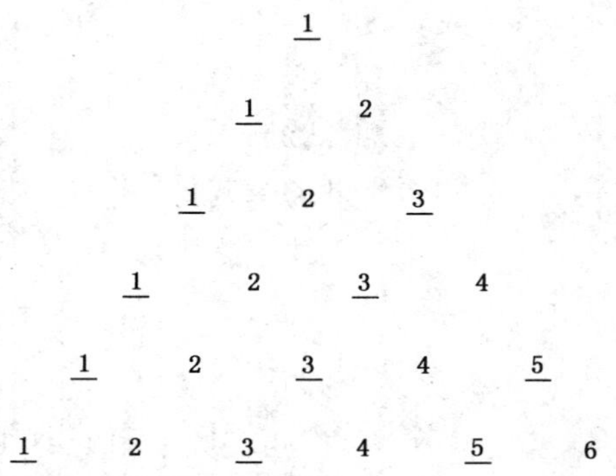

注 1：每一行代表一个系列，水表"1"为最小规格。

注 2：系列的大小无限制。

图 D.1　水表系列受试成员示意图

附 录 E
（资料性附录）
同轴水表试验方法和试验组件实例

图 E.1 为同轴水表集合管连接方法示例。

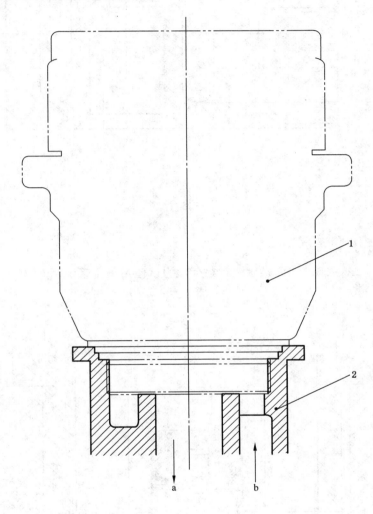

说明：

1——同轴水表；

2——同轴水表集合管（局部视图）；

a——出水口；

b——进水口。

图 E.1 同轴水表集合管连接方法示例

可以使用如图 E.2 所示的特殊压力试验集合管测试水表。为保证密封件在试验时处于"最不利"工作条件下，压力试验集合管密封面尺寸的制造公差宜采用符合制造商规定设计尺寸的适当限值。

提交型式评价之前，可要求水表制造商在水表/集合管接合面内密封件位置的上方，用适合于水表结构的方法密封水表。当同轴水表被固定在压力试验集合管上加压后，需能够看到从压力试验集合管出口流出的泄漏水的泄漏源，辨别是由于泄漏还是密封装置安装不正确造成的。图 E.3 所示是一种适用于多种水表结构的密封塞，也可以使用其他任何适用的装置。

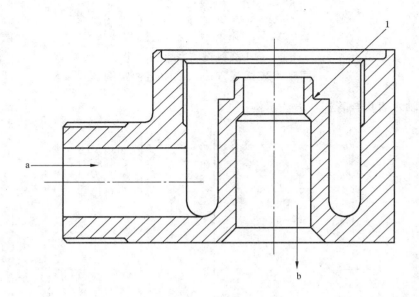

说明：
1——内密封件的位置；
a——压力；
b——泄漏水流过密封件的通道。

图 E.2 同轴水表密封件压力试验用集合管示例

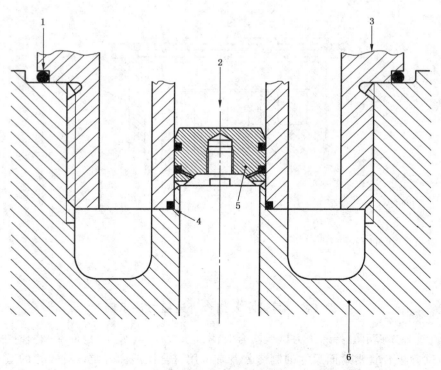

a） 表明试验塞位置的水表和集合管剖面图

图 E.3 同轴水表密封件压力试验用密封塞示例

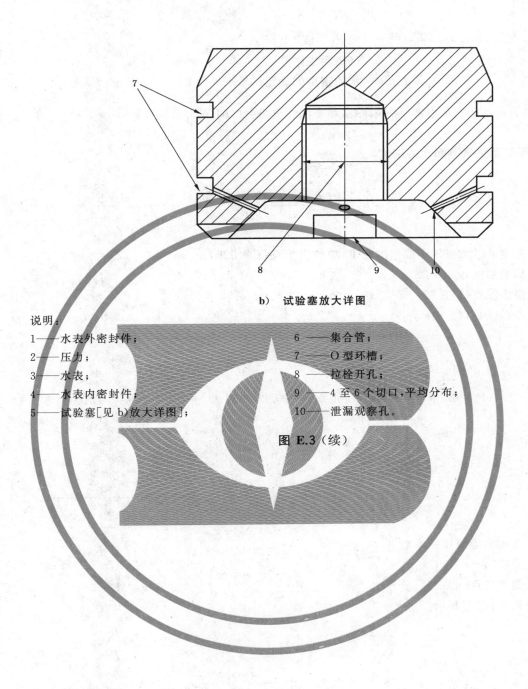

b) 试验塞放大详图

说明：

1——水表外密封件；   6——集合管；

2——压力；   7——O型环槽；

3——水表；   8——拉栓开孔；

4——水表内密封件；   9——4至6个切口，平均分布；

5——试验塞[见b)放大详图]； 10——泄漏观察孔。

图 E.3（续）

附 录 F

（资料性附录）

水的密度的确定

流经被测水表的水的密度参照下列国际水和蒸汽性质协会（IAPWS）公式计算。

F.1 标准大气压下无空气蒸馏水的密度

$$\rho_{dw}(t) = a_0 \left[\frac{1 + a_1\theta + a_2\theta^2 + a_3\theta^3}{1 + a_4\theta + a_5\theta^2} \right] \quad \cdots\cdots\cdots\cdots\cdots\cdots (\text{F.1})$$

式中：

$\rho_{dw}(t)$——温度 t 时无空气蒸馏水的密度，单位为千克每立方米（kg/m³）；

θ ——标准温度，$\theta = t/100$；

t ——摄氏温度（ITS-90）；

a_i ——方程系数，如下所示：

	a_i				
$i=0$	$i=1$	$i=2$	$i=3$	$i=4$	$i=5$
999.843 82	1.463 938 6	−0.015 505 0	−0.030 977 7	1.457 209 9	0.064 893 1

F.2 压力修正系数

$$B = a_0 \left(\frac{1 + a_1\theta + a_2\theta^2 + a_3\theta^3}{1 + a_4\theta} \right) \quad \cdots\cdots\cdots\cdots\cdots\cdots (\text{F.2})$$

式中：

B ——常压下水的等温压缩系数；

θ ——标准温度，$\theta = t/100$；

t ——摄氏温度（ITS-90）；

a_i ——方程系数，如下所示：

	a_i			
$i=0$	$i=1$	$i=2$	$i=3$	$i=4$
$5.088\ 21 \times 10^{-10}$	1.263 941 8	0.266 002 69	0.373 483 8	2.020 524 2

F.3 流量计中水的密度

$$\rho_w(t) = \rho_{dw} \times (1 + Bp)d(H_2O) \quad \cdots\cdots\cdots\cdots\cdots\cdots (\text{F.3})$$

式中：

p ——流量计表压，单位为帕（Pa）；

$d(H_2O)$——在相同条件下（常温和常压下）测得的试验装置中水的密度和纯净水密度之比；

注 1：式（F.1）至式（F.3）来源于 IAPWS-95（参考文献[7]），适用于 80 ℃以下温度。当温度超过 80 ℃时，宜使用

IAPWS-95 或 98 的公式。所有公式可用于热水水表和压力的校准。参考文献[8]～[10]建议用于计算蒸馏水密度的公式适用于法制计量,通常用于在大气条件下采用称重法确定体积。由于这些公式仅适用于 40 ℃以下的温度,且没有相关压力修正公式,故不建议用于水表校准。

注2:按照 IAPWS 公式计算 101.325 kPa 标准大气压下 0 ℃～80 ℃无空气蒸馏水的密度见表 F.1。

表 F.1 无空气蒸馏水密度[按式(F.1)计算]

水温 ℃	密度 kg/m³	水温 ℃	密度 kg/m³	水温 ℃	密度 kg/m³	水温 ℃	密度 kg/m³
0	999.84	20	998.21	40	992.22	60	983.20
1	999.90	21	998.00	41	991.83	61	982.68
2	999.94	22	997.77	42	991.44	62	982.16
3	999.97	23	997.54	43	991.04	63	981.63
4	999.98	24	997.30	44	990.63	64	981.09
5	999.97	25	997.05	45	990.21	65	980.55
6	999.94	26	996.79	46	989.79	66	980.00
7	999.90	27	996.52	47	989.36	67	979.45
8	999.85	28	996.24	48	988.93	68	978.90
9	999.78	29	995.95	49	988.48	69	978.33
10	999.70	30	995.65	50	988.04	70	977.76
11	999.61	31	995.34	51	987.58	71	977.19
12	999.50	32	995.03	52	987.12	72	976.61
13	999.38	33	994.71	53	986.65	73	976.03
14	999.25	34	994.37	54	986.17	74	975.44
15	999.10	35	994.03	55	985.69	75	974.84
16	998.95	36	993.69	56	985.21	76	974.24
17	998.78	37	993.33	57	984.71	77	973.64
18	998.60	38	992.97	58	984.21	78	973.03
19	998.41	39	992.60	59	983.71	79	972.41
20	998.21	40	992.22	60	983.20	80	971.79
数值取自参考文献[7]。							

附 录 G

（资料性附录）

影响因子和扰动测量的最大不确定度

G.1 引言

G.2 至 G.10 列出了适用于各种性能试验的最大不确定度。这些不确定度的包含因子 $k=2$。

当一个影响量用标称值和允差表示时，例如 (55 ± 2)℃，那么影响量的标称值（举例中的 55 ℃）即为试验预期值。但为符合影响量的允差要求，应从该允差的绝对值中减去测量该影响量的测量仪表的不确定度，以取得试验期间的实际允差范围。

示例：如果空气温度必须设定在 (55 ± 2)℃，温度测量仪表的不确定度为 0.4 ℃，那么试验过程中的实际温度应为 (55 ± 1.6)℃。

如果影响量给出的是一个范围，例如环境温度为 15 ℃～25 ℃，则说明该影响不明显。但是空气温度应该稳定在该范围的某一值，在本例中应稳定在正常环境温度下。

G.2 计算器的模拟信号输入

电阻：实用电阻的 0.2%

电流：实用电流的 0.01%

电压：实用电压的 0.01%

脉冲频率：实用频率的 0.01%

G.3 高温、湿热（交变）和低温试验

水压： 5%

大气压力： 0.5 kPa

水温： 0.4 ℃

环境温度： 0.4 ℃

湿度： 0.6%

时间(t) （施加影响量的持续时间）：

$0<t<2$ h： 1 s

$t>2$ h： 10 s

G.4 电源电压变化

电压（交流电源）： ≤实用电压的 0.2%

电压（交流/直流电源）： ≤实用电压的 0.2%

电压（电池）： ≤实用电压的 0.2%

电源频率： ≤实用频率的 0.2%

谐波失真： ≤实用电流的 0.2%

G.5 电源频率变化

电压电压：　　　　　≤实用电压的 0.2%

电源频率：　　　　　≤实用频率的 0.2%

谐波失真：　　　　　≤实用电流的 0.2%

G.6 短时功率低降

实用电压：　　　　　≤标称电源电压的 0.2%

电源频率：　　　　　≤实用频率的 0.2%

谐波失真：　　　　　≤实用电流的 0.2%

G.7 脉冲群

电源电压：　　　　　≤实用电压的 0.2%

电源频率：　　　　　≤实用频率的 0.2%

电压瞬变：　　　　　≤峰值电压的 0.2%

时间(t)：

　　　15 ms$<t\leqslant$300 ms：　≤1 ms

　　　5 ns$<t\leqslant$50 ns：　≤1 ns

G.8 静电放电

电源电压：　　　　　≤实用电压的 0.2%

电源频率：　　　　　≤实用频率的 0.2%

实用电压：　　　　　≤峰值电压的 x^a%

电荷：　　　　　　　≤实用放电的 x^a%

　[a] 本部分出版时尚未获得这些不确定度值。

G.9 电磁干扰

电压：　　　　　　　≤实用电压的 0.2%

频率：　　　　　　　≤实用频率的 0.2%

扫频速率：　　　　　≤2.5×10^{-4}倍频程/s

场强：　　　　　　　≤实用场强的 0.2%

谐波失真：　　　　　≤实用电流的 0.2%

G.10 机械振动

频率：　　　　　　　≤x^a Hz

谐波失真：　　　　　≤x^a%

加速度：　　　　　　≤x^a m/s^2

线性位移： $\leqslant x^a$ mm

时间(t)： $\leqslant x^a$ s

^a 本部分出版时尚未获得这些不确定度值。

附　录　H
（资料性附录）
压力损失试验取压口（孔、槽）详述

H.1　总则

水表的压力损失可在规定流量下测量水表前后的压差加以确定。操作方法见7.9。

H.2　测量段取压口的结构

测量段的入口与出口管道上应设置结构和尺寸类似的取压口。

取压口可以由管壁上与管道轴线垂直的钻孔或环形槽组成。在管道圆周的同一平面上，至少应等距分布四个这样的取压孔。

推荐的取压口结构见图 H.1、图 H.2 和图 H.3。

也可使用环室或平衡室等其他方式。

H.3　取压口（孔、槽）细则

管壁上的钻孔应与管道轴线垂直。取压口的直径应不超过 4 mm 且不小于 2 mm。如果管道直径小于或等于 25 mm，则取压口直径应尽可能接近 2 mm。钻孔直径在钻透管壁前的不小于两倍取压口直径的距离内应保持不变。钻透管壁并突入进口和出口管道内径的孔，其边缘应无毛刺。孔的边缘应锐利，既不成弧形也不倒角。

取压槽也应与管道轴线垂直。尺寸如下：

——宽度 $b=0.08D$，且不小于 2 mm 不大于 4 mm；

——深度 h 大于 $2b$。

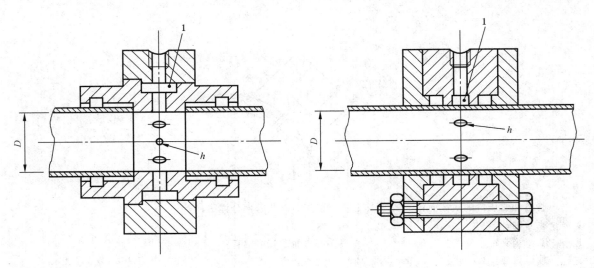

说明：
1——环室。

图 H.1　适用于小/中直径试验段的带环室钻孔型取压口示例

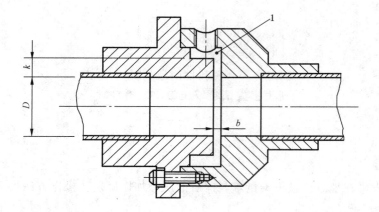

说明:

1——环室。

图 H.2 适用于小/中直径试验段的带环室槽型取压口示例

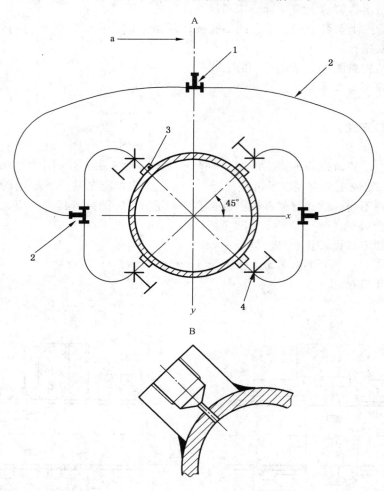

说明:

A —— 管道和取压口的横截面;   B —— 取压口和凸起部分详图;

y —— 垂直轴;   x —— 水平轴;

1 —— T 型接头;   2 —— 可弯曲软管或铜管;

3 —— 取压口(见 B);   4 —— 切断旋塞;

a —— 接压力计。

图 H.3 取压口之间用管子连接形成平均静压的钻孔型取压口,适用于中/大直径试验段

附　录　I
（规范性附录）
流动扰动器

I.1　总则

图 I.1 至图 I.12 所示为 7.10 所述试验使用的各种流动扰动器。

注：除另有说明外，图中所注尺寸单位为毫米。

除另有说明外，机械加工尺寸的公差为±0.25 mm。

I.2　螺纹型扰动发生器

图 I.1 所示为螺纹型扰动发生器的旋涡发生器单元配置。

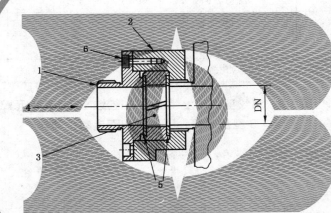

说明：

项目	描述	数量	材料
1	盖	1	不锈钢
2	本体	1	不锈钢
3	漩涡发生器	1	不锈钢
4	流动方向	—	—
5	垫圈	2	纤维
6	内六角螺钉	4	不锈钢

图 I.1　螺纹型扰动发生器——漩涡发生器单元配置：
1 型扰动器——左旋漩涡发生器；2 型扰动器——右旋漩涡发生器

图 I.2 所示为螺纹型扰动发生器的速度剖面扰动单元配置。

GB/T 778.2—2018/ISO 4064-2:2014

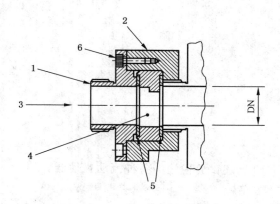

说明：

项目	描述	数量	材料
1	盖	1	不锈钢
2	本体	1	不锈钢
3	流动方向	—	—
4	流动扰动器	1	不锈钢
5	垫圈	2	纤维
6	内六角螺钉	4	不锈钢

图 I.2　螺纹型扰动发生器——速度剖面扰动单元配置：
3 型扰动器——速度剖面流动扰动器

图 I.3 所示为螺纹型扰动发生器盖，尺寸见表 I.1。

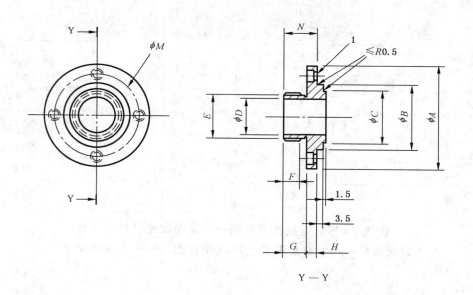

说明：

1——4 个孔 ϕJ，镗孔 $\phi K \times L$。

加工面的表面粗糙度全部为 3.2 μm。

图 I.3　螺纹型扰动发生器盖

表 I.1　螺纹型扰动发生器盖(项目 1)尺寸(见图 I.3)

DN	A	B(e9[a])	C	D	E[b]	F	G	H	J	K	L	M	N
15	52	29.960 29.908	23	15	G 3/4″ B	10	12.5	5.5	4.5	7.5	4	40	23
20	58	35.950 35.888	29	20	G 1″ B	10	12.5	5.5	4.5	7.5	4	46	23
25	63	41.950 41.888	36	25	G 1¼″ B	12	14.5	6.5	5.5	9.0	5	52	26
32	76	51.940 51.866	44	32	G 1½″ B	12	16.5	6.5	5.5	9.0	5	64	28
40	82	59.940 59.866	50	40	G 2″ B	13	18.5	6.5	5.5	9.0	5	70	30
50	102	69.940 69.866	62	50	G 2½″ B	13	20.0	8.0	6.5	10.5	6	84	33

[a] 见 ISO 286-2[2];
[b] 见 ISO 228-1[1]。

图 I.4　所示为螺纹型扰动发生器的本体,尺寸见表 I.2。

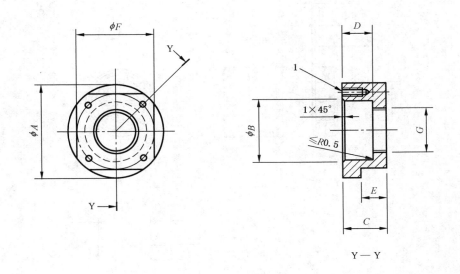

说明:

1——4 个孔 $\phi H \times J$ 深;攻螺纹 K,螺纹长度 L。

加工面的表面粗糙度全部为 3.2 μm。

图 I.4　螺纹型扰动发生器本体

表 I.2 螺纹型扰动发生器本体(项目 2)尺寸(见图 I.4)

DN	A	B(H9[a])	C	D	E	F	G	H	J	K	L	M
15	52	30.052 30.000	23.5	15.5	15	46	G ¾ ″ B	3.3	16	M4	12	40
20	58	36.062 36.000	26.0	18.0	15	46	G 1 B	3.3	16	M4	12	46
25	63	42.062 42.000	30.5	20.5	20	55	G 1¼ ″ B	4.2	18	M5	14	52
32	76	52.074 52.000	35.0	24.0	20	65	G 1½ ″ B	4.2	18	M5	14	64
40	82	60.074 60.000	41.0	28.0	25	75	G 2 ″ B	4.2	18	M5	14	70
50	102	70.074 70.000	47.0	33.0	25	90	G 2½ ″ B	5.0	24	M6	20	84

[a] 见 ISO 286-2[2]。

图 I.5 所示为螺纹型扰动发生器的漩涡发生器,尺寸见表 I.3。

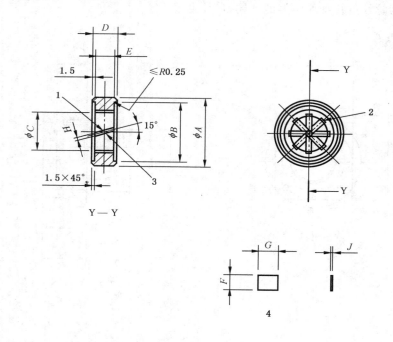

说明:

1——8 条等距的叶片槽;

2——叶片在槽内定位并焊接;

3——中心槽深 0.76;

4——叶片详图。

加工面的表面粗糙度全部为 3.2 μm。

图 I.5 螺纹型扰动发生器的漩涡发生器

表 I.3　螺纹型扰动发生器的漩涡发生器（第 3 项）尺寸（见图 I.5）

DN	A(d10ᵃ)	B	C	D	E	F	G	H	J
15	29.935 29.851	25	15	10.5	7.5	6.05	7.6	0.57 0.52	0.50
20	35.920 35.820	31	20	13.0	10.0	7.72	10.2	0.57 0.52	0.50
25	41.920 41.820	38	25	15.5	12.5	9.38	12.7	0.82 0.77	0.75
32	51.900 51.780	46	32	19.0	16.0	11.72	16.4	0.82 0.77	0.75
40	59.900 59.780	52	40	23.0	20.0	14.38	20.5	0.82 0.77	0.75
50	69.900 69.780	64	50	28.0	25.0	17.72	25.5	1.57 1.52	1.50

ᵃ 见 ISO 286-2[2]。

图 I.6 所示为螺纹型扰动发生器的流动扰动器，尺寸见表 I.4。

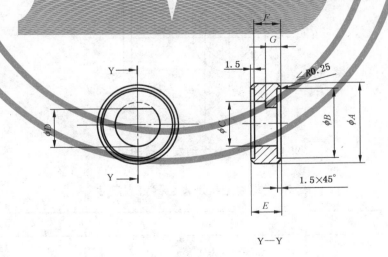

加工面的表面粗糙度全部为 3.2 μm。

图 I.6　螺纹型扰动发生器的流动扰动器

表 I.4　螺纹型扰动发生器的流动扰动器(第 4 项)尺寸(见图 I.6)

DN	A(d10[a])	B	C	D	E	F	G
15	29.935 29.851	25	15	13.125	10.5	7.5	7.5
20	35.920 35.820	31	20	17.500	13.0	10.0	5.0
25	41.920 41.820	38	25	21.875	15.5	12.5	6.0
32	51.900 51.780	46	32	28.000	19.0	16.0	6.0
40	59.900 59.780	52	40	35.000	23.0	20.0	6.0
50	69.900 69.780	64	50	43.750	28.0	25.0	6.0
[a] 见 ISO 286-2[2]。							

图 I.7 所示为螺纹型扰动发生器的垫圈,尺寸见表 I.5。

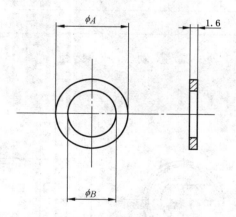

图 I.7　螺纹型扰动发生器的垫圈

表 I.5　螺纹型扰动发生器垫圈尺寸

DN	A	B
15	24.5	15.5
20	30.5	20.5
25	37.5	25.5
32	45.5	32.5
40	51.5	40.5
50	63.5	50.5

图 I.8 所示为圆片型扰动发生器的漩涡发生器单元配置。

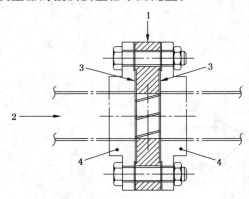

说明:

项目编号	名称	数量	材料
1	旋涡发生器	1	不锈钢
2	流动方向	—	—
3	垫圈	2	纤维制品
4	带法兰直管段(见 ISO 7005-2[3]或 ISO 7005-3[4])	4	不锈钢

图 I.8 圆片型扰动发生器——漩涡发生器单元配置:
1 型扰动器——左旋漩涡发生器;2 型扰动器——右旋漩涡发生器

图 I.9 所示为圆片型扰动发生器的速度剖面扰动单元配置。

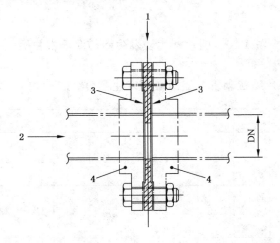

说明:

项目	名称	数量	材料
1	流动扰动器	1	不锈钢
2	流动方向	—	—
3	垫圈	2	纤维
4	带法兰的直管段 (见 ISO 7005-2[3]或 ISO 7005-3[4])	4	不锈钢

图 I.9 圆片型扰动发生器——速度剖面扰动单元配置:
3 型扰动器——速度剖面流动扰动器

图 I.10 所示为圆片型扰动发生器的漩涡发生器,尺寸见表 I.6。

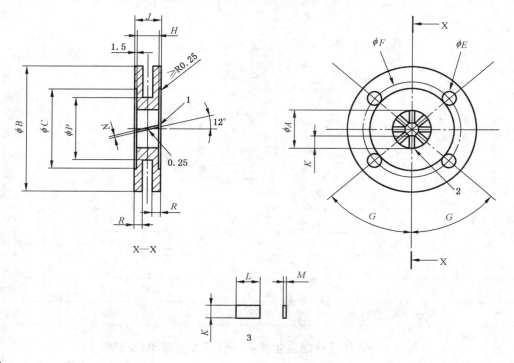

说明:

1——8 条等距分布的叶片槽;

2——待固定叶片(焊接);

3——叶片细节。

图 I.10　圆片型扰动发生器的漩涡发生器

表 I.6　圆片型扰动发生器的漩涡发生器(第 1 项)尺寸(见图 I.10)

DN	A	B	C	D	E	F	G	H	J	K	L	M	N	P	R
50	50	165	104	4	18	125	45°	25	28	16.9	25.5	1.5	1.57 1.52	—	—
65	65	185	124	4	18	145	45°	33	36	21.9	33.4	1.5	1.57 1.52	—	—
80	80	200	139	8	18	160	22½°	40	43	26.9	40.6	1.5	1.57 1.52	—	—
100	100	220	159	8	18	180	22½°	50	53	33.6	50.8	1.5	1.57 1.52	—	—
125	125	250	189	8	18	210	22½°	63	66	41.9	64.1	1.5	1.57 1.52	—	—
150	150	285	214	8	22	240	22½°	75	78	50.3	76.1	3.0	3.07 3.02	195	22

表 I.6（续）

DN	A	B	C	D	E	F	G	H	J	K	L	M	N	P	R
200	200	340	269	8	22	295	22½°	100	103	66.9	101.6	3.0	3.07 3.02	245	24
250	250	395	324	12	22	350	15°	125	128	83.6	127.2	3.0	3.07 3.02	295	26
300	300	445	374	12	22	400	15°	150	153	100.3	152.7	3.0	3.07 3.02	345	28
400	400	565	482	16	27	515	11¼°	200	203	133.6	203.8	3.0	3.07 3.02	445	30
500	500	670	587	20	27	620	9°	250	253	166.9	255.0	3.0	3.07 3.02	545	32
600	600	780	687	20	30	725	9°	300	303	200.3	306.1	3.0	3.07 3.02	645	34
800	800	1015	912	24	33	950	7½°	400	403	266.9	408.3	3.0	3.07 3.02	845	36

图 I.11 所示为圆片型扰动发生器的流动扰动器,尺寸见表 I.7。

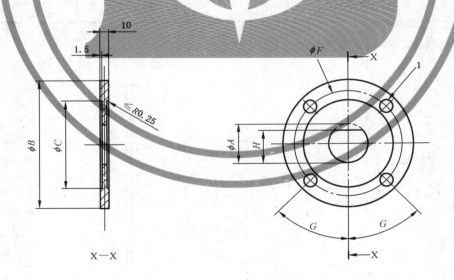

说明:

1——D 个直径 ϕE 的孔。

注:加工面的表面粗糙度全部为 3.2 μm。

图 I.11　圆片型扰动发生器的流动扰动器

表 I.7　圆片型扰动发生器的流动扰动器(第 2 项)尺寸(见图 I.11)

DN	A	B	C	D	E	F	G	H
50	50	165	104	4	18	125	45°	43.8
65	65	185	124	4	18	145	45°	56.9
80	80	200	139	8	18	160	22½°	70.0
100	100	220	159	8	18	180	22½°	87.5
125	125	250	189	8	18	210	22½°	109.4
150	150	285	214	8	22	240	22½°	131.3
200	200	340	269	8	22	295	22½°	175.0
250	250	395	324	12	22	350	15°	218.8
300	300	445	374	12	22	400	15°	262.5
400	400	565	482	16	27	515	11¼°	350.0
500	500	670	587	20	27	620	9°	437.5
600	600	780	687	20	30	725	9°	525.0
800	800	1 015	912	24	33	950	7½°	700.0

图 I.12 所示为圆片型扰动发生器的垫圈,尺寸见表 I.8。

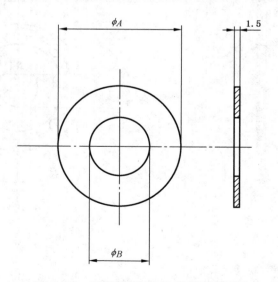

图 I.12　圆片型扰动发生器的垫圈

表 I.8 圆片型号扰动发生器垫圈(第 3 项)尺寸(见图 I.12)

DN	A	B
50	103.5	50.5
65	123.5	65.5
80	138.5	80.5
100	158.5	100.5
125	188.5	125.5
150	213.5	150.5
200	268.5	200.5
250	323.5	250.5
300	373.5	300.5
400	481.5	400.5
500	586.5	500.5
600	686.5	600.5
800	911.5	800.5

参 考 文 献

[1]　ISO 228-1,Pipe threads where pressure-tight joints are not made on the threads—Part 1:Dimensions,tolerances and designation

[2]　ISO 286-2,Geometrical product specifications(GPS)—ISO code system for tolerances on linear sizes—Part 2:Tables of standard tolerance classes and limit deviations for holes and shafts

[3]　ISO 7005-2,Metallic flanges—Part 2:Cast iron flanges

[4]　ISO 7005-3,Metallic flanges—Part 3:Copper alloy and composite flanges

[5]　IEC 60068-3-1,Environmental testing—Part 3-1:Supporting documentation and guidance—Cold and dry heat tests

[6]　OIML B 3:2003,OIML Certificate system for measuring instruments

[7]　Wagner W.,Pruss A.The IAPWS formulation 1995 for the thermodynamic properties of ordinary water substance for general and scientific use.J.Phys.Chem.Ref.Data.2002,31 pp.387-535

[8]　Wagenbreth H.,Blanke W.Die Dichte des Wassers im Internationalen Einheitensystem und in der Internationalen Praktischen Temperaturskala von 1968 [The density of water in the International System of Units and the International Practical Temperature Scale of 1968].PTB Mitteilungen 1971,81,pp.412-415; Bettin H.F.,Spieweck F.Die Dichte des Wassers als Funktion der Temperatur nach Einführung der Internationalen Temperaturskala von 1990 [The density of water as a function of temperature after the introduction of the International Temperature Scale of 1990].PTB Mitteilungen. 1990,100 pp.195-196

[9]　Patterson J. C.,Morris E. C.Measurement of absolute water density,1 ℃ to 40 ℃. Metrologia.1994,31 pp.277-288

[10]　Tanaka M.,Girard G.,Davis R.,Peuto A.,Bignell N.Recommended table for the density of water between 0 ℃ and 40 ℃ based on recent experimental reports.Metrologia.2001,38 pp.301-309

[11]　ISO 5167-1:2003,Measurement of fluid flow by means of pressure differential devices inserted in circular cross-section conduits running full-Part 1:General principles and requirements

[12]　IEC 60068-1,Environmental testing—Part 1:General and guidance

ICS 91.140.60
N 12

GB/T 778.3—2018/ISO 4064-3:2014

中华人民共和国国家标准

饮用冷水水表和热水水表
第 3 部分：试验报告格式

Meters for cold potable water and hot water—
Part 3：Test report format

（ISO 4064-3：2014，Water meters for cold potable water and hot water—
Part 3：Test report format，IDT）

2018-06-07 发布　　　　　　　　　　　　　　　　2019-01-01 实施

国家市场监督管理总局
中国国家标准化管理委员会　发布

前　言

GB/T 778《饮用冷水水表和热水水表》分为以下5部分：

——第1部分：计量要求和技术要求；

——第2部分：试验方法；

——第3部分：试验报告格式；

——第4部分：GB/T 778.1中未包含的非计量要求；

——第5部分：安装要求。

本部分为GB/T 778的第3部分。

本部分按照GB/T 1.1—2009给出的规则起草。

本部分使用翻译法等同采用ISO 4064-3:2014《饮用冷水水表和热水水表　第3部分：试验报告格式》。

本部分由中国机械工业联合会提出。

本部分由全国工业过程测量控制和自动化标准化技术委员会(SAC/TC 124)归口。

本部分起草单位：上海工业自动化仪表研究院有限公司、宁波水表股份有限公司、三川智慧科技股份有限公司、宁波东海仪表水道有限公司、苏州自来水表业有限公司、浙江省计量科学研究院、河南省计量科学研究院、宁波市计量测试研究院、南京水务集团有限公司水表厂、重庆智慧水务有限公司、无锡水表有限责任公司、上海水表厂、上海仪器仪表自控系统检验测试所、杭州水表有限公司、深圳市捷先数码科技股份有限公司、汇中仪表股份有限公司、福州科融仪表有限公司、扬州恒信仪表有限公司、北京市自来水集团京兆水表有限责任公司、济南瑞泉电子有限公司、杭州竞达电子有限公司、江阴市立信智能设备有限公司、湖南常德牌水表制造有限公司、宁波市精诚科技股份有限公司、湖南威铭能源科技有限公司、青岛积成电子有限公司、天津赛恩能源技术股份有限公司。

本部分主要起草人：李明华、赵绍满、宋财华、林志良、姚福江、赵建亮、崔耀华、马俊、陆聪文、魏庆华、张庆、陈峥嵘、谢坚良、陈健、张继川、陈含章、张坚、张文江、董良成、杜吉全、韩路、朱政坚、汤天顺、廖杰、张德霞、左晔、王嘉宁、宋延勇、王欣欣、王钦利。

饮用冷水水表和热水水表
第3部分:试验报告格式

1 范围

GB/T 778的本部分规定了试验报告格式,可配合GB/T 778.1—2018与GB/T 778.2—2018使用。

2 规范性引用文件

下列文件对于本文件的应用是必不可少的。凡是注日期的引用文件,仅注日期的版本适用于本文件。凡是不注日期的引用文件,其最新版本(包括所有的修改单)适用于本文件。

GB/T 778.1—2018 饮用冷水水表和热水水表 第1部分:计量要求和技术要求(ISO 4064-1:2014,IDT)

GB/T 778.2—2018 饮用冷水水表和热水水表 第2部分:试验方法(ISO 4064-2:2014,IDT)

3 术语、定义、符号和缩略语

GB/T 778.1—2018界定的术语和定义适用于本文件。

以下是表格中使用的符号和缩略语:

+	合格
−	不合格
n/a	不适用
EUT	被试装置
H	水平
MAP	最高允许压力
MAT	最高允许温度
MPE	最大允许误差
V	垂直

4 型式评价报告

4.1 总则

每次检查和试验应填写检查单,示例如下:

+	−	
×		合格
	×	不合格
n/a	n/a	不适用

4.2 有关型式的信息

4.2.1 通用

申请号：_____

申请方：_____

授权代表：_____

地址：_____

试验室：_____

授权代表：_____

地址：_____

_____

_____

4.2.2 提交的样机

新的样机：_____

与获批样机的区别：

批准号：_____

与获批样机的区别：_____

见表1。

表 1 提交的样机

提交批准试验	是[a]	否[a]	备注
机械水表（整体式）			
机械水表（分体式）			
电子水表（整体式）			
电子水表（分体式）			
水表系列			
可分离计算器（包括指示装置）			
可分离测量传感器（包括流量或体积检测元件）			
用于试验的附加电子装置（永久与水表连接）			
用于数据传输的附加电子装置（永久与水表连接）			
用于试验的附加电子装置（暂时与水表连接）			
用于数据传输的附加电子装置（暂时与水表连接）			
辅助装置			

[a] 在合适的方格打勾。

4.2.3 机械水表（整体式或分体式）

制造商：_____

型号： _____

型式参数：

Q_1 _____ m³/h

Q_2 _____ m³/h

Q_3 _____ m³/h

Q_4 _____ m³/h

Q_3/Q_1 _____

复合水表

Q_{x1} _____ m³/h

Q_{x2} _____ m³/h

测量原理： _____

准确度等级： _____

温度等级： _____

环境等级： _____

电磁环境： _____

最高允许温度： _____ ℃

最高允许压力： _____ MPa（_____ bar）

方位限制： _____

EUT 试验要求（GB/T 778.2—2018 的 8.1.8）：

产品分类： _____

试验分类： _____

安装细节：

连接形式（法兰、螺纹、同轴集合管）： _____

入口最小直管段长度： _____ mm

出口最小直管段长度： _____ mm

流动整直器（需要时提供详情）： _____

安装： _____

方位： _____

其他相关信息： _____

注：如果提交一个水表系列,则该系列每个规格都需提供本条款的内容。

4.2.4 电子水表（整体式或分体式）

制造商： _____

型号： _____

型式参数：

Q_1 _____ m³/h

Q_2 _____ m³/h

Q_3 _____ m³/h

Q_4 _____ m³/h

Q_3/Q_1 _____

复合水表

Q_{x1} _____ m³/h

Q_{x2} _____ m³/h

测量原理： _____

准确度等级： _____

温度等级： _____

环境等级： _____

电磁环境： _____

最高允许温度： _____ ℃

最高允许压力： _____ MPa(_____ bar)

方位限制： _____

EUT 试验要求(GB/T 778.2—2018 的 8.1.8)：

产品分类：

试验分类：

安装细节(机械)：

连接形式(法兰、螺纹、同轴集合管)：_____

入口最小直管段长度：_____ mm

出口最小直管段长度：_____ mm

流动整直器(需要时提供详情)：_____

安装：_____

方位：_____

其他相关信息：_____

安装细节(电气)：

接线说明：_____

安装布置：_____

方位限制：_____

电源：

类型(电池,交流,直流)：_____

U_{max}：_____ V

U_{min}：_____ V

频率：_____ Hz

注：如果提交一个水表系列,则每个规格分别提供本条款的内容。

4.2.5 可分离计算器(包括指示装置)

制造商：_____

型号：_____

型式参数：

Q_1 _____ m³/h

Q_2 _____ m³/h

Q_3 _____ m³/h

Q_4 _____ m³/h

Q_3/Q_1 _____

复合水表

Q_{x1} _____ m³/h

Q_{x2} _____ m³/h

测量原理： _____

准确度等级： _____

温度等级： _____

环境等级： _____

电磁环境： _____

最高允许温度： _____℃

最高允许压力： _____ MPa (_____ bar)

方位限制： _____

EUT 试验要求（GB/T 778.2—2018 的 8.1.8）：

产品分类：

试验分类：

制造商给出的最大相对误差：

低区 $Q_1 \leqslant Q < Q_2$ ：_____

高区 $Q_2 \leqslant Q \leqslant Q_4$ ：_____

安装细节（电气）：

接线说明：_____

安装布置：_____

方位限制：_____

电源：

类型（电池，交流，直流）：_____

U_{max} ：_____ V

U_{min} ：_____ V

频率：_____ Hz

兼容测量传感器（包括流量或体积检测元件）批准号：_____

4.2.6 可分离测量传感器（包括流量或体积检测元件）

制造商： _____

型号： _____

型式参数：

Q_1 _____ m³/h

Q_2 _____ m³/h

Q_3 _____ m³/h

Q_4 _____ m³/h

Q_3/Q_1

复合水表

Q_{x1} _____ m³/h

Q_{x2} _____ m³/h

测量原理： _____

准确度等级： _____

温度等级： _____

环境等级： _____

电磁环境： _____

最高允许温度： _____ ℃

最高允许压力： _____ MPa(_____ bar)

方位限制： _____

EUT 试验要求(GB/T 778.2—2018 的 8.1.8)：

产品分类：

试验分类：

制造商给出的最大相对误差：

低区 $Q_1 \leqslant Q < Q_2$： _____

高区 $Q_2 \leqslant Q \leqslant Q_4$： _____

安装细节(机械)：

连接形式(法兰、螺纹、同轴集合管)：_____

入口最小直管段长度：_____ mm

出口最小直管段长度：_____ mm

流动调整器(需要时提供详情)：_____

安装：_____

方位：_____

其他相关信息：_____

安装细节(电气)：

接线说明：_____

安装布置：_____

方位限制：_____

电源：

类型(电池,交流,直流)：_____

U_{max}：_____ V

U_{min}：_____ V

频率：_____ Hz

兼容测量传感器(包括流量或体积检测元件)批准号：_____

4.2.7 试验用附加电子装置(永久与水表连接)

制造商： _____

型号： _____

电源：

类型(电池,交流,直流)：_____

U_{max}：_____ V

U_{min}：_____ V

频率：_____ Hz

安装细节(电气)：

接线说明：_____

安装布置：_____

方位限制：_____

4.2.8 用于数据传输的附加电子装置（永久与水表连接）

制造商：_____

型号：_____

电源：

类型（电池，交流，直流）：_____

U_{max}：_____ V

U_{min}：_____ V

频率：_____ Hz

安装细节（电气）：

接线说明：_____

安装布置：_____

方位限制：_____

4.2.9 用于试验的附加电子装置（暂时与水表连接）

制造商：_____

型号：_____

电源：

类型（电池，交流，直流）：_____

U_{max}：_____ V

U_{min}：_____ V

频率：_____ Hz

安装细节（电气）：

接线说明：_____

安装布置：_____

方位限制：_____

4.2.10 用于数据传输的附加电子装置（临时与水表连接）

制造商：_____

型号：_____

电源：

类型（电池，交流，直流）：_____

U_{max}：_____ V

U_{min}：_____ V

频率：_____ Hz

EUT 试验要求（GB/T 778.2—2018 的 8.1.8）：

产品分类：

试验分类：

安装细节（电气）：

接线说明：_____

安装布置：_____

方位限制：_____

4.2.11　辅助装置

制造商：　　　　　_____

型号：　　　　　　_____

电源：

　　类型(电池,交流,直流)：_____

　　U_{max}：_____ V

　　U_{min}：_____ V

　　频率：_____ Hz

可兼容计算器(包括指示装置)批准号：

EUT 试验要求(GB/T 778.2—2018 的 8.1.8)：

　　产品分类：

　　试验分类：

安装细节(电气)：

　　接线说明：_____

　　安装布置：_____

　　方位限制：_____

可兼容水表、计算器(包括指示装置)和测量传感器(包括流量或体积检测元件)批准号：_____

4.2.12　型式批准相关文件

同型式批准申请一起提交的相关文件清单见附录 A。

4.3　试验设备的基本信息

应在附录 B 的表格中列出型式检查和首次检定中使用的所有测量装置和试验仪器的详细信息,包括下列内容：

——制造商；

——型号；

——编号；

——最近校准日期；

——测量仪表等的下次校准日期,包括：

　　● 线性尺寸测量仪；

　　● 压力表；

　　● 压力变送器；

　　● 压力计；

　　● 温度传感器；

　　● 标准表；

　　● 容积箱；

　　● 称量仪器；

　　● 信号发生器(脉冲、电流、电压)。

4.4 水表检查和性能试验检查单

4.4.1 水表检查单

所有水表外观检查				
GB/T 778.1—2018 条款号	要　求	＋	－	备　注
指示装置功能				
6.7.1.1	指示装置应提供易读、可靠、直观的指示体积示值			
6.7.1.1	指示装置应包含测试和校准用的观察工具			
6.7.1.1	指示装置可附加一些元件,用于采用其他方法进行测试和校准,例如自动测试和校准			
测量单位及其位置				
6.7.1.2	水体积的示值单位应为立方米			
6.7.1.2	符号 m^3 应标示在度盘上或紧邻显示数字			
指示范围				
6.7.1.3	$Q_3 \leqslant 6.3$,最小指示范围为 0 m^3～9 999 m^3			
6.7.1.3	$6.3 < Q_3 \leqslant 63$,最小指示范围为 0 m^3～99 999 m^3			
6.7.1.3	$63 < Q_3 \leqslant 630$,最小指示范围为 0 m^3～999 999 m^3			
6.7.1.3	$630 < Q_3 \leqslant 6\ 300$,最小指示范围为 0 m^3～9 999 999 m^3			
指示装置颜色标志				
6.7.1.4	立方米及其倍数用黑色来表示			
6.7.1.4	立方米的约数用红色来表示			
6.7.1.4	指针、指示标记、数字、字轮、字盘、度盘或开孔框都应使用这两种颜色			
6.7.1.4	只要能明确区分主示值和备用显示(例如用于检定和测试的约数),也可以采用其他方式显示立方米、立方米的倍数和约数			
指示装置的类型:第 1 类——模拟装置				
6.7.2.1	由下述部件的连续运动指示体积: a)　一个或多个指针相对于各分度标度移动; b)　一个或多个标度盘或鼓轮各自通过一个指示标记			
6.7.2.1	每个分度所表示的立方米值应以 10^n 的形式表示,n 为正整数、负整数或零,由此建立起一个连续十进制体系			
6.7.2.1	每一个标度应以立方米值分度,或者附加一个乘数(×0.001;×0.01;×0.1;×1;×10;×100;×1 000 等)			
6.7.2.1	旋转移动的指针或标度盘应顺时针方向移动			
6.7.2.1	直线移动的指针或标度应从左至右移动			
6.7.2.1	数字滚轮指示器(鼓轮)应向上转动			
指示装置类型:第 2 类——数字装置				
6.7.2.2	由一个或多个开孔中的一行相邻的数字指示体积			

（续）

所有水表外观检查				
GB/T 778.1—2018 条款号	要　　求	+	－	备　注
指示装置类型：第2类——数字装置				
6.7.2.2	任何一个给定数字的进位应在相邻的低位数从9变化到0时完成			
6.7.2.2	数字的外观高度不应小于4 mm			
6.7.2.2	对于非电子装置，数字滚轮指示器（鼓轮）应向上移动			
6.7.2.2	对于非电子装置，最低位值的十个数字可以连续移动，开孔要足够大，以便准确读出数字			
6.7.2.2	对于非永久显示的电子装置，指示值至少应显示10 s以上			
6.7.2.2	对于电子装置，水表应可以按照以下步骤进行目检： ——七段式显示器的所有显示字段全部亮起（即"日"字型测试）； ——七段式显示器的所有显示字段全部熄灭（即"全空白"测试）。 对于图形显示器，应通过相应试验证明显示器故障不会造成任何数字的误读。 每个步骤至少持续1 s			
指示装置类型：第3类——模拟和数字组合式指示装置				
6.7.2.3	由第1类装置和第2类装置组合指示体积，两类装置应分别符合各自的要求			
检定装置——一般要求				
6.7.3.1	每一个指示装置都应具备进行直观、明确的检定测试和校准的手段			
6.7.3.1	目视检定显示可以连续运动，也可以断续运动			
6.7.3.1	除了目视检定显示以外，指示装置可通过附加元件（例如星轮或圆盘），由外部附接的检测元件提供信号进行快速测试			
检定装置——目视检定显示				
6.7.3.2.1	检定标度分格值以立方米为单位，按以下型式表示：1×10^n、2×10^n或5×10^n，其中n为正整数、负整数或零			
6.7.3.2.1	指示体积由一个或多个开孔内的一行数字表示			
6.7.3.2.1	对于第一单元连续运动的模拟和数字式指示装置，可以将第一单元两个相邻数字的间隔划分成2、5或10个等分，构成检定标度。这些分度上应不标数字			
6.7.3.2.1	对于第一单元不连续运动的数字式指示装置，以第一单元两个相邻数字的间隔或第一单元的增量运动作为检定标度分格			
6.7.3.2.2	在第一单元连续运动的指示装置上，表观标度间距应不小于1 mm，不大于5 mm			
6.7.3.2.2	标度应由下列一种形式组成： a) 宽度相等但长度不同的线条，线条的宽度不超过标度间距的四分之一； b) 宽度等于标度间距的恒宽对比条纹			

（续）

所有水表外观检查				
GB/T 778.1—2018 条款号	要　求	＋	－	备　注
检定装置——目视检定显示				
6.7.3.2.2	指针尖端的外观宽度应不超过标度间距的四分之一，且在任 何情况下都应不大于 0.5 mm			
指示装置的分辨力				
6.7.3.2.3	检定标度的细分格应足够小，以保证指示装置的分辨力误差 不超过 Q_1 流量下 90 min 内通过体积的 0.25％（1 级准确度 等级水表）和 0.5％（2 级准确度等级水表）。 注 1：当第一单元连续显示时，允许每次读数有最大不超过 分度间隔的二分之一的误差。 注 2：当第一单元断续显示时，允许每次读数有最大不超过 检定标度的一个数字的误差。			
注：对于含两个指示装置的复式水表，以上要求适用于两个指示装置。				
标记与铭牌				
6.6.1	水表上应留出位置设置检定标记。检定标记应设在明处，无 需拆卸即能看到			
6.6.2	水表上应清晰、永久地标志以下信息。这些信息可以集中或 分散标志在水表的外壳、指示装置的度盘、铭牌或不可分离 的水表表盖上，这些标志应在水表销售或使用时无需拆卸即 能看到			
6.6.2 a)	计量单位：立方米			
6.6.2 b)	准确度等级（非 2 级表）			
6.6.2 c)	Q_3 的值及 Q_3/Q_1 的比值（可前缀 R），如果水表可测量逆流， 且两个流向的 Q_3 值及 Q_3/Q_1 的比值不同，则两个流向的值 都应标明；应清晰的注明每对数值对应的流向。若水表在垂 直和水平位置上的 Q_3/Q_1 值不同，则两个值都应标明，且应 注明对应的位置			
6.6.2 d)	符合国家规定的型式批准标志			
6.6.2 e)	制造商厂名或商标			
6.6.2 f)	制造年份（制造年份的最后两位数字，或者制造年月）			
6.6.2 g)	编号（尽可能靠近指示装置）			
6.6.2 h)	流动方向（标志在水表壳体的两侧，如果在任何情况下都能很 容易看到流动方向指示箭头，也可只标志在一侧）			
6.6.2 i)	超过 1 MPa（10 bar），或者，对于 DN≥500 mm，超过 0.6 MPa（6 bar）时的最高允许压力。 （仅在国家规范允许使用时才能使用单位 bar）			
6.6.2 j)	水表只能在垂直或水平位置工作时标注字母 V 或 H			
6.6.2 k)	温度等级，除 T30 外			

（续）

所有水表外观检查				
GB/T 778.1—2018 条款号	要　求	＋	－	备　注
标记与铭牌				
6.6.2 l)	压力损失等级，除 Δp 63 外			
6.6.2 m)	灵敏度等级，除 U0/D0 外			
带电子装置水表的附加标志				
6.6.2 n)	外部电源：电压和频率			
6.6.2 o)	可更换电池：更换电池的最后期限			
6.6.2 p)	不可更换电池：更换水表的最后期限			
6.6.2 q)	环境等级			
6.6.2 r)	电磁环境等级			
防护装置				
6.8.1	水表应配置可以封印的防护装置，以保证在正确安装水表前和安装后，不损坏防护装置就无法拆卸或者改动水表和（或）水表的调整装置或修正装置。复式水表的两个表均应符合本要求			
防护装置——电子封印装置				
6.8.2.1	当机械封印不能防止访问对确定测量结果有影响的参数时，应采用以下防护措施： a)　借助密码（关键词）或特殊装置（例如钥匙）只允许授权人员访问。密码应能更换。 b)　应依照国家法规规定的时限保留干预证据。记录中应包括日期和识别实施干预的授权人员的特征要素[见 a)]。如果必须删除以前的记录才能记录新的干预，应删除最早的记录			
6.8.2.2	装有用户可断开和可互换部件的水表应符合以下规定： a)　若不符合（GB/T 778.1—2018 的 6.8.2.1 的规定，应不可能通过断开点访问参与确定测量结果的参数。 b)　应借助电子和数据处理安全机制或者机械装置防止插入任何可能影响准确度的器件			
6.8.2.3	装有用户可断开的不可互换部件的水表应符合GB/T 778.1—2018 的 6.8.2.2 的规定。 此外，这类水表应配备一种装置，当各种部件不按批准的型式连接时可阻止水表工作。 注：这类水表可配备一种装置，当用户擅自断开再重新连接后可阻止水表工作。			
检查装置的检查与试验				
检查装置的通用检查要求				
5.1.3	除了供需双方固定，且不可复零测量情况外，带电子装置的水表应配备附录 B 规定的检查装置			

（续）

所有水表外观检查				
GB/T 778.1—2018 条款号	要　求	＋	—	备　注
检查装置的通用检查要求				
5.1.3	所有配备检查装置的水表应如 GB/T 778.1—2018 的 4.2.7 所述，能预防或探测逆流			

4.4.2　水表性能试验检查单

4.4.2.1　所有水表的性能试验

GB/T 778.1—2018 条款号	要　求	＋	—	备　注
静压试验				
4.2.10	水表应能承受以下试验压力而不出现损坏和泄漏： a)　最高允许压力的 1.6 倍，15 min； b)　最高允许压力的 2 倍，1 min			
基本示值误差				
7.2.3	水表（测量实际体积）的示值误差至少应在以下流量范围确定： ——$Q_1 \sim 1.1 Q_1$； ——$Q_2 \sim 1.1 Q_2$； ——$0.33(Q_2+Q_3) \sim 0.37(Q_2+Q_3)$； ——$0.67(Q_2+Q_3) \sim 0.74(Q_2+Q_3)$； ——$0.9 Q_3 \sim Q_3$； ——$0.95 Q_4 \sim Q_4$ 对于复式水表： ——$0.85 Q_{x1} \sim 0.95 Q_{x1}$； ——$1.05 Q_{x2} \sim 1.15 Q_{x2}$ 试验时水表应无临时连接附加装置。 试验时，其他影响量因子应保持在参比条件。 根据误差曲线的形状，也可在其他流量下进行试验。 1)　以上所有流量点观察到的（示值）误差均不应超过 GB/T 778.1—2018 的 4.2.2 或 4.2.3 规定的最大允许误差。如果只在一个流量点观测到一台或多台水表的误差超过最大允许误差，且在该流量点只取到两个结果，则应在该流量点重新进行试验。如果三次中有两次的结果在最大允许误差范围之内，且三次测量结果的算术平均值在最大允许误差范围之内，则该测量点的试验为可接受。 2)　如果水表所有相对（示值）误差的符号都相同，则至少应有一个误差不超过最大允许误差的二分之一。在任何情况下都应遵守此要求，这对于供水商和用户双方都公平合理（另见 GB/T 778.1—2018 的 4.3.3 的第 3 段和第 8 段）			

（续）

GB/T 778.1—2018 条款号	要　求	＋	－	备　注
基本示值误差				
7.2.4	水表的重复性应符合以下要求:同一流量下三次测量结果的标准偏离应不超过 GB/T 778.1—2018 的 4.2.2 或 4.2.3 规定的最大允许误差的三分之一。 试验应在 Q_1,Q_2 和 Q_3 流量下进行			
水温试验				
4.2.8	水温在水表额定工作条件范围内变化时水表应符合最大允许误差要求			
水压试验				
4.2.8	水压在水表额定工作条件范围内变化时水表应符合最大允许误差要求			
逆流试验				
4.2.7	可测量逆流的水表应满足下列要求之一: 1) 应从显示体积中减去逆流体积; 2) 单独记录逆流体积。 两个流向上的误差均应满足 GB/T 778.1—2018 的 4.2.2 或 4.2.3 的最大允许误差要求			
4.2.7	不能计量逆流的水表应满足下列要求之一: 1) 能防止逆流; 2) 能承受流量达到 Q_3 的意外逆流而不致造成正向流计量性能发生任何下降或变化			
零流量时水表的特性				
4.2.9	流量为零时,水表的累积量应无变化			
压力损失试验				
6.5	水表(包括作为水表部件的过滤器)的压力损失在 $Q_1 \sim Q_3$ 流量之间应不超过 0.063 MPa(0.63 bar)			
流动扰动试验				
6.3.4	如果水表的准确度受到上下游管道扰动的影响,不管有没有整直器(按制造商的规定),都应按制造商的说明给水表配置足够长度的直管段,使安装后水表的示值不超过相应准确度等级的最大允许误差。 正流向试验 逆流试验(如适用)			
过载水温试验				
7.2.5	最高允许工作温度 MAT≥50 ℃的水表应能承受 MAT＋10 ℃水温 1 h			

（续）

GB/T 778.1—2018 条款号	要　求	＋	－	备　注
	耐久性试验			
7.2.6	水表应根据其常用流量 Q_3 和过载流量 Q_4 在模拟工作条件下进行耐久性试验			
7.2.6	对于 $Q_3 \leqslant 16 \ m^3/h$ 的水表： a)　0～Q_3 流量，100 000 个循环； b)　Q_4 流量下 100 h			
7.2.6	对于 $Q_3 > 16 \ m^3/h$ 的水表： a)　Q_3 流量下 800 h； b)　Q_4 流量下 200 h； 对于复式水表： c)　$Q \geqslant 2 \ Q_{x2}$ 到 0 之间，50 000 个循环			
7.2.6.2	准确度等级为 1 级的水表 示值误差变化，低区流量（$Q_1 \leqslant Q < Q_2$）不应超过 2％，高区流量（$Q_2 \leqslant Q \leqslant Q_4$）不应超过 1％。 上述要求可使用每个流量点示值误差的平均值 $\overline{E}$。 对于低区流量（$Q_1 \leqslant Q < Q_2$），所有温度等级水表的示值误差曲线均不应超过 ±4％ 的最大误差限。对于高区流量（$Q_2 \leqslant Q \leqslant Q_4$），T30 温度等级水表的示值误差曲线不应超过 ±1.5％ 的最大误差限，其他温度等级的水表不应超过 ±2.5％			
7.2.6.3	准确度等级为 2 级的水表 示值误差曲线的变化，低区流量（$Q_1 \leqslant Q < Q_2$）不应超过 3％，高区流量（$Q_2 \leqslant Q \leqslant Q_4$）不应超过 1.5％。 上述要求可使用每个流量点示值误差的平均值 $\overline{E}$。 对于低区流量（$Q_1 \leqslant Q < Q_2$），所有温度等级水表的示值误差曲线均不应超过 ±6％ 的最大误差限。对于高区流量（$Q_2 \leqslant Q \leqslant Q_4$），T30 温度等级的水表的示值误差曲线不应超过 ±2.5％ 的最大误差，其他温度等级的水表不应超过 ±3.5％			
7.2.7	应证明插装式水表和可互换计量模块水表的可换计量模块就计量性能而言不受连接接口的影响。插装式水表和可换计量模块应按 GB/T 778.2—2018 中 7.4.6 的规定进行试验			
7.2.8	所有机械部件可能受到磁场影响的水表以及带电子部件的水表都应在规定磁场下进行试验。 试验应在 Q_3 流量下进行，安装后水表的示值误差应不大于水表相应准确度等级的高区最大允许误差。 正流向试验 逆流试验（如适用） 磁场施加在不同的面			

4.4.2.2 电子水表和机械水表电子装置(首版本)的性能试验

GB/T 778.1—2018 条款号	要　求	＋	－	备　注
	高温			
A.5	检验在高温环境下样品是否满足 GB/T 778.1—2018 中 4.2 的要求。 (见 GB/T 778.2—2018 的 8.2)			
	低温			
A.5	检验在低温环境下样品是否满足 GB/T 778.1—2018 中 4.2 的要求。 (见 GB/T 778.2—2018 的 8.3)			
	交变湿热,冷凝			
A.5	检验在交变湿热环境下样品是否满足 GB/T 778.1—2018 中 5.1.1 的要求。 在冷凝有重要影响或呼吸效应加速蒸汽渗透的所有情况下都应进行交变试验。 (见 GB/T 778.2—2018 的 8.4)			
	电池或直流供电水表的电压变化			
A.5	检验在直流电压变化(如有关)条件下样品是否满足 GB/T 778.1—2018 中 4.2 的要求。 (见 GB/T 778.2—2018 的 8.5)			
	可更换电池			
5.2.4	检验样品是否满足 GB/T 778.1—2018 中 5.2.4.3 的要求。水表的特性以及参数应不受更换电池时电源中断的影响			
	交流供电或通过交直流转换器供电的水表的电压变化			
A.5	检验在交流电压变化(如有关)条件下样品是否满足 GB/T 778.1—2018 中 4.2 的要求。 (见 GB/T 778.2—2018 的 8.5)			
	振动(随机)			
A.5	检验在随机振动条件下样品是否满足 GB/T 778.1—2018 中 5.1.1 的要求。 (见 GB/T 778.2—2018 的 8.6)			
	机械冲击			
A.5	检验在机械冲击条件下样品是否满足 GB/T 778.1—2018 中 5.1.1 的要求。 (见 GB/T 778.2—2018 的 8.7)			
	电压暂降和短时中断			
A.5	检验在电压暂降和短时中断条件下样品是否满足 GB/T 778.1—2018 中 5.1.1 的要求。 (见 GB/T 778.2—2018 的 8.8)			

（续）

GB/T 778.1—2018 条款号	要　　求	＋	－	备　注
	脉冲群			
A.5	检验在输入/输出和通信端口施加电脉冲群条件下样品是否满足 GB/T 778.1—2018 中 5.1.1 的要求。 （见 GB/T 778.2—2018 的 8.9）			
A.5	检验在电源上叠加电脉冲群条件下样品是否满足 GB/T 778.1—2018 中 5.1.1 的要求。 （见 GB/T 778.2—2018 的 8.10）			
	静电放电			
A.5	检验在直接或间接静电放电条件下样品是否满足 GB/T 778.1—2018 中 5.1.1 的要求。 （见 GB/T 778.2—2018 的 8.11）			
	电磁敏感性——电磁场			
A.5	检验在电磁场辐射骚扰条件下样品是否满足 GB/T 778.1—2018 中 5.1.1 的要求。 （见 GB/T 778.2—2018 的 8.12）			
A.5	检验在电磁场传导骚扰条件下样品是否满足 GB/T 778.1—2018 中 5.1.1 的要求。 （见 GB/T 778.2—2018 的 8.13）			
	信号、数据和控制线浪涌			
A.5	检验在输入/输出和通信端口施加浪涌的条件下样品是否满足 GB/T 778.1—2018 中 5.1.1 的要求。 （见 GB/T 778.2—2018 的 8.14）			
	交流直流电源线浪涌			
A.5	检验在电源电压上叠加浪涌的条件下样品是否满足 GB/T 778.1—2018 中 5.1.1 的要求。 （见 GB/T 778.2—2018 的 8.15）			

4.5　型式评价试验（所有水表）

4.5.1　静压试验（GB/T 778.2—2018 的 7.3）

申请号：_____
型　号：_____
日　期：_____
试验员：_____

	开始时	结束时	
环境温度：			℃
环境相对湿度：			％
环境大气压力：			MPa
时间：			

水表编号：	MAP×1.6	开始	初始压力	结束	最终压力	备注
	MPa(bar)	时间	MPa(bar)	时间	MPa(bar)	

水表编号：	MAP×2	开始	初始压力	结束	最终压力	备注
	MPa(bar)	时间	MPa(bar)	时间	MPa(bar)	

结论：

4.5.2 确定复式水表的转换流量（GB/T 778.2—2018 的 7.4.3）

申请号：_____

型　号：_____

日　期：_____

试验员：_____

	开始时	结束时	
环境温度：			℃
环境相对湿度：			%
环境大气压力：			MPa
时间：			

试验方法	质量法/容积法
体积测量/使用地秤——m³ 或 kg：	
水电导率（仅电磁感应水表）——S/cm：	
水表（或集合管）前直管段长度——mm：	
水表（或集合管）后直管段长度——mm：	
水表（或集合管）前、后管道公称通径 DN——mm：	
流动整直器安装说明（如使用）：	

流量增大时：

转换前一刻的流量 Q_a	
转换后一刻的流量 Q_b	
转换流量 $Q_{x2}=(Q_a+Q_b)/2$	

流量减小时：

转换前一刻的流量 Q_c	
转换后一刻的流量 Q_d	
转换流量 $Q_{x1}=(Q_c+Q_d)/2$	

结论：

4.5.3 确定基本(示值)误差和水表方位的影响

	开始时	结束时	
环境温度：			℃
环境相对湿度：			%
环境大气压力：			MPa
时间：			

申请号：_____

型　号：_____

日　期：_____

试验员：_____

试验方法	质量法/容积法
体积测量/使用地秤——m³ 或 kg：	
水电导率(仅电磁感应水表)——S/cm：	
水表(或集合管)前直管段长度——mm：	
水表(或集合管)后直管段长度——mm：	
水表(或集合管)前、后管道公称通径 DN—— mm：	
流动整直器安装说明(如使用)：	

水表编号：_____ 方位(垂直、水平、其他)：_____

流动方向(见要求 3)：_____ 指示装置位置(见要求 4)：_____

实际流量 $Q_{()}$ m³/h	初始压力 MPa(bar)	水温 T_w ℃	初始读数 $V_i(i)$ m³	最终读数 $V_i(f)$ m³	指示体积 V_i m³	实际体积 V_a m³	水表误差 E_m %	MPE[a] %
[b]								
							$\overline{E}_{m2}$	
							$\overline{E}_{m3}$	
							标准偏差 %	MPE[a]/3 %
							$s^{[c]}$	

[a] 对于整体式水表,此为 GB/T 778.1—2018 的 4.2.2 或 4.2.3 规定的相应准确度等级水表的最大允许误差。如果被试装置为可分离部件,MPE 应由制造商规定(GB/T 778.2—2018 的 9.4)。合格判据见 GB/T 778.2—2018 的 7.4.5。

[b] 如果 $Q = Q_1$、Q_2 或 Q_3,或者第 1 次或第 2 次试验超出了 MPE(GB/T 778.2—2018 的 7.4.5),应进行第 3 次试验。

[c] 如果 $Q = Q_1$、Q_2 或 Q_3,计算标准偏差(GB/T 778.2—2018 的 7.4.5)。

水表编号：_____ 方位(垂直、水平、其他)：_____

流动方向(见要求 3)：_____ 指示装置位置(见要求 4)：_____

实际流量 $Q_{()}$ m³/h	初始压力 MPa（bar）	水温 T_w ℃	初始读数 $V_i(i)$ m³	最终读数 $V_i(f)$ m³	指示体积 V_i m³	实际体积 V_a m³	水表误差 E_m %	MPE[a] %
b								
						$\overline{E}_{m2}$		
						$\overline{E}_{m3}$		
							标准偏差 %	MPE[a]/3 %
						s^c		

[a] 对于整体式水表,此为 GB/T 778.1—2018 的 4.2.2 或 4.2.3 规定的相应准确度等级水表的最大允许误差。如果被试装置为可分离部件,MPE 应由制造商规定(GB/T 778.2—2018 的 9.4)。合格判据见 GB/T 778.2—2018 的 7.4.5。

[b] 如果 $Q = Q_1$、Q_2 或 Q_3,或者第 1 次或第 2 次试验超出了 MPE(GB/T 778.2—2018 的 7.4.5),应进行第 3 次试验。

[c] 如果 $Q = Q_1$、Q_2 或 Q_3,计算标准偏差(GB/T 778.2—2018 的 7.4.5)。

水表编号:_____ 方位(垂直、水平、其他):_____

流动方向(见要求 3):_____ 指示装置位置(见要求 4):_____

实际流量 $Q_{()}$ m³/h	初始压力 MPa（bar）	水温 T_w ℃	初始读数 $V_i(i)$ m³	最终读数 $V_i(f)$ m³	指示体积 V_i m³	实际体积 V_a m³	水表误差 E_m %	MPE[a] %
b								
						$\overline{E}_{m2}$		
						$\overline{E}_{m3}$		
							标准偏差 %	MPE[a]/3 %
						s^c		

[a] 对于整体式水表,此为 GB/T 778.1—2018 的 4.2.2 或 4.2.3 规定的相应准确度等级水表的最大允许误差。如果被试装置为可分离部件,MPE 应由制造商规定(GB/T 778.2—2018 的 9.4)。合格判据见 GB/T 778.2—2018 的 7.4.5。

[b] 如果 $Q = Q_1$、Q_2 或 Q_3,或者第 1 次或第 2 次试验超出了 MPE(GB/T 778.2—2018的 7.4.5),应进行第 3 次试验。

[c] 如果 $Q = Q_1$、Q_2 或 Q_3,计算标准偏差(GB/T 778.2—2018的 7.4.5)。

要求:

要求 1:按照 GB/T 778.2—2018 的 7.4.4 规定的流量点,每个流量点增加 1 套表格。

要求 2：未标'H'或'V'符号的水表，应按照 GB/T 778.2—2018 中 7.4.2.2.7.5 规定的方位，每个方位准备一套表格。

要求 3：如果流动轴线为垂直方向，应给出流动方向（自下而上或者自上而下）。

要求 4：如果流动轴线为水平方向，且水表的指示装置与表体是合为一体的，则应给出指示装置的位置（水表顶部或者侧面）。

结论：

4.5.4 各类插装式水表和可互换计量模块水表的互换试验（GB/T 778.1—2018 的 7.2.7，GB/T 778.2—2018 的 7.4.4 和 7.4.6）

	开始时	结束时	
环境温度：			℃
环境相对湿度：			%
环境大气压力：			MPa
时间：			

申请号：_____

型　号：_____

日　期：_____

试验员：_____

试验方法	质量法/容积法
体积测量/使用地秤——m³ 或 kg：	
水电导率（仅电磁感应水表）——S/cm：	
水表（或集合管）前直管段长度——mm：	
水表（或集合管）后直管段长度——mm：	
水表（或集合管）前、后管道公称通径 DN——mm：	
流动整直器安装说明（如使用）：	

水表编号：_____　方位（垂直、水平、其他）：_____

流动方向（见要求 3）：_____　指示装置位置（见要求 4）：_____

实际流量 $Q_{()}$ m³/h	初始压力 MPa（bar）	水温 T_w ℃	初始读数 $V_i(i)$ m³	最终读数 $V_i(f)$ m³	指示体积 V_i m³	实际体积 V_a m³	水表误差 E_m %	MPE[a] %
[b]								
						$\overline{E}_{m2}$		
						$\overline{E}_{m3}$		

[a] 对于整体式水表，此为 GB/T 778.1—2018 的 4.2.2 或 4.2.3 规定的相应准确度等级水表的最大允许误差。如果被试装置为可分离部件，MPE 应由制造商规定（GB/T 778.2—2018 的 9.4）。合格判据见 GB/T 778.2—2018 的 7.4.5。

[b] 如果 $Q = Q_1、Q_2$ 或 Q_3，或者第 1 次或第 2 次试验超出了 MPE（GB/T 778.2—2018 的 7.4.5），应进行第 3 次试验。应检验误差变化量（见 GB/T 778.2—2018 的 7.4.6.4）。

水表编号：_____　方位（垂直、水平、其他）：_____

流动方向（见要求 3）：_____　指示装置位置（见要求 4）：_____

实际流量 $Q_{(\ )}$ m³/h	初始压力 MPa(bar)	水温 T_w ℃	初始读数 $V_i(i)$ m³	最终读数 $V_i(f)$ m³	指示体积 V_i m³	实际体积 V_a m³	水表误差 E_m %	MPE[a] %
[b]								
							$\overline{E}_{m2}$	
							$\overline{E}_{m3}$	

> [a] 对于整体式水表,此为 GB/T 778.1—2018 的 4.2.2 或 4.2.3 规定的相应准确度等级水表的最大允许误差。如果被试装置为可分离部件,MPE 应由制造商规定(GB/T 778.2—2018 的 9.4)。合格判据见 GB/T 778.2—2018的7.4.5。
>
> [b] 如果 $Q = Q_1$、Q_2 或 Q_3,或者第 1 次或第 2 次试验超出了 MPE(GB/T 778.2—2018的7.4.5),应进行第 3 次试验。应检验误差变化量(见 GB/T 778.2—2018 的 7.4.6.4)。

水表编号:_____ 方位(垂直、水平、其他):_____

流动方向(见要求 3):_____ 指示装置位置(见要求 4):_____

实际流量 $Q_{(\ )}$ m³/h	初始压力 MPa(bar)	水温 T_w ℃	初始读数 $V_i(i)$ m³	最终读数 $V_i(f)$ m³	指示体积 V_i m³	实际体积 V_a m³	水表误差 E_m %	MPE[a] %
[b]								
							$\overline{E}_{m2}$	
							$\overline{E}_{m3}$	

> [a] 对于整体式水表,此为 GB/T 778.1—2018 的 4.2.2 或 4.2.3 规定的相应准确度等级水表的最大允许误差。如果被试装置为可分离部件,MPE 应由制造商规定(GB/T 778.2—2018 的 9.4)。合格判据见 GB/T 778.2—2018的7.4.5。
>
> [b] 如果 $Q = Q_1$、Q_2 或 Q_3,或者第 1 次或第 2 次试验超出了 MPE(GB/T 778.2—2018的7.4.5),应进行第 3 次试验。应检验误差变化量(见 GB/T 778.2—2018 的 7.4.6.4)。

要求:

要求 1:按照 GB/T 778.2—2018 的 7.4.4 规定的流量点,每个流量点增加 1 套表格。

要求 2:未标'H'或'V'符号的水表,应按照 GB/T 778.2—2018 中 7.4.2.2.7.5 规定的方位,每个方位准备一套表格。

要求 3:如果流动轴线为垂直方向,应给出流动方向(自下而上或者自上而下)。

要求 4:如果流动轴线为水平方向,且水表的指示装置与表体是合为一体的,则应给出指示装置的位置(水表顶部或者侧面)。

4.5.5 水温试验(GB/T 778.2—2018 的 7.5)和过载水温试验(GB/T 778.2—2018 的 7.6)

申请号:_____

型 号:_____

日 期:_____

试验员:_____

	开始时	结束时	
环境温度:			℃
环境相对湿度:			%
环境大气压力:			MPa
时间:			

试验方法	质量法/容积法
体积测量/使用地秤——m³ 或 kg:	
水电导率(仅电磁感应水表)——S/cm:	
水表(或集合管)前直管段长度——mm:	
水表(或集合管)后直管段长度——mm:	
水表(或集合管)前、后管道公称通径 DN——mm:	
流动整直器安装说明(如使用):	

水表编号:＿＿＿＿＿＿＿＿＿＿＿＿＿＿＿ 方位(垂直、水平、其他):＿＿＿＿＿＿＿＿＿＿＿＿＿

流动方向(见要求 1):＿＿＿＿＿＿＿＿＿＿＿＿ 指示装置位置(见要求 2):＿＿＿＿＿＿＿＿＿＿＿＿

施加条件	标称流量 m³/h	实际流量 $Q_{(\ )}$ m³/h	初始压力 MPa (bar)	初始入口水温 ℃	初始读数 $V_i(i)$ m³	最终读数 $V_i(f)$ m³	指示体积 V_i m³	实际体积 V_a m³	水表误差 E_m %	MPE[a] %
10℃[b]	Q_2									
30℃[c]	Q_2									
MAT	Q_2									
参比[d]	Q_2									

结论:

[a] 对于整体式水表,此为 GB/T 778.1—2018 的 4.2.2 或 4.2.3 规定的相应准确度等级水表的最大允许误差。如果被试装置为可分离部件,MPE 应由制造商规定(GB/T 778.2—2018 的 9.4)。合格判据见 GB/T 778.2—2018 的 7.4.5。

[b] 适用于温度等级 T30 至 T180。

[c] 适用于温度等级 T30/70 至 T30/180。

[d] 适用于 MAT≥50 ℃。水表暴露在温度为 MAT+10 ℃±2.5 ℃的水流下历时 1 h 温度稳定后,水表恢复后,水表累积体积的功能应保持不受影响,附加功能应不受影响,水表的(示值)误差应不超过适用的最大允许误差。

要求:

要求 1:如果流动轴线为垂直方向,应给出流向(从下到上或者从上到下)。

要求 2:如果流动轴线为水平方向,且水表的指示装置与表体合为一体,则应给出指示装置的位置(水表顶部或者侧面)。

4.5.6 水压试验(GB/T 778.2—2018 的 7.7)

申请号:＿＿＿＿＿＿＿

型 号:＿＿＿＿＿＿＿

日 期:＿＿＿＿＿＿＿

试验员:＿＿＿＿＿＿＿

	开始时	结束时	
环境温度:			℃
环境相对湿度:			%
环境大气压力:			MPa
时间:			

试验方法	质量法/容积法
体积测量/使用地秤——m³或 kg:	
水电导率(仅电磁感应水表)——S/cm:	
水表(或集合管)前直管段长度——mm:	
水表(或集合管)后直管段长度——mm:	
水表(或集合管)前、后管道公称通径 DN——mm:	
流动整直器安装说明(如使用):	

水表编号:＿＿＿＿＿＿＿＿＿＿＿ 方位(垂直、水平、其他):＿＿＿＿＿＿＿＿＿＿＿

流动方向(见要求 1):＿＿＿＿＿＿＿＿＿ 指示装置位置(见要求 2):＿＿＿＿＿＿＿＿＿

施加条件	标称流量 m³/h	实际流量 $Q_{(\ )}$ m³/h	初始压力 MPa(bar)	初始入口水温 ℃	初始读数 $V_i(i)$ m³	最终读数 $V_i(f)$ m³	指示体积 V_i m³	实际体积 V_a m³	水表误差 E_m ％	MPE[a] ％
0.03 MPa (0.3 bar)	Q_2									
MAP	Q_2									
结论:										

[a] 对于整体式水表,此为 GB/T 778.1—2018 的 4.2.2 或 4.2.3 规定的相应准确度等级水表的最大允许误差。如果被试装置为可分离部件,MPE 应由制造商规定(GB/T 778.2—2018 的 9.4)。

要求:

要求 1:如果流动轴线为垂直方向,应给出流向(从下到上或者从上到下)。

要求 2:如果流动轴线为水平方向,且水表的指示装置与表体合为一体,则应给出指示装置的位置(水表顶部或者侧面)。

4.5.7 逆流试验(GB/T 778.2—2018 的 7.8)

4.5.7.1 通用

	开始时	结束时	
环境温度:			℃
环境相对湿度:			％
环境大气压力:			MPa
时间:			

申请号:＿＿＿＿＿＿＿

型 号:＿＿＿＿＿＿＿

日 期:＿＿＿＿＿＿＿

试验员:＿＿＿＿＿＿＿

试验方法	质量法/容积法
体积测量/使用地秤——m³ 或 kg：	
水电导率(仅电磁感应水表)——S/cm：	
水表(或集合管)前直管段长度——mm：	
水表(或集合管)后直管段长度——mm：	
水表(或集合管)前、后管道公称通径 DN——mm：	
流动整直器安装说明(如使用)：	

4.5.7.2　可测量偶发逆流水表(GB/T 778.2—2018 的 7.8.3.1)

水表编号：＿＿＿＿＿＿＿＿＿＿　方位(垂直、水平、其他)：＿＿＿＿＿＿＿＿＿＿

流动方向(见要求 1)：＿＿＿＿＿＿＿＿　指示装置位置(见要求 2)：＿＿＿＿＿＿＿＿

施加条件	标称流量 m³/h	实际流量 $Q_{()}$ m³/h	初始压力 MPa(bar)	初始入口水温 ℃	初始读数 $V_i(i)$ m³	最终读数 $V_i(f)$ m³	指示体积 V_i m³	实际体积 V_a m³	水表误差 E_m %	MPE[a] %
逆流	Q_1									
逆流	Q_2									
逆流	Q_3									
结论：										

[a] 对于整体式水表,此为 GB/T 778.1—2018 的 4.2.2 或 4.2.3 规定的相应准确度等级水表的最大允许误差。如果被试装置为可分离部件,MPE 应由制造商规定(GB/T 778.2—2018 的 9.4)。

4.5.7.3　不可测量偶发逆流水表(GB/T 778.2—2018 的 7.8.3.2)

水表编号：＿＿＿＿＿＿＿＿＿＿　方位(垂直、水平、其他)：＿＿＿＿＿＿＿＿＿＿

流动方向(见要求 1)：＿＿＿＿＿＿＿＿　指示装置位置(见要求 2)：＿＿＿＿＿＿＿＿

施加条件	标称流量 m³/h	实际流量 $Q_{()}$ m³/h	初始压力 MPa(bar)	初始入口水温 ℃	初始读数 $V_i(i)$ m³	最终读数 $V_i(f)$ m³	指示体积 V_i m³	实际体积 V_a m³	水表误差 E_m %	MPE[a] %
逆流	$0.9Q_3$									
正向流	Q_1									
正向流	Q_2									
正向流	Q_3									
结论：										

[a] 对于整体式水表,此为 GB/T 778.1—2018 的 4.2.2 或 4.2.3 规定的相应准确度等级水表的最大允许误差。如果被试装置为可分离部件,MPE 应由制造商规定(GB/T 778.2—2018 的 9.4)。

4.5.7.4 防逆流水表(GB/T 778.2—2018 的 7.8.3.3)

水表编号：＿＿＿＿＿＿＿＿＿＿＿＿＿ 方位(垂直、水平、其他)：＿＿＿＿＿＿＿＿＿＿＿

流动方向(见要求 1)：＿＿＿＿＿＿＿＿＿＿ 指示装置位置(见要求 2)：＿＿＿＿＿＿＿＿＿

施加条件	标称流量 $Q_{()}$ m³/h	实际流量 $Q_{()}$ m³/h	初始压力 MPa(bar)	初始入口水温 ℃	初始读数 $V_i(i)$ m³	最终读数 $V_i(f)$ m³	指示体积 V_i m³	实际体积 V_a m³	水表误差 E_m %	MPEª %
逆流下 MAP	0									
正向流	Q_1									
正向流	Q_2									
正向流	Q_3									
结论：										
ª 对于整体式水表,此为 GB/T 778.1—2018 的 4.2.2 或 4.2.3 规定的相应准确度等级水表的最大允许误差。如果被试装置为可分离部件,MPE 应由制造商规定(GB/T 778.2—2018 的 9.4)。										

要求：

要求 1：如果流动轴线为垂直方向,应给出流向(从下到上或者从上到下)。

要求 2：如果流动轴线为水平方向,且水表的指示装置与表体合为一体,则应给出指示装置的位置(水表顶部或者侧面)。

4.5.8 压力损失试验(GB/T 778.2—2018 的 7.9)

	开始时	结束时	
环境温度：			℃
环境相对湿度：			%
环境大气压力：			MPa
时间：			

申请号：＿＿＿＿＿＿＿

型　号：＿＿＿＿＿＿＿

日　期：＿＿＿＿＿＿＿

试验员：＿＿＿＿＿＿＿

水表编号：＿＿＿＿＿＿＿＿＿＿ 方位(垂直、水平、其他)：＿＿＿＿＿＿＿＿＿

流动方向(见要求 1)：＿＿＿＿＿＿＿＿ 指示装置位置(见要求 2)：＿＿＿＿＿＿＿＿

测量 1：

流量 $Q_{()}$ m³/h	L_1 mm	L_2 mm	L_3 mm	L_4 mm	初始压力 MPa(bar)	水温 ℃	测量段 mm	压力损失 Δp_1 MPa(bar)

测量 2：

流量 $Q_{(\ )}$	L_1	L_2	L_3	L_4	初始压力	水温	测量段	压力损失 Δp_2	水表压力损失 Δp
m^3/h	mm	mm	mm	mm	MPa（bar）	℃	mm	MPa（bar）	MPa（bar）
结论：									

要求：

要求 1：如果流动轴线为垂直方向，应给出流向（从下到上或者从上到下）。

要求 2：如果流动轴线为水平方向，且水表的指示装置与表体合为一体，则应给出指示装置的位置（水表顶部或者侧面）。

4.5.9 流动扰动试验（GB/T 778.2—2018 的附录 C）

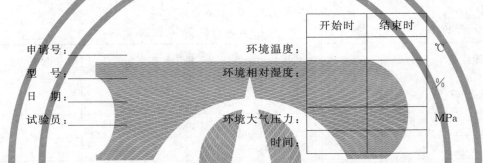

	开始时	结束时	
申请号：_____ 环境温度：			℃
型 号：_____ 环境相对湿度：			%
日 期：_____			
试验员：_____ 环境大气压力：			MPa
时间：			

试验方法	质量法/容积法
体积测量/使用地秤——m^3 或 kg：	
水电导率（仅电磁感应水表）——S/cm：	
水表（或集合管）前、后管道公称通径 DN——mm：	
流动整直器安装说明（如使用）：	

装置配置（见 GB/T 778.2—2018 的附录 C）——每次试验时，添加所用管道实际尺寸（按水表制造商的规定）：

试验编号	流动扰动器 类型（位置）	安装流动 整直器	装置尺寸（见图 1 的说明） mm						
			L_1	L_2	L_3	L_4	L_5	L_6	L_7
1	1（上游）	否	—	—	—	—	—	—	—
1A	1（上游）	是	—	—	—	—	—	—	—
2	1（下游）	否	—	—	—	—	—	—	—
2A	2（下游）	是	—	—	—	—	—	—	—
3	2（上游）	否	—	—	—	—	—	—	—
3A	2（上游）	是	—	—	—	—	—	—	—
4	2（下游）	否	—	—	—	—	—	—	—
4A	2（下游）	是	—	—	—	—	—	—	—

（续）

试验编号	流动扰动器类型（位置）	安装流动整直器	装置尺寸（见图1的说明）mm						
			L_1	L_2	L_3	L_4	L_5	L_6	L_7
5	3（上游）	否	—			—	—	—	—
5A	3（上游）	是	—			—	—	—	—
6	3（下游）	否		—	—		—	—	—
6A	3（下游）	是		—	—		—	—	
结论：									

流向：正向/逆向

水表编号：＿＿＿＿＿＿＿＿＿＿＿　方位（垂直、水平、其他）：＿＿＿＿＿＿＿＿＿＿＿

流动方向（见要求1）：＿＿＿＿＿＿＿＿＿＿　指示装置位置（见要求2）：＿＿＿＿＿＿＿＿＿＿

试验编号	实际流量 $Q_{()}$ m³/h	压力 p_w MPa（bar）	水温 T_w ℃	初始读数 $V_i(i)$ m³	最终读数 $V_i(f)$ m³	指示体积 V_i m³	实际体积 V_a m³	水表误差 E_m ％	MPE[a] ％
1									
1A									
2									
2A									
3									
3A									
4									
4A									
5									
5A									
6									
6A									
结论：									

[a] 对于整体式水表，此为 GB/T 778.1—2018 的 4.2.2 或 4.2.3 规定的相应准确度等级水表的最大允许误差。如果被试装置为可分离部件，MPE 应由制造商规定（GB/T 778.2—2018 的 9.4）。

制造商规定上游安装长度至少 15DN 和下游安装长度至少 5DN 的水表，不允许使用外部整直器。

当制造商规定水表下游最小直管段长度（L_2）为 5DN 时，只需进行第 1、3、5 项试验。

要求：

要求1：如果流动轴线为垂直方向，应给出流向（从下到上或者从上到下）。

要求2：如果流动轴线为水平方向，且水表的指示装置与表体合为一体，则应给出指示装置的位置（水表顶部或者侧面）。

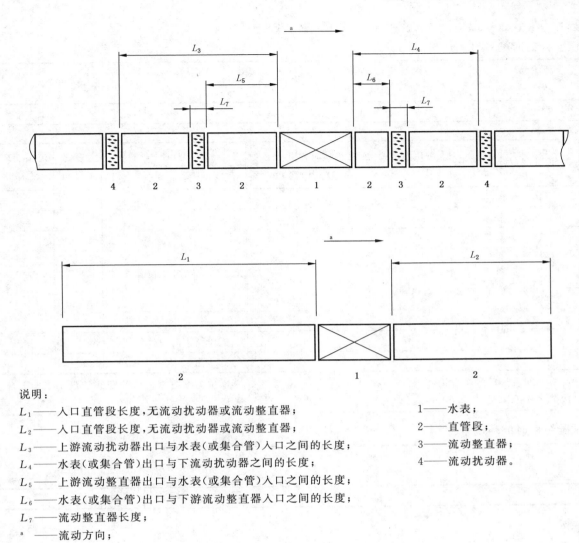

说明：

L_1——入口直管段长度，无流动扰动器或流动整直器；
L_2——入口直管段长度，无流动扰动器或流动整直器；
L_3——上游流动扰动器出口与水表（或集合管）入口之间的长度；
L_4——水表（或集合管）出口与下流动扰动器之间的长度；
L_5——上游流动整直器出口与水表（或集合管）入口之间的长度；
L_6——水表（或集合管）出口与下游流动整直器入口之间的长度；
L_7——流动整直器长度；
a ——流动方向；

1——水表；
2——直管段；
3——流动整直器；
4——流动扰动器。

图 1　相对位置说明

4.5.10　耐久性试验（GB/T 778.2—2018 的 7.11）

4.5.10.1　断续流试验（GB/T 778.2—2018 的 7.11.2）

本试验仅适用于 $Q_3 \leqslant 16$ m³/h 的水表。

申请号：	
试验方法	质量法/体积法
体积测量/使用地秤——m³ 或 kg：	
水电导率（仅电磁感应水表）——S/cm：	
水表（或集合管）前直管段长度——mm：	
水表（或集合管）后直管段长度——mm：	
水表（或集合管）前、后管道公称通径 DN——mm：	
流动整直器安装说明（如使用）：	

试验时的读数
水表编号：＿＿＿＿＿＿

注:每24 h记录一次读数;若分段试验,则每一时段记录一次读数。

试验开始时的环境条件

环境温度 ℃	环境相对湿度 %	环境大气压力 MPa(bar)	时间

日期	时间	试验员	上游压力 MPa	下游压力 MPa	上游温度 ℃	实际流量 m³/h	水表读数 m³	流量循环时间—s				总排放 体积 m³	流量循环 总数
								增大	恒定	减小	停止		
											试验结束时总体积=		
											理论总体积ᵃ=		

ᵃ 试验期间流过的最小理论体积为 $0.5 \times Q_3 \times 100\ 000 \times 32/3\ 600$,单位为立方米。试验期间的最小试验循环次数为 100 000 次。

试验结束时的环境条件

环境温度 ℃	环境相对湿度 %	环境大气压力 MPa(bar)	时间

结论:

试验员:_____ 日期:_____

断续流试验结束后测得的(示值)误差

水表编号:_____

实际 流量 $Q_{(\ )}$ m³/h	工作 压力 $p\,w$ MPa	工作 温度 T_w ℃	初始 读数 $V_i(i)$ m³	最终 读数 $V_i(f)$ m³	指示 体积 V_i m³	实际 体积 V_a m³	水表 误差 E_m %	MPEᵃ %	误差曲线 变化量ᵇ $\overline{E}_m(B)-\overline{E}_m(A)$ %	MPE(误差 曲线变化量)ᶜ %
ᵈ										
					$\overline{E}_{m2}$					
					$\overline{E}_{m3}$					
					$\overline{E}_m(B)$					

ᵃ MPE 数值见 GB/T 778.1—2018 的 4.2。合格判据见 GB/T 778.2—2018 的 7.4.5。

ᵇ $\overline{E}_m(A)$ 为基本(示值)误差的平均值,见试验报告 5.3;$\overline{E}_m(B)$ 为本断续流试验后测得的平均(示值)误差。

ᶜ MPE 值和合格判据见 GB/T 778.2—2018 的 7.11.2.4。

ᵈ 如果 $Q = Q_1$,Q_2 或 Q_3,或者第 1 次或第 2 次试验超出 MPE(GB/T 778.2—2018 的 7.4.5),进行第 3 次试验。

4.5.10.2 连续流试验(GB/T 778.2—2018 的 7.11.3)

申请号：	
试验方法	质量法/体积法
体积测量/使用地秤——m³ 或 kg：	
水电导率(仅电磁感应水表)——S/cm：	
水表(或集合管)前直管段长度——mm：	
水表(或集合管)后直管段长度——mm：	
水表(或集合管)前、后管道公称通径 DN——mm：	
流动整直器安装说明(如使用)：	

试验时的读数

水表编号：_____

注：每 24 h 记录一次读数；若分段试验，则每一时段记录一次读数。

试验开始时的环境条件

环境温度 ℃	环境相对湿度 %	环境大气压力 MPa(bar)	时间

日期	时间	试验员	上游压力 MPa	下游压力 MPa	上游温度 ℃	实际流量 m³/h	水表读数 m³	总排放体积 m³	流量循环 总数
							试验结束时总体积＝		
							最小排放体积[a]＝		

结论：

[a] 对于 $Q_3 \leqslant 16$ m³/h 的水表，总运行时间为 Q_4 流量 100 h(试验结束时的最小排放体积为[Q_4]×100，单位为立方米，其中[Q_4]的数值等于 Q_4 值，单位为立方米每小时)。

对于 $Q_3 > 16$ m³/h 的水表，总运行时间为 Q_3 流量 800 h(试验结束时的最小排放体积为[Q_3]×800，单位为立方米，其中[Q_3]的数值等于 Q_3 值，单位为立方米每小时)和 Q_4 流量 200 h(试验结束时的最小排放体积为[Q_4]×200，单位为立方米，其中[Q_4]的数值等于 Q_4 值，单位为立方米每小时)。

试验结束时的环境条件

环境温度 ℃	环境相对湿度 %	环境大气压力 MPa(bar)	时间

试验员：＿＿＿＿＿＿＿＿＿＿＿＿＿　日期：＿＿＿＿＿＿＿＿＿＿＿＿＿

连续流试验结束后测得的（示值）误差

水表编号：＿＿＿＿＿＿＿＿＿＿＿＿＿

实际 流量 $Q_{(\ )}$ m^3/h	工作 压力 p_w MPa	工作 温度 T_w ℃	初始 读数 $V_i(i)$ m^3	最终 读数 $V_i(f)$ m^3	指示 体积 V_i m^3	实际 体积 V_a m^3	水表 误差 E_m %	MPE[a] %	误差曲线 变化量[b] $\overline{E}_m(B)-\overline{E}_m(A)$ %	MPE（误差 曲线变化量）[c] %
[d]										
						$\overline{E}_{m2}$				
						$\overline{E}_{m3}$				
						$\overline{E}_m(B)$				

结论：

[a] MPE 数值见 GB/T 778.1—2018 的 4.2。合格判据见 GB/T 778.2—2018 的 7.4.5。

[b] $\overline{E}_m(A)$ 为基本（示值）误差的平均值，见试验报告 5.3；$\overline{E}_m(B)$ 为本连续流试验后测得的平均（示值）误差。

[c] MPE 值和合格判据见 GB/T 778.2—2018 的 7.11.3.4。

[d] 如果 $Q=Q_1,Q_2$ 或 Q_3，或者第 1 次或第 2 次试验超出 MPE(GB/T 778.2—2018 的 7.4.5)，进行第 3 次试验。

4.5.10.3 断续流试验（GB/T 778.2—2018 的 7.11.2）

（仅适用于复式水表）

申请号：	
试验方法	质量法/体积法
体积测量/使用地秤——m^3 或 kg：	
水电导率（仅电磁感应水表）——S/cm：	
水表（或集合管）前直管段长度——mm：	
水表（或集合管）后直管段长度——mm：	
水表（或集合管）前、后管道公称通径 DN——mm：	
流动整直器安装说明（如使用）：	
规定转换流量 Q_{x2}	
选用试验流量（至少是转换流量 Q_{x2} 的 2 倍）	

试验时的读数

水表编号：

注：每 24 h 记录一次读数；若分段试验，则每一时段记录一次读数。

试验开始时的环境条件

环境温度 ℃	环境相对湿度 %	环境大气压力 MPa(bar)	时间

日期	时间	试验员	上游压力 MPa	下游压力 MPa	上游温度 ℃	实际流量 m³/h	水表读数 m³	流量循环时间—s				总排放 体积 m³	流量循环 总数
								rise	on	fall	off		
							试验结束时总体积=						
							理论总体积[a]=						

[a] 试验期间流过的最小理论体积为 $0.5 \times Q_1 \times 50\,000 \times 32/3\,600$，单位为立方米。试验期间的最小试验循环次数为 50 000 次。

试验结束时的环境条件

环境温度 ℃	环境相对湿度 %	环境大气压力 MPa(bar)	时间

结论：

试验员：_____ 日期：_____

断续流试验结束后测得的示值误差

水表编号：

实际 流量 $Q(\ )$ m³/h	工作 压力 p_w MPa	工作 温度 T_w ℃	初始 读数 $V_i(i)$ m³	最终 读数 $V_i(f)$ m³	指示 体积 V_i m³	实际 体积 V_a m³	水表 误差 E_m %	MPE[a] %	误差曲线 变化量[b] $\overline{E}_m(B) - \overline{E}_m(A)$ %	MPE(误差 曲线变化量)[c] %
[d]										
						$\overline{E}_{m2}$				
						$\overline{E}_{m3}$				
						$\overline{E}_m(B)$				

结论：

[a] MPE 数值见 GB/T 778.1—2018 的 4.2。合格判据见 GB/T 778.2—2018 的 7.4.5。

[b] $\overline{E}_m(A)$ 为基本(示值)误差的平均值，见试验报告 5.3；$\overline{E}_m(B)$ 为本断续流试验后测得的平均(示值)误差($=\overline{E}_{m2}$ 或 $\overline{E}_{m3}$)。

[c] MPE 值和合格判据见 GB/T 778.2—2018 的 7.11.3.4。

[d] 如果 $Q = Q_1$，Q_2 或 Q_3，或者第 1 次或第 2 次试验超出 MPE(GB/T 778.2—2018的 7.4.5)，进行第 3 次试验。

4.5.11 静磁场试验(GB/T 778.2—2018 的 7.12、8.16)

	开始时	结束时	
申请号：_____	环境温度：		℃
型　号：_____	环境相对湿度：		%
日　期：_____	环境大气压力：		MPa
试验员：_____	时间：		

试验方法	质量法/体积法
体积测量/使用地秤——m³ 或 kg：	
水电导率(仅电磁感应水表)——S/cm：	
水表(或集合管)前直管段长度——mm：	
水表(或集合管)后直管段长度——mm：	
水表(或集合管)前、后管道公称通径 DN——mm：	
流动整直器安装说明(如使用)：	

水表编号：_____　方位(垂直、水平、其他)：_____

流动方向(见要求 1)：_____　指示装置位置(见要求 2)：_____

施加条件	标称流量 $Q_{()}$ m³/h	实际流量 $Q_{()}$ m³/h	初始压力 MPa (bar)	初始入口水温 ℃	初始读数 $V_i(i)$ m³	最终读数 $V_i(f)$ m³	指示体积 V_i m³	实际体积 V_a m³	水表误差 E_m %	MPE[a] %
位置 1	Q_3									
位置 2(可选)	Q_3									
位置 3(可选)	Q_3									
结论：注明磁铁位置										

[a] 对于整体式水表，此为 GB/T 778.1—2018 的 4.2.2 或 4.2.3 规定的相应准确度等级水表的最大允许误差。如果被试装置为可分离部件，MPE 应由制造商规定(GB/T 778.2—2018 的 9.4)。

要求：

要求 1：如果流动轴线为垂直方向，应给出流向(从下到上或者从上到下)。

要求 2：如果流动轴线为水平方向，且水表的指示装置与表体合为一体，则应给出指示装置的位置(水表顶部或者侧面)。

4.5.12 水表辅助装置试验(GB/T 778.2—2018 的 7.13)

	开始时	结束时	
申请号：_____	环境温度：		℃
型　号：_____	环境相对湿度：		%
日　期：_____	环境大气压力：		MPa
试验员：_____	时间：		

试验方法	质量法/体积法
体积测量/使用地秤——m³ 或 kg:	
水电导率(仅电磁感应水表)——S/cm:	
水表(或集合管)前直管段长度——mm:	
水表(或集合管)后直管段长度——mm:	
水表(或集合管)前、后管道公称通径 DN——mm:	
流动整直器安装说明(如使用):	

水表编号:＿＿＿＿＿＿＿＿＿＿＿ 方位(垂直、水平、其他):＿＿＿＿＿＿＿＿＿＿＿

流动方向(见要求 3):＿＿＿＿＿＿＿＿＿＿＿指示装置位置(见要求 4):＿＿＿＿＿＿＿＿＿＿＿

实际流量 $Q_{(\ )}$ m³/h	初始压力 MPa(bar)	水温 T_w ℃	初始读数 $V_i(i)$ m³	最终读数 $V_i(f)$ m³	指示体积 V_i m³	实际体积 V_a m³	水表误差 E_m ％	MPE[a] ％
b								
						$\overline{E}_{m2}$		
						$\overline{E}_{m3}$		
							标准偏差 ％	MPE/3[a] ％
						s c,d		

a 对于整体式水表,此为 GB/T 778.1—2018 的 4.2.2 或 4.2.3 规定的相应准确度等级水表的最大允许误差。如果被试装置为可分离部件,MPE 应由制造商规定(GB/T 778.2—2018 的 9.4)。合格判据见 GB/T 778.2—2018的 7.4.5。

b 如果 $Q = Q_1$、Q_2 或 Q_3,或者第 1 次或第 2 次试验超出了 MPE(GB/T 778.2—2018 的 7.4.5),应进行第 3 次试验。

c 如果 $Q = Q_1$、Q_2 或 Q_3,计算标准偏差(GB/T 778.2—2018 的 7.4.5)。

d 同一标称流量下取得的(示值)误差三次测量结果的标准偏差。

水表编号:＿＿＿＿＿＿＿＿＿＿＿ 方位(垂直、水平、其他):＿＿＿＿＿＿＿＿＿＿＿

流动方向(见要求 3):＿＿＿＿＿＿＿＿＿＿＿指示装置位置(见要求 4):＿＿＿＿＿＿＿＿＿＿＿

实际流量 $Q_{(\ )}$ m³/h	初始压力 MPa(bar)	水温 T_w ℃	初始读数 $V_i(i)$ m³	最终读数 $V_i(f)$ m³	指示体积 V_i m³	实际体积 V_a m³	水表误差 E_m ％	MPE[a] ％
b								
						$\overline{E}_{m2}$		
						$\overline{E}_{m3}$		
							标准偏差 ％	MPE/3[a] ％
						s c,d		

a 对于整体式水表,此为 GB/T 778.1—2018 的 4.2.2 或 4.2.3 规定的相应准确度等级水表的最大允许误差。如果被试装置为可分离部件,MPE 应由制造商规定(GB/T 778.2—2018 的 9.4)。合格判据见 GB/T 778.2—2018的 7.4.5。

b 如果 $Q = Q_1$、Q_2 或 Q_3,或者第 1 次或第 2 次试验超出了 MPE(GB/T 778.2—2018的 7.4.5),应进行第 3 次试验。

c 如果 $Q = Q_1$、Q_2 或 Q_3,计算标准偏差(GB/T 778.2—2018 的 7.4.5)。

d 同一标称流量下取得的(示值)误差三次测量结果的标准偏差。

水表编号：_____ 方位（垂直、水平、其他）：_____

流动方向（见要求 3）：_____ 指示装置位置（见要求 4）：_____

实际流量 $Q_{(\ )}$ m³/h	初始压力 p MPa（bar）	水温 T_w ℃	初始读数 $V_i(i)$ m³	最终读数 $V_i(f)$ m³	指示体积 V_i m³	实际体积 V_a m³	水表误差 E_m %	MPE[a] %
b								
						$\overline{E}_{m2}$		
						$\overline{E}_{m3}$		
							标准偏差 %	MPE/3[a] %
						s [c,d]		

[a] 对于整体式水表，此为 GB/T 778.1—2018 的 4.2.2 或 4.2.3 规定的相应准确度等级水表的最大允许误差。如果被试装置为可分离部件，MPE 应由制造商规定（GB/T 778.2—2018 的 9.4）。合格判据见 GB/T 778.2—2018 的 7.4.5。

[b] 如果 $Q = Q_1$、Q_2 或 Q_3，或者第 1 次或第 2 次试验超出了 MPE（GB/T 778.2—2018 的 7.4.5），应进行第 3 次试验。

[c] 如果 $Q = Q_1$、Q_2 或 Q_3，计算标准偏差（GB/T 778.2—2018 的 7.4.5）。

[d] 同一标称流量下取得的（示值）误差三次测量结果的标准偏差。

要求：

要求 1：按照 GB/T 778.2—2018 的 7.4.4 规定的流量点，每个流量点增加 1 套表格。

要求 2：未标"H"或"V"符号的水表，应按照 GB/T 778.2—2018 的 7.4.2.2.7.5 规定的方位，每个方位准备一套表格。

要求 3：如果流动轴线为垂直方向，应给出流动方向（自下而上或者自上而下）。

要求 4：如果流动轴线为水平方向，且水表的指示装置与表体是合为一体的，则应给出指示装置的位置（水表顶部或者侧面）。

结论：

4.6 电子水表和带电子装置机械水表的型式评价试验

4.6.1 高温（无冷凝）（GB/T 778.2—2018 的 8.2）

	开始时	结束时	

申请号：_____

型　号：_____

日　期：_____

试验员：_____

环境温度：　　　　　　　　　　　　℃

环境相对湿度：　　　　　　　　　　%

环境大气压力：　　　　　　　　　　MPa

时间：

试验方法	质量法/体积法
体积测量/使用地秤——m³ 或 kg：	
水电导率（仅电磁感应水表）——S/cm：	
水表（或集合管）前直管段长度——mm：	
水表（或集合管）后直管段长度——mm：	
水表（或集合管）前、后管道公称通径 DN——mm：	
流动整直器安装说明（如使用）：	

水表编号：_____ 方位(垂直、水平、其他)：_____

流动方向(见要求1)：_____ 指示装置位置(见要求2)：_____

施加条件	实际或模拟流量 $Q_{(\ )}$ m³/h	工作压力[a] p_w MPa (bar)	工作温度[a] T_w ℃	初始读数 $V_i(i)$ m³	最终读数 $V_i(f)$ m³	指示体积 V_i m³	实际体积 V_a m³	水表误差 E_m %	MPE[b] %
20 ℃									
55 ℃									
20 ℃									
结论：									

[a] 温度和压力应使用数据记录装置记录,以确保符合相关 IEC 标准。

[b] 对于整体式水表,此为 GB/T 778.1—2018 的 4.2.2 或 4.2.3 规定的相应准确度等级水表的最大允许误差。如果被试装置为可分离部件,MPE 应由制造商规定(GB/T 778.2—2018 的 9.4)。

要求：

要求 1：如果流动轴线为垂直方向,应给出流向(从下到上或者从上到下)。

要求 2：如果流动轴线为水平方向,且水表的指示装置与表体合为一体,则应给出指示装置的位置(水表顶部或者侧面)。

4.6.2 低温试验(GB/T 778.2—2018 的 8.3)

申请号：_____

型　号：_____

日　期：_____

试验员：_____

	开始时	结束时	
环境温度：			℃
环境相对湿度：			%
环境大气压力：			MPa
时间：			

试验方法	质量法/体积法
体积测量/使用地秤——m³ 或 kg：	
水电导率(仅电磁感应水表)——S/cm：	
水表(或集合管)前直管段长度——mm：	
水表(或集合管)后直管段长度——mm：	
水表(或集合管)前、后管道公称通径 DN——mm：	
流动整直器安装说明(如使用)：	

环境等级：_____

水表编号：_____ 方位(垂直、水平、其他)：_____

流动方向(见要求1)：_____ 指示装置位置(见要求2)：_____

施加条件	实际或模拟流量 $Q_{(\ )}$ m³/h	工作压力[a] p_w MPa (bar)	工作温度[a] T_w ℃	初始读数 $V_i(i)$ m³	最终读数 $V_i(f)$ m³	指示体积 V_i m³	实际体积 V_a m³	水表误差 E_m %	MPE[b] %
20 ℃									
+5 ℃或 −25 ℃									
20 ℃									
结论：									

[a] 温度和压力应使用数据记录装置记录，以确保符合相关 IEC 标准。
[b] 对于整体式水表，此为 GB/T 778.1—2018 的 4.2.2 或 4.2.3 规定的相应准确度等级水表的最大允许误差。如果被试装置为可分离部件，MPE 应由制造商规定（GB/T 778.2—2018 的 9.4）。

要求：

要求 1：如果流动轴线为垂直方向，应给出流向（从下到上或者从上到下）。

要求 2：如果流动轴线为水平方向，且水表的指示装置与表体合为一体，则应给出指示装置的位置（水表顶部或者侧面）。

4.6.3 交变湿热试验（冷凝）（GB/T 778.2—2018 的 8.4）

申请号：_____

型　号：_____

日　期：_____

试验员：_____

	开始时	结束时	
环境温度：			℃
环境相对湿度：			%
环境大气压力：			MPa
时间：			

试验方法	质量法/体积法
体积测量/使用地秤——m³ 或 kg：	
水电导率（仅电磁感应水表）——S/cm：	
水表（或集合管）前直管段长度——mm：	
水表（或集合管）后直管段长度——mm：	
水表（或集合管）前、后管道公称通径 DN——mm：	
流动整直器安装说明（如使用）：	

环境等级：_____

水表编号：_____　　方位（垂直、水平、其他）：_____

流动方向（见要求 1）：_____　　指示装置位置（见要求 2）：_____

施加 条件	实际或 模拟流量 $Q_{(\ )}$ m^3/h	工作 压力[a] p_w MPa	工作 温度[a] T_w ℃	初始 读数 $V_i(i)$ m^3	最终 读数 $V_i(f)$ m^3	指示 体积 V_i m^3	实际 体积 V_a m^3	水表 误差 E_m %	MPE[b] %	差错 $E_{m2)}-$ $E_{m1)}$ %	明显 差错 %	EUT 工作 正常
参比条件 1)循环前									—	—	—	—
预处理水表。 施加交变湿热(持续时间 24 h),25 ℃和 40 ℃(环境等级 B)或 55 ℃(环境等级 O 和 M)之间 2 个循环。												
2)循环后											是	否
结论:												

    [a] 温度和压力应使用数据记录装置记录,以确保符合相关 IEC 标准。

    [b] 对于整体式水表,此为 GB/T 778.1—2018 的 4.2.2 或 4.2.3 规定的相应准确度等级水表的最大允许误差。如果被试装置为可分离部件,MPE 应由制造商规定(GB/T 778.2—2018 的 9.4)。

要求:

要求 1: 如果流动轴线为垂直方向,应给出流向(从下到上或者从上到下)。

要求 2: 如果流动轴线为水平方向,且水表的指示装置与表体合为一体,则应给出指示装置的位置(水表顶部或者侧面)。

4.6.4 电源变化试验(GB/T 778.2—2018 的 8.5)

4.6.4.1 通用

	开始时	结束时	
申请号: _____ 环境温度:			℃
型 号: _____ 环境相对湿度:			%
日 期: _____ 环境大气压力:			MPa
试验员: _____ 时间:			

试验方法	质量法/体积法
体积测量/使用地秤——m^3 或 kg:	
水电导率(仅电磁感应水表)——S/cm:	
水表(或集合管)前直管段长度——mm:	
水表(或集合管)后直管段长度——mm:	
水表(或集合管)前、后管道公称通径 DN——mm:	
流动整直器安装说明(如使用):	

4.6.4.2 单相交流电或者交直流转换器供电的水表(GB/T 778.2—2018 的 8.5.2)

    水表编号: _____   方位(垂直、水平、其他): _____

    流动方向(见要求 1): _____   指示装置位置(见要求 2): _____

施加条件	U_i V	实际或模拟流量 $Q_{()}$ m³/h	工作压力 p_w MPa (bar)	工作温度[a] T_w ℃	初始读数 $V_i(i)$ m³	最终读数 $V_i(f)$ m³	指示体积 V_i m³	实际体积 V_a m³	水表误差 E_m %	MPE[a] %
$U_{nom}+10\%$										
$f_{nom}+2\%$										
$U_{nom}-15\%$										
$f_{nom}-2\%$										
结论：										
[a] 对于整体式水表,此为 GB/T 778.1—2018 的 4.2.2 或 4.2.3 规定的相应准确度等级水表的最大允许误差。如果被试装置为可分离部件,MPE 应由制造商规定(GB/T 778.2—2018 的 9.4)。										

要求：

要求 1：如果流动轴线为垂直方向,应给出流向(从下到上或者从上到下)。

要求 2：如果流动轴线为水平方向,且水表的指示装置与表体合为一体,则应给出指示装置的位置(水表顶部或者侧面)。

4.6.4.3 电池供电或者外部直流供电的水表(GB/T 778.2—2018 的 8.5.3)

水表编号：＿＿＿＿＿＿＿＿＿＿方位(垂直、水平、其他)：＿＿＿＿＿＿＿＿＿＿

流动方向(见要求 1)：＿＿＿＿＿＿＿＿＿＿　指示装置位置(见要求 2)：＿＿＿＿＿＿＿＿＿＿

施加条件 (电压)	U_i V	实际或模拟流量 $Q_{()}$ m³/h	工作压力 p_w MPa (bar)	工作温度[a] T_w ℃	初始读数 $V_i(i)$ m³	最终读数 $V_i(f)$ m³	指示体积 V_i m³	实际体积 V_a m³	水表误差 E_m %	MPE[a] %
$U_{nom}+10\%$										
$U_{nom}-15\%$										
结论：										
[a] 对于整体式水表,此为 GB/T 778.1—2018 的 4.2.2 或 4.2.3 规定的相应准确度等级水表的最大允许误差。如果被试装置为可分离部件,MPE 应由制造商规定(GB/T 778.2—2018 的 9.4)。										

要求：

要求 1：如果流动轴线为垂直方向,应给出流向(从下到上或者从上到下)。

要求 2：如果流动轴线为水平方向,且水表的指示装置与表体合为一体,则应给出指示装置的位置(水表顶部或者侧面)。

4.6.5 振动(随机)(GB/T 778.2—2018 的 8.6)

	开始时	结束时	
申请号：＿＿＿＿＿＿			
型 号：＿＿＿＿＿＿	环境温度：		℃
日 期：＿＿＿＿＿＿	环境相对湿度：		%
试验员：＿＿＿＿＿＿	环境大气压力：		MPa
	时间：		

试验方法	质量法/体积法
体积测量/使用地秤——m³或 kg：	
水电导率(仅电磁感应水表)——S/cm：	
水表(或集合管)前直管段长度——mm：	
水表(或集合管)后直管段长度——mm：	
水表(或集合管)前、后管道公称通径 DN——mm：	
流动整直器安装说明(如使用)：	

环境等级：＿＿＿＿＿＿＿＿＿＿＿

水表编号：＿＿＿＿＿＿＿＿＿ 方位(垂直、水平、其他)：＿＿＿＿＿＿＿＿＿＿

流动方向(见要求 1)：＿＿＿＿＿＿＿＿＿＿ 指示装置位置(见要求 2)：＿＿＿＿＿＿＿＿＿＿

施加条件	实际或模拟流量 $Q_{(\ )}$ m³/h	工作压力 p_w MPa	工作温度 T_w ℃	初始读数 $V_i(i)$ m³	最终读数 $V_i(f)$ m³	指示体积 V_i m³	实际体积 V_a m³	水表误差 E_m %	MPE[a] %	差错 $E_{m2)}-E_{m1)}$ %	明显差错 %	EUT工作正常
参比条件												
1)振动前									—	—	—	—
在三个相互垂直的轴向上向被试装置施加随机振动，频率范围 10 Hz～150 Hz，每个轴向至少 2 min。均方根值等级：7 m·s⁻²。加速度谱密度等级，10 Hz～20 Hz 时为 1 m²·s⁻³，20 Hz～150 Hz 时为 −3 dB/octave。												
2)振动后											是	否
结论：												

[a] 对于整体式水表，此为 GB/T 778.1—2018 的 4.2.2 或 4.2.3 规定的相应准确度等级水表的最大允许误差。如果被试装置为可分离部件，MPE 应由制造商规定(GB/T 778.2—2018 的 9.4)。

要求：

要求 1：如果流动轴线为垂直方向，应给出流向(从下到上或者从上到下)。

要求 2：如果流动轴线为水平方向，且水表的指示装置与表体合为一体，则应给出指示装置的位置(水表顶部或者侧面)。

4.6.6 机械冲击试验(GB/T 778.2—2018 的 8.7)

	开始时	结束时	
环境温度：			℃
环境相对湿度：			%
环境大气压力：			MPa
时间：			

申请号：＿＿＿＿＿＿

型　号：＿＿＿＿＿＿

日　期：＿＿＿＿＿＿

试验员：＿＿＿＿＿＿

试验方法	质量法/体积法
体积测量/使用地秤——m³或 kg：	
水电导率(仅电磁感应水表)——S/cm：	
水表(或集合管)前直管段长度——mm：	
水表(或集合管)后直管段长度——mm：	
水表(或集合管)前、后管道公称通径 DN——mm：	
流动整直器安装说明(如使用)：	

环境等级：＿＿＿＿＿＿＿＿＿＿＿＿＿

水表编号：＿＿＿＿＿＿＿＿＿＿＿＿　　方位（垂直、水平、其他）：＿＿＿＿＿＿＿＿＿＿＿

流动方向（见要求1）：＿＿＿＿＿＿＿＿＿＿＿　指示装置位置（见要求2）：＿＿＿＿＿＿＿＿＿＿＿

施加条件	实际或模拟流量 $Q_{(\ )}$ m³/h	工作压力 p_w MPa	工作温度 T_w ℃	初始读数 $V_i(i)$ m³	最终读数 $V_i(f)$ m³	指示体积 V_i m³	实际体积 V_a m³	水表误差 E_m %	MPE[a] %	差错 $E_{m2}) - E_{m1})$ %	明显差错 %	EUT工作正常
参比条件												
1）冲击前										—	—	— —
按正常使用位置将被试装置安放在一个刚性平面上，朝一个底边倾斜被试水表，使其相对底边高于刚性平面 50 mm。但被试装置的底面与试验平面形成的夹角应不超过 30°。让被试装置自由跌落到试验平面上。每个底边重复试验。												
2）冲击后												是 否
结论：												

[a] 对于整体式水表，此为 GB/T 778.1—2018 的 4.2.2 或 4.2.3 规定的相应准确度等级水表的最大允许误差。如果被试装置为可分离部件，MPE 应由制造商规定（GB/T 778.2—2018 的 9.4）。

要求：

要求1：如果流动轴线为垂直方向，应给出流向（从下到上或者从上到下）。

要求2：如果流动轴线为水平方向，且水表的指示装置与表体合为一体，则应给出指示装置的位置（水表顶部或者侧面）。

4.6.7 交流电压暂降、短时中断和电压变化（GB/T 778.2—2018 的 8.8）

	开始时	结束时	
申请号：＿＿＿＿＿＿			
型　号：＿＿＿＿＿＿			
日　期：＿＿＿＿＿＿			
试验员：＿＿＿＿＿＿			

	开始时	结束时	
环境温度：			℃
环境相对湿度：			%
环境大气压力：			MPa
时间：			

试验方法	质量法/体积法
体积测量/使用地秤——m³ 或 kg：	
水电导率（仅电磁感应水表）——S/cm：	
水表（或集合管）前直管段长度——mm：	
水表（或集合管）后直管段长度——mm：	
水表（或集合管）前、后管道公称通径 DN——mm：	
流动整直器安装说明（如使用）：	

单相交流电源供电的水表

水表编号：＿＿＿＿＿＿＿＿＿＿＿　　方位（垂直、水平、其他）：＿＿＿＿＿＿＿＿＿＿＿

流动方向（见要求1）：＿＿＿＿＿＿＿＿＿＿　指示装置位置（见要求2）：＿＿＿＿＿＿＿＿＿＿＿

施加条件	实际或模拟流量 $Q_{(\ )}$ m³/h	工作压力 p_w MPa	工作温度 T_w ℃	初始读数 $V_i(i)$ m³	最终读数 $V_i(f)$ m³	指示体积 V_i m³	实际体积 V_a m³	水表误差 E_m %	MPE[a] %	差错 (E_{m2}) $-E_{m1})$ %	明显差错 %	EUT工作正常
参比条件 1)电压降低前	无电压降低										—	— — — —
2)电压降低时	按 GB/T 778.2—2018 的 8.8 中断和降低电压											是 否
结论:												

[a] 对于整体式水表,此为 GB/T 778.1—2018 的 4.2.2 或 4.2.3 规定的相应准确度等级水表的最大允许误差。如果被试装置为可分离部件,MPE 应由制造商规定(GB/T 778.2—2018 的 9.4)。

[b] 明显差错等于高区 MPE 的二分之一。

要求:

要求 1:如果流动轴线为垂直方向,应给出流向(从下到上或者从上到下)。

要求 2:如果流动轴线为水平方向,且水表的指示装置与表体合为一体,则应给出指示装置的位置(水表顶部或者侧面)。

4.6.8 信号线脉冲群(GB/T 778.2—2018 的 8.9)

	开始时	结束时	
环境温度:			℃
环境相对湿度:			%
环境大气压力:			MPa
时间:			

申请号:_____

型 号:_____

日 期:_____

试验员:_____

试验方法	质量法/体积法
体积测量/使用地秤——m³ 或 kg:	
水电导率(仅电磁感应水表)——S/cm:	
水表(或集合管)前直管段长度——mm:	
水表(或集合管)后直管段长度——mm:	
水表(或集合管)前、后管道公称通径 DN——mm:	
流动整直器安装说明(如使用):	

带电子装置并配备输入输出和通信端口的水表

水表编号:_____ 方位(垂直、水平、其他):_____

流动方向(见要求 1):_____ 指示装置位置(见要求 2):_____

施加条件	实际或模拟流量 $Q_{()}$ m³/h	工作压力 p_w MPa	工作温度 T_w ℃	初始读数 $V_i(i)$ m³	最终读数 $V_i(f)$ m³	指示体积 V_i m³	实际体积 V_a m³	水表误差 E_m %	MPE[a] %	差错 $E_{m2)} - E_{m1)}$ %	明显差错[b] %	EUT工作正常
参比条件 1)施加脉冲群前										—	—	— —
每一尖峰的(正或负)幅值，E1级(见8.1.3)仪表应为0.5 kV，E2级仪表应为1 kV，随机相位，上升时间5 ns，二分之一幅值持续时间50 ns。												
2)施加脉冲群后												是 否
结论：												

[a] 对于整体式水表，此为 GB/T 778.1—2018 的 4.2.2 或 4.2.3 规定的相应准确度等级水表的最大允许误差。如果被试装置为可分离部件，MPE 应由制造商规定(GB/T 778.2—2018 的 9.4)。

[b] 明显差错等于高区 MPE 的二分之一。

要求：

要求1：如果流动轴线为垂直方向，应给出流向(从下到上或者从上到下)。

要求2：如果流动轴线为水平方向，且水表的指示装置与表体合为一体，则应给出指示装置的位置(水表顶部或者侧面)。

4.6.9 交流和直流电源脉冲群(电快速瞬变)(GB/T 778.2—2018 的 8.10)

	开始时	结束时	
环境温度：			℃
环境相对湿度：			%
环境大气压力：			MPa
时间：			

申请号：_____

型　号：_____

日　期：_____

试验员：_____

试验方法	质量法/体积法
体积测量/使用地秤——m³ 或 kg：	
水电导率(仅电磁感应水表)——S/cm：	
水表(或集合管)前直管段长度——mm：	
水表(或集合管)后直管段长度——mm：	
水表(或集合管)前、后管道公称通径 DN——mm：	
流动整直器安装说明(如使用)：	

单相交流电源供电的水表

水表编号：_____　　　　方位(垂直、水平、其他)：_____

流动方向(见要求1)：_____　　　指示装置位置(见要求2)：_____

施加 条件	实际或 模拟流量 $Q_{(\ )}$ m³/h	工作 压力 p_w MPa	工作 温度 T_w ℃	初始 读数 $V_i(i)$ m³	最终 读数 $V_i(f)$ m³	指示 体积 V_i m³	实际 体积 V_a m³	水表 误差 E_m %	MPE[a] %	差错 E_{m2}— E_{m1} %	明显 差错[b] %	EUT 工作 正常
参比条件 1)施加脉冲群前	电源无明显噪声									—	—	— —
2)施加 脉冲群后	以不对称方式(共模方式)异步施加随机相位脉冲群(E1 级 1 000 V 尖峰幅值,E2 级 2 000 V 尖峰幅值)。											是 否

结论:

> [a] 对于整体式水表,此为 GB/T 778.1—2018 的 4.2.2 或 4.2.3 规定的相应准确度等级水表的最大允许误差。如果被试装置为可分离部件,MPE 应由制造商规定(GB/T 778.2—2018 的 9.4)。
> [b] 明显差错等于高区 MPE 的二分之一。

要求:

要求 1:如果流动轴线为垂直方向,应给出流向(从下到上或者从上到下)。

要求 2:如果流动轴线为水平方向,且水表的指示装置与表体合为一体,则应给出指示装置的位置(水表顶部或者侧面)。

4.6.10 静电放电(GB/T 778.2—2018 的 8.11)

	开始时	结束时	
环境温度:			℃
环境相对湿度:			%
环境大气压力:			MPa
时间:			

申请号:_____

型　　号:_____

日　　期:_____

试验员:_____

试验方法	质量法/体积法
体积测量/使用地秤——m³ 或 kg:	
水电导率(仅电磁感应水表)——S/cm:	
水表(或集合管)前直管段长度——mm:	
水表(或集合管)后直管段长度——mm:	
水表(或集合管)前、后管道公称通径 DN——mm:	
流动整直器安装说明(如使用):	

水表编号:_____　　　　方位(垂直、水平、其他):_____

流动方向(见要求1):_____　　　　指示装置位置(见要求2):_____

施加条件		实际或模拟流量 $Q_{(\ )}$ m³/h	工作压力 p_w MPa	工作温度 T_w ℃	初始读数 $V_i(i)$ m³	最终读数 $V_i(f)$ m³	指示体积 V_i m³	实际体积 V_a m³	水表误差 E_m %	MPE^a %	差错 $E_{m2})-(E_{m1})$ %	明显差错^b %	EUT工作正常
1)参比条件 （无放电）											—	—	— —
2)放电点^c	方式^d												是 否
C	A												是 否
C	A												是 否
C	A												是 否
C	A												是 否
结论：													

^{a} 对于整体式水表,此为 GB/T 778.1—2018 的 4.2.2 或 4.2.3 规定的相应准确度等级水表的最大允许误差。如果被试装置为可分离部件,MPE 应由制造商规定(GB/T 778.2—2018 的 9.4)。

^{b} 明显差错等于高区 MPE 的二分之一。

^{c} 如有必要,用图纸表明。

^{d} C——接触放电(6 kV);A——空气放电(8 kV)

要求：

要求 1：如果流动轴线为垂直方向,应给出流向(从下到上或者从上到下)。

要求 2：如果流动轴线为水平方向,且水表的指示装置与表体合为一体,则应给出指示装置的位置(水表顶部或者侧面)。

4.6.11 电磁场辐射(GB/T 778.2—2018 的 8.12)

	开始时	结束时	
环境温度：			℃
环境相对湿度：			%
环境大气压力：			MPa
时间：			

申请号：_____

型　号：_____

日　期：_____

试验员：_____

试验方法	质量法/体积法
体积测量/使用地秤——m³ 或 kg：	
水电导率(仅电磁感应水表)——S/cm：	
水表(或集合管)前直管段长度——mm：	
水表(或集合管)后直管段长度——mm：	
水表(或集合管)前、后管道公称通径 DN——mm：	
流动整直器安装说明(如使用)：	

水表编号：_____　方位(垂直、水平、其他)：_____

流动方向(见要求 1)：_____指示装置位置(见要求 2)：_____

试验条件	天线极化 垂直/水平		实际或模拟流量 $Q_{(\ )}$ m^3/h	工作压力 p_w MPa	工作温度 T_w ℃	初始读数 $V_i(i)$ m^3	最终读数 $V_i(f)$ m^3	指示体积 V_i m^3	实际体积 V_a m^3	水表误差 E_m %	MPE[a] %	差错 $E_{m2)}-E_{m1)}$ %	明显差错[b] %	EUT工作正常	
1)参比条件(无扰动)	V	H										—	—	—	—
2)扰动															
26 MHz~40 MHz	V	H												是	否
40 MHz~60 MHz	V	H												是	否
60 MHz~80 MHz	V	H												是	否
80 MHz~100 MHz	V	H												是	否
100 MHz~120 MHz	V	H												是	否
120 MHz~144 MHz	V	H												是	否
144 MHz~150 MHz	V	H												是	否
150 MHz~160 MHz	V	H												是	否
160 MHz~180 MHz	V	H												是	否
180 MHz~200 MHz	V	H												是	否
200 MHz~250 MHz	V	H												是	否
250 MHz~350 MHz	V	H												是	否
350 MHz~400 MHz	V	H												是	否
400 MHz~435 MHz	V	H												是	否
435 MHz~500 MHz	V	H												是	否
500 MHz~600 MHz	V	H												是	否
600 MHz~700 MHz	V	H												是	否
700 MHz~800 MHz	V	H												是	否
800 MHz~934 MHz	V	H												是	否
934 MHz~1 000 MHz	V	H												是	否
1 000 MHz~1 400 MHz	V	H												是	否
1 400 MHz~2 000 MHz	V	H												是	否
结论:															

[a] 对于整体式水表,此为 GB/T 778.1—2018 的 4.2.2 或 4.2.3 规定的相应准确度等级水表的最大允许误差。如果被试装置为可分离部件,MPE 应由制造商规定(GB/T 778.2—2018 的 9.4)。

[b] 明显差错等于高区 MPE 的二分之一。

要求:

要求 1:如果流动轴线为垂直方向,应给出流向(从下到上或者从上到下)。

要求 2:如果流动轴线为水平方向,且水表的指示装置与表体合为一体,则应给出指示装置的位置(水表顶部或者侧面)。

4.6.12　电磁场传导（GB/T 778.2—2018 的 8.13）

	开始时	结束时	
申请号：_____ 　　环境温度：			℃
型　号：_____ 　　环境相对湿度：			%
日　期：_____ 　　环境大气压力：			MPa
试验员：_____ 　　时间：			

试验方法	质量法/体积法
体积测量/使用地秤——m³ 或 kg：	
水电导率（仅电磁感应水表）——S/cm：	
水表（或集合管）前直管段长度——mm：	
水表（或集合管）后直管段长度——mm：	
水表（或集合管）前、后管道公称通径 DN——mm：	
流动整直器安装说明（如使用）：	

水表编号：_____　　方位（垂直、水平、其他）：_____

流动方向（见要求 1）：_____　　指示装置位置（见要求 2）：_____

试验条件	实际或模拟流量 $Q_{(\ )}$ m³/h	工作压力 p_w MPa	工作温度 T_w ℃	初始读数 $V_i(i)$ m³	最终读数 $V_i(f)$ m³	指示体积 V_i m³	实际体积 V_a m³	水表误差 E_m %	MPE[a] %	差错 $E_{m2}) - E_{m1)}$ %	明显差错[b] %	EUT 工作正常	
1）参比条件（无扰动）										—	—	—	—
2）扰动													
0.15 MHz～0.30 MHz												是	否
0.30 MHz～0.57 MHz												是	否
0.57 MHz～1.1 MHz												是	否
1.1 MHz～2.2 MHz												是	否
2.2 MHz～3.9 MHz												是	否
3.9 MHz～7.5 MHz												是	否
7.5 MHz～14 MHz												是	否
14 MHz～30 MHz												是	否
30 MHz～50 MHz												是	否
50 MHz～80 MHz												是	否
结论：													

[a] 对于整体式水表，此为 GB/T 778.1—2018 的 4.2.2 或 4.2.3 规定的相应准确度等级水表的最大允许误差。如果被试装置为可分离部件，MPE 应由制造商规定（GB/T 778.2—2018 的 9.4）。

[b] 明显差错等于高区 MPE 的二分之一。

要求：

要求 1：如果流动轴线为垂直方向，应给出流向（从下到上或者从上到下）。

要求 2：如果流动轴线为水平方向，且水表的指示装置与表体合为一体，则应给出指示装置的位置

（水表顶部或者侧面）。

4.6.13 信号、数据和控制线浪涌（GB/T 778.2—2018 的 8.14）（仅适用于 E2 级）

	开始时	结束时	
环境温度：			℃
环境相对湿度：			%
环境大气压力：			MPa
时间：			

申请号：_____

型 号：_____

日 期：_____

试验员：_____

试验方法	质量法/体积法
体积测量/使用地秤——m³ 或 kg：	
水电导率（仅电磁感应水表）——S/cm：	
水表（或集合管）前直管段长度——mm：	
水表（或集合管）后直管段长度——mm：	
水表（或集合管）前、后管道公称通径 DN——mm：	
流动整直器安装说明（如使用）：	

水表编号：_____　　方位（垂直、水平、其他）：_____

流动方向（见要求 1）：_____指示装置位置（见要求 2）：_____

试验条件		实际或模拟流量 $Q_{(\ )}$ m³/h	工作压力 p_w MPa	工作温度 T_w ℃	初始读数 $V_i(i)$ m³	最终读数 $V_i(f)$ m³	指示体积 V_i m³	实际体积 V_a m³	水表误差 E_m %	MPE[a] %	差错 $E_{m2)}-E_{m1)}$ %	明显差错[b] %	EUT工作正常	
1)参比条件（无浪涌）											—	—	—	—
2)浪涌	方式[c]													
正	L L												是	否
	L L												是	否
	L L												是	否
负	L L												是	否
	L L												是	否
	L L												是	否
正	L E												是	否
	L E												是	否
	L E												是	否
负	L E												是	否
	L E												是	否
	L E												是	否

结论：

[a] 对于整体式水表，此为 GB/T 778.1—2018 的 4.2.2 或 4.2.3 规定的相应准确度等级水表的最大允许误差。如果被试装置为可分离部件，MPE 应由制造商规定（GB/T 778.2—2018 的 9.4）。

[b] 明显差错等于高区 MPE 的二分之一。

[c] L-L：线对线浪涌；L-E：线对地浪涌。

要求：

要求1:如果流动轴线为垂直方向,应给出流向(从下到上或者从上到下)。

要求2:如果流动轴线为水平方向,且水表的指示装置与表体合为一体,则应给出指示装置的位置(水表顶部或者侧面)。

4.6.14 交流和直流电源线浪涌(GB/T 778.2—2018 的 8.15)(仅适用于 E2 级)

	开始时	结束时	
环境温度:			℃
环境相对湿度:			%
环境大气压力:			MPa
时间:			

申请号:_____
型　号:_____
日　期:_____
试验员:_____

试验方法	质量法/体积法
体积测量/使用地秤——m³ 或 kg:	
水电导率(仅电磁感应水表)——S/cm:	
水表(或集合管)前直管段长度——mm:	
水表(或集合管)后直管段长度——mm:	
水表(或集合管)前、后管道公称通径 DN——mm:	
流动整直器安装说明(如使用):	

水表编号:_____　方位(垂直、水平、其他):_____
流动方向(见要求1):_____　指示装置位置(见要求2):_____

试验条件	实际或模拟流量 $Q_{()}$ m³/h	工作压力 p_w MPa	工作温度 T_w ℃	初始读数 $V_i(i)$ m³	最终读数 $V_i(f)$ m³	指示体积 V_i m³	实际体积 V_a m³	水表误差 E_m %	MPE[a] %	差错 $E_{m2)}-E_{m1)}$ %	明显差错[b] %	EUT工作正常	
1)参比条件(无浪涌)										—	—	—	—
2)直流	方式[c]												
正	L　L											是	否
	L　L											是	否
	L　L											是	否
负	L　L											是	否
	L　L											是	否
	L　L											是	否
正	L　E											是	否
	L　E											是	否
	L　E											是	否
负	L　E											是	否
	L　E											是	否
	L　E											是	否

结论:

[a] 对于整体式水表,此为 GB/T 778.1—2018 的 4.2.2 或 4.2.3 规定的相应准确度等级水表的最大允许误差。如果被试装置为可分离部件,MPE 应由制造商规定(GB/T 778.2—2018 的 9.4)。

[b] 明显差错等于高区 MPE 的二分之一。

[c] L-L:线对线浪涌;L-E:线对地浪涌。

要求：

要求1：如果流动轴线为垂直方向，应给出流向（从下到上或者从上到下）。

要求2：如果流动轴线为水平方向，且水表的指示装置与表体合为一体，则应给出指示装置的位置（水表顶部或者侧面）。

水表编号：_____ 方位（垂直、水平、其他）：_____

流动方向（见要求1）：_____ 指示装置位置（见要求2）：_____

试验条件			实际或模拟流量 $Q_{()}$ m³/h	工作压力 p_w MPa	工作温度 T_w ℃	初始读数 $V_i(i)$ m³	最终读数 $V_i(f)$ m³	指示体积 V_i m³	实际体积 V_a m³	水表误差 E_m %	MPE[a] %	差错 $E_{m2)}-E_{m1)}$ %	明显差错[b] %	EUT工作正常	
1)参比条件（无浪涌）												—	—	—	—
2)交流电压 0°相位	方式[c]														
正	L	L												是	否
	L	L												是	否
	L	L												是	否
负	L	L												是	否
	L	L												是	否
	L	L												是	否
正	L	E												是	否
	L	E												是	否
	L	E												是	否
负	L	E												是	否
	L	E												是	否
	L	E												是	否
交流电压 90°相位	方式[c]														
正	L	L												是	否
	L	L												是	否
	L	L												是	否
负	L	L												是	否
	L	L												是	否
	L	L												是	否
正	L	E												是	否
	L	E												是	否
	L	E												是	否
负	L	E												是	否
	L	E												是	否
	L	E												是	否

结论：

[a] 对于整体式水表，此为 GB/T 778.1—2018 的 4.2.2 或 4.2.3 规定的相应准确度等级水表的最大允许误差。如果被试装置为可分离部件，MPE 应由制造商规定（GB/T 778.2—2018 的 9.4）。

[b] 明显差错等于高区 MPE 的二分之一。

[c] L-L：线对线浪涌；L-E：线对地浪涌。

水表编号：_____　　　方位(垂直、水平、其他)：_____

流动方向(见要求1)：_____　　指示装置位置(见要求2)：_____

试验条件		实际或模拟流量 $Q_{(\ )}$ m³/h	工作压力 p_w MPa	工作温度 T_w ℃	初始读数 $V_i(i)$ m³	最终读数 $V_i(f)$ m³	指示体积 V_i m³	实际体积 V_a m³	水表误差 E_m %	MPE[a] %	差错 $E_{m2)}-E_{m1)}$ %	明显差错[b] %	EUT工作正常	
1)参比条件(无浪涌)											—	—	—	—
2)交流电压 180°相位	方式[c]													
正	L L												是	否
	L L												是	否
	L L												是	否
负	L L												是	否
	L L												是	否
	L L												是	否
正	L E												是	否
	L E												是	否
	L E												是	否
负	L E												是	否
	L E												是	否
	L E												是	否
交流电压 270°相位	方式[c]													
正	L L												是	否
	L L												是	否
	L L												是	否
负	L L												是	否
	L L												是	否
	L L												是	否
正	L E												是	否
	L E												是	否
	L E												是	否
负	L E												是	否
	L E												是	否
	L E												是	否

结论：

[a] 对于整体式水表，此为 GB/T 778.1—2018 的 4.2.2 或 4.2.3 规定的相应准确度等级水表的最大允许误差。如果被试装置为可分离部件，MPE 应由制造商规定(GB/T 778.2—2018 的 9.4)。

[b] 明显差错等于高区 MPE 的二分之一。

[c] L-L:线对线浪涌;L-E:线对地浪涌。

要求：

要求1:如果流动轴线为垂直方向，应给出流向(从下到上或者从上到下)。

要求2:如果流动轴线为水平方向，且水表的指示装置与表体合为一体，则应给出指示装置的位置(水表顶部或者侧面)。

4.6.15 零流量试验（GB/T 778.2—2018 的 8.17）

申请号：＿＿＿＿＿

型　号：＿＿＿＿＿

日　期：＿＿＿＿＿

试验员：＿＿＿＿＿

	开始时	结束时	
环境温度：			℃
环境相对湿度：			%
环境大气压力：			MPa
时间：			

试验方法	质量法/体积法
体积测量/使用地秤——m³ 或 kg：	
水电导率（仅电磁感应水表）——S/cm：	
水表（或集合管）前直管段长度——mm：	
水表（或集合管）后直管段长度——mm：	
水表（或集合管）前、后管道公称通径 DN——mm：	
流动整直器安装说明（如使用）：	

水表编号：＿＿＿＿＿＿＿＿　　方位（垂直、水平、其他）：＿＿＿＿＿＿＿＿＿

流动方向（见要求 1）：＿＿＿＿＿＿＿＿＿指示装置位置（见要求 2）：＿＿＿＿＿＿＿

施加条件	工作压力 p_w MPa	工作温度 T_w ℃	初始读数 $V_i(i)$ m³	15 min 后 最终读数 $V_i(j)$ m³	指示体积 V_i m³	EUT 工作 正常	
水表充水,排尽空气						是	否
排尽水表中的水						是	否
结论：							

每个试验间隔期内,水表累积量的变化量应不大于检定标度分格值。

要求：

要求 1：如果流动轴线为垂直方向,应给出流向（从下到上或者从上到下）。

要求 2：如果流动轴线为水平方向,且水表的指示装置与表体合为一体,则应给出指示装置的位置（水表顶部或者侧面）。

5 首次检定报告

5.1 总则

水表首次检定和后续检定报告的格式主要由计量主管部门和检定试验机构确定,但报告（记录）至少应包含 GB/T 778.1—2018 的 7.3 和 GB/T 778.2—2018 的 11.2.2 中详细说明的内容。

除此之外,还应满足被试装置型式批准证书中详细说明的有关首次检定的任何特殊要求和（或）限制条件。还应保留试验所用设备和仪器及其校准情况的记录（见附录 B）。

检定报告（记录）还应包含以下基本信息,随后列出试验结果（下面给出试验报告格式的三个示例）。

5.2 被试装置相关信息

被试装置型式批准号

被试装置详细信息：

型号：

准确度等级：

水表标称值 Q_3：

Q_3/Q_1 比值：

最大压力损失 Δp_{max}：

最大压力损失时的流量：

制造年份：

制造商：

授权代表：

地址：

试验机构：

授权代表：

地址：

5.3 首次检定试验报告（GB/T 778.2—2018 的第 10 章）

5.3.1 示例 1：获准的水表（整体式或分体式）（GB/T 778.2—2018 的 10.1）

	开始时	结束时	
申请号：_____			
型 号：_____	环境温度：		℃
日 期：_____	环境相对湿度：		%
试验员：_____	环境大气压力：		MPa
	时间：		

（示值）误差试验：

EUT 试验案例（GB/T 778.2—2018 的 8.1.8）	
试验类别（GB/T 778.2—2018，＜条款号＞）	a
试验方法	质量法/体积法
体积测量/使用地秤——m³ 或 kg：	
水电导率（仅电磁感应水表）——S/cm：	
水表（或集合管）前直管段长度——mm：	
水表（或集合管）后直管段长度——mm：	
水表（或集合管）前、后管道公称通径 DN——mm：	
流动整直器安装说明（如使用）：	
a 根据 GB/T 778.2—2018 的 8.1.8.2 至 8.1.8.5 列出的被试装置试验配置类别输入条款号。	

水表编号：＿＿＿＿＿＿＿＿＿＿＿＿＿ 方位(垂直、水平、其他)：＿＿＿＿＿＿＿＿＿＿＿＿＿

流动方向(见要求1)：＿＿＿＿＿＿＿＿＿＿＿指示装置位置(见要求2)：＿＿＿＿＿＿＿＿＿＿＿

标称流量[a] m^3/h	实际流量 $Q_{(\ )}$ m^3/h	工作压力 p_w MPa	工作温度 T_w ℃	初始读数 $V_i(i)$ m^3	最终读数 $V_i(f)$ m^3	指示体积 V_i m^3	实际体积 V_a m^3	水表误差[b] E_m %	MPE[c] %
Q_1									
Q_2									
Q_3									
结论：									

　　[a] 除非型式批准证书中另有指定，否则应使用这些流量。

　　[b] (示值)误差的计算方法见 GB/T 778.2—2018 的附录 B。

　　[c] 最大允许误差根据水表的准确度等级按 GB/T 778.1—2018 的 4.2.2 或 4.2.3 的规定。

要求：

要求1：如果流动轴线为垂直方向，应给出流向(从下到上或者从上到下)。

要求2：如果流动轴线为水平方向，且水表的指示装置与表体合为一体，则应给出指示装置的位置(水表顶部或者侧面)。

5.3.2　示例2：获准的计算器(包括指示装置)(GB/T 778.2—2018 的 10.2)

申请号：＿＿＿＿＿＿

型　号：＿＿＿＿＿＿

日　期：＿＿＿＿＿＿

试验员：＿＿＿＿＿＿

	开始时	结束时	
环境温度：			℃
环境相对湿度：			%
环境大气压力：			MPa
时间：			

(示值)误差试验

EUT 试验案例(GB/T 778.2—2018 的 8.1.8)	
试验类别(GB/T 778.2—2018，＜条款号＞)	[a]

　　[a] 根据 GB/T 778.2—2018 的 8.1.8.2 至 8.1.8.5 列出的被试装置试验配置类别输入条款号。

水表编号：＿＿＿＿＿＿＿＿＿＿＿ 方位(垂直、水平、其他)：＿＿＿＿＿＿＿＿＿＿＿

流动方向(见要求1)：＿＿＿＿＿＿＿＿＿＿＿指示装置位置(见要求2)：＿＿＿＿＿＿＿＿＿＿＿

标称流量[a] m^3/h	实际流量 $Q_{(\ )}$ m^3/h	施加脉冲频率[b] Hz	初始读数 $V_i(i)$ m^3	最终读数 $V_i(f)$ m^3	注入脉冲总数 T_p	指示体积 V_i m^3	实际体积 V_a m^3	水表误差[c] E_c %	MPE[d] %
Q_1									
Q_2									
Q_3									
结论：									

　　[a] 除非型式批准证书中另有指定，否则应使用这些流量。

　　[b] 根据水表的设计，其他类型的输出信号可能适用。

　　[c] (示值)误差的计算方法见 GB/T 778.2—2018 的附录 B。

　　[d] 计算器(包括指示装置)的最大(示值)误差由型式批准证书给出。

要求：

要求 1：如果流动轴线为垂直方向，应给出流向（从下到上或者从上到下）。

要求 2：如果流动轴线为水平方向，且水表的指示装置与表体合为一体，则应给出指示装置的位置（水表顶部或者侧面）。

5.3.3 示例 3：获准的测量传感器（包括流量或体积检测元件）

	开始时	结束时	
环境温度：			℃
环境相对湿度：			%
环境大气压力：			MPa
时间：			

申请号：_____

型　号：_____

日　期：_____

试验员：_____

（示值）误差试验

EUT 试验案例（GB/T 778.2—2018 的 8.1.8）	
试验类别（GB/T 778.2—2018，＜条款号＞）	a
试验方法	质量法/体积法
体积测量/使用地秤——m³ 或 kg：	
水电导率（仅电磁感应水表）——S/cm：	
水表（或集合管）前直管段长度——mm：	
水表（或集合管）后直管段长度——mm：	
水表（或集合管）前、后管道公称通径 DN——mm：	
流动整直器安装说明（如使用）：	

ᵃ 根据 GB/T 778.2—2018 的 8.1.8.2 至 8.1.8.5 列出的被试装置试验配置类别输入条款号。

水表编号：_____　　方位（垂直、水平、其他）：_____

流动方向（见要求 1）：_____　　指示装置位置（见要求 2）：_____

标称流量ᵃ m³/h	实际流量 $Q_{()}$ m³/h	工作压力 p_w MPa	工作温度 T_w ℃	初始读数 $V_i(i)$ m³	最终读数 $V_i(f)$ m³	输出脉冲总数ᵇ T_p	指示体积 V_i m³	实际体积 V_a m³	水表误差ᶜ E_c %	MPE ᵈ %
Q_1										
Q_2										
Q_3										

结论：

ᵃ 除非型式批准证书中另有指定，否则应使用这些流量。

ᵇ 根据水表的设计，其他类型的输出信号可能适用。

ᶜ （示值）误差的计算方法见 GB/T 778.2—2018 的附录 B。

ᵈ 测量传感器（包括流量或体积检测元件）的最大（示值）误差由型式批准证书给出。

要求：

要求1：如果流动轴线为垂直方向，应给出流向（从下到上或者从上到下）。

要求2：如果流动轴线为水平方向，且水表的指示装置与表体合为一体，则应给出指示装置的位置（水表顶部或者侧面）。

附　录　A

（规范性附录）

型式批准提交文件清单（GB/T 778.1—2018 的 7.2.9）

文件编号	日期	简要描述

附 录 B
（规范性附录）
检查和试验使用设备清单

测量和使用参数	仪器/设备	制造商	型号	编号	校准日期		使用试验编号（GB/T 778.2—2018,条款号）
					上一次	下一次	
备注：							

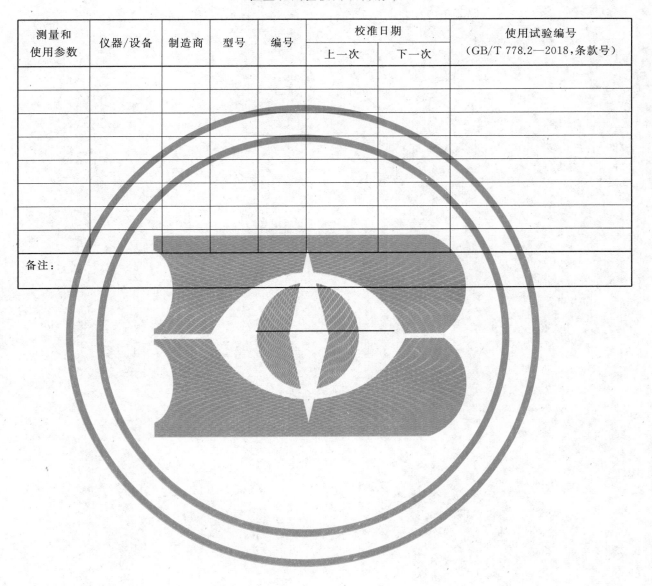

ICS 91.140.60
N 12

中华人民共和国国家标准

GB/T 778.4—2018/ISO 4064-4:2014

饮用冷水水表和热水水表
第4部分：GB/T 778.1中未包含的
非计量要求

Meters for cold potable water and hot water—
Part 4:Non-metrological requirements not covered in GB/T 778.1

(ISO 4064-4:2014,Water meters for cold potable water
and hot water—Part 4:Non-metrological requirements
not covered in ISO 4064-1,IDT)

2018-06-07 发布

2019-01-01 实施

国家市场监督管理总局
中国国家标准化管理委员会　发 布

前　言

GB/T 778《饮用冷水水表和热水水表》分为以下5部分：
——第1部分：计量要求和技术要求；
——第2部分：试验方法；
——第3部分：试验报告格式；
——第4部分：GB/T 778.1中未包含的非计量要求；
——第5部分：安装要求。

本部分为GB/T 778的第4部分。

本部分按照GB/T 1.1—2009给出的规则起草。

本部分使用翻译法等同采用ISO 4064-4:2014《饮用冷水水表和热水水表　第4部分：ISO 4064-1中未包含的非计量要求》。

与本部分中规范性引用的国际文件有一致性对应关系的我国文件如下：
——GB/T 17241.1—1998　铸铁管法兰　类型(ISO 7005-2:1988,NEQ)
——GB/T 17241.2—1998　铸铁管法兰盖(ISO 7005-2:1988,NEQ)
——GB/T 17241.3—1998　带颈螺纹铸铁管法兰(ISO 7005-2:1988,NEQ)
——GB/T 17241.4—1998　带颈瓶焊和带颈承插焊铸铁管法兰(ISO 7005-2:1988,NEQ)
——GB/T 17241.5—1998　管端翻边带颈松套铸铁管法兰(ISO 7005-2:1988,NEQ)
——GB/T 17241.7—1998　铸铁管法兰　技术条件(ISO 7005-2:1988,NEQ)

本部分做了下列编辑性修改：
——修改了标准名称。

本部分由中国机械工业联合会提出。

本部分由全国工业过程测量控制和自动化标准化技术委员会(SAC/TC 124)归口。

本部分起草单位：上海工业自动化仪表研究院有限公司、宁波水表股份有限公司、三川智慧科技股份有限公司、宁波东海仪表水道有限公司、苏州自来水表业有限公司、浙江省计量科学研究院、河南省计量科学研究院、宁波市计量测试研究院、南京水务集团有限公司水表厂、重庆智慧水务有限公司、无锡水表有限责任公司、上海水表厂、上海仪器仪表自控系统检验测试所、杭州水表有限公司、深圳市捷先数码科技股份有限公司、汇中仪表股份有限公司、福州科融仪表有限公司、扬州恒信仪表有限公司、北京市自来水集团京兆水表有限责任公司、济南瑞泉电子有限公司、杭州竞达电子有限公司、江阴市立信智能设备有限公司、湖南常德牌水表制造有限公司、宁波市精诚科技股份有限公司、湖南威铭能源科技有限公司、青岛积成电子有限公司、天津赛恩能源技术股份有限公司。

本部分主要起草人：李明华、赵绍满、宋财华、林志良、姚福江、赵建亮、崔耀华、马俊、陆聪文、魏庆华、张庆、陈峥嵘、谢坚良、陈健、张继川、陈含章、张坚、张文江、董良成、杜吉全、韩路、朱政坚、汤天顺、廖杰、张德霞、左晔、王嘉宁、宋延勇、王欣欣、王钦利。

饮用冷水水表和热水水表
第4部分:GB/T 778.1中未包含的
非计量要求

1 范围

GB/T 778 的本部分规定了封闭满管道中测量冷水和热水体积并配有累积流量指示装置的饮用冷水水表和热水水表的技术特性要求。

本部分适用于以下各类水表:

a) 最高允许压力(MAP)大于等于1 MPa(管道公称通径 DN≥500 mm 的水表为0.6 MPa);

b) 最高允许温度(MAT)为30 ℃的饮用冷水水表;

c) 最高允许温度(MAT)按等级最高可达到180 ℃的热水水表。

本部分既适用于基于机械原理的水表,也适用于基于电或电子原理以及基于机械原理带电子装置、用于计量饮用冷水和热水体积流量的水表。本部分同样适用于电子辅助装置。通常电子辅助装置为选装件,但国家或国际法规可能会根据水表的使用情况确定某些辅助装置为必备件。

2 规范性引用文件

下列文件对于本文件的应用是必不可少的。凡是注日期的引用文件,仅注日期的版本适用于本文件。凡是不注日期的引用文件,其最新版本(包括所有的修改单)适用于本文件。

GB/T 778.1—2018 饮用冷水水表和热水水表 第1部分:计量要求和技术要求(ISO 4064-1:2014,IDT)

ISO 228-1 非密封管螺纹 第1部分:尺寸、公差和标识(Pipe threads where pressure-tight jonts are not made on the threads—Part 1:Dimensions, tolerances and designation)

ISO 7005-2 金属法兰 第2部分:铸铁法兰(Metallic flanges—Part 2:Cast iron flanges)

ISO 7005-3 金属法兰 第3部分:铜合金及复合材料法兰(Metallic flanges—Part 3:Copper alloy and composite flanges)

3 术语和定义

GB/T 778.1—2018 界定的术语和定义适用于本文件。

注:本部分使用的许多定义与 ISO/IEC 导则 99:2007/OIML V 2-200:2012[1]、OIML V 1:2013[2] 及 OIML D 11:2013[3] 一致。

4 技术特性

4.1 管道式水表

4.1.1 水表的口径和总尺寸

水表的口径以连接端的螺纹尺寸或法兰的公称通径表示。每一种口径的水表均相应有一组固定的总尺寸。水表的尺寸(见图 1)应符合表 1 的规定。

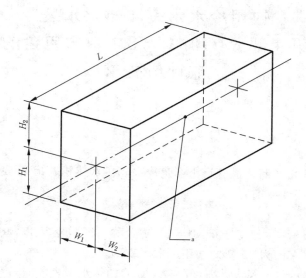

说明:
W_1、W_2——W_1+W_2 为能容纳水表的一个立方体的宽度;
H_1、H_2——H_1+H_2 为能容纳水表的一个立方体的高度;
L　　　　——能容纳水表的一个立方体的长度。
注:表盖垂直于关闭位置。H_1,H_2,W_1,W_2 是最大尺寸。L 是固定值,有规定的公差。
a——管道轴线。

图 1　水表的口径和总尺寸

4.1.2　螺纹连接端

螺纹连接端尺寸 a 和尺寸 b 的允许值见表 1。螺纹应符合 ISO 228-1 的要求。图 2 定义了尺寸 a 和尺寸 b。

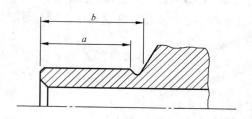

图 2　螺纹连接端

4.1.3　法兰连接端

连接法兰的最高允许工作压力应与水表的最高允许压力相匹配,符合 ISO 7005-2 和 ISO 7005-3 的相关要求。尺寸应符合表 1 的规定。

制造商应在法兰背面留出合理的空隙以方便安装或拆卸。

表 1 螺纹连接和法兰连接水表的尺寸

单位为毫米

口径 DN[a]	a_{min}	b_{min}	L^b (优选)	L^b (可选)	W_1,W_2	H_1	H_2
15	10[c]	12[c]	165	80,85,100,105,110,114,115,130,134,135, 145,170,175,180,190,200,220	65	60	220
20	12	14	190	105,110,115,130,134,135,165,175,195, 200,220,229	65	60	240
25	12	16	260	110,150,175,200,210,225,273	100	65	260
32	13	18	260	110,150,175,200,230,270,300,321	110	70	280
40	13	20	300	200,220,245,260,270,387	120	75	300
50	13	20	200	170,245,250,254,270,275,300,345,350	135	216	390
65	14	22	200	170,270,300,450	150	130	390
80			200	190,225,300,305,350,425,500	180	343	410
100			250	210,280,350,356,360,375,450,650	225	356	440
125			250	220,275,300,350,375,450	135	140	440
150			300	230,325,350,450,457,500,560	267	394	500
200			350	260,400,500,508,550,600,620	349	406	500
250			450	330,400,600,660,800	368	521	500
300			500	380,400,800	394	533	533
350			500	420,800	270	300	500
400			600	500,550,800	290	320	500
500			600	500,625,680,770,800,900,1 000	365	380	520
600			800	500,750,820,920,1 000,1 200	390	450	600
800			1 200	600	510	550	700
>800			1.25×DN	DN	0.65×DN	0.65×DN	0.75×DN

[a] 法兰和螺纹连接端的公称通径。

[b] 长度公差:DN 15~DN 40:$_{-2}^{0}$ mm

   DN 50~DN 300:$_{-3}^{0}$ mm

   DN 350~DN 400:$_{-5}^{0}$ mm

DN 400 以上水表的长度公差由用户与制造商协商确定。

[c] 对于长度为 80 mm 或 85 mm 的 DN 15 水表,$a_{min}=b_{min}=7.5$ mm。

4.1.4 复式水表的连接

尺寸应符合表 2 的规定。

复式水表的总长度可以是固定的,也可以利用滑动管接头进行调节。在可调节情况下,在表 2 规定的 L 公称值的基础上,水表总长度的最小可调节量不小于 15 mm。

至本部分出版之时,由于各种类型复式水表的高度差异很大,尚不可能使高度尺寸标准化。

表 2　带法兰连接端的复式水表 单位为毫米

口径 DN[a]	L （优选）	L （可选）	W_1,W_2
50	300	270,432,560,600	220
65	300	650	240
80	350	300,432,630,700	260
100	350	360,610,750,800	350
125	350	850	350
150	500	610,1 000	400
200	500	1 160,1 200	400
[a]　法兰连接端的公称通径。			

4.2　同轴水表、插装式水表和可互换计量模块

注 1：本条包含了水表口径和总尺寸的必要信息。附录 A 提供了 2 种水表集合管接头的结构图。

注 2：随着同轴水表和集合管设计的发展，本条和附录 A 的内容将作相应修改。

4.2.1　水表口径和总尺寸

目前的水表的结构尺寸见图 3 和表 3。

4.2.2　水表集合管接头的设计

水表的接头应设计成利用螺纹将水表连接到具有螺纹连接面的集合管上。应采用合适的密封件以保证入口接头与水表/集合管外部之间，或者水表/集合管连接接口处的入口和出口通道之间不发生泄漏。

4.2.3　同轴水表和插装式水表的尺寸

4.2.3.1　总则

同轴水表的尺寸可以用一个能容纳水表的圆柱体来说明，见图 3。图中 J 和 K 分别表示能容纳水表的圆柱体的高度和直径。

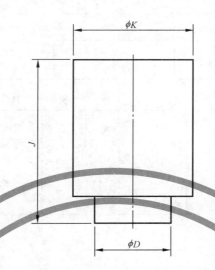

图 3　同轴水表和插装式水表的尺寸

注：当有独立的指示装置和计算器时，图 3 规定的总尺寸仅适用于测量传感器的外壳。

4.2.3.2　同轴水表

同轴水表的尺寸见表 3。

表 3　同轴水表的尺寸　　　　　　　　　　　　单位为毫米

类型	最大 ϕD	最大 J	最大 ϕK
1 型	(G $1^1/_2$B)[a]	220	110
2 型	(G 2 B)	220	135

[a] 英制螺纹。

4.2.3.3　插装式水表的尺寸

插装式水表的尺寸见表 4。

表 4　插装式水表的尺寸　　　　　　　　　　　　单位为毫米

最大 ϕD	最大 J	最大 ϕK
90	200	150

4.2.4　可互换计量模块的尺寸

水平或垂直流向水表的可互换计量模块的尺寸应符合图 4、表 5 和表 6 的规定。

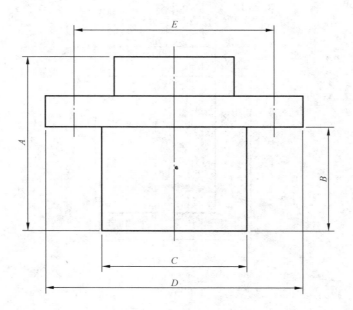

说明:

A,B,C,D,E 见表5和表6。

图 4　水平或垂直流型水表可互换计量模块的尺寸

表 5　水平流型水表可互换计量模块的尺寸　　　　　　　　　　　　单位为毫米

DN	最大 A	最大 B	最大 C	最大 D	最大 E
40	210	125	125	190	147
50	210	125	125	190	147
65	210	125	125	190	147
80	235	147	145	190	180
100	235	147	145	190	180
125	235	147	145	190	180
150	370	252	210	290	245
200	370	258	220	290	276
250	370	258	220	290	276
300	370	258	220	290	276

表 6　垂直流型水表可互换计量模块的尺寸　　　　　　　　　　　　单位为毫米

DN	最大 A	最大 B	最大 C	最大 D	最大 E
50	232	150	130	160	170
65	250	168	130	202	170
80	270	177	166	250	218
100	310	204	168	252	218
150	425	290	255	345	292
200	440	340	280	400	360

复式水表的可互换计量模块的尺寸见图5和表7。

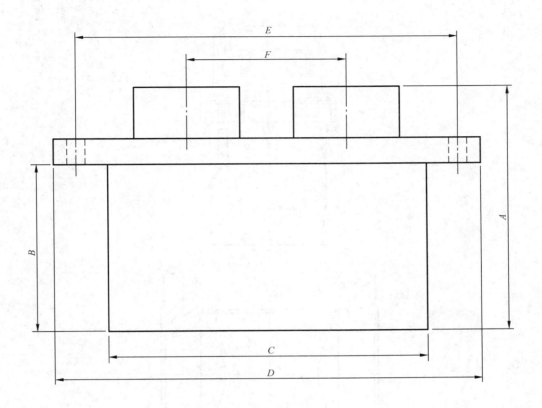

说明：
A，B，C，D，E，F见表7。

图5　复式水表可互换计量模块的尺寸

表7　复式水表可互换计量模块的尺寸　　　　　　　　　　　　单位为毫米

DN	最大 A	最大 B	最大 C	最大 D	最大 E	最大 F
50	310	195	260	300	266	150
65	345	215	260	330	280	150
80	365	235	260	320	290	150
100	385	255	260	335	300	150

图6～图10为可互换计量模块水表的示例。

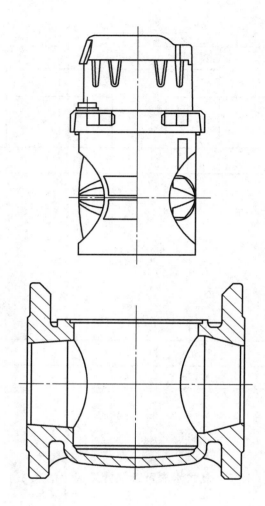

图6 可互换计量模块水表——轴向流型

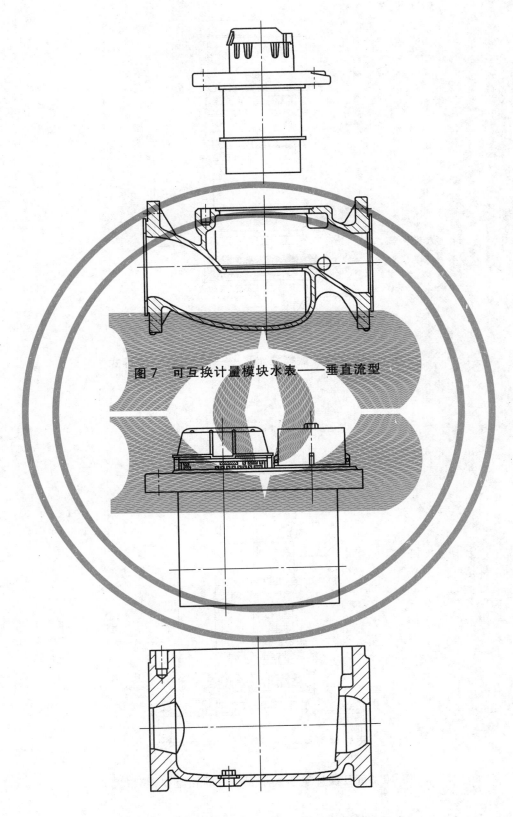

图7 可互换计量模块水表——垂直流型

图8 可互换计量模块水表——轴向流型,复式

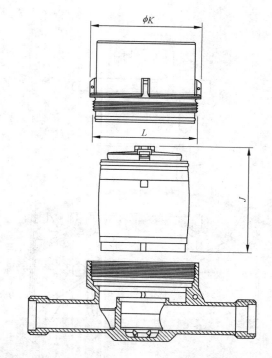

图9 可互换计量模块水表——同轴流型,推导式

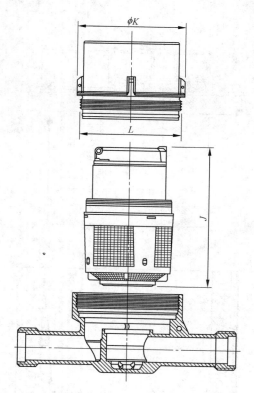

图10 可互换计量模块水表——同轴流型,容积式

附　录　A

（资料性附录）

同轴水表集合管

A.1　总则

目前尚无同轴水表接头的国际标准。本附录提供了设计和制造同轴水表集合管接头的必要信息，并提供了相关信息来源。随着其他集合管结构类型的提出并纳入本部分，本附录内容将作扩充。

A.2　同轴水表集合管的结构

2 种集合管连接接口的结构如图 A.1 和图 A.2 所示（另见表 3）。

水表的接头应设计成利用螺纹将水表连接到具有螺纹连接面的集合管上。应采用合适的密封件以保证入口接头与水表/集合管外部之间，或者水表/集合管连接接口处的入口和出口通道之间不发生泄漏。

注：GB/T 778.2 提及此类水表需通过附加压力试验。

除另有指明外，尺寸单位为毫米

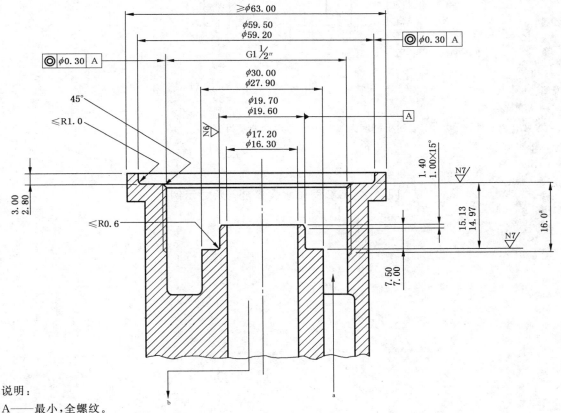

说明：

A——最小，全螺纹。

注：除另有说明外，机械加工表面粗糙度为 3.2 μm。角度的公差为±3°。

a——进水口；

b——出水口。

图 A.1　G 1 同轴水表集合管尺寸示例

除另有指明外,尺寸单位为毫米

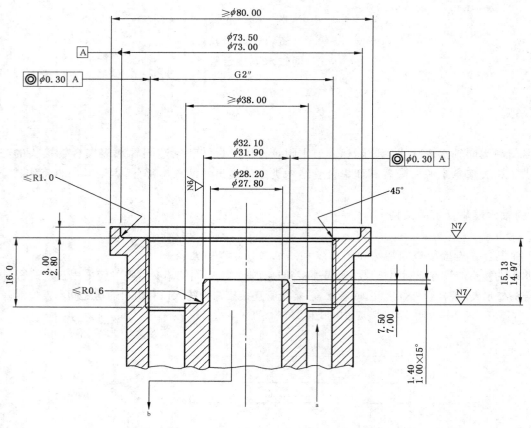

说明:

A——最小,全螺纹。

注:除另有说明外,机械加工表面粗糙度为 3.2 μm。角度的公差为±1°。

a——进水口;

b——出水口。

图 A.2　G 2 同轴水表集合管尺寸示例

附 录 B
（规范性附录）
连接接口——插装式水表解决方案

B.1 同轴插装式水表

图 B.1 到图 B.10 给出了同轴插装式水表的连接接口类型。

单位为毫米

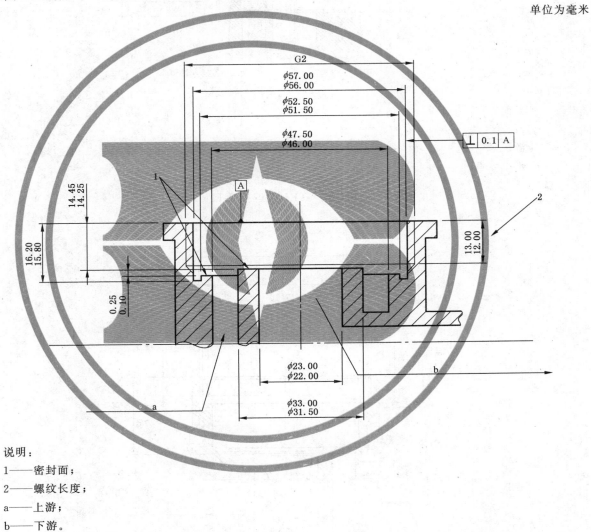

说明：
1——密封面；
2——螺纹长度；
a——上游；
b——下游。

图 B.1 IST 型连接接口

单位为毫米

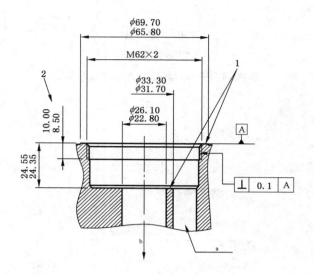

说明：

1——密封面；

2——螺纹长度；

a——上游；

b——下游。

图 B.2　TE1 型连接接口

单位为毫米

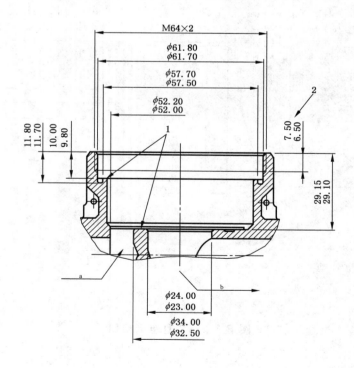

说明：

1——密封面；

2——螺纹长度；

a——上游；

b——下游。

图 B.3　MET 型连接接口

单位为毫米

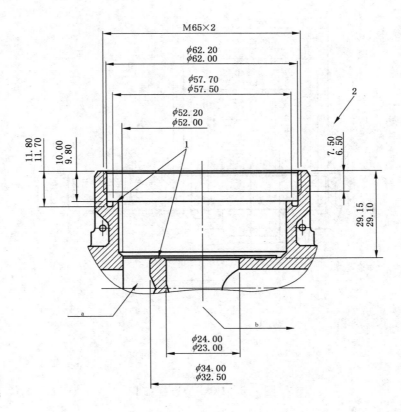

说明：

1——密封面；

2——螺纹长度；

a——上游；

b——下游。

图 B.4　MOC 型连接接口

单位为毫米

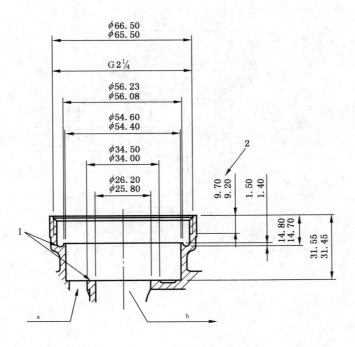

说明：

1——密封面；

2——螺纹长度；

a——上游；

b——下游。

图 B.5　MUK 型连接接口

单位为毫米

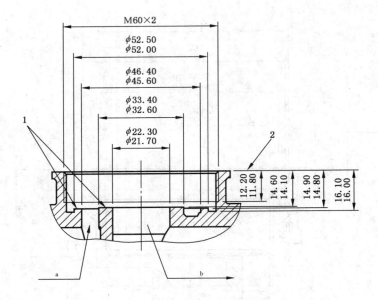

说明:

1——密封面;

2——螺纹长度;

a——上游;

b——下游。

图 B.6 PCC 型连接接口

单位为毫米

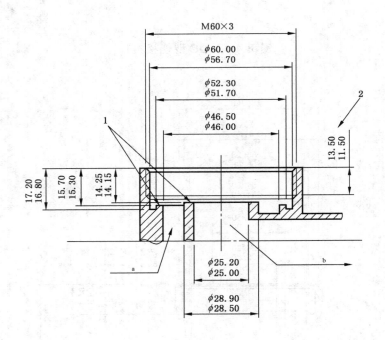

说明:

1——密封面;

2——螺纹长度;

a——上游;

b——下游。

图 B.7 Y01 型连接接口

单位为毫米

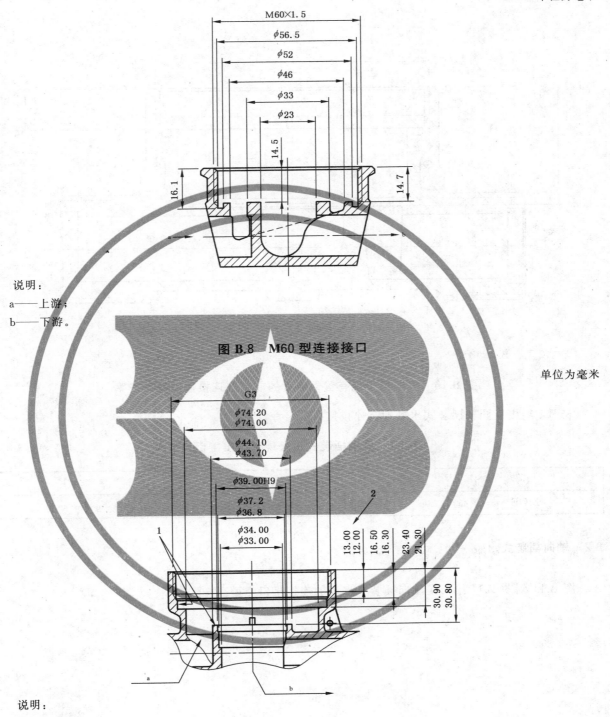

M60×1.5
φ56.5
φ52
φ46
φ33
φ23
14.5
16.1
14.7

说明：
a——上游；
b——下游。

图 B.8　M60 型连接接口

单位为毫米

G3
φ74.20
φ74.00
φ44.10
φ43.70
φ39.00H9
φ37.2
φ36.8
φ34.00
φ33.00

2

13.00
12.00
16.50
16.30
23.40
21.30

30.90
30.80

1

说明：
1——密封面；
2——螺纹长度；
a——上游；
b——下游。

图 B.9　CRI 型连接接口

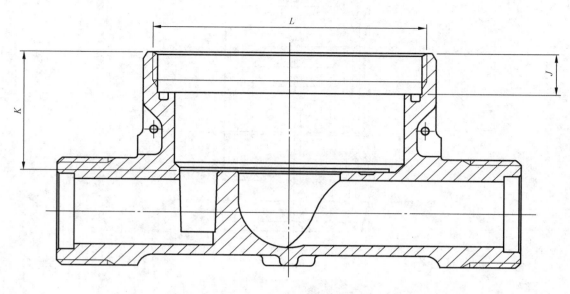

说明：

L、J、K 见表 B.1。

图 B.10　仅适用于现有管件装置的非首选连接接口解决方案

表 B.1 给出了同轴插装式水表现有连接接口的尺寸。

表 B.1　同轴插装式水表现有连接接口尺寸

单位为毫米

型号	L	J	K
MOE	M65×2	9.8～10	41.85～41.95

B.2　轴向插装式水表

图 B.11 到图 B.17 给出了轴向插装式水表的连接接口类型。

单位为毫米

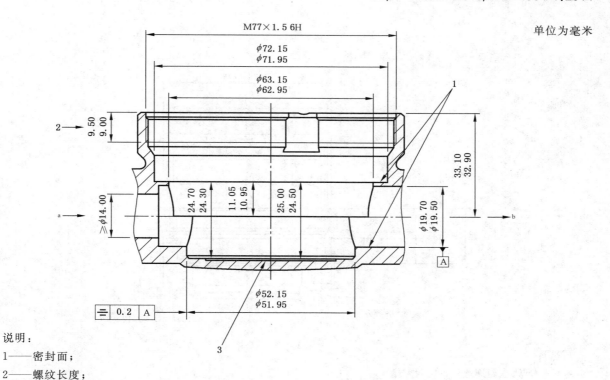

说明：

1——密封面；

2——螺纹长度；

3——特殊标记区等，A34/→流动方向／制造商／3/4"；

a——上游；

b——下游。

图 B.11　A34 型连接接口

单位为毫米

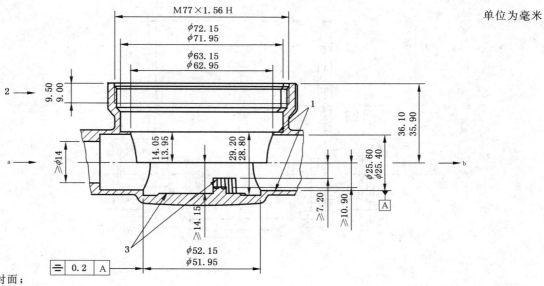

说明：

1——密封面；

2——螺纹长度；

3——特殊标记区等，A1/→流动方向/制造商/1"；

a——上游；

b——下游。

图 B.12　A1 型连接接口

单位为毫米

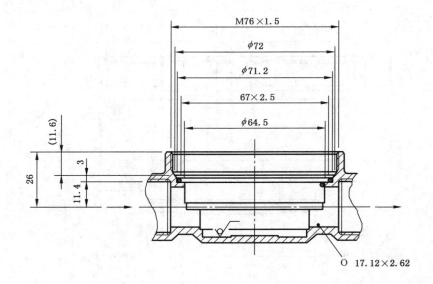

说明:

O——环形密封圈或环形密封圈槽。

图 B.13   MB3 型连接接口

单位为毫米

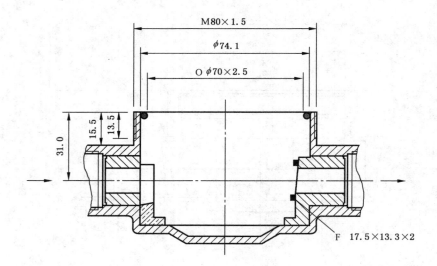

说明:

F——密封圈;

O——环形密封圈或环形密封槽。

图 B.14   MB2 型连接接口

单位为毫米

M58×1.5

φ54

5.3

10.1

25.8

O 21×2

说明：

O——环形密封圈或环形密封槽。

图 B.15　M7L 型连接接口

单位为毫米

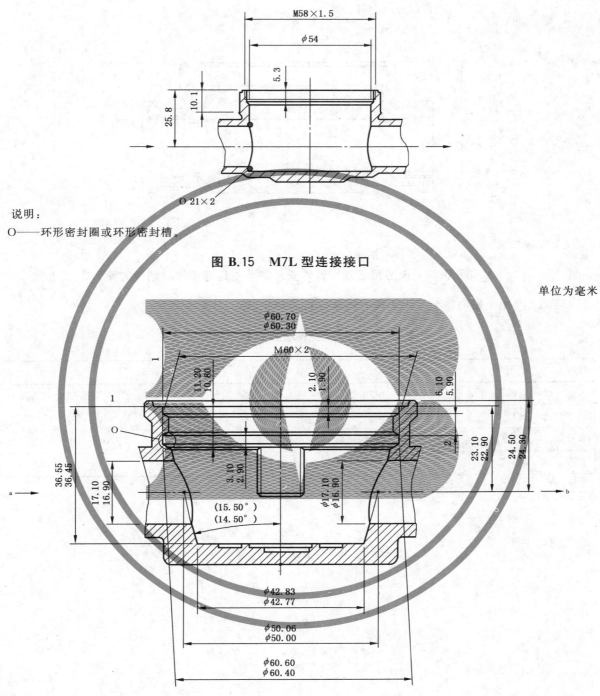

φ60.70
φ60.30

M60×2

11.20
10.80

2.10
1.90

6.10
5.90

1

O

23.10
22.90

24.50
24.30

2

36.55
36.45

17.10
16.90

3.10
2.90

φ17.10
φ16.90

a

b

(15.50°)
(14.50°)

φ42.83
φ42.77

φ50.06
φ50.00

φ60.60
φ60.40

说明：

1——密封面；

2——螺纹长度；

O——环形密封圈或环形密封槽；

a——上游；

b——下游。

图 B.16　DM1 型连接接口

单位为毫米

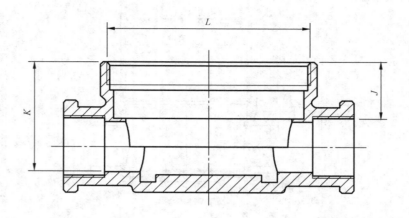

说明：

L，J，K 见表 B.2。

图 B.17 仅适用于现有管件安装的非首选连接接口解决方案

表 B.2 给出了轴向插装式水表现有连接接口的尺寸。

表 B.2 轴向插装式水表现有连接接口尺寸   单位为毫米

类型	L	J	K
WE1	M78×1.5	15.50～15.55	38.50～38.55
HT1	M45×1.5	9.2～9.3	30.7～30.75
HT2	M66×1	7.7～7.8	31.8～31.9
WGU	M66×1.25	7.7～7.8	32.45～32.55

附 录 C

（资料性附录）

转接器和转换器示例

图 C.1～图 C.4 为转接器和转换器示例。

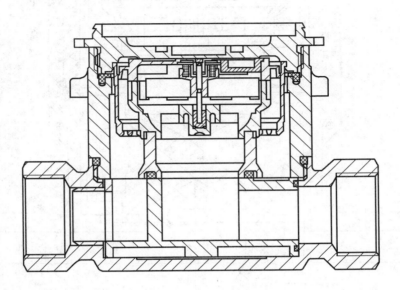

图 C.1 转接器——将单流原理转换成同轴原理，互换插装式水表时现场安装

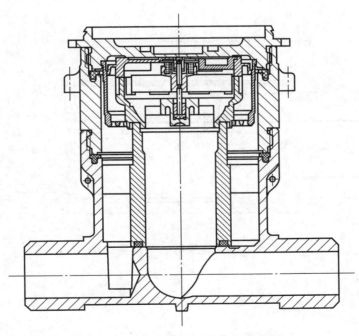

图 C.2 转换器——扩展底座深度

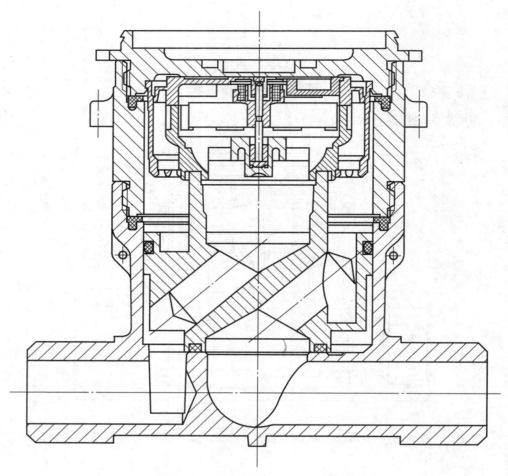

图 C.3 转换器——改变流向

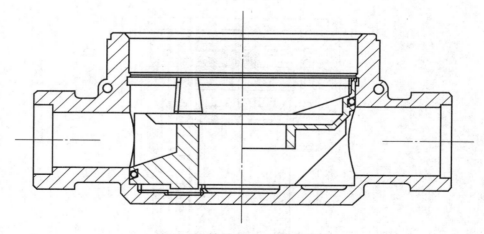

图 C.4 转换器——改变流型

参 考 文 献

[1]　ISO/IEC 导则 99:2007/OIML V2-200:2012,International vocabulary of metrology — Basic and general concepts and associated terms (VIM)

[2]　OIML V 1:2013,International vocabulary of terms in legal metrology (VIML)

[3]　OIML D 11:2013,General requirements for measuring instruments—Environmental conditions

ICS 91.140.60
N 12

中华人民共和国国家标准

GB/T 778.5—2018/ISO 4064-5:2014
代替 GB/T 778.2—2007

饮用冷水水表和热水水表
第5部分：安装要求

Meters for cold potable water and hot water—
Part 5：Installation requirements

（ISO 4064-5:2014，Water meters for cold potable water and hot water—
Part 5：Installation requirements，IDT）

2018-06-07 发布

2019-01-01 实施

国家市场监督管理总局
中国国家标准化管理委员会   发 布

前　言

GB/T 778《饮用冷水水表和热水水表》分为以下 5 部分：
——第 1 部分：计量要求和技术要求；
——第 2 部分：试验方法；
——第 3 部分：试验报告格式；
——第 4 部分：GB/T 778.1 中未包含的非计量要求；
——第 5 部分：安装要求。

本部分为 GB/T 778 的第 5 部分。

本部分按照 GB/T 1.1—2009 给出的规则起草。

本部分代替 GB/T 778.2—2007《封闭满管道中水流量的测量　饮用冷水水表和热水水表　第 2 部分：安装要求》。与 GB/T 778.2—2007 相比主要技术内容变化如下：
——修改了标准名称；
——修改了范围（见第 1 章，GB/T 778.2—2007 的第 1 章）；
——增加了术语"转接器""转换器"（见 3.3、3.4）；
——删除了安装水表时还应考虑的其他条件（见 GB/T 778.2—2007 的 6.2.11）；
——增加了插装式水表接口不能使用转接器的要求（见 7.2.8）；
——删除了水表的防护中"由供水设施传导或引起的冲击或振动"的内容（见 GB/T 778.2—2007 的 8.3.3）；
——删除了水表的防护中"供水设施引起的应力和失衡"的内容（见 GB/T 778.2—2007 的 8.3.5）；
——增加了插装式水表的安装要求（见 8.3.4）；
——增加了可互换计量模块水表的安装要求（见 8.3.5）；
——删除了人身安全中"管道系统固定"的要求（见 GB/T 778.2—2007 的 8.4.2）；
——修改了为大质量水表留出通道要求中有关水表质量的规定（见 8.5.1，GB/T 778.2—2007 的 8.5.1）。

本部分使用翻译法等同采用 ISO 4064-5:2014《饮用冷水水表和热水水表　第 5 部分：安装要求》。

与本部分中规范性引用的国际文件有一致性对应关系的我国文件如下：
——GB/T 18660—2002　封闭管道中导电液体流量的测量　电磁流量计的使用方法（ISO 6817:1992，IDT）

本部分由中国机械工业联合会提出。

本部分由全国工业过程测量控制和自动化标准化技术委员会（SAC/TC 124）归口。

本部分起草单位：上海工业自动化仪表研究院有限公司、宁波水表股份有限公司、三川智慧科技股份有限公司、宁波东海仪表水道有限公司、苏州自来水表业有限公司、浙江省计量科学研究院、河南省计量科学研究院、宁波市计量测试研究院、南京水务集团有限公司水表厂、重庆智慧水务有限公司、无锡水表有限责任公司、上海水表厂、上海仪器仪表自控系统检验测试所、杭州水表有限公司、深圳市捷先数码科技股份有限公司、汇中仪表股份有限公司、福州科融仪表有限公司、扬州恒信仪表有限公司、北京市自来水集团京兆水表有限责任公司、济南瑞泉电子有限公司、杭州竞达电子有限公司、江阴市立信智能设备有限公司、湖南常德牌水表制造有限公司、宁波市精诚科技股份有限公司、湖南威铭能源科技有限公司、青岛积成电子有限公司、天津赛恩能源技术股份有限公司。

本部分主要起草人：李明华、赵绍满、宋财华、林志良、姚福江、赵建亮、崔耀华、马俊、陆聪文、魏庆华、张庆、陈峥嵘、谢坚良、陈健、张继川、陈含章、张坚、张文江、董良成、杜吉全、韩路、朱政坚、汤天顺、廖杰、张德霞、左晔、王嘉宁、宋延勇、王欣欣、王钦利。

本部分所代替标准的历次版本发布情况为：

——GB 778—1984

——GB/T 778.2—1996、GB/T 778.2—2007。

饮用冷水水表和热水水表
第5部分：安装要求

1 范围

GB/T 778 的本部分规定了单个水表、复式水表、同轴水表和连接管件的选择、安装、水表的特殊要求以及新水表或修理后水表首次使用的准则，以保证水表准确稳定测量和可靠读数。

本部分适用于封闭满管道中测量饮用冷水和热水体积并配有累积流量指示装置的水表。

本部分既适用于基于机械原理的水表，也适用于基于电或电子原理以及基于机械原理带电子装置、用于计量饮用冷水和热水体积的水表。本部分还适用于电子辅助装置。通常电子辅助装置为选装件，但国家或国际法规可能会根据水表的使用情况确定某些辅助装置为必备件。

本部分的建议适用于被定义为积算计量仪表、采用任何技术连续测定流过的水体积的水表。

注：国家法规高于本部分的规定。

2 规范性引用文件

下列文件对于本文件的应用是必不可少的。凡是注日期的引用文件，仅注日期的版本适用于本文件。凡是不注日期的引用文件，其最新版本（包括所有的修改单）适用于本文件。

GB/T 778.1—2018 饮用冷水水表和热水水表 第1部分：计量要求和技术要求（ISO 4064-1:2014,IDT）

ISO 6817 封闭管道中导电液体流量的测量 电磁流量计的使用方法（Measurement of conductive liquid flow in closed conduits—Method using electromagnetic flowmeters）

3 术语和定义

GB/T 778.1—2018 界定的以及下列术语和定义适用于本文件。

3.1

并联运行 parallel operation

〈水表〉两台或多台水表集中连接一个公共水源和一个公共给水管的运行方式。

3.2

多表运行 multiple meter operation

若干台水表的入水口集中连接一个公共水源，或者出水口集中连接一个公共给水管的运行方式（两种情况不同时存在）。

3.3

转接器 adaptor

〈水表〉为把几何尺寸不同及未经修改的插装式水表与另一种几何尺寸的连接接口相连接而现场加装在连接接口上的机械装置。

3.4

转换器 converter

〈水表〉在装入供水系统之前，由若干个部件组成一个完整单元的连接接口。

注：除安装完整的接口外，现场无需做任何组装工作。转换主要指改变流型、改变流向或扩展底座深度。

4 水表的选择依据

4.1 总则

应根据供水设施的工作条件和环境等级要求确定水表的类型、计量特性和口径，尤其要考虑：
——供水压力；
——水的理化特性，包括水的温度和水质（悬浮颗粒）；
——可接受的水表压力损失；
——预期流量：水表的 Q_1 和 Q_3 流量（按 GB/T 778.1—2018 第 3 章的定义）应与供水设施的预期流量条件，包括水流方向相适应；
——水表的类型适合于预期的机械、化学、电子和水力条件，包括环境相对湿度、震动、静电放电、持续磁场和电磁骚扰；
——安装水表和管件的可用空间和管道；
——溶解物质在水表中沉淀的可能性；
——水表电源的持续运行能力（若适用）。
使用复式水表时，应注意保证"转换"流量不同于（且小于）正常工作流量。

4.2 由制造商提供的资料

制造商应提供足够的资料以保证用户正确选择和安装符合特定计量特性的水表。

制造商应确定影响各种水表示值误差的影响因子。对于每一种影响因子，制造商应指明适用于水表的相应的额定工作条件。

4.3 以并联或多表方式运行的水表

4.3.1 水表以并联方式运行时，应采取措施使其中一台或多台水表不能工作时不会导致其余水表的工作流量超过各自的工作极限。

4.3.2 为了保证不同类型的水表并联运行时能正常工作，各种类型水表的特性应相互兼容。例如，可根据压力损失、流量范围和最大工作压力来组合水表。但应考虑每种类型水表的安装条件。

4.3.3 水表以并联和多表方式运行时，应考虑到各台水表或各种类型水表之间的相互作用，例如压力冲击和振动，可能会损害水表的寿命和准确度。

注：水表以并联和多表方式运行的使用实例如下所示：
——当安装一台大型水表不能满足最大需水量要求或不能涵盖所需流量范围时，可以多水表并联运行；
——为保证过滤器堵塞或水表停转的情况下供水和流量测量的连续性而必须安装"备用"水表的场合，可以并联安装水表；
——在需要将供水系统分成若干支流的场合，例如公寓楼中，或在需要将若干被计量的支流汇总到一个公共总管的场合，例如水处理厂中，可以将水表集中起来以多表方式运行，以方便检修、维护和读数。

5 相关管件

5.1 总则

水表安装时应按需采用 5.2 和 5.3 列出的相关管件。

5.2 水表上游

5.2.1 旋塞或截止阀，最好指明截止阀的操作方向。

5.2.2 流动整直器和(或)直管段,装在截止阀与水表之间。

5.2.3 过滤器,装在截止阀与水表之间。

5.2.4 在水表与进水管道接头上设置封印装置,以便于发现擅自拆卸水表。

5.3 水表下游

5.3.1 长度调节装置,以方便安装和拆卸水表。特别建议 $Q_3 \geqslant 16$ m³/h 的水表采用此装置。

5.3.2 装有泄水阀,可用于压力监测、消毒和取水样。

5.3.3 旋塞或截止阀,用于 $Q_3 > 4.0$ m³/h 的水表。此阀的操作应与上游的阀相同。

5.3.4 止回阀,需要时加装,双向流应用场合除外。

6 安装

6.1 一般要求

6.1.1 不管是单表运行还是多表运行,每一台水表都应易于接近以方便读数(例如,不需使用镜子或梯子)、安装、维护、拆卸以及必要时的"原地"结构分解。

此外,对于质量超过 25 kg 的水表,应保证进入安装现场的通道畅通,以便于将水表运进工作位置或移走,工作位置的周围应留有适当空间用于安装起重装置。以下两点应予以考虑:

    a) 安装场所应有适当的照明;

    b) 地面应平整、硬实、不打滑、无障碍。

6.1.2 第5章规定的管件在安装后也应易于接近,6.1.1中有关大型水表的要求亦适用于管件。

6.1.3 在任何情况下,尤其是水表安装在表井内的情况下,水表和管件应安装在距底面有足够高度的位置,以防止污染。必要时,表井中应有集水坑或排水沟以清除积水。

6.2 安装要求

6.2.1 为使水表能长期正常工作,水表内应始终充满水,如果存在空气进入水表的风险,应在上游安装排气阀。

6.2.2 应防止冲击或振动导致水表损坏。

6.2.3 应避免水表承受由管道和管件造成的过度应力。必要时,应将水表安装在底座或托架上。

水管和管件应适当固定,以保证在拆除水表或断开一侧连接时,任何部分都不会因水的推力而移位。

6.2.4 应防止极端水温或环境气温损坏水表。

6.2.5 如有可能,应防止水表井积水和雨水渗入。

6.2.6 说明书应根据水表的类型限定安装方位。

6.2.7 应防止外界环境腐蚀导致水表损坏。

6.2.8 在水表成为电接地组成部分的场合,为保证工作人员的安全,应为水表及其相关管件设置永久性旁路。

    注:用水管充当电接地需符合国家或地方法规要求。

6.2.9 应避免空化、浪涌、水锤等不利水力条件。

6.3 水质(悬浮颗粒)

在特定的安装条件下,如果水中的悬浮颗粒可能影响水表测量体积流量的准确度,可以给水表加装滤网或过滤器。滤网或过滤器应安装在水表的入口或上游管道系统内。

6.4 电磁水表

为保证水表的计量准确度、防止电极电蚀,水表和被测流体应电连接,使两者的电位相等。通常这意味着将水接地,同时还应遵循制造商有关特定结构水表的特别安装说明。

在无绝缘内涂层的非绝缘导电流体管道上,水表一次装置的连接点应与二次装置电连接,且两者都应接地。

在不导电的管道或与流体绝缘的管道上,管道与水表一次装置之间应插接金属接地环并与二次装置件电连接,且两者都应接地。

若因技术原因流体无法接地,只要水表型号和制造商说明书允许,在连接水表时可不考虑流体的电位。

有关电磁水表的其他要求应按 ISO 6817 的规定执行。

6.5 以并联或多表方式运行的水表

6.5.1 应提供手段使一组水表中任何一台水表的安装、读数、维护、现场拆卸和移动不受干扰或不会干扰其他水表的运行。

6.5.2 对于有共用出水口的多表运行,应在每台水表的下游安装止回阀,防止倒流。

6.5.3 对于多表运行,应配备一个装置固定在每台水表上或紧靠水表处,确认每台水表正在计量的供水情况。

6.6 运行安全性

水表上应安装可以加封印的防护装置,使水表加封印和正确安装以后,不明显损坏防护装置就不可能拆卸水表或水表的调节装置。

7 水力扰动

7.1 总则

许多类型的水表对上游流动扰动较为敏感,上游流动扰动会引起较大的误差和过早磨损。尽管水表对下游流动扰动也敏感,但要轻微得多。

各种水表的正常运行不仅与水表的结构有关而且与水表的安装条件密切相关。

流动扰动有两种类型:速度剖面畸变和漩涡。

速度剖面畸变主要由障碍物部分阻塞管道引起,例如管道中存在部分关闭的阀、蝶阀、止回阀、孔板、流量调节器或压力调节器等。

漩涡的成因很多,例如管道不同平面上的两个或多个弯头、离心泵、供水管道切向接入安装水表的主管道等都能引起漩涡。

应按照 7.2 提出的方法尽可能消除扰动。

7.2 消除扰动的方法

7.2.1 导致流动扰动的情况性质复杂、原因众多,本部分无法一一详述。在采用流动整直器等校正装置之前应消除可能的起因。

7.2.2～7.2.8 的内容可作为新安装水表的指南。

7.2.2 认真执行安装程序很容易消除速度剖面畸变,尤其是对于"锥形"下降、截面陡缩以及密封垫圈安装不当等情况。此外,水表在使用时需保证上游和下游阀门处于全开位置。这些阀处于全开位置时应不会对水流产生扰动。

7.2.3 水表应按照型式批准中给出的上下游敏感等级安装,直管段尤其是水表上游直管段越长越好。

7.2.4 如有可能,止回阀、孔板或压力调节器等可引起流动剖面扰动的装置应安装在水表下游。

7.2.5 供水管道连接装有水表的主管道应不产生漩涡(见图1)。

a) 错误连接   b) 正确连接

说明:
1——供水管道;
2——主管道。

图 1 供水管与主管道的连接

7.2.6 处于不同平面上的两个或多个弯头应:
    ——安装在水表的下游;
    ——如果位于上游,应尽可能远离水表;
    ——弯头与弯头之间应相隔得尽可能远。

7.2.7 只要与制造商的说明书没有冲突,可在水表上游安装一个合适的流动整直器,以缩短7.2.3所述的直管段长度。

双向流应用场合应有特殊考虑。

7.2.8 3.3定义的转接器不应使用在插装式水表及其相关连接接口上,3.4定义的转换器对于插装式水表系统而言,并不是转接器,可以用在插装式水表及其相关连接接口上。

    注:转换器的示例见GB/T 778.4—2018的附录C。

8 新水表或修理后水表的首次使用

8.1 总则

安装前应冲洗总水管,应注意防止杂物进入水表或供水管。

安装后,应让水缓慢进入总水管,并放出空气,勿使残存空气引起水表超速运转导致损坏。

8.2 以并联或多表方式运行的水表

8.2.1 当一组水表中的一台或多台水表开始运行时,可能会有逆流流向其他水表。应采取措施避免出现这种情况,例如可以使用压力表、控制阀、止回阀等(见4.3和6.5.3)。

8.2.2 流量调节装置应安装在水表的下游。

8.3 水表的防护

8.3.1 防冻

应采取措施防止水表受冻,但不可妨碍读取水表读数。采用的保温材料应防腐。

8.3.2 防逆流

注：除了制造商的说明书外，相关国家法规也适用于本文件。

当所安装的这类水表被设计成或规定只能单方向正确计量，并且逆流可能导致误差超出最大允许误差或者导致水表损坏时，应配备防逆流装置。

如果水表的设计允许正确计量逆流而不会造成损害，例如双向电磁水表，可以配备一个逆流指示装置来替代防逆流装置。

在商业交易应用中，当要求水流单向流经水表时，可以采用一个经过认可的防污染止回装置作为防护装置。该装置可与水表泄水阀或其他相关管件合为一体。

防止逆流可放在水表部件的设计中加以考虑。

8.3.3 防蓄意欺诈

在各种商业交易应用中，应安装一个防护装置将水表封固在进水管道上。该措施能防止在不明显损坏防护装置的情况下拆除水表。

对于非商业交易应用，在合适的情况下，也可以安装此类防护装置。

8.3.4 插装式水表

8.3.4.1 插装式水表安装说明

插装式水表应按照安装说明书进行安装，如无安装说明书，应遵循以下原则：
a) 使用制造商随水表提供的原配专用密封圈或密封垫片；
b) 拆除旧的插装式水表后立即拆除旧的垫片；
c) 检查相关密封面，必要时进行清洁，以确保密封正常，没有内部旁路泄漏导致测量不正确；
d) 新的密封件安装前应做检查，按制造商的说明书进行定位；
e) 检查插装式水表是否与固定水表的连接接口相匹配；
f) 安装时，应避免使用非制造商提供的密封件，如胶带等，避免用润滑脂润滑螺纹接口；
g) 如果垫圈需要润滑，任何时候都应确保只使用被准许用于垫片材料并可接触饮用水的润滑剂；
h) 更换插装式水表应由经过培训的人员操作。

8.3.4.2 插装式水表及其连接接口的代码

插装式水表及其相关连接接口应标有 GB/T 778.4—2018 的附录 B 规定的同一种代码，将插装式水表安装到连接接口前应核查代码。因此：
a) 插装式水表上的代码应标示在表面；
b) 连接接口上的代码，移除插装式水表后应能看到；
c) 代码标志应不可磨灭；
d) 插装式水表的代码最多用 3 个字母数字表示。

8.3.5 可互换计量模块水表

8.3.5.1 可互换计量模块安装说明和先决条件

可互换计量模块交付时应附说明书、安装手册和书面符合标准声明。可互换计量模块应按安装手册的规定进行安装，还应考虑以下安装原则：
a) 使用制造商随计量模块提供的原配专用密封圈或密封垫片。安装密封应可溯源；
b) 拆除计量模块后立即拆除旧的垫片或密封圈并检查相关密封面，必要时进行清洁；

c) 如果水中碳酸钙含量高,沉积在大部分水表的连接接口上游区域,可以导致流动剖面发生变化,从而导致测量偏差。为确保测量准确,在安装新的可互换计量模块之前应当清洁连接接口;

d) 检查计量模块的代码与安装计量模块的连接接口的代码是否一致;

e) 新的密封件安装前应按制造商的说明书进行检查;

f) 如果垫圈需要润滑,任何时候都应确保只使用被准许用于垫片材料并可接触饮用水的润滑剂;

g) 更换可互换计量模块应由经过培训的人员操作。

8.3.5.2 可互换计量模块水表及其相关连接接口的代码

连接接口和相关的可互换计量模块应按以下型式标出相同的代码:

制造商型式标识和 DN×××

如有必要,制造商选用的标识也可包含水表的型式,DN 是水表公称通径的通用缩写,×××为公称通径的最大 3 位数数值。

将可互换计量模块装入其相关连接接口之前应检查上述标识:

a) 可互换计量模块上的标识应标示在表面;

b) 连接接口上的标识,移除可互换计量模块后应能看到,或者制造商可自行决定标示在连接接口的外侧;

c) 标识标志应不可磨灭。

8.4 人身安全

8.4.1 总则

注:有关卫生和安全,包括危险场所分类和接地的国家法规适用于本文件。

水表不应安装在危险场所。此外,应避免安装条件可能对人身健康造成危害。

应对照明、通风、防滑地面、地面高度变化和避免阻碍通行等做出合理规定。

对于质量超过 25 kg 的水表,应保证进入安装现场的通道畅通,以方便将水表运入工作位置或移走。此外,工作位置周围应留出适当空间以便安装起重装置。

8.4.2 水表井

水表井的井盖应防止水进入,应易于单人操作,并应能承受特定场合下可能遇到的负载。

水表井过深时,应安装带扶手的梯级,空间较大时应安装阶梯。

8.4.3 管道直径大于 DN 40 的安装要求

在水表非掩埋的情况下,水表及其相关管件的上方至少应留有 700 mm 的自由空间。

8.4.4 防止与电气设备相关的危害

在水表成为电气接地通路组成部分的场合下,为尽可能保证工作人员安全,水表及其相关管件上应跨接一个永久性旁路。

不应采用水管连接件充当电气设备的接地系统。

注:这无疑会对用户以及连接件、水表和相关管件的安装和维修人员造成潜在威胁。

除了应符合相应国家法规的规定外,建议将内部供水系统与水管连接件电隔离。这可能需要在内部管道的起点与连接件最下游的金属附件之间插入至少两米长的绝缘段。

安装人员应该意识到,即使电气设备有良好的接地并且独立于水管连接件,仍有可能对在水表及其相关管件上工作的人员构成威胁。在下列情况下就存在这种危险：

——当内部供水系统与独立接地点之间存在等电位连接时；

——当用户根据现行电气工作条令,利用水表下游建筑物内的饮用水管道将各种电气设备接到建筑物的接地上时。

8.5 操作便利性——接近水表和管件

8.5.1 总则

由水表及相关管件组成的水表系统应能与包括管道在内的整个供水设施分离。安装、拆除和更换水表及其相关管件应不损坏或拆除建筑材料,不移动任何设备或其他各种物体。

注：这需要有一个或多个拆卸接头。

对于质量在 40 kg 以上的水表,应留出适当的通道以便将水表运进安装点。

除了安装在专用计量井或计量设施内的管道式水表外,任何一侧墙或障碍物与水表/相关管件的至少一个侧面之间应留有足够的间隙。此间隙建议至少为一个管道直径加 300 mm。

8.5.2 水表井内的安装

安装在水表井内时,水表井的底部通常应高于水位。

水表和管件应安装在水表井底部以上足够的高度以防止受到污染。如有必要,水表井应设置集水坑或排水沟以排泄积水。

水表井应只用于安置水表及其附件。

水表井应采用具有足够机械强度的防腐材料建造。

参 考 文 献

[1] ISO/IEC Guide 99:2007 International vocabulary of metrology—Basic and general concepts and associated terms (VIM)

[2] OIML V 1:2013 International vocabulary of terms in legal metrology (VIML)

[3] OIML D 11:2013 General requirements for measuring instruments—Environmental conditions

ICS 91.140.60
N 12

中华人民共和国国家标准

GB/T 36243—2018/ISO 22158:2011

水表输入输出协议及电子接口 要求

Input/output protocols and electronic interfaces
for water meters—Requirements

(ISO 22158:2011,IDT)

2018-06-07 发布

2019-01-01 实施

国家市场监督管理总局
中国国家标准化管理委员会 发布

前　言

本标准按照 GB/T 1.1—2009 给出的规则起草。

本标准使用翻译法等同采用 ISO 22158:2011《水表输入输出协议及电子接口　要求》。

与本标准中规范性引用的国际文件有一致性对应关系的我国文件有：

——GB/T 14048.15—2006　低压开关设备和控制设备　第 5-6 部分:控制电路电器和开关元件
接近传感器和开关放大器的 DC 接口（NAMUR）(IEC 60947-5-6:1999,IDT);

——GB/T 18657.1—2002　远动设备及系统　第 5 部分:传输规约　第 1 篇:传输帧格式
(IEC 60870-5-1:1990,IDT);

——GB/T 18657.2—2002　远动设备及系统　第 5 部分:传输规约　第 2 篇:链路传输规
则(IEC 60870-5-2:1992,IDT);

——GB/T 26831.2—2012　社区能源计量抄收系统规范　第 2 部分:物理层与链路层(EN 13757-
2:2004,IDT);

——GB/T 26831.3—2012　社区能源计量抄收系统规范　第 3 部分:专用应用层(EN 13757-3:
2004,IDT)。

本标准由中国机械工业联合会提出。

本标准由全国工业过程测量控制和自动化标准化技术委员会（SAC/TC 124）归口。

本标准起草单位:上海工业自动化仪表研究院有限公司、宁波水表股份有限公司、三川智慧科技股
份有限公司、宁波东海仪表水道有限公司、重庆智慧水务有限公司、苏州自来水表业有限公司、无锡水表
有限责任公司、扬州恒信仪表有限公司、浙江省计量科学研究院、河南省计量科学研究院、宁波市计量测
试研究院、济南瑞泉电子有限公司、江阴市立信智能设备有限公司、宁波市精诚科技股份有限公司、青岛
积成电子有限公司、湖南威铭能源科技有限公司、江苏远传智能科技有限公司、上海水表厂、北京市自来
水集团京兆水表有限责任公司、西安旌旗电子股份有限公司、深圳市兴源智能仪表股份有限公司、杭州
水表有限公司、湖南常德牌水表制造有限公司、山东晨晖电子科技有限公司、智润科技有限公司、浙江金
龙自控设备有限公司。

本标准主要起草人:李明华、左富强、宋财华、吕文、魏庆华、姚福江、张庆、徐一心、赵建亮、崔耀华、
马俊、董良成、韩路、汤天顺、张德霞、朱政坚、谈晓彬、陈峥嵘、张文江、郭永林、刘清波、孙一磊、刘华亮、
王学水、戈剑、张波。

引　言

当前,计量器具与计量系统通信的需求已日益显现。本标准旨在解决水表与计量系统通信的相关问题,本标准也可以与使用通用接口和协议的其他计量系统,如燃气和电力计量系统,配合使用。

近年来,有越来越多的电子装置被应用于水表中,例如:

——脉冲输出系统;

——绝对编码系统;

——双向可寻址总线系统。

目前,无论是此类系统的硬件接口还是协议都没有明确的定义,本标准试图解决由此产生的问题。

现有的水表通信技术可以分为以下三种不同的类型:

——脉冲输出水表,本标准中称其为 A 型;

——不可寻址水表,本标准中称其为 B 型;

——可寻址水表,本标准中称其为 C 型。

本标准描述了水表输入输出协议和电子接口的一般要求。其目的是为水表寄存器和抄表设备的设计人员提供必要的指导。

有关条款是通过分析目前正在使用的应用,并通过咨询供水行业后确定的。当然,列出的应用并不全面详尽。

水表输入输出协议及电子接口　要求

1　范围

本标准规定了能通过电子接口交换或提供数据的水表的最低通信要求。

本标准仅规定了水表的电气电子连接装置的接口条件,未规定可连接在水表上用于自动抄表或远程抄表的转发器、感应单元等专用设备的要求。

2　规范性引用文件

下列文件对于本文件的应用是必不可少的。凡是注日期的引用文件,仅注日期的版本适用于本文件。凡是不注日期的引用文件,其最新版本(包括所有的修改单)适用于本文件。

ISO 1155　信息处理　用纵向奇偶校验位检测信息报文差错(Information processing—Use of longitudinal parity to detect errors in information messages)

IEC 60870-5-1　远程控制设备和系统　第5部分:传输协议　第1节:传输帧格式(Telecontrol equipment and systems—Part 5:Transmission protocols—Section One:Transmission frame formats)

IEC 60870-5-2　远程控制设备和系统　第5部分:传输协议　第2节:链路传输规则(Telecontrol equipment and systems—Part 5:Transmission protocols—Section 2:Link transmission procedures)

IEC 60947-5-6　低压开关设备和控制设备　第5-6部分:控制电路电器和开关元件　接近传感器和开关放大器的DC接口(NAMUR)(Low-voltage switchgear and controlgear—Part 5-6:Control circuit devices and switching elements—DC interface for proximity sensors and switching amplifiers (NAMUR))

EN 13757(所有部分)　仪表通信系统及远程抄表(Communication systems for meters and remote reading of meters)

JIS X5001:1982　传输线路的字符结构和横向奇偶检验法(Character structure on the transmission circuits and horizontal parity method)

NABS[1]可寻址8位电子水表的通信系统　规范,2008年1.0版(Communication system by addressable 8-bit electronic water meters—Specifications, ver. 1.0, 2008),可从以下网址获取:http://www.keikoren.or.jp/eng/pub.html[2011-04-27]

M-BUS[2] M-BUS:文件,4.8版,1997(The M-BUS:A documentation Rev. 4.8, 1997),可从以下网址获取:http://www.m-bus.com[2011-04-27]

3　术语和定义

EN 13757界定的以及下列术语和定义适用于本文件。

---

[1]　由日本水表制造商协会出版。
[2]　由M-BUS总线用户组织出版。

3.1

接口　interface

〈水表〉两个系统间相互作用的点或工具。

3.2

脉冲　pulse

〈水表〉接口的(有源或无源)电子输出。脉冲的增量等于特定的水体积。

3.3

不可寻址接口装置　non-addressable interface device

抄表总线上不能独立编址的接口装置。

3.4

可寻址接口装置　addressable interface device

抄表总线上可以独立编址的接口装置。

3.5

自动抄表　automatic meter reading;AMR

通常有中央计算机参与的抄表。

3.6

远程抄表　remote meter reading;RMR

中央计算机不一定参与的、远离水表的抄表。

3.7

开关电流　switching current

切换时开关所能承载的电流。

3.8

开关闭合　switch closure

产生数字脉冲的装置(干簧管,晶体管等)。

3.9

无向脉冲数据集　omnidirectional pulse data set

脉冲不表明水流方向的脉冲数据集。

3.10

单向脉冲数据集　uni-directional pulse data set

脉冲仅表明一个水流方向的脉冲数据集。

3.11

双向脉冲数据集　bi-directional pulse data set

脉冲表明水流方向的脉冲数据集。

3.12

无源输出　passive output

〈水表〉无电源的开关装置。

3.13

有源输出　active output

〈水表〉有电源的开关装置(接口内或接口外)。

3.14

篡改检测　tamper detection

〈水表〉用于检测破坏计量设备或设备内存储数据企图的装置。

3.15

输出模式　output mode

〈水表〉脉冲的电子特性。

3.16

数据集类型　data set type

提供流量信息的一组脉冲的电子特性。

3.17

V 型帧　V-frame

包含可变长度字段的数据集。

4　脉冲输出水表——A 型

注：该输出类型的主要功能是提供实时计量脉冲来表示流经水表的规定单位的水量。

4.1　总则

兼容性由以下输出模式、数据集类型和信号输出类型界定：

——脉冲输出模式：1、2、3、4、5、6、7、8；

——数据集类型：O、U、B1、B2、N1、N2；

——信号输出类型：N、P、T。

注：兼容型产品可标示："A1O""A2O""A3U""A4UN""A5B2P""A7N2"等。

脉冲输出模式、脉冲波形定义、脉冲数据集类型和信号输出类型的要求见 4.2～4.5。

4.2　脉冲输出模式

脉冲输出模式应符合表 1 的要求。

表 1　脉冲输出水表（A 型）的脉冲输出模式

参数	类型							
	A1	A2	A3	A4	A5	A6	A7	A8
特性	无源		有源	有源			有源	
脉冲（见 4.3）	无电压		有源高态	或			有源电流回路（见 5.2）	
工艺技术	无源开关闭合		自供电脉冲	自供电晶体管开关	外部供电晶体管开关		外部供电电流脉冲	
	信号使用	电源使用			传感器使用	缓冲器使用		
电源电压范围	—	—	—	—	2 V～5 V DC	5 V～15 V DC	IEC 60947-5-6（公称 8.2 V DC，1 kΩ 电源内阻）	

表1（续）

参数	类型							
	A1	A2	A3	A4	A5	A6	A7	A8
开关电流和电压	≤30 V DC 3 μA～ 20 mA	≤100 V DC 3 μA～ 500 mA	—	最高 20 V DC ≤20 mA[a]	最高 20 V DC ≤10 mA[a]	最高 20 V DC ≤20 mA[a]	—	—
关状态阻抗	>10 MΩ	>10 MΩ	—	—	>10 MΩ		—	—
开状态阻抗	<200 Ω	<150 Ω	—	—	<500 Ω		—	—
电流消耗	—	—	—	—	<20 mA		IEC 60947-5-6 (>2.1 mA)	
典型数据集类型（见 4.4）[b]	无向		单向	无向、单向或双向			无向或双向	
典型产品类型[b]	微动开关、干簧管或固体开关		发生器或压电传感器	压电传感器或磁传感器	压电传感器、磁传感器或光学传感器		微动开关、干簧管、磁传感器或光学传感器	

　ᵃ 信号输出类型为"T"时，该电压由电源电压所代替。

　ᵇ 其他类型也适用。

4.3 脉冲波形定义

脉冲输出模式 A1～A8 的脉冲波形定义应符合图1～图5的要求。

注：图1～图5中给出的时间仅用于说明目的。

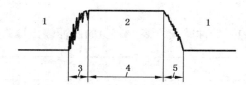

说明：

1——开关开；

2——开关关；

3——前导噪声，最大 5 ms；

4——宽度，最小 25 ms；

5——拖尾噪声，最大 5 ms。

图 1　A1 型和 A2 型

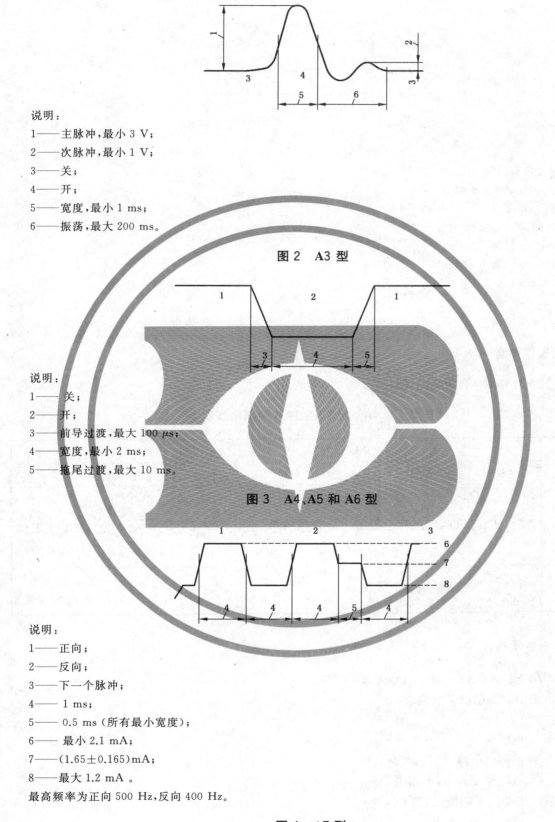

说明：
1——主脉冲，最小 3 V；
2——次脉冲，最小 1 V；
3——关；
4——开；
5——宽度，最小 1 ms；
6——振荡，最大 200 ms。

图 2　A3 型

说明：
1——关；
2——开；
3——前导过渡，最大 100 μs；
4——宽度，最小 2 ms；
5——拖尾过渡，最大 10 ms。

图 3　A4、A5 和 A6 型

说明：
1——正向；
2——反向；
3——下一个脉冲；
4—— 1 ms；
5—— 0.5 ms（所有最小宽度）；
6—— 最小 2.1 mA；
7——(1.65±0.165)mA；
8——最大 1.2 mA 。
最高频率为正向 500 Hz，反向 400 Hz。

图 4　A7 型

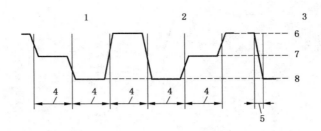

说明：

1——正向；

2——反向；

3——下一个脉冲；

4——1.2ms（所有最小宽度）；

5——最大 0.3ms；

6——最大 6.0mA，最小 2.2mA；

7——(1.5±0.05)mA；

8——最大 1.0mA，最小 0.04mA。

最高频率为 150 Hz。

图 5 A8 型

4.4 脉冲数据集类型

脉冲数据集类型应符合表2的要求。

表 2 脉冲输出水表的脉冲数据集类型

数据集类型	O	U	B1	B2	B3	N1	N2
格式	无向	单向	双向	双向	双向	无向	双向
脉冲			正向 / 反向	正向 / 反向	正向 / 反向	正向	正向 / 反向
定义	不能区别方向	指定方向	两个单向	无向＋方向信号	正交	IEC 60947-5-6	IEC 60947-5-6 ＋"透明"修饰符

4.5 信号输出类型

除了数据集 N1 和 N2 外，输出信号应标明极性。

信号输出类型应采用以下后缀表示：

——N： 0 电压信号

——P： 正电压信号

——T： 推拉输出电路、推拉输出信号；

——W： 无极性浮动输出，无参考信号。

后缀与数据集类型一起使用，如 ON、UP、B1T。

4.6 脉冲配置

信号"集"输出本质上不以测量值为参考。

示例：

装置可以有多个输出"集"，分别标上兼容的输出类型。输出类型可能相同也可能不同。例如，"A1O ＋ A1O"表示一个无源无电压输出设备提供两个符合本标准要求的信号"集"。"A6B1 ＋ A6B2"表示一个外部供电的有源输出装置提供两种符合本标准要求的不同的双向信号"集"。

当脉冲输出有极性时，"负"端宜有相应标记；如果是导线的话，应使用棕色芯线。

还可以具备篡改检测或篡改检查装置作为辅助功能，使用以下一种方式："电缆回环""电缆阻抗变化"或"磁干扰信号"。这些额外的连接可以利用公用线路，但不能影响脉冲的主要功能。

注：由于脉冲、电源和防篡改连接等种类较多，所以不可能按功能分配芯线颜色。

5 不可寻址水表——B 型

注：该输出类型的主要功能是当水表独立联接抄表装置时，可提供一个数据流来确认并报告所记录的单位水量。

5.1 总则

兼容性由以下输出模式和数据集类型（使用公用数据协议）界定：
—— 输出模式：1、2、3；
—— 数据集类型：A、S1、S2。
兼容型产品可标示："B1S1""B2A""B3A"等。

5.2 不可寻址水表的输出模式

不可寻址水表的输出模式应符合表3的要求。

表 3 不可寻址水表（B 型）的输出模式

参数	类型		
	"B1"	"B2"	"B3"
工艺技术	两线制编码寄存器	三线制编码寄存器	两线制编码寄存器
信号	单向 ASCII 数据帧协议		双向 ISO 数据帧协议
数据集类型（见 5.3）	异步或同步		异步
电源电压（若由外部供电）	7 V～17 Vp-p AC	2.9 V～6 V DC（异步） 5 V～12 V AC（同步）	—
交流电源频率（若由外部供电）	10 kHz～30 kHz		—
两线制调制深度	＞10% 电感	—	光学隔离—不适用
三线制输出低压	—	＜0.9 V （对于"公共"伪开路集电极/开漏，需要外部上拉电阻）	—
电流消耗	＜3 mA（异步） ＜15 mA（同步）		—

5.3 不可寻址水表的数据集类型

不可寻址水表的数据集类型应符合表 4 的要求。

表 4 不可寻址水表（B 型）的数据集类型

参数	数据集类型		
	"A"	"S1"	"S2"
通信	异步	外部时钟同步	
数据传输率	≥(300±2.25)bit/s	0 bit/s～2 000 bit/s 1 时钟周期每比特	1 时钟周期每比特,或 1 200 bit/s 时 16 时钟周期每比特
字符格式	1 开始,7 数据(LSB 在前),偶数奇偶校验,1 停止		
两线制数据检测	逻辑 0＝载波中断 逻辑 1＝NO 动作	逻辑 0＝脉冲群 逻辑 1＝NO 动作	逻辑 0＝双向交换 逻辑 1＝NO 双向交换
三线制数据极性	逻辑 0＝输出 LOW 逻辑 1＝输出 HIGH		
字符间隔	≤6 bit 时间	—	—
数据帧	≥4 相同数据帧	时钟控制,每帧"实时"	
帧间隔	＜2 s	＜200 ms	8 个"停止"bit
时钟"low"定义	—	250 μs min,1 000 μs max,稳定性±25%	
时钟"high"定义	—	＞1 000 μs	
电源中断条件	＞500 ms	＞200 ms	

5.4 不可寻址的 V 型帧数据协议

5.4.1 总则

不可寻址的 V 型帧数据协议长度可变,格式如下:

V S-字段[;R-字段][;A-字段][;B-字段][;C-字段][;J-字段]⟨CR⟩

其中:

V ——帧开始同步字符(始终是大写字母 V);

; ——字段分隔符;

[ ] ——可选字段;

⟨CR⟩——帧(& 最后字段)结束符号。

该格式中需有 V、S 字段和⟨CR⟩。

适用字段可有子字段,典型的子字段如下:

;RC n[,u[,f[,t]]]

其中:

R——字段开始同步字符(大写字母);

C——数据类型(大写字母);

n——水表实际读数;

,——子字段分隔符。

RC n 为必备字段,而[,u[,f[,t]]]为可选字段。

第一字段应为 S 字段,而可选字段与顺序无关。

除了规定字段或子字段外,制造商可能会加入自定义字段或子字段,这些字段或子字段可能无法被相应的读取装置读懂。

5.4.2 不可寻址的 V 型帧数据协议字段定义

不可寻址的 V 型帧数据协议字段定义见表 5。

表 5 不可寻址的 V 型帧数据协议字段定义

字段	描述	格式
S 字段=序列号 ID(必备)	(制造商代码/ID)	f S m s m:制造商代码,3 个字母字符···见 www.flag-association.com s=id,不大于 16 个字母数字字符,0~9,a~z
R 字段=读数 (可选)	(总量或流量)	f ;RC n[,u[,f[,t]]]···数据类型 C=当前数据 或 ;RS n[,u[,f[,t]]]···数据类型 S=历史数据 或 ;RH n[,u[,f,t]]···数据类型 H=最大流量 或 ;RL n[,u[,f,t]]···数据类型 L=最小流量 n=水表实际读数,不大于 16 个数字字符 0~9,允许保留一个小数点,"?"为出错指示符 u=计量单位 ···见 5.4.3 表 6 f=单位系数的乘数/除数,10 的幂,从—9 到+9 t=时间单位(用于流量)···见 5.4.3 表 7
A-字段=诊断信息(可选)	(制造商自定义)	;A a a=不大于 16 个 ASCII 字符
B-字段=计费 ID(可选)	账户信息	;B a a=不大于 16 个 ASCII 字符
C-字段=校验和(可选)	(块校验字符)	;C a a=根据 ISO 1155,不大于 4 个 ASCII 字符
J-字段——自由文本(可选)	(用户定义)	;J a a=不大于 300 个 ASCII 字符
除以上有规定外,有效 ASCII 字符为十六进制 20 到十六进制 7E,不包括字段分隔符";"十六进制 3B&〈CR〉。 报文长度无最大值,但包括"V"和"〈CR〉"在内,应不大于 63 个字段。		

5.4.3 不可寻址的 V 型帧数据协议配置表

制造商代码见 FLAG 网站(www.flag-association.com)。计量单位和时间单位的数字代码分别见表 6 和表 7。

表 6　计量单位代码

代码	计量单位
1	立方米
2	升
3	美制加仑
4	英制加仑
5	立方英尺
6	英亩英尺
7	公顷米

表 7　时间单位代码

代码	时间单位
1	秒
2	分
3	小时
4	天
5	年

5.5　用感应板和感应探头读数的不可寻址两线制异步模式

这是一种两线制接口,交流电压(或经过整流的交流电)通过该接口施加到数据电路的寄存器上,以提供内部电源和数据载波。

加电后,利用波幅调制,以事先确定的比特率自动读取寄存器的数据,并以相同的数据帧传输数据,断开载波表示逻辑 0,不断开载波表示逻辑 1。

数据传输完成后,如果寄存器仍处于加电状态,它可以进入被动状态,接收制造商自定义的组态命令。因此,重新读数时需要按 5.3 规定时间短时中断电源,然后再加电。

典型配置如图 6 所示。

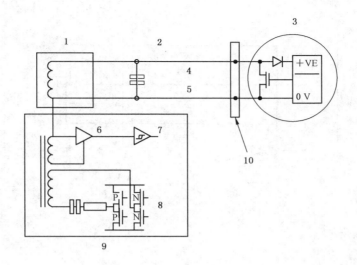

说明:

1 ——读数感应板;

2 ——电缆;

3 ——寄存器;

4 ——数据线;

5 ——公用线;

6 ——低通滤波器;

7 ——数字数据;

8 ——交流驱动;

9 ——读数感应探头(显示内部细节);

10 ——本标准定义点;

N ——负极;

P ——正极;

+VE——正电位差。

图 6 用感应板和感应探头读数的不可寻址两线制异步模式典型配置

5.6 直接连接转发器/总线节点的不可寻址三线制异步模式

这是一种三线制接口,直流电压通过该接口施加到电源线上的寄存器上以提供内部电源。

加电后,直接在数据电路上以事先确定的比特率自动读取寄存器的数据,并以相同的数据帧传输数据。这实际上是一个"开漏"输出,因此寄存器外部还需要一个上拉电阻。

数据由表示逻辑"0"的低电平和表示逻辑"1"的高电平组成。

数据传输完成后,如果寄存器仍处于加电状态,它可以进入被动状态,接收制造商自定义的组态命令。因此,重新读数时需要按5.3规定时间短时中断电源,然后再加电。

兼容的寄存器也可能符合两线制异步模式。

在一些同时使用两线制和三线制的工艺技术应用中,在数据电路上使用内置二极管会导致加电。为避免这种情况发生,可使用转发器控制上拉电阻的电源。

典型配置如图 7 所示。

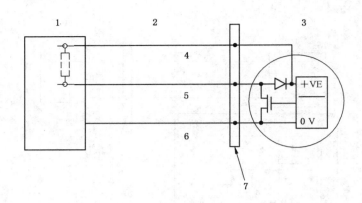

说明：

1 ——带上拉电阻的转发器；

2 ——电缆；

3 ——寄存器；

4 ——电源线；

5 ——数据线；

6 ——公用线；

7 ——本标准定义点；

＋VE——正电位差。

图 7 直接连接转发器/总线节点的不可寻址三线制异步模式典型配置

5.7 用感应板和感应探头读数的不可寻址两线制同步模式

这是一种两线制接口，交流电压通过该界面施加到寄存器上，幅移键控调制 100％，作为寄存器电源和数据时钟信号。

加电后，与数据时钟信号的短暂中止同步，以每次 1 bit 的速率自动读取寄存器并传输数据。

时钟信号中止期间输出的数据以脉冲群表示逻辑"0"，无脉冲群表示逻辑"1"。

在每个数据帧之间自动重读寄存器。

典型配置如图 8 所示。

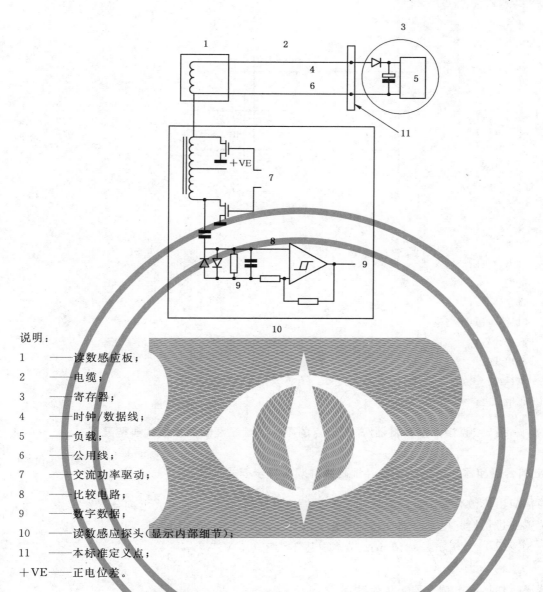

说明：
1 ——读数感应板；
2 ——电缆；
3 ——寄存器；
4 ——时钟/数据线；
5 ——负载；
6 ——公用线；
7 ——交流功率驱动；
8 ——比较电路；
9 ——数字数据；
10 ——读数感应探头(显示内部细节)；
11 ——本标准定义点；
＋VE——正电位差。

图 8　用感应板和感应探头读数的不可寻址两线制同步模式典型配置

5.8　直接连接转发器/总线节点的不可寻址三线制同步模式

这是一种三线制接口，交流电压通过该接口施加到寄存器上，作为寄存器的电源和数据时钟信号。

加电后，与数据时钟信号的下降沿同步，直接在数据电路上以每次 1 bit 的速率自动读取并传输寄存器中的数据。它是一个"集电极开路"输出，因此寄存器外部还需要一个上拉电阻。

数据由表示逻辑"0"的低电平和表示逻辑"1"的高电平组成。

在每个数据帧之间自动重读寄存器。

兼容的寄存器也能符合两线制同步模式。

典型配置如图 9 所示。

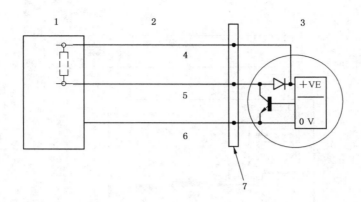

说明：

1 ——带上拉电阻的转发器；

2 ——电缆；

3 ——寄存器；

4 ——时钟/电源线；

5 ——数据线；

6 ——公用线；

7 ——本标准定义点；

+VE——正电位差。

图 9　直接连接转发器/总线节点的不可寻址三线制同步模式典型配置

5.9　用光电耦合器和探头读数的不可寻址两线制双向异步模式

数据通信应由读数装置向寄存器发出读取数据请求开始，该请求通过光电耦合器发送。

读数装置通过切换光电耦合器 2 传输数据：

　　——逻辑 1=0.1 mA～1.0 mA，节点电压不大于 0.5 V；

　　——逻辑 0≤10 μA。

寄存器通过切换光电耦合器 1 传输数据：

　　——逻辑 1=2.0 mA～10 mA，节点电压不大于 1.3 V；

　　——逻辑 0≤10 μA。

典型配置如图 10 所示。

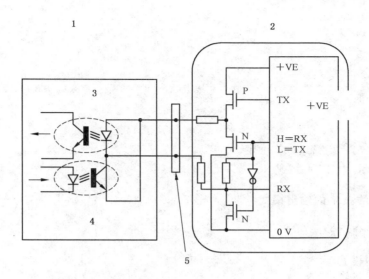

说明：

1 ——读出器的光电耦合器（显示内部细节）；

2 ——寄存器；

3 ——接收器 RX 的光电耦合器 1；

4 ——发射器 TX 的光电耦合器 2；

5 ——本标准定义点；

H ——高电平；

L ——低电平；

N ——负极；

P ——正极；

RX ——接收器；

TX ——发射器；

＋VE——正电位差。

图 10 用光电耦合器和探头读数的不可寻址两线制双向异步模式典型配置

5.10 兼容性声明

表 8 给出了现有工艺技术与符合本标准要求的新工艺技术之间可能的关系。

表 8 新旧工艺技术兼容性选项

寄存器	兼容性	读出器
现有	是	现有
现有	是 ……如果用新的读出器接收新的和现有协议字段	新的
新的	是 ……如果用新的寄存器发送新的和现有协议字段	现有
新的	是	新的

对于寄存器的向下兼容：

a） V 型帧协议可嵌入已有协议的未指定用途数据区；

b） V 型帧协议和已有协议可以按顺序排列或穿插排列；

c） 已有协议可嵌入 V 型帧协议的 J 字段。

6 可寻址水表——C型

注：该输出类型的主要功能是当水表耦合到抄表总线上时,提供一个数据流来确认并报告水表所记录的单位水量。

6.1 总则

兼容性按输出模式"1""2"或"3"确定。
兼容性产品可标示"C1""C2"或"C3"。

6.2 基于 M-BUS 总线技术的输出模式"1"

6.2.1 物理层和物理介质的接口

6.2.1.1 M-BUS 总线模式

6.2.1.1.1 总则

M-BUS 总线模式的一般要求见表 9。
典型配置如图 11 所示。

表 9 M-BUS 总线模式的一般要求

要求	特性	参考文献	条款号
连接线	2 芯(无需屏蔽)	M-BUS,v.4.8	4.1
插头	无规定	M-BUS,v.4.8	4.2
连接极性	无限制	M-BUS,v.4.8	4.4
极性敏感度	极性反转时无损坏	M-BUS,v.4.8	4.4
总线接地	500 V 时大于 1 MΩ;总线可通过光电耦合器与水表电隔离	—	—

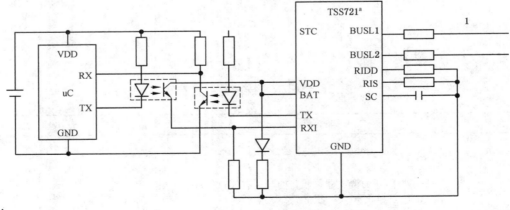

说明:

1——M-BUS 总线

注：标签的详细说明参见 M-BUS,v.4.8,第 4 章。

a　TSS721 是 Texas Instruments 公司的商品名称。此处引用是为方便用户使用本标准,并不表示本标准的发布机构认可该产品。

图 11 M-BUS 总线模式的典型配置

水表的电源应按照 M-BUS,v.4.8 中 4.4 的规定:

—— 由总线远程供电；

—— 由总线远程供电带备用电池；

—— 电池供电。

典型电源应如图 12 所示。

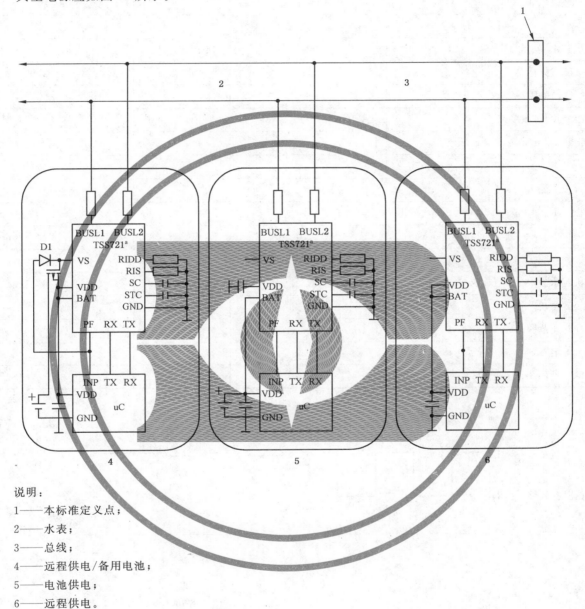

说明：

1——本标准定义点；

2——水表；

3——总线；

4——远程供电/备用电池；

5——电池供电；

6——远程供电。

注：标签的详细说明见 M-BUS,v.4.8 的第 4 章。

a TSS721 是 Texas Instruments 公司的商品名称。此处引用是为方便用户使用本标准，并不表示本标准的发布机构本标准的发布机构认可该产品。

图 12 典型电源示例

6.2.1.1.2 M-BUS 总线模式的电气特性

M-BUS 总线模式的电气要求见表 10 和图 13。

表 10 M-BUS 总线模式的电气要求

要求	特性	引用文件	条款号
绝对最高电压/V	± 50（无损害）	—	—
标号（mark）状态（＝逻辑 1）			
主机到水表（从站）/V	$(U_{max}-8.2)\cdots\cdots U_{max}$	M-BUS,v.4.8	4.4
U_{max}标称/V	36		
U_{max}范围/V	$21\sim 42$		
水表到主机/mA	$0\cdots\cdots I_{mark}$	M-BUS,v.4.8	4.4
I_{mark}/mA	1.5		
允差			
$\lvert\Delta I_{mark}\rvert/(\%/V)$	<0.2	—	—
$\lvert\Delta I_{mark}\rvert/(\mu A/10\ s)$	$\leqslant 10$		
$\lvert\Delta I_{mark}\rvert$（一定时间和温度下）/%	$\leqslant 10$		
空号（Space）状态（＝逻辑 0）			
主机到水表/V	总线电压$<(U_{max}-5.7\ V)$	M-BUS,v.4.8	4.4
水表到主机/mA	I_{space}	M-BUS,v.4.8	4.4
I_{space}范围/mA	$(11+I_{mark})\cdots\cdots(20+I_{mark})$		
最大电容/nF	0.5		
电源中断不小于 0.1 s 后启动时间	3 s 内恢复	—	—

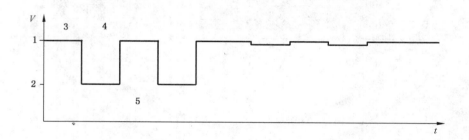

说明：

1 —— $V_{mark}=36$ V；

2 —— $V_{space}=24$ V；

3 —— 标号（"1"）；

4 —— 空号（"0"）；

5 —— 主机发送到从机；

t —— 时间；

V —— 电压。

a） 转发器处总线电压

图 13 M-BUS 总线模式的电气要求

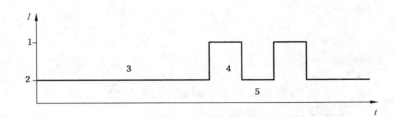

说明：

1——$I_{space} = I_{mark} + (11\ mA \sim 20\ mA)$；

2——$I_{mark} < 1.5\ mA$；

3——标号（"1"）；

4——空号（"0"）；

5——从机发送到主机；

I——电流；

t——时间。

b）从站电流消耗

图 13（续）

6.2.1.2 Mini-BUS 总线模式的电气要求

Mini-BUS 总线模式的电气要求见表 11。

表 11 Mini-BUS 总线模式的电气要求

要求	特性	引用文件	条款号
绝对最高电压/V	±50（无损害）	—	—
标号（mark）状态（＝逻辑 1）			
主机到水表（从站）/V	$(U_{max} - 8.2) \cdots\cdots U_{max}$（非负数）	M-BUS,v.4.8	4.4
U_{max} 标称/V	12		
U_{max} 范围/V	5～15		
水表到主机/mA	$0 \cdots\cdots I_{mark}$	M-BUS,v.4.8	4.4
I_{mark}/mA	1.5		
允差			
$|\Delta I_{mark}|/(\%/V)$	<0.2	—	—
$|\Delta I_{mark}|/(\mu A/10\ s)$	≤10		
$|\Delta I_{mark}|$（一定时间和温度下）/%	≤10		
空号（Space）状态（＝逻辑 0）			
主机到水表/V	总线电压小于$(U_{max} - 4.0)$	M-BUS,v.4.8	4.4
水表到主机/mA	I_{space}	M-BUS,v.4.8	4.4
I_{space} 范围/mA	$(3 + I_{mark}) \cdots\cdots (6 + I_{mark})$		
最大电容/nF	0.5		
电源中断不小于 0.1 s 后启动时间	3 s 内恢复		

6.2.2 数据链路层

有关输出模式 1 的数据链路层的建议见表 12～表 18。表中数据仅为示例。

表 12 输出模式 1 数据链路层的第一组建议

建议	特性	引用文件	条款号
协议依据		IEC 60870-5-1	
传输类型	异步串行位传输,半双工	M-BUS,v.4.8	5.1
接入技术	分时多路复用	M-BUS,v.4.8	2.2.1
传输速率	(300±2.25)bit/s,指定 (2 400±18)bit/s,(9 600 ± 72) bit/s,可选 (不推荐 600 bit/s,1 200 bit/s,4 800 bit/s, 可能不支持)	M-BUS,v.4.8	6.4.1
字节格式(IEC 60870-5-1)	1 个起始位空号 8 个数据位　　　LSB 在前 1 个奇偶校验位　偶校验 1 个停止位标号	IEC 60870-5-1 M-BUS,v.4.8	5.1
——报文内暂停	(起始位和停止位之间)不允许	IEC 60870-5-1	
——接收有效报文后暂停	>(330 bit 周期 + 50 ms)	M-BUS,v.4.8	5.1
报文			
——格式类别	FT1.2	IEC 60870-5-1	
——数据完整性类别	I2	IEC 60870-5-1	
——汉明距离	4	IEC 60870-5-1	
——校验和	无进位数的算术和	IEC 60870-5-1	
——帧格式 (引用文件/2/5.2)	单个字符(1 字节) 短帧(5 字节) 控制帧(9 字节) 长帧(最长 261 字节)	IEC 60870-5-1	

表 13 输出模式 1 数据链路层的第二组建议

单个字符	短帧	控制帧	长帧
E5h	起始 10 h	起始 68 h	起始 68 h
	C 字段	L 字段=03 h	L 字段
	A 字段	L 字段=03 h	L 字段
	校验和	起始 68 h	起始 68 h
	停止 16 h	C 字段	C 字段
		A 字段	A 字段
		CI 字段	CI 字段
		校验和	用户数据
		停止 16 h	(0～252 字节)
			校验和
			停止 16 h

表 14　输出模式 1 数据链路层的第三组建议

建议	特性	引用文件	条款号
链路服务	——发送数据/确认流程:SND/CON ——请求数据/应答流程:REQ/RSP	IEC 60870-5-2 M-BUS,v.4.8	5.4
寻址	——主地址寻址 地址: 0 未配置水表(在造) 1…250 不同的水表地址 251…255 预留给特殊用途 ——二级地址寻址(首选 M-BUS 上的水表)	IEC 60870-5-1 M-BUS,v.4.8 M-BUS,v.4.8	5.2 7.3
信号质量	——发送 P1 ——接收 P2	ISO/IEC 7480:1991[1]	
水表最低通信	——SND_NKE/E5h (初始化通信单元,即水表/确认)	M-BUS,v.4.8	5.4

表 15　输出模式 1 数据链路层的第四组建议

十六进制	字段	含义	水表应答	引用文件	条款号
10h	start	起始字符短帧		M-BUS,v.4.8	5.2
40h	C	初始化通信	E5h	M-BUS,v.4.8	5.3
00h	A	地址(如 00h)		M-BUS,v.4.8	5.3
50h	CS	校验和		M-BUS,v.4.8	5.3
16h	stop	结束字符		M-BUS,v.4.8	5.2

表 16　输出模式 1 数据链路层的第五组建议

建议	引用文件	条款号
REQ_UD2/RSP_UD (请求用户数据2/应答用户数据)	M-BUS,v.4.8	5.4

表 17　输出模式 1 数据链路层的第六组建议

十六进制	字段	意义	水表应答	条款号
10h	start	起始字符短帧		M-BUS,v.4.8/5.2
7Bh	C	REQ_UD2(7Bh/5Bh 交替)	RSP_UD (见下文)	M-BUS,v.4.8/5.3
FEh	A	二级寻址地址		M-BUS,v.4.8/5.3
79h	CS	校验和		M-BUS,v.4.8/5.3
16h	stop	结束字符		M-BUS,v.4.8/5.2

表 18 输出模式 1 数据链路层的第七组建议

十六进制	字节	字段	含义	引用文件	条款号
68h	1	start	起始字符长帧	M-BUS,v.4.8	5.2
1Bh	1	L	长度	M-BUS,v.4.8	5.2
1Bh	1	L	长度	M-BUS,v.4.8	5.2
68h	1	start	起始字符	M-BUS,v.4.8	5.2
08h	1	C	RSP_UD 的 C 字段	M-BUS,v.4.8	5.3
00h	1	A	主地址(例如 00h)	M-BUS,v.4.8	5.3
72h	1	CI	可变数据结构的 CI 字段	M-BUS,v.4.8	6.1
78h		identification	水表识别码	M-BUS,v.4.8	6.3.1
56h			(例如 12345678)		
34h	4	8-digit BCD	(可由制造商或供水公司设定)		
12h					
18h	2	man. code	制造商代码	M-BUS,v.4.8	6.3.1
4Eh		2 bytes	(见下文)		
01h	1	generation	类型/软件版本	M-BUS,v.4.8	6.3.1
07h	1	medium	测量介质(水:07h;热水:06h)	M-BUS,v.4.8	8.4.1
00h	1	access	访问计数器	M-BUS,v.4.8	6.3.1
00h	1	status	差错状态信息	M-BUS,v.4.8	6.6
00h	2	signature	保留	M-BUS,v.4.8	6.3.1
00h			签名和数据加密		
0Ch	1	DIF	8-digit BCD 格式后续数据	M-BUS,v.4.8	6.3.2
78h	1	VIF	后续数据:水表编号	M-BUS,v.4.8	8.4.3
78h				M-BUS,v.4.8	
56h		数据	水表编号		
34h	4	8-digit BCD	(例如 12345678)		
12h					
0Bh	1	DIF	3	M-BUS,v.4.8	6.3.2
15h/16h/17h	1	VIF		M-BUS,v.4.8	8.4.3
23h					
01h		数据	水表索引		
00h		6-digit BCD	(例如 000123)		
xxh	1	CS	校验和	M-BUS,v.4.8	5.3
16h	1	stop	停止字符	M-BUS,v.4.8	5.2

▒	这些字节恒定不变
≡	(可变)数据块
✕	固定数据标题;后续数据由 LSB 引导
▓	这些字节的总数:长度字段 L(例如:27 dec=1Bh)
╱	这些字段(8 字节)作为二级地址

6.2.3 网络层

输出模式 1 的网络层要求见表 19。

表 19 输出模式 1 的网络层要求

要求	特性	引用文件	条款号
二级寻址流程		M-BUS,v.4.8	7.1
选择水表	长帧,主机到水表: ——C 字段 53h ——A 字段 253dec＝FDh ——CI 字段 52h/56h ——4 字节 水表 ID ——2 字节 制造商 ID ——1 字节 水表类型 ID ——1 字节 介质 ID ——水表应答主机:＄E5		
请求水表数据	——REQ_UD2,A 字段 253dec 至水表 ——被寻址水表的 RSP_UD		
寻址范围	依据水表ID、制造商ID、类型ID和介质ID	M-BUS,v.4.8	6.7.3

6.2.4 应用层

输出模式 1 的应用层要求见表 20。

表 20 输出模式 1 的应用层要求

要求	特性	引用文件	条款号
数据记录结构	——可变数据结构	M-BUS,v.4.8	6.3
	——固定数据结构(仅限于 2 个索引＋物理单元,不再推荐)	M-BUS,v.4.8	6.2
数据记录(例如 RSP_UD 中)	——水表 ID ——制造商 ID ——水表类型/版本 ——测量介质(例如水/热水) ——水表状态信息 ——签名(水表数据加密) ——水表索引＋物理单位		

表 20（续）

要求	特性	引用文件	条款号
附加水表数据编码	——附加水表数据可选		
——数值类型	——瞬时值 ——最小值 ——最大值 ——差错状态下的值		
——数据记录编码	——8、16、24、32、48、64 比特有符号二进制整数	M-BUS,v.4.8	8.2 可变
	——2 bit 正或负浮点数	M-BUS,v.4.8	8.3 固定
	——2、4、6、8、10 位无符号 BCD ——可变长度 ASCII 字符串 ——复合类型（例如用于日期、时间）		
应用层差错编码	报告方式： ——2 bit,状态字段内 ——1 字节,应答程序内 ——1 字节,描述数据记录差错	M-BUS,v.4.8	6.6

6.2.5 文件可用性

M-BUS 总线是公共领域内的一种开放定义,因此不属于专利信息。

相关信息可在 M-BUS 用户组织网站 http://www.m-bus.com 上获取,上面有官方文件及下信息：

——建议；

——示例；

——应用和使用说明；

——更新文件；

——用户支持（如常见问题解答）。

6.2.6 其他信息

6.2.6.1 物理介质接口的可靠性

对带 M-BUS 总线接口［TSS721[3]］的水表硬件进行的试验如表 21 所示。

3） TSS721 是 Texas Instruments 公司的商品名称。此处引用是为方便用户使用本标准,并不表示本标准的发布机构认可该产品。

表 21   M-BUS 总线接口水表硬件试验项目

试验项目	引用标准	说明
气候环境	IEC 60068-2-30[2]	
EMC 浪涌/防雷	IEC 61000-4[3]	申报 CE 验证试验必备(报告 MBPROT1.doc 可从 M-BUS 网站下载)
电气安全		申报 CE 验证试验必备

6.2.6.2   M-BUS 总线协议兼容性测试

为确保不同制造商生产的水表产品在用户现场的通用 M-BUS 总线系统上实现互操作和功能兼容,已建立试验装置对物理介质接口的技术参数以及物理层、链路层和应用层的协议和程序要求进行验证。

6.3   基于 Dialog 技术的输出模式 2

6.3.1   物理层和物理介质接口

6.3.1.1   总则

输出模式 2 的一般要求见表 22。

表 22   输出模式 2 的一般要求

要求	特性
连接线	2 芯(无需屏蔽)
插头	无规定
连接极性	无限制
极性敏感度	极性接反无损坏
总线接地	500 V 时大于 1 MΩ;总线可通过光电耦合器与水表电隔离
从站电源	电池供电

典型配置如图 14 所示。

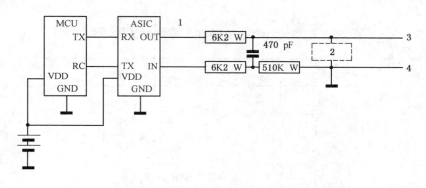

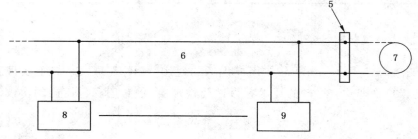

说明:

1 ——三态;

2 ——可选防雷保护;

3 ——绿线;

4 ——红线;

5 ——本标准定义点;

6 ——总线;

7 ——可选读线圈;

8 ——从站 No.1;

9 ——从站 No.127;

ASIC ——专用集成电路;

MCU ——多点控制单元。

图 14 输出模式 2 的典型配置

注:在连接网络之前,每个从站都需要确定一个网络地址。

6.3.1.2 电气参数

输出模式 2 的电气要求如表 23 和图 15 所示。

表 23 输出模式 2 的电气要求

要求	特性
绝对最高电压 　　DC 　　AC(60 kHz～200 kHz)	 −0.5 V～+4 V −25 V～+25 V
标号状态(=逻辑 1)	无信号
空号状态(=逻辑 0) 　　主机到水表 　　水表到主机	频率 65 kHz～85 kHz,2.5 V～20 V p/p(从站输入端) 125 kHz,30 mV～3.5 V p/p(主机输入端)

表 23（续）

要求	特性
水表最大输入电容	200 pF
线路最大电容	30 nF(包括从站电容)
防雷保护	可选

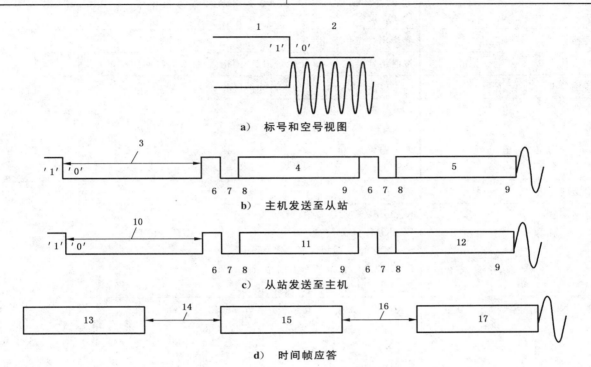

a) 标号和空号视图

b) 主机发送至从站

c) 从站发送至主机

d) 时间帧应答

说明：

1 ——标号；

2 ——空号；

3 ——中断 30 ms；

4 ——字节 1；

5 ——字节 1；

6 ——停止位；

7 ——起始位；

8 ——LS 位 0；

9 ——MS 位 7；

10——字节 1(00hex)；

11——字节 2；

12——字节 3；

13——发送帧；

14——$t<100$ ms；

15——接收帧；

16——$t>50$ ms；

17——发送帧。

图 15　输出模式 2 的电气要求

6.3.2 数据链路层

6.3.2.1 总则

输出模式 2 数据链路层的一般要求见表 24。

表 24 输出模式 2 数据链路层的一般要求

协议基础	Dialog 技术
传输类型	异步串行位传输,半双工
接入技术	按网络地址从 1 到 7 Fh(1~127)随机,地址"0":访问所有单元
传输速率	(1 200±9)bit/s,(600±4.5)bit/s,(300±2.25)bit/s
字节格式	1 个起始位 8 个数据位　LSB 在前 无奇偶校验 1 个停止位
报文内暂停	不允许
链路层服务	R_COM:单元读命令流程 W_COM:单元写命令流程 S_ANS:单元简短应答流程 R_A_COM:读取所有数据命令 F_ANS:单元完整应答流程
帧格式	R_COM:(报头+6 字节+1 字节校验和) W_COM:(报头+6 字节+1 字节校验和) S_ANS:(7 字节+1 字节校验和) F_ANS:(12 字节+1 字节校验和)
校验和	从 00h 开始异或所有有效字节后生成
信号质量	9xh——读命令 Axh——写命令 40h——写网络地址
接受有效报文后暂停	>50 ms

6.3.2.2 R_COM:单元读命令流程
####　　　　W_COM:单元写命令流程

单元读命令流程和写命令流程应符合表 25 的规定。

表 25 单元读命令流程和写命令流程

字节	十六进制/二进制	字段	含义/读_应答或写数据字节
中断		报头	低脉冲 30 ms 唤醒断电单元
1	20h	比特率	确定通信比特率
2	B0XXXXXXX	网络地址	网络地址 1 到 7Fh(1~127)

表 25（续）

字节	十六进制/二进制	字段	含义/读_应答或写数据字节
3	90h	读命令	读取单元 ID,3 个最低有效字节——6 位数 BCD 或字母数字二进制格式[a]
	91h	读命令	读取单元 ID,3 个最高有效字节——6 位数 BCD 或字母数字二进制格式[a]
	92h	读命令	读取单元总量(QUANTITY),3 个字节——6 位数 BCD 格式
	93h	读命令	读单元系数(FACTOR)　　　　　　（数据字节 1） 系数以十六进制表示欢迎　　　　（数据字节 2）
	94h	读命令	读取单元状态(STATUS)/篡改 　　　　　　　　　　　　　　（数据字节 2）
	95h	读命令	读取单元 ASIC 频率,1 字节 二进制格式　　　　（数据字节 1,仅用于工厂测试）
	96h	读命令	读取单元仪表类型,1 字节 　　　　　　　　　　　　　　（数据字节 1）
	97h	读命令	读取单元版本,1 字节 BCD 格式　　　　　　　　　　（数据字节 1）
	A0h	写命令	写入单元新 ID,3 个最低有效字节——6 位数 BCD 格式　　　　　　　　　（数据字节 1~3）[a]
	A1vh	写命令	写入单元新 ID,3 个最高有效字节——6 位数 BCD 格式　　　　　　　　　（数据字节 1~3）[a]
	A2h	写命令	写入单元新总量,3 个字节——6 位数 BCD 格式　　　　　　　　　（数据字节 1~3）
	A3vh	写命令	写入单元系数(预定标器代码),1 字节 　　　　　　　　　　　　　　（数据字节 1）
	A4h	写命令	清除(复位)状态/篡改 　　　　　　　　　　　　　（不带数据字节）
	A6h	写命令	写入单元新仪表类型,1 字节 BCD 格式　　　　　　　　　　（数据字节 1）
	40vh	写命令	写入单元新网络地址,1 字节 二进制格式　　　　　　　　　（数据字节 1）[b]
4-6	XXh	DATA （数据）	写:单元数据,3 字节,最低有效到最高有效 读:不带数据字节
7	XXh	CHECKSUM 校 验和	从 00h 开始异或所有有效字节后生成

[a]　见 6.3.2.9 字母数字从格式。

[b]　见 6.3.2.6 W_COM。

6.3.2.3　S_ANS:单元简短回答流程

单元简短回答流程应符合表 26 的规定。

表 26 单元简短回答流程

字节	十六进制/二进制	字段	含义
1	00h	HEADER(报头)	
2	20h	比特率	主机回送字节
3	B0XXXXXXX	网络地址	主机回送字节
4	XXh	命令	主机回送字节
5-7	XXh	DATA(数据)	读命令:单元数据 写命令:重复主机数据 3 字节,从最低有效到最高有效,BCD 格式
8	XXh	CHECKSUM(校验和)	从 00h 开始异或所有有效字节后生成

示例:总量 ="123456"

　　　字节 5 =56 BCD

　　　字节 6 =34 BCD

　　　字节 7 =12 BCD

6.3.2.4 系数(预定标器代码)

系数应符合表 27 的规定。

表 27 输出模式 2 数据链路层系数

系数 (分割比)	Bit 7	Bit 6	Bit 5	Bit 4	Bit 3	Bit 2	Bit 1	Bit 0
100	×	×	×	×	×	0	0	0
200	×	×	×	×	×	0	0	1
20	×	×	×	×	×	0	1	0
40	×	×	×	×	×	0	1	1
50	×	×	×	×	×	1	0	0
10	×	×	×	×	×	1	0	1
1	×	×	×	×	×	1	1	0
2	×	×	×	×	×	1	1	1

6.3.2.5 仪表类型

仪表类型应符合表 28 的规定。

表 28 输出模式 2 数据链路层仪表类型

仪表类型	Bit 7	Bit 6	Bit 5	Bit 4	Bit 3	Bit 2	Bit 1	Bit 0
水表	×	×	×	×	×	×	0	0
电表	×	×	×	×	×	×	0	1
燃气表	×	×	×	×	×	×	1	0
其他	×	×	×	×	×	×	1	1

6.3.2.6 W_COM：单元写命令流程

单元写命令流程见表29。

（连接网络前写入单元网络地址。）

表29 输出模式2数据链路层写命令流程

字节	十六进制/二进制	字段	含义
中断		HEADER（报头）	低脉冲30 ms唤醒断电单元（所有比特率）
1	20h	比特率	确定通信比特率
2	B0XXXXXXX	网络地址	网络地址1到7Fh（1～127）
3	40h	写命令	写单元新网址
4	B0XXXXXXX	新网络地址	新网络地址1到7Fh（1～127）
5	00h	DATA（数据）	始终为00h
6	00h	DATA（数据）	始终为00h
7	XXh	CHECKSUM（校验和）	从00h开始异或所有有效字节后生成

6.3.2.7 R_A_COM：读所有数据命令（9Eh）

读所有数据命令见表30。

表30 输出模式2数据链路层读所有数据命令流程

字节	十六进制/二进制	字段	含义
中断		HEADER（报头）	低脉冲30 ms唤醒断电单元（所有比特率）
1	20h	比特率	主机回送字节
2	B0XXXXXXX	网络地址	网络地址1到7Fh（1～127）
3	9Eh	读命令	读单元所有数据,12个字节 BCD/二进制格式
4	00h	DATA（数据）	存储器起始地址
5	0Ch	DATA	字节数为12
6	00h	DATA	
7	XXh	CHECKSUM（校验和）	从00h开始异或所有有效字节后生成

6.3.2.8 F_ANS：单元完整应答流程

单元完整应答流程见表31。

表31 输出模式2数据链路层完整应答流程

字节	十六进制/二进制	字段	意义
1-3	XXh	QUANTITY（总量）	3字节——6位,从最低有效到最高有效 BCD格式

表 31（续）

字节	十六进制/二进制	字段	意义
4-6	XXh	识别码（ID）	ID 低,3 字节——6 位,从最低有效到最高有效 BCD 格式
7-9	XXh	识别码（ID）	ID 高,3 字节——6 位,从最低有效到最高有效 BCD 格式
10	BXXXXXXXS	STATUS（状态）	如果 S=0,OK；如果 S=1,篡改,1 字节
11	BXXXXXFFF	FACTOR（系数）	预定标器编码,1 字节
12	BXXXXXXMM	METER Type（仪表类型）	1 字节
13	XXh	CHECKSUM（校验和）	从 00h 开始异或所有有效字节后生成

6.3.2.9 字母数字子格式

6.3.2.9.1 总则

利用 6 字节 ID 号（ID 低 + ID 高）中的现有 BCD 码,依据编码表,就可以获得字母数字字符的代码。

6.3.2.9.2 字母数字字符转换成编号

6.3.2.9.2.1 前 6 位字符（最低有效）根据编码表中的典型编号编码。

若少于 6 位字符,则剩余位都为 0。

6.3.2.9.2.2 第 7 位字符根据编码表中典型编号的二进制值编码。较低有效字符中的较低有效位按以下规则编码：

——若表示(0),保留编号值；

——若表示(1),加 50。

6.3.2.9.3 编号（BCD 形式）转换成字母数字字符

6.3.2.9.3.1 前 6 位字符按以下规则编码：

——若值小于或等于 49,数值为编码表（见表 32）中的典型编号；

——若值大于 49,减去 50。得到的数值即为编码表中的典型编号。

6.3.2.9.3.2 第 7 位数字按以下规则解码：

——若最低有效位字符大于 49,相应的位值为 1(ONE)；

——若字符大于 49,相应的位值为 0(ZERO)。以此类推,直至第 6 位字符。

最低有效字符等于最低有效位。

表 32 编码表

序号	字符	序号	字符
0	SPACE（空格）	4	A
1	.	5	B
2	,	6	C
3	;	7	D

表 32（续）

序号	字符	序号	字符
8	E	29	Z
9	F	30	(
10	G	31	:
11	H	32	#
12	I	33	=
13	J	34	0
14	K	35	1
15	L	36	2
16	M	37	3
17	N	38	4
18	O	39	5
19	P	40	6
20	Q	41	7
21	R	42	8
22	S	43	9
23	T	44	—
24	U	45	/
25	V	46	*
26	W	47	)
27	X	48	+
28	Y	49	^

示例：

1) 05 35 36 50 00 00 对应于字母数字 AB12；

2) 从站相当于：12 04 15 68 60 50。

从右边开始：

1 ← 50 → (50−50)＝0 → " (IDL byte5)

1 ← 60 → (60−50)＝10 → G (IDL byte6)

1 ← 68 → (68−50)＝18 → O (IDL byte7)

0 ← 15 → L (IDH byte5)

0 ← 04 → A (IDH byte6)

0 ← 12 → I (IDH byte7)

→ 00000111(Binary)＝7D →

6.3.3 文件

"Dialog"是公共领域内的一种开放定义，因此不属于专利信息。

相关信息可从 http://www.arad.co.il 网站获取，上面有官方文件及以下信息：

——建议；

——应用示例；

——应用和使用说明；

——更新的文件；

——用户支持(如常见问题解答)。

6.4 基于"NABS"技术的输出模式3

6.4.1 物理层和物理介质的接口

6.4.1.1 总则

输出模式3的一般要求见表33。

表33 输出模式3的一般要求

要求	特性	引用文件	条款号
连接线	2芯(无需屏蔽)	NABS,v.1.0	1.1.4
插头	无规定		
连接极性	发送和接收时极性反转	NABS,v.1.0	1.1
极性敏感度	极性反转时无损坏		
总线线路接地	500 V时大于1 MΩ;总线可通过光电耦合器与水表电隔离		
水表电源	电池供电		

典型配置见图16。

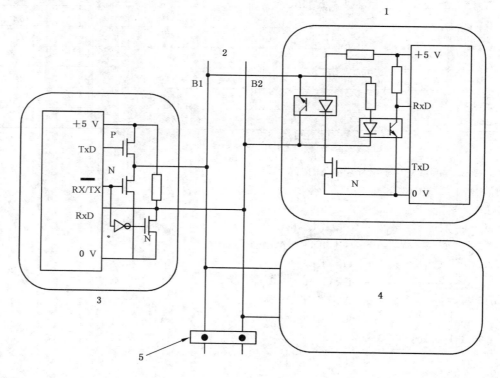

说明:
1——从站;
2——总线;
3——主机;
4——从站;
5——本标准定义点。

图16 输出模式3的典型配置

6.4.1.2 电气参数

输出模式 3 的电气要求见表 34 和图 17。

表 34 输出模式 3 的电气要求

方向	$V_s=\mid B_1-B_2\mid^a$,V	引用文件	条款号
标号状态(=逻辑 1)			
主机到水表/V	$4.5\leqslant V_s\leqslant5.5$	NABS, v.1.0	5.1.1
水表到主机/V	$V_s\leqslant1.0$	NABS, v.1.0	5.1.2
空号状态(=逻辑 0)			
主机到水表/V	$V_s\leqslant0.5$	NABS, v.1.0	5.1.1
水表到主机/V	$V_s\geqslant4.0$	NABS, v.1.0	5.1.2
^a 其中 B_1 为 B1 处的电压,B_2 为 B2 处的电压(见图 16)。			

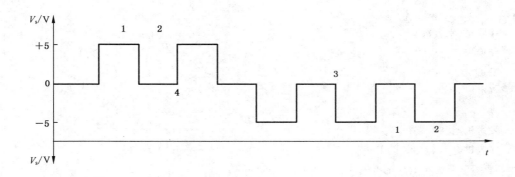

说明:

1 ——标号;

2 ——空号;

3 ——水表到主机;

4 ——主机到水表;

t ——时间;

V_s——$\mid B_1-B_2\mid$,其中 B_1 为 B1 处的电压,B_2 为 B2 处的电压(见图 16)。

图 17 输出模式 3 的电气要求

6.4.1.3 水表接收信息时主机和水表间的等效接口电路

水表接收信息时(通过水表内的光电耦合器进行通信),主机和水表之间的等效接口电路见图 18。

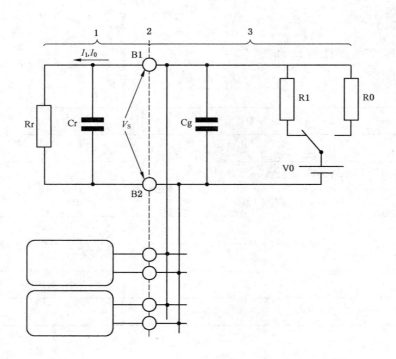

说明：

1 ——接收机（水表）；

2 ——交换点；

3 ——发送机（主机）；

B1 ——点；

B2 ——点；

Cg ——发送机电容；

Cr ——接收机电容 $C<0.01\ \mu F$；

I_1 ——"标号"（＝逻辑 1）时的电流，$V_s=5\ V$ 时，小于 1 mA；

I_0 ——"空号"（＝逻辑 0）时的电流；

R0 ——"空号"（＝逻辑 0）时信号源的内阻；

R1 ——"标号"（＝逻辑 1）时信号源的内阻；

Rr ——接收机的内阻；

V0 ——发送电压；

V_s ——$|B_1-B_2|$，其中 B_1 为 B1 处的电压，B_2 为 B2 处的电压。

图 18　输出模式 3 的等效接口电路（水表接收）

6.4.1.4　水表发送信息时主机和水表间的等效接口电路

水表发送信息时（通过水表内的光电耦合器进行通信），主机和水表之间的等效接口电路见图 19。

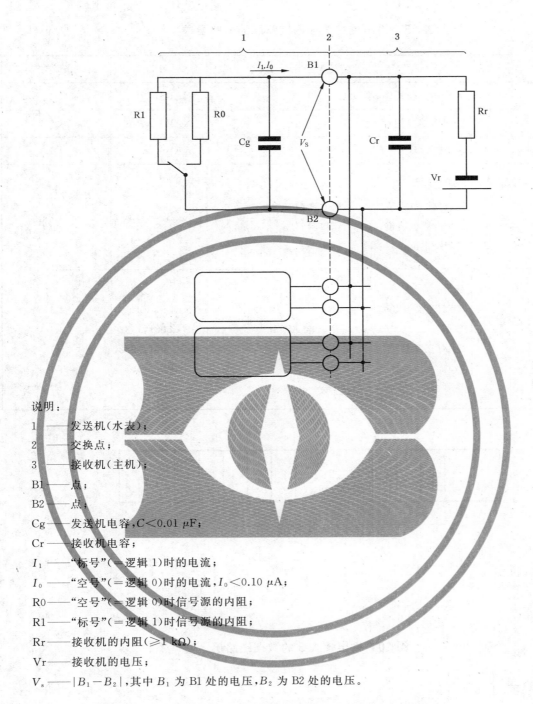

说明：

1 —— 发送机（水表）；

2 —— 交换点；

3 —— 接收机（主机）；

B1 —— 点；

B2 —— 点；

Cg —— 发送机电容，$C < 0.01\ \mu F$；

Cr —— 接收机电容；

I_1 —— "标号"（=逻辑 1）时的电流；

I_0 —— "空号"（=逻辑 0）时的电流，$I_0 < 0.10\ \mu A$；

R0 —— "空号"（=逻辑 0）时信号源的内阻；

R1 —— "标号"（=逻辑 1）时信号源的内阻；

Rr —— 接收机的内阻（$\geqslant 1\ k\Omega$）；

Vr —— 接收机的电压；

V_s —— $|B_1 - B_2|$，其中 B_1 为 B1 处的电压，B_2 为 B2 处的电压。

图 19　输出模式 3 的等效接口电路（水表发送）

6.4.2　数据链路层

6.4.2.1　总则

输出模式 3 数据链路层的一般要求见表 35 和图 20。

表 35 输出模式 3 数据链路层的一般要求

要求	特性		引用文件	条款号
传输类型	异步串行位传输,半双工		NABS,v.1.0	1.1
接入技术	分时多路复用		NABS,v.1.0	1.1
传输速度/(bit/s)	300±2.25		NABS,v.1.0	1.1
字符格式	1 个起始位:	空号	NABS,v.1.0	1.2
	7 个数据位:	LSB 在前		
	1 个奇偶校验位:	偶校验		
	1 个停止位:	标号		
帧格式	标号:	150 ms~250 ms		
	STX(正文开始):	02 h	NABS,v.1.0	1.1
	数据:	可变长度 ASCII	JIS×5001:1982	4.1
	ETX(正文结束):	03 h	JIS×5001:1982	5.1
	BCC:	块检验字符	NABS,v.1.0	1.1
	空号:	100 ms~110 ms		

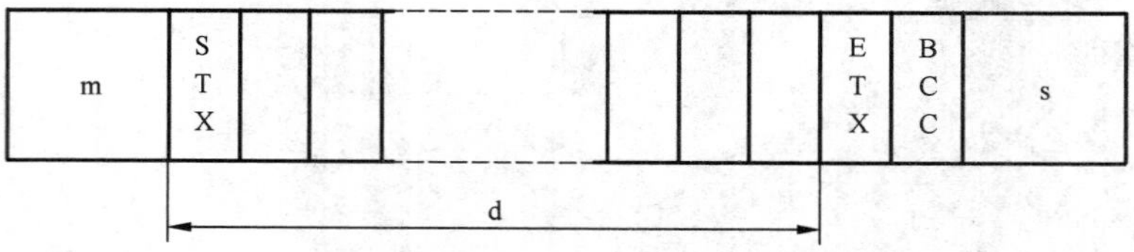

说明:

d ——数据;

m——标号;

s ——空号。

图 20 输出模式 3 的数据链路层

6.4.2.2 特定要求

输出模式 3 数据连接层的特定要求见表 36 和图 21。

表 36 输出模式 3 数据链路层的特定要求

要求	特性		引用文件	条款号
帧类型 用途或含义	寻址帧/寻址和请求数据 应答帧/响应寻址帧 A 数据帧/终止通信 B 数据帧/请求重发 R 类型帧/请求数据 S 类型帧/设置数据 D 类型帧/响应 R/S 帧		NABS,v.1.0	2.2.1
寻址帧数据结构	公用事业代码： 水表地址：	"W2" 14-digit BCD（＝水表 ID）	NABS,v.1.0	2.2.2
应答帧数据结构	公用事业代码： 水表地址： 帧类型： 数据项： 数据： （数值含报警信息） 小数点： 当前日期/时间：	"W2" 14-digit BCD "D" "01" 19-digit BCD 1-digit BCD 8-digit BCD	NABS,v.1.0	2.2.2
A 类帧数据结构	"A"		NABS,v.1.0	2.2.2
B 类帧数据结构	"B"		NABS,v.1.0	2.2.2
R 类帧数据结构	公用事业代码： 水表地址： 帧类型： 数据项： 当前日期/时间：	"W2" 14-digit BCD "R" 2-digit BCD 8-digit BCD	NABS,v.1.0	2.2.3
S 类帧数据结构	公用事业代码： 水表地址： 帧类型： 数据项： 数据： 当前日期/时间：	"W2" 14-digit BCD "S" 2-digit BCD 可变长度 ASCII 8-digit BCD	NABS,v.1.0	2.2.3
D 类帧数据结构	公用事业代码： 水表地址： 帧类型： 数据项： 数据： 小数点： 当前日期/时间：	"W2" 14-digit BCD "D" 2-digit BCD 可变长度 ASCII 1-digit BCD 8-digit BCD	NABS,v.1.0	2.2.3

S T X	W2	仪表地址(14digit BCD)	E T X	B C C

a) 寻址帧(主机到水表)/寻址和请求数据

S T X	W2	仪表地址	D	数据项 '01'	数值含报警信息	d.p. 1 BCD	当期日期/时间	E T X	B C C

b) 应答帧(水表到主机)/响应寻址帧

S T X	A	E T X	B C C

c) A 类数据帧(主机到水表)/终止通信

S T X	B	E T X	B C C

d) B 类数据帧/请求重发

S T X	W2	仪表地址	R	数据项 2 BCD	当期日期/时间	E T X	B C C

e) R 类数据帧(主机到水表)/请求数据

S T X	W2	仪表地址	S	数据项 2 BCD	设置数据 (可变长度)	当期日期/时间	E T X	B C C

f) S 类数据帧(主机到水表)/设置数据

S T X	W2	仪表地址	D	数据项 2 BCD	响应数据 (可变)	d.p. 1 BCD	当期日期/时间	E T X	B C C

g) D 类数据帧(水表到主机)/响应 R/S 帧

图 21 表 36 中要求的表示方法

6.4.2.3 通信流程

输出模式 3 的通信流程见图 22。

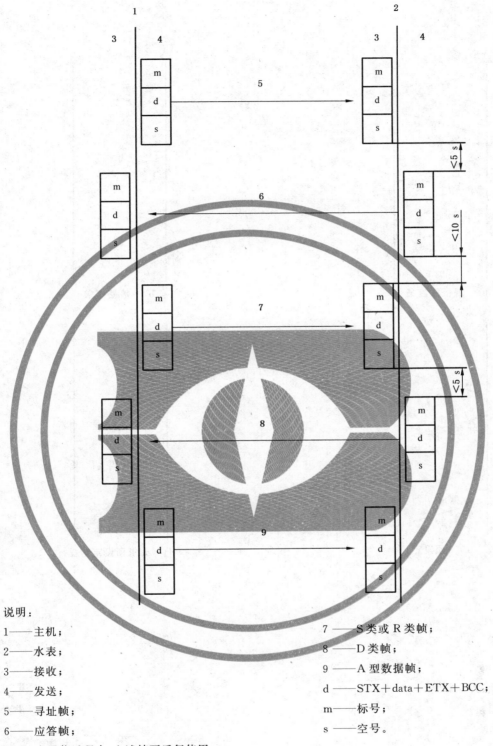

说明：

1——主机；
2——水表；
3——接收；
4——发送；
5——寻址帧；
6——应答帧；

7——S 类或 R 类帧；
8——D 类帧；
9——A 型数据帧；
d——STX＋data＋ETX＋BCC；
m——标号；
s——空号。

注 1：在通信过程中，上述帧可反复使用。

注 2：B 类数据帧仅用于在通信发生差错时请求重发。

图 22　通信流程

6.4.2.4 通信示例

a) 最低限度通信

c) 预设定

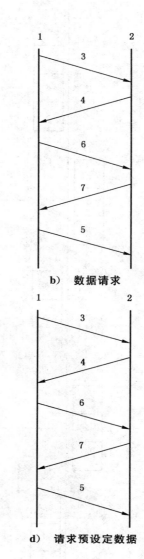

b) 数据请求

d) 请求预设定数据

说明：

1——主机；

2——水表；

3——寻址；

4——应答；

5——A 类数据帧；

6——R 类数据帧；

7——D 类数据帧；

8——S 类数据帧。

图 23　通信示例

6.4.3　应用链路层

输出模式 3 应用链路层的要求见表 37。

表 37　输出模式 3 应用链路层要求

	数据项	编号	帧类型						引用文件	条款号
			R 请求	D 回复	S 预设	D 回复	R 请求	D 回复		
			水表读数		条件预设		读取条件			
1	储存数值的日期/时间	00			0	0	0	0	NABS,v.1.0	2.2.3
	注明时间日期的值 w/报警信息	01	0	0						
2	当前值	04	0	0					NABS,v.1.0	2.2.4
3	当前值 w/报警信息	05	0	0					NABS,v.1.0	2.2.5
4	当前流量	06	0	0					NABS,v.1.0	2.2.6
5	条件	10			0	0	0	0	NABS,v.1.0	2.2.7
负载调查	第一数据集	11	0	0						
	第二数据集	12	0	0						
6	水表 ID	21			0	0	0	0	NABS,v.1.0	2.2.8
7	制造商代码	23				0	0	0	NABS,v.1.0	2.2.9
8	日期和时间	29	0	0	0	0			NABS,v.1.0	2.2.10
9	报警信息	30	0	0					NABS,v.1.0	2.2.11
	报警复位	31			0	0				
10	泄漏检测 1	32	0	0					NABS,v.1.0	2.2.12
		33			0	0	0	0		
11	泄漏检测 2	34	0	0					NABS,v.1.0	2.2.13
		35			0	0	0	0		
12	过高流量检测	36	0	0					NABS,v.1.0	2.2.14
		37			0	0	0	0		
13	未使用检测 1	38	0	0					NABS,v.1.0	2.2.15
		39			0	0	0	0		
14	反向流检测	40	0	0					NABS,v.1.0	2.2.16
		41			0	0	0	0		
		42	0	0						
15	未使用检测 2	38	0	0					NABS,v.1.0	2.2.17
		44			0	0	0	0		
16	过高体积流量检测	46	0	0					NABS,v.1.0	2.2.18
		47			0	0	0	0		

6.4.4　文件可用性

"NABS,v.1.0"是公共领域内的一种开放定义,因此不属于专利信息。

注:更多信息可从日本计量仪表联盟获取(email:jmif@keikoren.or.jp)。

附　录　A
（资料性附录）
指定注册机构

请注意，已成立注册机构（见 www.flag-association.com），对本标准表 5 和 5.4.3 提及的制造商代码的注册实施管理。

参 考 文 献

[1]　ISO/IEC 7480:1991　Information technology—Telecommunication and information exchange between systems—Start-stop transmission signal quality at DTE/DCE interfaces

[2]　IEC 60068-2-30　Environment testing—Part 2-30:Tests—Test Db:Damp heat,cyclic (12 h+ 12 h cycle)

[3]　IEC 61000-4（all parts）　Electromagnetic compatibility（EMC）—Part 4:Testing and measurement techniques

[4]　IEC 60870-5-4:1993　Telecontrol equipment and systems—Part 5-4:Transmission protocols—Section 4:Definition and coding of application information

ICS 91.140.60
N 12

中华人民共和国城镇建设行业标准

CJ/T 133—2012
代替 CJ/T 133—2007

IC 卡 冷 水 水 表

Integrated circuit card cold water meter

2012-02-04 发布
2012-08-01 实施

中华人民共和国住房和城乡建设部　　发 布

前　言

本标准是对 CJ/T 133—2007《IC 卡冷水水表》的修订。本标准与 CJ/T 133—2007 相比主要技术变化如下：
——扩大了标准适用范围；
——增加了 IC 卡的术语和定义，删除了被试装置的术语和定义；
——修改了一般要求为分类，将电源、IC 卡和卡座要求移入第 6 章和附录 A 中；
——修改计量特性为计量要求，并增加了零流量积算读数、额定工作条件、流动剖面敏感度等级和其他要求；
——修改外观封印为外观检查要求，并增加了电子封印、IC 卡水表的材料和结构要求、IC 卡水表的调整、检定标记和防护装置、检验装置和指示装置 6 个项目要求；
——删除了技术特性中"其他外形尺寸由制造厂自行规定"的要求，并增加了 IC 卡水表法兰连接端的要求；
——增加了电子装置特性的要求，包括机电转换误差和基本功能的规定；
——修改了控制功能和保护功能的技术要求；
——修改了气候环境、电磁环境、静磁场和电源的技术要求；
——修改电控阀正常工作的水压条件由 0.03 MPa 至 1.0 MPa；
——修改了外壳防护的防护等级技术要求；
——修改了 IC 卡水表的控制器平均无故障工作时间(MTBF)为不应小于 2.63×10^4 h；
——补充了型式检验在 7.8.1、7.8.2、7.8.3、7.10、7.11.1、7.15.1 和 7.15.2 规定的 7 项试验完成后进行机电转换误差试验的规定；
——修改了控制功能和保护功能的试验要求；
——修改了气候环境、电磁环境、静磁场和电源的试验方法；
——增加了 50 mm IC 卡水表电控阀耐用性试验后的允许泄漏量；
——修改了自由跌落试验的要求；
——修改了 IC 卡水表标志的技术要求；
——增加了资料性附录。

本标准由住房和城乡建设部标准定额研究所提出。

本标准由住房和城乡建设部给水排水产品标准化技术委员会归口。

本标准起草单位：北京市自来水集团京兆水表有限责任公司、宁波水表股份有限公司、浙江省计量科学研究院、福州中福水表有限公司、上海水表厂、宁波东海仪表水道有限公司、无锡水表有限责任公司、重庆智能水表有限责任公司、苏州自来水表业有限公司、上海水务建设工程有限公司、南京维奇科技有限公司、江西三川水表有限公司、南京市自来水总公司水表厂、深圳华旭科技开发有限公司、丹东思凯电子发展有限责任公司、宁波精诚仪表有限公司、杭州竞达电子有限公司、深圳市兴源鼎新科技有限公司。

本标准主要起草人：何满汉、尹彬、赵建亮、俞志涛、钟健、张庆、魏庆华、戴学军、陆聪文、李任、姚宇、王宇、沈安邦、席科、邓传会、刘杰、宋财华、赵绍满、陶建华、李红卫。

本标准于 2001 年首次发布，2007 年第 1 次修订，2012 年第 2 次修订。

IC 卡 冷 水 水 表

1 范围

本标准规定了 IC 卡冷水水表的术语和定义、分类、计量要求、技术要求、试验方法、检验规则、标志、包装、运输和贮存等。

本标准适用于温度等级 T30、压力等级 MAP10、标称口径小于或等于 50 mm 且常用流量 Q_3 不超过 16 m³/h 的 IC 卡水表。

TM 卡冷水水表可参照执行。

2 规范性引用文件

下列文件对于本文件的应用是必不可少的。凡是注日期的引用文件,仅注日期的版本适用于本文件。凡是不注日期的引用文件,其最新版本(包括所有的修改单)适用于本文件。

GB/T 191　包装储运图示标志

GB/T 778.1—2007　封闭满管道中水流量的测量　饮用冷水水表和热水水表　第 1 部分:规范(ISO 4064-1:2005,IDT)

GB/T 778.3—2007　封闭满管道中水流量的测量　饮用冷水水表和热水水表　第 3 部分:试验方法和试验设备(ISO 4064-3:2005,IDT)

GB/T 2423.8　电工电子产品环境试验　第 2 部分:试验方法　试验 Ed:自由跌落(idt IEC 68-2-32:1990)

GB 4208—2008　外壳防护等级(IP 代码)(IEC 60529:2001,IDT)

GB 5080.7—1986　设备可靠性试验　恒定失效率假设下的失效率与平均无故障时间的验证试验方案(idt IEC 605-7—1978)

GB/T 13384　机电产品包装通用技术条件

CJ/T 166　建设事业集成电路(IC)卡应用技术

JB/T 9329　仪器仪表运输　运输贮存　基本环境条件及试验方法

SJ/T 11166　集成电路卡(IC 卡)插座总规范

3 术语和定义

本标准采用 GB/T 778.1—2007 和下列规定的术语和定义。

3.1

IC 卡冷水水表(以下简称 IC 卡水表)　IC card water meter

以带有发讯装置的冷水水表为流量计量基表,以 IC 卡为信息载体,加装控制器和电控阀所组成的一种具有结算功能的水量计量仪表。

3.2

基表　mother meter

用于计量水量的速度式水表和容积式水表。

3.3

控制器 control unit

IC 卡水表中用于显示和控制的装置。

3.4

机电转换误差 error of mechanical-electric conversion

IC 卡水表控制器电子显示值与基表机械计数器显示值之间的误差。

3.5

机电转换信号当量 ratio of mechanical-electric conversion

IC 卡水表一个周期的机电转换信号所代表的基本体积水量。

3.6

IC 卡 integrated cricuit（s） card

内部封装一个或多个集成电路的卡。

4 分类

4.1 按结构特点分类

  a) 整体式:构成 IC 卡水表的所有部件装在同一壳体内;
  b) 分体式:构成 IC 卡水表的所有部件不装在同一壳体内。

4.2 按气候和机械环境条件分等级

  a) B 级:安装在户内的固定式 IC 卡水表;
  b) C 级:安装在户外的固定式 IC 卡水表。

4.3 按适应电磁环境分等级

  a) E1 级:住宅、商业和轻工业;
  b) E2 级:工业。

4.4 按指示装置、工作特征分类

  a) 带电子装置的机械式:仍保留有机械计数器形式的检定装置和指示装置,该类水表的流量信号通常由电子检测元件从机械计数器中二次检出,其电子显示不具有足够的检定分格;
  b) 电子式:检定装置和指示装置均为电子数字指示器,该类水表的流量信号通常由电子检测元件从流量测量传感器中一次检出,并具有较高的信号分辨率。

5 计量要求

5.1 计量特性

IC 卡水表的计量特性应符合 GB/T 778.1—2007 中 5.1 的规定。

5.2 最大允许误差

IC 卡水表的最大允许误差应符合 GB/T 778.1—2007 中 5.2 的规定。

5.3 零流量积算读数

零流量积算读数应符合 GB/T 778.1—2007 中 5.3 的规定。

5.4 额定工作条件(ROC)

额定工作条件(ROC)应符合 GB/T 778.1—2007 中 5.4 的规定。

5.5 流动剖面敏感度等级

流动剖面敏感度等级应符合 GB/T 778.1—2007 中 5.5 的规定。

5.6 其他要求

IC 卡水表应符合 GB/T 778.1—2007 中 5.6 的规定。

6 技术要求

IC 卡水表应符合本标准的规定及 GB/T 778.1—2007、GB/T 778.3—2007 的相关规定。

6.1 外观检查要求

6.1.1 外观

    a) IC 卡水表应有良好的表面处理,不应有毛刺、划痕、裂纹、锈蚀、霉斑和涂层剥落现象。

    b) 显示的数字应醒目、整齐,表示功能的文字符号和标志应完整、清晰、端正。IC 卡水表的标志应符合 9.1 的规定。

    c) 读数装置上的防护玻璃应有良好的透明度,不应有使读数畸变等妨碍读数的缺陷。

6.1.2 电子封印

IC 卡水表电子封印应符合 GB/T 778.1—2007 中 6.5 的规定。

6.1.3 IC 卡水表的材料和结构要求

IC 卡水表的材料和结构要求应符合 GB/T 778.1—2007 中 6.1 的规定。

6.1.4 IC 卡水表的调整

IC 卡水表的调整应符合 GB/T 778.1—2007 中 6.3 的规定。

6.1.5 检定标记和防护装置

IC 卡水表检定标记和防护装置应符合 GB/T 778.1—2007 中 6.4 的规定。

6.1.6 检验装置

IC 卡水表检验装置应符合 GB/T 778.1—2007 中 6.7.2 的规定。

6.1.7 指示装置

IC 卡水表指示装置应符合 GB/T 778.1—2007 中 6.6 和 6.7.3 的规定。

6.2 技术特性

6.2.1 IC 卡水表口径和总尺寸

IC 卡水表口径和总尺寸应符合 GB/T 778.1—2007 中 4.1.1 的规定。

6.2.2 IC 卡水表螺纹连接端

IC 卡水表螺纹连接端应符合 GB/T 778.1—2007 中 4.1.2 的规定。

6.2.3 IC 卡水表法兰连接端

IC 卡水表法兰连接端应符合 GB/T 778.1—2007 中 4.1.3 的规定。

6.3 最高允许工作压力

IC 卡水表的最高允许工作压力为 1.0 MPa。

6.4 压力损失

IC 卡水表的压力损失应符合 GB/T 778.1—2007 中 4.3 的规定。

6.5 电子装置特性

6.5.1 机电转换误差

带电子装置的机械式 IC 卡水表机电转换误差不应超过±1 个机电转换信号当量。

6.5.2 基本功能

6.5.2.1 显示功能

IC 卡水表至少应能显示以下信息：
a) 购水量——体积量或金额；
b) 剩余水量——体积量或金额；
c) 已用累积水量——体积量或金额。

6.5.2.2 提示功能

IC 卡水表至少应有以下提示功能：
a) 工作电源欠压；
b) 剩余水量不足；
c) 误操作。

6.5.2.3 控制功能

IC 卡水表至少应有以下控制功能：
a) 报警水量提醒；
b) 自动关阀断水；
c) 自动开阀通水。

6.5.2.4 保护功能

IC 卡水表至少应有以下保护功能：
a) 数据保持与恢复；
b) 电源欠压保护；
c) 磁保护；
d) 断线保护（适用于分体式 IC 卡水表）。

6.6 气候环境

6.6.1 高温(无冷凝)

IC 卡水表在高环境气温条件下应符合 5.2 的规定。

6.6.2 低温

IC 卡水表在低环境气温条件下应符合 5.2 的规定。

6.6.3 交变湿热(冷凝)

IC 卡水表在高湿度结合温度循环变化后应符合 5.2 的规定。

6.7 电磁环境

6.7.1 静电放电

IC 卡水表在直接和间接静电放电条件下应符合 5.2 的规定。

6.7.2 电磁敏感性

IC 卡水表在电磁场条件下应符合 5.2 的规定。

6.8 静磁场

IC 卡水表在静磁场条件下应符合 5.2 的规定。

6.9 电源

6.9.1 直流电源电压变化

IC 卡水表在直流电源电压变化条件下应符合 5.2 的规定。

6.9.2 电池电源中断

IC 卡水表在电池电源电压短时中断条件下应符合 GB/T 778.1—2007 中 6.7.4.3 和 6.7.4.4 的规定。电池的额定寿命参见附录 A.1。

6.10 电控阀性能

6.10.1 电控阀的工作压力范围

IC 卡水表在 0.03 MPa 和 1.0 MPa 水压条件下,电控阀均能正常工作。

6.10.2 电控阀的耐用性

IC 卡水表在电控阀开、关动作各 1 000 次后,仍能正常工作,其泄漏量应在允许范围内。

6.11 控制器的可靠性

在规定的使用条件下,IC 卡水表的控制器平均无故障工作时间(MTBF)不应小于 2.63×10^4 h。

6.12 外壳防护

IC 卡水表应能防尘、防潮,环境等级为 B 级的 IC 卡水表的防护等级应能达到 GB 4208 规定的 IP65 的要求,环境等级为 C 级的 IC 卡水表的防护等级应能达到 IP68 的要求。

6.13 抗运输冲击与跌落性能

IC 卡水表在运输包装条件下,经 JB/T 9329 规定的模拟运输连续冲击和 GB/T 2423.8 规定的自由跌落试验后,均不损坏和丢失信息,并能正常工作。

6.14 耐久性

IC 卡水表应符合 GB/T 778.1—2007 中 6.2 的规定。

7 试验方法

7.1 试验要求

通用试验要求应符合 GB/T 778.3—2007 中第 4 章的规定。

7.2 外观检查

用目测法和常规检具检查 IC 卡水表的外观应符合 6.1 的规定。

7.3 技术特性检查

目测和采用检验工具逐项检查 IC 卡水表的技术特性,应符合 6.2 的规定。

7.4 静压试验

a) 出厂检验时按 GB/T 778.3—2007 中 11.2 的规定进行;

b) 型式检验时按 GB/T 778.3—2007 中第 6 章的规定进行。

7.5 示值误差试验

试验设备和试验方法应符合 GB/T 778.3—2007 中 5.1~5.7 的规定。

a) 出厂检验时按 GB/T 778.3—2007 中 11.3 的规定进行;

b) 型式检验时按 GB/T 778.3—2007 中 5.8~5.13 的规定进行。

7.6 压力损失试验

按 GB/T 778.3—2007 中第 7 章规定的方法进行。

7.7 电子装置特性试验

7.7.1 机电转换误差试验

a) 出厂检验通水量一般不少于 2 个机电转换信号当量对应的水量。

b) 型式检验在 7.8.1、7.8.2、7.8.3、7.10、7.11.1、7.15.1 和 7.15.2 规定的 7 项试验完成后进行。

c) 型式检验在参比条件下进行,通水量应使基表的信号元件转动整数圈,发出整周期机电转换信号,且不少于 1 000 个机电转换信号当量对应的水量。误差按式(1)计算,应符合 6.5.1 的规定。

$$\Delta V = \mid V_{M2} - V_{M1} \mid - \mid V_{S2} - V_{S1} \mid \qquad \cdots\cdots\cdots\cdots\cdots\cdots (1)$$

式中:

ΔV ——机电转换误差,单位为立方米(m^3);

V_{M2}——试验终止时控制器电子显示值,单位为立方米(m³);

V_{M1}——试验开始时控制器电子显示值,单位为立方米(m³);

V_{S2}——试验终止时基表机械计数器显示值,单位为立方米(m³);

V_{S1}——试验开始时基表机械计数器显示值,单位为立方米(m³)。

7.7.2 基本功能试验

7.7.2.1 显示功能检查

将相对应的 IC 卡插入卡座或用其他方法启动后,观察控制器的显示信息。

7.7.2.2 提示功能试验

a) 工作电源欠压试验按 7.7.2.4d)的方法进行,并观察控制器的提示信息;

b) 剩余水量不足试验按 7.7.2.3a)的方法进行,并观察控制器的提示信息;

c) 误操作试验方法:插入非专用卡或误操作后,目测 IC 卡水表应具备相应提示。

7.7.2.3 控制功能试验

a) 报警水量提醒

将 IC 卡水表输入一定水量,通水使其正常工作。当水量减到设定的剩余水量报警值时,IC 卡水表应予以提示。

b) 自动关阀断水

报警水量提醒试验后,当剩余水量降至一定值(不应大于零)时,IC 卡水表应能自动关闭电控阀。

c) 自动开阀通水

自动关阀断水试验后,重新输入水量后,IC 卡水表应能自动打开电控阀恢复供水。

7.7.2.4 保护功能试验

a) 数据保持与恢复功能试验

将 IC 卡水表输入一定水量。用可调直流稳压电源代替供电电池,记录 IC 卡水表控制器的电子显示值,从正常工作电压开始缓慢下调供电电压,直至 IC 卡水表电控阀自动关闭,然后切断电源。10 min 后恢复供电,IC 卡水表应能正常工作,此时控制器电子显示值应与断电前一致。

b) 磁保护功能试验

将 IC 卡水表输入一定水量,通水使其正常工作,用符合 GB/T 778.3—2007 中 9.4.3.1 表 10 规定的磁环贴近 IC 卡水表信号元件部位,IC 卡水表应能自动关闭电控阀,或不受影响仍正常工作。

c) 断线保护功能试验

断开基表与控制器相连接的信号线时,IC 卡水表应关闭电控阀。当重新接通后,IC 卡水表应能正常工作,此时控制器电子显示值应与断线前一致。

d) 电源欠压保护试验

按 7.7.2.4a)规定的方法进行,当电压接近 U_{bmin} 时,每次下调幅度变化不应大于 0.1 V,直至低于 U_{bmin},此时 IC 卡水表应予以提示,并在设定的时间内关闭电控阀。

7.8 气候环境试验

7.8.1 高温(无冷凝)

按 GB/T 778.3—2007 中 9.3.1 规定的方法进行。

7.8.2 低温

按 GB/T 778.3—2007 中 9.3.2 规定的方法进行。

7.8.3 交变湿热(冷凝)

按 GB/T 778.3—2007 中 9.3.3 规定的方法进行。

7.9 电磁环境试验

7.9.1 静电放电

按 GB/T 778.3—2007 中 9.4.1 规定的方法进行。

7.9.2 电磁敏感性

按 GB/T 778.3—2007 中 9.4.2 规定的方法进行。

7.10 静磁场

按 GB/T 778.3—2007 中 9.4.3 规定的方法进行。

7.11 电源

7.11.1 直流电源电压变化

按 GB/T 778.3—2007 中 9.5.5 规定的方法进行。

7.11.2 电池电源中断

按 GB/T 778.3—2007 中 9.5.6 规定的方法进行。

7.12 电控阀性能试验

7.12.1 电控阀的工作压力范围

当分别在 0.03 MPa 水压最大流通条件下和 1.0 MPa 水压常用流量(Q_3)通水条件下,用 IC 卡控制电控阀开、关动作各 10 次,检查电控阀是否可靠开闭、动作灵活,有无异常现象。

7.12.2 电控阀的耐用性

IC 卡水表在常用流量(Q_3)通水条件下,使电控阀开、关动作各 1 000 次后,阀门处于关闭状态。在水源压力为 0.3 MPa 时,泄漏量不应超过表 1 的规定。

表 1 电控阀耐用性试验后的允许泄漏量

公称口径/mm	≤15	20	25	32	40	50
允许泄漏量/(m³/h)	0.010	0.015	0.020	0.040	0.050	0.060

7.13 控制器的可靠性试验

7.13.1 型式试验

新研制的控制器可靠性验收试验,选取 GB 5080.7—1986 表 12 定时(定数)截尾试验方案 5∶9。

7.13.2 出厂试验

已批量生产的控制器,定期可靠性验证试验选取 GB 5080.7—1986 表 1 和表 10 序贯试验方案4：9。

7.14 外壳防护试验

按 GB 4208—2008 中 11 章、12 章、13 章、14 章和 15 章的规定进行。

7.15 抗运输冲击与跌落性能试验

7.15.1 连续冲击试验

7.15.1.1 试验方法

IC 卡水表在运输包装条件下按 JB/T 9329 的规定进行抗运输冲击试验。

7.15.1.2 试验要求

试验参数见表 2。

表 2 连续冲击试验参数

冲击加速度	$(100\pm10)m/s^2$
冲击频率	(60～100)次/min
累计冲击次数	(1 000±10)次

7.15.1.3 合格判据

试验后,将其从包装箱中取出,检查有无损坏,并在参比条件下测量被试装置的示值误差,其示值误差不应超过"高区"的最大允许误差(见 5.2)。

7.15.2 自由跌落试验

7.15.2.1 试验方法

IC 卡水表在运输包装条件下按 GB/T 2423.8 的规定进行自由跌落试验。

7.15.2.2 试验参数

试验参数见表 3。

表 3 自由跌落试验参数

试验表面	混凝土或钢制的平滑的坚硬的刚性表面
跌落高度/mm	100
跌落次数	6 面各 1 次

7.15.2.3 试验程序

a) 悬挂 IC 卡水表包装箱使包装箱的底面与试验面的距离为跌落高度;

b) 将装有 IC 卡水表包装箱自由跌落到试验平面上;

c) 包装箱每个面重复 a)和 b);

d) 让 IC 卡水表被试水表恢复一段时间;

e) 检查 IC 卡水表能否正常工作;

f) 在参比流量下测量 IC 卡水表的示值误差;

g) 计算相对示值误差。

7.15.2.4 合格判据

试验后,将其从包装箱中取出,检查有无损坏,并在参比条件下测量被试装置的示值误差,其示值误差不应超过"高区"的最大允许误差(见 5.2)。

7.16 耐久性试验

IC 卡水表按 GB/T 778.3—2007 中 8 章的规定进行耐久性试验。在耐久性试验期间,机电转换误差应符合 6.5.1 的规定。

8 检验规则

8.1 出厂检验

每台 IC 卡水表均需经检验合格后封印,并附有产品合格证。IC 卡水表的出厂检验项目见表 4。

表 4 出厂检验和型式检验项目

序号	试验项目				技术要求	试验方法	出厂检验	型式检验
1	外观检查				6.1	7.2	√	√
2	技术特性检查				6.2	7.3	√	√
3	静压试验				6.3	7.4	√	√
4	示值误差试验				5.2	7.5	√	√
5	压力损失试验				6.4	7.6	×	√
6	电子装置特性	机电转换误差			6.5.1	7.7.1	√	√
		基本功能试验	显示功能检查		6.5.2.1	7.7.2.1	√	√
			提示功能试验	工作电源欠压	6.5.2.2a)	7.7.2.2a)	×	√
				剩余水量不足	6.5.2.2b)	7.7.2.2b)	√	√
				误操作	6.5.2.2c)	7.7.2.2c)	√	√
		控制功能试验			6.5.2.3	7.7.2.3	√	√
		保护功能试验			6.5.2.4	7.7.2.4	×	√
7	气候环境试验	高温(无冷凝)			6.6.1	7.8.1	×	√
		低温			6.6.2	7.8.2	×	√
		交变湿热(冷凝)			6.6.3	7.8.3	×	√
8	电磁环境试验	静电放电			6.7.1	7.9.1	×	√
		电磁敏感性			6.7.2	7.9.2	×	√
9	静磁场				6.8	7.10	×	√

表 4（续）

序号	试验项目		技术要求	试验方法	出厂检验	型式检验
10	电源	直流电源电压变化	6.9.1	7.11.1	×	√
		电池电源中断	6.9.2	7.11.2	×	√
11	电控阀性能试验	电控阀的工作压力范围	6.10.1	7.12.1	×	√
		电控阀的耐用性	6.10.2	7.12.2	×	√
12	控制器的可靠性试验		6.11	7.13	×	√
13	外壳防护试验		6.12	7.14	×	√
14	抗运输冲击与跌落性能试验	连续冲击试验	6.13	7.15.1	×	√
		自由跌落试验	6.13	7.15.2	×	√
15	耐久性试验		6.14	7.16	×	√
注：符号"√"表示需要检验的项目，符号"×"表示不需要检验的项目。						

8.2 型式检验

8.2.1 型式检验条件

8.2.1.1 型式检验适用于完整的 IC 卡水表或单独提交的 IC 卡水表可分离部件。此时制造厂应规定可分离的最大允许误差，且基表和可分离部件的最大允许误差的算术和不应超过整体的 IC 卡水表最大允许误差（见 5.2）。

8.2.1.2 有下列情况之一时，应进行型式检验：

    a) 新产品设计定型鉴定及批试生产定型鉴定；

    b) 当结构、工艺或主要材料有所改变，可能影响其符合本标准及产品技术条件时；

    c) 批量生产间断一年后重新投入生产时；

    d) 国家质量监督机构提出进行型式检验的要求时。

8.2.1.3 型式检验后需对仪表进行调整，对因调整而受影响的那些特性应进行有限的试验。

8.2.2 型式检验项目

    IC 卡水表型式检验项目见表 4。

8.2.3 被试水表的数量

    IC 卡水表型式检验时，需要试验的每一种型式的完整 IC 卡水表或其可分离部件的被试样品数量，应按 GB/T 778.3—2007 中 10.1 的规定选取。

9 标志、包装、运输和贮存

9.1 标志

    IC 卡水表应清楚、永久地在水表外壳、指示装置的度盘或铭牌、不可分离的水表表盖上，集中或分散标明以下信息。

a) 计量单位:立方米或 m³;

b) 准确度等级:如果不是 2 级,应标明;

c) Q_3 值,Q_3/Q_1 的比值;

d) 制造计量器具许可证标志和编号;

e) 制造商名称或商标;

f) 制造年月和编号(尽可能靠近指示装置);

g) 流向(在水表壳体二侧标志,或者如果在任何情况下都能很容易看到流动方向指示箭头,也可只标志在一侧);

h) 安装方式:如果只能水平或垂直安装,应标明(H 代表水平安装,V 代表垂直安装);

i) 温度等级:如果不为 T30,应标明;

j) 最大压力损失:如果不为 0.063 MPa,应注明;

注:可按 GB/T 778.1 规定标注压力损失等级。

k) 不可换电池:最迟的水表更换时间。

注:水表可用特定符号标注来反映流动剖面敏感度等级、气候和机械环境安全等级、电磁兼容性等级和提供给辅助装置的信号类型等要求。此类信息可在水表上标注,也可在技术说明书或数据单中注明。

9.2 包装

IC 卡水表的包装应符合 GB/T 13384 的规定,图示标志应符合 GB/T 191 的规定。

9.3 运输

IC 卡水表的运输应符合 JB/T 9329 的规定。IC 卡水表装入运输箱后规定用无强烈震动交通工具运输;运输途中不应受雨、霜、雾等直接影响;按标志向上放置并不受挤压撞击等损伤。

9.4 贮存

9.4.1 贮存环境

IC 卡水表应贮存在环境干燥、通风好、且空气中不含有腐蚀性介质的室内场所,并满足以下要求:

a) 环境温度 5 ℃～50 ℃;

b) 相对湿度不大于 90%;

c) 层叠高度不超过五层。

9.4.2 贮存时间

IC 卡水表贮存时间不应超过 6 个月,超过 6 个月后应重新进行出厂检验。

附　录　A
（资料性附录）
一　般　要　求

A.1　电源

IC 卡水表应由电池供电。

a)　不可更换电池的额定寿命应符合表 A.1 的规定。

b)　用户可更换电池的额定寿命应在制造厂企业标准和使用说明书中予以规定。

表 A.1　电池额定寿命

标称口径/mm	额定寿命/年
≤25	6+1
32，40，50	4+1
注：制造厂应确保电池的额定寿命能保证水表的正常工作年限比水表的工作寿命至少长一年。	

A.2　IC 卡

A.2.1　IC 卡的物理特性和电气特性应符合 CJ/T 166 的规定。

A.2.2　IC 卡水表使用的 IC 卡读写要有密码保护，且供水部门可以更改，其数据安全性要求建议参照 CJ/T 166 的规定。

A.3　卡座

IC 卡水表的卡座技术要求应符合 SJ/T 11166 的规定。

ICS 91.140
P 40

中华人民共和国城镇建设行业标准

CJ/T 241—2007

饮 用 净 水 水 表

Water meter for fine drinking water

2007-01-17 发布

2007-08-01 实施

中华人民共和国建设部　　发　布

前　言

　　本标准是在 GB/T 778.1—1996《冷水水表　第 1 部分：规范》(eqv ISO 4064-1：1993《封闭管道中水流量的测量——饮用冷水水表——第 1 部分：规范》)、GB/T 778.3—1996《冷水水表　第 3 部分：试验方法和试验设备》(idt ISO 4064-3：1983《封闭管道中水流量的测量——饮用冷水水表——第 3 部分：试验方法和试验设备》)的基础上编制的。

　　本标准由中华人民共和国建设部标准定额研究所提出。

　　本标准由中华人民共和国建设部给水排水产品标准化技术委员会归口。

　　本标准起草单位：北京京兆水表有限责任公司、宁波水表股份有限公司、宁波市计量测试所、福州水表厂、苏州自来水表业有限公司、上海水表厂、宁波东海仪表水道有限公司、无锡水表有限责任公司、深圳市兴源鼎新科技有限公司、连云港连利水表有限公司、江西三川水表股份有限公司、南京自来水公司水表厂、宁波京宁水表有限公司、宁波精诚仪表有限公司。

　　本标准主要起草人：叶显苍、张文江、陈含章、林志良、唐士安、王和琪、孔华卿、李志光、李红卫、汤思孟、陈峥嵘、陈国建、陆聪文、沈安邦、郑剑波、张云。

饮 用 净 水 水 表

1 范围

本标准规定了饮用净水水表产品的术语和定义、技术特性、计量特性、试验方法、检验规则、标志、包装、运输及贮存。

本标准适用于常用流量范围为 $0.6\ m^3/h\sim10\ m^3/h$，最大允许工作压力（MAP）大于或等于大于 1 MPa 和最大允许工作温度（MAT）为 30℃ 的不同计量等级的饮用净水水表（以下简称水表）。

2 规范性引用文件

下列文件中的条款通过本标准的引用而成为本标准的条款。凡是注日期的引用文件，其随后所有的修改单（不包括勘误的内容）或修订版均不适用于本标准，然而，鼓励根据本标准达成协议的各方研究是否可使用这些文件的最新版本。凡是不注日期的引用文件，其最新版本适用于本标准。

GB/T 778.1—1996　冷水水表　第 1 部分：规范（eqv ISO 4064-1：1993）

GB/T 778.3—1996　冷水水表　第 3 部分：试验方法和试验设备（idt ISO 4064-3：1983）

GB 4208—1993　外壳防护等级（IP 代码）（eqv IEC 529：1989）

GB/T 7307—2001　55°非密封管螺纹（eqv ISO 228-1：1994）

GB/T 15464—1995　仪器仪表包装通用技术条件

GB/T 17219—1998　生活饮用水输配水设备及防护材料的安全性评价标准

CJ 3064　居民饮用水计量仪表安全规则

JB/T 9329—1999　仪器仪表运输、运输储存基本环境条件及试验方法

3 术语和定义

GB/T 778.1—1996 确立的以及下列术语和定义适用于本标准。

3.1

饮用净水　fine drinking water

符合生活饮用水水质标准的自来水或水源水为原水，经再净化后可供给用户直接饮用的管道直饮水。

3.2

饮用净水水表　water meter for fine drinking water

用来测量流经管道中的饮用净水的体积总量的流量仪表。

4 技术特性

4.1 水表公称口径和总尺寸、水表代号和常用流量

4.1.1 水表公称口径和总尺寸

水表公称口径是用螺纹连接端的内径来表征的，每一个公称口径都相应有一组固定的总尺寸见图 1，尺寸规定见表 1。

4.1.2 水表代号与常用流量之间的关系

以 m^3/h 表示的常用流量 q_p 的数值原则上应至少等于水表代号 N 相对应的数字。

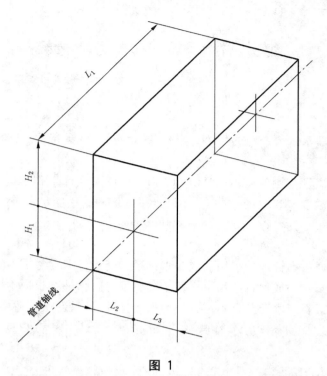

图 1

注1：H_1+H_2、L_1、L_2+L_3 分别为能容纳水表的一个立方体的高度、长度和宽度（表盖处于与其关闭位置垂直的位置上），H_1、H_2、L_2、L_3 是最大尺寸。

注2：L_1 为具有规定公差的固定值。

表 1　水表代号、公称口径和尺寸　　　　　　　　　　　　　单位为毫米

水表代号 N	公称口径 DN	水 表 尺 寸							
		L_1（优选）公差$^{0}_{-2}$	L_1（任选）公差$^{0}_{-2}$	L_2 和 L_3	H_1	H_2	螺纹	a_{min}	b_{min}
N 0.6	8 15	110	80、100、115、165	50	50	180	G3/4B	10	12
N 1	15	130	100、110、165	50	50	180	G3/4B	10	12
N 1.5	15	165	110、115	50	50	180	G3/4B	10	12
N 2.5	20	195	130、165、190	65	60	240	G1B	12	14
N 3.5	25	225	200、260	85	65	260	G1 1/4B	12	16
N 6	32	230	200、260	85	70	280	G1 1/2B	13	18
N 10	40	245	200、300	105	75	300	G2B	13	20

4.1.3　螺纹连接

水表连接端的螺纹应符合 GB/T 7307—2001 的规定，尺寸 a 和 b 见图2，其数值见表1。用于连接水表的接管和螺母应按 CJ 3064 规定执行。

4.2　指示装置

水表指示装置应符合 GB/T 778.1—1996 第4.2条的规定。

4.3　检定装置

水表检定装置应符合 GB/T 778.1—1996 第4.3条的规定。

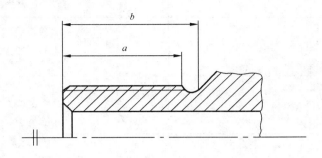

图 2

4.4 远传输出装置

水表可配置远传输出装置。

水表加上远传输出装置后不应改变水表的计量性能。

远传输出装置可安置在水表本体内或指示装置内,或者配置在外部。装置在外部时,应按 4.9 提供防护装置和封印。

远传输出装置连同电缆和电缆密封装置应能在潮湿条件下工作,按 GB 4208—1993 具有 IP65 的防护等级。对于要求能浸在水中工作的特殊订货,应具有 IP68 的防护等级。

4.5 最大允许压力

水表最大允许压力应大于或等于 1 MPa。

4.6 压力损失

水表在过载流量时最大允许的压力损失为 0.1 MPa。

4.7 耐久性

水表应经受模拟工作状态的加速磨损试验,符合 GB/T 778.3—1996 第 10.1.3.5 条规定。

4.8 逆流时的工况

当可能受到意外的逆流时,水表能经受住逆流且没有任何损坏,其计量特性没有变化。

4.9 封印

水表应有防护装置,封印后,在水表正确安装好之前和之后,如不破坏防护装置就不能拆开或改变水表及其调整装置。

4.10 材料

制造水表的材料应有足够的强度和耐用度,以满足水表的使用要求。

制造水表的材料不应受工作温度范围内水温变化的不利影响。

水表内所有接触水的零部件应采用无毒、无污染和无生物活性的材料制造,并应符合 GB/T 17219—1998 及 CJ 3064 的规定。

5 计量特性

5.1 最大允许误差

在从包括最小流量 q_{min} 在内到不包括分界流量 q_t 的低区中的最大允许误差为 ±5%;

在从包括分界流量 q_t 在内到包括过载流量 q_s 的高区中的最大允许误差为 ±2%。

5.2 计量等级

水表按最小流量 q_{min} 和分界流量 q_t 分为 C、D 二个计量等级,见表 2。

表 2　根据 q_{min} 和 q_t 值的水表等级

等级	水表代号 N
C 级	
q_{min} 值	0.01 N
q_t 值	0.015 N
D 级	
q_{min} 值	0.007 5 N
q_t 值	0.011 5 N

6　试验方法

6.1　外观检查

按 4.1、4.2、4.3、4.9 的要求,用目测或通用测量工具进行检查。

6.2　材料卫生安全试验

本标准规定的材料的试验方法按 GB/T 17219—1998 进行。

6.3　压力试验

a)　出厂检验时,水表应能承受水压强度为 1.6 倍最大允许工作压力持续 1 min 的试验,而水表无泄漏、渗漏和损坏。

b)　型式检验时,水表应能承受水压强度为 1.6 倍最大允许工作压力持续 15 min 的试验,及 2 倍最大允许工作压力持续 1 min 的试验,而水表无泄漏、渗漏和损坏。

6.4　压力损失试验

应按 GB/T 778.3—1996 第 7 章规定进行。

6.5　测量误差试验

出厂试验时,按 GB/T 778.3—1996 第 10.2.2.4 条规定进行。

型式试验时,按 GB/T 778.3—1996 第 10.1.3.3 条规定进行。

6.6　逆流时的试验

6.6.1　不带逆流抑置装置的水表

将水表逆向流方向安装在试验设备装置上,排气后开动阀门至常用流量持续 1 min,然后在正向下列水流下测量示值误差:最小流量、分界流量和常用流量,示值误差应符合 5.1 的要求。

6.6.2　带逆流抑置装置的水表

将水表逆水流方向安装在试验设备装置上,排气后加压至最大允许工作压力而不损坏。

6.7　耐久性试验(加速磨损试验)

应按 GB/T 778.3—1996 第 10.1.3.5 条规定进行。

6.8　外壳防护试验

应按 GB 4208—1993 中第 12 章和第 13 章规定进行。

7　检验规则

7.1　检验分类

水表产品分为出厂检验和型式检验。

7.2　出厂检验

每台水表均需经检验合格封印,并附有产品合格证。

出厂检验应包括下列各项,并按下列顺序进行:

a)　外观检查;

b)　压力试验;

c) 示值误差试验。

7.3 型式检验

7.3.1 下列情况下水表应进行型式检验

a) 新产品设计定型鉴定及批试生产定型鉴定；

b) 当结构、工艺或主要材料有所改变，可能影响其符合本标准及产品技术条件时；

c) 批量生产间断一年后重新投入生产时；

d) 正常生产定期或积累一定产量后应周期性（一般为 3 年）进行一次；

e) 国家质量监督机构提出进行型式检验的要求时。

被试水表的数量按 GB/T 778.3—1996 第 10.1.2 条规定进行。

7.3.2 型式检验程序

型式检验应包括下列各项，并按下列顺序进行：

a) 外观检查；

b) 材料卫生安全试验；

c) 压力试验；

d) 示值误差试验；

e) 逆流试验；

f) 压力损失试验；

g) 耐久性试验（加速磨损试验）。

7.3.3 检验结果

出具检验报告，报告格式按 GB/T 778.3—1996 第 9 章、第 10 章的规定。

8 标志、包装、运输及贮存

8.1 标志

产品标志应包括下列内容：

a) 制造厂的厂名或商标；

b) 计量等级、水表代号、计量单位和压力损失（MPa）；

c) 制造年份和编号；

d) 在水表的壳体上标志出指示流动方向的一个或两个箭头，但不应在罩盖上标志箭头；

e) 制造计量器具许可证标志和编号；

f) 水表安装方式（字母 V 表示垂直安装、字母 H 表示水平安装）；

g) 水表公称口径（DN）；

h) 如果最大允许压力超过 1 MPa 时应标明。

8.2 包装

水表的包装应符合 GB/T 15464—1995 的规定。

8.3 运输

水表的运输应符合 JB/T 9329—1999 的规定。

8.4 贮存

水表应贮存在环境干燥、通风好，且在空气中不含有腐蚀性介质的室内场所，并满足以下要求：

a) 环境温度为 5℃～50℃；

b) 相对湿度不大于 90%；

c) 层叠高度不超过五层。

ICS 91.140
P 40

中华人民共和国城镇建设行业标准

CJ 266—2008
代替 CJ 3064—1997

饮用水冷水水表安全规则

Safety regulations for cold potable water meters

2008-01-07 发布

2008-06-01 实施

中华人民共和国建设部　　发　布

前　言

　　本标准是对国家标准 GB/T 778.1—1996《冷水水表　第 1 部分：规范》(eqv ISO 4064-1：1993《封闭管道中水流量的测量—第 1 部分：规范》)、GB/T 778.3—1996《冷水水表　第 3 部分：试验方法和试验设备》(idt ISO 4064-3：1983《封闭管道中水流量的测量—饮用冷水水表—第 3 部分：试验方法和试验设备》)安全要求方面的具体规定。

　　本标准第 3 章为强制性的。

　　本标准与 CJ 3064—1997《居民饮用水计量仪表安全规则》相比，主要变化如下：

1)　水表口径扩大到 800 mm；

2)　增加了水表表壳的材料要求；

3)　管接头和湿式水表罩子的个别尺寸进行了调整；

4)　增加了水表材料强度、耐用度和所有接触水的零部件和防护材料的要求。

　　本标准的附录 A 为规范性附录。

　　本标准由建设部标准定额研究所提出。

　　本标准由建设部给水排水产品标准化技术委员会归口。

　　本标准起草单位：北京市自来水集团京兆水表有限责任公司、宁波水表股份有限公司、福州水表厂、上海水表厂、上海自来水给水设备工程有限公司、宁波东海仪表水道有限公司、无锡水表有限责任公司、苏州自来水表业有限公司、连云港连利水表有限公司、江西三川水表股份有限公司、南京自来水公司水表厂、天津市津水仪表有限公司、天津联昌水表技术有限公司、武汉阿拉德水表有限公司、浙江甬岭供水设备有限公司、山东临沂荣翔水表制造有限公司、山东临沂鲁蒙水表制造有限公司、广州自来水公司水表厂、秦皇岛秦翔特种玻璃有限公司、宁波仲靖铜业有限公司、杭州水表有限公司。

　　本标准主要起草人：何满汉、叶显苍、陈含章、陈国建、范永廉、(以下按姓氏笔画排列)孔华卿、王汝伦、王建耀、冯益、刘力、刘国华、李荫明、李志光、陈峥嵘、林志良、杨爱德、杨楚洪、张学林、胡仲权、戴学军、陶建华、湛首愚、谢坚良。

　　本标准于 1997 年首次发布，2007 年第 1 次修订。

　　本标准自实施之日起代替 CJ 3064—1997。

饮用水冷水水表安全规则

1 范围

本标准规定了饮用水冷水水表的安全要求和试验方法。

本标准适用于常用流量范围为 0.6 m³/h～4 000 m³/h(与 GB/T 778.1—1996 第 4.1 条的规定相应公称口径为 15 mm～800 mm),最大允许工作压力(MAP)大于或等于 1 MPa 和最大允许工作温度(MAT)为 30℃的不同计量等级的水表。

本标准仅适用于水表表壳等承压件为金属材料的水表。

2 规范性引用文件

下列文件中的条款通过本标准的引用而成为本标准的条款。凡是注日期的引用文件,其随后所有的修改单(不包括勘误的内容)或修订版均不适用于本标准,然而,鼓励根据本标准达成协议的各方研究是否可使用这些文件的最新版本。凡是不注日期的引用文件,其最新版本适用于本标准。

GB/T 778.1—1996　冷水水表　第 1 部分:规范(eqv ISO 4064-1:1993)

GB/T 778.3—1996　冷水水表　第 3 部分:试验方法和试验设备(idt ISO 4064-3:1983)

GB/T 1176　铸造铜合金　技术条件(neq ISO 1338:1977)

GB/T 1348　球墨铸铁件

GB/T 1804—2000　一般公差　未注公差的线性和角度尺寸的公差(eqv ISO 2768-1:1989)

GB/T 2516　普通螺纹　极限偏差

GB/T 7306.1　55°密封管螺纹　第 1 部分:圆柱内螺纹与圆锥处螺纹(eqv ISO 7-1:1994)

GB/T 7307　55°非密封管螺纹(eqv ISO 228-1:1994)

GB/T 9439　灰铸铁件

GB/T 12230　通用阀门　不锈钢铸件技术条件

GB/T 14976　流体输送用不锈钢无缝钢管

JB/T 8480—1996　湿式水表用钢化表玻璃

3 安全要求

3.1 耐水压要求

水表应保证在最大允许工作压力下安全工作。

3.2 零件材料要求

3.2.1 水表上所有接触水的零部件和防护材料应采用无毒、无污染、无生物活性的材料制造。

3.2.2 制造水表的材料应有足够的强度和耐用度,以满足水表的使用要求。承压件允许采用与下列相同或更好的材料。

3.2.3 承压件的材料要求见表1。

3.2.4 采用灰铸铁和球墨铸铁生产的表壳内表面应加防护材料。

3.2.5 灰铸铁表壳在本标准批准实施 2 年后不得在饮用水管网中新安装和换装。

3.3 承压件尺寸和重量要求

3.3.1 采用铸造铅黄铜生产的连接螺母尺寸和重量应符合附录 A2.1 的要求。

3.3.2 采用铸造铅黄铜生产的管接头尺寸和重量应符合附录 A2.2 的要求。

3.3.3 采用铸造铅黄铜生产的湿式水表罩子尺寸和重量应符合附录 A2.3 的要求。

表 1　承压件的材料要求

序号	零件名称	材料要求		符合标准代号	适用水表公称口径范围
		名称	代号		
1	表壳	铸造铅黄铜	ZCuZn40Pb2	GB/T 1176	所有口径
		不锈钢铸件	ZG12Cr18Ni9	GB/T 12230	小于或等于 40 mm
		灰铸铁	HT150	GB/T 9439	所有口径
		球墨铸铁	QT450-10	GB/T 1348	大于或等于 40 mm
2	管接头	铸造铅黄铜	ZCuZn40Pb2	GB/T 1176	
		不锈钢铸件	ZG12Cr18Ni9	GB/T 12230	小于 50 mm
		不锈钢	1Cr18Ni9	GB/T 14976	
3	连接螺母	铸造铅黄铜	ZCuZn40Pb2	GB/T 1176	
		不锈钢铸件	ZG12Cr18Ni9	GB/T 12230	小于 50 mm
		不锈钢	1Cr18Ni9	GB/T 14976	
4	湿式水表罩子	铸造铅黄铜	ZCuZn40Pb2	GB/T 1176	
		不锈钢铸件	ZG12Cr18Ni9	GB/T 12230	所有口径
		不锈钢	1Cr18Ni9	GB/T 14976	
5	湿式水表的表玻璃	钢化玻璃		JB/T 8480	所有口径

4　水表压力试验方法

按 GB/T 778.3—1996 中第 6 章规定的方法进行。

a) 出厂检验时,水表应能承受水压强度为 1.6 倍最大允许工作压力持续时间不小于 1 min 的试验,不发生泄漏、渗漏和损坏;

b) 型式检验时,水表应能承受水压强度为 1.6 倍最大允许工作压力持续时间不小于 15 min 及 2 倍最大允许工作压力持续 1 min 的试验,不发生泄漏、渗漏和损坏。

附 录 A
（规范性附录）
连接螺母、管接头和湿式水表罩子

A.1 说明

本附录仅适用于采用铸造铅黄铜制造的连接螺母、管接头和湿式水表罩子的尺寸和重量。

A.1.1 控制尺寸见表 A.1～表 A.3，经机械加工的零件，其线性尺寸的未注公差应符合 GB/T 1804—m 级，螺纹应符合 GB/T 2516、GB/T 7306.1 和 GB/T 7307 的规定。

A.1.2 用户可根据需要提出高于本附录的要求。当重量增加时，本附录规定的非互换性控制尺寸可以进行适当调整。

A.2 尺寸和重量

A.2.1 连接螺母

见图 A.1 和表 A.1。

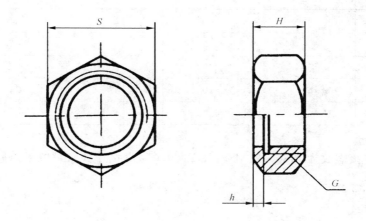

图 A.1
表 A.1 连接螺母尺寸及重量

水表连接螺纹	控制尺寸/mm			重量/g
	S	H	h	≥
G3/4	30	16	3.0	38
G1	37	18	3.5	60
G1 1/4	46	21	4.0	95
G1 1/2	52	22	4.0	120
G2	65	24	4.5	220

A.2.2 管接头

见图 A.2 和表 A.2。

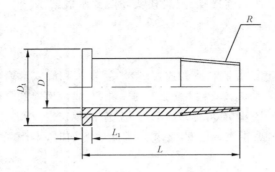

图 A.2

表 A.2 管接头尺寸及重量

水表管接头	控制尺寸/mm				重量/g
	$L\pm1$	L_1	D	D_1	
$R1/2$	45	3.0	15	24.0	≥46
$R3/4$	50	3.0	20	29.5	≥75
$R1$	58	3.5	25	38.5	≥140
$R1\ 1/4$	60	4.0	32	44.5	≥240
$R11/2$	62	4.0	40	56.0	≥280

A.2.3 湿式水表罩子

本条仅适用于连接螺纹为 M80×2、M85×2 和 M105×2 的湿式水表罩子。见图 A.3 和表 A.3。

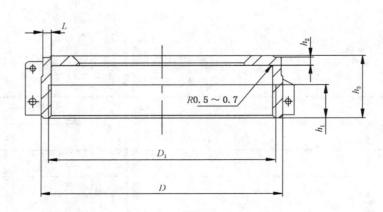

图 A.3

表 A.3 湿式水表罩子尺寸及重量

水表公称口径	控制尺寸/mm						重量/g
mm	D	D_1	L	h_1	h_2	h_3	
15	85	M80×2	≥2.3	≥12	≥3.0	≥22.5	≥170
20	85	M80×2	≥2.3	≥12	≥3.0	≥22.5	≥170
25	90	M85×2	≥2.5	≥12.5	≥3.2	≥24.0	≥200
32	90	M85×2	≥2.5	≥12.5	≥3.2	≥24.0	≥200
40	112	M105×2	≥3.0	≥13	≥4.5	≥27.0	≥450

ICS 91.140.60
P 42

中华人民共和国城镇建设行业标准

CJ/T 484—2016

阶 梯 水 价 水 表

Step tariffing water meter

2016-06-14 发布

2016-12-01 实施

中华人民共和国住房和城乡建设部　　发 布

前　言

本标准按照 GB/T 1.1—2009 给出的规则起草。

本标准由住房和城乡建设部标准定额研究所提出。

本标准由住房和城乡建设部建筑给水排水标准化技术委员会归口。

本标准起草单位：西安旌旗电子股份有限公司、三川智慧科技股份有限公司、杭州竞达电子有限公司、湖南威铭能源科技有限公司、浙江华立利源仪表有限公司、国家水表质量监督检验中心、福建智恒电子新技术有限公司、北京京源水仪器仪表有限公司、新天科技股份有限公司、南昌水业集团福兴能源管控有限公司、湖南常德牌水表制造有限公司、深圳市华旭科技开发有限公司。

本标准主要起草人：郭永林、赵运航、张志平、杜东峰、王湘明、朱亮、李友德、胡刚、曹世来、胡博、张洪军、李贵生、王文进、费战波、李文珍、刘华亮、王成芳、陈勇。

阶 梯 水 价 水 表

1 范围

本标准规定了阶梯水价水表的术语和定义、分类、计量要求、要求、试验方法、检验规则、标志、包装、运输和贮存。

本标准适用于符合 GB/T 778.1—2007 和 GB/T 778.3—2007,并具有周期用量计量和分段结算功能的水表。

2 规范性引用文件

下列文件对于本文件的应用是必不可少的。凡是注日期的引用文件,仅注日期的版本适用于本文件。凡是不注日期的引用文件,其最新版本(包括所有的修改单)适用于本文件。

GB/T 191 包装储运图示标志

GB/T 778.1—2007 封闭满管道中水流量的测量 饮用冷水水表和热水水表 第 1 部分:规范(ISO 4064-1:2005,IDT)

GB/T 778.3—2007 封闭满管道中水流量的测量 饮用冷水水表和热水水表 第 3 部分:试验方法和试验设备(ISO 4064-3:2005,IDT)

GB/T 2423.8 电工电子产品环境试验 第 2 部分:试验方法 试验 Ed:自由跌落(idt IEC 68-2-32:1990)

GB 4208 外壳防护等级(IP 代码)(IEC 60529:2001,IDT)

GB/T 5080.7—1986 设备可靠性试验 恒定失效率假设下的失效率与平均无故障时间的验证试验方案(idt IEC 605-7:1978)

GB/T 13384 机电产品包装通用技术条件

GB/T 17219 生活饮用水输配水设备及防护材料的安全性评价标准

CJ/T 166 建设事业集成电路(IC)卡应用技术条件

CJ/T 188 户用计量仪表数据传输技术条件

CJ/T 224 电子远传水表

JB/T 9329 仪器仪表运输 运输贮存 基本环境条件及试验方法

SJ/T 11166 集成电路卡(IC 卡)插座总规范

3 术语和定义

GB/T 778.1—2007 确立的以及下列术语和定义适用于本文件。

3.1

阶梯水价水表(以下简称水表) step tariffing water meter
具有周期用量计量功能,或同时具有阶梯水价结算功能的水表。

3.2

周期用量 cycle of consumption
结算周期内的实际用水量。

3.3

阶梯水量 step water quantity

在一个结算周期内,把用水量分为两段或多段,区分相邻两段的用水量值。

3.4

阶梯水价 step tariff

在一个结算周期内,把用水量分为两段或多段,该分段对应的单位水价。单位水价在分段内保持不变,但是随分段不同而变化。

3.5

结算日 settlement day

一个结算周期的结束时间。

3.6

通信接口 communication interface

水表和管理系统间数据交互的接口,包含远传接口(如 M-BUS、RS-485、无线等)和卡式接口(IC 卡、非接触式 IC 卡等)。

4 分类

水表按结算方式分为以下两类:

a) 远程结算:水表仅实现周期用量计量,分段结算在收费系统中实现;

b) 本地结算:水表同时实现周期用量计量和分段结算。

5 计量要求

5.1 计量特性

应符合 GB/T 778.1—2007 中 5.1 的规定。

5.2 最大允许误差

应符合 GB/T 778.1—2007 中 5.2 的规定。

5.3 零流量积算读数

应符合 GB/T 778.1—2007 中 5.3 的规定。

5.4 额定工作条件(ROC)

应符合 GB/T 778.1—2007 中 5.4 的规定。

5.5 流动剖面敏感度等级

应符合 GB/T 778.1—2007 中 5.5 的规定。

5.6 其他

应符合 GB/T 778.1—2007 中 5.6 的规定。

6 要求

6.1 一般要求

应符合 GB/T 778.1—2007 和 GB/T 778.3—2007 的规定。

6.2 外观要求

6.2.1 外观

符合以下要求：
a) 应具有良好的表面处理，无毛刺、划痕、裂纹、锈蚀、霉斑和涂层剥落现象；
b) 显示装置上的防护罩应有良好的透明度，不应有使读数畸变等妨碍读数的缺陷。

6.2.2 材料和结构

应符合 GB/T 778.1—2007 中 6.1 的规定。

6.2.3 检定标记和防护装置

应符合 GB/T 778.1—2007 中 6.4 的规定。

6.2.4 电子封印

应符合 GB/T 778.1—2007 中 6.5 的规定。

6.3 特性

应符合 GB/T 778.1—2007 中 4.1.1～4.1.3 的规定。

6.4 功能

6.4.1 计量

水表应同时支持累计用量和周期用量计量。

6.4.2 时钟

符合以下要求：
a) 在参比温度（23 ℃）下，时钟误差应不大于±10 s/d；
b) 在−25 ℃～+60 ℃内，时钟误差应不大于±100 s/d；
c) 时钟应具有计时、日历功能。

6.4.3 阶梯计价

6.4.3.1 结算周期

应支持月、季度、年结算。

6.4.3.2 本地结算水表的水价表

符合以下要求：
a) 水表应具有当前水价表和备用水价表，备用水价表还应支持在指定时间自动启用；

b) 水价表应包括阶梯水量、阶梯水价,其中阶梯水量应不少于 2 个,阶梯水价应不少于 3 个,备用
水价表还应包括启用日期;

c) 水价表的数据格式应符合表 1 的规定。

表 1　水价表的数据格式

序号	数据格式	单位	备注
阶梯水量	××××××	m³	
阶梯水价	××××.××	元/m³	BCD 码
启用日期	YYMMDDhh	—	

6.4.4　结算

6.4.4.1　结算日

结算日的数据格式应符合表 2 的规定。

表 2　结算日的数据格式

序号	数据格式	备注
结算日	MMDDhh	BCD 码 MM 取值范围:1～12 DD 取值范围:1～28 hh 取值范围:0～23

6.4.4.2　结算日冻结

水表至少应支持累计用量冻结,冻结后当前周期用量应能从零累计。

6.4.4.3　本地结算水表的金额结算

水表应支持阶梯水价结算,结算最小单位应为 0.01 元(小于 0.01 元的部分应能保留,进行累计计算)。

6.4.5　参数设置

水表应支持时钟、结算周期、水价表、结算日等参数设置,设置时应保证数据交互的安全性,通信接口要求参见附录 A。

6.4.6　数据存储

a) 水表应支持存储当前周期用量;

b) 水表至少应能存储上 12 个结算日的累计用量以及对应的时间标志。

6.4.7　本地结算水表的显示

6.4.7.1　显示内容

水表至少应能显示下列信息:

a) 当前剩余金额（赊欠金额用负值表示）；

b) 当前累计用量；

c) 水价表；

d) 当前周期用量；

e) 当前水价；

f) 时钟；

g) 阶梯符号（当前水价表和当前阶梯）。

6.4.7.2 显示范围

显示范围应不低于表 3 的规定。

表 3 显示范围要求

项目	用量/m³	金额/元
显示范围	0～99 999.9	0～9 999.99

6.5 压力损失

应符合 GB/T 778.1—2007 中 4.3 的规定。

6.6 最大允许工作压力

应符合 GB/T 778.1—2007 中 5.4.2 的规定。

6.7 气候环境

在高温、低温及交变湿热环境下，水表应符合 GB/T 778.1—2007 中 5.2 的规定。

6.8 电磁环境

在静电放电、电磁场、静磁场、电浪涌及电快速瞬变脉冲群环境下，水表应符合 GB/T 778.1—2007 中 5.2 的规定。

6.9 可靠性

在规定的使用条件下，水表电子装置的平均无故障时间（MTBF）应不小于 2.63×10^4 h。

6.10 耐久性

应符合 GB/T 778.1—2007 中 6.2 的规定。

6.11 外壳防护

应达到 GB 4208 中规定的 IP65 防护等级。对于可能浸没在水中工作的特殊应用，应达到 IP68 的防护等级。

6.12 抗运输冲击与跌落性能

在运输包装条件下，经 JB/T 9329 规定的模拟运输连续冲击和 GB/T 2423.8 规定的自由跌落试验后，水表不应损坏和丢失信息，并能正常工作。

6.13 卫生指标

所有涉水部分应无毒、无污染、无生物活性,不得污染水质,卫生指标应符合 GB/T 17219 的规定。

7 试验方法

7.1 外观检查

采用目测法和常规检具检查水表的外观。

7.2 特性检查

采用目测法和检验工具检查水表的特性。

7.3 功能试验

7.3.1 计量试验

水表通水正常工作,通过显示装置和通信接口检查当前累计用量和当前周期用量。

7.3.2 时钟试验

进行如下试验:
a) 校准水表时钟,在(23±3)℃下静置 24 h,读取时钟计算误差;
b) 在−25 ℃和+60 ℃下,按 7.3.2a)的方法进行试验;
c) 通过显示装置或通信接口检查时钟内容。

7.3.3 阶梯计价试验

7.3.3.1 结算周期试验

分别设置水表的结算周期为月、季度、年,水表通水正常工作,改变时钟模拟 1 个结算日运行,检查当前周期用量、当前累计用量和上 1 结算日累计用量。

7.3.3.2 本地结算水表的水价表试验

进行如下试验:
a) 设置备用水价表,调整水表时钟到备用水价表的启用日期,观察显示装置的显示内容;
b) 通过通信接口检查水价表的内容;
c) 通过显示装置或通信接口检查水价表的数据格式。

7.3.4 结算试验

7.3.4.1 结算日试验

通过通信接口检查结算日。

7.3.4.2 结算日冻结试验

水表通入一定量的水,通水结束后分别读取当前周期用量、当前累计用量和上 1 结算日累计用量,改变时钟模拟 1 个结算日运行,再次读取当前周期用量、当前累计用量和上 1 结算日累计用量,检查结算日前后的两组数据。

7.3.4.3 本地结算水表的金额结算试验

按附录 B 的规定进行。

7.3.5 参数设置试验

分别设置合法和非法的参数,通过显示装置和通信接口检查相应参数内容。

7.3.6 数据存储试验

进行如下试验:
a) 按 7.3.4.2 的方法试验,检查当前周期用量的内容;
b) 采用改变水表时钟的方法,模拟 12 个结算日的运行,检查上 12 个结算日累计用量的数据内容。

7.3.7 本地结算水表的显示检查

7.3.7.1 显示内容

采用目测法检查显示内容。

7.3.7.2 显示范围

采用目测法检查显示内容的数据格式。

7.4 基本示值误差试验

进行如下试验:
a) 试验设备和试验方法应符合 GB/T 778.3—2007 中 5.1～5.7 的规定;
b) 出厂检验时按 GB/T 778.3—2007 中 11.3 的规定进行;
c) 型式检验时按 GB/T 778.3—2007 中 5.8～5.13 的规定进行。

7.5 压力损失试验

按 GB/T 778.3—2007 中第 7 章规定的方法进行。

7.6 静压试验

进行如下试验:
a) 出厂检验时按 GB/T 778.3—2007 中 11.2 的规定进行;
b) 型式检验时按 GB/T 778.3—2007 中第 6 章的规定进行。

7.7 气候环境试验

7.7.1 高温

按 GB/T 778.3—2007 中 9.3.1 的规定进行。

7.7.2 低温

按 GB/T 778.3—2007 中 9.3.2 的规定进行。

7.7.3 交变湿热

按 GB/T 778.3—2007 中 9.3.3 的规定进行。

7.8 电磁环境试验

7.8.1 静电放电

按 GB/T 778.3—2007 中 9.4.1 的规定进行。

7.8.2 电磁敏感性

按 GB/T 778.3—2007 中 9.4.2 的规定进行。

7.8.3 静磁场

按 GB/T 778.3—2007 中 9.4.3 的规定进行。

7.8.4 电浪涌

按 GB/T 778.3—2007 中 9.5.3 的规定进行。

7.8.5 电快速瞬变脉冲群

按 GB/T 778.3—2007 中 9.5.4 的规定进行。

7.9 可靠性试验

选取 GB/T 5080.7—1986 中表 12 定时(定数)截尾试验方案编号 5∶9。

7.10 耐久性试验

按 GB/T 778.3—2007 中第 8 章的规定进行。

7.11 外壳防护试验

按 GB 4208—2008 中第 11 章、第 12 章、第 13 章、第 14 章和第 15 章的规定进行。

7.12 抗运输冲击与跌落性能试验

7.12.1 连续冲击试验

按 JB/T 9329 的规定在运输包装条件下进行。

7.12.2 自由跌落试验

按 GB/T 2423.8 的规定在运输包装条件下进行。

7.13 卫生指标试验

按 GB/T 17219 的规定进行。

8 检验规则

8.1 检验分类

检验分为出厂检验和型式检验。

8.1.1 出厂检验

水表出厂前应逐台检验,合格后方可出厂。

8.1.2 型式检验

有下列情况之一时,应进行型式检验:

a) 新产品设计定型鉴定及批量试生产定型鉴定;

b) 当结构、工艺或主要材料有所改变,可能影响其符合本标准及产品技术条件时;

c) 批量生产间断一年后重新投入生产时。

8.2 检验项目

出厂检验和型式检验的检验项目应按表4的规定执行。

表4 检验项目

项目名称			出厂检验	型式检验	要求	试验方法
外观检查			√	√	6.2	7.1
特性检查			√	√	6.3	7.2
功能试验	计量试验		√	√	6.4.1	7.3.1
	时钟试验		×	√	6.4.2	7.3.2
	阶梯计价试验	结算周期	×	√	6.4.3.1	7.3.3.1
		水价表	√	√	6.4.3.2	7.3.3.2
	结算试验	结算日	×	√	6.4.4.1	7.3.4.1
		结算日冻结	×	√	6.4.4.2	7.3.4.2
		金额结算	×	√	6.4.4.3	7.3.4.3
	参数设置试验		√	√	6.4.5	7.3.5
	数据存储试验		×	√	6.4.6	7.3.6
	显示	显示内容	√	√	6.4.7.1	7.3.7.1
		显示范围	√	√	6.4.7.2	7.3.7.2
基本示值误差试验			√	√	5.2	7.4
压力损失试验			×	√	6.5	7.5
静压试验			√	√	6.6	7.6
环境试验	高温		×	√	6.7	7.7.1
	低温		×	√	6.7	7.7.2
	交变湿热		×	√	6.7	7.7.3
电磁环境	静电放电		×	√	6.8	7.8.1
	电磁敏感性		×	√	6.8	7.8.2
	静磁场		×	√	6.8	7.8.3
	电浪涌		×	√	6.8	7.8.4
	电快速瞬变脉冲群		×	√	6.8	7.8.5

表 4（续）

项目名称		出厂检验	型式检验	要求	试验方法
可靠性试验		×	√	6.9	7.9
耐久性试验		×	√	6.10	7.10
外壳防护试验		×	√	6.11	7.11
运输要求	连续冲击试验	×	√	6.12	7.12.1
	自由跌落试验	×	√	6.12	7.12.2
卫生指标试验		×	√	6.13	7.13

注："√"表示需要检验的项目，"×"表示不需要检验的项目。

8.3 检验数量

出厂检验应逐台进行；型式检验被试样品数量按 GB/T 778.3—2007 中 10.1 的规定选取。

9 标识、包装、运输和贮存

9.1 标识

除应符合 GB/T 778.1—2007 中 6.8 的规定外，还应标识以下信息：
a) 准确度等级：如果不是 2 级，应标明；
b) 阶梯水价功能标识。

9.2 包装

应符合 GB/T 13384 的规定，图标标识应符合 GB/T 191 的规定。

9.3 运输

应符合 JB/T 9329 的规定。在运输时应按标识向上放置，不应受雨、霜、雾直接影响，并不应受挤压、撞击等损伤。

9.4 贮存

9.4.1 贮存环境

水表应贮存在环境干燥、通风好、且空气中不含有腐蚀性介质的室内场所，并满足以下要求：
a) 环境温度：5 ℃～50 ℃；
b) 相对湿度：不大于 90%；
c) 层叠高度：不超过 5 层。

9.4.2 贮存时间

贮存时间不宜超过 6 个月；超过 6 个月应进行出厂抽查检验。

附 录 A

（资料性附录）

通信接口要求

A.1 远传接口

A.1.1 物理层

物理层应符合 CJ/T 224 的规定。

A.1.2 链路层

链路层可参照 CJ/T 188 的规定。

A.1.3 数据安全

数据安全性要求可参照 CJ/T 188 的规定。

A.2 IC 卡接口

A.2.1 物理层

a) IC 卡的物理层应符合 CJ/T 166 的规定；

b) 卡座技术要求应符合 SJ/T 11166 的规定。

A.2.2 数据安全

数据安全性要求可参照 CJ/T 166 的规定。

附 录 B
（规范性附录）
本地结算水表的金额结算试验

设置水表参数,确保阶梯水量的个数为 2 个,阶梯水价的个数为 3 个,当前周期用量等于 0,设置完成后通水使水表计量一定量的水(试验水量),通水过程中检查当前周期用量的内容,当其处于不同的阶梯水量区间时读取当前水价,检查两者之间的对应关系见图 B.1,通水结束后,读取当前周期用量和剩余金额检查结算误差,结算误差按式(B.1)计算。

$$E = M_s - V_1 \times P_1 - (V_2 - V_1) \times P_2 - (V_s - V_2) \times P_3 - M_{ep} \cdots\cdots\cdots (B.1)$$

式中:

E ——金额结算误差;

M_s ——试验前的剩余金额;

M_{ep} ——试验后的剩余金额,从表上直接读取。

注:M_s 不应小于水表计量 V_s 所需的金额数。

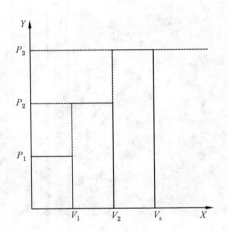

说明:

X ——当前周期用量;

Y ——当前水价;

V_1 ——阶梯水量 1;

V_2 ——阶梯水量 2;

V_s ——试验水量;

P_1 ——阶梯水价 1;

P_2 ——阶梯水价 2;

P_3 ——阶梯水价 3。

图 B.1 阶梯水价结算

ICS 91.140.60
P 41

中华人民共和国城镇建设行业标准

CJ/T 525—2018

供水管网漏水检测听漏仪

Leak detector of water distribution system

2018-03-08 发布

2018-10-01 实施

中华人民共和国住房和城乡建设部   发 布

前　言

本标准按照 GB/T 1.1—2009 给出的规则起草。

本标准由住房和城乡建设部标准定额研究所提出。

本标准由住房和城乡建设部市政给水排水标准化技术委员会归口。

本标准负责起草单位：北京埃德尔黛威新技术有限公司。

本标准参加起草单位：扬州捷通供水技术设备有限公司、中国城市建设研究院有限公司、中国城市规划协会地下管线专业委员会、北京市自来水集团有限责任公司、福州市自来水有限公司、德州市供水总公司。

本标准主要起草人员：杨月仙、毋焱、高伟、孙杰、王蔚蔚、陈国强、刘会忠、赵顺萍、郑文芳、潘兴忠、冯兴房、孔德明、陈泳江。

供水管网漏水检测听漏仪

1 范围

本标准规定了供水管网漏水检测听漏仪的术语和定义,一般要求,要求,试验方法,检验规则,标志、包装、运输和贮存。

本标准适用于输送介质为水的压力管道漏水检测听漏仪的制造与检验。

2 规范性引用文件

下列文件对于本文件的应用是必不可少的。凡是注日期的引用文件,仅注日期的版本适用于本文件。凡是不注日期的引用文件,其最新版本(包括所有的修改单)适用于本文件。

GB/T 191　包装储运图示标志

GB 4208　外壳防护等级(IP 代码)

GB 4793.1—2007　测量、控制和实验室用电气设备的安全要求　第1部分:通用要求

GB/T 6587　电子测量仪器通用规范

GB/T 20485.31—2011　振动与冲击传感器的校准方法　第31部分:横向振动灵敏度测试

3 术语和定义

下列术语和定义适用于本文件。

3.1

听漏仪　leak detector

用于探测压力管道漏水的仪器。

3.2

拾音器　microphone

采集压力管道漏水信号、并转换为电信号的探听器件,主要由换能器和放大电路组成。

3.3

主机　control unit

对拾音器转换的电信号进行处理、存储、输出、显示以及控制的设备。

3.4

信号增益　signal gain

主机对拾音器输入电信号的调节。

3.5

音量　volume

主机对输出到耳机信号功率的调节。

3.6

频率范围　frequency range

拾音器在满足最低灵敏度条件下可采集信号的最低频率和最高频率的范围。

3.7

滤波频段　filter broadband

主机设置的带通滤波器的通带与阻带截止频率构成的频率范围。

4　一般要求

4.1　型号

4.1.1　型号标记

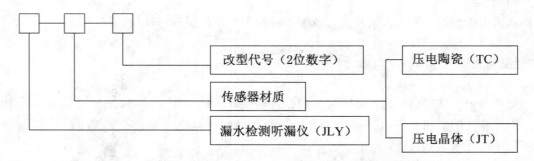

4.1.2　型号示例

示例：采用压电陶瓷传感器的第2代供水管网漏水检测听漏仪，型号标注为：JLY-TC-02。

4.2　测量原理

通过拾音器采集压力管道漏水引起的振动信号，将其转变为电信号输入到主机，进行放大、滤波等处理，把音频信号输出到耳机，并将信号参数在主机上以图形或数字等方式显示，以判断是否存在漏水。

4.3　配置

拾音器、耳机、连接线、主机和仪器箱。

5　要求

5.1　温度和湿度

仪器正常工作的温度宜为$-20\ ℃\sim+50\ ℃$，湿度宜小于$90\%RH$。

5.2　外观

仪器表面应平整光滑无划痕和无凹陷。

5.3　重量

主机重量应不大于$1.5\ kg$。

5.4　静音功能

应具备静音功能。在工作状态可切换静音模式和听音模式。静音模式下，主机输出到耳机的信号功率为零。

5.5 信号增益

信号增益应大于 40 dB,信号增益的调节步进应小于 5 dB。

5.6 音量

听音模式下音量最大输出功率范围应为 100 mW～125 mW,调节步进应小于 10 mW。

5.7 滤波功能

滤波范围应覆盖 80 Hz～4 000 Hz,滤波频段应不少于 4 段。

5.8 拾音器灵敏度

灵敏度应大于 60 V/g。

5.9 拾音器频率范围

在保证最低灵敏度的条件下,频率响应范围 80 Hz～4 000 Hz。

5.10 电源

宜采用可充电锂电池或碱性电池,连续工作时间应大于 30 h,并具备电量监测和显示。

5.11 抗振性能

仪表的抗振性能应符合 GB 4793.1—2007 第 8 章的规定。

5.12 外壳防护等级

应符合 GB 4208 中 IP65 的规定。

6 试验方法

6.1 温度和湿度

温度和湿度的测量采用 GB/T 6587 规定的方法。

6.2 外观

目测。

6.3 重量

电子秤称取重量。

6.4 静音功能

在静音模式下,通过功率检测仪测试主机音频输出功率为零。

6.5 信号增益

将主机输入端口连接至音频分析仪的信号输出端,主机输出端口连接至音频分析仪的信号输入端,调节音频分析仪输出 4 mV～20 mV 白噪声,将增益从最小到最大逐步调节,主机增益范围应大于 40 dB。对比前后连续两次信号输出,增益调节步进不大于 10 dB。

6.6 音量

将主机输入端口连接至音频分析仪的信号输出端,主机输出端口连接至音频分析仪的信号输入端,调节音频分析仪输出 4 mV~20 mV 白噪声,将音量从最小到最大逐步调节,主机音量输出功率单通道最大输出范围 100 mW~125 mW。对比前后连续两次信号输出,增益调节步进不大于 10 mW。

6.7 滤波功能

将主机输入端口连接至音频分析仪的信号输出端,主机输出端口连接至音频分析仪的信号输入端,调节音频分析仪输出 4 mV~20 mV 白噪声,调整各滤波频段实测实际输出应与设置的范围相符。

6.8 拾音器灵敏度

拾音器灵敏度检验按 GB/T 20485.31—2011 中第 4 章~第 7 章中的试验方法进行,灵敏度不小于 60 V/g。

6.9 拾音器频率范围

按 GB/T 20485.31—2011 中第 4 章~第 7 章中的试验方法,在 80 Hz~4 000 Hz 频率范围内,选取 200 Hz、600 Hz、1 000 Hz、2 000 Hz、3 000 Hz 五个待测频点,依次测量拾音器灵敏度均不小于 60 V/g。

6.10 电源

开机实测连续工作时间大于 30 h,目测电量监测和显示。

6.11 抗振性能

抗振性能检验按 GB 4793.1—2007 中 8.1 和 8.2 跌落试验的试验方法进行。

6.12 外壳防护等级

外壳防护等级测试应符合 GB 4208 中 IP65 的规定。

7 检验规则

7.1 检验分类

检验应分为出厂检验和型式检验。

7.2 出厂检验

7.2.1 出厂检验应逐台进行,检验项目见表 1。

表 1 检验项目

项目	出厂检验	型式检验	要求	试验方法
温度和湿度	×	√	5.1	6.1
外观	√	√	5.2	6.2
重量	×	√	5.3	6.3
静音功能	√	√	5.4	6.4

表 1（续）

项目	出厂检验	型式检验	要求	试验方法
信号增益	√	√	5.5	6.5
音量	√	√	5.6	6.6
滤波功能	√	√	5.7	6.7
拾音器灵敏度	×	√	5.8	6.8
拾音器频率范围	×	√	5.9	6.9
电源	×	√	5.10	6.10
抗振性能	×	√	5.11	6.11
外壳防护等级	×	√	5.12	6.12
注："√"为检测项目，"×"为不检验项目。

7.2.2 产品应经过制造厂质检部门检验合格，并附有产品合格证方可出厂。

7.3 型式检验

7.3.1 型式检验时，每批次应不少于 3 台。

7.3.2 型式检验项目见表 1。

7.3.3 在下列情况之一时，进行型式检验：

   a）试制定型鉴定时；

   b）正式生产后，如结构、材料、工艺有较大改变，可能影响产品性能时；

   c）生产中断 1 年以上恢复生产时；

   d）成批生产时，每年不少于 1 次；

   e）出厂检验结果与上次型式检验有较大差异。

7.4 合格判定

本标准 5.2 所示项目不合格为轻缺陷，其余项目不合格为重缺陷；同批次中有一个重缺陷产品，即认定本批次不合格；同批次中有两台以上（包含两台）轻缺陷产品，即认定本批次不合格。

8 标志、包装、运输和贮存

8.1 标志

每台仪器应在适当醒目的位置固定产品铭牌，并应至少标明下列内容：

   a）产品名称；

   b）产品型号；

   c）产品标准编号；

   d）生产厂名；

   e）商标；

   f）生产日期；

   g）出厂日期及编号等。

8.2 包装

8.2.1 包装箱外表面的文字和标志应整齐清晰,图示标志应符合 GB/T 191 的规定。

8.2.2 包装箱外表面的文字和标志应至少包括下列内容:

    a) 装箱单;

    b) 产品合格证;

    c) 产品使用说明书;

    d) 备件及附件清单。

8.2.3 包装应适合陆路、水路运输和装卸与贮存的要求。

8.3 运输和贮存

8.3.1 运输

仪器由常规交通工具运输,在运输中不应受到强烈冲击、雨淋和曝晒。

8.3.2 贮存

仪器应贮存于环境温度为 $-30\ ℃\sim+60\ ℃$,相对湿度不大于 90% 的库房中,库房中不应有腐蚀性气体和腐蚀性化学药品。

ICS 91.140
P 40

中华人民共和国城镇建设行业标准

CJ/T 535—2018

物 联 网 水 表

Internet of things water meter

2018-10-30 发布　　　　　　　　　　　　　　2019-04-01 实施

中华人民共和国住房和城乡建设部　　发　布

前　言

本标准按照 GB/T 1.1—2009 给出的规则起草。

本标准由住房和城乡建设部标准定额研究所提出。

本标准由住房和城乡建设部建筑给水排水标准化技术委员会归口。

本标准起草单位：三川智慧科技股份有限公司、深圳市兴源智能仪表股份有限公司、深圳水务集团有限公司、中移物联网有限公司、江西省计量测试研究院、西安旌旗电子股份有限公司、腾讯科技（深圳）有限公司、福州物联网开放实验室有限公司、上海移远通信技术股份有限公司、中国信息通信研究院、华为技术有限公司。

本标准主要起草人：宋财华、祝向辉、张卫红、姜世博、王超、钱永安、郭永林、高立沔、周斌、高杰、张磊、李冲、许晖、张天辰、李永志、宋爱慧、刁志峰、彭君。

物 联 网 水 表

1 范围

本标准规定了物联网水表的结构、分类及型号,要求,试验方法,检验规则,标志、包装、运输和贮存。

本标准适用于采用 2G、3G、4G、NB-IoT、eMTC 等蜂窝移动通信及其后续演进技术,接入我国公共陆地移动网络,并符合 GB/T 778.1、GB/T 778.2、GB/T 778.4 相关规定的饮用冷水水表和热水水表。

2 规范性引用文件

下列文件对于本文件的应用是必不可少的。凡是注日期的引用文件,仅注日期的版本适用于本文件。凡是不注日期的引用文件,其最新版本(包括所有的修改单)适用于本文件。

GB/T 191   包装贮运图示标志

GB/T 778.1   饮用冷水水表和热水水表   第 1 部分:计量要求和技术要求

GB/T 778.2   饮用冷水水表和热水水表   第 2 部分:试验方法

GB/T 778.4   饮用冷水水表和热水水表   第 4 部分:GB/T 778.1 中未包含的非计量要求

GB/T 2423.8   电工电子产品基本环境试验   第 2 部分:试验方法   试验 Ed:自由跌落

GB/T 4208   外壳防护等级(IP 代码)

GB 5080.7—1986   设备可靠性试验   恒定失效率假设下的失效率与平均无故障时间的验证试验方案

GB/T 15464   仪器仪表包装通用技术条件

GB/T 25480   仪器仪表运输、贮存基本环境条件及试验方法

GB/T 26831.3—2012   社区能源计量抄收系统规范   第 3 部分:专用应用层

CJ/T 224—2012 电子远传水表

JB/T 12390   水表产品型号编制方法

YD/T 1080—2000   900/1 800 MHz TDMA 数字蜂窝移动通信名词术语

YD/T 1214   900/1 800 MHz TDMA 数字蜂窝移动通信网通用分组无线业务(GPRS)设备技术要求:移动台

YD/T 1215   900/1 800 MHz TDMA 数字蜂窝移动通信网通用分组无线业务(GPRS)设备测试方法:移动台

YD/T 1367   2 GHz TD-SCDMA 数字蜂窝移动通信网   终端设备技术要求

YD/T 1368   2 GHz TD-SCDMA 数字蜂窝移动通信网   终端设备测试方法

YD/T 1547   2 GHz WCDMA 数字蜂窝移动通信网   终端设备技术要求(第三阶段)

YD/T 1548   2 GHz WCDMA 数字蜂窝移动通信网   终端设备测试方法(第三阶段)

YD/T 1558   800 MHz/2 GHz cdma2000 数字蜂窝移动通信网设备技术要求   移动台

YD/T 1576   800 MHz/2 GHz cdma2000 数字蜂窝移动通信网设备测试方法   移动台

YD/T 2575   TD-LTE 数字蜂窝移动通信网   终端设备技术要求(第一阶段)

YD/T 2576   TD-LTE 数字蜂窝移动通信网   终端设备测试方法(第一阶段)

YD/T 2577   LTE FDD 数字蜂窝移动通信网   终端设备技术要求(第一阶段)

YD/T 2578   LTE FDD 数字蜂窝移动通信网   终端设备测试方法(第一阶段)

3 术语和定义

GB/T 778.1界定的以及下列术语和定义适用于本文件。

3.1

物联网水表 internet of things water meter

具有水流量信号采集和数据处理、存储,并通过公共陆地移动网络实现数据交换的水表。

3.2

基表 mother meter

用于计量水量的速度式水表和容积式水表。

[CJ/T 224—2012,定义3.2]

3.3

电子装置 electronic device

物联网水表的一个部件。具有采用电子组件执行水流量信号的转换、数据处理与信息存储、信号远程传输等特定功能。电子装置可做成独立的单元,能单独进行试验。

3.4

机电转换 mechanical-electric conversion

物联网水表累积流量的机械计数信号转换成电子计数信号过程。

3.5

机电转换误差 error of mechanical-electric conversion

机电转换产生的误差。

[CJ/T 224—2012,定义3.6]

3.6

机电转换信号当量 equivalent of mechanical-electric conversion

物联网水表一个周期的机电转换信号所代表的基本体积水量。

3.7

公共陆地移动网络 PLMN public land mobile network

向公众提供陆地移动通信业务,由管理部门或持有相应执照的运营者建立和经营的网络。它为移动用户的通信提供可能性。为了实现移动与固定网之间的通信,有必要实现与固定网间的互通。

[YD/T 1080—2000,定义3.2.1]

4 结构、分类及型号

4.1 结构

4.1.1 整体式:构成物联网水表的所有部件组装在同一壳体内。

4.1.2 分体式:构成物联网水表的所有部件不组装在同一壳体内。

4.2 分类

4.2.1 按指示装置分类:

    a) 机械式:物联网水表指示装置采用机械式指示;

    b) 电子式:物联网水表指示装置采用电子式指示。

4.2.2 按气候和机械环境条件分级：

　　a)　B级：安装在建筑物内的固定式物联网水表；

　　b)　C级：安装在户外的固定式物联网水表。

4.2.3 按适应电磁环境分类：

　　a)　E1级：住宅、商业和轻工业用物联网水表；

　　b)　E2级：工业用物联网水表。

4.3 型号

物联网水表的型号编制应符合JB/T 12390中的相关规定。

5 要求

5.1 外观和封印

5.1.1 外观

物联网水表的外观要求如下：

　　a)　应有良好的表面处理，不应有毛刺、划痕、凹陷、裂纹、锈蚀、霉斑和涂层剥落等现象；

　　b)　显示的数字应醒目、整齐，表示功能的文字符号和标志应完整、清晰、端正；

　　c)　读数装置上的防护玻璃应有良好的透明度，不应有使读数畸变等妨碍读数的缺陷。

5.1.2 电子封印

物联网水表电子封印应符合GB/T 778.1中的相关规定。

5.1.3 检定标记和防护装置

物联网水表检定标记和防护装置应符合GB/T 778.1中的相关规定。

5.1.4 指示装置

物联网水表指示装置应符合GB/T 778.1中的相关规定。

5.2 基表要求

5.2.1 材料和结构

物联网水表的基表材料和结构应符合GB/T 778.1中的相关规定。

5.2.2 计量要求

物联网水表的计量要求应符合GB/T 778.1中的相关规定。

5.2.3 技术特性

物联网水表的口径和总尺寸、螺纹连接端、法兰连接端应符合GB/T 778.4中的相关规定。

5.3 电子装置特性

5.3.1 通信接口

物联网水表采用一对一的方式通过公共陆地移动网络进行通信。

5.3.2　通信功能和性能

5.3.2.1　2G 通信方式

2G 通信方式的物联网水表通信功能和性能,应符合 YD/T 1214 中的相关规定。

5.3.2.2　3G 通信方式

3G 通信方式的物联网水表通信功能和性能,应符合下列标准的规定:

a)　cdma2000 通信方式的物联网水应符合 YD/T 1558 中的相关规定;

b)　WCDMA 通信方式的物联网水表应符合 YD/T 1547 中的相关规定;

c)　TD-SCDMA 通信方式的物联网水表应符合 YD/T 1367 中的相关规定。

5.3.2.3　4G 通信方式

4G 通信方式的物联网水表通信功能和性能,应符合下列标准的规定:

a)　TD-LTE 通信方式的物联网水表,应符合 YD/T 2575 中的相关规定;

b)　LTE FDD 通信方式的物联网水表,应符合 YD/T 2577 中的相关规定。

5.3.2.4　NB-IoT 通信方式

NB-IoT 通信方式的物联网水表通信功能和性能,应符合通信行业相应标准中的相关规定。

5.3.2.5　eMTC 通信方式

eMTC 通信方式的物联网水表通信功能和性能,应符合通信行业相应标准中的相关规定。

5.3.3　数据传输

物联网水表可采用上述多种通信方式进行数据传输,并应符合上述通信方式所规定的各自不同的数据传输要求。本标准仅基于物联网水表的功能,对数据传输内容提出如下要求:

a)　基本数据

1)　物联网水表应可传输由 14 位十进制数构成的通信 ID,用以在网络上标识水表及其数据。通信 ID 应包含厂商代码,厂商代码应符合 GB/T 26831.3—2012 中 5.5 的规定。

2)　物联网水表应可传输当前累积水量。

b)　扩展数据

1)　物联网水表可传输带时间标记的由月、日或其他指定时间间隔产生的冻结累积水量数据。

2)　物联网水表可传输水表运行需要的多种参数。包含有实时日历及时钟参数的水表,应能远程读取实时时间,并支持校时。

5.3.4　数据安全

制造商应充分考虑智能水表数据传输的安全要求,选择合适的保证水表数据安全的方案,宜采用国家标准、行业规范所要求或推荐的数据安全规范。

通信 ID 和当前累积水量出厂后应不能通过远程数据传输方式修改。

水表参数、运行数据应加密传输,有防止非授权修改的措施。

5.3.5　机电转换误差

物联网水表机电转换误差不应超过 ±1 个机电转换信号当量。

5.4 功能要求

5.4.1 数据处理与信息存储功能

物联网水表应具有水流量信号采集数据处理和信息存储的功能。其存储的信息至少包括:物联网水表标识如通信 ID、水表类型,累积水量。必要时可增加工作状态信息。

5.4.2 远传功能

远传功能应通过无线数据通信网络,实现数据的上传。

5.4.3 控制功能

控制功能应通过抄表系统实现指令的接收和采集。

5.4.4 报警功能

阀门故障、计量信号采集故障应有报警功能。

5.4.5 保护功能

5.4.5.1 数据保持功能

至少要保存 18 个月每月月末数据,近 1 个月内每天定点数据,近 7 d 内每天每小时整点数据。

应记录故障发生时间、当前运行状态、累积水量、最近 10 次修改表参数的时间及参数值。具有阀门的物联网水表还应记录阀门状态。

5.4.5.2 磁保护功能

水表信号元件部位受磁干扰时应报警,并自动关闭电控阀,或不受影响仍正常工作。

5.4.5.3 电池欠压保护功能

当检测到电压低至 U_{bmin} 时,应自动保存水表数据、有欠压提示信息,供电恢复后应恢复保存数据,并正常工作。

注: U_{bmin} 表示欠压提示电压阈值。

5.4.5.4 数据的非正常中断保护功能

应具备数据的非正常中断保护功能,电源中断或通信失败不应丢失内存数据,恢复后能正常工作。

5.4.5.5 强制唤醒功能

物联网水表在未连通网络时应可在现场进行人为干预,强制唤醒水表。

5.5 压力损失

物联网水表的压力损失应符合 GB/T 778.1 中的相关规定。

5.6 最高允许工作压力

物联网水表的最高允许工作压力应符合 GB/T 778.1 中的相关规定。

5.7 气候环境

在高温(无冷凝)、低温、交变湿热(冷凝)的气候环境条件下,物联网水表应符合 GB/T 778.1 中的相关规定。

5.8 电磁环境

在静电放电、电磁敏感性、静磁场的电磁环境条件下,物联网水表应符合 GB/T 778.1 中的相关规定。

5.9 电源

5.9.1 类型

5.9.1.1 物联网水表应由电池供电,并应符合 GB/T 778.1 中的相关规定。

5.9.1.2 不可更换电池的物联网水表,电池的额定寿命应符合表 1 的规定。

表 1 电池额定寿命

公称口径/mm	电池寿命[a]/年
≤25	6+1
32、40、50	4+1
>50	2+1
[a] 制造厂应确保电池的额定寿命能保证水表的正常工作年限至少比水表的使用寿命长一年。	

5.9.1.3 可更换电池的物联网水表,制造厂应对电池的更换做出明确规定。

5.10 电池电源中断

物联网水表在电池电源电压短时中断条件下应符合 GB/T 778.1 中的相关规定。

5.11 抗运输冲击性能

物联网水表在运输包装条件下,经 GB/T 25480 规定的模拟运输连续冲击和 GB/T 2423.8 规定的自由跌落试验后,均不应损坏和丢失信息,并能正常工作。

5.12 耐久性

物联网水表耐久性应符合 GB/T 778.1 中的相关规定。

5.13 电子装置可靠性

在规定的使用条件下,物联网水表电子装置平均无故障工作时间(MTBF)不应小于 $2.63×10^4$ h。

5.14 外壳防护

物联网水表的电子装置连同引出线和引出线密封装置应达到 GB/T 4208 中规定的 IP65 防护等级。对于要求能浸没在水中工作的特殊应用,应达到 IP68 的防护等级。

6 试验方法

6.1 试验要求

通用试验要求应符合 GB/T 778.2 中的相关规定,同时应配备与物联网水表数据传输相匹配的手持单元、移动式或固定式的抄表系统,试验前应核查功能,确认正常后方可投入使用。

6.2 外观和封印检查

目测检查物联网水表的外观和封印。

6.3 基表要求检查

6.3.1 材料和结构检查

按 GB/T 778.2 中的相关规定进行。

6.3.2 示值误差试验

试验设备和试验方法应符合 GB/T 778.2 中的相关规定。

6.3.3 技术特性检查

目测和采用检验工具逐项检查物联网水表的技术特性。

6.4 电子装置特性试验

6.4.1 通信功能和性能试验

6.4.1.1 2G 通信方式通信功能和性能试验

2G 通信方式的物联网水表应按 YD/T 1215 中的相关规定进行。

6.4.1.2 3G 通信方式通信功能和性能试验

3G 通信方式的物联网水表的通信功能和性能试验应按下列标准的相关规定进行:
a) cdma2000 通信方式的物联网水表应按 YD/T 1576 中的相关规定进;
b) WCDMA 通信方式的物联网水表应按 YD/T 1548 中的相关规定进行;
c) TD-SCDMA 通信方式的物联网水表应按 YD/T 1368 中的相关规定进行。

6.4.1.3 4G 通信方式通信功能和性能试验

4G 通信方式的物联网水表的通信功能和性能试验应按下列标准的相关规定进行:
a) TD-LTE 通信方式的物联网水表应按 YD/T 2576 中的相关规定进行;
b) LTE FDD 通信方式的物联网水表应按 YD/T 2578 中的相关规定进行。

6.4.1.4 NB-IoT 通信方式通信功能和性能试验

NB-IoT 通信方式的物联网水表应按通信行业相应标准中的相关规定进行。

6.4.1.5 eMTC 通信方式通信功能和性能试验

eMTC 通信方式的物联网水表应按通信行业相应标准中的相关规定进行。

6.4.2 机电转换误差试验

按 CJ/T 224 中的相关规定进行。

6.5 功能检查

将被试物联网水表与匹配的专用试验设备相连接,逐项检查其设计功能。

6.6 压力损失试验

按 GB/T 778.2 中的相关规定进行。

6.7 静压试验

最高允许工作压力按 GB/T 778.2 中的静压试验的规定进行。

6.8 气候环境试验

按 GB/T 778.2 中的相关规定进行。

6.9 电磁环境试验

按 GB/T 778.2 中的相关规定进行。

6.10 电池电源中断试验

按 GB/T 778.2 中的相关规定进行。

6.11 抗运输冲击性能试验

6.11.1 连续冲击试验

6.11.1.1 试验方法

物联网水表在运输包装条件下按 GB/T 25480 的规定进行抗运输冲击试验。

6.11.1.2 试验要求

试验参数见表 2。

表 2 连续冲击试验参数

冲击加速度/(m/s²)	100±20
冲击频率/(次/min)	60～100
累计冲击次数/次	1 000±10

6.11.1.3 合格判据

试验后,将物联网水表从包装箱中取出检查,不应损坏,并在参比条件下测试被试装置的示值误差和机电转换误差。其示值误差不应超过"高区"的最大允许误差(见 5.2.2),机电转换误差应符合 5.3.5 的规定。

6.11.2 自由跌落试验

6.11.2.1 试验方法

物联网水表在运输包装条件下按 GB/T 2423.8 的规定进行自由跌落试验。

6.11.2.2 试验参数

试验参数见表 3。

表 3　自由跌落试验参数

试验表面	混凝土或钢制的平滑、坚硬的刚性表面
跌落高度/mm	100
跌落次数	6 面各一次

6.11.2.3　试验程序

试验按以下步骤进行：

a)　悬挂物联网水表包装箱使包装箱的底面与试验面的距离为跌落高度；

b)　将装有物联网水表包装箱自由跌落到试验平面上；

c)　包装箱重复 a)和 b)；

d)　让被试物联网水表恢复一段时间；

e)　检查物联网水表能否正常工作；

f)　在参比流量条件下测量物联网水表的示值误差；

g)　计算相对示值误差。

6.11.2.4　合格判据

试验后,将物联网水表从包装箱中取出检查,不应损坏,并在参比条件下测量被试装置的示值误差和机电转换误差,其示值误差不应超过"高区"的最大允许误差(见 5.2.2),机电转换误差应符合 5.3.5 的规定。

6.12　耐久性试验

按 GB/T 778.2 中的相关规定进行耐久性试验。在耐久性试验期间机电转换误差应符合 5.3.5 的规定。

6.13　电子装置可靠性试验

6.13.1　新研制的电子装置

新研制的电子装置可靠性验证试验选取 GB/T 5080.7—1986 第 5 章表 12 定时(定数)截尾试验方案 5：9。

6.13.2　批量生产的电子装置

已批量生产的电子装置定期可靠性验证试验选取 GB/T 5080.7—1986 第 4 章表 1 和表 10 序贯试验方案 4：9。

6.14　外壳防护试验

按 GB/T 4208 中的相关规定进行。

7　检验规则

7.1　出厂检验

物联网水表的出厂检验项目见表 4,经检验合格后封印,并附产品合格证。

表 4　出厂检验和型式检验项目表

试验项目		出厂检验	型式检验	要求	试验方法
外观和封印		√	√	5.1	6.2
材料和结构		×	√	5.2.1	6.3.1
示值误差		√	√	5.2.2	6.3.2
技术特性		√	√	5.2.3	6.3.3
电子装置特性	通信功能和性能	×	√	5.3.2	6.4.1
	机电转换误差	×	√	5.3.5	6.4.2
功能检查	数据处理与信息存储功能	×	√	5.4.1	6.5
	远传功能	√	√	5.4.2	6.5
	控制功能	√	√	5.4.3	6.5
	报警功能	√	√	5.4.4	6.5
	保护功能	×	√	5.4.5	6.5
压力损失		×	√	5.5	6.6
静压试验		√	√	5.6	6.7
气候环境	高温（无冷凝）	×	√	5.7	6.8
	低温	×	√	5.7	6.8
	交变湿热（冷凝）	×	√	5.7	6.8
电磁环境	静电放电	×	√	5.8	6.9
	电磁敏感性	×	√	5.8	6.9
	静磁场	×	√	5.8	6.9
电池电源中断		×	√	5.10	6.10
抗运输冲击性能	连续冲击试验	×	√	5.11	6.11.1
	自由跌落试验	×	√	5.11	6.11.2
耐久性		×	√	5.12	6.12
电子装置可靠性		×	√	5.13	6.13
外壳防护		×	√	5.14	6.14
注："√"表示检验项目；"×"表示不检项目。					

7.2　型式检验

7.2.1　检验条件

型式检验适用于完整的物联网水表或单独提交的物联网水表可分离部件,此时制造厂应规定可分离的最大允许误差,且基表和可分离部件的最大允许误差的算术和不应超过整体的物联网水表最大允许误差(见 5.2.2)。

有下列情况之一时应进行型式检验:

a)　新产品设计定型鉴定及批试生产定型鉴定;

b) 当结构、工艺或主要材料有所改变,可能影响其符合本标准及产品技术条件时;

c) 批量生产间断一年后重新投入生产时。

7.2.2 检验项目

物联网水表型式检验项目见表4。

7.2.3 检验数量

物联网水表型式检验时,需要试验的每一种型式的完整的物联网水表或其可分离部件的被试样品数量,应按 GB/T 778.1 的相关规定选取。

8 标志、包装、运输和贮存

8.1 标志

物联网水表应清楚、永久地在水表的外壳、指示装置的度盘或铭牌、不可分离的水表表盖上,集中或分散标志以下信息:

a) 计量单位:立方米或 m³;

b) 准确度等级:如果不是2级,应标明;

c) Q_3 值,Q_3/Q_1 的比值;

d) 制造计量器具许可证标志和编号;

e) 制造商名称或商标;

f) 制造年月和编号(尽可能靠近指示装置);

g) 流向(在水表壳体二侧标志,或者如果在任何情况下都能很容易看到流动方向指示箭头,也可只标志在一侧);

h) 安装方式:如果只能水平或垂直安装,应标明(H 代表水平安装,V 代表垂直安装);

i) 温度等级:除 T30 外,应标明;

j) 最大允许压力,如果它超过 1 MPa(10 bar),或者,对于 DN≥500,超过 0.6 MPa(6 bar);

k) 最大压力损失:如果不为 0.063 MPa,应标明;

注:可按 GB/T 778.1 规定标注压力损失等级。

l) 可更换电池:最迟的电池更换时间;

m) 不可更换电池:最迟的水表更换时间;

n) 通信 ID:可用数字、条码或二维码表示。

注:水表可用特定符号标注来反映对速度场不均匀性的敏感度等级、气候和机械环境安全等级、电磁兼容性等级和提供给辅助装置的信号类型等要求,此类信息可在水表上标注,也可在技术说明书或数据单标注。

8.2 包装

物联网水表的包装应符合 GB/T 15464 的规定,图示标志应符合 GB/T 191 的规定。

8.3 运输

物联网水表的运输应符合 GB/T 25480 的规定,物联网水表按规定装入运输箱后用无强烈震动交通工具运输;运输途中不应受雨、霜、雾等直接影响;按标志向上放置并不受挤压撞击等损伤。

8.4 贮存

8.4.1 贮存环境

物联网水表应贮存在环境干燥、通风好、且空气中无腐蚀性介质的室内场所,并符合以下规定:

a) 环境温度:5 ℃～50 ℃;

b) 相对湿度:≤90%;

c) 层叠高度:≤5 层。

8.4.2 贮存时间

物联网水表贮存时间不应超过 6 个月,超过 6 个月后应重新进行出厂检查。

广告目录

《供水设备与排水设备标准汇编》

全方位解决供水问题

JB/T 11151—2011 《低阻力倒流防止器》行业标准制定单位

 Sanlovalve

上海上龙供水设备有限公司

中国 上海市长寿路1076号803-806室
垂询电话：021-62579677　62579688　62574855
邮箱：sanlovalve@shsanlo.com.cn
工厂地址：上海市平港路333号
http://www.sanlovalve.com

021-62579677

扫一扫,了解更多产品

ISO9001认证　TS认证　3C认证　高新技术企业　康居产品认证　美国CUPC认证　美国无铅产品认证　美国NSF认证　美国UL认证　AA级标准化认证　计量检测体系　中阀协会员

春 CJ 江

杭州春江阀门有限公司

高 新 技 术 企 业
国家特种设备制造许可企业
国家强制产品（消防产品）认证
军 队 采 购 网 入 库 单 位
中 核 集 团 合 格 供 应 商

★ 是GB/T 25178-2010《减压型倒流防止器》、CJ/T 216-2013《给水排水用软密封闸阀》、CJ/T 261-2015《给水排水用蝶阀》等20余项国家标准和行业标准的制定单位。

★ 与浙江大学化工机械研究所、浙江省机电设计研究院泵及控制工程技术研究开发中心合作建立了春江阀门省级高新技术企亚研究开发中心。

★ 建立了国内先进的流量、流阻、压差、压力、减压等阀门参数实验室。长期为TYCO提供OEM服务。

★ 是德国西门子公司的稳定供应商。

★ 40多年的专业阀门生产历史，保障用户的需求！

地址：浙江省桐庐经济开发区宝心路369号（311500）
电话：0571-64618412　64618808
传真：0571-64618980
邮箱：cj@chunjiangvalve.com
网址：www.chunjiangvalve.com

上海凯泉促进中国水务发展

供水事业部 ▶　上海凯泉集团供水事业部起始于1995年，专注于二次供水，智慧水务领域，现有设计团队4个，技术人员40多人，实验室1个，下辖31个事业部业务总部，2015年在供水行业领域各类产品销售额达到近10亿元。

凯泉集团供水事业部参与编制了多项供水行业标准，提出了"凯泉-安全供水专家"的全新理念。研发生产的第四代叠压（无负压）供水设备，连续3届获得行业名牌和行业突出贡献奖，3次获得住建部科技成果推广产品等奖项。

上海凯泉供水事业部依靠自身强大的科研实力,在供水行业及智慧水务领域,保持优势地位,成为同行业中的佼佼者。

▼ 智慧安全标准泵房

Partial project demonstration

部分产品展示

▲ WFY IV 罐式叠压（无负压)供水设备　　▲ KQF IV 箱式叠压（无负压)供水设备　　▲凯泉智慧云远程监控运维平台　　▲KQG V 数字集成全变频供水设备

上海凯泉泵业（集团）有限公司

公司地址
上海市嘉定区曹安公路4255、4287号

公司邮编
201804

公司网站
www.kaiquan.com.cn

企业邮箱
kqgssyb@kaiquan.com.cn

客服热线
400-002-6600

智慧水务整体解决方案

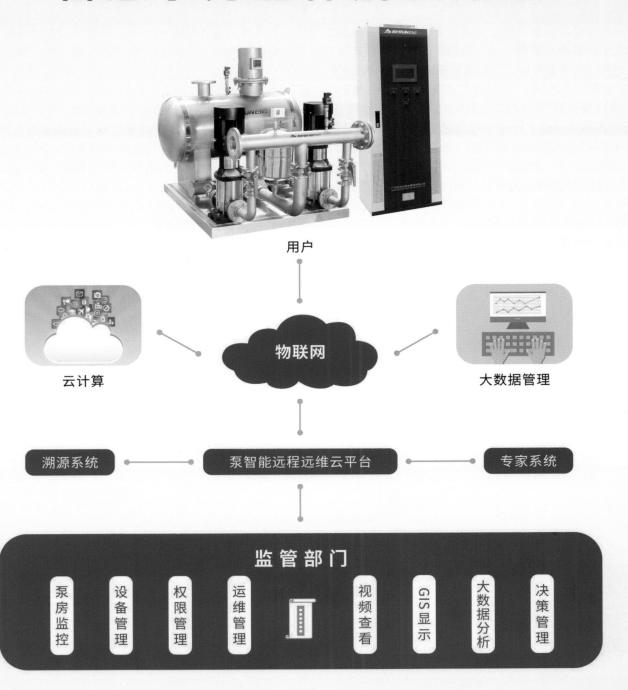

用户

云计算

物联网

大数据管理

溯源系统 —— 泵智能远程远维云平台 —— 专家系统

监管部门

泵房监控 | 设备管理 | 权限管理 | 运维管理 | | 视频查看 | GIS显示 | 大数据分析 | 决策管理

广州市白云泵业集团有限公司
GUANGZHOU BAIYUN PUMP GROUP CO.,LTD

全国服务热线 400 700 7388

集团总部：广东省广州市黄埔区（中新广州知识城）九佛西路1395号

总部接待：020-87490888　　　服务热线：020-87491639　　　销售热线：020-87490393

集团邮箱：baiyunpump@baiyunpump.com　　　官方网址：http://www.baiyunpump.com

山东华立供水设备有限公司
Huali Water Supply Equipment Co.,Ltd

山东华立供水设备有限公司坐落于机械工业基础雄厚而又风景秀丽的古九州之一——山东青州（卡特彼勒工业园）。公司专注于建筑给水设备、水厂泵站加压设备的生产与销售。具有省级科研中心一处，院士联络站一处，科研及生产售后服务能力强。拥有多项自主专利发明技术，为高新技术企业。

公司创建于2008年，注册资金10500万元，占地70000平方米，年生产能力1800多套。公司于2008年将自主研发的具有"多变量模糊控制"专利技术的WHG型无负压供水设备推向市场，开拓二次供水行业新的发展方向；2009年推出"双路双变频"无负压供水设备，带动了行业的发展；2010年研发成功"一体化带载调试平台"，大幅提高了设备质量；2012年"高密封及高灵敏性"的负压补偿器问世，让负压控制技术上了一个新台阶；2014年开发出"具有漏水检测功能的二次供水系统"，让行业的发展多了一个新维度；2015年推出"全时节能型"无负压供水设备，对二次供水行业的节能做了新的定义。2017年对"全时节能型设备"做重大升级，再次开拓行业发展方向。

公司通过了ISO 9001质量管理体系认证；ISO 14001环境管理体系认证及OHASA 18001职业健康安全管理体系认证。通过AAA级企业资信等级认证，获得住建部、生态环境部等国家部门的认定及推广。

公司设计承建过日供水量超8万吨的加压泵站，高度超过200米的高层无负压串联等高难度供水项目。与万科、万达集团、恒大实业、绿地集团、远洋地产、保利地产、碧桂园、北京首开、中建八局、中建三局、绿城控股等集团公司均有合作。

HBG系列全自动变频稳流增压供水设备

WHG-S 泵站水厂管网无负压
稳流增压供水设备

电气控制柜

无负压供水设备

缓冲箱式管网无负压
稳流增压供水设备

地址：山东省青州市昭德路与南环路交叉口西100米（卡特彼勒工业园）
电话：0536-3162791　传真：0536-3162792
网址：www.hualigongshui.com
邮箱：hualigongshui@126.com

专业前期研发
开发团队

一站式集成
小试设备

为您量身定做
优秀解决方案

始于 **1967**

把您拥有的水
变成您需要的水

水资源**开发及综合利用**服务商

◎ **业精于专** 用心缔造精品工程

海水淡化

废水资源化

工业用水

高端饮用水

🔄 **/ 一体化装备**

集装箱式、车载式、机电一体化、船用型、
防核型等膜法热法多功能的智能一体化装置。

▽ **/ 膜产品系列**

反渗透、纳滤、超滤、微滤、电渗析和EDI
完整膜分离产品。

◎ **/ 售后服务**

提供专业水处理工程售后服务和专业故障诊断。

提供膜清洗、膜更换、药剂、配件等服务。

 **杭州水处理技术研究开发中心有限公司**
Hangzhou Water Treatment Technology Development Center Co.,Ltd.

预知更多详情，请访问(Please visit): http://www.chinawatertech.com
咨询热线(Counseling hotline)：0086-571-88935386

辽宁中霖供水科技有限公司

专注于给排水、供热行业

安全供水 | 节能高效 | 智慧运行

智慧水务 · 运筹于千里之外

新一代 WZG 智慧供水系统

咨询热线 18940248888
电话：024-3919666/667/668/669

地址： 辽宁省营口市中小企业园小康路 118 号
网址： www.zhonglinkeji.com

中国标准出版社近期出版的建筑方面标准汇编

序号	书名	定价/元
1	建筑暖通空调及净化设备标准汇编	280.00
2	供水设备与排水设备标准汇编(上)	310.00
3	供水设备与排水设备标准汇编(中)	380.00
4	供水设备与排水设备标准汇编(下)	325.00
5	城镇污水处理及再生利用标准汇编	295.00
6	城镇燃气与燃气产品标准汇编(第二版)	360.00
7	城镇市容环境卫生建设标准汇编 垃圾处理处置卷	225.00
8	城镇市容环境卫生建设标准汇编 垃圾收集转运、作业保洁和检测卷	240.00
9	建筑遮阳及门窗标准汇编	230.00
10	城市轨道交通标准汇编　基础卷	260.00
11	城市轨道交通标准汇编　设备卷	285.00
12	建筑幕墙标准汇编(第三版)　上册	275.00
13	建筑幕墙标准汇编(第三版)　下册	249.00

专注水表 50⁺ 年
卓越的水资源管理服务商

常德®
湖南常德牌水表制造有限公司
HUNAN CHANGDE WATER METER MANUFACTURE CO.,LTD

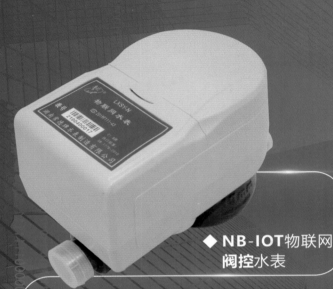

◆ NB-IOT物联网
阀控水表

■ 始于1965年
■ 200000m²研发生产基地
■ 产品多元化的水表制造商
■ 智慧水务解决方案提供商

NB-IOT物联网
水表系列

预付费IC卡
水表系列

预付费蓝牙
水表系列

无线远传
水表系列

光电直读
水表系列

超声波
水表系列

电磁
水表系列

服务热线
400-0033-800

◆ 地址：湖南省常德市青年路740号
◆ 邮政编码：415000   ◆ 电话：(0736)7952222   ◆ 传真：(0736)7951999
◆ 网址：www.changdewm.com   ◆ E-mail：marketing@changdewm.com

IESLab积成 青岛积成电子股份有限公司

超声波水表是采用超声波时差原理计算出水流量的一种电子式水表，可采用NB-IoT、MBUS等多种传输方式，其优势特点：

1. 优质计量方案：采用AMS最新GP系列超声计量方案，指标稳定。
2. 战略合作伙伴：青鸟积成与AMS为国内战略合作伙伴关系，全方位合作。
3. 专业计量工具自主开发国内全自动活塞式超声波水表校表台，提供精准流速。
4. 生产线整个工艺过程MES贯穿始终，可实现工序到人，物料到批次、关键物料到个体的产品生产全过程追溯。

NB-IoT是物联网领域个新兴的技术，具有覆盖广、连接多、速率快、成本低、功耗低、架构优等特点，其优势特点：

1. 具备国内外主流物联网平台接入，快速接入2G/NB-IoT/LoRa等自产和主流厂家的表计。
2. 获得华为实验室NB-IoT技术认证，是国内先行和华为、中国电信进行合作开发的厂家之一。
3. 为客户提供从表计到后台的一条龙服务，可接入客户后台，满足不同定制需求。

超声波阀控水表

超声波复合材料

超声波水表

超声波无阀

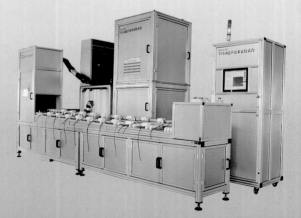

超声波水表校表台

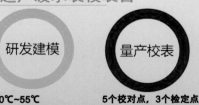 

研发建模	量产校表	计量检定
0℃~55℃ 0.001m³/h~20m³/h	5个校对点，3个检定点 800块/天~1000块/天	3个检定点

　　三种模式均为全自动工作模式，用户只需要设定要测试或检定的流量点及相关工作参数，校表台会自动完成设定模式下的标准流量产生、数据采集、误差分析、系数下发等工作。

地址：济南市高新区科航路1677号积成产业园
　　　青岛市市南区宁夏路288号青岛软件园3号楼601室
　　　淄博市张店区高新技术创业中心D座12楼
　　　济南市高新区汉峪金谷A2-3号楼17层

全国咨询热线：400-180-9689